水体污染控制与治理科技重大专项“十一五”成果系列丛书
湖泊富营养化控制与治理技术及综合示范主题
当代中国资源环境实地调查研究系列丛书

洱海流域水环境承载力计算与社会经济结构优化布局研究

董利民 等 著

科 学 出 版 社
北 京

内 容 简 介

本书以洱海全流域作为研究对象，重点开展了洱海流域水环境状况调查与分析、洱海流域陆源污染负荷时空分布特征分析、洱海污染负荷与水质响应关系研究、洱海流域水环境承载力计算与分析、洱海流域污染物总量控制方案编制，以及洱海流域社会经济结构、发展速度与污染控制、基于水环境承载力的洱海流域生产力布局等研究，集成了洱海流域社会经济结构优化布局与发展速度规划。研究成果支撑了《云南洱海绿色流域建设与水污染防治规划》的编制和实施。无疑，本书在为地方政府的生态环境保护与湖泊治理提供科技支撑、丰富湖泊绿色流域建设理念和思路的同时，也为我国类似湖泊水污染综合防治提供了参考。

本书可供水利、环保、城建、农业、国土资源等相关部门的决策者和管理人员、科技工作者，以及大专院校相关专业师生等读者参考。

图书在版编目(CIP)数据

洱海流域水环境承载力计算与社会经济结构优化布局研究 / 董利民等著. —北京：科学出版社，2015.6

（水体污染控制与治理科技重大专项“十一五”成果系列丛书 当代中国资源环境实地调查研究系列丛书）

ISBN 978-7-03-044549-0

Ⅰ.①洱… Ⅱ.①董… Ⅲ.①湖泊-区域水环境-环境承载力-研究-大理白族自治州 Ⅳ.①X143

中国版本图书馆 CIP 数据核字（2015）第 122030 号

责任编辑：林 剑 刘 超 / 责任校对：邹慧卿
责任印制：徐晓晨 / 封面设计：王 浩

科 学 出 版 社出版
北京东黄城根北街 16 号
邮政编码：100717
http://www.sciencep.com

北京厚诚则铭印刷科技有限公司 印刷
科学出版社发行 各地新华书店经销

*

2015 年 6 月第 一 版 开本：720×1000 1/16
2017 年 4 月第二次印刷 印张：28 1/2
字数：642 000

定价：188.00 元

（如有印装质量问题，我社负责调换）

水专项“十一五”成果系列丛书
指导委员会成员名单

环境保护部水专项“十一五”成果系列丛书
编著委员会成员名单

总　　序

我国作为一个发展中的人口大国，资源环境问题是长期制约经济社会可持续发展的重大问题。在经济快速增长、资源能源消耗大幅度增加的情况下，我国污染物排放强度大、负荷高，主要污染物排放量超过受纳水体的环境容量。同时，我国人均拥有水资源量远低于国际平均水平，水资源短缺导致水污染加重，水污染又进一步加剧水资源供需矛盾。长期严重的水污染问题影响着水资源利用和水生态系统的完整性，影响着人民群众的身体健康，已经成为制约我国经济社会可持续发展的重大瓶颈。

“水体污染控制与治理”科技重大专项（以下简称“水专项”）是《国家中长期科学和技术发展规划纲要（2006—2020 年）》确定的十六个重大专项之一，旨在集中攻克一批节能减排迫切需要解决的水污染防治关键技术、构建我国流域水污染治理技术体系和水环境管理技术体系，为重点流域污染物减排、水质改善和饮用水安全保障提供强有力的科技支撑，是新中国成立以来投资最大的水污染治理科技项目。

“十一五”期间，在国务院的统一领导下，在科技部、国家发展和改革委员会（简称“发改委”）和财政部的精心指导下，在领导小组各成员单位、各有关地方政府的积极支持和有力配合下，水专项领导小组围绕主题主线新要求，动员和组织全国数百家科研单位、上万名科技工作者，启动了 34 个项目、241 个课题，按照“一河一策”、“一湖一策”的战略部署，在重点流域开展大攻关、大示范，突破 1000 余项关键技术，完成 229 项技术标准规范，申请 1733 项专利，初步构建了水污染治理和管理技术体系，基本实现了“控源减排”阶段目标，取得了阶段性成果。

一是突破了化工、轻工、冶金、纺织印染、制药等重点行业“控源减排”关键技术 200 余项，有力地支撑了主要污染物减排任务的完成；突破了城市污水处理厂提标改造和深度脱氮除磷关键技术，为城市水环境质量改善提供了支撑；研发了受污染原水净化处理、管网安全输配等 40 多项饮用水安全保障关键技术，为城市实现从源头到龙头的供水安全保障奠定了科技基础。

二是紧密结合重点流域污染防治规划的实施，选择太湖、辽河、松花江等重点流域开展大兵团联合攻关，综合集成示范多项流域水质改善和生态修复关键技术，为重点流域水质改善提供了技术支持，环境监测结果显示，辽河、淮河干流化学需氧量消除劣Ⅴ类；松花江流域水生态逐步恢复，重现大麻哈鱼；太湖富营养化状态由中度变为轻度，劣Ⅴ类入湖河流由 8 条减少为 1 条；洱海水质连续稳定并保持良好状态，2012 年有 7 个月维持在Ⅱ类水质。

三是针对水污染治理设备及装备国产化率低等问题，研发了 60 余类关键设备和成套装备，扶持一批环保企业成功上市，建立一批号召力和公信力强的水专项产业技术创新战略联盟，培育环保产业产值近百亿元，带动节能环保战略性新兴产业加快发展，其中杭州聚光科技股份有限公司研发的重金属在线监测产品被评为 2012 年度国家战略产品。

四是逐步形成了国家重点实验室、工程中心–流域地方重点实验室和工程中心–流域野外观测台站–企业试验基地平台等为一体的水专项创新平台与基地系统，逐步构建了以科研为龙头、以野外观测为手段、以综合管理为最终目标的公共共享平台。目前，通过水专项的技术支持，我国第一个大型河流保护机构——辽河保护区管理局已正式成立。

五是加强队伍建设，培养了一大批科技攻关团队和领军人才，采用地方推荐、部门筛选、公开择优等多种方式遴选出近 300 个水专项科技攻关团队，引进多名海外高层次人才，培养上百名学科带头人、中青年科技骨干和五千多名博士、硕士，建立人才凝聚、使用、培养的良性机制，形成大联合、大攻关、大创新的良好格局。

在 2011 年“十一五”国家重大科技成就展、“十一五”环保成就展、全国科技成果巡回展等一系列展览中以及 2012 年全国科技工作会议和今年初的国务院重大专项实施推进会上，党和国家领导人对水专项取得的积极进展都给予了充分肯定。这些成果为重点流域水质改善、地方治污规划、水环境管理等提供了技术和决策支持。

在看到成绩的同时，我们也清醒地看到存在的突出问题和矛盾。水专项离国务院的要求和广大人民群众的期待还有较大差距，仍存在一些不足和薄弱环节。2011 年专项审计中指出水专项“十一五”在课题立项、成果转化和资金使用等方面不够规范。“十二五”我们需要进一步完善立项机制，提高立项质量；进一步提高项目管理水平，确保专项实施进度；进一步严格成果和经费管理，发挥专项最大效益；在调结构、转方式、惠民生、促发展中发挥更大的科技支撑和引领作用。

我们也要科学认识解决我国水环境问题的复杂性、艰巨性和长期性，水专项亦是如此。刘延东副总理指出，水专项因素特别复杂、实施难度很大、周期很长、反复也比较多，要探索符合中国特色的水污染治理成套技术和科学管理模式。水专项无法解决所有的水环境问题，不可能一天出现一个一鸣惊人的大成果。与其他重大专项相比，水专项也不会通过单一关键技术的重大突破，实现整体的技术水平提升。在水专项实施过程中，妥善处理好当前与长远、手段与目标、中央与地方等各个方面的关系，既要通过技术研发实现核心关键技术的突破，探索出符合国情、成本低、效果好、易推广的整装成套技术，又要综合运用法律、经济、技术和必要的行政手段来实现水环境质量的改善，积极探索符合代价小、效益好、排放低、可持续的中国水污染治理新路。

党的十八大报告强调，要实施国家科技重大专项，大力推进生态文明建设，努力建设美丽中国，实现中华民族永续发展。水专项作为一项重大的科技工程和民生工程，具有很强的社会公益性，将水专项的研究成果及时推广并为社会经济发展服务是贯彻创新驱动发展战略的具体表现，是推进生态文明建设的有力措施。为广泛共享水专项“十一五”取得的研究成果，水专项管理办公室组织出版水专项“十一五”成果系列丛书。该丛书汇集了一批专项研究的代表性成果，具有较强的学术性和实用性，可以说是水环境领域不可多得的资料文献。丛书的组织出版，有利于坚定水专项科技工作者专项攻关的信心和决心；有利于增强社会各界对水专项的了解和认同；有利于促进环保公众参与，树立水专项的良好社会形象；有利于促进专项成果的转化与应用，为探索中国水污染治理新路提供有力的科技支撑。

我坚信在国务院的正确领导和有关部门的大力支持下，水专项一定能够百尺竿头，更进一步。我们一定要以党的十八大精神为指导，高擎生态文明建设的大旗，团结协作、协同创新、强化管理，扎实推进水专项，务求取得更大的成效，把建设美丽中国的伟大事业持续向前推进，努力走向社会主义生态文明新时代！

周生贤

2013 年 7 月 25 日

前　言

近二十年来，随着洱海流域人口增加和经济快速发展，人们对自然资源的开发不断加剧，洱海流域生态环境逐渐恶化，洱海水质日益下降，逐步由贫营养过渡到中营养，目前正处于中营养向富营养湖泊的过渡阶段，水质已由 20 世纪 90 年代的Ⅱ类到Ⅲ类发展到 2006 年的Ⅲ类水临界状态。近五年来，随着洱海治理力度的加大，取得了一定成果，但洱海整体上仍属于富营养化初期湖泊，仍处在富营养化和中营养化的选择路口，水污染形势依然严峻，直接影响社会经济的可持续发展。洱海流域的三次产业结构，经过几十年的努力，已经扭转了以农业为主体、工业十分落后的局面，基本形成了以加工业、商业为主的产业结构。但从总体上看，其产业结构还不合理，尤其是农业面源污染形势严峻，洱海流域资源环境优势尚未得到充分发挥。从洱海水污染现状与发展形势来看，如果不立即采取措施进行控制，则洱海的水污染与富营养化发展趋势难以遏制，社会经济发展将面临着严峻挑战，以后将付出成倍或几十倍的代价。因此，开发基于洱海流域环境承载力约束的区域划分和洱海绿色流域构建技术，制定洱海绿色流域社会经济结构调整中长期规划及实现这一规划目标的细致调整方案（主要包括实施方法、步骤与考评措施等），是最终实现洱海富营养化防治的根本途径。为此，国家科技重大专项“十一五”洱海项目设立了“洱海全流域清水方案与社会经济发展友好模式研究”课题（编号：2009ZX07105-001），以洱海全流域作为研究对象，解析洱海流域入湖主要污染物负荷与洱海水质的响应关系，测算洱海流域水环境承载力，确定洱海流域社会经济发展与水环境污染的相互作用，制定洱海流域主要污染物容量总量控制方案和洱海全流域水污染控制与清水方案，集成和应用洱海流域生态文明评价技术与服务于生态文明流域发展的社会经济结构体系构建技术，并建设大理市生态农业综合政策示范区，旨在为地方政府的生态环境保护与湖泊治理提供科技支撑，也为类似湖泊污染控制及经济社会可持续发展提供参照。

国家科技重大专项“十一五”洱海项目“洱海全流域清水方案与社会经济发展友好模式研究”课题的组织与协调结构如下。

课题负责人：董利民（华中师范大学）

子课题 1：洱海全流域污染源、入湖污染负荷与社会经济现状调查与解析

子课题组负责人：程凯（华中师范大学）

子课题组成员：程凯、吴宜进、叶桦、许敏、卫志宏等

子课题 2：洱海湖泊水环境承载力与主要污染物总量控制研究

子课题组负责人：吕云波（云南省环境科学研究院）

子课题组成员：吕云波、朱翔、赵磊、冯健、马杏等

子课题 3：洱海流域社会经济发展友好模式研究

子课题组负责人：董利民（华中师范大学）

子课题组成员：董利民、李桂娥、项继权、梅德平、王雅鹏、杨海、胡义、龚琦等

子课题4：洱海全流域水污染控制与清水方案

子课题组负责人：孔海南（上海交通大学）

子课题组成员：孔海南、王欣泽、李春杰、李亚红等

该课题的主要创新点以下4点。

1）制定了洱海流域污染物容量总量控制方案，研发了洱海流域社会经济结构、发展速度与污染物排放量关系量化模拟和社会经济结构体系构建等关键技术，集成了服务于生态文明流域发展的社会经济结构调整控污减排规划。

根据洱海高原湖泊流域水环境污染的系统调查并针对实际情况，以自然条件、社会经济、水污染源和控制措施等为主要指标，以土地利用、污染类别和控制方向等为主要属性，建立了流域定性与定量相结合的三级水污染控制分区划分方法。基于洱海流域水污染控制区划分，以洱海北部水域控制点的水环境容量作为流域陆源入湖污染负荷量限制指标，以Ⅱ类水质标准作为水环境保护目标，分别针对不同水文年型条件，制定了“流域-控制区”尺度和“流域-污染源”尺度的TN、TP污染物总量削减控制方案。

在判别社会经济结构发展阶段的基础上，结合《洱海保护治理规划》的水质目标（近期Ⅲ类，远期Ⅱ类），依据社会经济发展的圈层理论，在全流域水污染综合防治四片七区基础上，采用红线、黄线、蓝线和绿线，划分全流域产业发展四类功能控制亚区。即红色区域的禁止发展亚区、黄色区域的限制发展亚区、蓝色区域的优化发展亚区和绿色区域的综合发展亚区。针对全流域生态农业、环保工业、生态旅游及配套服务业进行问题探讨，在取得丰硕成果的基础上，集成了洱海流域社会经济结构、发展速度与污染物排放量关系量化模拟和社会经济结构体系构建等关键技术，制定了基于湖泊水环境承载力的重点产业、产业下行业及经济部类的调整初步规划和建设方案。

2）研究和编制洱海流域治理综合保障体系、洱海流域生态补偿机制、洱海保护及洱源生态文明试点县建设评价体系的实施意见（含考核办法），初步探索和实践了洱海流域社会经济发展友好模式。

自2010年3月起，课题组依托地方政府在大理白族自治州（以下简称大理州）环洱海9镇2区开展的“大理市3000亩稻田养鱼项目”、“大理市40000亩生物菌肥和有机肥推广使用项目”和“大理市高效农业示范基地项目”，协同大理市供销合作社联合社，积极创建农民合作经济组织，系统研发洱海流域治理综合保障体系，形成“土地流转方式创新”、“农民合作经济组织创建”、“产业结构调整控污减排规划”和“洱海流域的生态补偿量化”等系列成果。课题组在取得《洱海流域治理综合保障体系研究》成果的基础上，先后执笔起草《洱海流域生态补偿机制实施方案（意见）》和《洱海保护及洱源生态文明试点县建设评价体系的实施意见》（含考核办法），并针对洱海流域源头县——洱源县，提出了有别于洱海流域其他县市政府相关党政主要领导及其班子成员的考核指标和考核办法，以上文本经地方政府行文得到具体应用实施。

课题组结合大理市生态农业综合政策示范区建设，创新土地流转方式，运用“公司+

合作社+农户”和“农民合作经济组织+基地+农户”等模式，初步探索和实践了洱海流域社会经济发展友好模式。国务院农村综合改革工作小组办公室、云南省供销合作社联合社、大理州洱海保护治理领导组办公室、大理州农村综合改革领导组办公室、大理白族自治州人民代表大会常务委员会办公室、大理白族自治州人民政府研究室、大理白族自治州财政局等，先后为课题研究成果应用，出具了成果应用证明。

3）制定富营养化初期湖泊——洱海全流域水污染与富营养化控制中长期规划，为类似湖泊污染控制及经济可持续发展提供了参照。

课题作为项目总体技术的集成总结，课题组基于富营养化初期湖泊特征，编制了洱海全流域的清水方案，包括村落污水-畜禽-垃圾治理工程方案、城镇污染治理工程方案、农田面源污染治理工程方案、旅游污染治理工程方案、河流源头涵养林建设规划方案、流域水土流失防治规划方案、流域库塘与湿地系统保护规划方案、入湖河道生态修复规划方案、湖滨带缓冲带生态修复规划方案和流域管理与能力建设规划方案等。其中，课题“洱海全流域污染源调查”、“洱海流域产业结构现状、特征及 SWOT 分析”、“洱海流域产业污染源分布、特征及问题诊断”、“洱海流域社会经济发展功能控制区划”、“洱海流域主要产业宏观调整规划”等研究成果已经编入《云南洱海绿色流域建设与水污染防治规划》。该规划 2010 年 5 月通过专家评审，且经云南省人民政府批复采纳应用，并报国家发展和改革委员会备案，应用推广潜力巨大。

4）课题大部分研究成果得到应用示范且效果明显，取得了预期的环境效益、经济效益和社会效益。

课题组参与编制的《大理市万亩稻田养鱼项目实施方案》，建议恢复举办“薅秧节”、“栽秧会”等传统农耕节庆活动，利用“公司+合作社+农户”等形式，实施洱海绿色流域建设控污减排规划和生态补偿机制等科研成果，积极推行现代农业发展模式，建成以昆明好宝菁生态农业有限责任公司为龙头企业，在大理市银桥镇上波棚村流转土地 150 亩，在洱海流域产业“限制发展亚区”和“优化发展亚区”，形成集中连片开发 1000 亩、面上推广 2000 亩的“3000 亩稻田养鱼”生态农业示范区。成果应用效果显示：3000 亩“稻田养鱼”削减肥料使用量（以折纯量计）氮 34. 98t，磷 2. 91t，削减入湖量总氮 1. 85t，总磷 0. 298t；新增产值 336 万元，亩增纯收入 1068 元。

课题组协同大理市供销合作社联合社，依托地方政府开展的“大理市 40 000 亩生物菌肥和有机肥推广使用项目”和“大理市高效农业示范基地项目”，创新运用“农民合作经济组织+基地+农户”等模式，在兼顾农民实际经济利益的同时，集成应用“农民合作经济组织创建”、“生态补偿量化技术”等成果，编撰了《农民专业合作社操作指南》，指导建设了 500 亩大理市高效农业示范基地——“大理市银顺蔬菜专业合作社”，推广使用生物菌肥和有机肥料，推进生态农业建设。该基地主要从事无公害蔬菜生产、加工、销售，每亩每年可实现纯收入近 2. 5 万元，是传统粮食生产经济效益的 8 倍左右，同时每年减少氮、磷施肥量约 40%，辐射带动周边无公害蔬菜种植 1000 亩，年转移农村剩余劳动力 5 万人次以上。

本书是国家科技重大专项“十一五”洱海项目“洱海全流域清水方案与社会经济发

展友好模式研究”课题研究成果的结晶，它汇集了子课题 1、2、3 大部分研究成果。同时，本书又是一个集体撰写和集体研究的结果。董利民对全书（三分册）的结构和章节进行了系统的构思和设计，经课题组集体讨论，确定了各章节内容及撰写人。其中，第一分册《洱海全流域水资源环境调查与社会经济发展友好模式研究》，第 1、2、3、5 章由程凯、吴宜进、许敏、卫志宏主撰，第 4 章由叶桦主撰，第 6、7 章由李桂娥主撰，第 8 章和附录由董利民、项继权主撰。第二分册《洱海流域水环境承载力计算与社会经济结构优化布局研究》，第 1、2、3、5 章由吕云波、朱翔、赵磊、马杏主撰，第 4 章由冯健主撰，第 6 章由董利民、杨柯玲主撰，第 7 章由梅德平、龚琦主撰，第 8 章由董利民、杨海主撰，附录由董利民、胡义主撰。第三分册《洱海流域产业结构调整控污减排规划与综合保障体系建设研究》，各章节由董利民主撰，研究生李国君、任雪琴、邹云龙、罗勋、邓琛对全书进行了校对。这里需要特别说明的是，这样按章划定撰写人的做法可能并不完全正确，主要是因为个别章、个别节有可能就是课题组其他成员的论文或调研报告，在此，务请课题组研究人员能够予以谅解。

在本书付梓之际，特别感谢在 2011 年“十一五”国家重大科技成就展、“十一五”环保成就展，以及 2012 年全国科技工作会议和 2013 年年初的国务院重大专项实施推进会等多种场合，国务院刘延东副总理、环境保护部周生贤部长和国家水专项技术总师孟伟院士对本课题取得的积极进展给予的充分肯定。特别感谢国家科技重大专项“十一五”洱海项目负责人孔海南教授，云南大理白族自治州原人大副主任尚榆民先生，大理市供销合作社联合社副主任周汝波先生，国家水专项管理办公室姜霞主任、韩巍先生和王素霞女士对本书编写工作给予的热情指导。另外，华中师范大学科研部曹青林部长和王海处长对本书的出版提供了帮助，在此一并致谢！

在本书撰写的过程中，著者阅读、参考了大量国内外文献，在此，对文献的作者表示感谢。

由于作者水平有限，书中难免存在不足之处，敬请读者不吝指正。

董利民

2014 年 11 月 16 日

目　　录

计　算　篇

研　究　篇

计 算 篇

1 洱海流域水环境状况调查与分析

1.1 洱海流域水文气象特征分析

1.1.1 水文气象调查与观测

洱海流域有常规气象站2个，分别为大理站和洱源站，本子课题研究调查收集了气象站30年（1971～2000年）的主要气象要素统计资料、2000～2009年的气象观测日值资料和2010年全年12个月的定时观测资料。同时，调查收集了流域内5个水文站2000～2009年的逐日降水量观测资料，分别为炼城站、银桥站、牛街站、福和站、下关站。另外，还调查收集了洱海2000～2010年的运行水位观测资料，以及发电、泄洪和引水的外泄调控水量观测资料。洱海流域水文气象观测站分布如图1-1所示。

为了弥补洱海流域两个常规气象站观测时段资料的不足，本子课题研究自2009年开始，在洱海北部的江尾增设了气象观测站，进行24小时的风向、风速、气压、气温、湿度、太阳辐射、光照、降雨等气象要素连续观测。针对洱海主要入湖河流的降雨-径流观测，先后在弥苴河、永安江、波罗江、西闸河、茫涌溪、锦溪的入湖河口和凤羽河等河流建立了水位观测站，开展水位流量的连续观测和暴雨径流过程的频次加密观测。

1.1.2 流域气象特征分析

1.1.2.1 风向、风速

洱海流域常规气象站的多年各月的风向分布统计结果见表1-1。结果表明，位于洱海西岸的大理站，1～7月风向以偏东风为主，8～12月风向则主要为西北风，出现频率不高，仅为10%左右；而静风的发生频率较高，特别是进入湿季的5月以后，达到20%以上。洱海流域北部的洱源站，年内各月多为静风天气，静风的发生频率达到25%～55%；年内的风向分布除了7月、8月和9月以偏东风为主，其他各月的风向则主要为西南风。

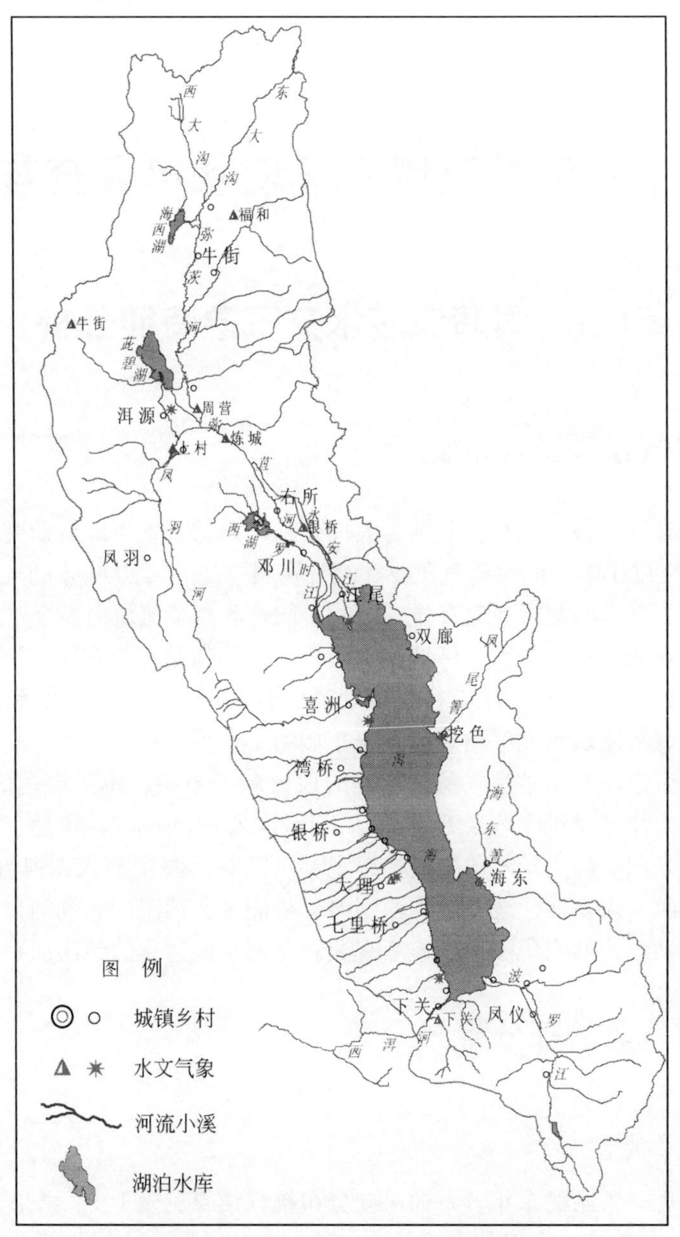

图 1-1　洱海流域水文气象观测站分布

表 1-1　气象站多年各月最多风向与出现频率

月份	大理				洱源			
	最多风向	出现频率（%）	静风	出现频率（%）	最多风向	出现频率（%）	静风	出现频率（%）
1	E	8	C	15	SW	15	C	34
2	E/SE	9	—	—	SW	14	C	26

续表

月份	大理				洱源			
	最多风向	出现频率（%）	静风	出现频率（%）	最多风向	出现频率（%）	静风	出现频率（%）
3	ESE	10	—	—	SW	14	C	25
4	ESE	11	—	—	SW	12	C	26
5	E	11	C	16	SW	12	C	31
6	E	11	C	22	SSW	11	C	37
7	E	10	C	28	ESE	8	C	47
8	NW	10	C	30	ESE	8	C	55
9	NW	12	C	27	ESE	8	C	52
10	WNW	11	C	26	SW	9	C	46
11	WNW	10	C	21	SW	10	C	41
12	WNW	10	C	20	SW	10	C	42

洱海流域常规气象站的多年各月平均风速分布统计结果见图 1-2。结果表明，年内的风速在干季的 1～4 月为大风季，5 月进入湿季后风速迅速减小，7～10 月为小风季，处于洱海西岸大理站的这种风速季节变化特别明显。在大风季，大理站的月平均风速达到 3.5m/s 以上，洱源站的风速也在 2.5m/s 以上；而在小风季，月平均风速不到 2.0m/s。多年的平均风速大理站为 2.6m/s，洱源站为 2.2m/s。

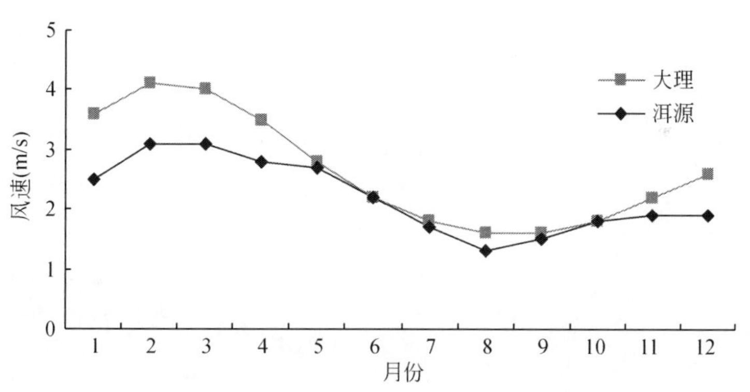

图 1-2　各气象站多年各月平均风速变化

根据 2010 年对洱海站、洱源站和江尾站的全年 12 个月的定时风向风速观测调查，分别对各个站的干季（11 月～翌年 4 月）和湿季（5～10 月）的风向、风速分布及年内各月风速变化进行了统计。各个站的风向发生频率、风向风速分布统计结果分别见图 1-3 和图 1-4。

在干季的 11 月～翌年 4 月，位于洱海西岸的大理站风向分布比较分散，风向以偏西的 SW—WNW 风向带和偏东的 ENE—SSE 风向带为主，出现频率分别为 30% 和 38%，其

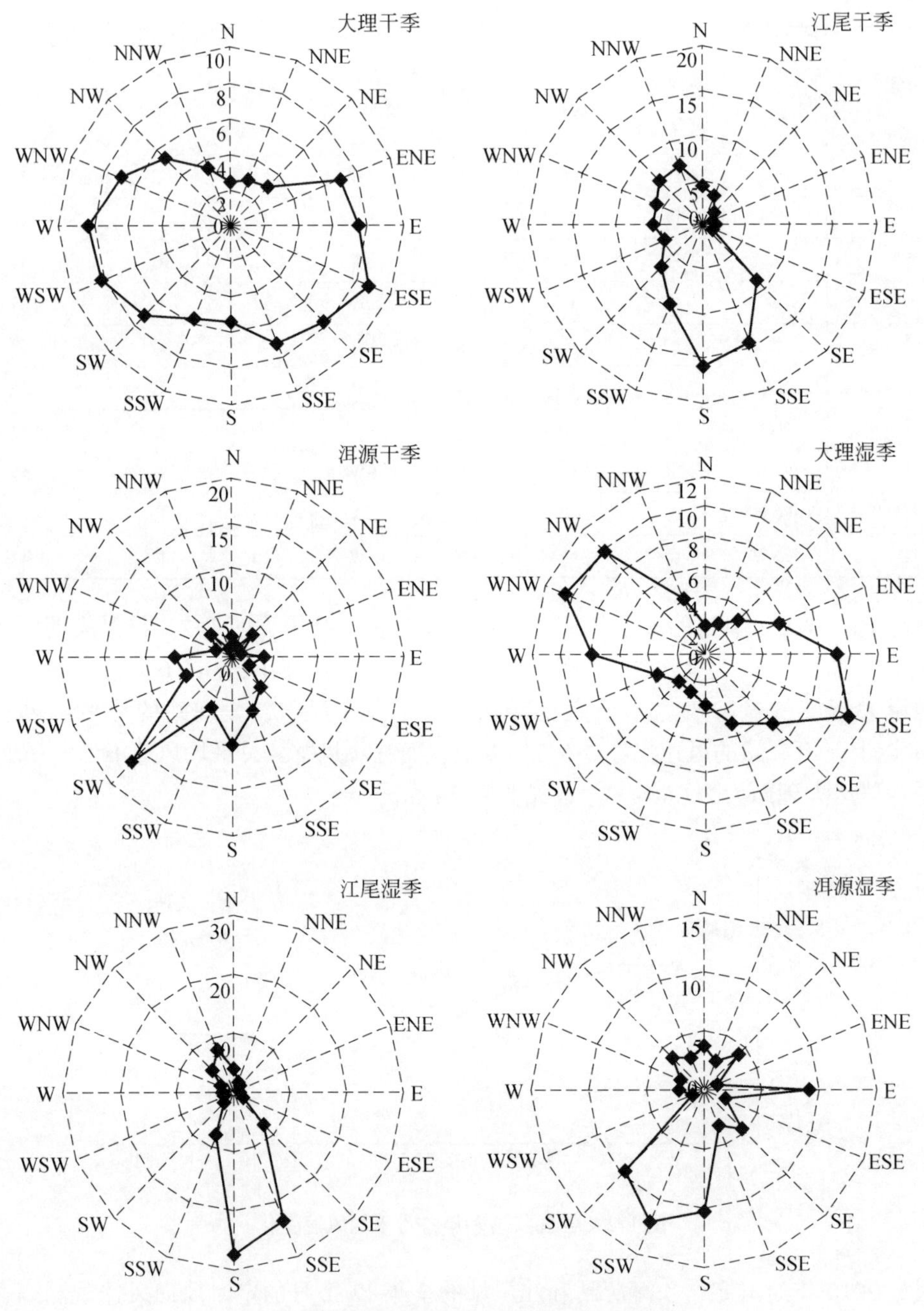

图 1-3　各气象站 2010 年干季和湿季风向分布

他风向也多有发生。位于洱海北岸的江尾站风向分布比较集中，风向以偏南的 SE—SW 风向带为主，出现频率达到55%。而位于流域北部的洱源站，盛行风向主要为西南风，出现频率为 16. 6%，且发生静风的频率较高，达到 23. 6%。

在湿季的 5 ~ 10 月，大理站的风向分布主要集中在偏西的 W—NW 风向带和偏东的

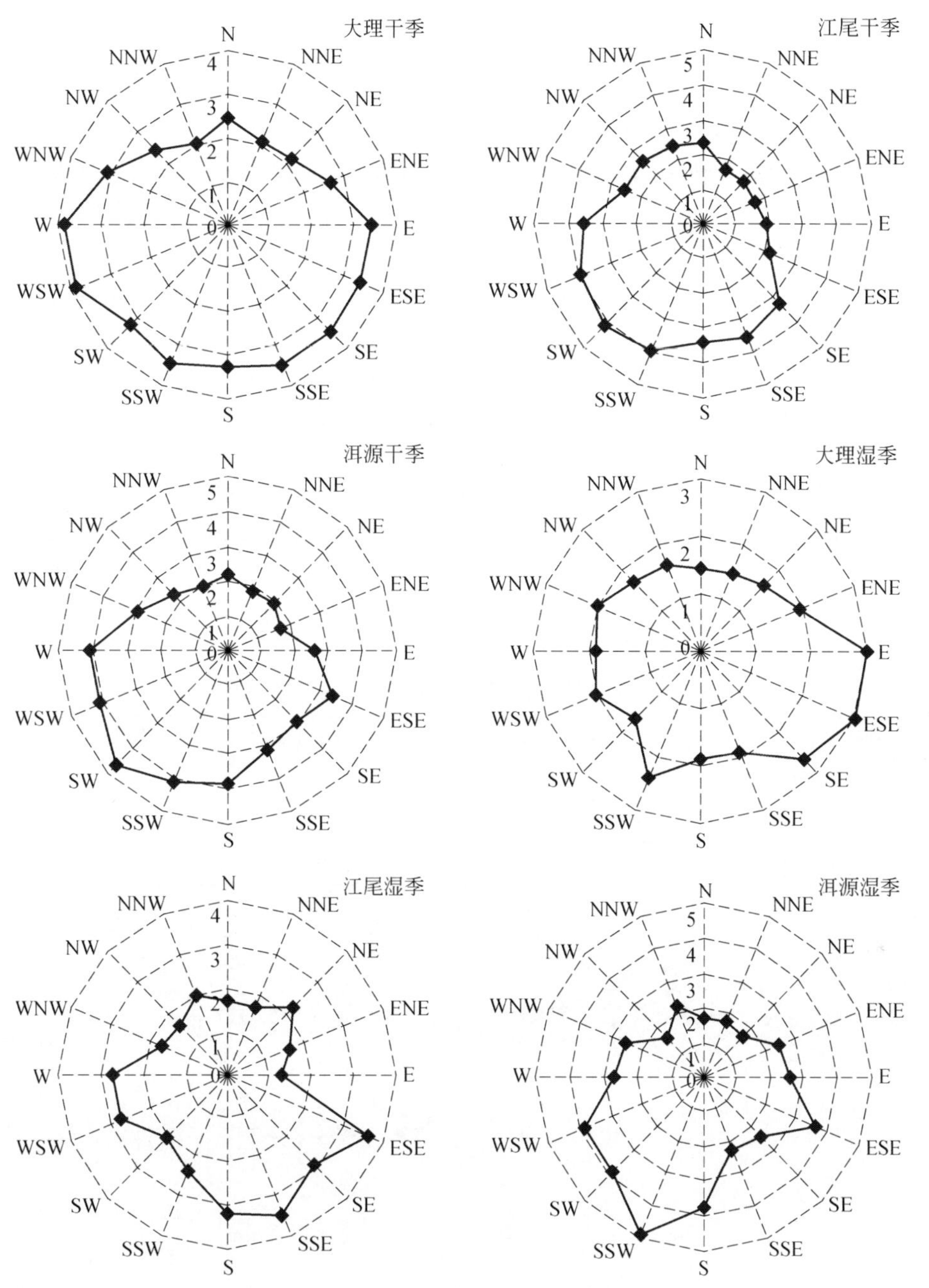

图 1-4　各气象站 2010 年干季和湿季风速分布

E—SE 风向带，出现频率分别为 27.9% 和 26.4%，静风天气开始增多，发生频率为 11.6%。江尾站的风向分布则集中在偏南的 SE—SSW 风向带，出现频率达到 65.7%，主导风向 SSE—S 明显，出现频率占 50.5%。而洱源站的盛行风向带主要为偏南的 S—SW 风，出现频率为 32.0%，其次为东风，且静风的发生频率较高，达到 25.0%。

图 1-4 给出的是各个站 2010 年雨季和湿季的各风向风速统计结果。结果表明，在干季的 11 月 ~ 翌年 4 月，大理站出现偏东、偏南和偏西风时的风速均较大，平均风速达到 3m/s 以上，特别是偏西 WSW—W 风向带的平均风速接近 4m/s，偏北的风速相对较小，平均风速也达到 2m/s 以上。江尾站的大风主要出现在 SE—W 风向带，平均风速在 3 ~ 4m/s，其他风向的平均风速也在 2m/s 左右。洱源站的风速也比较大，出现在西南方向 S—W 风向带的平均风速达到 4 ~ 5m/s，ESE—SSE 风向带的平均风速达到 3m/s 以上，其他风向的平均风速也达到 2 ~ 3m/s。

在湿季的 5 ~ 10 月，各风向风速较干季明显减小，大理站较大风速出现在偏东南的 E—SE 风向带，平均风速接近 3m/s，其他风向风速均较小，平均在 2m/s 左右。江尾站也是出现东南风的风速较大，ESE—S 风向带的平均风速在 3 ~ 4m/s，其他风向风速均较小。而洱源站则是出现西南风时风速较大，其他风向风速均较小。

对洱海站、洱源站和江尾站 2010 年的干季（11 月 ~ 翌年 4 月）和湿季（5 ~ 10 月）及年内各月的平均风速分布统计结果分别见表 1-2、图 1-5。在干季，位于洱海流域北部的洱源站风速略小于湖区的大理站和江尾站；在湿季，位于洱海西岸的大理站风速明显小于江尾站和洱源站，表明洱海湖区的风速分布在湿季存在较大的差异。各个站的年平均风速基本处于同一水平，江尾站风速略大。

表 1-2　各气象站 2010 年干季/湿季/全年平均风速

项目季节	大理站风速（m/s）	江尾站风速（m/s）	洱源站风速（m/s）
干季（11 月 ~ 翌年 4 月）	3.1	3.1	2.7
湿季（5 ~ 10 月）	1.9	2.7	2.3
全年（1 ~ 12 月）	2.5	2.9	2.5

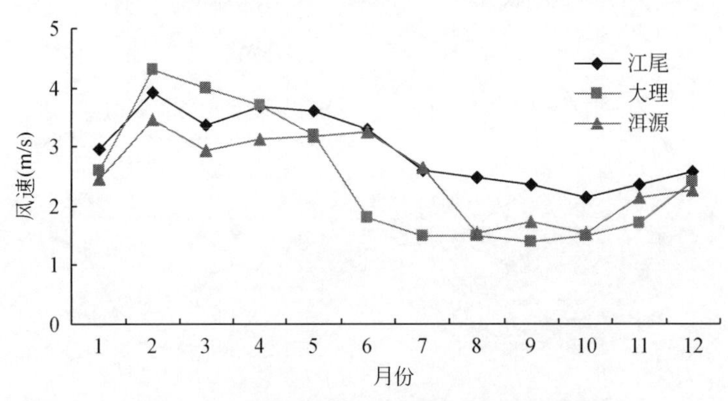

图 1-5　各气象站 2010 年各月平均风速变化

图 1-5 给出的是各个气象站 2010 年各月的平均风速统计结果。年内各月的风速变化表明，年初的 1 月后风速迅速增大，2 月达到峰值，大理站的平均风速为 4.3m/s，江尾站为 3.9m/s，洱源站为 3.5m/s；2 ~ 4 月大理站的平均风速明显大于江尾站和洱源站，进入 6 月以后各站的风速迅速减小，10 月到达谷值，大理站的平均风速为 1.5m/s，江尾站为

2.2m/s，洱源站为1.6m/s；6～11月大理站的平均风速明显小于江尾站和洱源站，特别是同处于湖区的江尾站风速较大。

上述各个气象站的风向、风速观测调查结果表明，洱海流域内风向、风速分布的非均匀性特征非常明显，年内的季节变化存在着较大的差异。在干季，主要受系统风影响，各个气象站的风速较大，盛行风向比较分散；而在雨季，主要受地形风的影响突出，各个气象站的风速较小，风向分布比较集中。

1.1.2.2 辐射、日照

洱海流域常规气象站均没有进行太阳辐射量的观测，大理的太阳总辐射量采用计算方法获得，江尾站的总辐射量为2010年观测结果，如图1-6所示。年内各月的太阳辐射量分布结果表明，太阳辐射量的年内变化不大，一般最大辐射量出现在5月，大理站为584.8MJ/m^2，江尾站为518.9MJ/m^2；最小辐射量出现在11月，大理站为412.9MJ/m^2，江尾站为324.9MJ/m^2。大理站的年总辐射量为5875.8MJ/m^2，江尾站的年总辐射量为5452.4MJ/m^2。

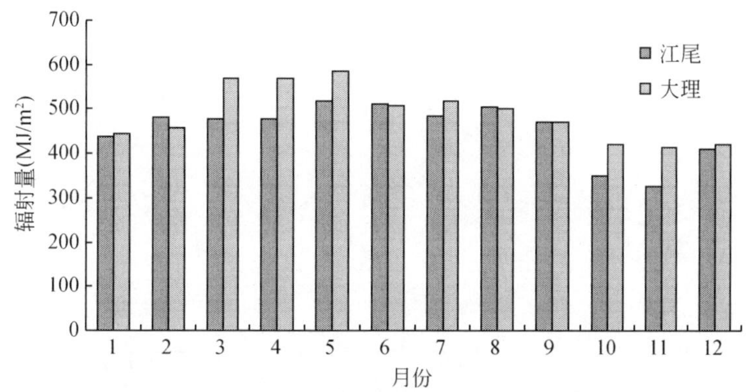

图1-6　2010年大理站和江尾站各月辐射量分布

图1-7给出的是常规气象站多年各月的日照时数统计结果。年内各月的日照时数分布

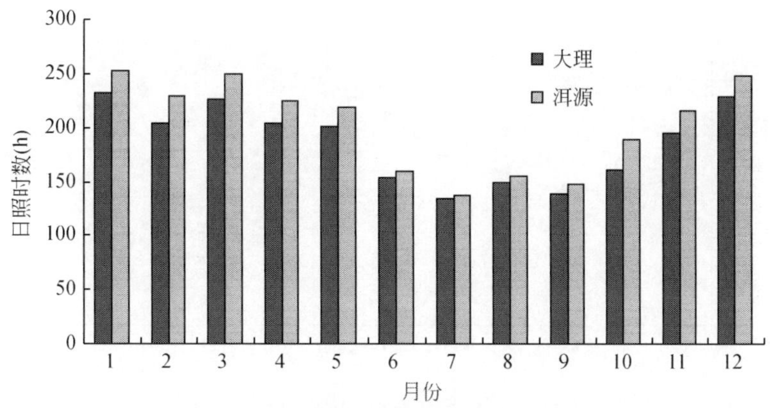

图1-7　各气象站多年各月日照时数分布

结果表明，在湿季，由于阴雨天气较多，日照时数明显少于干季，并且，位于洱海流域北部海拔较高的洱源站的日照量明显大于洱海湖区大理站的日照量。大理站多年平均日照时数为2227.5h，其中，日照最多的是1月，为232.6h；日照最少的是7月，为134.2h。洱源站多年平均日照时数为2427.9h，日照最多的是1月，为252.3h；日照最少的是7月，为137.4h。

1.1.2.3　气温、湿度

洱海流域常规气象站的多年各月平均气温、平均湿度分布统计结果分别见图1-8和图1-9。洱海流域内海拔高差较大，气温随海拔高度的变化明显。位于洱海湖边的大理站多年年平均气温为14.9℃，而位于流域北部洱源站的年平均气温略低，为14.2℃。两地年内各月的气温变化基本一致，最冷月出现在1月，大理站平均气温均为8.2℃，洱源站为7.0℃；最热月出现在6月，大理站和洱源站平均气温均为20.2℃；气温年较差大理站为12.0℃，洱源站为13.2℃。

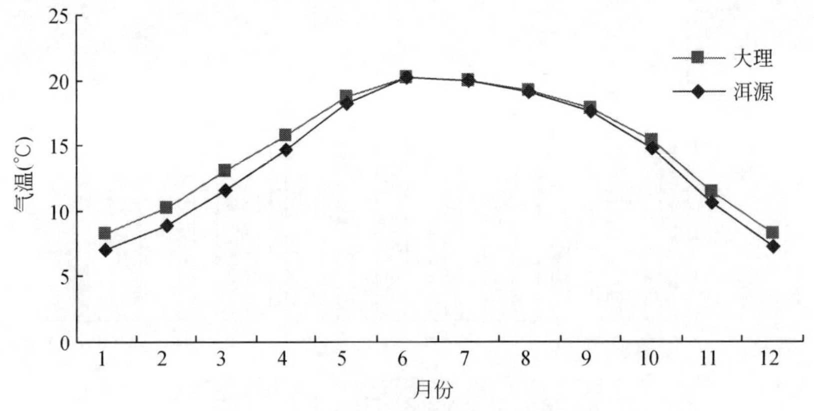

图1-8　各气象站多年各月平均气温变化

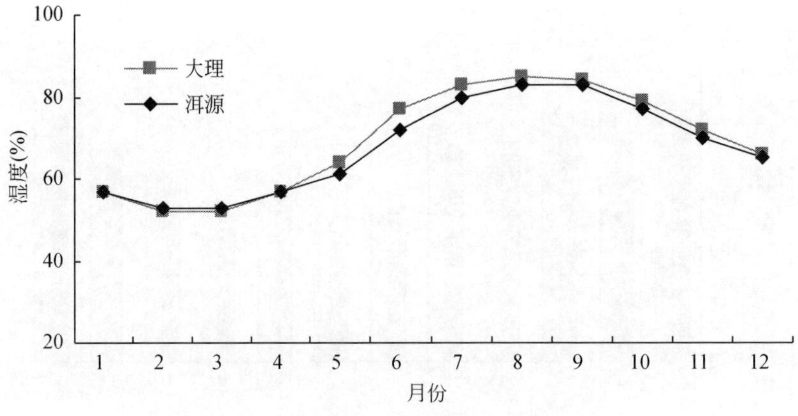

图1-9　各气象站多年各月平均湿度变化

洱海流域有着干湿季分明的气候特点，进入干季的12月至翌年的4月，湿度逐渐减小；随着雨季的到来，自5月开始湿度逐渐增大。各气象站多年各月的相对湿度变化特征表明，在干季的1～4月，相对湿度不足60%；而在湿季的7～9月，相对湿度在80%以上。大理站和洱源站两地的湿度差异不大。

根据2010年对洱海站、洱源站和江尾站的全年12个月的气温和湿度观测调查，结果分别如图1-10和图1-11所示。从年内各月的气温分布结果来看，位于流域北部的洱源站的气温明显低于湖区，而洱海西岸的大理站的气温也略低于北岸的江尾站。最冷的1月，大理站和江尾站的平均气温在9.5℃左右，洱源站平均气温为6.0℃；而在最热的6月，三个站的气温比较接近，平均气温在20.1～21.4℃。

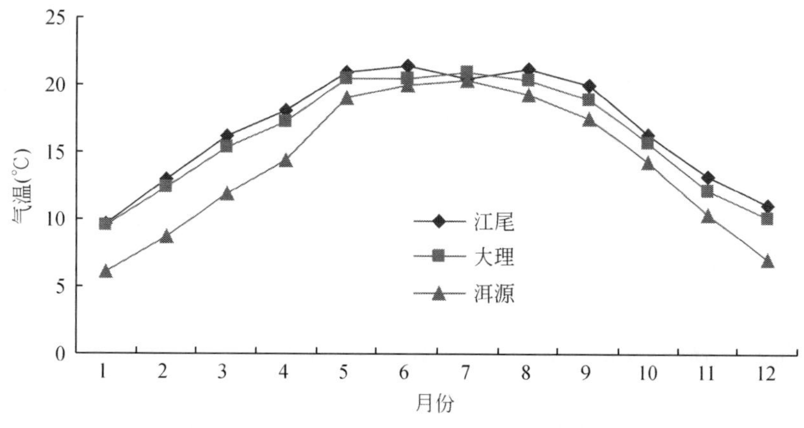

图1-10　各气象站2010年各月平均气温变化

从年内各月的湿度分布结果来看，流域内最干燥的月份出现在2～3月，相对湿度在40%左右；最湿润的月份出现在8～10月，相对湿度在80%左右。

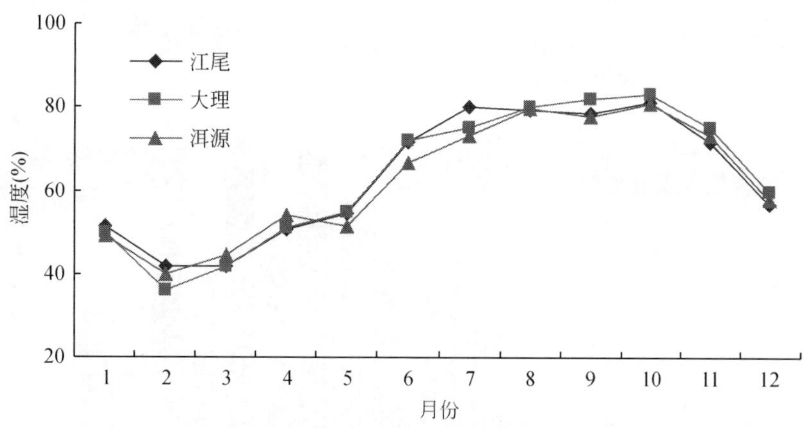

图1-11　各气象站2010年各月平均湿度变化

1.1.2.4 降水、蒸发

根据洱海流域水文气象站2000～2009年的降水观测调查，各站降雨量的年际变化趋势如图1-12所示。流域内2000～2006年的年降雨量变化呈下降趋势，其中，2003年和2004年的降雨呈波动变化，2006年出现谷值，雨水偏少，各站的年降雨量在505～885mm。2007年后的年降雨量变化开始上升，2008年达到峰值，雨水偏多，各站的年降雨量在879～1365mm。从各站的年降雨量分布可以看出，各站间的降雨量具有明显的差异，分布非常不均匀，特别是2000～2003年的各站降雨量存在较大的差异。

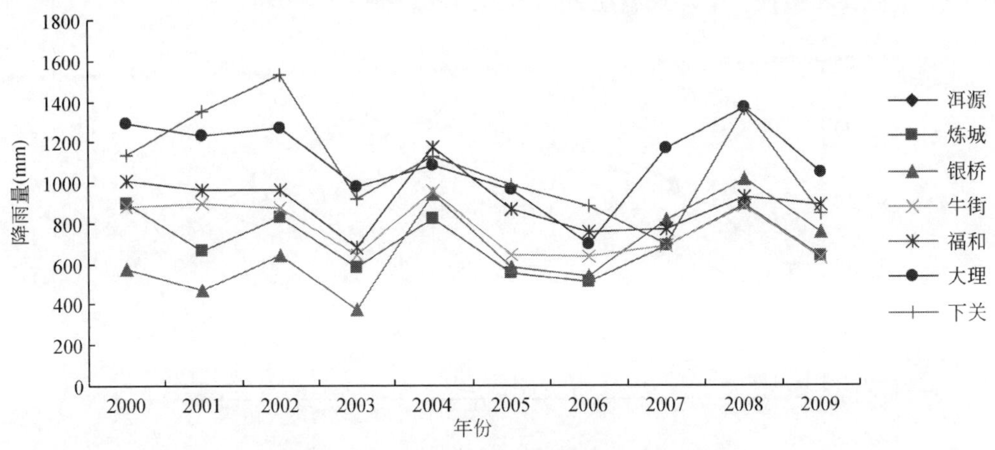

图1-12　各水文气象站降雨量的年际变化

图1-13给出的是洱海流域各水文气象站多年各月平均降雨量的分布情况。结果表明，年内的雨量分布有着明显的季节性差异，降雨从5月开始进入雨季后逐月增多，7～8月降雨量达到峰值，10月之后雨量迅速下降，到11月雨季结束进入干季，降雨量非常少，一直持续到翌年的4月。

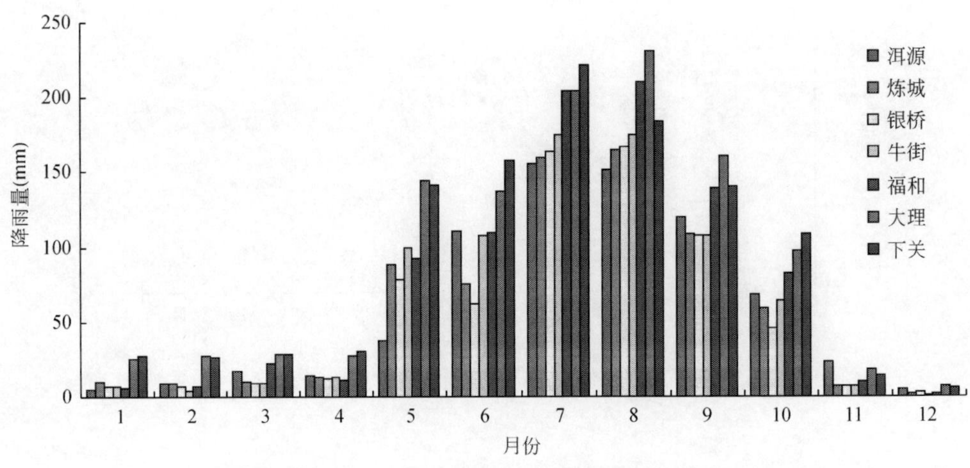

图1-13　各水文气象站累年各月平均降雨量分布

洱海流域各个水文气象站多年的降雨量调查统计特征分别如图 1-14、表 1-3 和图 1-15 所示。结果表明，位于洱海湖区的大理站和下关站平均降雨量明显大于湖区外的其他站，降雨量为正距平，比平均值偏多 170 ~ 195mm。而湖区外的各站降雨量均为负距平，其中，洱源站、炼城站和银桥站的降雨量比平均值偏少 195 ~ 245mm。多年平均降雨量大理站最多，降雨量为 1109. 7mm，其次是下关站，为 1084. 3mm；而湖区外的银桥站降雨量最少，多年平均降雨量仅为 669. 3mm。

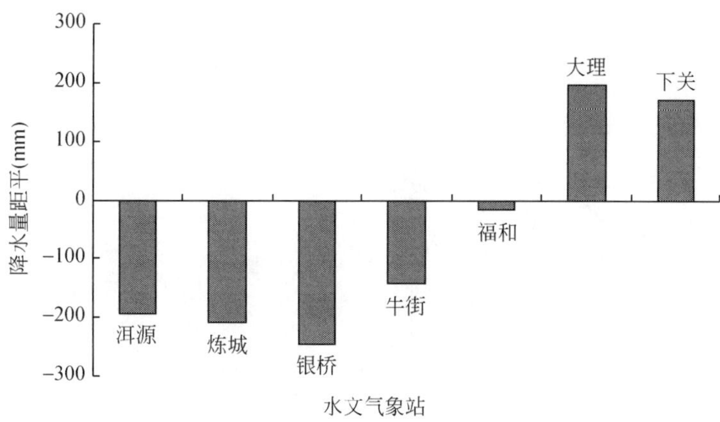

图 1-14　各水文气象站累年平均降雨量距平特征

表 1-3　各水文气象站累年降雨量的旱季/雨季分配情况

项目	洱源	炼城	银桥	牛街	福和	大理	下关
年降雨总量（mm）	719. 2	706. 5	669. 3	771. 4	898. 8	1109. 7	1084. 3
旱季（11 月 ~ 翌年 4 月）	75. 9	51. 3	45. 7	42. 4	60. 4	134. 8	131. 9
雨季（5 ~ 10 月）	643. 3	655. 2	623. 6	729. 1	838. 5	974. 9	952. 4
雨季占比（%）	89. 4	92. 7	93. 2	94. 5	93. 3	87. 9	87. 8

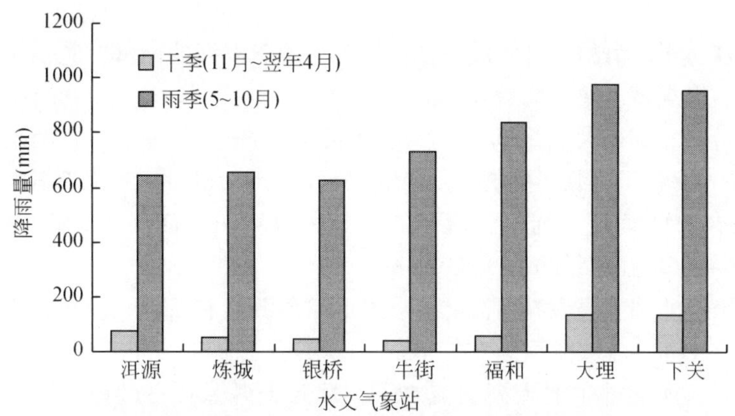

图 1-15　各水文气象站累年降雨量旱季/雨季分配

在年内的降雨分配上，雨季的5~10月降雨比较集中，而旱季的11月至翌年的4月降雨比较稀少，旱季与雨季分明。雨季的降雨量占了全年总降雨量的90%左右，而旱季的降雨量一般仅占全年总降雨量的10%左右。

图1-16给出的是洱海流域常规气象站多年各月蒸发量观测调查统计结果。大理站的多年平均蒸发量为1904.5mm，洱源站为2030.2mm。流域年内旱季的3~5月蒸发量最大，也是流域的大风季，月平均蒸发量在200mm以上。随着雨季的开始，自6月之后的蒸发量逐渐减小，到11月的蒸发量最小，月平均蒸发量在125mm左右。

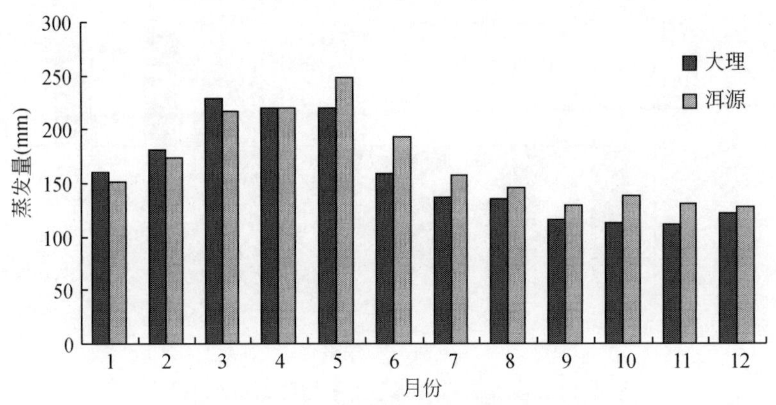

图1-16　各气象站累年各月蒸发量分布

1.1.3　流域水文特征分析

1.1.3.1　河流水系

洱海流域属澜沧江水系，流域面积为2565.4km^2，其中，洱海湖面高程1974.0m时，水域面积为249.4km^2，占流域面积的9.7%。洱海流域河流水系的空间分布见图1-17。流域内有弥苴河、永安江、罗时江、波罗江、西洱河、苍山十八溪、凤尾箐、海东箐、龙王庙箐等大小河溪117条，以及洱海、茈碧湖、海西海、西湖等大小湖泊，其中，弥苴河、永安江、罗时江位于洱海的北部，波罗江、西洱河位于洱海的南部，苍山十八溪在洱海的西侧，凤尾箐、海东箐、龙王庙箐在洱海的东侧。

弥苴河是洱海北部最大的入湖河流，全河长71.1km，由一主二支两湖组成，北支弥茨河长43.4km，发源于洱源县牛街乡；南支凤羽河长33.6km，发源于洱源县凤羽镇；两河在三江口汇合入弥苴河主河段，流经右所镇、邓川镇、江尾镇。弥苴河流域面积为1047.1km^2，多年平均径流量约为3.55亿m^3。

罗时江是洱海北部主要入湖河流之一，发源于洱源县右所镇，流经西湖、邓川镇、江尾镇，全长18.29km，流域面积为137.3km^2，多年均径流量约为0.47亿m^3。

永安江也是洱海北部主要入湖河流之一，发源于洱源县右所镇，流经邓川镇、江尾镇，全长18.35km，流域面积为77.9km^2，多年平均径流量约为0.26亿m^3。

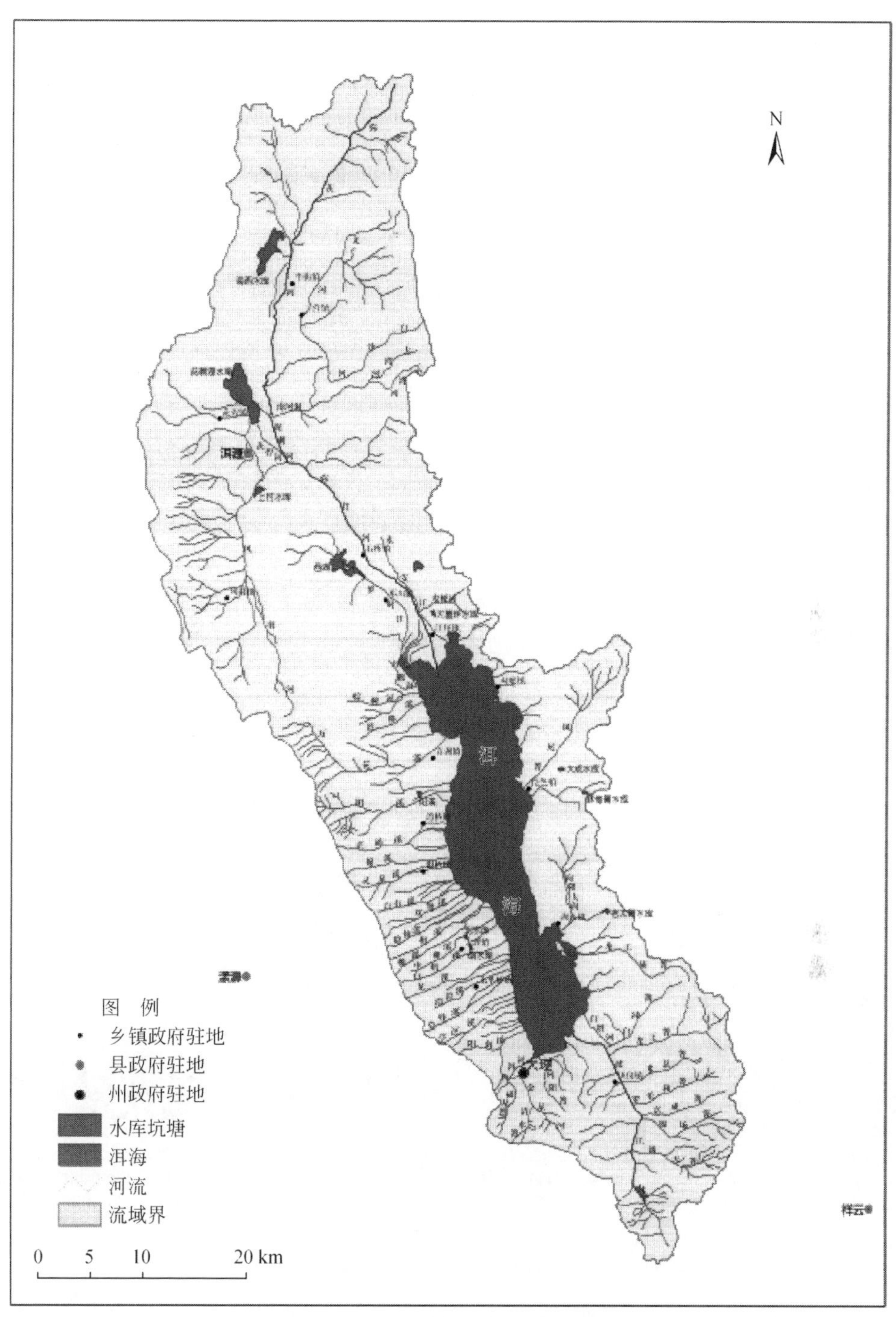

图 1-17 洱海流域河流水系分布示意图

波罗江位于洱海南部的凤仪镇，经三哨水库流出，全长 29.0km，流域面积为 231.4km^2，多年平均径流量约为 0.77 亿 m^3。

苍山十八溪位于洱海西岸，其由北向南依序为：霞移溪、万花溪、阳溪、茫涌溪、锦溪、灵泉溪、白石溪、双鸳溪、隐仙溪、桃溪、梅溪、中和溪、白鹤溪、黑龙溪、清碧溪、莫残溪、葶溟溪、阳南溪，流域面积合计约为345.4km^2，多年平均径流量约为2.26亿m^3。

西洱河为洱海的天然出湖河流，由东向西流经下关城区，至漾濞平坡入黑惠江，该河全长23km，出湖水量主要应用于发电、排污冲淤和泄洪。

引洱入宾北干渠是解决宾川县严重缺水的引水工程，1987年动工建设，1994年竣工通水。干渠全长28.4km，设计引水流量为10m^3/s，引洱海水量为5000万m^3/a。

1.1.3.2 地表径流

(1) 弥苴河径流量变化特征

洱海北部流域的弥苴河为常年性流水河流，弥苴河水文站具有长期的水文观测资料系列，下面以弥苴河水文站作为代表站，采用2000～2009年的水文观测资料来说明流域地表径流量的变化特征。

图1-18给出的是弥苴河2009年的日径流量变化过程。观测结果表明，在旱季出现降雨日较少，弥苴河的日径流量也较小，最小的日径流量仅为1.64m^3/s，发生在2月19日；而进入雨季后降雨日增多，日径流量也增大，在6月、8月、9月多发生洪峰流量，最大洪峰流量为35.7 m^3/s，发生在6月27日。

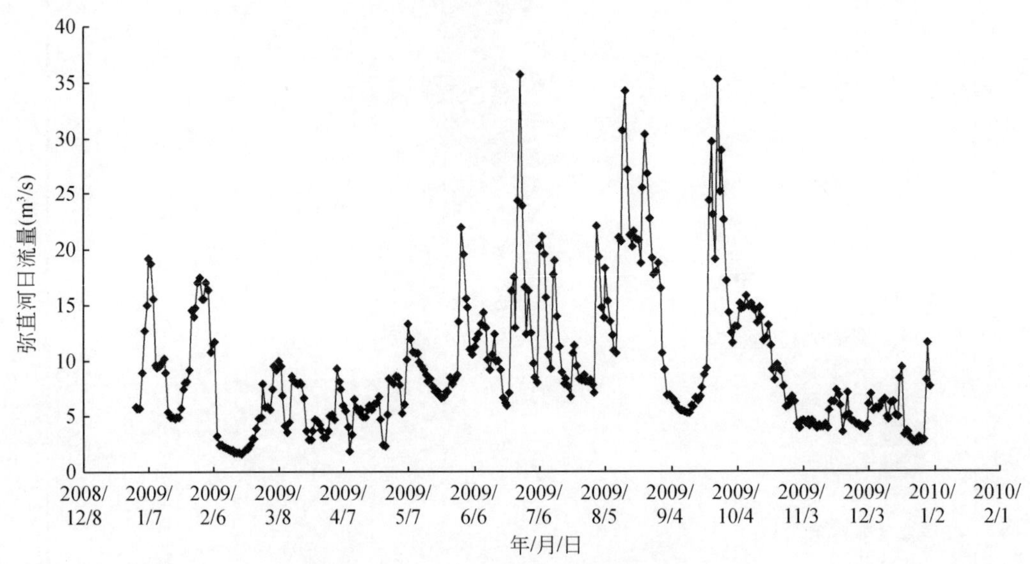

图1-18　2009年弥苴河日流量过程线

对弥苴河2009年的日径流量过程做频率分析，结果见图1-19，约75%的日径流量小于12.5 m^3/s，约10%的日径流量小于3.57 m^3/s，约3%的日径流量大于24.99 m^3/s，而1%的日径流量大于30.35 m^3/s。

弥苴河水文站2000～2009年的各月平均径流量统计结果表明，弥苴河的径流量约

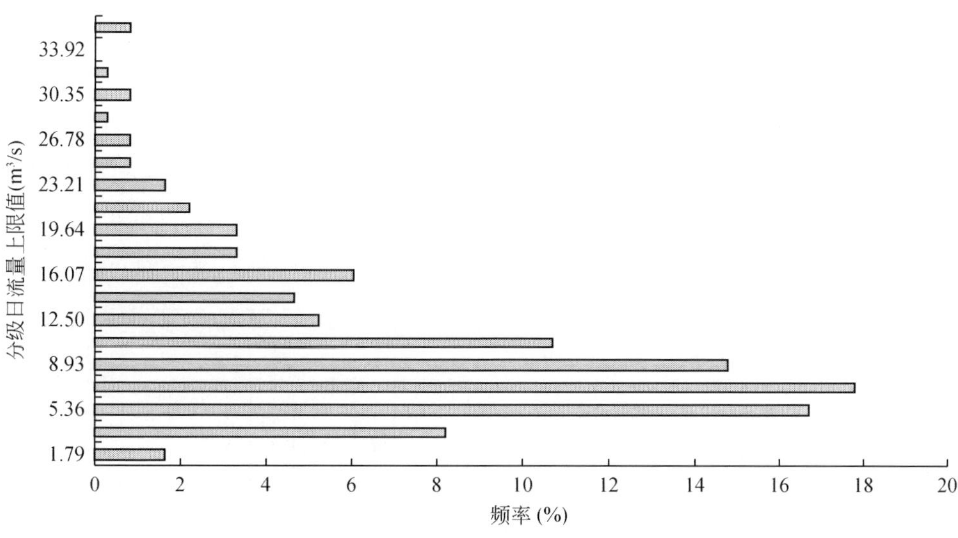

图 1-19　2009 年弥苴河日径流量频率分布

80% 集中分布在雨季的 5 ~ 11 月，其中，8 月径流量最大，占全年径流量的 16.4%，其次是 9 月占 14.4%、7 月占 12.8%、10 月占 10.7%；而在旱季的 4 月径流量最小，仅占全年径流量的 2.6%。弥苴河多年各月平均径流量分布情况见图 1-20。

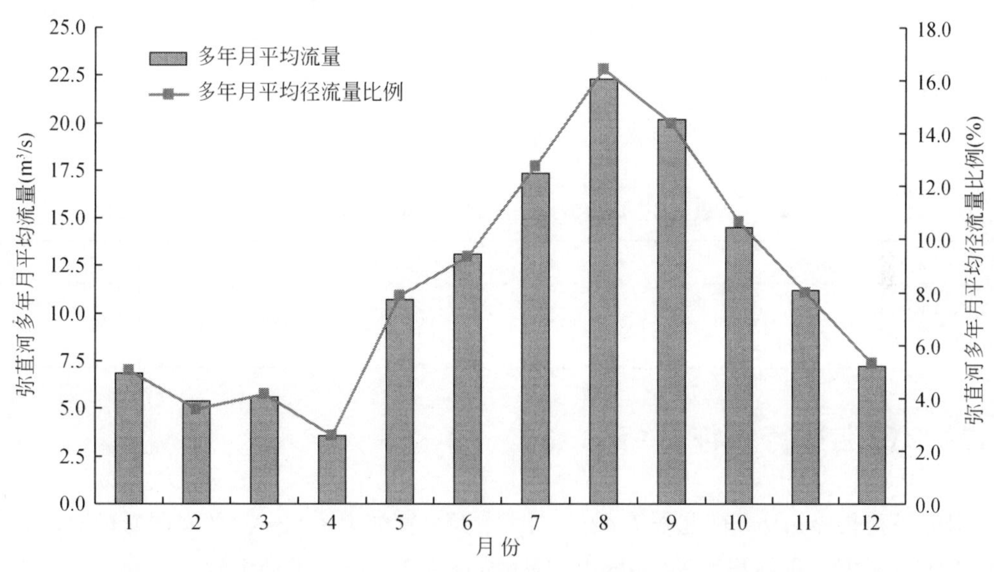

图 1-20　2000 ~ 2009 年弥苴河各月平均径流量分布

(2) 流域入湖径流量变化特征

根据大理水文水资源局完成的《大理市地表水资源调查评价》中对 1956 ~ 2005 年洱海流域入湖水量的还原计算结果，采用 2000 ~ 2010 年的洱海流域水文资料进行插补延长，通过洱海的水量平衡还原计算校正，得到 1956 ~ 2010 年的长期水文资料系列，对 55 年的洱海流域入湖水量进行频率分析。选用皮尔逊Ⅲ型曲线（P-Ⅲ型曲线）方法，用试线法进行洱海的年入湖水量的经验累积频率分析。计算得到的多年平均入湖水量为8.59亿m^3、离差系数（Cv）为0.30、偏差系数（Cs）为0.45。

由洱海的年入湖水量频率曲线图1-21可以看出，理论频率曲线同经验频率曲线吻合较好，可以确定不同设计频率和重现期下的年入湖水量结果，见表1-4。根据水文条件的设计频率，可得到洱海流域的平水年（$P=50\%$）年入湖水量为8.49亿m^3，丰水年（$P=20\%$）年入湖水量为10.80亿m^3，枯水年（$P=85\%$）年入湖水量为5.97亿m^3。

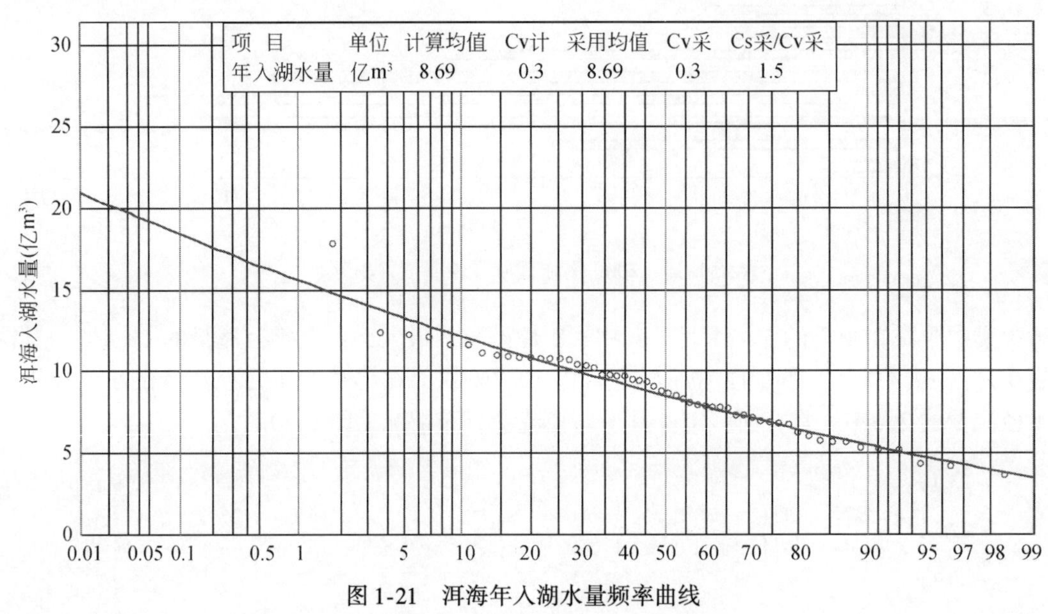

图1-21 洱海年入湖水量频率曲线

表1-4 洱海流域年入湖水量频率分析结果

频率P（%）	0.5	5	10	20	25	50	75	85	90	95
年入湖水量（亿m^3）	19.2	13.28	12.13	10.8	10.32	8.49	6.84	5.97	5.5	4.76

1.1.4 洱海运行特征分析

洱海呈狭长形如耳，南北长为42.5km，东西最宽处为8.4km，平均宽为6.3km，湖面水位1974.0m时，湖面积为249.4km^2，最大水深为21.3m，平均水深为10.6m，湖容量为28.8亿m^3。根据《云南省大理白族自治州洱海管理条例（2004年修订）》，洱海最低运行水位为1972.61m，最高运行水位为1974.31m。并按照“汛期多放水，枯期少放水，污水多放，净水少放”的原则，管理调度洱海的运行。

根据2000~2010年洱海管理局对洱海运行水位的观测调查，洱海最高水位出现在2008年11月，为1974.67m，当年最低水位为1973.27m，出现在5月，是洱海运行水位最高的年份。洱海运行水位最低的年份为2003年，当年最高水位为1973.69m，出现在10月，最低水位为1971.70m，出现在5月。自2004年后，洱海最低水位保持逐年上升的态势，到2007年才恢复至新修订的洱海管理条例最低运行水位的要求。洱海2000～2010年各年运行水位变化特征见图1-22。

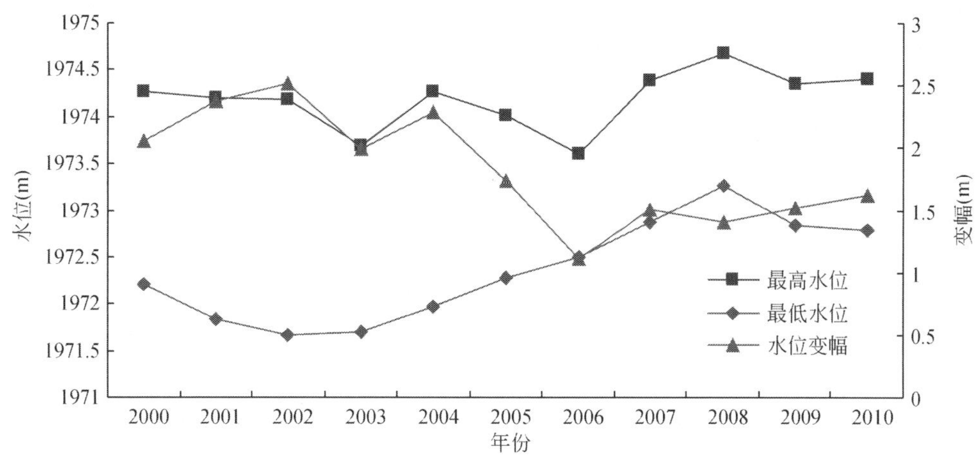

图1-22　洱海2000～2010年运行水位变化特征

洱海的运行受入湖水量与出湖水量的直接影响，其中，因发电、泄洪和引水的出水量需要由人工进行调控管理，图1-23给出了2000～2010年洱海各年由西洱河和引洱入宾出湖水量的统计结果。

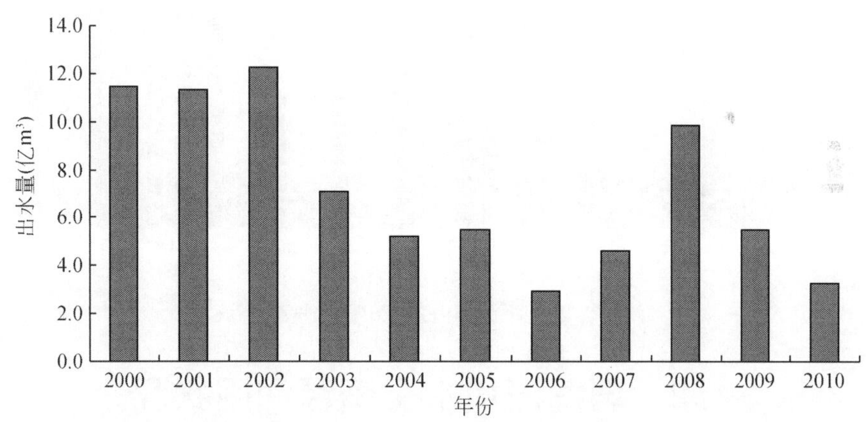

图1-23　洱海2000～2010年出水量调控情况

从各年出湖水量的调控情况来看，2000～2002年连续三年洱海的出水量都较多，到2002年是出水量最多的年份，达到12.23亿m^3，当年的洱海运行水位变幅达到2.52m，造成了洱海水位的大幅下降，也直接影响到了下一年的洱海运行，出现了2003年运行水位最低的情况。洱海出水量最少的年份为2006年，当年流域内的降雨量偏少，调控出水量仅为2.98亿m^3，也是洱海运行水位变幅最小的年份，变幅为1.11m。而在2008年调控出水量也较大，出水量为 9.85 亿 m^3，而当年流域内的雨水充沛，洱海补水充足，因此保持了洱海较高的水位运行。

洱海的年初水位一般都处于高位，随着逐月调控出水量的增多，水位也逐月下降，此期间流域属干季，至 6 ~ 7 月到达最低水位；进入雨季后随着流域汇入水量的增多，洱海水位逐月上升，到年末的水位又回到高位。图 1-24 和图 1-25 分别给出了 2000 年、2005 年、2010 年洱海的年内运行水位变化和相应的年内出湖水量调控变化情况。

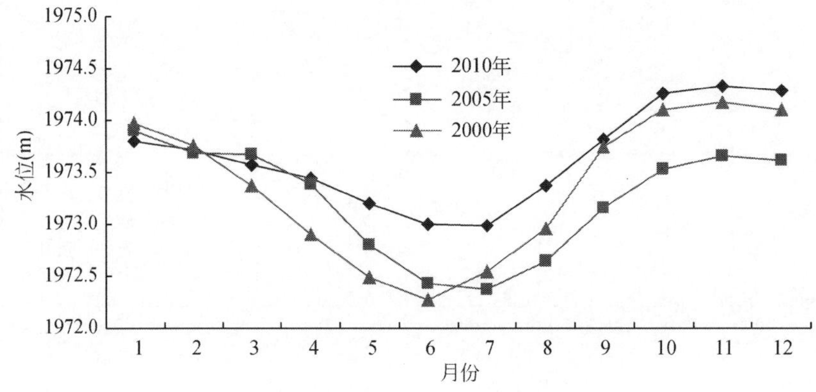

图 1-24　洱海年内各月运行水位变化

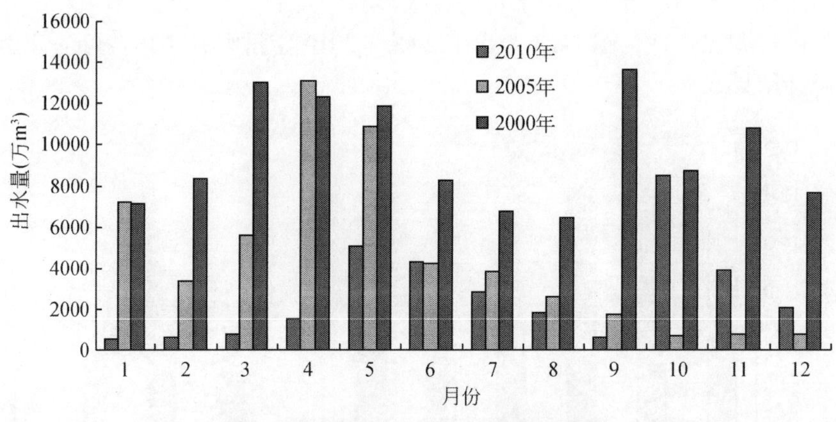

图 1-25　洱海年内各月出湖水量变化

1.2　洱海流域水土资源利用状况

1.2.1　流域土地利用调查

1.2.1.1　土地利用数据来源与解释方法

洱海流域土地利用现状调查的影像数据主要采用了 2010 年天地网上的高清影像，由于流域的部分区域不是高清影像数据，因此，还采用了 2008 年 3 月 1 日过境的 TM 影像资料作为调查数据的填补校准。为了满足本子课题研究需要的流域土地利用类型分布要求，对影像数据资料的处理主要通过遥感技术（RS）和地理信息系统技术（GIS），采用目视解译判读影像的方法来获取洱海流域土地利用/土地覆被数据。

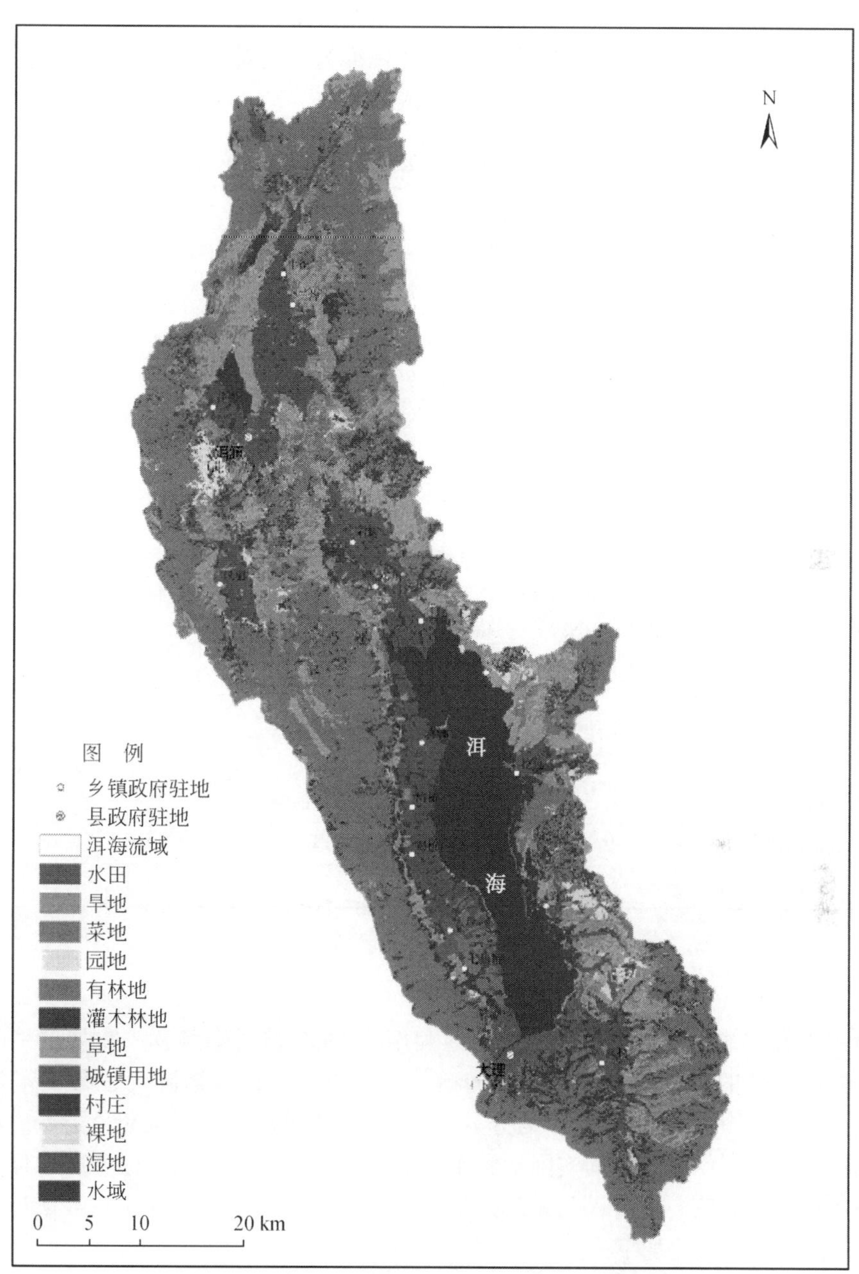

图 1-26　洱海流域土地利用现状分布示意图

在获得洱海流域土地利用现状分布的过程中，需要根据流域当前土地利用的实际情况对各个土地个体形态单元土地属性或特征共性进行归纳，在同一级土地中划分出不同的土地单元，即土地利用分类单元，从而获得流域内各种土地利用类型的面积、分布和利用的状况。因此，在形成洱海流域土地利用类型分布图前，必须建立用于影像解译的上图单元，即土地利用分类单元。根据 GB/T 21010—2007《土地利用现状分类》国家标准和云南省土地利用二级分类系统的规定、影像数据资料的质量、遥感判读可达到的精度及洱海流域的土地利用类型特点，以土地利用二级分类标准为依据对流域的土地利用分类作适当的调整。土地利用类型遥感分类系统及含义见表 1-5。

表 1-5　土地利用类型遥感分类系统及含义

一级类型	二级类型	代码	含义
耕地	水田	11	指有水源保证和灌溉设施，在一般年景能灌溉，用以种植水稻、莲藕等水生农作物的耕地，包括实行水稻和旱地作物轮种的耕地
	菜地	12	指无灌溉水源及设施，靠天然降水生长作物的耕地；有水源和浇灌设施，在一般年景下能正常灌溉的旱作物耕地；以种菜为主的耕地，正常轮作的休闲地和轮歇地
	旱地	13	指以大棚为设施来种植蔬菜和苗圃的耕地
园地	园地	21	包括果园、茶园等
林地	有林地	31	指郁闭度>30%的天然木和人工林，包括用材林、经济林、防护林等成片林地
	灌木林地	32	指郁闭度>40%，高度在 2m 以下的矮林地和灌丛林地
草地	草地	43	指以生长草本植物为主，覆盖度在 5% 以上的各类草地，包括以牧为主的灌丛草地和郁闭度在 10% 以下的疏林草地
湖泊	湖泊水面	112	指天然形成的积水区常年水位岸线以下的土地
	水库水面	113	指人工修建的蓄水区常年水位以下的土地
	湿地	125	指洱海湖滨水生植被生长的区域
裸地	裸地	127	表层为岩石或石砾，以生长草本植物为主的各种土地类型
建筑用地	城镇用地	201	指大、中、小城市及县镇以上建成区用地
	村庄	203	指农村居民点

1.2.1.2　土地利用解译精度分析

土地利用分类结果精度评价是进行土地利用/土地覆被遥感判读中重要的一步，也是分类结果是否可信的一种度量。最常用的精度评价方法是误差矩阵（也称混淆矩阵）方法，误差矩阵是一个 $N \times N$ 矩阵（N 为分类数)，用来简单比较参照点和分类点。在分类图上随机取样对比分类结果与地面实际地物来生成误差矩阵，或者从地面分层取样与评价图像对比来生成误差矩阵。在对误差矩阵进行对比分析后，需要用 Kappa 系数来计算分类精度。Kappa 系数计算公式如下。

$$\text{Kappa} = \frac{N\sum_{i=1}^{r} x_{ii} - \sum_{i=1}^{r}(x_{i+}x_{+i})}{N^2 - \sum_{i=1}^{r}(x_{i+}x_{+i})}$$

式中，r 为误差矩阵的行数，x_{ii}为 i 行 i 列（主对角线）上的值，x_{i+}和 x_{+i}分别为第 i 行和与第 i 列的和，N 为样点总数。

通过对洱海流域土地利用影像数据解释结果的误差矩阵评价分析，Kappa 系数计算分类精度为 85.6%，可以达到本子课题研究需要的流域土地利用类型分布的解释精度要求。

1.2.2 流域土地利用现状

1.2.2.1 流域土地利用类型分布

洱海流域各种土地利用类型的面积、比例和分布状况见表 1-6 和图 1-26。结果显示，洱海流域内的有林地分布面积最大，为 996.88km²，占流域面积的 38.86%，主要分布在流域的西部、南部和北部的山脊线周围。其次是草地，面积为 290.33km²，占流域面积的 11.32%，主要分布在茈碧湖流域的北部和东部，以及流域的东部和东南部。灌木林面积为 297.75km²，占流域面积的 10.90%，主要分布在流域的西部和西南部。

表 1-6 洱海流域土地利用类型统计

土地利用类型	面积（km²）	比例（%）
水田	279.73	10.90
旱地	250.67	9.77
菜地	18.76	0.73
园地	37.71	1.47
草地	290.33	11.32
有林地	996.88	38.86
灌木林地	279.75	10.90
湖泊水面	253.92	9.90
水库水面	11.34	0.44
湿地	1.91	0.07
城镇用地	49.82	1.94
村庄	93.56	3.65
裸地	1.05	0.04
合计	2565.43	100.00

洱海流域内的水域面积为 265.26km²，占流域面积的 10.34%，主要由洱海、茈碧湖、西湖和海西海水库组成。湿地面积为 1.91km²，占流域面积的 0.07%，主要分布在洱海的西岸。

洱海流域内的水田面积为 279.73km²，占流域面积的 10.90%，主要分布在洱海西岸、北岸和东南岸，西湖除西岸以外的区域，茈碧湖西南岸和南岸，以及牛街、三营和凤羽三乡镇地势平坦和水量充沛的区域。旱地面积为250.67km²，占流域面积的9.77%，大部分分布在水田的周围，少部分夹杂在水田中。园地面积为37.71km²，占流域面积的1.47%，主要分布在洱源县城的西南部和海东镇附近。菜地面积18.76km²，占流域面积的0.73%，主要分布在七里桥和大理镇。

村庄面积为93.56km²，占流域面积的3.65%，主要点缀分布在水田板块的区域。城镇用地面积为49.82km²，占流域面积的1.94%，主要为大理市市区和洱源县城。裸地面积为1.05km²，占流域面积的0.04%。

1.2.2.2 各分区域土地利用类型分布

根据洱海流域内各种土地利用类型的分布特点，并结合本子课题研究对流域水污染控制区的划分需求，将流域划分为5个分区流域，分别说明各个划分流域的土地利用类型分布状况。划分的5个分区流域分别为：洱海北部三江流域、洱海西部苍山十八溪流域、洱海南部城镇及开发区流域、洱海东部流域、洱海生态修复区域。

（1）洱海北部三江流域

洱海北部流域主要由弥苴河、永安江、罗时江流域构成，在5个划分区域中面积最大，面积为1247.70km²，占洱海流域总面积的48.63%，域内有牛街、三营、茈碧、凤羽、右所、邓川和江尾7个乡镇。洱海北部流域土地利用类型的面积分布状况详情见表1-7和图1-27。

表1-7 洱海北部流域土地利用类型统计

土地利用类型	面积（km²）	比例（%）
水田	158.03	12.67
旱地	142.5	11.42
菜地	1.17	0.09
园地	21.52	1.72
草地	198.81	15.93
有林地	535.98	42.96
灌木林地	122.02	9.78
湖泊水面	11.32	0.91
水库水面	8.47	0.68
湿地	0.89	0.07
城镇用地	7.68	0.62
村庄	38.34	3.07
裸地	0.97	0.08
合计	1247.70	100

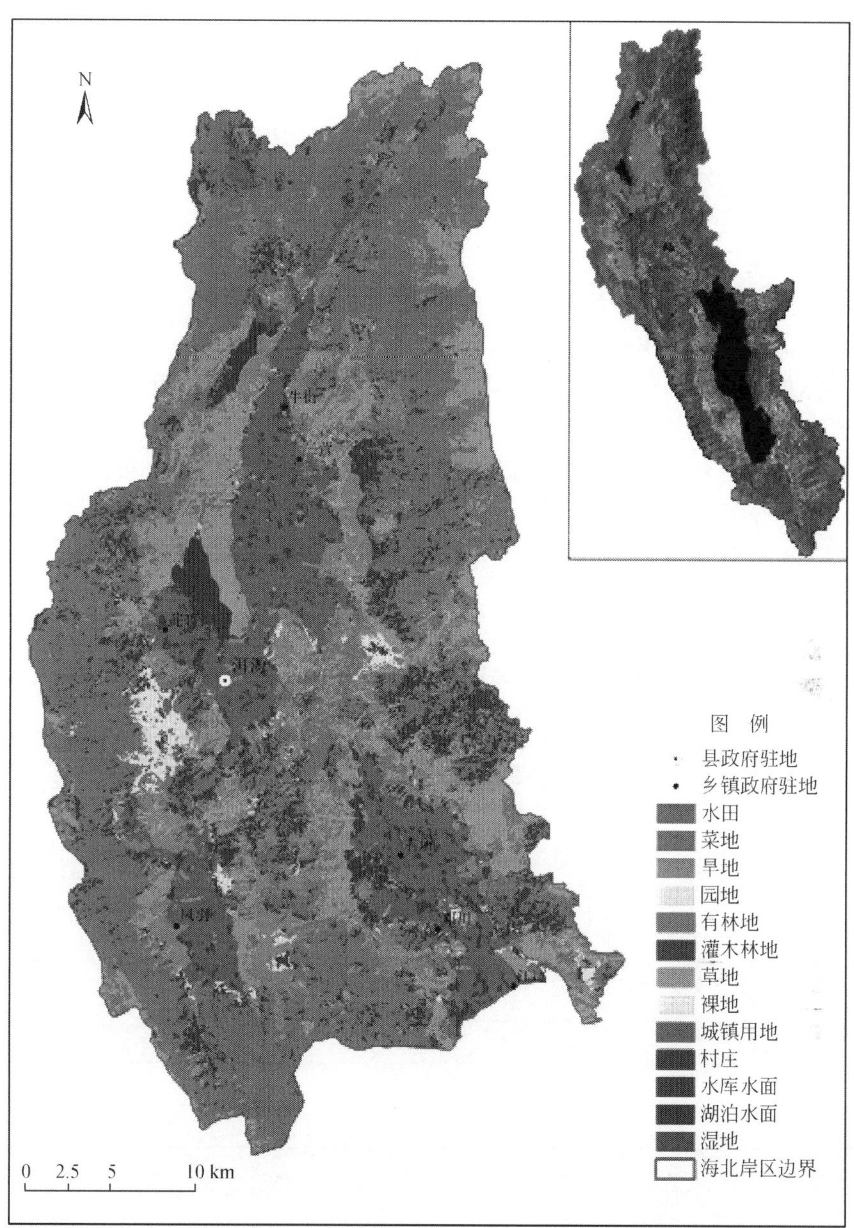

图 1-27 洱海北部流域土地利用分布示意图

洱海北部流域内的农田面积为 301. 7km²，占洱海流域农田总面积的 54. 94% ，主要分布在几个乡镇周围平坦的区域。城镇用地为 7. 68km²，占洱海流域城镇总面积的 15. 40% ，主要为洱源县城及几个乡镇区域。村庄面积为 38. 34km²，占洱海流域村庄总面积的 40. 97% 。有林地面积为 535. 98km²，占洱海流域有林地总面积的 53. 77% ，主要分布在流域的周边。灌木林地面积为 122. 02km²，占洱海流域有灌木林地总面积的 43. 62，主要分布在流域的东部。草地面积为 198. 81km²，占洱海流域草地总面积的 68. 48% ，主要分布在牛街、茈碧、右所、凤羽几个乡镇农业用地的附近。水域面积为19.79km^2，主要为茈碧湖、西湖与海西海水库。园地面积为21.52km^2。

洱海北部流域地处罗坪山中部分水岭以东，海拔2100～2400m，洱源县城及各乡镇周边为地势较平坦的坝区，面积相对较小，坝区周边为中山山地，具有典型的高原断陷湖盆地形。域内山区径流发育，河流水系发达，分布有海西海、茈碧湖、西湖三个高原湖泊，是洱海主要入湖河流弥苴河（上游为弥茨河、凤羽河）、永安江、罗时江的发源地。域内山区的林地、草地生态系统类型分布较广，水田主要分布在坝区及河谷地带，周边山坡有大面积的旱地开垦，土壤侵蚀程度较重。

洱海北部流域是以农作物种植、畜牧养殖为主的农业区，工业主要以梅果制品、乳制品等农特产品加工为主，建有以新希望邓川蝶泉乳制品厂为龙头的邓川工业园区。

（2）洱海西部苍山十八溪流域

洱海西部流域主要由苍山十八溪流域构成，域内有喜洲、湾桥、银桥、大理、七里桥5个乡镇，面积为353.91km^2，占洱海流域总面积的13.8%。洱海西部流域土地利用类型的面积分布状况详情如表1-8和图1-28所示。

表1-8 洱海西部流域土地利用类型统计

土地利用类型	面积（km^2）	比例（%）
水田	41.07	11.61
旱地	15.35	4.34
菜地	7.12	2.01
园地	0.70	0.2
草地	20.72	5.85
有林地	206.77	58.43
灌木林地	32.95	9.31
水库水面	0.44	0.12
城镇用地	8.86	2.5
村庄	19.84	5.61
裸地	0.08	0.02
合计	353.91	100

洱海西部流域内的农田面积为63.54km^2，占洱海流域农田总面积的11.57%，主要分布在流域的东部沿洱海区域。有林地面积为206.77km^2，占洱海流域有林地总面积的20.74%，主要分布在流域的西部。灌木林地面积为32.95km^2，占洱海流域有灌木林地总面积的11.78%。村庄为19.84km^2，占洱海流域村庄总面积的22.11%，主要分布在农业用地相连的板块区域。草地面积为20.72km^2，占洱海流域草地面积的7.1%。园地面积为0.70km^2，城镇用地为8.86km^2，水域面积为0.44km^2。

洱海西部流域地处滇中高原西部与横断山脉南端交汇处，海拔2000～4100m，主峰点苍山位于横断山脉与青藏高原的结合部，顶端保存着完整的典型冰融地貌。域内地形西高

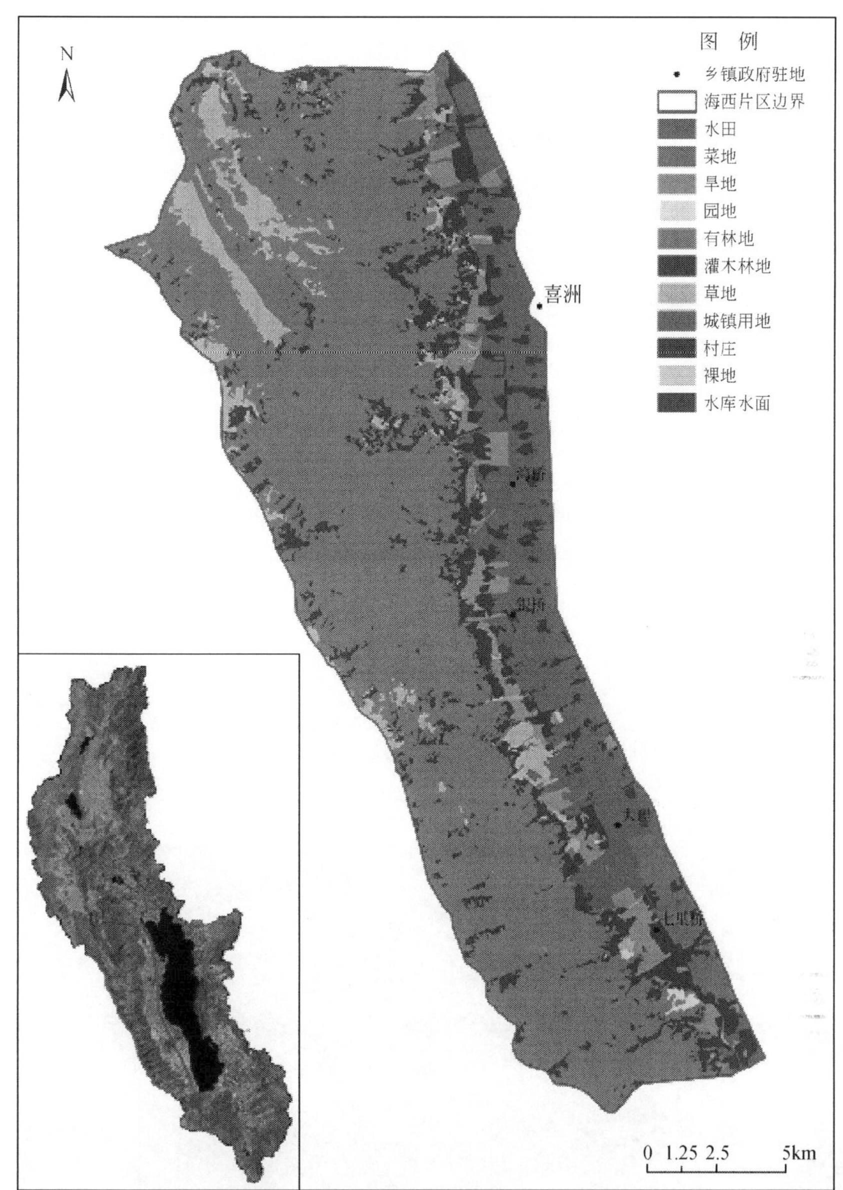

图 1-28 洱海西部流域土地利用分布示意图

东低，西部为苍山主体，由 19 座山峰构成，植被丰茂，生态系统类型多样。东部为平坝区，土地资源利用较充分。

洱海西部流域农业主要有传统农作物种植、畜牧养殖、农产品加工，工业以原材料加工业为主，交通道路发达，村镇居民点密集。域内旅游资源丰富，点苍山、蝴蝶泉、大理古镇、崇圣寺三塔、南诏德化碑太和城遗址、圣元寺观音阁等成为大理洱海旅游的主要景区。

(3) 洱海南部城镇及开发区流域

洱海南部流域主要由大理市主城区、经济开发区及波罗江流域构成，域内有下关和凤仪 2 个乡镇，面积为 378.55km²，占洱海流域总面积的 14.76%。洱海南部流域土地利用类型的面积分布状况详情如表 1-9 和图 1-29 所示。

表 1-9　洱海南部流域土地利用类型统计

土地利用类型	面积（km²）	比例（%）
水田	25.65	6.78
旱地	38.19	10.09
园地	2.49	0.66
草地	29.14	7.7
有林地	171.08	45.19
灌木林地	69.46	18.35
湖泊水面	0.01	—
水库水面	1.19	0.31
城镇用地	28.93	7.64
村庄	12.41	3.28
合计	378.55	100

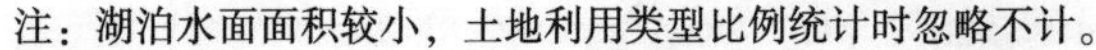
注：湖泊水面面积较小，土地利用类型比例统计时忽略不计。

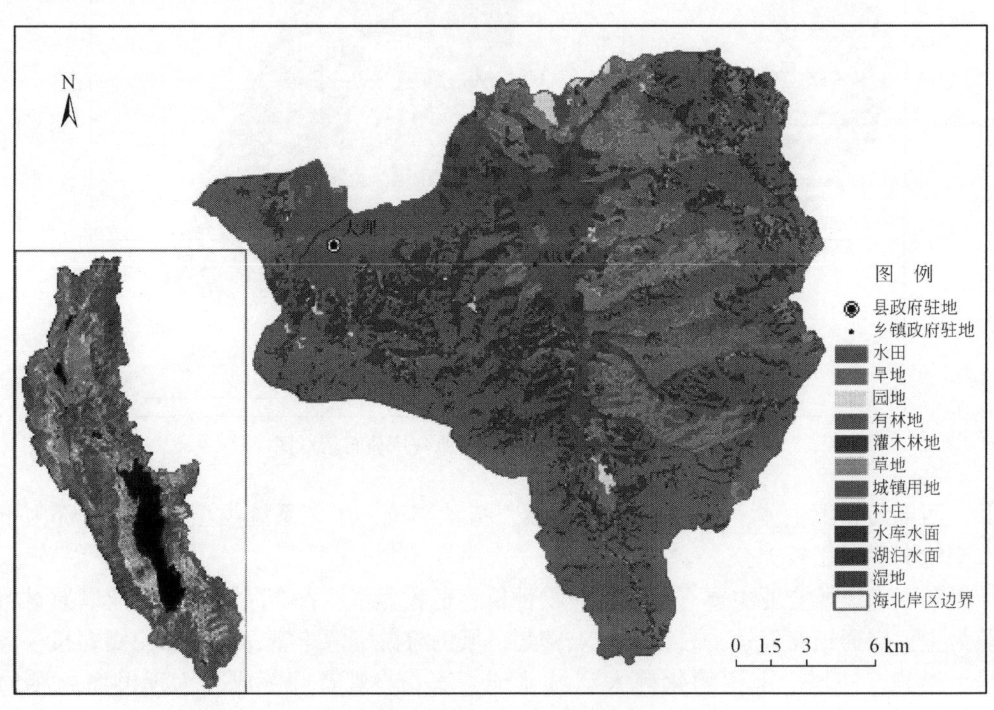

图 1-29　洱海南部流域土地利用分布示意图

洱海南部流域内的农田面积为63. 84km²，占洱海流域农田总面积的11. 63%，主要分布在流域的中部。城镇用地为28. 93km²，占洱海流域城镇总面积的58. 07%，主要为大理主城区、经济开发区和凤仪镇区域。村庄为12. 41km²，占洱海流域村庄总面积的13. 26%，主要零散分布在农业用地板块中。有林地面积为171. 08km²，占洱海流域有林地总面积的17. 16%，主要分布在除北部流域以外的周边区域。灌木林地面积为69. 46km²，占洱海流域有灌木林地总面积的24. 83%，主要分布在大理主城区的南部。草地面积为29. 14km²，园地面积为2. 49km²，湖泊面积为0. 01km²。

洱海南部流域地处云岭余脉老君山点苍山南缘，哀牢山起点北端，属滇西中山宽谷洪积区，东、西、南部高，北部低，海拔1980～3117. 9m。波罗江自南向北流入洱海，天然出湖河流西洱河自西向东流出域外。域内的土地资源开发度较高，是大理市的政治、经济、文化中心，人口集中度较高。有大理机场、广大铁路、楚大高等级公路、大丽二级公路、大保高等级公路等交通网络，是滇西交通枢纽和物资集散地。工业有乳制品、茶叶加工、啤酒、卷烟等制造业，建设中的经济开发区为以新型工业和仓储物流为主的工业园区。农业有传统农作物种植、市郊蔬菜种植、特色花卉等产业。

(4) 洱海东部流域

洱海东部流域主要由双廊镇、挖色镇、海东镇3个乡镇构成，面积为263. 35km²，占洱海流域总面积的10. 27%。洱海东部流域土地利用类型的面积分布状况详情如表1-10和图1-30所示。

表1-10　洱海东部流域土地利用类型统计

土地利用类型	面积（km²）	比例（%）
水田	15. 96	6. 06
旱地	51. 88	19. 7
园地	12. 64	4. 8
草地	38. 92	14. 78
有林地	81. 89	31. 09
灌木林地	54. 14	20. 56
湖泊水面	0. 05	0. 02
水库水面	0. 48	0. 18
城镇用地	1. 07	0. 41
村庄	6. 32	2. 4
合计	263. 35	100

洱海东部流域内的农田面积为67. 84km²，占洱海流域农田总面积的12. 35%，主要分布在挖色与海东较平缓的区域。灌木林地面积为54. 14km²，占洱海流域有灌木林地总面

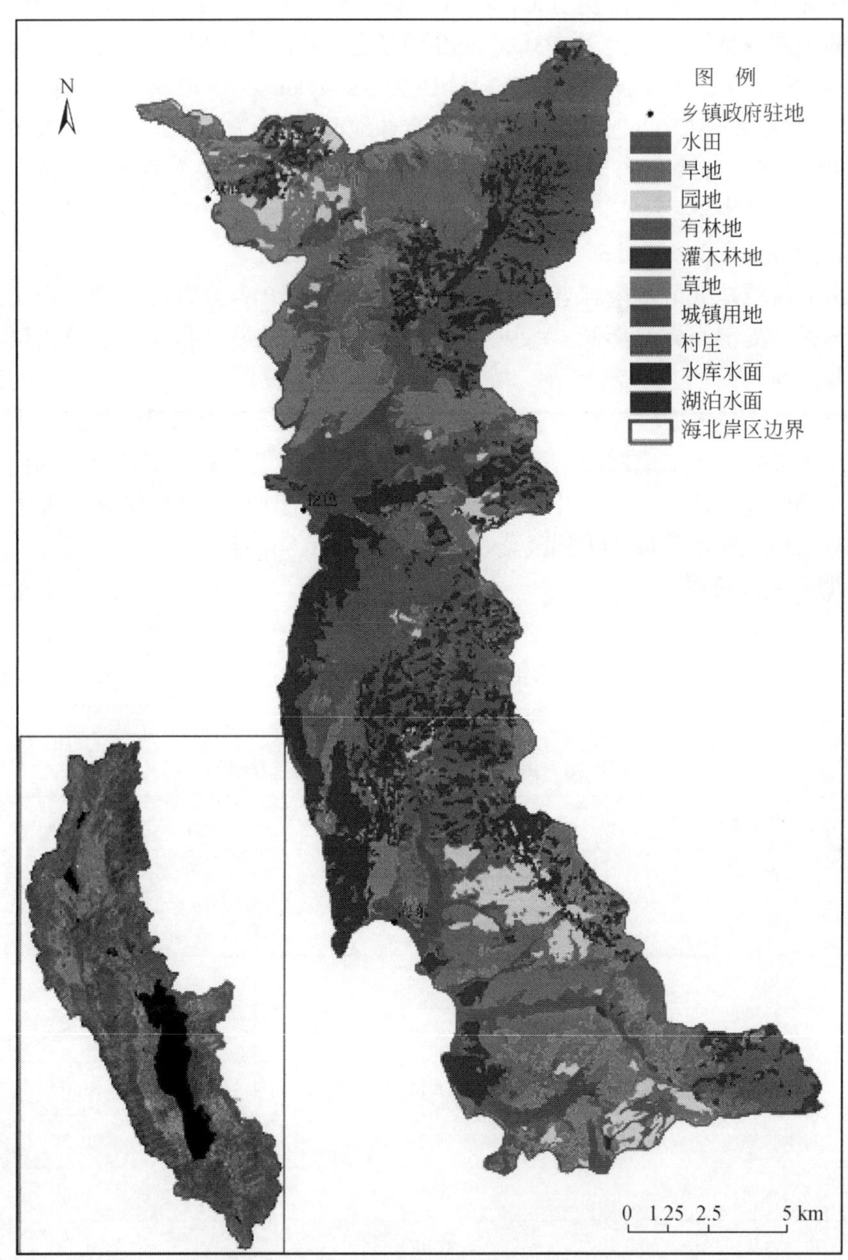

图 1-30 洱海东部流域土地利用分布示意图

积的 19.35%，主要分布在流域中部。草地面积为 38.92km²，有林地面积 81.89km²，主要分布在流域的东北部、中部及东南部。园地面积为 12.64km²，城镇用地为 1.07km²，村庄为 6.32km²，水域面积为 0.53km²。

洱海东部流域地处横断山脉南端与哀牢山北缘，属山地峡谷洪积区，主要为喀斯特地貌，地形特点是东高西低，山高坡陡，海拔 1970 ~ 3320m。域内的林地、草地生态系统类型分布较广，由于大面积的陡坡旱地开垦，水土流失较严重。村镇居民点主要分布在双廊镇、挖色镇及其河谷、海东镇及其河谷等地带，山区有零散分布。

(5) 洱海生态修复区域

洱海生态修复区域主要由洱海水域及周边湖滨缓冲带区域构成，在划分区域上作为洱海生态环境保护的核心区域来考虑，区域面积为 321.93km²，占洱海流域面积的 12.55%。洱海生态修复区域土地利用类型的面积分布状况详情见表 1-11 和图 1-31。

表 1-11　洱海流域土地利用类型统计

土地利用类型	面积（km^2）	比例（%）
水田	39.01	12.12
旱地	2.75	0.86
菜地	10.47	3.25
园地	0.37	0.11
草地	2.74	0.85
有林地	1.16	0.36
灌木林地	1.18	0.37
湖泊水面	242.53	75.34
水库水面	0.76	0.24
湿地	1.01	0.31
城镇用地	3.29	1.02
村庄	16.65	5.17
合计	321.93	100

洱海生态修复区域内的农田面积为 52.23km²，约占洱海流域农田总面积的 9.51%，主要分布在洱海的北岸和西岸。村庄面积为 16.65km²，约占洱海流域村庄总面积的 17.79%，主要分布在此区域的北部和西部。城镇用地面积为 3.29km²，主要分布在喜洲镇和下关镇的部分。草地、有林地和灌木林地面积较少，沿湖有零散分布。

洱海属苍山洱海国家级自然保护区的核心部分，西岸和北岸周围地势较平坦。农村乡镇居民点沿湖周围分布密集，农田成片，以传统农作物种植、蔬菜种植为主。区域内土地资源过度开发，湖周湿地生态类型基本消失，居民生活和农业污染比较严重。

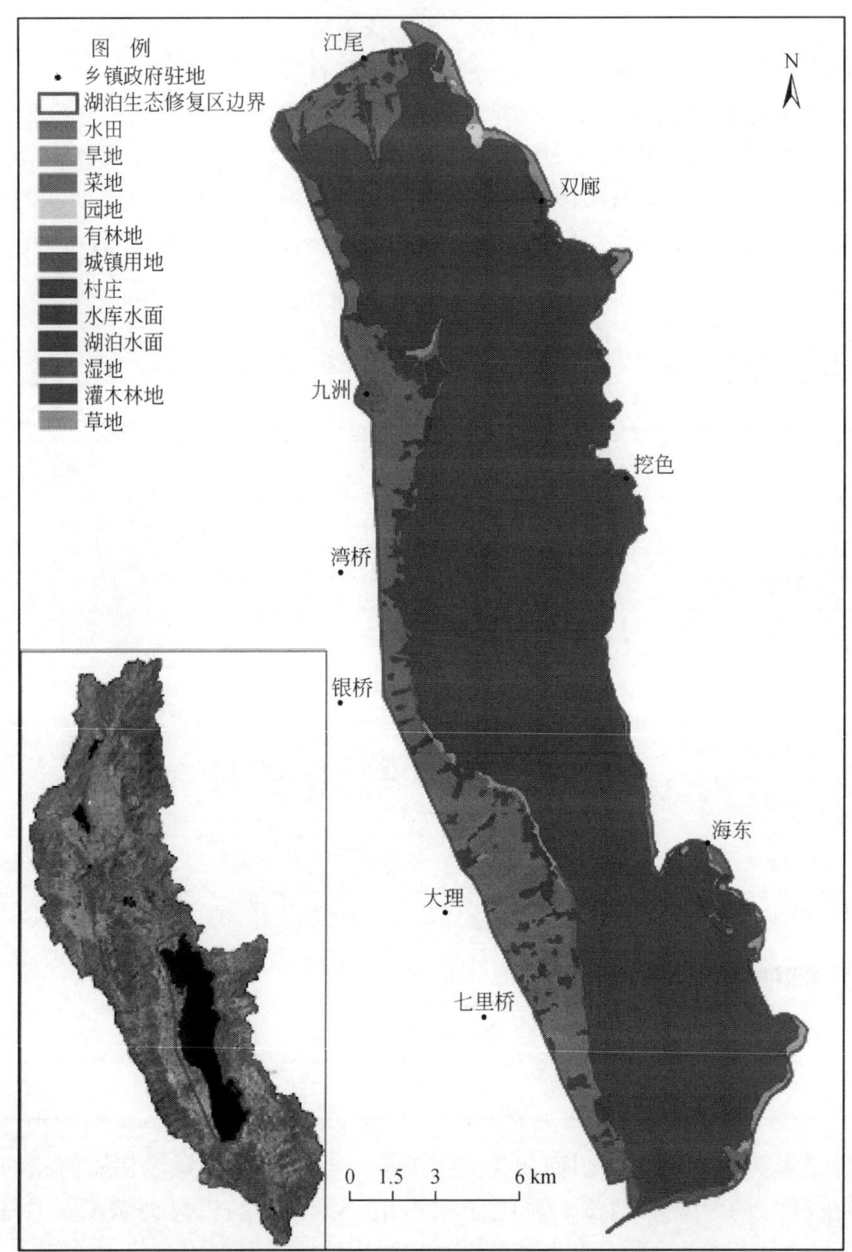

图 1-31 洱海流域湖泊生态修复区土地利用分布示意图

1.2.3 流域水资源数量

1.2.3.1 水资源调查

洱海流域的水资源利用状况调查主要针对的是地表水资源量。在大理水文水资源局 2007 年完成的《大理市地表水资源调查评价》中，较为全面地开展了流域水文水资源调查工作，并系统地计算分析了流域水资源量及利用情况。该项工作对收集的资料和计算结果进行了整编、校核、审查，包括流域内的降水量、河溪径流量、工农业生产用水量、生活用水量及洱海的补给水量和排泄水量等，形成了流域50年（1956～2005年）的长期水文资料系列成果。本子课题研究在此基础上，结合调查收集的洱海流域水文气象站近10年（2000～2010年）的降水径流观测资料，以及洱海的运行调控水位水量观测资料，对流域的水文资料系列数据插补延长至2010年，形成55年（1956～2010年）的长期水文资料系列数据，进行流域地表水资源数量的计算分析。

1.2.3.2 流域降水量

降水量与地表水资源量的关系密切，降水的多少直接影响着地表水资源量的丰贫程度。洱海流域的降水量在时空分布上不均匀的特点十分突出，降水量的空间分布总体上为西部多于东部，北部少于南部。由长期降水资料系列的多年平均统计结果表明，洱海北部流域的多年平均降水量为816.4mm，西部流域的多年平均降水量为1375.9mm，南部流域的多年平均降水量为1211.8mm，东部流域的多年平均降水量为797.1mm，洱海湖面的多年平均降水量为998.3mm。根据《大理市地表水资源调查评价》对苍山山脉上9个雨量站的实测降水资料分析，如图1-32所示，降水量随着山脉高度的增加而显著增加，海拔高程每增加100m，年降水量大约增加60mm。洱海西部的苍山站多年平均降水量为1606.9mm，而洱海东部的挖色站多年平均降水量为733.2mm，苍山站多年平均降水量是挖色站的2倍多。

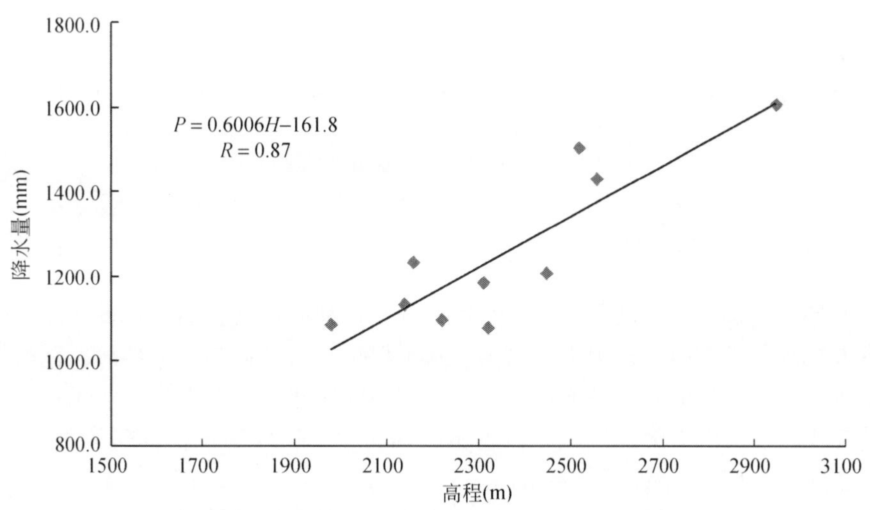

图1-32 洱海西部苍山山脉高程与降水相关性

洱海流域降水量的年际变化波动也较大，多雨年与少雨年的年降水量比值可达到2～3倍，年降水量最大值与最小值之差可达到600～1200mm。为了反映洱海流域降水量的年际变化程度与变化趋势，采用年降水量（R_i）模比系数的差积曲线方法进行分析，计算公式如下。

模比系数 $K_i = R_i / R_{平均}$　$i=1, 2, \cdots, n$;

差积曲线 $\sum (K_i - K_{平均})$　$i=1, 2, \cdots, n$。

由洱海流域年降水量模比系数的差积曲线变化图 1-33 可以看出，洱海北部、西部、南部和东部流域多年降水量的周期性变化趋势基本相似。在曲线变化中忽略小幅的上升或下降波动，在 55 年的长期降水系列变化中，呈现出三个大的丰、枯、平水期的周期性变化，1961～1974 年为 14 年的丰水期，1975～1989 年为 15 年的枯水期，1990～2004 年为 15 年的平水期，多年降水的周期性变化约 15 年。从年降水的丰、枯、平连续性变化来看，1956～1960 年为枯水期，1961～1964 年北部、东部与西部、南部的丰、平水期出现差异，1965～1974 年连续出现丰水期，1975～1982 年连续出现枯水期，1983～1998 年则是平、枯、平、丰交替出现，1999～2004 年为丰水期，2005～2010 年为枯水期。

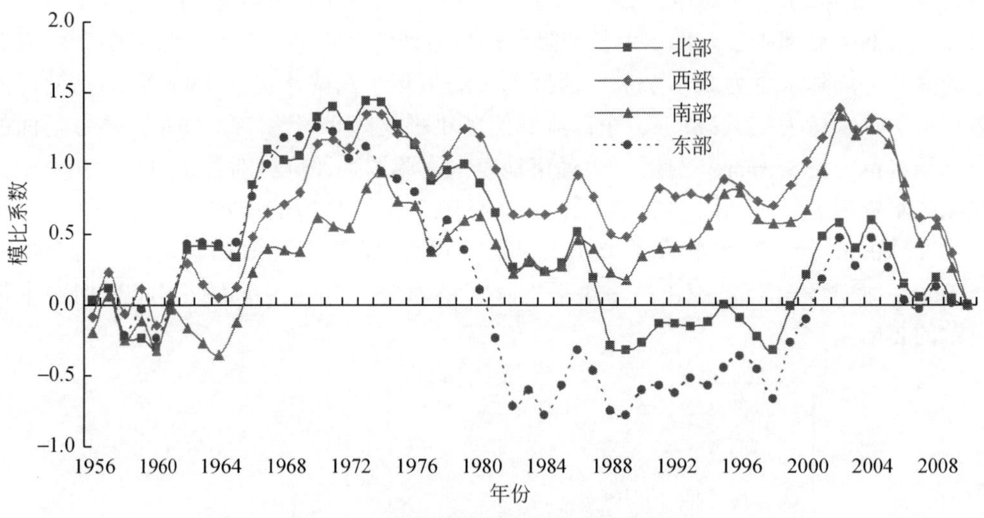

图 1-33　洱海流域年降水量周期性变化

1.2.3.3　地表水资源量

洱海流域的社会经济发展迅速，对水资源的开发利用程度较高。在洱海北部的上游区域兴建有大批的蓄水、引水、提水、防洪、水土保持等水利设施，海西海、茈碧湖、西湖成为以蓄水、引水为主的调控湖库；在洱海西部的区域建设有众多的引水工程，苍山溪流受到充分使用；在洱海南部的区域则以蓄水工程为主，域内的凤仪镇建有水闸 24 座，其中有中型 2 座，小型 22 座；还有跨流域引洱入宾调水工程。由于这些开发利用的影响干预，河道外引用消耗的水量不断增加，使得流域的自然径流水量发生了改变，形成了新的水量收支关系，给地表水资源数量的计算带来很大的难度。

针对洱海流域的资料收集与调查分析的实际情况，地表水资源量的计算主要考虑农业灌溉耗水量（$Q_{农业}$）、工业耗水量（$Q_{工业}$）、城镇生活耗水量（$Q_{生活}$）、湖库蓄水变量（$Q_{湖库}$）、跨流域引水量（$Q_{引水}$）等项影响因素，并根据流域内水量的收支平衡关系，采用水量还原计算的方法，通过水文站实测水量（$Q_{实测}$）的还原处理，进行地表水资源量

（$Q_{资源}$）的还原计算。计算时段内的水量收支平衡方程式为

$$Q_{资源} = Q_{实测} + Q_{农业} + Q_{工业} + Q_{生活} \pm Q_{湖库} + Q_{引水}$$

根据《大理市地表水资源调查评价》的50年（1956～2005年）地表水资源量的还原计算结果，农业灌溉耗水量的还原计算综合考虑了灌溉毛定额与农作物种植结构、灌溉方式、各年的降水和水库蓄水等情况，以及洱源县及大理市各地灌溉定额存在的差异，灌溉渠系利用系数采用0.55～0.60，田间回归系数根据常规和实验资料取0.20～0.30。工业耗水量的估算主要采用工业供水量统计，同时参考工业万元产值，综合万元产值用水量，取耗水系数0.215。城镇生活耗水量的估算参考《云南省地方标准用水定额》按不同年代取不同的用水定额，并根据历年人口统计数字，采用农村人口与城镇人口比重分配不同的用水定额，从而估算城镇生活耗水量。水库蓄水变量根据流域内的中型水库历年逐月蓄水量，推求出各水文站控制区域内各月水库蓄水变量，逐月还原到实测径流过程中。跨流域引水量只涉及引洱入宾工程调水，按历年引出水量记录资料全部作为还原水量处理。图1-34给出的是经过还原计算得到的流域农业、工业、城镇生活耗水量年际变化情况，1980年以前的工业和城镇生活耗水量由于统计资料的完整性不能满足要求而未作还原。从各年的农业、工业、城镇生活耗水量变化来看，各类耗水量呈逐年增加的趋势，特别是工业耗水量自1990年后增长迅速。

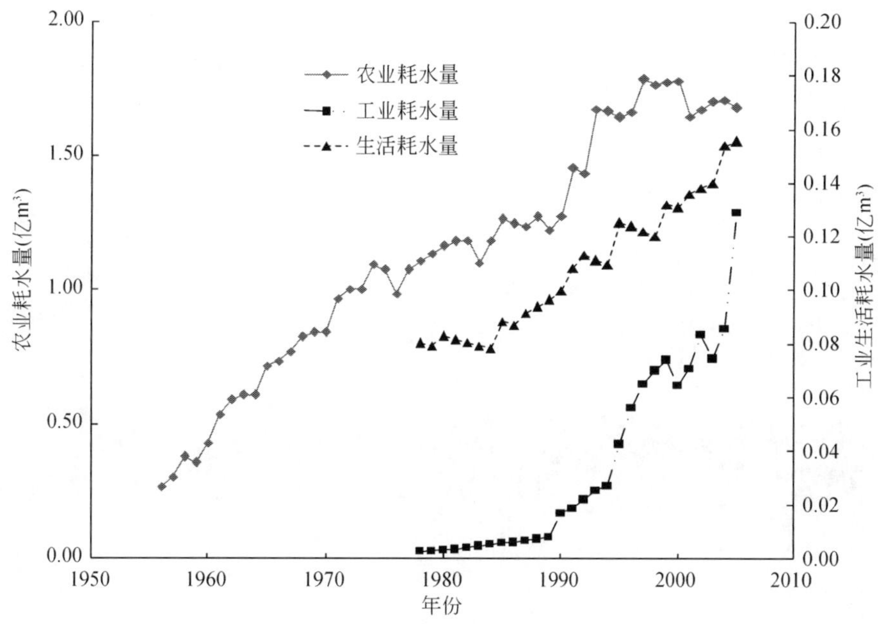

图1-34　农业、工业、生活年耗水量变化趋势

结合洱海流域近10年（2000～2010年）的数据资料，通过相关分析将50年的还原计算结果插补延长至2010年，计算得到流域55年（1956～2010年）的长期地表水资源数量系列结果。洱海流域水资源统计特征量见表1-12，流域多年平均地表水资源数量为9.22亿m^3，其中，北部流域为4.74亿m^3，占51.4%；西部流域为2.43亿m^3，占26.4%；南

部流域为1.56亿m^3，占16.9%；东部流域为0.49亿m^3，占5.3%。最大水资源量出现在1966年，为19.04亿m^3；最小水资源量出现在1982年，仅为3.97亿m^3。从洱海流域地表水资源量的空间分布结果来看，水资源量的分布与降水量的分布密切相关，降水量多的区域则地表水资源量大，而降水量少的区域则地表水资源量小。

表1-12　洱海流域水资源统计特征量

项目	北部流域	西部流域	南部流域	东部流域	洱海流域
多年平均（亿m^3）	4.74	2.43	1.56	0.49	9.22
最大水量（亿m^3）	10.27	4.75	3.07	0.96	19.04
最大水量出现年份	1966年	1966年	1966年	1966年	1966年
最小水量（亿m^3）	1.72	1.21	0.71	0.23	3.97
最小水量出现年份	1982年	1982年	1982年	1982年	1982年

洱海流域地表水资源数量的年际变化情况采用模比系数法进行分析。水资源量的模比系数$K_i = Q_i / Q_{平均}$，$i=1, 2, \cdots, n$，其中，Q_i为第i年的水资源量，$Q_{平均}$为多年平均水资源量。图1-35中各年的水资源量模比系数变化率表明，洱海北部、西部、南部和东部流域的地表水资源量年际变化趋势基本相同。1956～1960年的各流域水资源量较多年平均量偏少；1961～1974年连续出现了14年的丰水期，各流域的水资源量除1964年略偏少外，其他年份都大于多年平均量；1975～2002年，各流域的水资源量较多年平均量基本上以3～4年为一个周期，呈偏少、偏多交替变化；到2003年之后处于枯水期，各流域水资源量较多年平均量偏少。

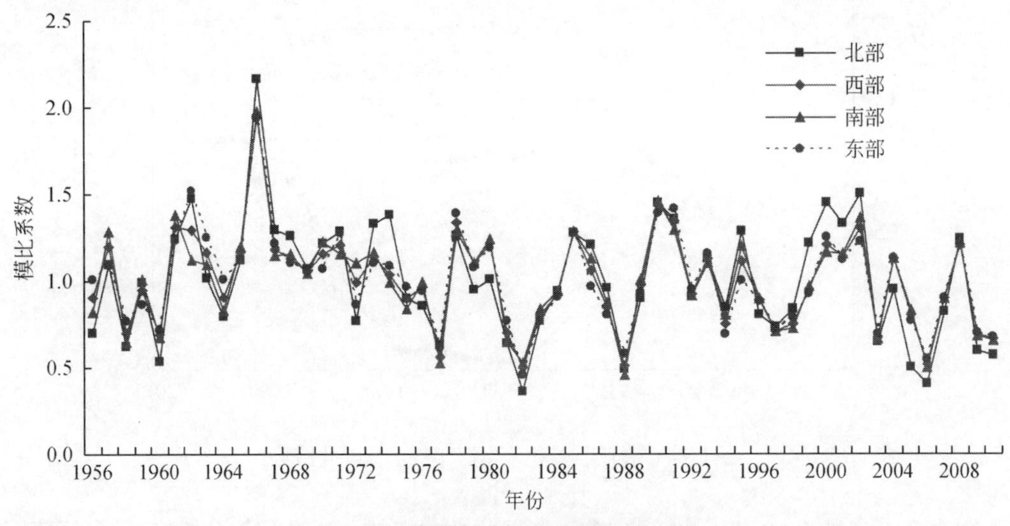

图1-35　洱海流域年水资源数量变化率

1.2.3.4 洱海水资源量

洱海的入湖水量、出湖水量和湖容积的变化量三者应满足收支平衡关系，则经还原计算后的洱海水量应满足以下的水量平衡方程：

$$Q_{入湖} + R_{降水} = Q_{出湖} + E_{蒸发} \pm \Delta V_{湖容}$$

式中，$Q_{入湖}$为入湖水量，$R_{降水}$为湖面降水量，$Q_{出湖}$为出湖水量，$E_{蒸发}$为湖面蒸发量，$\Delta V_{湖容}$为计算时段始末湖容积的变化量。

洱海湖面降水量选取周边 5 个雨量站（沙坪站、喜洲站、挖色站、大理气象站和下关站）作为湖面降水量的代表站，采用空间内插方法进行计算。得出的湖面多年平均降水量为 986.3mm，折合水量为 2.45 亿 m^3。洱海湖面蒸发量根据气象站资料系列数据，采用彭曼公式进行计算。得出的湖面多年平均蒸发量为 1326.3mm，折合水量为 3.32 亿 m^3。洱海湖面多年平均降水量小于蒸发量，形成湖面产水量损失，多年平均湖面损失水量为 -0.87 亿 m^3。

西洱河为洱海唯一的天然出湖河流，出湖水量主要应用于发电用水、排污冲淤和泄洪。1994 年修建引洱入宾工程，每年向宾川县供水。因此，洱海出湖水量主要考虑西洱河出湖水量和引洱入宾水量之和。根据每年的西洱河出湖水量和引洱入宾水量观测记录资料，统计得出的洱海多年平均出湖水量为 7.73 亿 m^3。

经还原计算得出的洱海多年平均陆域入湖水量为 8.58 亿 m^3，最大年陆域入湖水量为 17.81 亿 m^3，出现在 1966 年；最小年陆域入湖水量为 3.57 亿 m^3，出现在 1982 年。多年平均天然水资源量为 9.28 亿 m^3，最大年水资源量为 18.18 亿 m^3，出现在 1966 年；最小年水资源量为 4.36 亿 m^3，出现在 1982 年。洱海各项水资源量的计算统计特征量见表 1-13。

表 1-13 洱海水资源统计特征量

项目	湖面降水量	湖面蒸发量	湖面产水量	出湖水量	入湖水量	水资源量
多年平均（亿 m^3）	2.45	3.32	-0.87	7.73	8.58	9.28
最大水量（亿 m^3）	3.55	3.79	0.28	19.14	17.81	18.18
最大水量出现年份	1966 年	1969 年	2008 年	1966 年	1966 年	1966 年
最小水量（亿 m^3）	1.54	2.71	-1.86	2.61	3.57	4.36
最小水量出现年份	1982 年	2004 年	1982 年	1983 年	1982 年	1982 年

洱海 55 年（1956~2010 年）的入湖水量与天然水资源量系列的年际变化情况如图 1-36 所示。从洱海入湖水量与天然水资源量的 5 年滑动平均过程线的变化趋势可以看出，两条过程线之间的间距随着时间的后移而逐渐加大，说明洱海的入湖水量在逐渐减少，而水资源量的利用在逐渐增加。天然水资源量的耗用量从 20 世纪 50 年代后期占 2.4%，到 21 世纪初占天然水资源量的 11.0%。

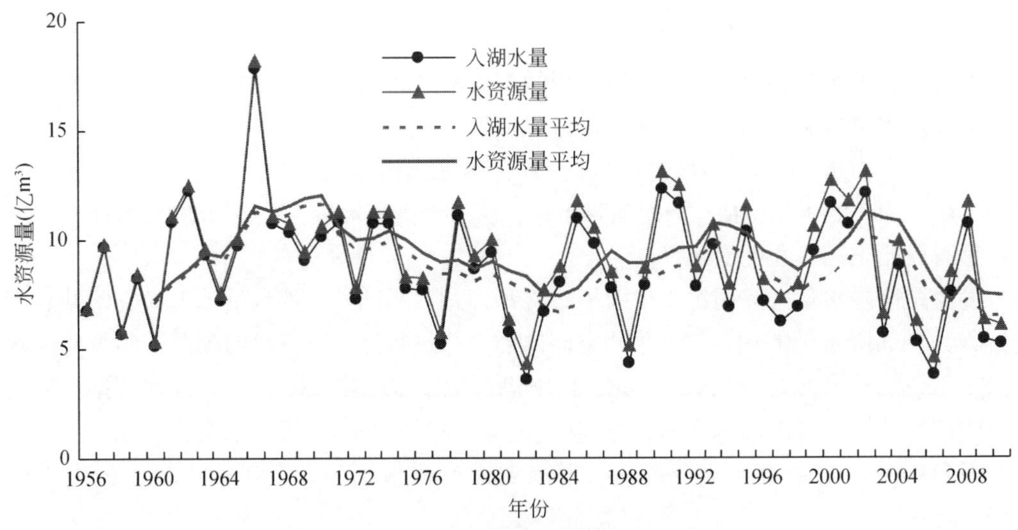

图 1-36　洱海入湖水量与水资源量变化趋势

1.2.4　流域水资源利用情况

1.2.4.1　水资源可利用量

地表水资源可利用量是以水资源可持续开发利用为前提，水资源的开发利用要对经济社会的发展起促进和保障作用，且又不对生态环境造成破坏。地表水资源量包括了不可以被利用水量和不可能被利用的水量。不可以被利用水量是指为免造成生态环境恶化及被破坏的严重后果而不允许利用的水量，即必须满足的河道内生态环境需水量。不可能被利用水量是指受各种水资源开发因素和条件的限制，无法被利用的水量，包括超出工程最大调蓄能力和供水能力的洪水量，以及在可预见时期内受工程经济技术性影响不可能被利用的水量和超出最大用水需求的水量等。

洱海流域的地表水资源可利用量采用多年平均水资源量扣除不可以被利用水量和不可能被利用水量中的汛期下泄洪水量的多年平均值进行估算。

$$W_{地表水资源可利用量} = W_{地表水资源量} - W_{河道内生态环境需水量} - W_{洪水弃水量}$$

河道内生态环境需水量是维持河流系统水生生物生存的最小生态环境需水量，是维系水生生物生存与发展，即保存一定数量和物种的生物资源，河道中必须保持的水量。洱海流域内有大小河流、溪流、箐沟等 117 条，弥苴河是洱海最大的入湖河流，主要入湖河流有永安江、罗时江、波罗江和苍山十八溪等 20 多条，洱海的出湖河流为西洱河。洱海流域内的水生生物保护是以洱海为主，因此，在考虑河道内最小生态环境需水量时，按河道内多年平均径流量的 20% 估算，并按多年平均年径流量年内分配至 1 ~ 12 月。根据《大理市地表水资源调查评价》的多年地表径流量调查结果和本子课题研究核算的主要入湖河流径流量结果，洱海流域河道内多年平均生态环境需水量为 1.84 亿 m^3。

根据洱海入湖水量和出湖水量的收支平衡关系分析，洱海湖面降水量小于蒸发损失量，成为亏水区域。亏水量靠入湖河流的水量补给，在流域水资源量的计算中已扣除。因此，不再单独计算湖泊生态环境需水量。从洱海多年入湖水量来看，洱海入湖水量大于洱海亏水量，即洱海水量能够满足其生态功能的最低运行水位。但洱海的入湖水量年内分配不均匀，在 11 月至翌年 6 月可能出现入湖水量小于亏水量的情况。从 1956 ~ 2010 年的洱海水量分析，约有 90% 的年份在旱季的入湖水量小于亏水量。通过连续亏损月份水量计算，连续净入湖水量可为 0.53 亿 m^3，也就是说，要维持洱海水位在最低水位以上运行，最不利年份应在最低水位以上蓄水 0.53 亿 m^3，多年平均情况应在最低水位以上蓄水 0.24 亿 m^3的水量，才能够保障洱海水位高于最低运行水位，满足洱海的生态环境需水要求。

西洱河为洱海的天然出湖河流，出湖水量主要用于发电、排污冲淤和泄洪。西洱河上有梯级电站四级，该电站运行是以满足洱海生态保护和上游用水及引洱入宾用水情况下才进行发电。西洱河多年平均弃水量为 0.43 亿 m^3。

由此初步估算得出的洱海流域多年平均地表水资源可利用量约为 6.37 亿 m^3，约占流域多年平均水资源量的 69.1%。

1.2.4.2 水资源利用情况

洱海流域是云南省社会经济较发达的地区，水资源的开发利用程度较高。新中国成立以来，流域内各县市兴建了大批水利工程，极大地提高了抗御旱、涝自然灾害的能力。特别是改革开放以来，加大了对水利基础设施的投入，水利事业得到很大发展。据不完全统计，大理市境内已建成小型水库 30 座，总库容 1764 万 m^3，兴利库容 1453 万 m^3。小坝塘 135 座，总库容达 238 万 m^3。水闸 24 座，其中有中型 2 座，小型 22 座。大理市供生活饮用的自来水厂共 5 座。洱源县境内有西湖、茈碧湖和海西海三大湖库，建成了蓄水、引水、提水、防洪、水土保持等众多水利设施。全县水库总数为 15 座，总库容量为 15 892 万 m^3，其中，中型水库 2 座，库容量 15 507 万 m^3。

1994 年竣工通水的“引洱入宾”干渠是洱海跨流域的调水工程，干渠全长 28.4km，年设计引水量 5000 万 m^3，设计灌溉面积 58 000 亩①。

随着洱海流域社会经济的迅速发展及人口的增加，对水资源量的需求也在不断加大，水资源的供需矛盾日趋突出。最近的 10 年，流域年平均用水耗损量与前一个 10 年相比增加了 25%。大理市的主要入境水量来自于洱源县的两江一河流域，由于上游城镇用水损耗量增加 19%，使得下游的来水量大幅减少。同时，流域内的城镇用水量在以每年170 万 ~ 400 万 m^3的速度增长。

在洱海流域的人均水资源分配上，以 2010 年的流域总人口计，人均占有水资源量仅为 1097m^3，远远低于大理白族自治州（以下简称大理州）2890m^3的平均水平和云南省 5255 m^3的平均水平。

洱海流域水资源量的年内分配极不均匀。在旱季的 11 月至翌年 4 月，多年平均降水

① 1 亩≈666.7m^2。

量仅占年降水量的 14.6%。多年平均最小连续 4 个月的径流量出现时间以 2 ~5 月最多，占实测年份的一半以上，其次出现在 3 ~6 月。最大连续 4 个月的蒸发量占年蒸发量的 43%左右，其中 2 ~5 月出现的年份占实测年份的 51%，3 ~6 月出现的年份占实测年份的 38%。在每年的 4 ~6 月为流域农业用水的高峰期，天然来水过程与需水过程差距很大。洱海流域水资源量的年内分配不均匀性，加大了水资源开发利用的难度，形成汛期弃水、枯期缺水的水资源利用方式。

另外，洱海流域严重的水土流失成为水资源利用的另一个突出问题。洱海流域由于人类活动与开发强度较大，水土流失较为严重。每年由入湖河流输入洱海湖中的泥沙量估算有 14 万 t 左右，大量的泥沙使得湖底淤积、库容减少，直接导致了洱海湖泊湿地的萎缩及退化。

1.3 洱海流域水环境功能水质评价

1.3.1 水质调查与监测

洱海流域进行河流和湖泊水环境质量监测的部门有大理环保局、大理水利局和洱海管理局，本子课题研究主要调查收集了大理环保局环境监测站 2005 ~2010 年的洱海及 7 条主要入湖河溪（弥苴河、永安江、罗时江、波罗江、万花溪、白石溪、白鹤溪）每月一次的水质监测结果。环境监测站对洱海的水质监测共布设有 4 个断面，每个断面上设 3 条垂线，每条垂线设表层和底层 2 个监测点位，全湖共布设 24 个水质监测点位；在 7 条主要入湖河溪共布设 10 个监测断面，每个断面布设 1 个点位。洱海流域水质监测布设位置见图 1-37。

为了配合洱海流域陆源污染负荷的调查与核算，本子课题研究结合流域入湖河溪的水文调查与观测，自 2010 年对弥苴河、永安江、波罗江、西闸河、茫涌溪、锦溪等主要入湖河溪开展了水文水质同步监测。并在 2011 年干季的 3 月和湿季的 6 月，针对洱海全湖的水质分布状况，布设 35 个监测点位，补充开展了 2 期洱海全湖表层水质监测。水质监测的项目包括高锰酸盐指数（COD_{Mn}）、总磷（TP）、总氮（TN）、氨氮（NH_3-N）、透明度（SD）、叶绿素 a（Chla）等影响洱海流域水环境质量的主要污染指标。

1.3.2 河流水质状况

1.3.2.1 主要河流水质变化趋势

根据 2005 ~2010 年洱海 4 条主要入湖河流弥苴河、永安江、罗时江、波罗江的水质监测数据，主要污染指标高锰酸盐指数（COD_{Mn}）、总氮（TN）、总磷（TP）的年内变化量采用入湖口监测断面每月一次的水质监测浓度值，来反映河流年内的各月污染水平；年度变化量采用年内 12 个月的河流水质监测浓度平均值，来反映河流年度的总体污染水平。

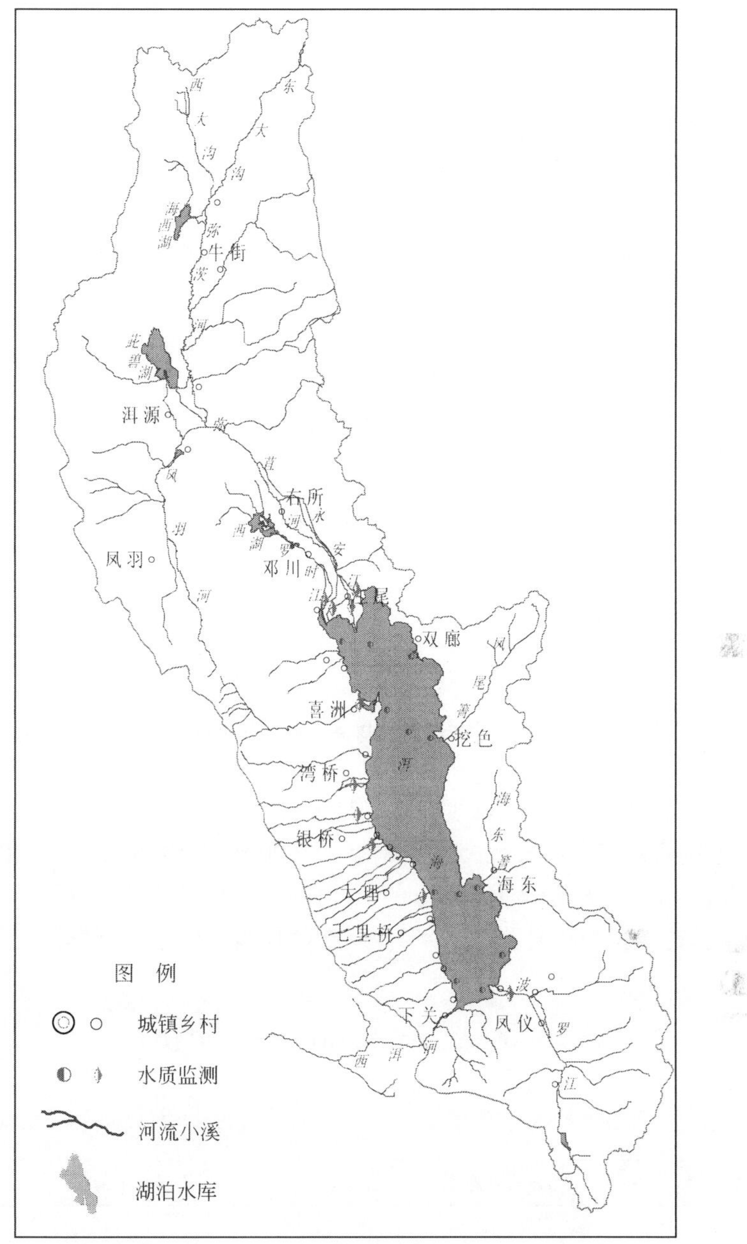

图 1-37　洱海流域水质监测布设

污染变化趋势分析使用《地表水环境质量评价办法（试行）》推荐的 Spearman 秩相关系数法，由时间周期 Y_1，…，Y_n和相应的值 X（即年均值 C_1，…，C_n）从大到小排列，统计检验用的秩相关系数按下式计算：

$$r_s = 1 - \left(6\sum_{i=1}^{n} d_i^2\right) / (n^3 - n), \quad d_i = X_i - Y_i$$

式中，d_i为变量X_i与Y_i的差值；X_i为周期 1 到周期 n 按浓度值从小到大排列的序号；Y_i为按时间排列的序号。Spearman 秩相关系数 r_i的统计临界值 W_p 取 0.829（显著性水平为 0.05 时）。

(1) 高锰酸盐指数 COD_{Mn}

2005～2006 年洱海 4 条主要入湖河流 COD_{Mn}浓度的监测结果表明，洱海北部的罗时江受污染最严重，其次是洱海南部的波罗江，流经洱源、凤羽、牛街、右所、上关等城镇的弥苴河污染水平反而是最低的。COD_{Mn}年度平均浓度变化见图 1-38。

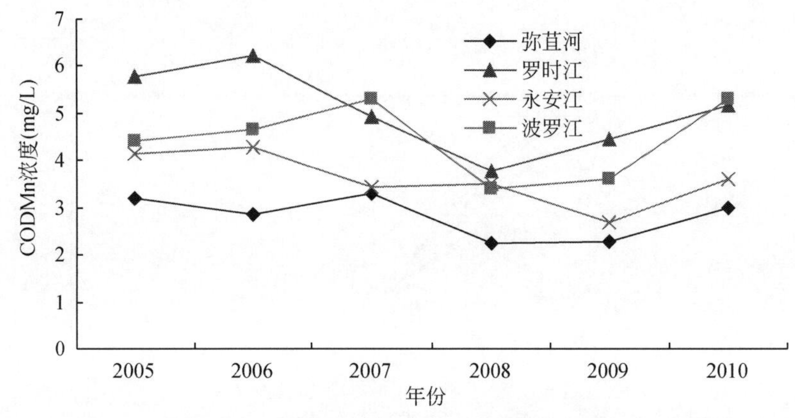

图 1-38　洱海入湖河流 COD_{Mn}年度变化趋势

从近几年的 COD_{Mn}年度平均浓度变化趋势来看，各条河流的年度浓度变化不大，2007 年之后的年度浓度水平有所下降，到 2008 年或 2009 年达到谷值，在 2010 年又有所回升。对各条河流使用 Spearman 秩相关系数 r_i的统计检验说明，弥苴江、罗时江、永安江的年度污染水平呈下降趋势，但在显著性水平为 0.05 的检验条件下，下降的趋势总体上并不显著（表 1-14）。

表 1-14　洱海入湖河流 COD_{Mn}秩相关系数趋势分析

项目	弥苴河	罗时江	永安江	波罗江
秩相关系数 r_i	-0.371	-0.543	-0.543	-0.029
临界值 W_p 比较	无显著下降	无显著下降	无显著下降	无显著下降

图 1-39 和图 1-40 分别给出的是 2005 年和 2010 年洱海 4 条主要入湖河流年内各月的 COD_{Mn}浓度监测结果。2005 年的 1～5 月，各条河流的 COD_{Mn}浓度波动幅度不大，弥苴河、永安江的浓度值在 2.2～4.2mg/L，罗时江的浓度值在 3.9～6.0mg/L，波罗江的浓度值在 3 月出现 6.3mg/L 的峰值。6 月随着雨季的雨季开始，各条河流的浓度水平迅速上升，罗时江的浓度值达到 11.2mg/L，永安江达到 7.3mg/L，弥苴河、罗时江的浓度值在 7 月达到峰值。11 月随着雨季的结束，各条河流的浓度值又回到了年初的水平。

2010 年的 1～4 月，弥苴河、永安江的 COD_{Mn}浓度值在 1.7～2.9mg/L，罗时江的浓度

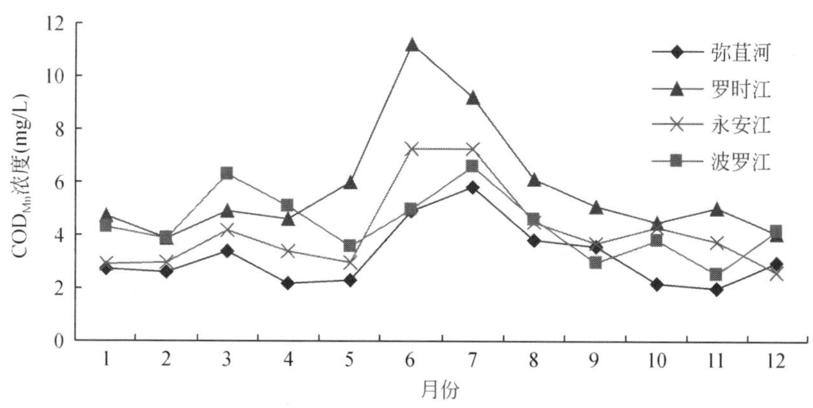

图 1-39　2005 年洱海入湖河流 COD_{Mn}年内变化

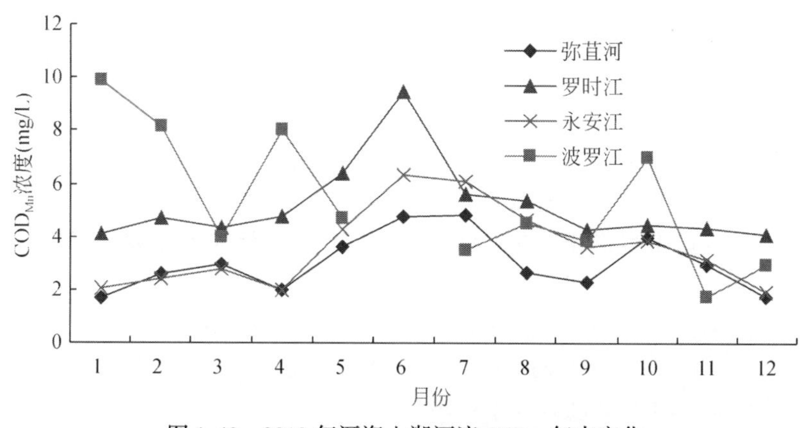

图 1-40　2010 年洱海入湖河流 COD_{Mn}年内变化

值在 4.1 ~4.8mg/L，波动幅度很小，而波罗江的浓度值则出现了较大的波动。5 月进入雨季之后，弥苴河、永安江、罗时江的浓度水平开始上升，并在 7 月达到峰值。从 2005 年和 2010 年的入湖河流 COD_{Mn}浓度年内变化可以看出，洱海北部河流受降雨径流的影响非常明显，进入雨季时浓度升高、到旱季时浓度降低。值得注意的是波罗江的浓度值年内变化，由于洱海南部开发强度的加大，受开发活动的影响更加明显。

(2) 总氮 TN

近几年洱海 4 条主要入湖河流 TN 浓度的监测结果表明，受污染影响较严重的是洱海北部的永安江，其次是罗时江和洱海南部的波罗江。TN 年度平均浓度变化见图 1-41。

从 2005 ~2007 年的 TN 年度平均浓度变化可以看出，各条河流的污染水平处于上升的趋势，在 2008 年出现了明显的下降，之后的两年又有所回升。对各条河流使用 Spearman 秩相关系数 r_i的统计检验说明，罗时江、永安江和波罗江的年度污染水平均呈下降趋势，在显著性水平为 0.05 的检验条件下，下降的趋势并不显著。而弥苴河的年度污染水平变化比较平稳（表 1-15）。

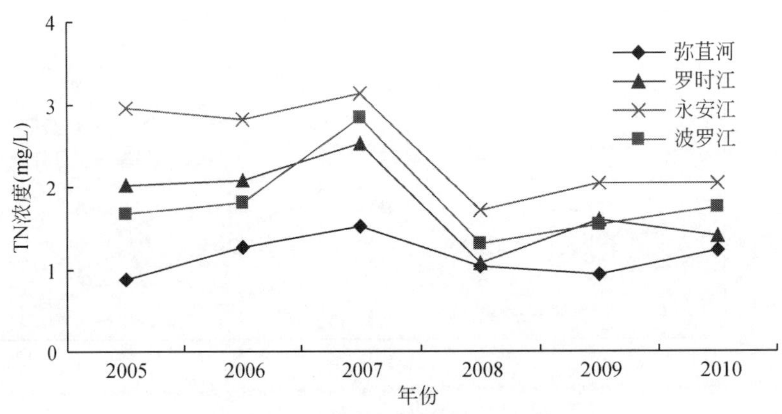

图 1-41　洱海入湖河流 TN 年度变化趋势

表 1-15　洱海入湖河流 TN 秩相关系数趋势分析

项目	弥苴河	罗时江	永安江	波罗江
秩相关系数 r_i	0.086	-0.600	-0.600	-0.257
临界值 W_p 比较	无显著上升	无显著下降	无显著下降	无显著下降

图 1-42 和图 1-43 分别给出的是 2005 年和 2010 年洱海 4 条主要入湖河流年内各月的 TN 浓度监测结果。2005 年的结果表明，各条河流的 TN 浓度变化在旱季出现的波动较大，其中，永安江的浓度值在 2.02～8.95mg/L，罗时江的浓度值在 1.42～5.71mg/L，特别是在 3 月出现了大幅的上升。而在雨季，各条河流的浓度变化则波动较小，浓度值在 0.43～2.21mg/L，其中的 7～9 月浓度值基本相等。

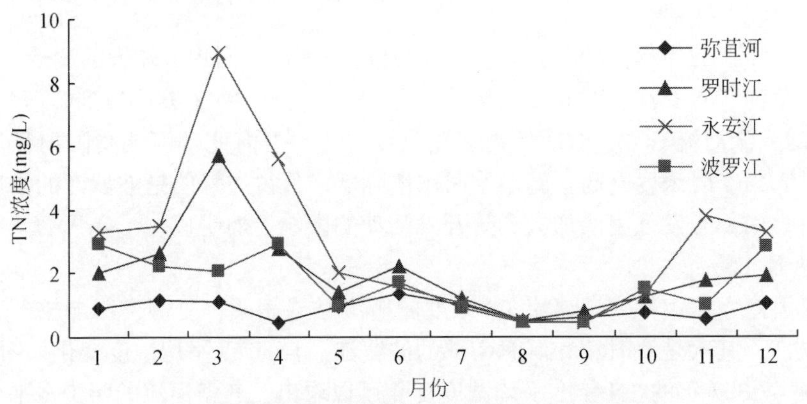

图 1-42　2005 年洱海入湖河流 TN 年内变化

2010 年各月的 TN 浓度结果表明，各条河流的年内变化与 2005 年相似，旱季的浓度波动较大，雨季的浓度波动较小。弥苴河、永安江的浓度水平在 3 月达到峰值，浓度值分别为 3.46mg/L 和 5.36mg/L，罗时江则在 10 月出现峰值，浓度值达到 4.3mg/L，在 7～9

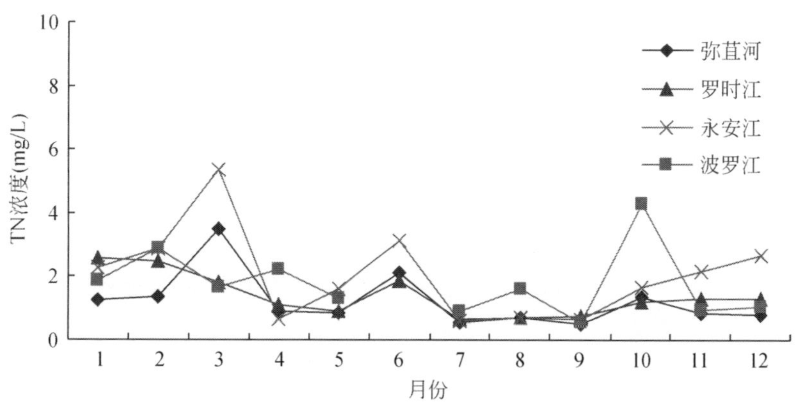

图 1-43　2010 年洱海入湖河流 TN 年内变化

月的浓度值基本相等。从 2005 年和 2010 年的入湖河流 TN 浓度年内变化来看，在雨季的浓度水平较低，且波动幅度较小；而在旱季的浓度波动幅度较大，并达到峰值水平。

（3）总磷 TP

2005 ~2010 年的洱海 4 条主要入湖河流 TP 浓度的监测结果表明，洱海南部的波罗江受污染影响最严重，洱海北部的弥苴河、罗时江、永安江基本处于同一受污染水平。TP 年度平均浓度变化见图 1-44。

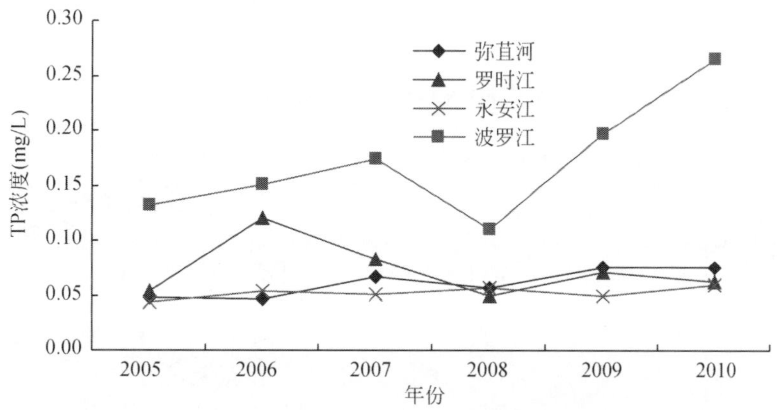

图 1-44　洱海入湖河流 TP 年度变化趋势

从近几年的 TP 年度平均浓度变化来看，2005 ~2007 年波罗江、罗时江的污染水平呈上升趋势，在 2008 年出现了下降，而波罗江则在 2009 ~2010 年出现了大幅上升。对各条河流使用 Spearman 秩相关系数 r_i 的统计检验说明，弥苴河、永安江和波罗江的年度污染水平均呈上升趋势，在显著性水平为 0. 05 的检验条件下，弥苴河的上升趋势较显著（表 1-16）。

表 1-16　洱海入湖河流 TP 秩相关系数趋势分析

项目	弥苴河	罗时江	永安江	波罗江
秩相关系数 r_i	0.886	−0.143	0.600	0.657
临界值 W_p 比较	显著上升	无显著下降	无显著上升	无显著上升

图 1-45 和图 1-46 分别给出的是 2005 年和 2010 年洱海 4 条主要入湖河流年内各月的 TP 浓度监测结果。2005 年的监测结果表明，波罗江浓度处于较高的水平，且旱季的浓度明显高于雨季，在 10 月出现 0.232mg/L 的峰值浓度。而弥苴河、罗时江、永安江的浓度在旱季存在一定波动，进入雨季后的浓度略有上升，并在 7 月达到峰值，浓度值在0.074～0.086mg/L。

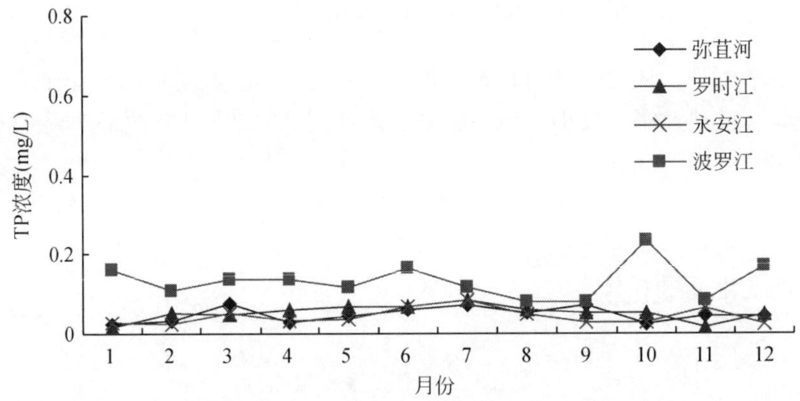

图 1-45　2005 年洱海入湖河流 TP 年内变化

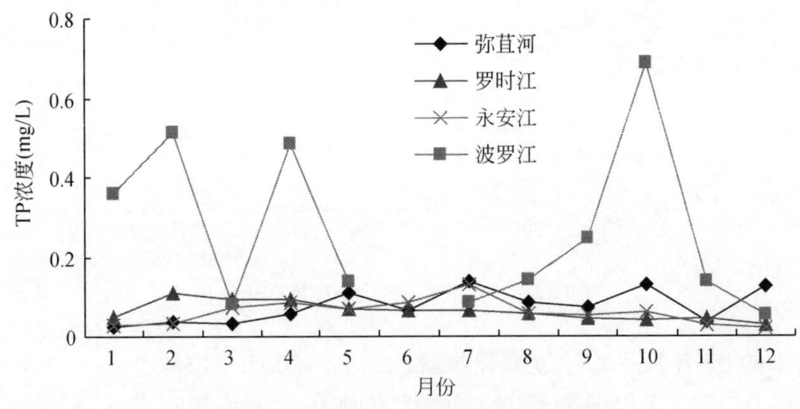

图 1-46　2010 年洱海入湖河流 TP 年内变化

2010 年的 TP 浓度监测结果表明，波罗江的浓度年内波动较大，并在旱季的 1～2 月、4 月和 10 月分别出现了高浓度污染，浓度值达到 0.36～0.69mg/L。弥苴河、永安江的浓度年内波动也较大，进入雨季后的浓度开始上升，并在 7 月达到峰值。而永安江在 2～5 月的浓度明显高于其他各月。从 2005 年和 2010 年的入湖河流 TP 浓度年内变化可以看出，洱海南部的波罗江处于高浓度污染水平，2010 年较 2005 年浓度有大幅的上升，且旱季的浓度明显高于雨季；洱海北部河流的浓度在旱季波动较大，进入雨季后浓度开始上升，并在 7 月达到峰值水平。

1.3.2.2 主要河流水质达标评价

根据《云南省地表水水环境功能区划（复审）》和《云南省大理白族自治州洱海管理条例（修订）》的规定，洱海的入湖河流执行 GB 3838—2002《地表水环境质量标准》的Ⅱ类水质环境功能和保护目标。从 2005 ~ 2010 年洱海 4 条主要入湖河流弥苴河、永安江、罗时江、波罗江的水质监测结果表明，主要污染指标高锰酸盐指数、总磷、总氮的年内浓度受旱季和雨季的影响明显，各月的浓度波动幅度较大，当出现峰值浓度时则产生高浓度污染。为了反映洱海入湖河流受高浓度污染的影响程度，采用 2005 ~ 2010 年主要入湖监测河流每月一次的水质监测最大浓度值进行水质类别评价，表明近几年的水质达标情况。主要入湖河流水质最大浓度值达标情况见表 1-17。

表 1-17 主要河流水质最大浓度达标情况

项目/水质类别		2005 年	2006 年	2007 年	2008 年	2009 年	2010 年
弥苴河	高锰酸盐指数	Ⅲ	Ⅲ	Ⅲ	Ⅲ	Ⅲ	Ⅲ
	总氮	Ⅳ	劣Ⅴ	劣Ⅴ	劣Ⅴ	Ⅳ	劣Ⅴ
	总磷	Ⅱ	Ⅱ	Ⅲ	Ⅲ	Ⅳ	Ⅲ
罗时江	高锰酸盐指数	Ⅴ	Ⅴ	Ⅳ	Ⅳ	Ⅳ	Ⅳ
	总氮	劣Ⅴ	劣Ⅴ	劣Ⅴ	劣Ⅴ	劣Ⅴ	劣Ⅴ
	总磷	Ⅱ	劣Ⅴ	Ⅲ	Ⅲ	Ⅲ	Ⅲ
永安江	高锰酸盐指数	Ⅳ	Ⅳ	Ⅲ	Ⅳ	Ⅲ	Ⅳ
	总氮	劣Ⅴ	劣Ⅴ	劣Ⅴ	劣Ⅴ	劣Ⅴ	劣Ⅴ
	总磷	Ⅱ	Ⅲ	Ⅲ	Ⅲ	Ⅲ	Ⅲ
波罗江	高锰酸盐指数	Ⅳ	Ⅳ	Ⅴ	Ⅳ	Ⅳ	Ⅳ
	总氮	劣Ⅴ	劣Ⅴ	劣Ⅴ	劣Ⅴ	劣Ⅴ	劣Ⅴ
	总磷	Ⅳ	Ⅴ	劣Ⅴ	Ⅳ	劣Ⅴ	劣Ⅴ
万花溪	高锰酸盐指数	Ⅱ	Ⅱ	Ⅱ	Ⅱ	Ⅱ	Ⅱ
	总氮	Ⅱ	Ⅴ	Ⅳ	Ⅲ	Ⅳ	Ⅲ
	总磷	Ⅱ	Ⅱ	劣Ⅴ	Ⅲ	Ⅲ	Ⅲ
白石溪	高锰酸盐指数	Ⅱ	Ⅱ	Ⅱ	Ⅱ	Ⅱ	Ⅱ
	总氮	劣Ⅴ	Ⅴ	劣Ⅴ	Ⅲ	Ⅳ	Ⅲ
	总磷	Ⅳ	Ⅲ	劣Ⅴ	Ⅲ	Ⅴ	Ⅳ
白鹤溪	高锰酸盐指数	Ⅳ	Ⅲ	Ⅳ	Ⅲ	Ⅳ	Ⅳ
	总氮	劣Ⅴ	劣Ⅴ	劣Ⅴ	劣Ⅴ	劣Ⅴ	劣Ⅴ
	总磷	Ⅴ	劣Ⅴ	Ⅴ	劣Ⅴ	Ⅳ	Ⅳ

近几年洱海主要入湖河流的水质达标情况表明，河流的水域环境功能均不能满足Ⅱ类水质的要求。洱海北部的弥苴河、罗时江、永安江均处于劣Ⅴ类水质状态，主要污染指标为总氮，罗时江、永安江的高锰酸盐指数也达到了Ⅳ类水质标准；洱海南部波罗江的污染指标总氮、总磷均处于劣Ⅴ类水质状态，高锰酸盐指数也达到了Ⅳ类水质；洱海西部的万花溪、白石溪处于Ⅲ～Ⅳ类水质状态，主要污染指标为总氮、总磷，而高锰酸盐指数能够满足到Ⅱ类水质要求，水质较差的是白鹤溪，总氮达到劣Ⅴ类，总磷、高锰酸盐指数均达到了Ⅳ类。

1.3.3 洱海水质状况

1.3.3.1 洱海水质变化趋势

根据2005～2010年洱海的水质监测数据，采用洱海12个监测点位的表层和深层、每月一次的水质监测浓度值进行算术平均，来反映洱海的年内各月水质变化情况；并对2005～2010年各月同期的浓度平均值进行算术平均，用于对2005年和2010年各月同期的洱海水质变化趋势进行比较分析。

（1）透明度SD

洱海2005年和2010年的各月透明度SD的监测结果表明，2005年1月和12月的透明度较好，其他各月的透明度与多年平均值接近。到2010年1～2月的透明度明显变差，随后的3～6月有所好转，透明度增大到2.2～2.6m，并高于多年平均水平；在雨季的7～10月，透明度减小到平均水平，且无明显变化。洱海年内各月透明度的变化情况见图1-47，透明度随季节变化较明显，在旱季透明度增大，到雨季透明度减小。

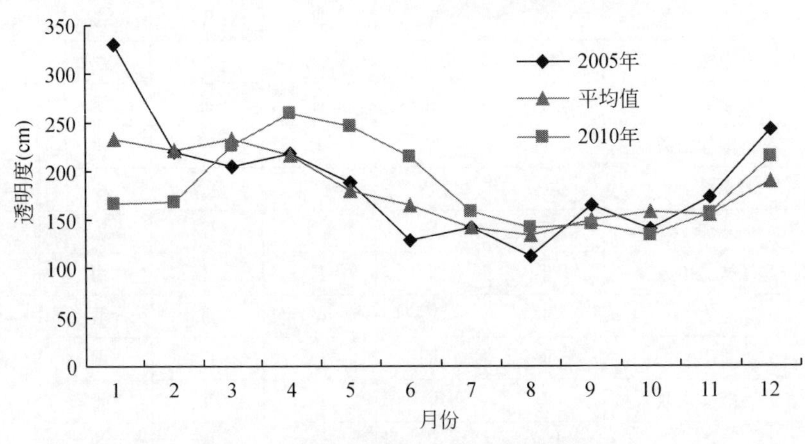

图1-47 洱海透明度年内各月变化情况

（2）化学需氧量COD_{Mn}

洱海2005年和2010年各月的COD_{Mn}平均浓度变化情况见图1-48。结果表明，2010年各月的COD_{Mn}浓度明显低于2005年，并且低于多年同期平均值水平，最大浓度值出现在1

月，为2.89mg/L，最小浓度值出现在4月，为2.26mg/L，受污染的状况明显好转。而在2005年，洱海还处于较高的COD_{Mn}污染状况，尤其在7月出现了高浓度污染，浓度值达到4.4mg/L，远高于多年同期平均值水平。从年内各月的浓度变化情况来看，随季节的变化不明显。

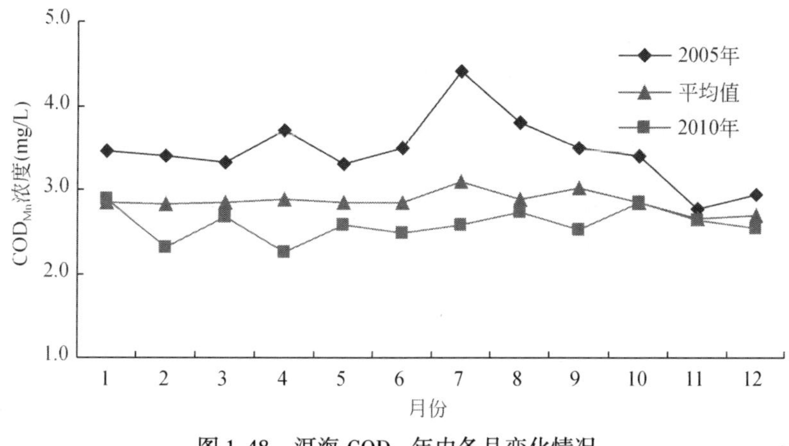

图1-48　洱海COD_{Mn}年内各月变化情况

(3) 总氮 TN

洱海2005年和2010年各月的TN平均浓度变化结果表明，见图1-49，在2005年，各月的TN浓度变化幅度较大，最大浓度值达到0.72mg/L，最小浓度值为0.37mg/L。到2010年，各月的TN浓度与多年同期平均水平接近，污染状况无明显好转。从洱海年内的TN浓度变化情况可以看出，旱季的1~5月，TN浓度水平在0.5mg/L左右；进入雨季后的7~11月，浓度上升比较明显，浓度值达到0.59~0.65mg/L，洱海处于高浓度的污染状况；到12月随着雨季结束，浓度明显下降。

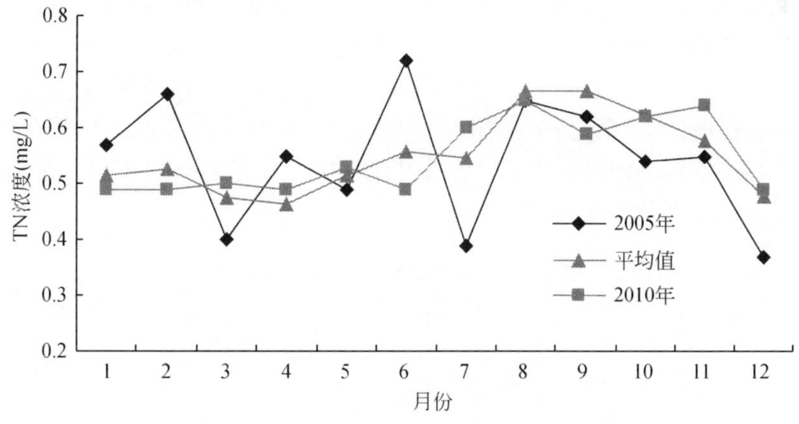

图1-49　洱海TN年内各月变化情况

（4）总磷 TP

洱海2005年和2010年各月的TP平均浓度变化结果见图1-50，在2005年旱季的2～4月和雨季的6～9月，TP浓度明显高于多年同期平均水平，尤其在雨季的浓度出现了大幅上升，最大浓度值达到0.039mg/L。到2010年，1～2月的浓度略高于平均值，12月的浓度有所下降，其他各月的TP浓度与多年同期平均水平接近，污染状况无明显好转。从洱海年内的TP浓度变化情况来看，旱季的1～5月，TP浓度水平在0.02mg/L左右；进入雨季后的7～10月，浓度上升比较明显，浓度值达到0.029～0.033mg/L，洱海处于高浓度的污染状况；随着雨季结束，11～12月的浓度明显下降。

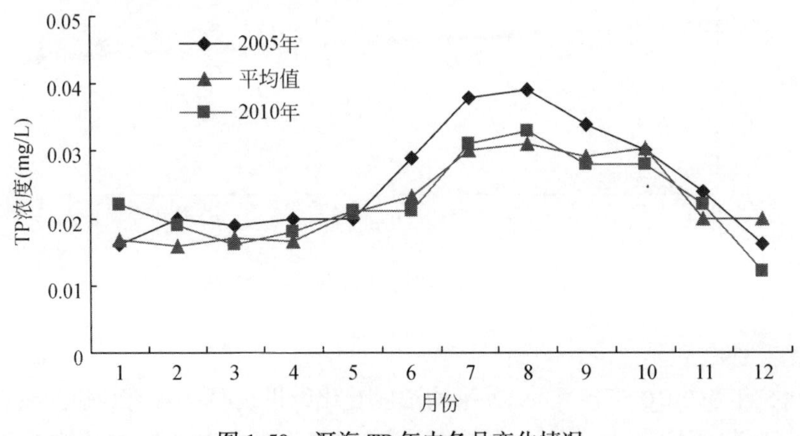

图1-50　洱海TP年内各月变化情况

1.3.3.2　洱海水质达标评价

根据《云南省地表水水环境功能区划（复审）》和《云南省大理白族自治州洱海管理条例（修订）》的规定，洱海的水体执行GB 3838—2002《地表水环境质量标准》的Ⅱ类水质环境功能和保护目标。洱海水质评价采用2005～2010年的洱海12个监测点位的表层和深层、每月一次的水质监测浓度平均值，来反映洱海的主要污染指标高锰酸盐指数（COD_{Mn}）、总磷（TP）、总氮（TN）年内各月的水环境质量达标情况。

近几年来，洱海的COD_{Mn}污染指标均能够保持在Ⅱ类水质标准，只是在2005年7月出现了超过Ⅱ类水质标准限值的现象。从多年的COD_{Mn}污染指标水质状况变化看，总体上能够达到Ⅱ类水质标准的要求（表1-18）。

表1-18　洱海COD_{Mn}水质达标情况

月份	水质类别	2005年	2006年	2007年	2008年	2009年	2010年
1	COD_{Mn}	Ⅱ	Ⅱ	Ⅱ	Ⅱ	Ⅱ	Ⅱ
2	COD_{Mn}	Ⅱ	Ⅱ	Ⅱ	Ⅱ	Ⅱ	Ⅱ
3	COD_{Mn}	Ⅱ	Ⅱ	Ⅱ	Ⅱ	Ⅱ	Ⅱ
4	COD_{Mn}	Ⅱ	Ⅱ	Ⅱ	Ⅱ	Ⅱ	Ⅱ

续表

月份	水质类别	2005 年	2006 年	2007 年	2008 年	2009 年	2010 年
5	COD_{Mn}	Ⅱ	Ⅱ	Ⅱ	Ⅱ	Ⅱ	Ⅱ
6	COD_{Mn}	Ⅱ	Ⅱ	Ⅱ	Ⅱ	Ⅱ	Ⅱ
7	COD_{Mn}	Ⅲ	Ⅱ	Ⅱ	Ⅱ	Ⅱ	Ⅱ
8	COD_{Mn}	Ⅱ	Ⅱ	Ⅱ	Ⅱ	Ⅱ	Ⅱ
9	COD_{Mn}	Ⅱ	Ⅱ	Ⅱ	Ⅱ	Ⅱ	Ⅱ
10	COD_{Mn}	Ⅱ	Ⅱ	Ⅱ	Ⅱ	Ⅱ	Ⅱ
11	COD_{Mn}	Ⅱ	Ⅱ	Ⅱ	Ⅱ	Ⅱ	Ⅱ
12	COD_{Mn}	Ⅱ	Ⅱ	Ⅱ	Ⅱ	Ⅱ	Ⅱ

洱海 2005 ~2010 年各月的 TN 水质达标情况表明，一年中多数月份的 TN 污染指标基本上都超过了Ⅱ类水质标准限值水平，仅有少数几个月能够满足Ⅱ类水质标准的要求。在 2008 年 TN 污染有所好转，有八个月的 TN 浓度达到Ⅱ类水质标准要求，而在 2010 年的超标月数较上一年也有所减少。从洱海多年的 TN 污染指标水质状况变化来看，总体上不能满足Ⅱ类水质标准的要求（表 1-19）。

表 1-19　洱海 TN 水质达标情况

月份	水质类别	2005 年	2006 年	2007 年	2008 年	2009 年	2010 年
1	TN	Ⅲ	Ⅲ	Ⅱ	Ⅱ	Ⅲ	Ⅱ
2	TN	Ⅲ	Ⅱ	Ⅲ	Ⅱ	Ⅲ	Ⅱ
3	TN	Ⅱ	Ⅲ	Ⅲ	Ⅱ	Ⅱ	Ⅲ
4	TN	Ⅲ	Ⅲ	Ⅱ	Ⅱ	Ⅲ	Ⅱ
5	TN	Ⅱ	Ⅲ	Ⅲ	Ⅱ	Ⅲ	Ⅲ
6	TN	Ⅲ	Ⅲ	Ⅱ	Ⅱ	Ⅲ	Ⅱ
7	TN	Ⅱ	Ⅲ	Ⅱ	Ⅱ	Ⅲ	Ⅲ
8	TN	Ⅲ	Ⅲ	Ⅲ	Ⅱ	Ⅲ	Ⅲ
9	TN	Ⅲ	Ⅲ	Ⅲ	Ⅲ	Ⅲ	Ⅲ
10	TN	Ⅲ	Ⅲ	Ⅲ	Ⅲ	Ⅲ	Ⅲ
11	TN	Ⅲ	Ⅲ	Ⅲ	Ⅲ	Ⅲ	Ⅲ
12	TN	Ⅱ	Ⅲ	Ⅱ	Ⅲ	Ⅲ	Ⅱ

洱海 2005 ~2010 年各月的 TP 水质达标情况表明，在一年中的 1 ~5 月，TP 污染指标均能够达到Ⅱ类水质标准要求，到 6 ~10 月基本上维持在Ⅲ类水质标准的水平。2008 年的 TP 污染状况出现了明显的好转，全年仅有 12 月的污染状况超过了Ⅱ类水质标准限值。但从洱海多年的 TP 污染指标水质状况变化来看，总体上还是不能满足Ⅱ类水质标准的要求（表 1-20）。

表 1-20　洱海 TP 水质达标情况

月份	水质类别	2005 年	2006 年	2007 年	2008 年	2009 年	2010 年
1	TP	Ⅱ	Ⅱ	Ⅱ	Ⅱ	Ⅱ	Ⅱ
2	TP	Ⅱ	Ⅱ	Ⅱ	Ⅱ	Ⅱ	Ⅱ
3	TP	Ⅱ	Ⅱ	Ⅱ	Ⅱ	Ⅱ	Ⅱ
4	TP	Ⅱ	Ⅱ	Ⅱ	Ⅱ	Ⅱ	Ⅱ
5	TP	Ⅱ	Ⅱ	Ⅱ	Ⅱ	Ⅱ	Ⅱ
6	TP	Ⅲ	Ⅲ	Ⅱ	Ⅱ	Ⅲ	Ⅱ
7	TP	Ⅲ	Ⅲ	Ⅲ	Ⅱ	Ⅲ	Ⅲ
8	TP	Ⅲ	Ⅲ	Ⅱ	Ⅱ	Ⅲ	Ⅲ
9	TP	Ⅲ	Ⅲ	Ⅲ	Ⅱ	Ⅲ	Ⅲ
10	TP	Ⅲ	Ⅲ	Ⅱ	Ⅱ	Ⅲ	Ⅲ
11	TP	Ⅱ	Ⅱ	Ⅱ	Ⅱ	Ⅱ	Ⅱ
12	TP	Ⅱ	Ⅲ	Ⅱ	Ⅲ	Ⅱ	Ⅱ

1.3.3.3　洱海营养状态评价

(1) 营养状态评价方法

洱海的营养状态评价方法采用《地表水环境质量评价办法（试行）》推荐的综合营养状态指数法（TLI（Σ））。湖泊营养状态评价指标包括：高锰酸盐指数（COD_{Mn}）、总磷（TP）、总氮（TN）、透明度（SD）和叶绿素 a（Chla）共 5 项。采用 0～100 的一系列连续数字对湖泊（水库）营养状态进行分级。

TLI（Σ）<30　　贫营养
30≤TLI（Σ）≤50　　中营养
TLI（Σ）>50　　富营养
50<TLI（Σ）≤60　　轻度富营养
60<TLI（Σ）≤70　　中度富营养
TLI（Σ）>70　　重度富营养

综合营养状态指数计算公式如下

$$\mathrm{TLI}(\sum) = \sum_{j=1}^{m} W_j \cdot \mathrm{TLI}(j)$$

式中，TLI（Σ）为综合营养状态指数；W_j 为第 j 种参数的营养状态指数的相关权重；TLI（j）为代表第 j 种参数的营养状态指数。

以 Chla 作为基准参数，则第 j 种参数的归一化的相关权重计算公式为

$$W_j = r_{ij}^2 / \sum_{j=1}^{m} r_{ij}^2$$

式中，r_{ij}为第 j 种参数与基准参数 Chla 的相关系数；m 为评价参数的个数。

中国湖泊（水库）的 Chla 与其他参数之间的相关关系 r_{ij} 及 r_{ij}^2 见表 1-21。

表 1-21 中国湖泊（水库）部分参数与 Chla 的相关关系 r_{ij} 及 r_{ij}^2 值

参数	Chla	TP	TN	SD	COD_{Mn}
r_{ij}	1	0.84	0.82	-0.83	0.83
r_{ij}^2	1	0.7056	0.6724	0.6889	0.6889

各项目营养状态指数计算：

$$TLI\ (Chla) = 10\ (2.5+1.086\ \ln Chla)$$

$$TLI\ (TP) = 10\ (9.436+1.624\ \ln TP)$$

$$TLI\ (TN) = 10\ (5.453+1.694\ \ln TN)$$

$$TLI\ (SD) = 10\ (5.118-1.94\ \ln SD)$$

$$TLI\ (COD_{Mn}) = 10\ (0.109+2.661\ \ln COD_{Mn})$$

式中，Chla 的单位为 mg/m^3；SD 单位为 m；其他指标单位均为 mg/L。

（2）洱海营养状态指数

根据 2010 年洱海的水质监测数据，采用洱海 4 个监测断面（桃源—双廊、喜洲—康朗、龙龛—塔村、小关邑—石房子），每个断面上 3 个监测点位、每月一次的水质监测浓度值进行算术平均，计算洱海的综合营养状态指数，来反映洱海的各监测断面年内各月的营养状态变化情况。计算结果见表 1-22 和图 1-51。

表 1-22 洱海各监测断面各月营养状态指数

月份	营养状态指数			
	桃源—双廊	喜洲—康朗	龙龛—塔村	小关邑—石房子
1	39.0	39.8	42.5	42.6
2	36.2	37.5	39.6	39.5
3	32.8	34.2	35.8	36.7
4	32.7	32.3	34.3	35.9
5	37.6	36.0	39.2	40.8
6	38.5	36.8	39.0	39.5
7	43.3	43.8	42.4	42.4
8	45.7	43.8	44.3	45.1
9	41.7	43.9	41.6	42.1
10	44.4	44.8	44.2	45.6
11	40.5	41.1	43.0	42.7
12	36.2	36.5	37.4	37.3

2010 年洱海的综合营养状态指数结果表明，各个监测断面各月的指数变化范围：桃源—双廊断面为 32.7 ~ 45.7；喜洲—康朗断面为 32.3 ~ 44.8；龙龛—塔村为断面 34.2 ~

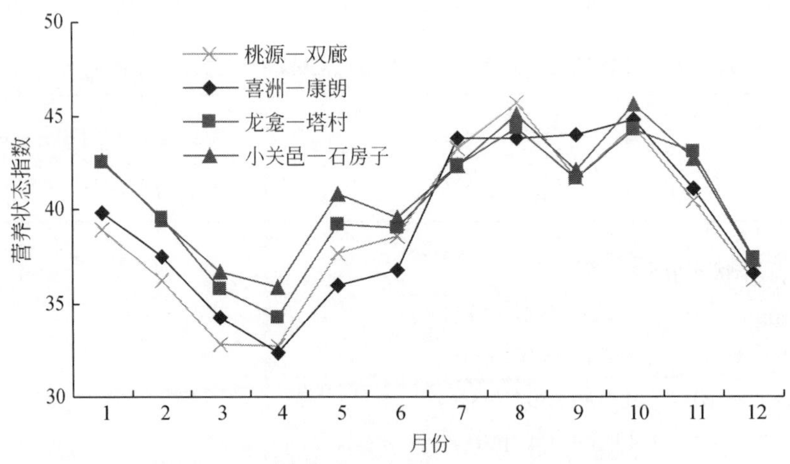

图 1-51　洱海各监测断面各月营养状态指数变化

44.3；小关邑—石房子断面为 35.9～45.6。按湖泊（水库）营养状态分级，各个监测断面均处于中营养状态。

从洱海年内各月的营养状态变化来看，在旱季的 4 月，营养水平较低，各监测断面的指数值在 32.3～35.9；而在雨季的 8 月和 10 月，营养水平较高，各监测断面的指数值在 43.8～45.7，洱海的营养状态随季节的变化比较明显。从各个监测断面的营养状态分布来看，在旱季的 1～5 月，洱海南部水域监测断面的营养水平明显高于北部水域；而进入雨季后，各个监测断面的营养状态基本处于相同的水平。

1.3.4　洱海水生态状况

1.3.4.1　藻类

根据大理洱海管理局近几年来对洱海水生态的监测结果，洱海水体中的藻类优势种为铜绿微囊藻，其他出现较多的藻类种属有：钝脆杆藻、美丽星杆藻、湖泊鞘丝藻、水华束丝藻、小颤藻、直链藻、水华鱼腥藻等。洱海水体的藻类生产受季节变化的影响明显，藻类的生物量和种群分布随着季节的变化有着明显的差异。一般在 11 月～翌年 4 月，硅藻门含量较高，种属多为脆杆藻、直链藻、小环藻、桥弯藻等；在 6～10 月，蓝藻门、绿藻门含量迅速升高，种属多为铜绿微囊藻、水华束丝藻、颤藻等，是藻类生物量的高值期，其中铜绿微囊藻为绝对优势种，约占藻类生物量的 97%。

洱海 2005 年和 2010 年各月叶绿素 a 含量的平均值变化情况如图 1-52 所示，结果表明，年初的 1～4 月含量较低（2010 年 1 月数值异常），进入雨季的 6～10 月含量较高。2010 年各月的叶绿素 a 平均含量较 2005 年有明显的升高，最大值出现在 10 月，为 8.34 mg/m^3；最小值出现在 3 月，为 2.13 mg/m^3。

洱海 2005 年和 2010 年各月藻类细胞数量的平均值变化情况如图 1-53 所示，年内各月

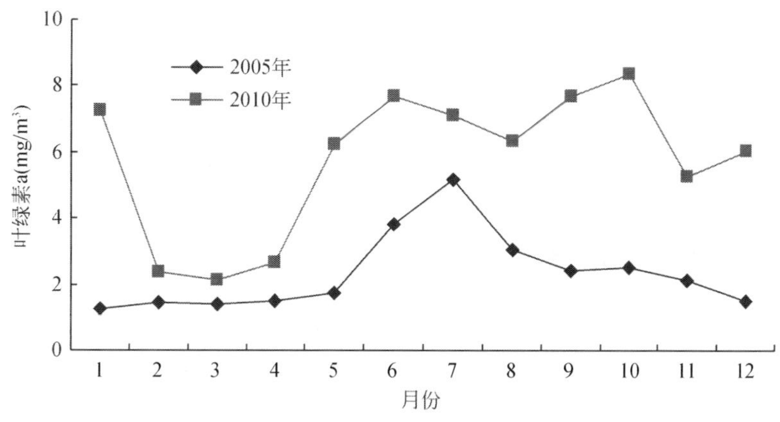

图 1-52　洱海各月叶绿素 a 含量变化

的藻类细胞数量变化趋势与叶绿素 a 含量基本相似，年初的 1～4 月藻类细胞数量较低，6 月进入雨季后开始升高。2010 年的各月平均藻类细胞数量最大值为 831 万个/L，出现在 9 月；最小值为 346 万个/L，出现在 4 月；与 2005 年比较变化不大。

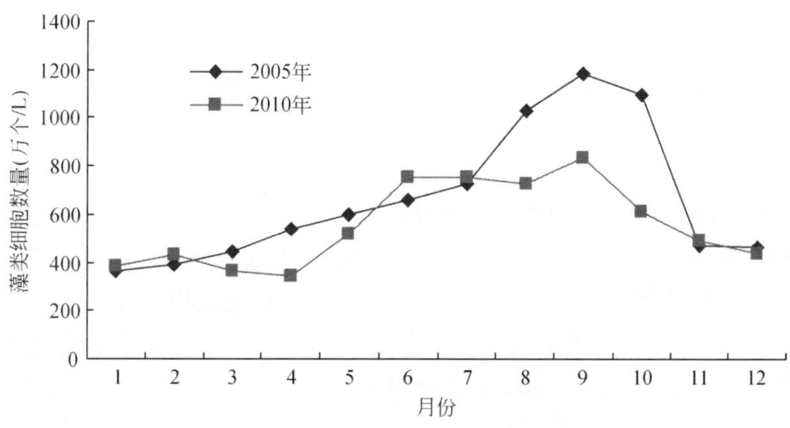

图 1-53　洱海各月藻类细胞数量变化

1.3.4.2　浮游动物

水体中的浮游动物对小于 100μm 的藻类均有摄食作用。因此，浮游动物的丰度、生物量、种类种群组成等生物因素可影响藻类的生产。从 2005 年和 2010 年洱海水体中的浮游动物数量各月平均值的变化可以看出，2005 年各月的浮游动物数量存在着明显的季节变化，在旱季的 1～5 月浮游动物数量处于较低的水平，6 月进入雨季后迅速升高，而 2010 年的季节变化不太明显。2010 年的各月平均浮游动物数量最大值为 2006 个/L，出现在 7 月；最小值为 1260 个/L，出现在 12 月（图 1-54）。

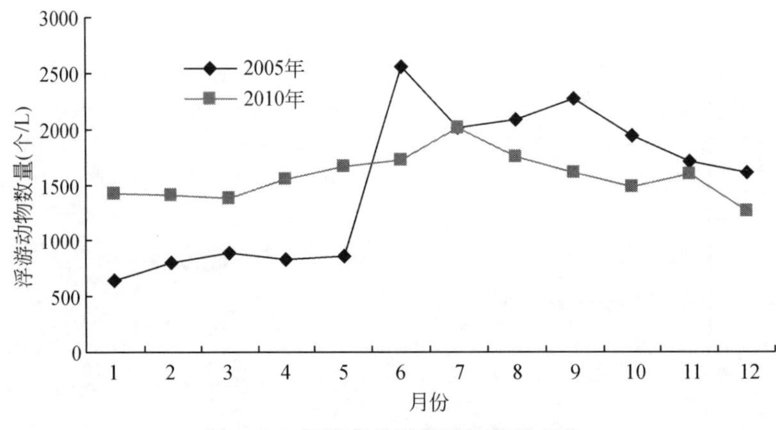

图 1-54　洱海各月浮游动物数量变化

1.3.4.3　水生植物

根据 2002 年对洱海水生植物的分布状况调查，全湖优势种为微齿眼子菜、金鱼藻、细角野菱、黑藻，其中的微齿眼子菜、金鱼藻是全湖分布最广的种类。其他常见的种类有竹叶眼子菜、穗花狐尾、篦齿眼子菜、苦草、水花生、茭草等。采用洱海数字化水下地形图，按不同区域水生植被分布下限来测算，洱海全湖水生植物分布面积为 $42km^2$，平均生物量为 26.42 万 t，其中：北部分布面积 $16km^2$，生物量 13.28 万 t；中部分布面积 $12km^2$，生物量 5.26 万 t；南部分布面积 $14km^2$，生物量 7.88 万 t。

2005 年的调查结果显示，洱海沉水植物的优势种主要是微齿眼子菜、苦草、角果藻、黑藻和金鱼藻，在全湖分布较广，其生物量占全湖总生物量的 94.81%。其中的微齿眼子菜和苦草组成了洱海最大的 2 个种群，广泛分布于各个群落之中，其生物量占全湖总生物量的 77.56%。篦齿眼子菜、狐尾藻、亮叶眼子菜和菹草主要分布于部分湖区，其生物量占总生物量的 5.14%。洱海沉水植被的资源储量为春季，约为 39.57 万 t。沉水植被的分布面积达 9602.5 hm^2，占全湖总面积的 40.39%。

在 2010 年对洱海水生植物的分布状况调查中，洱海可采集或观察到的水生高等植物共计 41 种，多分布于离岸距离 10m 以内、水深不超过 2m 的近岸地带。沉水植物主要种属为狐尾藻、金鱼藻、眼子菜、黑藻、红线草；漂浮植物主要为睡莲、荇菜；挺水植物主要为芦苇。

近十年来的洱海水生生态系统的调查研究结果表明，洱海的水生生态系统结构呈单一化发展。藻类总的变化趋势是蓝藻的数量和生物量所占比例不断扩大，而硅藻、绿藻种类及生物量则逐渐减少。浮游动物数量种类及数量均有减少趋势，枝角类、桡足类和轮虫的数量大幅下降，总生物量也锐减。由于有机污染的增加，底栖动物的密度及生物量显著增多。水生植物群落面积不断缩小，种类趋向单一化，部分种类（如海菜花）已完全消失，生物量也不断减小。土著鱼类数量下降迅速，大部分被“四大家鱼”取代。总之，洱海的水生生态系统由稳定趋向衰退，物种多样性降低，各级生物群落类型减少，水生生态系统结构呈单一化演变发展趋势。

1.3.5 洱海水质分布

在洱海流域水环境污染状况的调查过程中，云南省环境科学研究院于2011年旱季的3月和雨季初期的6月，针对洱海全湖的水质分布状况，共布设35个监测点位，补充开展了2期洱海全湖表层水质监测。下面分别给出本次调查的洱海全湖主要水质污染指标高锰酸盐指数（COD_{Mn}）、总氮（TN）、总磷（TP）的浓度分布结果。

（1）高锰酸盐指数（COD_{Mn}）

洱海2011年3月和6月的COD_{Mn}浓度全湖分布情况如图1-55所示。3月的水质监测结果表明，南部水域的浓度较高，北部水域的浓度较低，中部水域的浓度分布由北向南呈梯度上升。在中部水域和整个南部水域，均出现了高浓度污染带，北部的弥苴河河口附近水域和双廊附近水域的浓度也较高。发生在南部水域的两个高浓度污染带，明显地反映了来自七里桥沿岸和波罗江沿岸的陆源污染贡献影响。

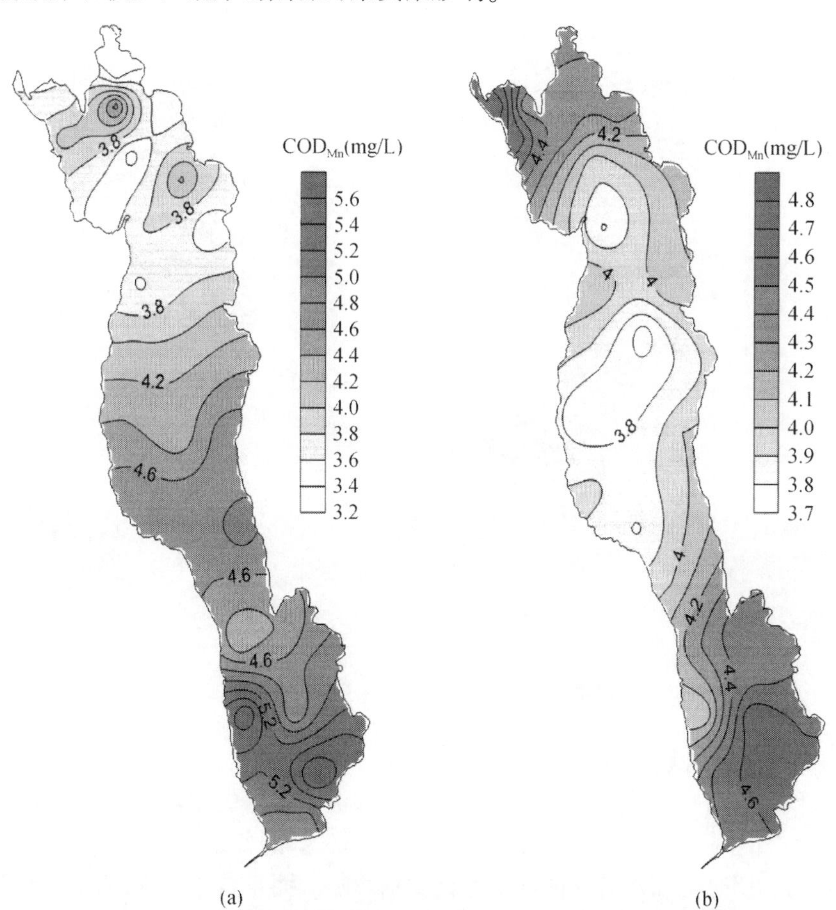

图1-55 洱海2011年3月（a）和6月（b）COD_{Mn}浓度分布

在6月，洱海的COD_{Mn}浓度分布呈现出北部和南部水域的浓度均高于中部水域的状态。北部的高浓度污染带主要发生在沙坪湾和红山湾水域，南部的高浓度污染带发生在波罗江河口一带至海东湾水域。而在中部的水域，则处于相对较低的浓度水平。在北部的沙坪湾水域，来自罗时江、西闸河的污染贡献影响比较明显。而在南部水域，来自波罗江沿岸的陆源污染贡献影响比较突出，其贡献影响能够向北一直延伸至海东湾水域，形成高浓度污染带。

(2) 总氮 (TN)

洱海2011年3月和6月的TN浓度全湖分布情况如图1-56所示。从3月的水质监测结果来看，洱海北部、中部和南部的大部分水域均处于高浓度污染状态，特别是在北部的沙坪湾、弥苴河口附近水域、喜洲附近水域及南部的海东湾附近水域，均形成了高浓度污染带。在中部，高浓度污染带由喜洲附近水域向南一直延伸至银桥附近水域。

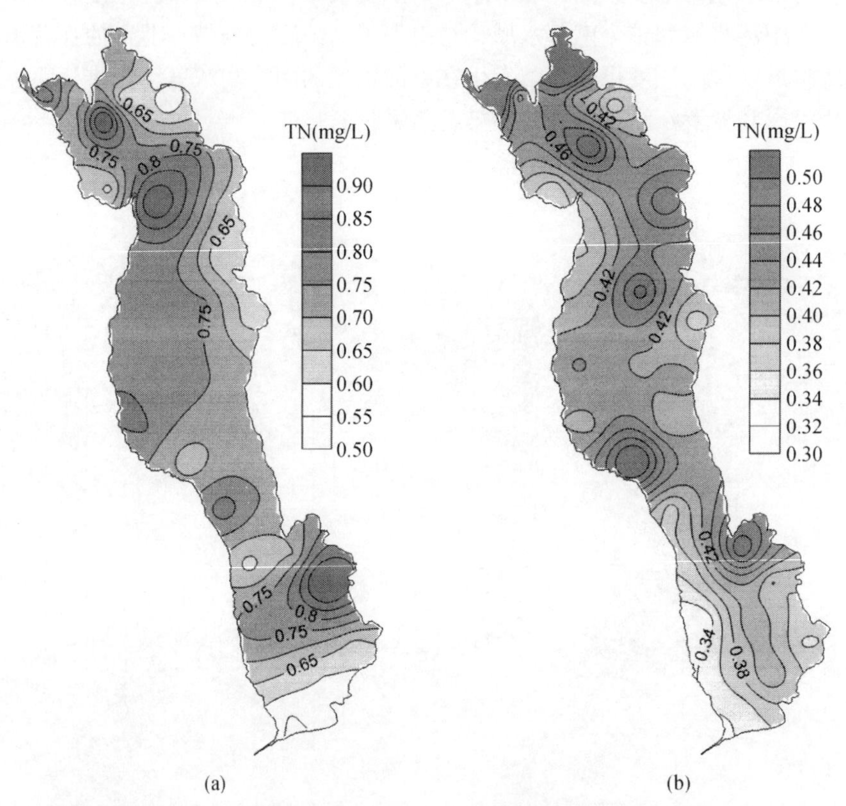

图1-56 洱海2011年3月(a)和6月(b)TN浓度分布

6月的水质监测结果表明，洱海的TN高浓度污染主要发生在北部的沙坪湾、红山湾、弥苴河河口和中部湖心一带的水域。在中部的大理沿岸附近的水域，以及南部的海东湾一带的水域，也出现了两个高浓度污染带分布。在北部水域形成的高浓度污染带，明显反映了来自弥苴河、罗时江和永安江的陆源污染贡献影响。而来自中部大理沿岸和南部波罗江至海东沿岸的陆源污染贡献，明显影响到了附近的水域，并形成高浓度污染带。

(3) 总磷（TP）

洱海2011年3月和6月的TP浓度全湖分布情况如图1-57所示。在3月，南部水域的浓度远高于中部和北部水域，中部大部分水域的浓度基本处于同一水平。在双廊至挖色的近岸水域和整个南部水域，均出现了高浓度污染带，且中部的大部分水域也处于高浓度污染状态。而在北部的沙坪湾、红山湾至湖中心水域，则处于相对较低的浓度水平。从3月的TP高浓度污染带分布表明，来自洱海西部沿岸的陆源污染贡献影响，以及双廊至挖色沿岸的陆源污染贡献影响比较明显，而来自洱海南部沿岸的陆源污染贡献影响更为突出。

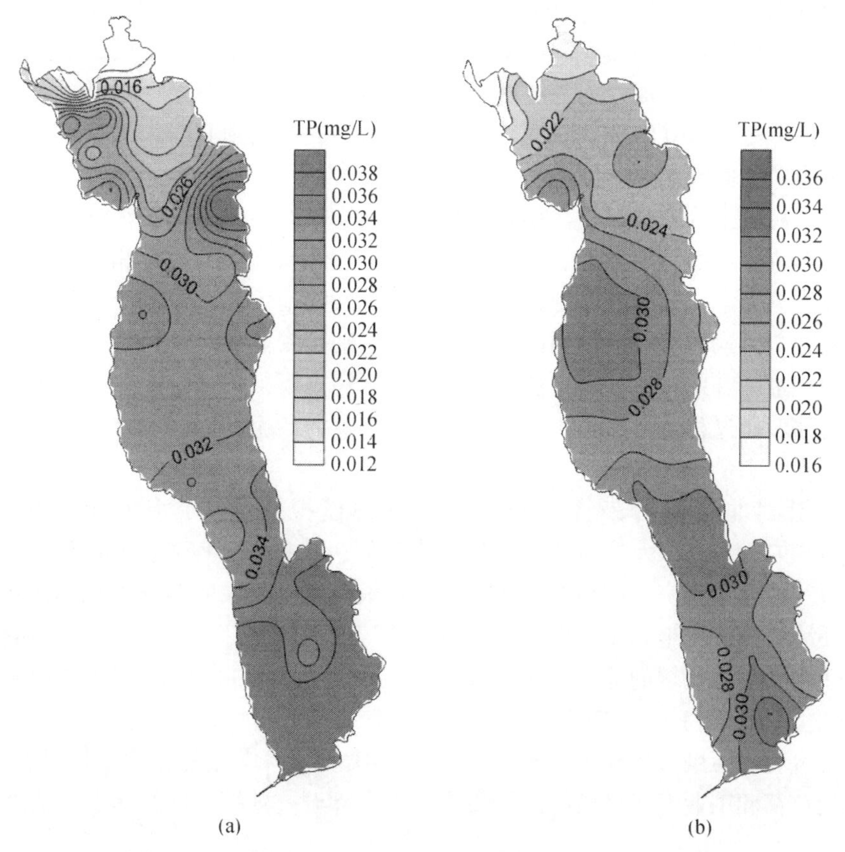

图1-57　洱海2011年3月（a）和6月（b）TP浓度分布

在6月，洱海北部水域的TP浓度水平较低，高浓度污染带主要发生在中部喜洲至银桥附近的水域、大理西岸至东岸的水域及南部波罗江河口附近的水域。从6月的TP高浓度污染带分布可以看出，来自喜洲、湾桥、银桥一带的陆源污染贡献对沿岸附近水域的影响较明显。特别是大理一带的陆源污染贡献影响，能够一直延伸到东岸一带的水域，形成高浓度污染带。在南部的波罗江河口附近水域，沿岸一带的陆源污染贡献影响也较突出。

2　洱海流域陆源污染负荷时空分布特征

根据本课题研究对洱海流域水污染情况的调查分析表明，在陆域各类污染负荷来源中，来自农田污染物、畜禽养殖粪便、农村生活污水所产生的非点源污染负荷量是最大的，其次为水土流失和城镇生活污水，而工业污水和旅游业所产生的污染负荷量相对较小。这些进入到陆域环境的非点源污染物在降水和径流冲刷作用下，通过不同的途径汇入河流、溪流、沟渠，最终被带入到洱海而引起水体的污染。多年来，对洱海流域内的点源污染综合防治取得了很好的成效，而对于非点源污染的控制则有很大的难度，成为当前洱海流域水污染防治面临的主要问题。

由于非点源污染的随机性、污染物排放及污染途径的不确定性，污染负荷的时空分布差异很大。影响非点源污染的因素多且复杂，既有与流域产汇流过程相关的降水、降雨强度、地形等影响因素，还有非点源污染的源强、污染物地表累积量的土地利用类型、人类活动强度等影响因素。要对流域内的非点源污染特别是农业非点源污染进行监测与控制是非常困难的，最为有效和直接的方法是建立非点源污染模拟模型，对各类非点源污染负荷的形成和输移转化过程进行模拟，分析非点源污染负荷产生的时间和空间特征，为流域的水污染控制提供定量化的描述。

国内外针对非点源污染计算开发了大量的模拟模型，常用的有 SWAT、HSPF、ANNGPS、LSPC 等分布式水文模拟非点源污染模型，其中的 SWAT 因其源代码的公开、模拟数据的可获取性得到广泛应用。本子课题研究根据洱海流域的实际情况和流域水文气象观测、水环境监测、土地利用及资料收集获取情况，选用基于 ArcGIS 版本的 ArcSWAT 模型，建立适用于洱海流域的非点源污染模拟模型，并对 2000～2009 年水文周期内洱海的入湖水量和主要污染物 TN、TP 负荷量进行模拟计算与分析。由于模拟模型是针对自然条件下的水文过程和污染过程模拟，流域内 COD 污染负荷入湖量的模拟采用经验模型计算。旅游业污染负荷和工业源污染负荷入湖量则根据实际调查数据按产排污系数法进行估算。

2.1　陆源污染物输移模拟模型

2.1.1　模拟模型基本原理

用于洱海流域的模拟模型中主要包含有三个子模型模拟部分：水文过程模拟子模型、土壤侵蚀过程模拟子模型和非点源污染模拟子模型。

2.1.1.1 水文过程模拟子模型

模型中水文过程模拟采用的水量平衡方程为

$$SW_t = SW_0 + \sum_{i=1}^{n}(R_{day} - Q_{surf} - E_a - W_{seep} - Q_{gw})$$

式中，SW_t 是第 t 天的土壤含水量（mm）；SW_0 是土壤初始含水量（mm）；R_{day}是第 i 天的降水（mm）；Q_{surf}为第 i 天的地表径流（mm）；E_a 为第 i 天的蒸发量（mm）；W_{seep}为第 i 天存在于土壤剖面底部的渗透量和壤中流（mm）；Q_{gw}为第 i 天的地下水量（mm）。

流域水文过程的模拟分为产流和坡面汇流的陆面部分和河道汇流的水面部分，前者控制着每个子流域的水、沙、营养物质和化学物质等的输入量，后者决定水、沙、营养物质和化学物质等从河网向流域出口的输移运动。模型中提供 Green&Ampt 法和 SCS 曲线（CN number）法两种方法计算地表径流；提供 Penman-Monteith、Priestley-Taylor 和 Hargreaves 三种方法计算潜在蒸散发能力；采用动力储水方法计算壤中流；将地下水分为浅层地下水和深层地下水；河道汇流提供变动存储系数模型和马斯京根法。

流域陆面产流和坡面汇流采用 SCS_ CN 径流曲线法，计算公式为

$$Q = \frac{(P - 0.2S)^2}{P + 0.8S}$$

$$S = \frac{25400}{CN} - 254$$

式中，Q 为径流量；P 为降雨量；S 为土壤最大蓄水容量；CN 为径流曲线编号。

流域河道汇流采用马斯京根法，计算公式为

$$O_{i+1} = C_1 I_i + C_2 I_i + C_3 O_i$$

$$C_1 = \frac{\Delta T + 2KX}{\Delta T + 2K(1 - X)}$$

$$C_2 = \frac{\Delta T - 2KX}{\Delta T + 2K(1 - X)}$$

$$C_3 = \frac{-\Delta T + 2K(1 - X)}{\Delta T + 2K(1 - X)}$$

式中，I 为河段上段面入流；O 为河段下断面出溜；C_1、C_2、C_3 为演算系数；K、X 为河道参数。

2.1.1.2 土壤侵蚀过程模拟子模型

模型中土壤侵蚀过程的模拟利用改进的 MUSLE 土壤流失方程进行计算，模拟过程计算由降雨和径流引起的土壤侵蚀，利用最大挟沙能力和河道初始泥沙含量来判断河道泥沙的输移，并跟踪土壤中营养物质氮和磷的输移和转化。改进的 MUSLE 土壤流失方程为

$$sed = 11.8 \cdot (Q_{surf} \cdot q_{peak} \cdot area_{hru})^{0.56} \cdot K_{USLE} \cdot C_{USLE} \cdot P_{USLE} \cdot LS_{USLE} \cdot CFRG$$

式中，sed 为日产沙量；q_{peak}为坡面流量峰值；$area_{hru}$为水文响应单元的面积；K_{USLE}为土壤可侵蚀因子；C_{USLE}为作物经营管理因子；P_{USLE}为土壤侵蚀防治措施因子；LS_{USLE}为地形因

子；CFRG 为土壤糙度因子。

2.1.1.3 非点源污染模拟子模型

模型中针对不同形态的氮和磷的输移转化过程进行模拟。氮负荷分为可溶性氮和不可溶性氮两类，其中可溶性氮直接随坡面水流进入河道，不可溶性氮则吸附于土壤颗粒在地表径流的冲刷下进入河道。可溶性氮（地表径流中硝酸盐浓度）的计算公式为

$$\mathrm{conc}_{\mathrm{NO_3^-,\ mobile}} = \frac{\mathrm{NO}_{3\mathrm{ly}}^- \cdot \left(1 - \exp\left[\dfrac{-w_{\mathrm{mobile}}}{(1-\theta_e)\cdot \mathrm{SAT_{ly}}}\right]\right)}{w_{\mathrm{mobile}}}$$

式中，$\mathrm{conc}_{\mathrm{NO_3^-,mobile}}$为某土层水流中硝酸盐的浓度；$\mathrm{NO}_{3\mathrm{ly}}^-$为土层中硝酸盐的含量；$W_{\mathrm{mobile}}$为土层中流动的水流；$\theta_e$ 为阴离子被排斥的空隙所占百分比；$\mathrm{SAT_{ly}}$为土层中饱和含水量。

不可溶性氮（地表径流中有机氮总量）计算公式为

$$\mathrm{orgN_{surf}} = 0.1 \cdot \frac{\mathrm{orgN_{frsh,\ surf}} + \mathrm{orgN_{sta,\ surf}} + \mathrm{orgN_{act,\ surf}}}{\rho_b \cdot \mathrm{depth_{surf}}} \cdot \frac{\mathrm{sed}}{\mathrm{area_{hru}}} \cdot \varepsilon_{\mathrm{N:\ sed}}$$

式中，$\mathrm{orgN_{surf}}$为地表径流输送到主河道的有机氮总量；sed 为产沙量；$\mathrm{area_{hru}}$为水文响应单元的面积；$\mathrm{orgN_{frsh,surf}}$为表层 10mm 新生的有机氮；$\mathrm{orgN_{sta,surf}}$为表层 10mm 稳态有机氮；$\mathrm{orgN_{act,surf}}$ 为表层 10mm 活性有机氮；ρ_b 为第一层土壤的容重；$\mathrm{depth_{surf}}$为表层土壤的深度；$\varepsilon_{\mathrm{N:sed}}$是氮的富集率。

磷负荷也分为可溶性磷和不可溶性磷两类，输移转化过程的模拟计算方法同氮的计算方法相似。

河道中的水质模拟采用 QUAL_ 2E 模型进行计算。该模型能模拟河道中溶解氧、泥沙、氮、磷等营养物质指标的变化过程。

2.1.2 模拟模型系统构建

2.1.2.1 空间数据库构建

（1）数字高程模型

洱海流域数字高程模型（DEM）的构建是进行流域划分、水系生成及水文过程模拟的基础。本子课题研究采用流域 1∶50 000 的高分辨率 DEM 数据，对流域特征参数进行了提取，尤其是在对河道总长、河流密度、河源密度和坡度的提取上提高了反映精度，减小了对产水、产沙的模拟过程的影响。应用 TOPAZ 自动数字地形分析软件包，对输入的 DEM 数据进行处理，定义流域范围，确定河网结构，划分河溪子流域，计算河道和子流域参数。图 2-1 显示了洱海流域的数字高程模型示意图，海拔高程变幅在 1960～3970m。

（2）土地利用类型分布

根据本书对洱海流域的土地利用状况调查，流域的土地利用/土地覆被数据主要采用了 2010 年的高清影像数据来获取，并对数据的解释判读精度进行了误差校准。流域土地利用/土地覆被的分布直接影响着地表蒸发、土壤水分状况及地表覆被截留量的水文响应，

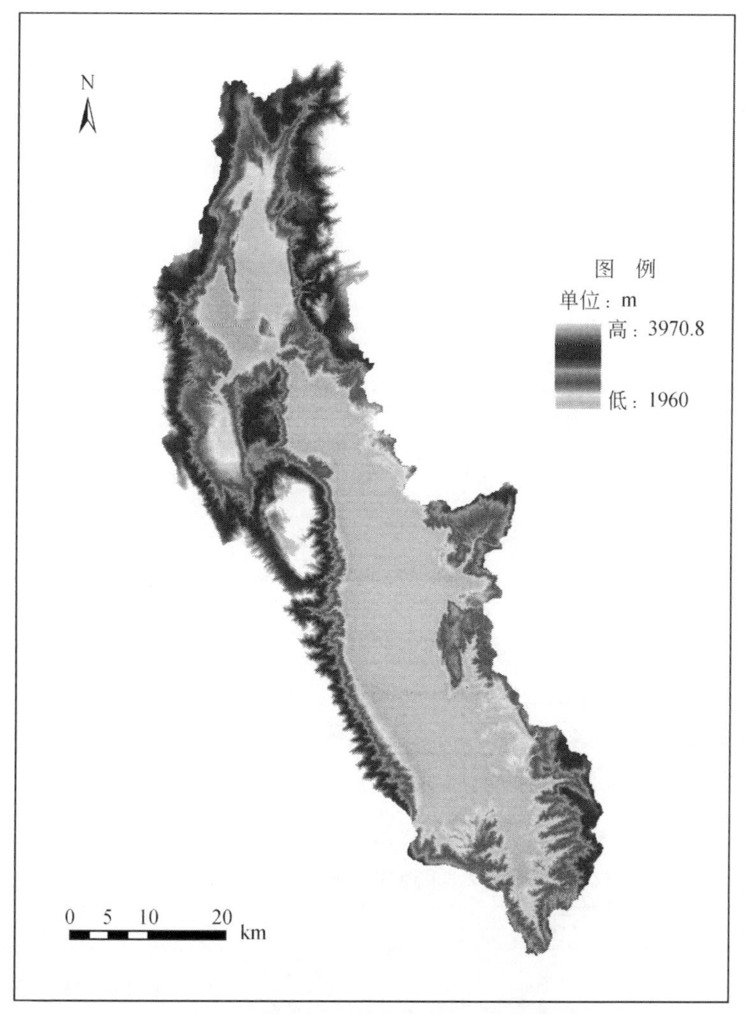

图 2-1 洱海流域数字高程模型示意图

进而影响着流域的水量与水质的模拟计算结果。在洱海流域土地利用类型的模拟模型数据库构建中，对植物的生长模拟，需要有更详细的土地利用分类，如地表植物物种的分类。因此，对于土地利用分类系统不能满足模拟计算要求的植物物种，使用相近代表性物种的参数作为这些分类的参数，对土地利用类型重新进行二次分类编码。洱海流域土地利用类型与模拟模型中重新编码的土地利用类型对比见表 2-1，流域的土地利用类型分布如图 1-26 所示。

表 2-1 洱海流域土地利用类型原编码与模型重新分类

原分类		重分类	
编号	名称	模型类别	模型代码
11	水田	水田	RICE
12	菜地	菜地	CABG

续表

原分类		重分类	
编号	名称	模型类别	模型代码
13	旱地	旱地	AGRL
21	园地	园地	ORD
31	有林地	有林地	FRST
32	灌木林	灌木林	RNGB
43	草地	草地	RNGE
112	湖泊水面	水面	WATR
113	湖泊水面	水面	WATR
125	湿地	湿地	WETL
127	裸地	裸地	BALD
201	城镇用地	城镇用地	URHD
203	农村居民点	农村居民点	URML

(3) 土壤类型分布

洱海流域内主要的土壤类型为红壤、水稻土、黄棕壤、棕壤和暗棕壤，其中红壤面积占洱海流域面积的26.9%，水稻土占洱海流域面积的17.0%，黄棕壤占洱海流域面积的16.4%。从土种分类上来说，洱海流域共有29类土种，其类型分布见表2-2，空间分布详见图2-2。

表2-2　洱海流域土壤类型分布

土类	亚类	土属	土种
水稻土	潴育型水稻土	暗红泥田	暗红鸡粪土田
		暗沙泥田	胶泥田
			泥田
		暗紫泥田	暗紫泥田
		浮泥田	黄浮泥田
		浮泥田（水稻土）	黄砂田
黄棕壤	暗黄棕壤	灰泡大土	灰泡大土
		厚棕红土	厚棕红土
		棕灰泡土	棕灰泡土
		麻灰泡土	麻灰泡土
暗棕壤	暗棕壤	麻黑汤土	麻黑汤土
		棕黑汤土	棕黑汤土

续表

土类	亚类	土属	土种
棕壤	棕壤	灰汤大土	灰汤大土
		麻灰汤土	麻灰汤土
		棕灰汤土	棕灰汤土
		紫灰汤土	紫灰汤土
红壤	黄红壤	紫黄红土	紫黄红土
		黄红泥	黄红泥
		麻黄红土	麻黄红土
	山原红壤	大红土	大红土
		麻红土	麻红土
		棕红土	棕红土
	红壤	润山红土	润山红土
棕色针叶林土	棕色针叶林土	麻黑灰土	麻黑灰土
紫色土	酸性紫色土	黄紫泥	黄紫泥
石灰岩	红色石灰土	红泡土	红色石灰土
亚高山草甸土	亚高山草甸土	麻草垡土	麻草垡土
新积土	冲积土	砂浮泥	河浮泥
水域	—	—	水域

在构建洱海流域土壤类型的模拟模型数据库时，需要确定土壤的物理属性和化学属性对流域水文循环的直接影响，如地表径流、地下径流、入渗、侧渗、产沙、输沙、作物生长、养分流失等。通过洱海流域的土壤类型和土地利用类型组合来进行子流域内的水文响应单元的划分，子流域每个水文响应单元内的径流产生、沉积量、非点源负荷加总，经过水渠、池塘或者水库传输到达子流域。

2.1.2.2 属性数据库构建

(1) 气象数据库

洱海流域的水文气象数据是构建模拟模型中重要的输入数据之一。需要的流域水文气象数据主要包括：日降雨量、日最高气温、日最低气温、日相对湿度、日太阳辐射（或日照时数）、日风速等。构建的模拟模型中采用的水文气象数据包括大理气象站的气象观测数据，以及福和、炼城、牛街、下关、银桥等 5 个水文站的雨量数据，水文气象数据资料情况见表 2-3。流域内的雨量站分布基本控制了全流域，海拔在 1980m（下关站和银桥站）至 2540m（福和站）。

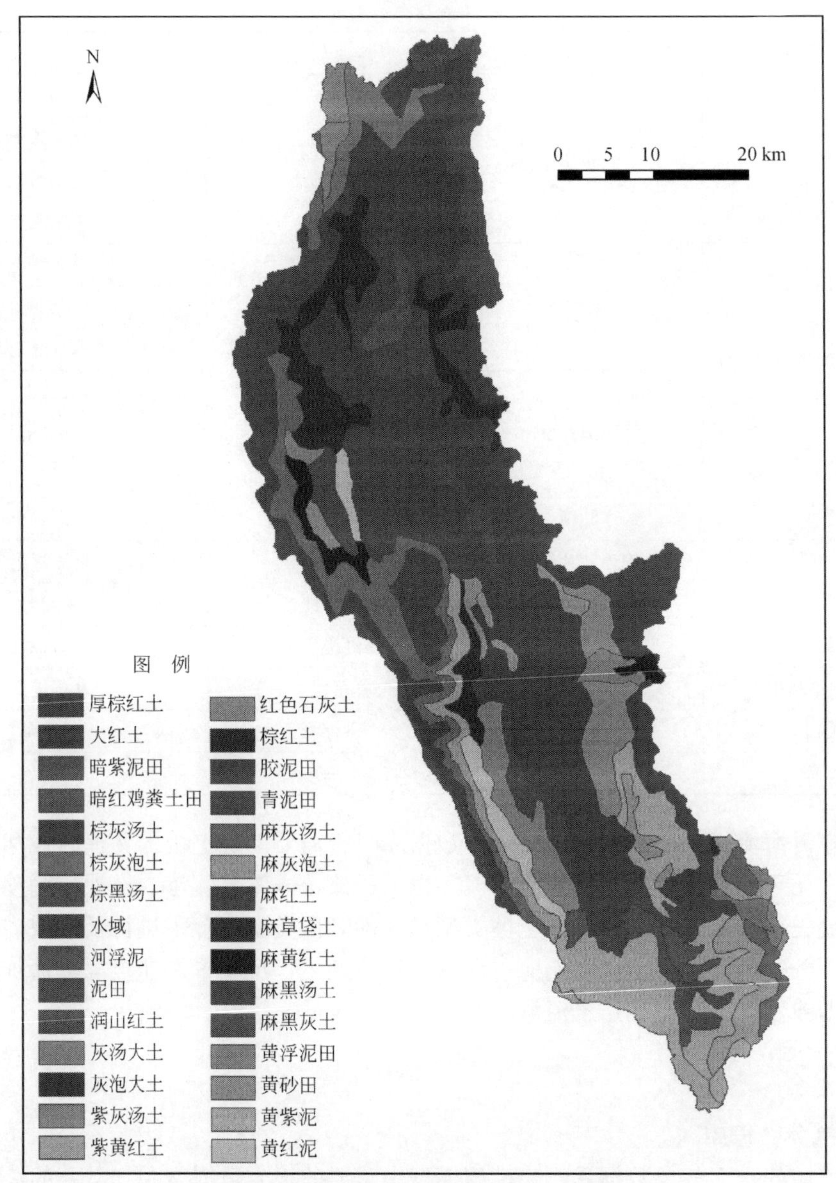

图 2-2　洱海流域土壤类型分布示意图

表 2-3　洱海流域雨量站和气象站数据资料情况

序号	站名	经度（°）	纬度（°）	海拔（m）	观测要素	资料期限（年）
1	福和	100.02	26.23	2540.0	日降雨量	2000～2009
2	牛街	99.59	26.15	2110.0	日降雨量	2000～2009
3	炼城	100.00	26.06	2060.0	日降雨量	2000～2009
4	银桥	100.05	26.01	1980.0	日降雨量	2000～2009

续表

序号	站名	经度（°）	纬度（°）	海拔（m）	观测要素	资料期限（年）
5	下关	100.13	25.36	1980.0	日降雨量	2000～2009
6	大理	100.18	25.70	1990.5	日气象观测	1964～2009

模拟模型中采用大理气象站56年（1954～2009年）的气象日数据（最高气温、最低气温、降雨、相对湿度、日照时数、风速）构建洱海流域天气发生器数据库。天气发生器数据库包含的参数及相关计算公式见表2-4。降雨参数的统计利用模拟模型降雨参数统计程序计算，露点温度的计算利用气象站的日最高气温、日最低气温及相对湿度，由模拟模型露点温度计算程序计算。

表2-4　模拟模型天气发生器参数及计算公式

参数（单位）	公式
月平均最高气温（℃）	$\mu mx_{mon}=\sum_{d=1}^{N}T_{mx,mon}/N$
月平均最低气温（℃）	$\mu mn_{mon}=\sum_{d=1}^{N}T_{mn,mon}/N$
最高气温标准差	$\sigma mx_{mon}=\sqrt{\sum_{d=1}^{N}(T_{mx,mon}-\mu mx_{mon})^2/(N-1)}$
最低气温标准差	$\sigma mn_{mon}=\sqrt{\sum_{d=1}^{N}(T_{mn,mon}-\mu mn_{mon})^2/(N-1)}$
月平均降雨量（mm）	$\bar{R}_{mon}=\sum_{d=1}^{N}R_{day,mon}/yrs$
月平均降雨量标准差	$\sigma_{mon}=\sqrt{\sum_{d=1}^{N}(R_{day,mon}-\bar{R}_{mon})^2/(N-1)}$
降雨的偏度系数	$g_{mon}=N\sum_{d=1}^{N}(R_{day,mon}-\bar{R}_{mon})^3/(N-1)(N-2)(\sigma_{mon})^3$
月内干日日数（d）	$P_i(W/D)=(days_{W/D,i})/(days_{dry,i})$
月内湿日日数（d）	$P_i(W/W)=(days_{W/W,i})/(days_{wet,i})$
平均降雨天数（d）	$\bar{d}_{wet,i}=days_{wet,i}/yrs$
露点温度（℃）	$\mu dew_{mon}=\sum_{d=1}^{N}T_{dew,mon}/N$
月平均太阳辐射量［kJ/（m² · d）］	$\mu rad_{mon}=\sum_{d=1}^{N}H_{day,mon}/N$
月平均风速（m/s）	$\mu wnd_{mon}=\sum_{d=1}^{N}T_{wnd,mon}/N$

（2）水文数据库

用于洱海流域模拟模型的水文数据库主要包括两个方面的数据：一是流域内的河流、水库、水文测站、控制断面等参数，以及流域水资源利用、洱海运行水量、外流域引水情况，流域水文数据经过整理编辑形成输入参数数据文件。二是流域模拟时段的河流水量、水质观测监测数据，作为模拟模型参数率定和验证的比对数据。模拟模型主要采用洱海的入湖河流弥苴河干流炼城水文站 2000 ~ 2009 年的月水量、水质观测数据，作为模拟模型参数率定的基本数据。同时，本书针对弥苴河上游的两个支流凤羽河和弥茨河的水位、流量和水质开展了观测监测，用于收集数据资料的校核。洱海 2000 ~ 2009 年的运行水位，以及发电、泄洪和引水的调控水量观测资料，通过水量平衡方程来计算入湖水量，对模型模拟计算的入湖水量进行验证和校准。

(3) 土壤属性数据库

在模拟模型中需要建立流域内土壤的物理属性数据库和化学属性数据库，土壤物理属性包括土壤名称、土壤分层数目、土壤所属水文单元组、植被根系深度值、土壤质地、土壤容重、土层可利用的有效含水量、土壤饱和导水率、有机碳含量、土壤层中黏粒/粉粒/沙粒/砾石含量、土壤可侵蚀因子、土壤电导率等，详见表 2-5，土壤化学属性包括有机质、全氮和全磷等。土壤的物理属性数据决定了水分及空气在土壤中的运动状况，影响到陆地上的水文循环。土壤的化学属性数据则决定了土壤初始状态下的各种化学成分的含量。

表 2-5　SWAT 模型土壤物理属性参数

变量名	模型定义
SNAM	土壤名称
NLAYERS	土壤分层数目
HYDGRP	土壤水文学分组（A、B、C 或 D）
SOL_ ZMX	土壤剖面最大根系深度（mm）
ANION_ EXCL	阴离子交换孔隙度
SOL_ CRK	土壤潜在可压缩量（m^3/m^3）
TEXTURE	土壤质地
SOL_ Z	土壤表层到底层的深度（mm）
SOL_ BD	土壤容重（mg/m^3 或 g/m^3）
SOL_ AWC	土层可利用的有效水量（mm H_2O/mm soil）
SOL_ K	土壤饱和水力传导系数（mm/h）
SOL_ CBN	有机碳含量（%）
CLAY	黏土（%），直径<0.002mm 的土壤颗粒组成
SILT	壤土（%），直径在 0.002 ~ 0.05mm 的土壤颗粒组成
SAND	砂土（%），直径在 0.05 ~ 2.0mm 的土壤颗粒组成
ROCK	砾石（%），直径>2.0mm 的土壤颗粒组成
SOL_ ALB	湿润土壤反射率
USLE_ K	土壤侵蚀通用公式中土壤可侵蚀因子
SOL_ EC	土壤电导率（dS/m）

洱海流域内的土壤属性数据主要依据云南省第二次土壤普查《云南省土种志》结果获取，包括土壤层数、土层深度、机械组成、有机质含量、全氮、全磷、速效磷、碳氮比等参数，对于普查数据中土壤机械组成分类与模拟模型中砂土、黏土和壤土的分类不一致的，需要根据实测资料估计整个粒径的分布曲线函数进行不同粒径之间的转化，对应的转

化关系见表2-6。由土壤机械组织计算凋萎系数、田间持水量、饱和度、可利用水、饱和水力传导率和土壤容重等6个参数。

表2-6　土壤粒径配级对比

粒径（mm）	土壤普查分类	模型分类
黏粒（clay）	<0.002	<0.002
粉粒（silt）	0.002～0.02	0.05～0.002
砂粒（sand）	0.02～0.2	0.05～2
	0.2～2	
石砾（rock）	>2	>2

土壤的侵蚀因子 K_{USLE} 采用1995年Williams提出的计算方法来估算。

$$K_{USLE}=f_{csnd}\times f_{cl-si}\times f_{orgc}\times f_{hisand}$$

$$f_{csnd}=0.2+0.3\times\exp\left[-0.256\times m_s\times\left(1-\frac{m_{silt}}{100}\right)\right]$$

$$f_{cl-si}=\left(\frac{m_{silt}}{m_c+m_{silt}}\right)^3$$

$$f_{orgc}=1-\frac{0.25\times\rho_{orgc}}{\rho_{orgc}+\exp[3.72-2.95\times\rho_{orgc}]}$$

$$f_{hisand}=1-\frac{0.7\times\left(1-\frac{m_s}{100}\right)}{\left(1-\frac{m_s}{100}\right)+\exp\left[-5.51+22.9\times\left(1-\frac{m_s}{100}\right)\right]}$$

式中，m_s 为粒径在0.05～3.00mm沙粒的百分含量；m_{silt} 为粒径在0.002～0.05mm的淤泥、细沙百分含量；m_c 为粒径小于0.002mm的黏土百分含量；ρ_{orgc} 为各土壤层中有机碳含量（%）。

土壤水文学组（A、B、C或D）的划分主要参考土壤质地来划分，其划分标准见表2-7。

表2-7　SCS模型中土壤水文组分类标准

水文组	下渗率（mm/h）		土壤质地
A	下渗率较大	>25	砂土，壤质砂土，砂壤土
B	下渗率居中	12.5～25	粉砂壤土，壤土，粉砂
C	下渗率低	2.5～12.5	砂质黏壤土
D	下渗率较低	<2.5	黏壤土，粉砂黏壤土，砂质黏土，粉砂黏土，黏土

2.1.2.3　非点源数据库构建

(1) 非点源数据库

在洱海流域的模拟模型中主要考虑了五类非点染：农村生活污染源、农业生产污染源、畜禽养殖污染源、水土流失污染源和城市面源。

根据洱海流域的实地调查和模拟模型的应用情况，对非点源污染数据进行如下的概化处理：农村生活污染源概化为农村居民地，将农村人口产生的污染物折算为肥料输入模型；农业生产污染源进一步细化为菜地、旱地、水田等进行农业生产、有大量化肥输入的土地利用类型；畜禽养殖污染源产生的固体废弃物基本作为肥料施用至田地，将畜禽养殖污染源与农业生产污染源归并为一类，产生的污染物折算成有机肥输入模型；将水土流失污染源进一步细化为草地、林地和灌木林土地利用类型产生的污染源；并将城市面源细化为城镇土地利用类型产生的污染源。

（2）农作物管理方式

在洱海流域的模拟模型中需要定量化不同农作物管理方式的相对影响，包括种植、耕作、施肥、灌溉和收获等。流域内的农作物主要种植在水田、旱地和菜地内，水田主要有水稻和大麦轮作、水稻和大蒜轮作、水稻和油菜轮作、水稻和蚕豆轮作等几种轮作方式，旱地主要有包谷和大蒜轮作、包谷和小麦轮作、包谷单季耕作等几种轮作方式，菜地主要有南瓜、白菜和花菜轮作。对于大中尺度的模型模拟而言，不可能考虑每一个子流域内每一个 HRU 内的管理方式，而且对每一种作物的主产区也并非所有的耕地均种植该作物，所以不可能对耕地中的每一种作物进行划分范围、建立管理方式。本书研究在洱海流域 2656 户农户农业面源污染调查统计的基础上，根据地域特征，抽取典型农户入户调查，建立能反映流域农作物耕作的典型作物管理方式。

（3）水田

水稻和油菜轮作方式（主要分布在流域凤羽镇）为 4 月种植水稻，10 月收割；10 月种植油菜，次年 4 月收割。水稻一般一年施 2 或 3 次肥（底肥和追肥），油菜一年施一次肥（底肥）；在此轮作方式下，全年施氮肥（以氮计）703.1kg/hm^2，施磷肥（以磷计）224.3kg/hm^2。

水稻和蚕豆轮作方式（主要分布在喜洲镇、大理镇、三营镇等）为 4 月种植水稻，10 月收割；10 月种植蚕豆，次年 3 月收割。水稻一般一年施 2 或 3 次肥（底肥和追肥），蚕豆一年施 1 或 2 次肥（底肥和追肥）；在此轮作方式下，全年施氮肥（以氮计）510.2～692.5kg/hm^2，施磷肥（以磷计）229.5～481.7kg/hm^2。

水稻和大蒜轮作方式（主要分布在右所镇）为 4 月种植水稻，10 月收割；10 月种植大蒜，次年 3 月收割。水稻一般一年施 2 次肥（底肥和追肥），大蒜一年施 2 次肥（底肥和追肥）；在此轮作方式下，全年施氮肥（以氮计）882.4kg/hm^2，施磷肥（以磷计）319.5kg/hm^2。

水稻和大麦轮作方式（主要分布在牛街镇）为 4 月种植水稻，10 月收割；10 月种植大麦，次年 3 月收割。水稻一般一年施 1 次肥（底肥），大麦一年施 2 次肥（底肥和追肥）；在此轮作方式下，全年施氮肥（以氮计）775.7kg/hm^2，施磷肥（以磷计）328.7kg/hm^2。

（4）旱地

玉米和大蒜轮作方式（主要分布在牛街镇、右所镇、喜洲镇）为 5 月种植玉米，9 月收割；10 月种植大蒜，次年 3 月收割。玉米一般一年施 2 或 3 次肥（底肥和追肥），大蒜一年施 2 次或 3 次肥（底肥和追肥）；在此轮作方式下，全年施氮肥（以氮计）754 ~ 1260kg/hm^2，施磷肥（以磷计）226 ~ 372.6kg/hm^2。

玉米和小麦轮作方式（主要分布在三营镇）为 5 月种植玉米，9 月收割；10 月种植小麦，次年 3 月收割。玉米一般一年施 3 次肥（底肥和追肥），小麦一年施 2 次肥（底肥和追肥）；在此轮作方式下，全年施氮肥（以氮计）715.8kg/hm^2，施磷肥（以磷计）269.4kg/hm^2。

玉米种植方式下（主要分布在凤羽镇）为 5 月种植包谷，9 月收割。玉米一般一年施 3 次肥（底肥和追肥），在此轮作方式下，全年施氮肥（以氮计）420.6kg/hm^2，施磷肥（以磷计）146.4kg/hm^2。

（5）菜地

洱海流域内的菜地种植以蔬菜为主，复种指数较高，典型的轮作方式为南瓜、白菜和花菜。南瓜 1 月种植，5 月收割；白菜 6 月种植，8 月收割；花菜 8 月种植，12 月收割。菜地全年施氮肥（以氮计）1169.6kg/hm^2，施磷肥（以磷计）390kg/hm^2。

2.1.2.4 模拟计算程序构建

用于洱海流域模拟模型中的所有空间数据的投影坐标采用如下参数进行转换（图 2-3）。

投影：Transverse Mercator

椭球体：GCS_ Krasovsky_ 1940

中央经线：东经 102°

参考纬度：0

Scale_ Factor：1.0

北偏移：0

东偏移：500 000m

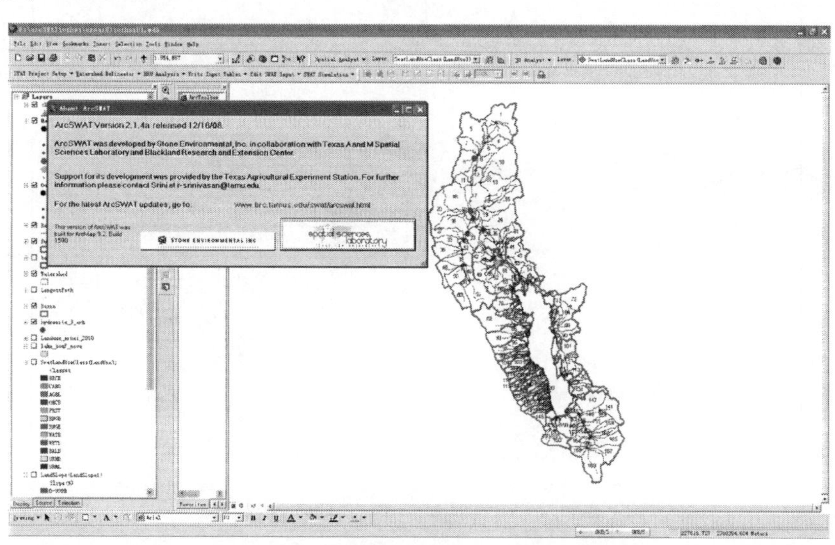

图 2-3 洱海流模拟模型域 ArcSWAT 界面

(1) 基于 DEM 的子流域划分

基于洱海流域 DEM 进行子流域的划分是建立模拟计算程序的第一步。通过 GIS 软件对流域 DEM 进行分析和处理，生成河网水系，划分子流域，形成河网结构的拓扑关系，并添加点污染源、水库及外流域引水节点。为了提高模拟计算精度，减小利用 DEM 生成子流域河网水系时带来的误差，根据洱海流域内河网水系的分布情况，按最小汇水面积对子流域河网水系节点作调整加密，并将洱海湖岸作为入湖边界，尽可能生成较细的洱海入湖河网水系。最后形成的洱海流域河网水系及其子流域，子流域的编码、面积、河网结构拓扑图如图 2-4 所示，将流域划分为 169 个子流域进行模拟计算。

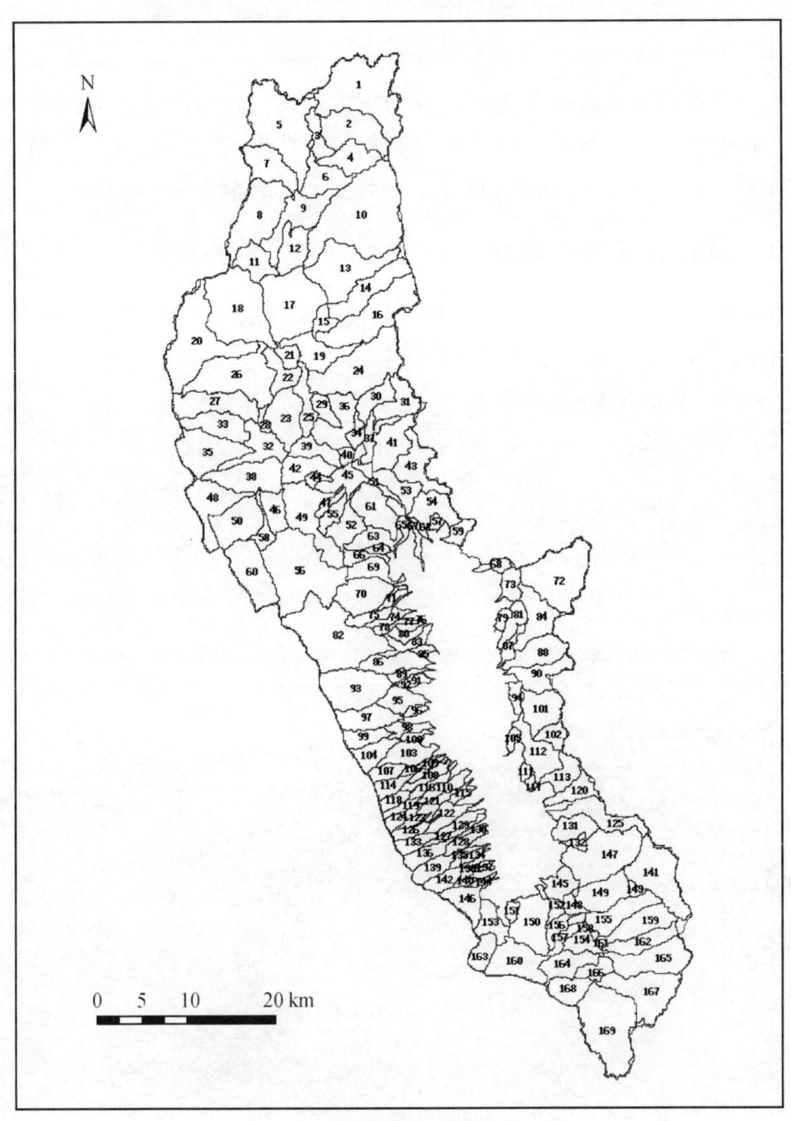

图 2-4　洱海流域划分子流域结构图

（2）水文响应单元的划分

水文响应单元（HRUs）是在同一个子流域内有着相同土地利用类型、土壤类型和管理方式的区域，是将同一个子流域划分为多个水文响应单元模拟计算程序步骤。水文响应单元的划分可以采用两种方法来确定：第一种是每个子流域内只生成一个水文响应单元，这个水文响应单元由子流域内占优势的土地利用和土壤组合而成，其他非优势土地利用和土壤被并入优势类中；第二种是把子流域划分为多个不同的土地利用和土壤类型的组合，在同一个子流域中划分出多个水文响应单元。在洱海流域的模拟应用时，考虑到子流域内植被覆盖的多样性，为了对子流域内污染物负荷计算得更准确，采用了多个水文响应单元划分方法，对子流域内的多个水文响应单元进行模拟。

首先确定土地利用面积阈值：10%，即子流域内面积小于 10% 的土地利用类型将忽略不计，而原来面积大于 10% 的土地利用类型将被保留下来，并按其不同类型的面积比例，以子流域面积为单位重新分配。同理确定土壤面积阈值：10%，即土壤类型中面积小于 10% 的土壤类型被忽略不计，处理方式与土地利用类型相似。根据这两个参数，基于洱海流域土地利用/覆被图和土壤图，在建立的洱海流域模拟计算程序中，水文响应单元共划分出 1063 个。

（3）水文过程的模拟

进行洱海流域水文过程的模拟计算需要导入构建的空间数据库和属性数据库，在此基础上可进行流域水文过程模拟。建立的模拟计算程序从数据库文件提取气象气数、天气发生器气象资料及各气象参数观测站点位置，提取土壤特征、土地利用特征描述数据，文件包括：结构文件（. fig）、土壤文件（. sol）、气象文件（. wgn）、子流域文件（. sub）、水文响应单元文件（. hru）、主河道文件（. rte）、地下水文件（. gw）、水利用文件（. wus）、农业管理文件（. mgt）、土壤化学文件（. chm）、池塘数据文件（. pnd）和河流水质文件（. swq）。

洱海流域水文过程的模拟计算在时间尺度上可以进行年、月和日时间步长的模拟。通过模拟流量过程与流域实测流量过程来进行模型参数的率定和验证，采用洱海流域 2001 ~ 2009 年的年入湖模拟水量与入湖平衡水量的比较，调整模型水文参数，再利用弥苴河水文断面月模拟径流过程与实测径流过程的对比，率定模型水文参数。

（4）TN、TP 的模拟

在对洱海流域水文过程进行模拟并对模拟模型参数进行拟率定和验证的基础上，建立流域的营养物质模拟过程计算程序。在此模拟计算步骤中，需要对每个划分子流域内的农作物耕作方式、施肥措施等进行调整，确定各个子流域土地利用耕地内不同农作物下不同的耕作方式、施肥措施数据，为模拟模型输入污染数据。同时，根据植被覆盖数据库相关参数，确定非点源污染模拟模型参数。模拟模型水质参数的率定主要采用洱海的入湖河流弥苴河的月总氮、总磷水质浓度监测数据。

为了模拟计算洱海流域各条入湖河流、溪流、箐沟的入湖水量、入湖污染负荷量，根据各条入湖河流、溪流、箐沟的水文参数和水文模型子流域单元进行合并，将流域划分为

25 个主要河流、溪流、箐沟子流域进行模拟计算。合并形成的主要河流、溪流、箐沟子流域如图 2-5 所示，其中包括了洱海北部的两江一河、西部的苍山十八溪、东部的三箐沟等 24 条入湖河流，以及洱海湖体和出湖河流。

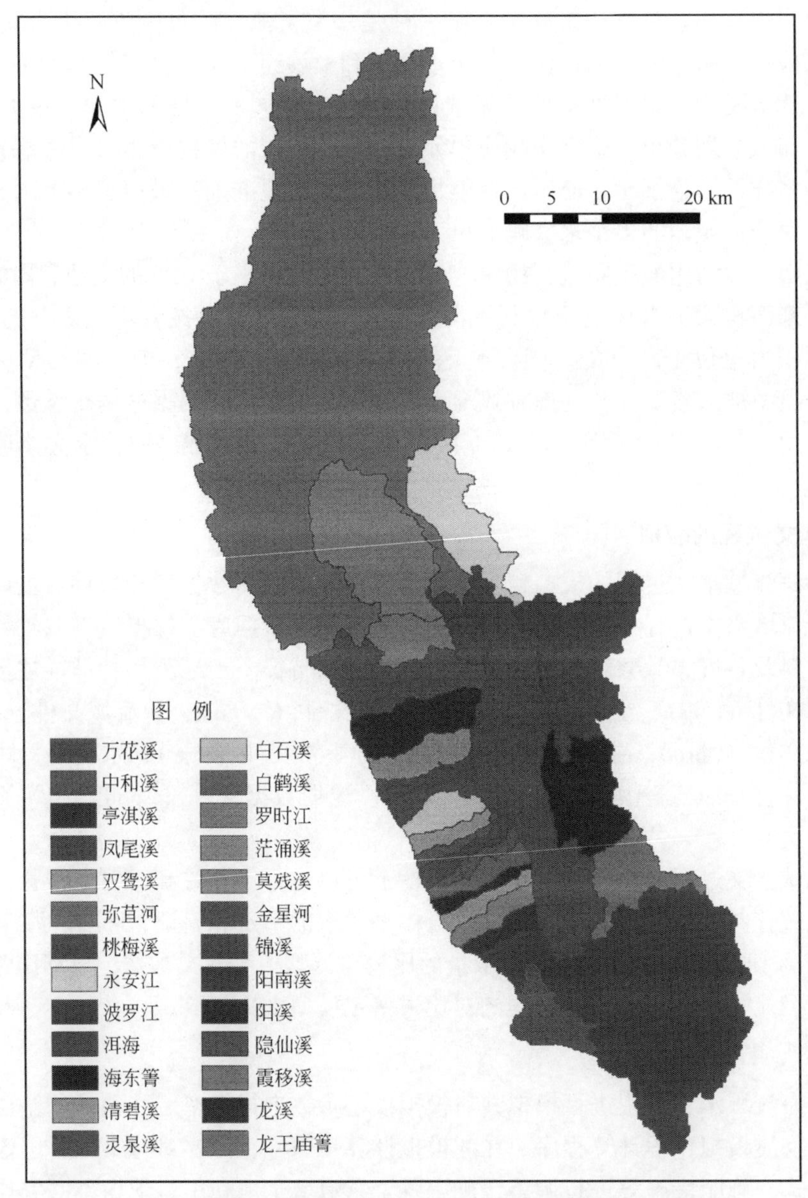

图 2-5 洱海流域主要河流子流域示意图

2.1.3 COD 污染负荷计算

2.1.3.1 计算方法

洱海流域 COD_{Cr}非点源污染负荷的模拟采用经验模型计算，主要考虑土地利用与非点源污染物输出的关系，通过污染物平均浓度和土地利用类型等资料，建立土地利用与受纳水体非点源污染负荷的关系，其计算表达式为

$$L_p = \sum_u (P \cdot R_{vu} \cdot C_u \cdot A_u)$$

$$R_{vu} = 0.05 + (0.009 \times I_u)$$

式中，L_p 为污染负荷（t/a）；P 为降雨量（mm/a）；C_u 为土地利用类型 U 下的污染物产出平均浓度（mg/L）；A_u 为土地利用类型的面积（hm^2）；R_{vu}为土地利用类型 U 的地表径流系数；I_u 为下垫面不透水率（%）。

2.1.3.2 模型参数

计算模型中的关键参数包括：土地利用类型、COD_{Cr}产出浓度、下垫面不透水率。土地利用类型采用本子课题研究中遥感解译的 2010 年土地利用类型图，通过统计得洱海流域陆域 25 个子流域内各种土地利用类型面积。对于洱海流域内不同土地利用类型产出的 COD_{Cr}浓度关系，主要参考滇池流域、抚仙湖流域和洱海流域开展的相关研究结果，确定不同土地利用类型下的 COD_{Cr}产出浓度，下垫面不透水率则借鉴 USEPA 给出的用户手册确定，详见表 2-8。

表 2-8　不同土地利用类型 COD_{Cr}产出浓度和不透水率

土地利用类型	COD_{Cr}（mg/L）	不透水率（%）
城镇	119.4	83.2
农村居民地	97.7	60.0
旱地	32.7	15.0
菜地	30.3	15.0
水田	30.3	8.0
林地	14.2	10.0
草地	14.2	10.0

2.2 陆源污染物入湖过程模拟

2.2.1 模型参数率定与验证

2.2.1.1 模型参数的敏感性分析

应用流域非点源污染模型对洱海流域的污染物入湖过程进行模拟，其模拟计算结果的

准确性和可靠性是有限的，除了采用实际的模拟环境条件，还应尽可能减小由于参数取值所带来的误差。考查模拟模型中大量的输入参数与输出结果的相关性，对大量的模型参数进行敏感性检验，继而筛选模型参数与取值精度。表 2-9 列出了涉及径流、泥沙和营养物模拟过程中的敏感性参数及取值的变化范围。

表 2-9　模拟模型参数与取值

变量	定义	取值变幅	位置
CN2	湿润情况下 SCS 径流曲线数	20 ~ 100	. mgt
ALPHA_ BF	基流消退系数 alpha	0 ~ 1. 00	. gw
CANMX	最大林冠指数	0 ~ 10	. hru
ESCO	土壤蒸发补偿系数	0. 01 ~ 1. 00	. hru
EPCO	植物蒸腾补偿系数	0. 01 ~ 1. 00	. hru
SURLAG	地表径流滞后系数	0 ~ 10	. bsn
GW_ DELAY	地下水滞后时间	0 ~ 500	. gw
GW_ REVAP	地下水再蒸发系数	0. 02 ~ 0. 20	. gw
REVAPMN	浅层地下水再蒸发的阈值	0 ~ 5000	. gw
GWQMN	浅层含水层产生基流的阈值	0 ~ 5000	. gw
RECHR_ DP	深含水层渗透比	0. 0 ~ 1. 0	. gw
SOL_ K	土壤饱和水力传导系数	0 ~ 100	. sol
SOL_ AWC	土壤可利用水量	0 ~ 1	. sol
OV_ N	坡面漫流曼宁系数	0. 01 ~ 0. 5	. hru
CH_ N2	河道曼宁系数	0. 01 ~ 0. 5	. rte
SLOPE	平均坡度	GIS 基于 DEM 计算	. hru
SLSUBBSN	平均坡长	10 ~ 150	. hru
CH_ K1	支流河床有效水力传导度	0. 01 ~ 150	. sub
CH_ K2	河道有效水力传导度	0. 01 ~ 150	. rte
APM	主河道泥沙演算洪峰速率调整因子	0. 5 ~ 2. 0	. bsn
PRF	支流泥沙演算洪峰速率调整因子	0 ~ 2	. bsn
SPCON	泥沙输移线性参数	0. 0001 ~ 0. 01	. bsn
SPEXP	泥沙输移指数参数	1 ~ 1. 5	. bsn
USLE_ C	USLE 中植物覆盖度因子	—	. crop
USLE_ P	USLE 中水土保持措施因子	0 ~ 1	. mgt
USLE_ K	USLE 中土壤侵蚀因子	0 ~ 0. 65	. sol
CH_ EROD	河道侵蚀系数	0 ~ 1	. rte
RSDCO	残余物分解因子	0. 002 ~ 0. 1	. bsn
ERORGN	氮富集率	0 ~ 1	. hru
NPERCO	氮下渗系数	0 ~ 1	. bsn

续表

变量	定义	取值变幅	位置
AI1	藻类生物中氮含量	0.07 ~ 0.09	. wwq
ERORGP	磷富集率	0–5	. hru
PPERCO	磷下渗系数	10 ~ 17.5	. bsn
PHOSKD	土壤磷分离系数	100 ~ 200	. bsn
AI2	藻类生物中磷含量	0.01 ~ 0.02	. wwq
SOL_ LABP	土壤表层溶解磷含量		. chm
SOL_ NO3	土壤硝酸盐含量		. chm
SOL_ ORGN	土壤表层初始有机氮含量		. chm
SOL_ ORGP	土壤表层初始有机磷含量		. chm

根据模拟的过程，首先是对水文过程模拟参数进行率定，然后是泥沙和污染物输移过程模拟参数的率定。通过模型提供的 SWATCUP 进行参数敏感性分析，并根据文献研究的一些敏感参数成果，筛选出 14 个与水量模拟相关的参数进行率定。①土壤蒸发补偿系数（ESCO）；②浅层地下水再蒸发的阈值（REVAPMN）；③植物蒸腾补偿系数（EPCO）；④土壤可利用水量（SOL_ AWC）；⑤地下水再蒸发系数（GW_ REVAP）；⑥土壤饱和水力传导系数（SOL_ K）；⑦河道曼宁系数（CH_ N2）；⑧浅层含水层产生基流阈值（GWQMN）；⑨河道有效水力传导度（CH_ K2）；⑩深含水层渗透比（RCHRG_ DP）；⑪地表径流滞后系数（SURLAG）；⑫基流消退系数 alpha（ALPHA_ BF）；⑬湿润条件下 SCS 径流曲线数（CN2）；⑭地下水滞后时间（GW_ DELAY）。

模型参数的精度校准和取值验证采用 3 个统计指标来评价模型的适用性，n 表明模拟与实测完全吻合，Re >0 表明模拟值大于实测值，而 Re <0 表示模拟值小于实测值；$E_{NS}=1$ 达到最理想的状态，当 E_{NS}变幅在 0 ~ 1 表明模拟结果在接受范围，如果 $E_{NS}<0$ 表明模拟结果不如观测平均值；$R^2=1$ 表示相关性较好，$R^2=0$ 表示毫不相关，$R^2<1$ 反映了两组数据相关程度的高低。

2.2.1.2 水文参数的率定与验证

采用弥苴河炼城水文站 2001 年 1 月至 2004 年 12 月的实测月水量资料来率定模拟模型参数，并采用 2005 年 1 月至 2008 年 12 月的实测月水量资料来验证模拟模型计算结果。

图 2-6 给出了弥苴河炼城水文站率定期 2001 年 1 月至 2004 年 12 月的实测月平均流量与模拟计算的月平均水量过程线对比，以及验证期 2005 年 1 月至 2008 年 12 月的实测月流量与模拟计算的月平均流量过程线对比。由率定期和验证期模拟计算的水量变化过程线可以看出，模拟结果与实测结果的变化趋势基本一致，模型模拟很好地描述了弥苴河月流量峰值的出现过程和消退过程，并且通过对模型参数的调整校准，模拟结果与实测结果的吻合度明显提高。图 2-7 给出了模拟计算的月水量与实测的月水量之间变化关系的线性相关分析。

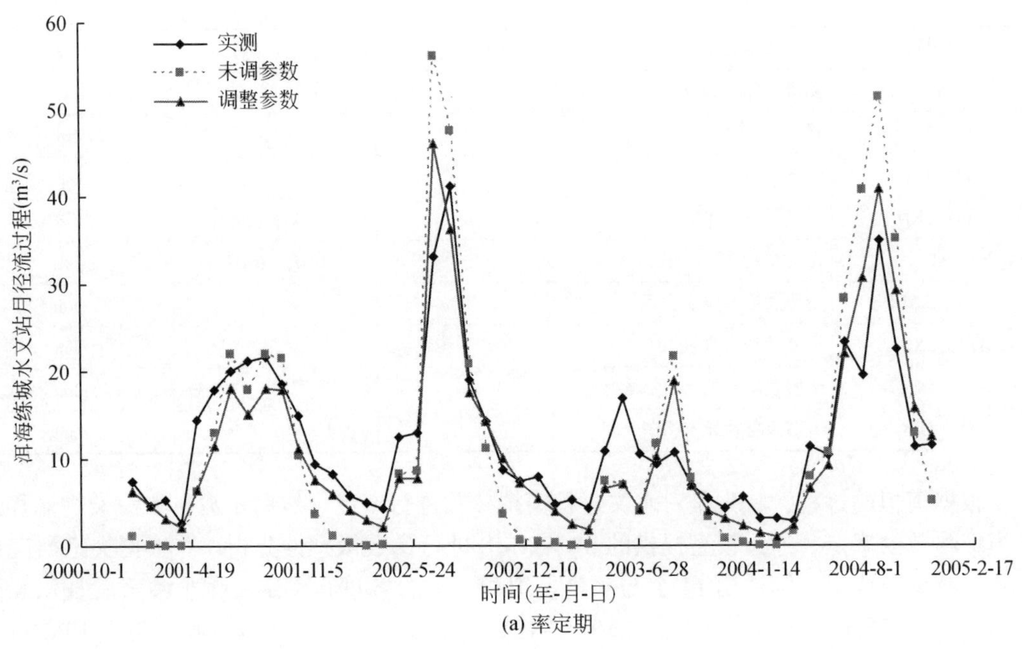

(a) 率定期

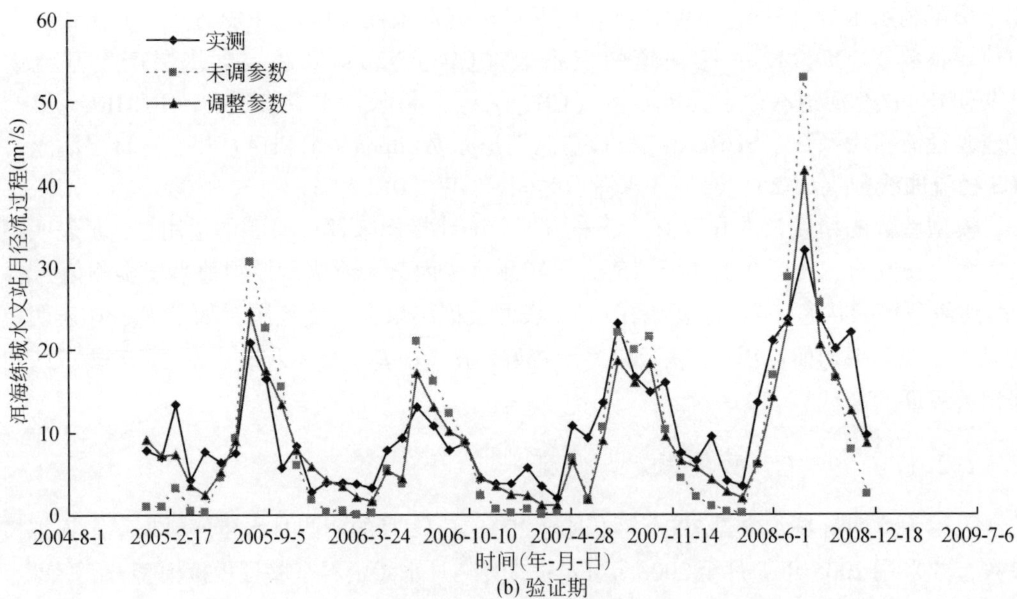

(b) 验证期

图 2-6　弥苴河模拟月流量与实测月流量对比

模型模拟参数的率定与验证的适用性评价结果见表 2-10。评价指标表明，模型模拟的径流量较实测值偏小，率定值相对误差为-9.4%，验证值相对误差为-12.1%；模型模拟结果与实测值的线性相关系数为 0.77 ~ 0.83；Nash-Sutcliffe 系数在 0.69 ~ 0.73。说明洱海流域模拟模型的参数取值精度在率定期和验证期都取得了较好的模拟结果，率定的模型参数精度可以满足流域的水文过程模拟应用要求，并且模型模拟的结果是比较可信的。

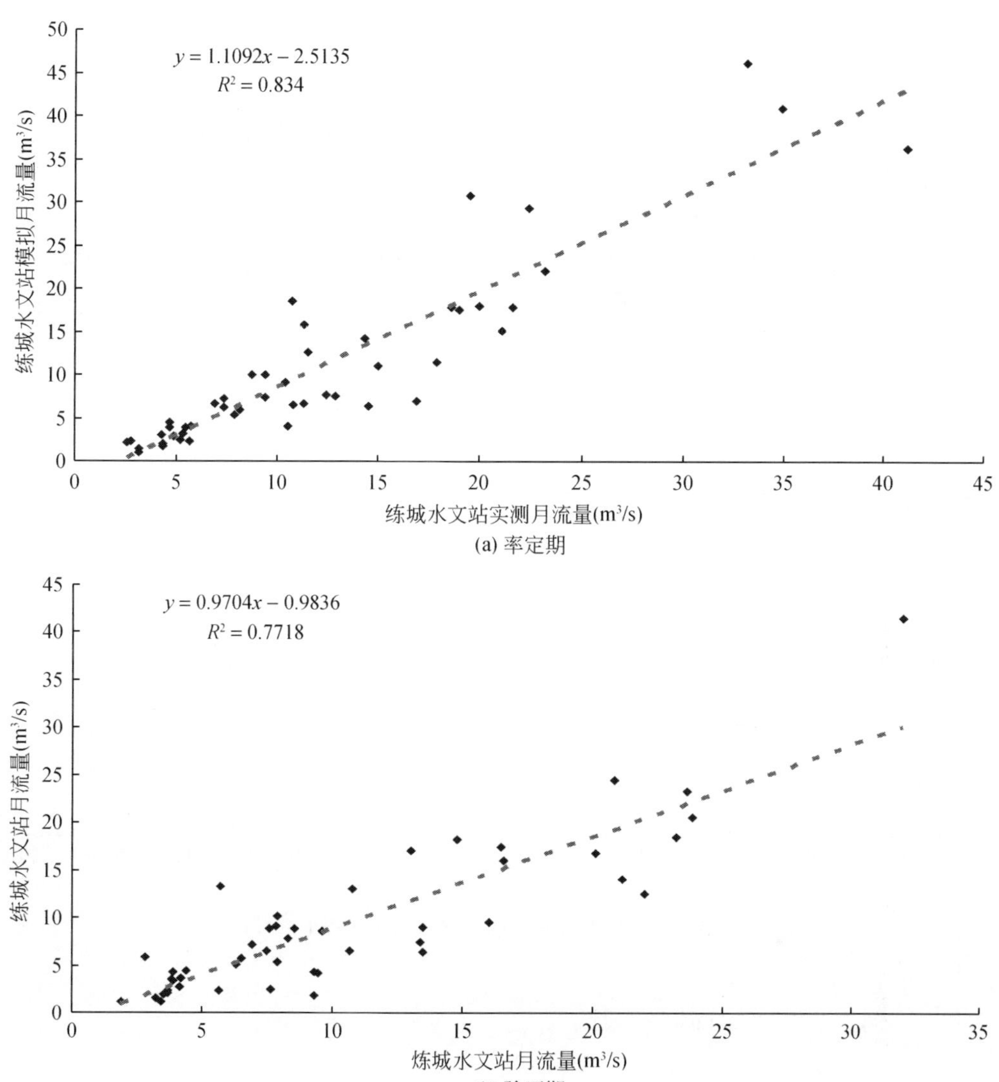

(a) 率定期

(b) 验证期

图 2-7　弥苴河模拟月流量与实测月流量相关性

表 2-10　弥苴河模拟参数率定与验证评价结果

径流成分	时期	Re	E_{NS}	R^2
弥苴河炼城站月流量	率定期（2001～2004 年）	−9. 4	0. 73	0. 83
	验证期（2005～2008 年）	−12. 1	0. 69	0. 77

2. 2. 1. 3　洱海入湖水量的验证

本子课题研究需要对洱海流域 2000～2009 年的水文过程和污染物输移转化过程进行模拟计算，分析洱海入湖水量和入湖污染物负荷量的变化趋势。将评价校准后的水文模型参数应用于洱海流域2000～2009年的陆域入湖水量模拟计算，并采用大理水文水资源局的流域地表径流量调查核算结果和本子课题研究得到的入湖水量调查核算结果，对洱海入湖水量的模拟结果进行比较验证。

图2-8给出了洱海流域陆域入湖水量的模拟结果与调查核算结果的比较，2000年为模型模拟的初始年，入湖水量属预热期计算的结果，不参与比较验证。从模拟结果的比较可以看出，模拟水量较调查核算水量在2002年、2006年和2009年偏大，在2001年和2007年偏小，出现了一定的模拟计算误差，其余年份的模拟水量与调查核算水量基本吻合。图2-9给出了模拟计算的入湖水量与调查核算的入湖水量之间变化关系的线性相关分析。

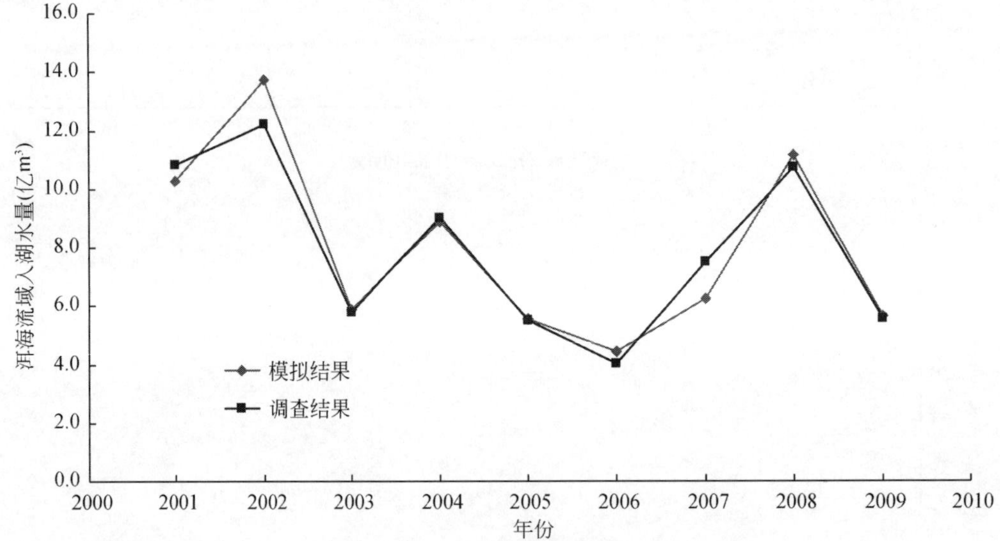

图2-8 模型模拟入湖水量与调查核算入湖水量对比

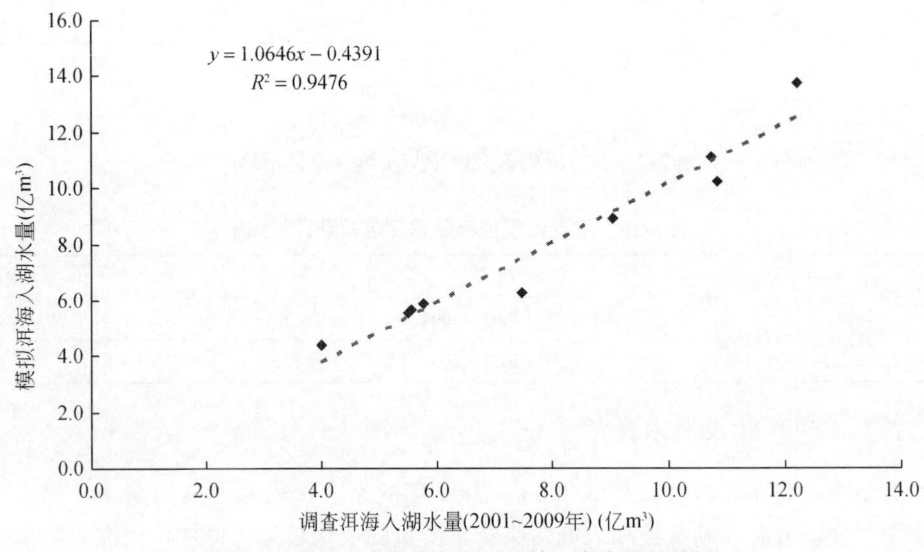

图2-9 模拟入湖水量与调查核算入湖水量相关性

洱海入湖水量模拟结果的验证评价指标见表 2-11。评价指标表明，模型模拟的入湖水量较调查核算水量偏大，平均相对误差为 7.3%；模型模拟入湖水量与调查核算水量的线性相关系数达到 0.95；Nash-Sutcliffe 系数为 0.93。说明模型模拟的洱海入湖水量与调查核算水量的吻合程度较好，模拟入湖水量的精度能够达到洱海流域应用模型的要求。

表 2-11　洱海入湖水量模拟验证评价结果

径流成分	时期（年）	Re	E_{NS}	R^2
洱海入湖水量	2001 ~ 2009	7.3	0.93	0.95

2.2.1.4　水质参数的率定

模拟模型水质参数的率定和验证需要实测的非点源污染负荷数据。由于在洱海流域模拟期间的连续实测水质数据比较缺乏，对应的污染源排放数据调查也是非常困难的。因此，对于模型水质参数的率定和验证，只能根据实测数据的可获得情况进行。根据弥苴河的水质监测资料，水质模型参数的率定采用 2006 年 9 月 1 日至 11 月 31 日的实测总氮 TN、总磷 TP 日平均浓度进行，而水质模型参数的验证由于实测资料缺乏，没有进行验证。

图 2-10 给出的是率定期弥苴河炼城水文站断面模型模拟的总氮日平均浓度与实测的总氮日平均浓度对比结果，图 2-11 给出的是率定期模型模拟的总磷日平均浓度与实测的总磷日平均浓度对比结果。模型水质参数率定结果的评价指标见表 2-12。评价指标表明，模型模拟的总氮浓度偏大，相对误差为 17.3%；模型模拟的总磷浓度也偏大，相对误差为 12%；Nash-Sutcliffe 系数总氮为 0.61，总磷为 0.45。说明水质模型模拟结果尽管存在一定误差，但模拟结果还是在可以接受的范围。

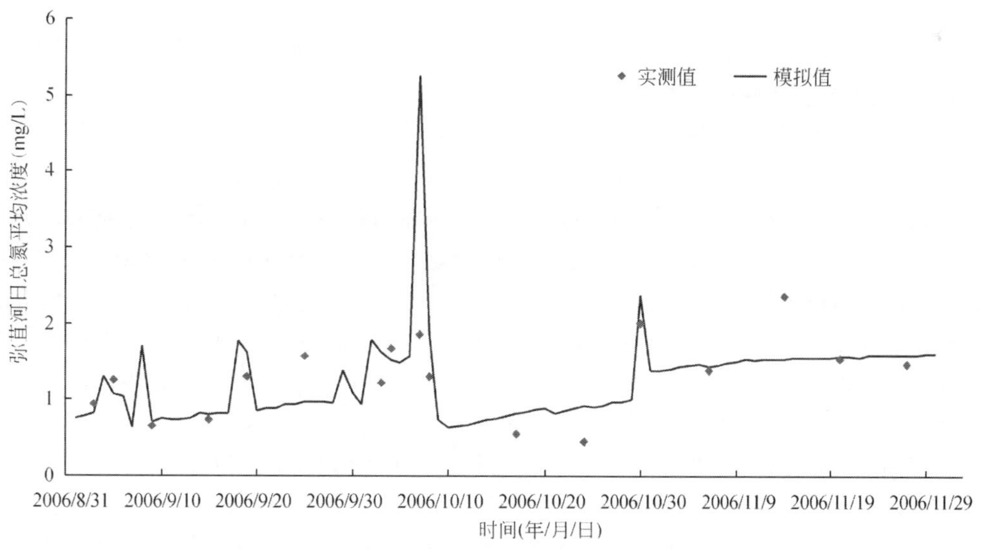

图 2-10　模拟总氮 TN 日均浓度与实测日均浓度对比

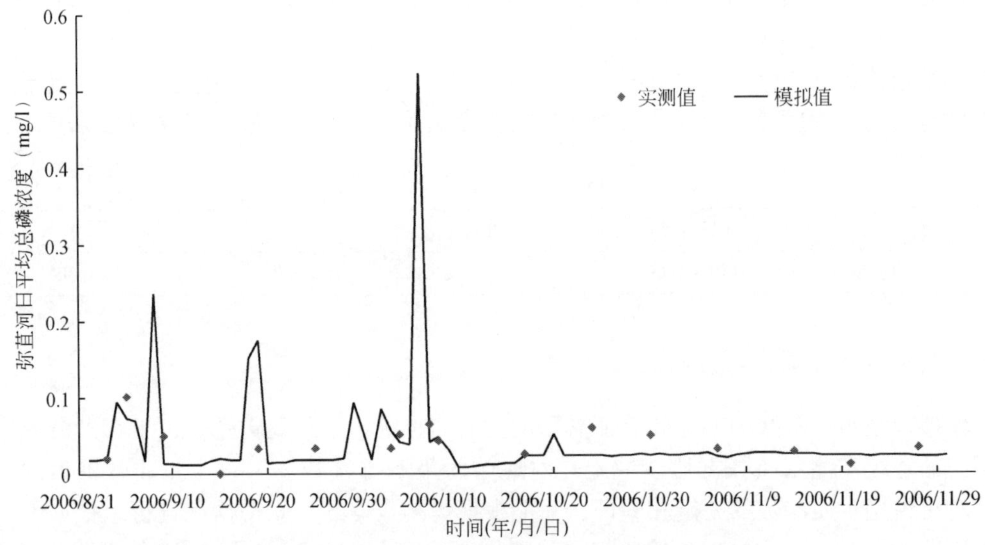

图 2-11　模拟总磷 TP 日均浓度与实测日均浓度对比

表 2-12　弥苴河模拟水质参数率定评价结果

水质成分	时期（年．月．日）	Re	E_{NS}
总氮 TN	2006. 9. 1 ~ 2006. 11. 31	17. 3	0. 61
总磷 TP	2006. 9. 1 ~ 2006. 11. 31	12. 0	0. 45

2. 2. 2　流域入湖径流量模拟

本子课题研究采用构建的模拟模型对洱海流域 2000 ~ 2009 年的水文过程进行了模拟，下面给出 2009 年的陆域径流入湖水量模拟计算结果。

洱海流域主要河流、溪流、箐沟子流域 2009 年平均径流深空间分布结果见图 2-12。从各子流域的年平均径流深空间分布情况来看，洱海北部的弥苴河、罗时江、永安江两江一河子流域径流深较小，分布在 260 ~ 290 mm；西部的苍山十八溪子流域径流深较大，分布在 340 ~ 440 mm；南部的波罗江、金星河子流域年平均径流深在 300 ~ 340 mm；东部的海东箐、龙王庙箐子流域年平均径流深在 260 ~ 290 mm，凤尾箐子流域在 300 ~ 340 mm。

洱海流域 2009 年的入湖水量模拟计算结果表明，由陆域主要河流、溪流、箐沟进入洱海的总水量为 56580. 7 万 m^3。洱海北部的弥苴河、罗时江、永安江入湖水量最大，占陆域入湖水量的 49. 4%，其中，弥苴河入湖水量为 23210. 9 万 m^3，罗时江入湖水量为 3034. 8 万 m^3，永安江入湖水量为 1686. 0 万 m^3；洱海西部的苍山十八溪入湖水量为 17354. 5 万 m^3，占陆域入湖水量的 30. 7%；洱海南部的波罗江入湖水量为 7536. 3 万 m^3，占陆域入湖水量的 13. 3%；洱海东部的凤尾箐、海东箐、龙王庙箐入湖水量为 3758. 0 万 m^3，占陆域入湖水量的 6. 6%。表 2-13 给出了 2009 年洱海主要河流、溪流、箐沟入湖水量的分配情况。

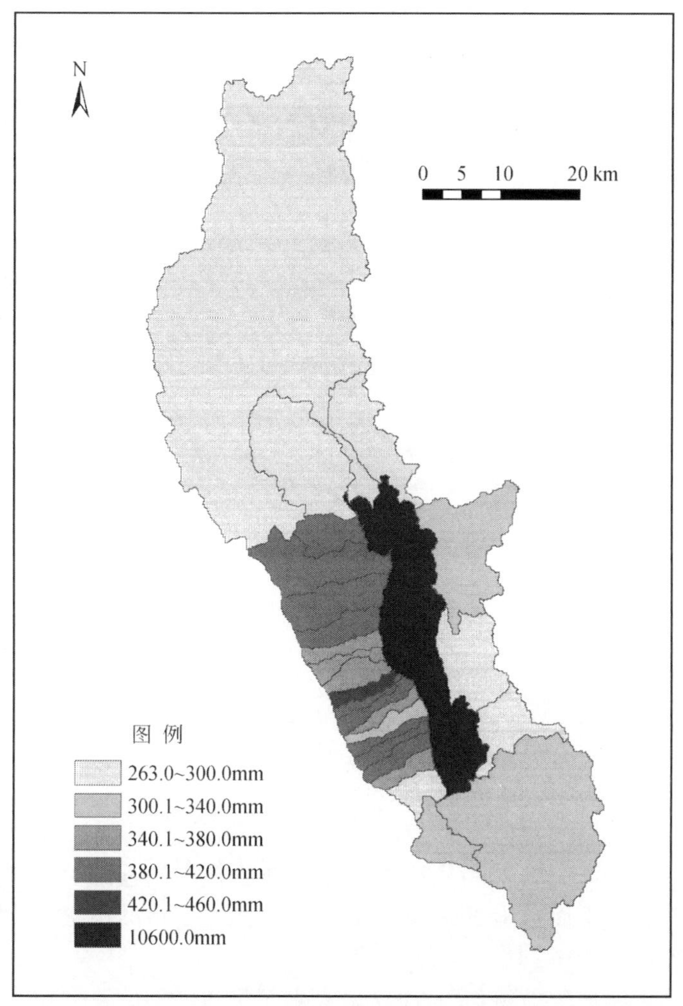

图 2-12　洱海流域 2009 年平均径流深分布

表 2-13　洱海流域 2009 年各河流入湖水量模拟结果

子流域编号	名称	入湖水量（万 m^3）
1	罗时江	3 034. 8
2	弥苴河	23 210. 9
3	永安江	1 686. 0
4	凤尾箐	2 031. 4
5	海东箐	1 049. 5
6	龙王庙箐	677. 1
7	波罗江	7 536. 3
8	阳南溪	766. 7

续表

子流域编号	名称	入湖水量（万 m^3）
9	亭淇溪	602.7
10	莫残溪	795.2
11	清碧溪	652.5
12	龙溪	534.5
13	白鹤溪	612.4
14	中和溪	506.1
15	桃梅溪	793.3
16	隐仙溪	431.9
17	双鸳溪	660.9
18	白石溪	945.3
19	灵泉溪	601.4
20	锦溪	671.1
21	茫涌溪	1 286.2
22	阳溪	2 424.3
23	万花溪	3 650.6
24	霞移溪	1 419.5
合计		56 580.6

2.2.3 流域入湖污染负荷模拟

本课题研究在对洱海流域2000～2009年水文过程模拟的基础上，对流域内的非点源污染过程进行了模拟，下面给出2009年的陆域非点源主要污染物TN、TP、COD_{Cr}入湖负荷量的模拟计算结果。

洱海流域非点源主要污染物TN、TP入湖负荷量模拟结果见表2-14。2009年的模拟结果表明，由陆域主要河流、溪流、箐沟进入洱海的TN污染物负荷总量为812.6 t/a。在进入洱海的TN污染物负荷总量中，有46.0%的污染负荷量是来自洱海北部的一河两江子流域，即弥苴河、罗时江、永安江子流域，其中，弥苴河为283.3 t/a、罗时江为47.8 t/a、永安江为42.6t/a；来自洱海西部苍山十八溪子流域的污染负荷量为220.0t/a，占总量的27.1%；来自洱海南部波罗江子流域的污染负荷量为134.2t/a，占总量的16.5%；来自洱海东部的凤尾箐、海东箐、龙王庙箐子流域的污染负荷量为84.4t/a，占总量的10.4%。

表2-14 洱海流域2009年TN、TP入湖负荷量模拟结果

子流域编号	名称	入湖污染物负荷量（t/a）	
		TN	TP
1	罗时江	47.8	2.2
2	弥苴河	283.3	19.6

续表

子流域编号	名称	入湖污染物负荷量（t/a）	
		TN	TP
3	永安江	42. 6	0. 8
4	凤尾箐	41. 1	2. 8
5	海东箐	12. 4	1. 6
6	龙王庙箐	30. 9	2. 1
7	波罗江	134. 2	14. 8
8	阳南溪	2. 4	1. 1
9	亭淇溪	7. 9	1. 4
10	莫残溪	14. 4	1. 4
11	清碧溪	11. 5	1. 5
12	龙溪	13. 4	1. 9
13	白鹤溪	14. 2	2. 8
14	中和溪	10. 1	2. 0
15	桃梅溪	19. 3	2. 0
16	隐仙溪	8. 3	0. 4
17	双鸳溪	14. 2	1. 4
18	白石溪	19. 0	1. 5
19	灵泉溪	5. 5	0. 5
20	锦溪	10. 5	1. 2
21	茫涌溪	9. 8	1. 1
22	阳溪	30. 2	2. 0
23	万花溪	25. 0	3. 6
24	霞移溪	4. 6	1. 1
合计		812. 6	71. 0

2009 年由陆域主要河流、溪流、箐沟进入洱海的 TP 污染物负荷总量为 71. 0 t/a。在进入洱海的 TP 污染物负荷总量中，来自洱海北部一河两江子流域的污染负荷量为 22. 7t/a，占总量的 31. 9%；来自洱海西部苍山十八溪子流域的污染负荷量为 27. 0t/a，占总量的 38. 0%；来自洱海南部波罗江子流域的污染负荷量为 14. 8t/a，占总量的 20. 9%；来自洱海东部三箐沟子流域的污染负荷量为 6. 5t/a，占总量的 9. 2%。

采用经验模型模拟计算的 2009 年洱海流域非点源 COD_{Cr} 污染物入湖负荷量结果见表 2-15。模拟计算结果表明，2009 年由陆域主要河流、溪流、箐沟进入洱海的 COD_{Cr} 污染物负荷总量为 9727. 1t/a，其中，来自洱海北部一河两江子流域的污染负荷量为 4887. 9t/a，占总量的 50. 3%；来自洱海西部苍山十八溪子流域的污染负荷量为 2770. 2t/a，占总量的 28. 5%；来自洱海南部波罗江子流域的污染负荷量为 1132. 7t/a，占总量的 11. 6%；来自洱海东部三箐沟子流域的污染负荷量为936.2t/a，占总量的9.6%。

表2-15　洱海流域2009年COD_{Cr}入湖负荷量模拟结果

子流域编号	名称	入湖污染物负荷量（t/a）
1	罗时江	730.3
2	弥苴河	3794.9
3	永安江	362.7
4	凤尾箐	444.3
5	海东箐	268.4
6	龙王庙箐	223.5
7	波罗江	1132.7
8	阳南溪	110.6
9	亭淇溪	112.3
10	莫残溪	158.0
11	清碧溪	74.6
12	龙溪	119.5
13	白鹤溪	406.6
14	中和溪	206.4
15	桃梅溪	148.0
16	隐仙溪	44.0
17	双鸳溪	81.7
18	白石溪	129.6
19	灵泉溪	68.3
20	锦溪	101.4
21	茫涌溪	205.4
22	阳溪	295.2
23	万花溪	349.8
24	霞移溪	158.9
合计		9727.1

2.3　入湖污染负荷时空分布特征

2.3.1　入湖污染负荷量构成分析

进入洱海的污染物负荷不仅有非点源污染负荷量的贡献，还有点源污染负荷量的贡献。根据洱海流域点源污染负荷量的核算结果和非点源污染模型的模拟计算结果，将流域内入湖污染物负荷量的来源归为工业企业、城镇生活、城镇面源、农业面源、水土流失、旅游度假、大气沉降等污染源类型，对流域各类型污染源的COD、TN、TP污染物入湖负荷总量的构成比例进行分析。2009年流域内各类型污染源的COD、TN、TP污染物入湖负荷总量汇总结果见表 2-16，入湖负荷总量的构成比例情况分别如图 2-13 ~ 图 2-15 所示。入湖负荷总量结果表明，2009 年进入洱海的 COD 污染物负荷总量为 10761.5t，TN 污染物负荷总量为 1162.2t，TP 污染物负荷总量为 99.8t。

表 2-16　洱海流域 2009 年各类污染源入湖负荷总量

污染源	入湖污染物总量（t/a）		
	COD	TN	TP
工业企业	285.6	—	—
城镇生活	425.9	78.6	6.7
城镇面源	1 287.0	34.4	6.5
农业面源	6 122.6	690.7	59.3
水土流失	2 353.0	87.2	5.2
旅游度假	287.4	53.1	4.4
大气沉降	—	218.2	17.7
合计	10 761.5	1 162.2	99.8

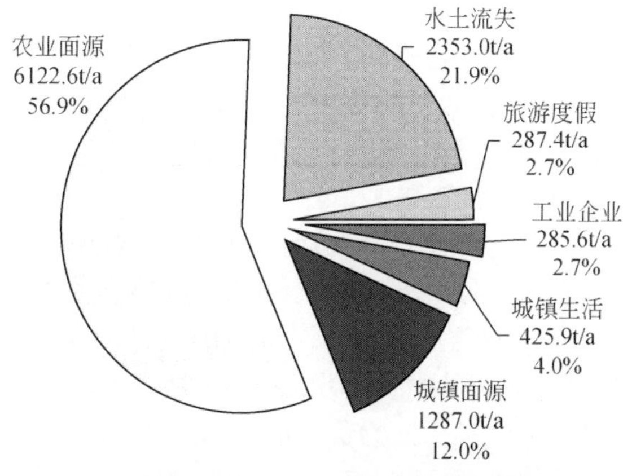

图 2-13　洱海流域 2009 年 COD 入湖量构成情况

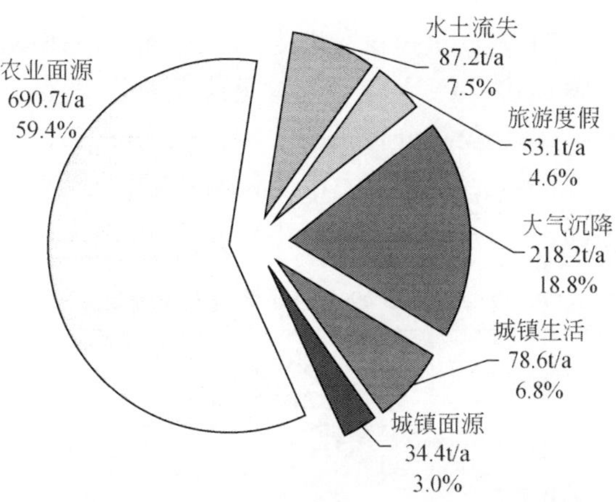

图 2-14　洱海流域 2009 年 TN 入湖量构成情况

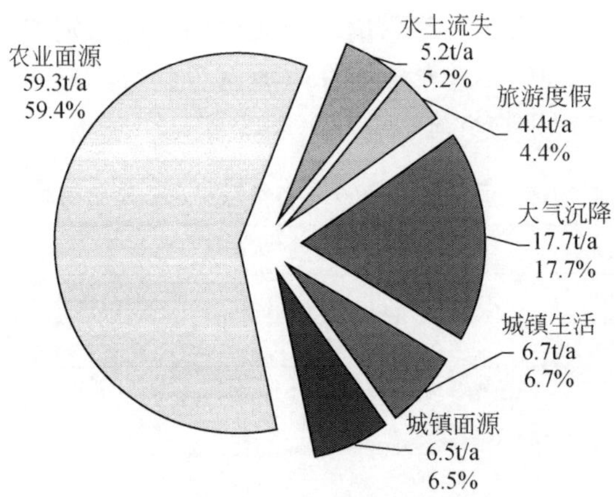

图 2-15　洱海流域 2009 年 TP 入湖量构成情况

2.3.2　入湖污染负荷量空间分布

洱海流域内的点源和非点源产生的污染物负荷随着地表径流进入环境，并沿着大小不同的河流、溪流、箐沟，最终进入到洱海。在陆域入湖污染负荷量的计算中，将其归并为 24 条主要入湖河流、溪流、箐沟子流域进行计算。2009 年洱海流域 24 条主要入湖子流域的入湖污染物负荷量的分布情况见表 2-17。计算结果表明，由陆域主要河流、溪流、箐沟子流域进入洱海的 COD 污染物负荷总量为 10 761. 5t、TN 污染物负荷总量为 944. 3t、TP 污染物负荷总量为 82. 2t。在各子流域的入湖 COD、TN、TP 污染物负荷量的分布上，洱海北部的弥苴河子流域所占的比重最大，入湖 COD 污染物负荷量为 3864. 9t、TN 污染物负荷量为 290. 1t、TP 污染物负荷量为 20. 2t；其次是洱海南部的波罗江子流域，入湖 COD 污染物负荷量为 1248. 2t、TN 污染物负荷量为 149. 4t、TP 污染物负荷量为 16. 1t。在洱海西部苍山十八溪子流域的入湖 COD、TN、TP 污染物负荷量的分布上，COD 污染物入湖负荷量最大的是白鹤溪子流域，入湖负荷量为 526. 3t，TN、TP 污染物入湖负荷量最大的是阳南溪子流域，TN、TP 入湖负荷量分别为 41. 3t、4. 4t。在洱海东部的凤尾箐、海东箐、龙王庙箐子流域入湖 COD、TN、TP 污染物负荷量的分布上，凤尾箐子流域所占的比重最大，COD、TN、TP 入湖负荷量分别为 457. 8t、43. 3t 和 3. 0t。图 2-16、图 2-17 和图 2-18 分别给出了 2009 年洱海北部、西部、南部和东部各个区域的 COD、TN、TP 污染物入湖负荷量的空间分布情况。

表 2-17　洱海流域 2009 年各子流域入湖污染负荷量分布

子流域编号	名称	2009 年入湖负荷（t/a）		
		COD	TN	TP
1	罗时江	775. 5	50. 0	2. 4
2	弥苴河	3864. 9	290. 1	20. 2

续表

子流域编号	名称	2009 年入湖负荷（t/a）		
		COD	TN	TP
3	永安江	407.9	44.8	1.0
4	凤尾箐	457.8	43.3	3.0
5	海东箐	281.8	14.6	1.8
6	龙王庙箐	237.0	33.2	2.2
7	波罗江	1 248.2	149.4	16.1
8	阳南溪	354.4	41.3	4.4
9	亭淇溪	125.7	10.1	1.6
10	莫残溪	171.5	16.6	1.6
11	清碧溪	88.0	13.7	1.7
12	龙溪	179.9	18.4	2.4
13	白鹤溪	526.3	30.2	4.2
14	中和溪	277.2	17.0	2.6
15	桃梅溪	210.0	24.6	2.4
16	隐仙溪	57.5	10.5	0.6
17	双鸳溪	95.2	16.4	1.6
18	白石溪	143.1	21.2	1.7
19	灵泉溪	81.7	7.7	0.7
20	锦溪	114.9	12.7	1.4
21	茫涌溪	218.8	12.1	1.3
22	阳溪	308.6	32.4	2.2
23	万花溪	363.3	27.2	3.8
24	霞移溪	172.3	6.8	1.3
合计		10 761.5	944.3	82.2

从图 2-16 给出的洱海流域北部、西部、南部和东部区域的 COD 污染物入湖负荷量的分布来看，洱海北部的弥苴河、罗时江、永安江三江子流域的入湖负荷量所占的比重最大，达到 5048.3t，约占入湖总量的 46.9%；洱海西部的苍山十八溪子流域的入湖负荷量所占的比重其次，入湖负荷量为 3488.4t，约占入湖总量的 32.4%；洱海南部的波罗江子流域的入湖负荷量约占入湖总量的 11.6%；洱海东部的凤尾箐、海东箐、龙王庙箐三箐子流域的入湖负荷量约占入湖总量的 9.1%。

从图 2-17 给出的洱海流域北部、西部、南部和东部区域的 TN 污染物入湖负荷量的分布来看，入湖负荷量所占比重最大的是洱海北部的弥苴河、罗时江、永安江三江子流域，达到 384.9t，约占入湖总量的 40.8%；其次是洱海西部的苍山十八溪子流域，入湖负荷量为 318.7t，约占入湖总量的 33.8%；再次是洱海南部的波罗江子流域，入湖负荷量为 149.4t，约占入湖总量的 15.8%；洱海东部的凤尾箐、海东箐、龙王庙箐三箐子流域的入湖负荷量为 91.0t，约占入湖总量的 9.6%。

从图 2-18 给出的洱海流域北部、西部、南部和东部区域的 TP 污染物入湖负荷量的分布来看，入湖负荷量所占比重最大的是洱海西部的苍山十八溪子流域，达到 35.3t，约占

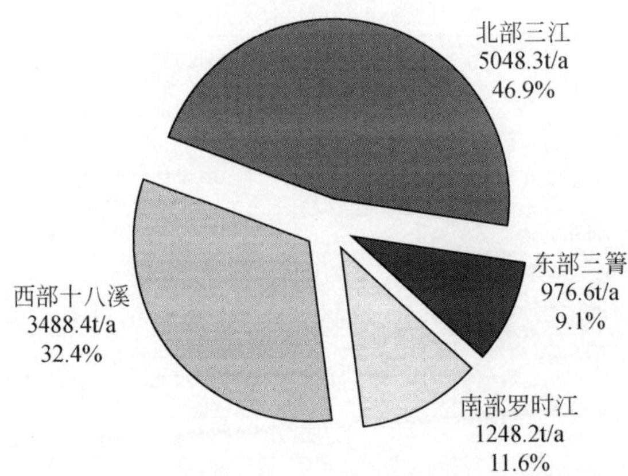

图 2-16　2009 年各子流域 COD 污染物入湖负荷量分布

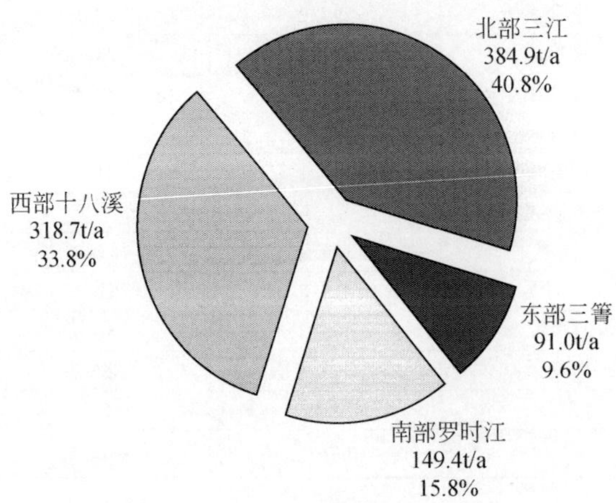

图 2-17　2009 年各子流域 TN 污染物入湖负荷量分布

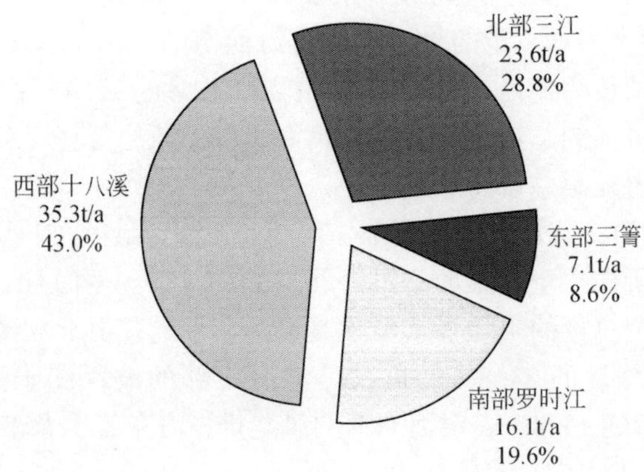

图 2-18　2009 年各子流域 TP 污染物入湖负荷量分布

入湖总量的43.0%；其次是洱海北部的弥苴河、罗时江、永安江三江子流域，入湖负荷量为23.6t，约占入湖总量的28.8%；再次是洱海南部的波罗江子流域，入湖负荷量为16.1t，约占入湖总量的19.6%；洱海东部的凤尾箐、海东箐、龙王庙箐三箐子流域的入湖负荷量为7.1t，约占入湖总量的8.6%。

2.3.3 入湖污染负荷总量年际变化

根据洱海流域的水文气象特征分析结果，流域地表径流在丰水年（$P=20\%$）的入湖水量为10.80亿m^3，在平水年（$P=50\%$）的入湖水量为8.49亿m^3，在枯水年（$P=85\%$）的入湖水量为5.97亿m^3。通过本子课题研究对洱海流域2000~2009年的水文过程和非点源污染过程的模拟计算结果分析，在流域10年的设计水文条件中，选择地表径流入湖水量为10.25亿m^3的2001年作为丰水年代表年，入湖水量为8.89亿m^3的2004年作为平水年代表年，入湖水量为5.66亿m^3的2009年作为枯水年代表年。并以此作为洱海流域丰、平、枯水文年型的设计水文条件，进行流域不同水文年型下主要污染物COD、TN、TP入湖负荷量分析。

在洱海流域的入湖污染物负荷量模拟计算中，对于丰、平、枯水文年型下的工业企业、城镇生活、旅游度假和大气沉降等类型污染源产生的COD、TN、TP污染物负荷量，均采用本子课题研究调查核算的2009年结果。表2-18给出了洱海流域丰、平、枯水文年型下主要污染物COD、TN、TP入湖负荷量的计算结果。由表中的结果可以看出，在工业企业、城镇生活、旅游度假和大气沉降等污染源负荷量保持不变的条件下，丰、平、枯水文年型对陆源主要污染物COD、TN、TP的入湖污染负荷量有着较大的影响，不同水文年型下的入湖污染负荷总量变化明显。在丰水年，COD、TN、TP污染物入湖负荷总量较枯水年分别增加了约25.9%、77.9%、67.5%；而在平水年，COD、TN、TP污染物入湖负荷总量较枯水年分别增加约1.8%、47.6%和40.7%。

表2-18　不同水文年下主要污染物入湖负荷量

项目	COD入湖量（t/a）			TN入湖量（t/a）			TP入湖量（t/a）		
	丰水年 $P=20\%$	平水年 $P=50\%$	枯水年 $P=85\%$	丰水年 $P=20\%$	平水年 $P=50\%$	枯水年 $P=85\%$	丰水年 $P=20\%$	平水年 $P=50\%$	枯水年 $P=85\%$
工业企业	285.6	285.6	285.6						
城镇生活	425.9	425.9	425.9	78.6	78.6	78.6	6.7	6.7	6.7
城镇面源	1660.7	1317.2	1287.0	61.7	44.1	34.4	10.0	8.6	6.5
农业面源	7853.8	6229.4	6122.6	1477.0	1190.5	690.7	116.3	94.4	59.3
水土流失	3036.1	2408.2	2353.0	178.9	131.1	87.2	12.0	8.6	5.2
旅游度假	287.4	287.4	287.4	53.1	53.1	53.1	4.4	4.4	4.4
大气沉降				218.2	218.2	218.2	17.7	17.7	17.7
合计	13549.5	10953.7	10761.5	2067.5	1715.6	1162.2	167.1	140.4	99.8

从洱海流域丰、平、枯水文年型下各类型污染源的COD污染物入湖负荷量变化来看，平水年的入湖污染负荷量较枯水年的影响变化不大，而在丰水年的城镇面源、农业面源和水土流失产生的入湖污染负荷量都有明显的增加，较枯水年的增加幅度分别为29.0%、28.3%和29.0%，见图2-19。在丰、平、枯水文年型下，城镇面源的入湖污染负荷量分别为1660.7t、1317.2t和1287.0t；农业面源的入湖污染负荷量分别为7853.8t、6229.4t和6122.6t；水土流失的入湖污染负荷量分别为3036.1t、2408.2t和2353.0t。

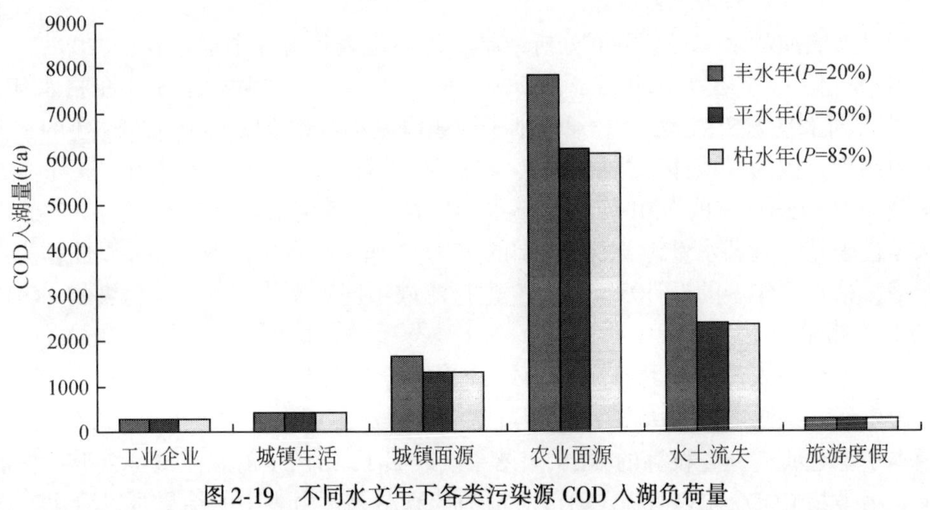

图2-19　不同水文年下各类污染源COD入湖负荷量

从不同水文年型下各类污染源的TN污染物入湖负荷量变化来看，丰、平、枯水文年对城镇面源、农业面源和水土流失产生的入湖污染负荷量的影响变化都较大，见图2-20。在丰水年，因城镇面源、农业面源和水土流失产生的入湖污染负荷量较枯水年分别增加79.4%、113.8%和105.2%；而在平水年，较枯水年的增加幅度分别为28.0%、72.4%和50.3%。在丰、平、枯水文年型下，城镇面源的入湖污染负荷量分别为61.7t、44.1t和

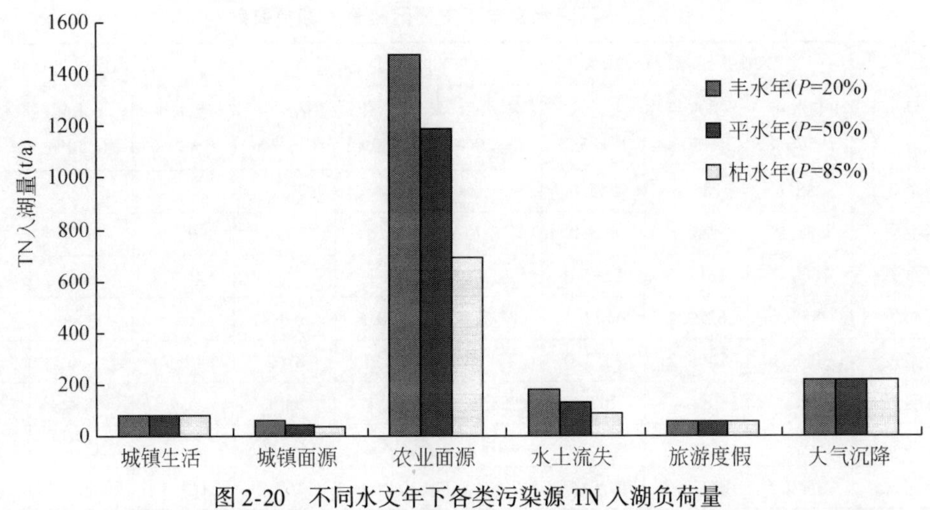

图2-20　不同水文年下各类污染源TN入湖负荷量

34.4t；农业面源的入湖污染负荷量分别为 1477.0t、1190.5t 和 690.7t；水土流失的入湖污染负荷量分别为 178.9t、131.1t 和 87.2t。

从不同水文年型下各类污染源的 TP 污染物入湖负荷量变化来看，丰、平、枯水文年对城镇面源、农业面源和水土流失产生的入湖污染负荷量的影响变化都较大，见图 2-21。在丰水年，因城镇面源、农业面源和水土流失产生的入湖污染负荷量较枯水年分别增加 53.8%、96.1% 和 130.8%；而在平水年，较枯水年的增加幅度分别为 32.3%、59.2% 和 65.4%。在丰、平、枯水文年型下，城镇面源的入湖污染负荷量分别为 10.0t、8.6t 和 6.5t；农业面源的入湖污染负荷量分别为 116.3t、94.4t 和 59.3t；水土流失的入湖污染负荷量分别为 12.0t、8.6t 和 5.2t。

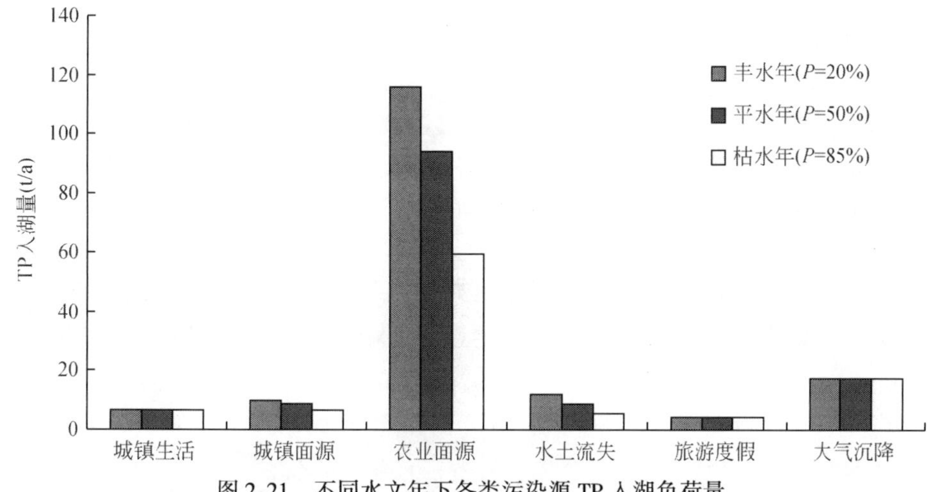

图 2-21　不同水文年下各类污染源 TP 入湖负荷量

3 洱海污染负荷与水质响应关系

3.1 洱海水质水动力模拟模型

3.1.1 模型概述

水流流态是湖泊水体研究的骨架，决定着各类物质如泥沙、污染物质和各种营养元素在湖泊中的输移和扩散，因而湖泊流场的研究一直受到湖泊研究者的高度重视。

湖泊水流运动机理观测研究表明，风是湖泊水流运动的主要动力，其次是环湖河道进出水量形成的吞吐流，湖流运动形成以风生流为主、吞吐流为辅的混合流动特性。本研究中采用的湖泊水动力、水质模型采用平面二维非恒定模型，其中的紊流模型采用混长模型。该模型中，水流与水质模型的控制方程采用守恒形式，控制方程连续方程和水平向动量方程。

$$\frac{\partial q_x}{\partial t}+\beta\frac{\partial uq_x}{\partial x}+\beta\frac{\partial vq_x}{\partial y}=-gH\frac{\partial\xi}{\partial x}+\frac{\partial}{\partial x}\left(\varepsilon\frac{\partial q_x}{\partial x}\right)+\frac{\partial}{\partial y}\left(\varepsilon\frac{\partial q_x}{\partial y}\right)-g\frac{\sqrt{(q_x)^2+(q_y)^2}(q_x)}{CH^2}+\frac{\rho_a}{\rho_w}f_su_w\sqrt{u_w{}^2+v_w{}^2}$$

$$\frac{\partial q_y}{\partial t}+\beta\frac{\partial uq_y}{\partial x}+\beta\frac{\partial vq_y}{\partial y}=-gH\frac{\partial\xi}{\partial y}+\frac{\partial}{\partial x}\left(\varepsilon\frac{\partial q_y}{\partial x}\right)+\frac{\partial}{\partial y}\left(\varepsilon\frac{\partial q_y}{\partial y}\right)-g\frac{\sqrt{(q_x)^2+(q_y)^2}(q_y)}{CH^2}+\frac{\rho_a}{\rho_w}f_su_w\sqrt{u_w{}^2+v_w{}^2}$$

$$\frac{\partial\xi}{\partial t}+\frac{\partial q_x}{\partial x}+\frac{\partial q_y}{\partial y}=Q_s$$

式中，u、v 为水深平均流速分量；$q_x=u_h$、$q_y=v_H$ 为 X、Y 向单宽流量，ξ 为水位，H 为总水深，β 为水平向流速垂直分布非均匀分布修正系数，g 为重力加速度，C 为谢才系数，f_s 风摩阻系数，u_w、v_w 分别为 X、Y 向风速度。Q_s 为源汇项，主要用来模拟湖泊出入流。ε 为水深平均涡黏系数，由混长紊流模型计算。

二维非恒定水质模型控制方程为

$$\frac{\partial SH}{\partial t}+\frac{\partial q_xS}{\partial x}+\frac{\partial q_yS}{\partial y}=\frac{\partial}{\partial x}\left(D_xH\frac{\partial S}{\partial x}\right)+\frac{\partial}{\partial y}\left(D_yH\frac{\partial S}{\partial y}\right)+S_\phi+H\frac{\mathrm{d}S}{\mathrm{d}t}$$

式中，S 为水质项目水深平均浓度，$\frac{\mathrm{d}S}{\mathrm{d}t}$ 为生化反应项，S_ϕ 为源汇项。D_x、D_y 为水深平均紊

动扩散系数，由下式表示。

$$D_x = \frac{(k_l u^2 + k_t v^2) H \sqrt{g}}{\sqrt{u^2 + v^2} C}$$

$$D_y = \frac{(k_l v^2 + k_t u^2) H \sqrt{g}}{\sqrt{u^2 + v^2} C}$$

3.1.2 洱海湖泊模型的构建

3.1.2.1 计算域与计算网格

洱海二维模型包括整个洱海湖区。模拟范围为东西向 20km，南北向 40km。模型计算网格距为 400m，计算单元数为 50×100（图 3-1）。

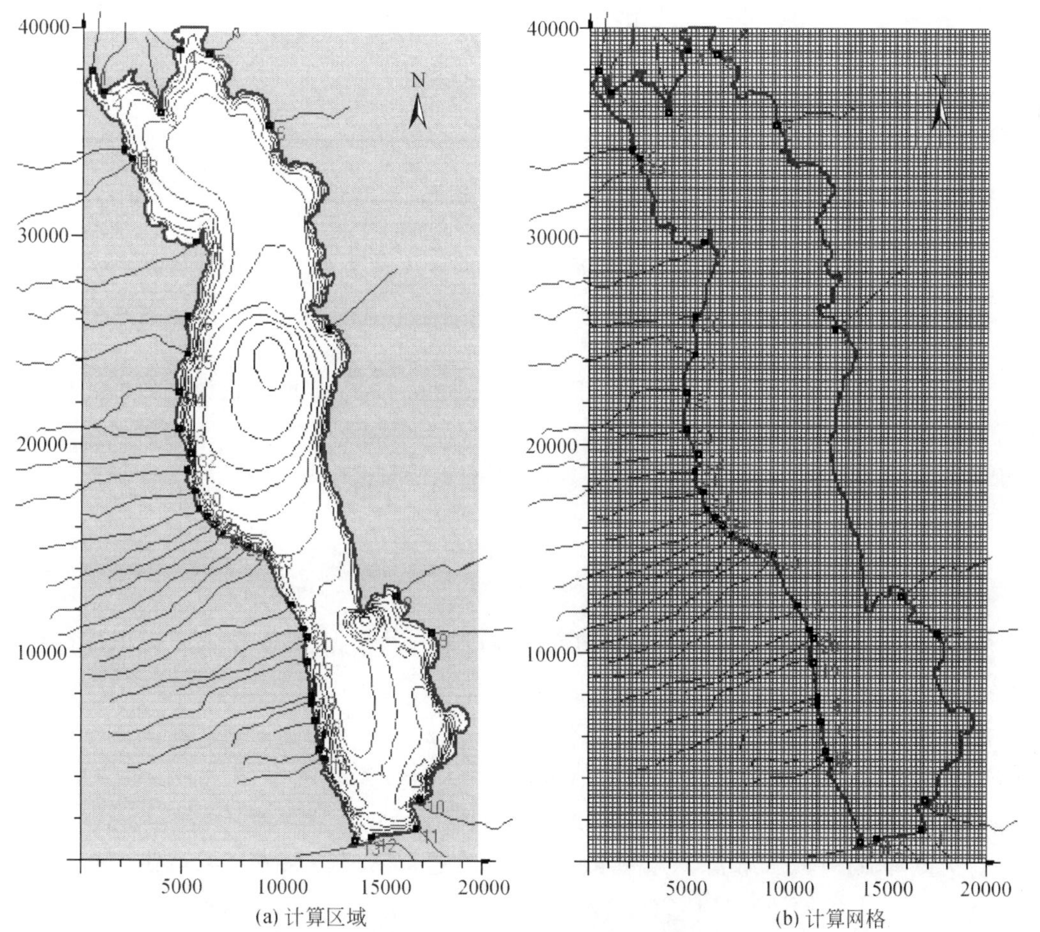

图 3-1 洱海模型计算区域及计算网格图

3.1.2.2 模型边界与初始条件

（1）边界条件

洱海模型包括5类边界：入湖河溪、出流口、入湖排污口、工农业取水泵站、农灌退水和湖面降雨蒸发。

入湖河流、入湖排污口按源项处理，出流口、工农业取水泵站按汇项处理。农灌退水按线源处理。

湖面降雨蒸发按源项处理，即所有湖面计算单元在连续方程和污染物质量守恒方程中增加一个源项。

（2）初始条件

模型初始条件包括：湖泊初始水位、流场流速、水质指标浓度等。湖泊初始水位、水质项目浓度按计算初始时刻实际水位和水质浓度给定，流场初始流速设定为零。

3.2 洱海水质水动力过程模拟

3.2.1 模型参数

3.2.1.1 糙率

模型糙率可以根据湖泊床底状况和湖滨带特点分片设置，并根据率定情况进行调整。

3.2.1.2 风摩阻系数

风摩阻系数是风速的一个弱函数，风速上升到5m/s时，风摩阻系数约为0.001；风速上升到15m/s时，风摩阻系数直线上升为0.0015。当水深小于2.5m，在各种风速条件下，风摩阻系数都接近0.001。洱海风摩阻系数根据率定情况进行调整。

3.2.1.3 水质模型参数

（1）COD水质模型参数

COD综合降解系数K_{COD}参考类似湖泊研究成果，并根据2009年水质模拟进行率定，降解系数为0.001/d。

（2）总氮模型参数

总氮综合降解系数K_{TN}参考类似湖泊研究成果，并根据2009年水质模拟进行率定，降解系数为0.0015/d。

底泥氮释放速率SN和沉积速率KN根据本课题洱海底泥释放试验确定，SN取值为36.7mg/(m^2·d)，KN取值30.9mg/(m^2·d)。

（3）总磷模型参数

总氮综合降解系数K_{TP}参考类似湖泊研究成果，并根据2009年水质模拟进行率定，降解系数为 0.003/d。

磷沉降速率 KP 和释放速率释放率 SP 根据试验研究成果确定，KP 取值 1.86 mg/(m^2 · d)，SP 取值 1.13mg/(m^2 · d)。

3.2.2 洱海湖流模拟

洱海湖流受风生流和吞吐流的共同作用，其中又以风生流为主。由于受局部地形影响，洱海风情比较复杂，因此洱海的风生流也相对复杂。由于洱海缺乏湖流监测资料，现今有关洱海湖流状况的了解均从间接分析获得。

3.2.2.1 风生流

图 3-2 是恒定西南风驱动下的洱海湖流流态。洱海受西南风作用，在北、中、南三个湖区均存在环流，另外由于受岸线形状和局部水下地形影响，在主要环流以外湖区存在一些小环流。在风速 4.1m/s 的西南风作用下，湖流平均流速 5.52cm/s，与风速的比值为 1.1%左右。

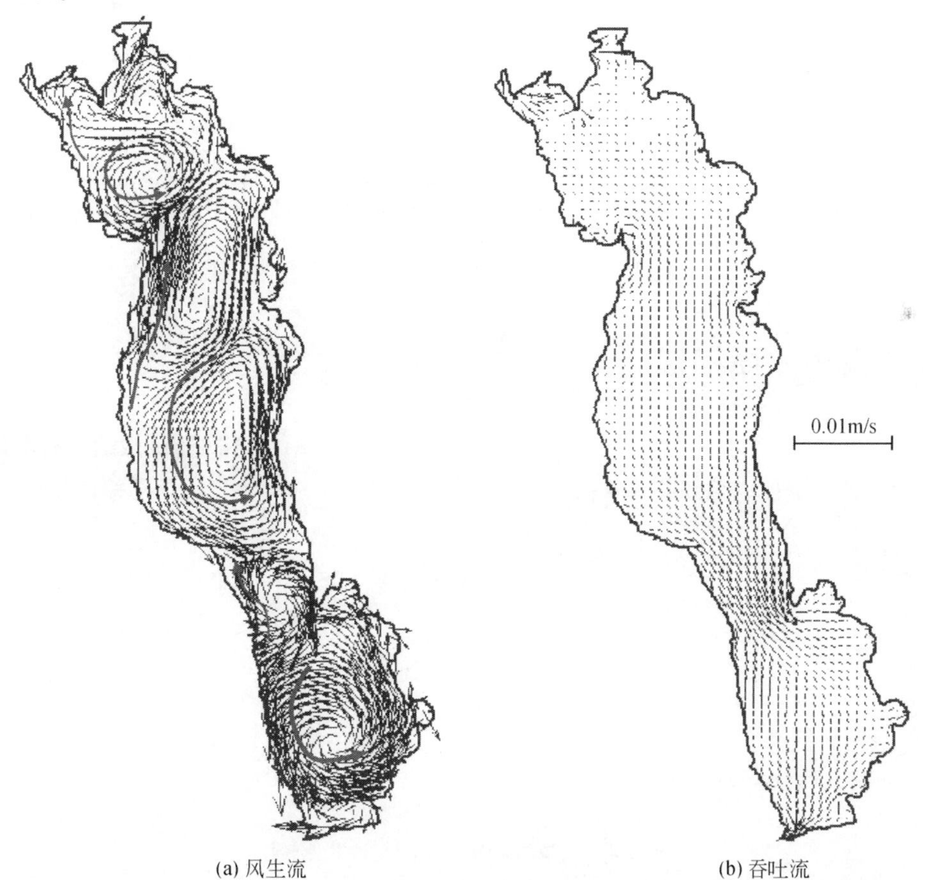

图 3-2　洱海风生流及吞吐流模拟成果图

3.2.2.2 吞吐流

静风情况下对洱海风生流进行模拟计算。计算条件为 2009 年各入湖河溪及出湖河流与引水口的实际发生流量过程，同时也适当考虑环湖工农业取水与退水。

洱海吞吐流典型流态如图 3-2 所示。湖流基本顺吞吐流向下关流动，无明显环状湖流出现。北部湖区各入湖河流因流量较大，在其河口辐射流明显。南部西洱河及引洱入宾临近水域，湖流呈聚合状。

3.2.3 典型年水位模拟

据 2009 年湖区气象条件和环湖河流水量过程，对洱海 2009 年湖泊运行过程进行了模拟。图 3-3 为 2009 年洱海计算水位与运行水位的对比。

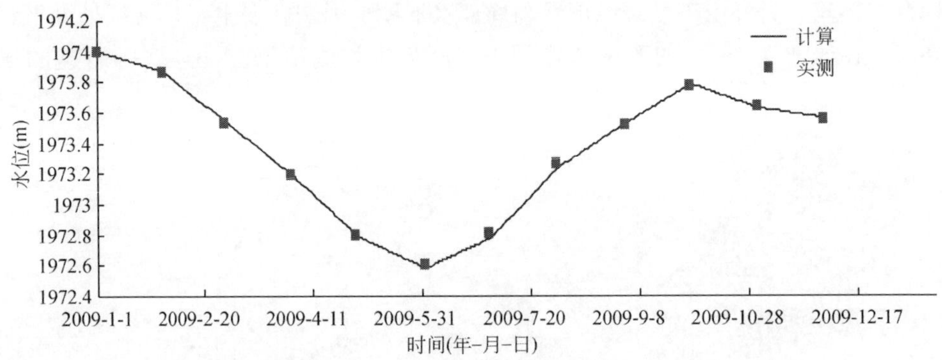

图 3-3　2009 年湖泊运行模拟水位对比图

3.2.4 洱海水质模拟

选择 2009 年 2 个水质测站大观邑和团山两个水质监测站的 12 次监测数据，对洱海水质模型进行验证，验证成果如图 3-4 ~ 图 3-9 所示。整体而言，模型计算值与实测值吻合较好。

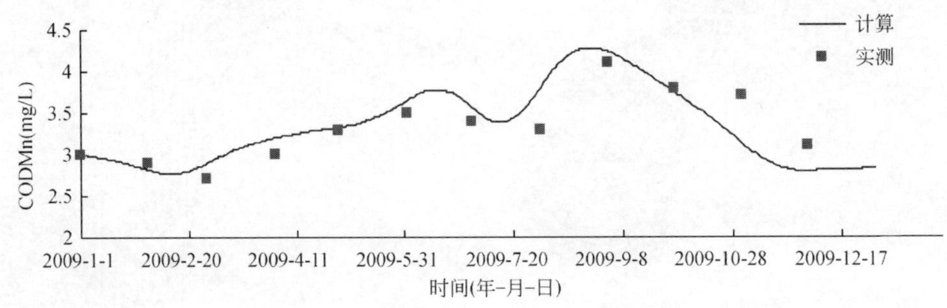

图 3-4　大观邑 COD_{Mn}实测与计算比较图

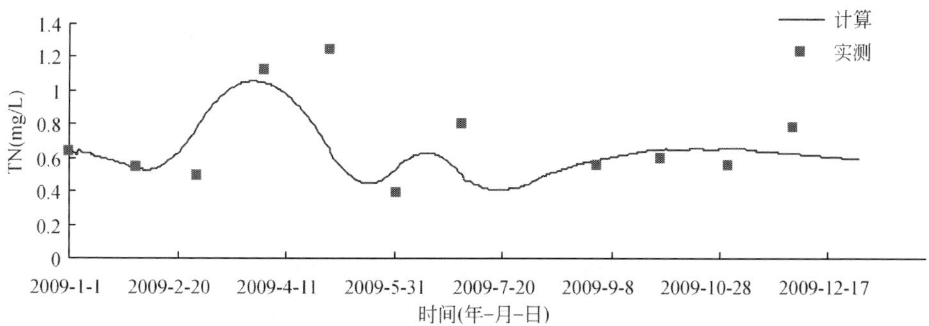

图 3-5 大观邑 TN 实测与计算比较图

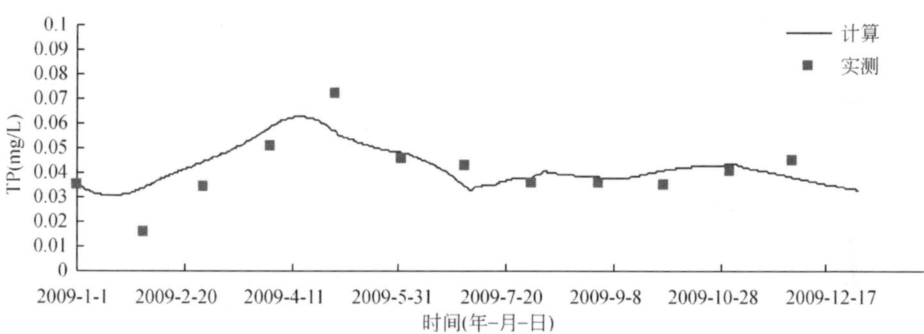

图 3-6 大观邑 TP 实测与计算比较图

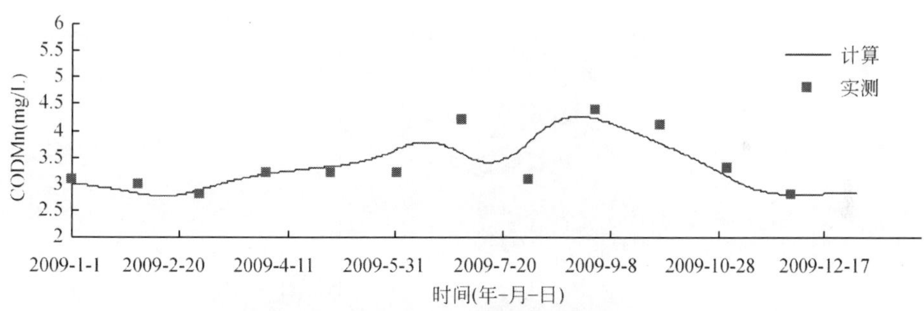

图 3-7 团山 COD_{Mn}实测与计算比较图

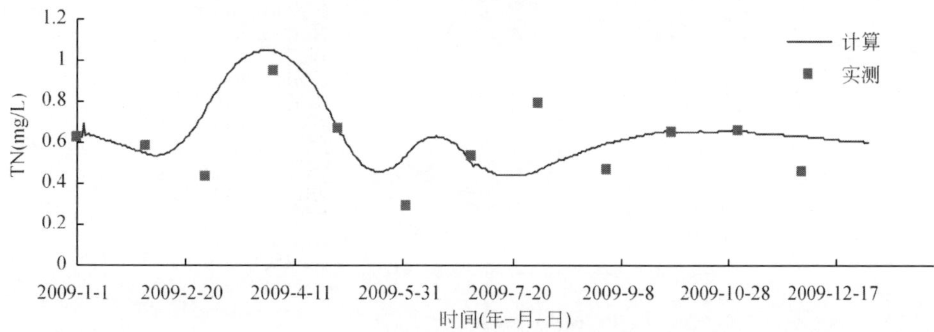

图 3-8 团山 TN 实测与计算比较图

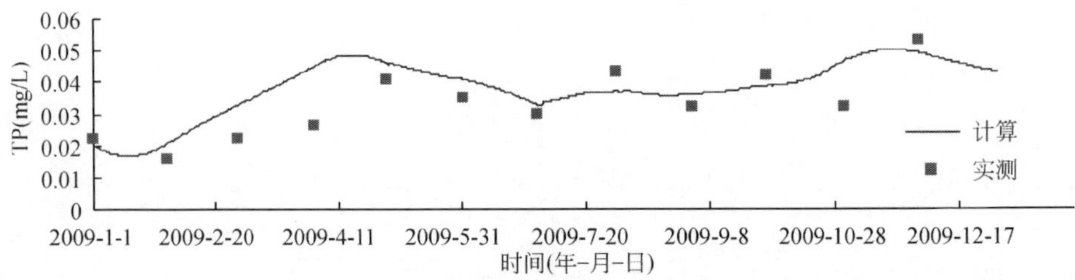

图 3-9 团山 TP 实测与计算比较图

由上述的模型验证结果可知，本研究建立的洱海水动力、水质模型对洱海的水动力条件和水质特征的模拟具有较好的计算能力，可作为湖泊水动力水质预测及水环境容量计算工具进行应用。

3.2.5 典型计算浓度场分析

以 2004 年平水年典型月浓度场为例，分析洱海 TN、TP、COD 的浓度场的分布情况，

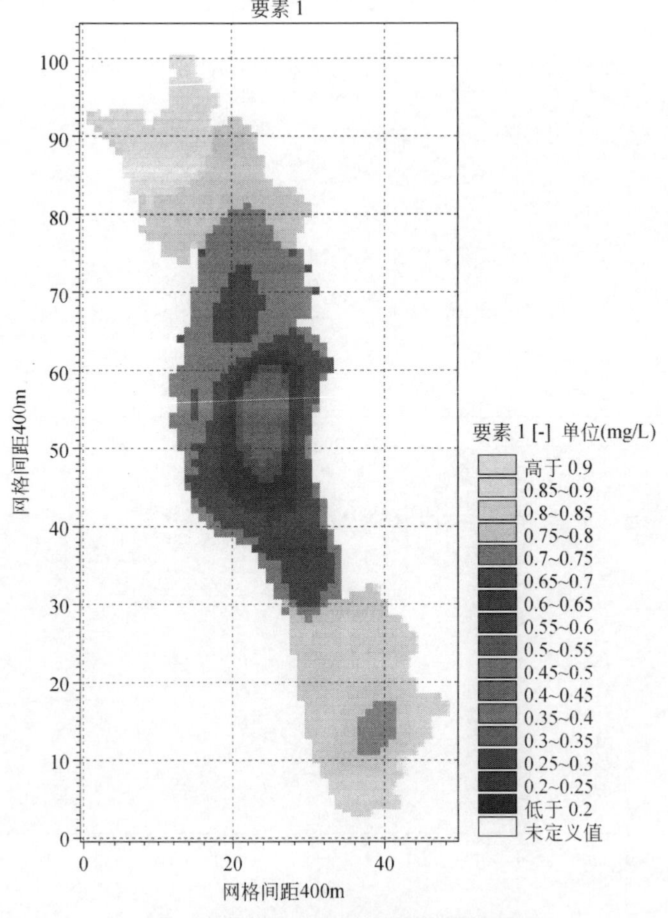

图 3-10 平水年典型计算 TN 浓度场

如图 3-10 至图 3-12 所示，TN、TP、COD 的浓度场基本呈现北部湖区水质浓度较高、南部湖区浓度次之、而湖心区水质浓度最低的分布状况，北部湖区和南部湖区水质基本呈 Ⅲ 类水质，而中部湖区水质较好，呈Ⅱ类水质。

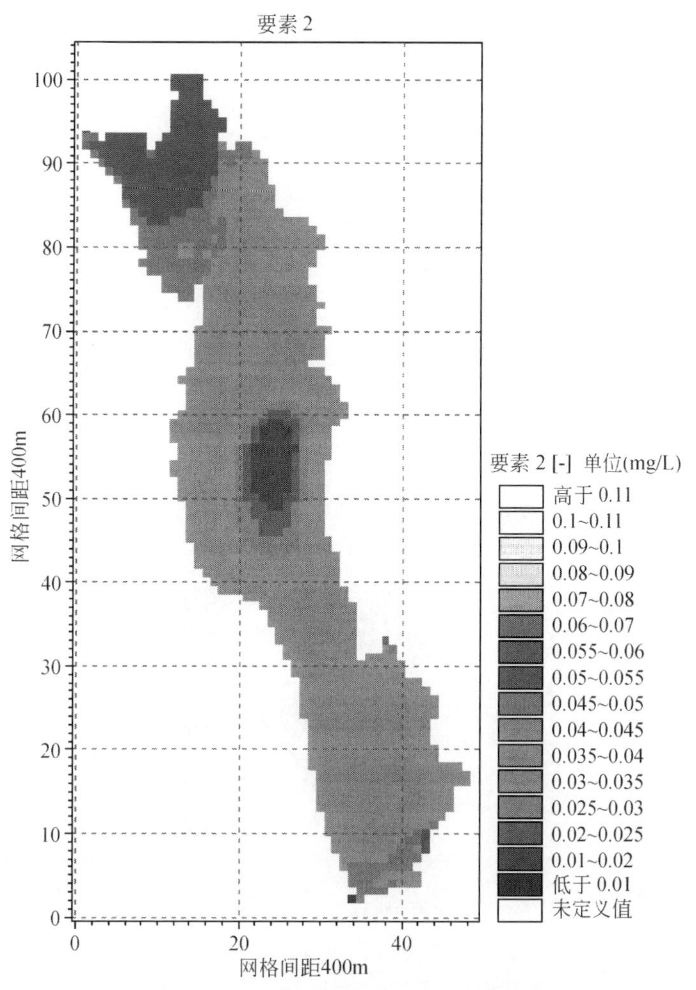

图 3-11 平水年典型计算 TP 浓度场

洱海水质这种北高南低的分布状况与污染物的入湖量的空间分布有直接关系。如图 3-13 ~ 图 3-16 所示为 2004 年洱海各入湖河流 TN、TP、COD 入流量所占比例。罗时江、弥苴河、永安江是位于洱海北部的三条较大的河流，统称为“北三江”，2004 年“北三江”入湖水量占总量的 48%，即几乎入湖水量的一半都是通过北部河流进入洱海的。2004 年“北三江”TN、TP 和 COD 的入湖量占总量的 37%、35% 和 49%。南部的波罗江也是较大河流之一，2004 年波罗江 TN、TP 和 COD 的入湖量占总量的 14%、20% 和 17%。苍山十八溪位于洱海西侧，TN、TP 和 COD 的入湖量占总量的 29%、40% 和 31%。洱海的污染负荷主要通过入湖河口进入洱海，北三江是洱海主要的污染物来源，“北三江”所输送的入湖 TN 量造成洱海北部湖区的污染物浓度最高，水质最差，南部区域受波罗江的影响水质也较差，由于入湖河口远离洱海湖心区域，入湖河流对洱海湖心污染物浓度影响较小，所以湖心处的污染物浓度最低。

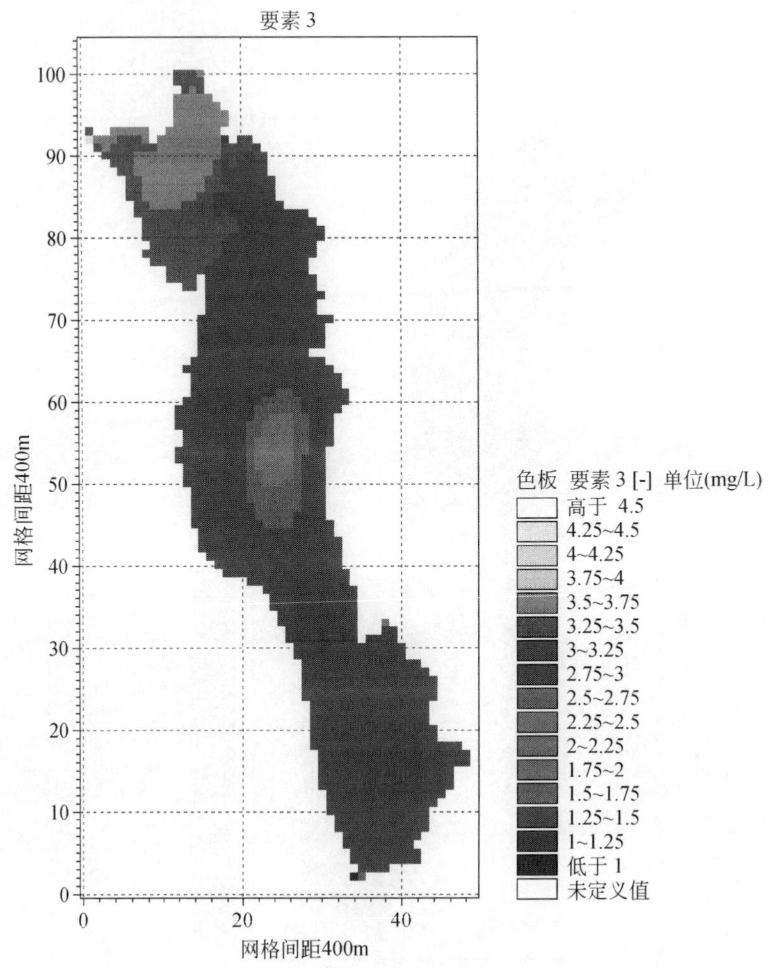

图 3-12　平水年典型计算 COD 浓度场

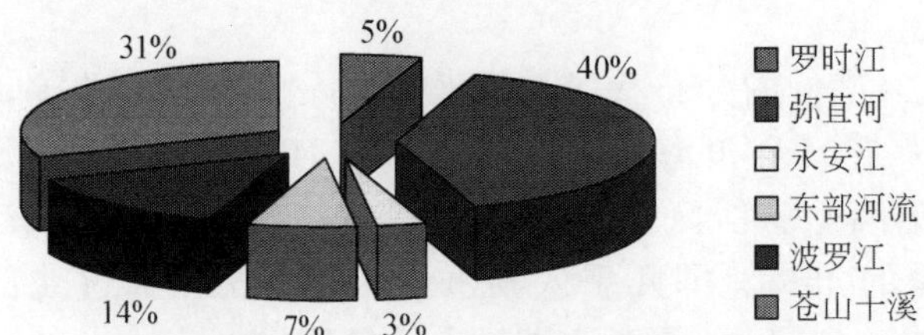

图 3-13　2004 年（平水年）洱海各主要河流入湖水量比例

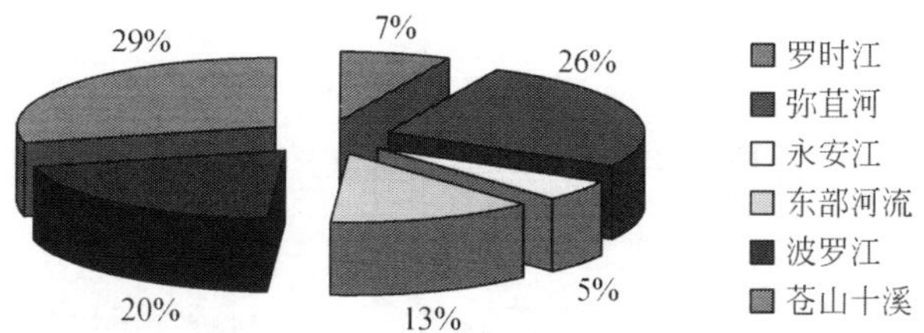

图 3-14　2004 年（平水年）洱海各主要河流 TN 入湖比例

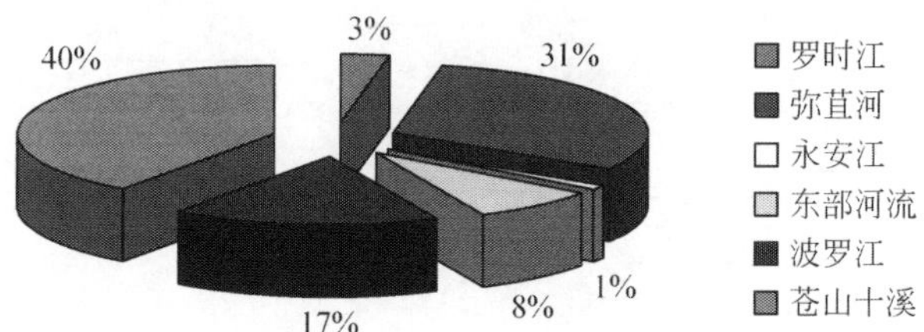

图 3-15　2004 年（平水年）洱海各主要河流 TP 入湖比例

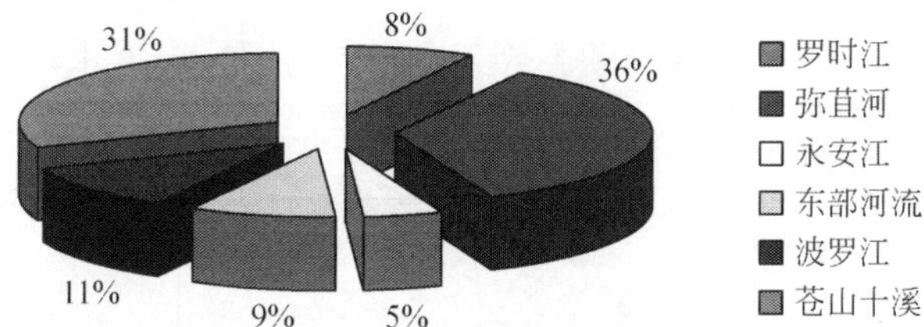

图 3-16　2004 年（平水年）洱海各主要河流 TP 入湖比例

3.3　洱海水环境容量测算与解析

3.3.1　水环境容量计算的技术路线

在构建洱海水质—水动力学模型此基础上，结合洱海流域的水文气象特点，计算三个典型水文年（枯、平、丰）洱海分期分区的水环境容量，重点进行洱海重要区域水环境容量的分期解析和分区解析（到北部、中部和南部水域）技术路线如图 3-17 所示。

3.3.1.1　“分区”的水环境研究思想

基于线性叠加及分担率场的计算方法，通过污染物对水体内任何一点的浓度影响，可以推出各个污染源对该点浓度的影响程度，即该点浓度的分担率。从而可以从湖内任何一点的水质目标要求，而反推各入湖河流在特定水质目标条件下的水环境容量，从而可以实现“分区”的水环境容量计算。

经过大量研究表明，洱海受周围山区地形、长年主导风向及苍山十八溪等吐吞流的作用形成了如图 3-18 所示的北部、中部、南部三个主要环流，所以考虑将整个洱海按主要

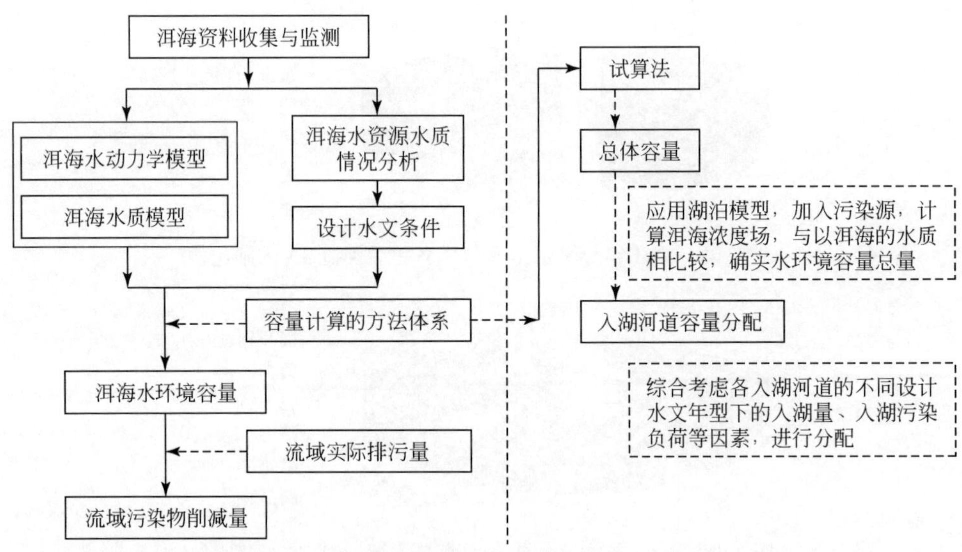

图 3-17　技术路线与研究内容

湖流分为北部湖区、中部湖区和南部湖区等三个不同的湖区设置水环境容量控制点，从而计算不同湖区的水环境容量。

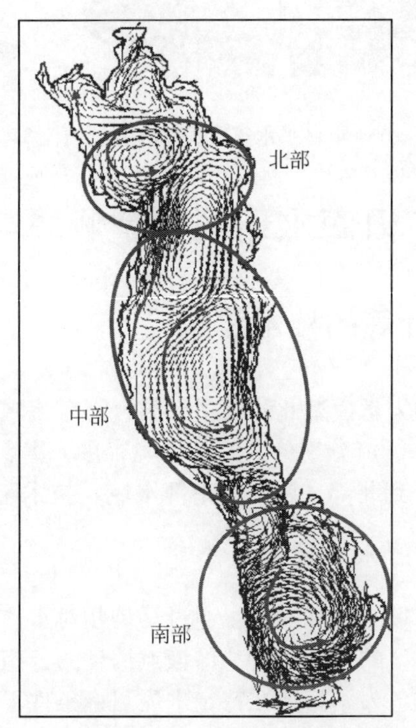

图 3-18　洱海主导风向西南风作用下的流场图

3.3.1.2 “分期”的水环境研究思想

在丰水期、平水期和枯水期入湖的流量和污染负荷是不同的，丰、平、枯水期的这种差异代表了不同状况下入湖河流对洱海的影响。不同水期水体内污染物降解速率等物理化学性质也不同，所以湖泊在不同时刻的水环境容量也是不相同的，考虑到这种差异针对不同的水文条件计算不同时期洱海的水环境容量，即“分期”的水环境容量，而更有针对性的指导湖泊污染控制和湖泊营养化修复等工作。

针对课题的要求和实际的工作条件，湖泊的水环境容量除了受运行水位的主要影响外，其出入湖水量也将形成一定的影响，本次计算洱海的水环境容量，同时考虑了水位和水量的影响。与子课题的洱海非点源模型一致，根据洱海流域 1956 ~ 2009 年 54 年入湖水量，选用皮尔逊Ⅲ型曲线（P-Ⅲ型曲线），采用试线法求得年入湖水量的经验累积频率，计算得到年入湖水量的算术平均值、离差系数（Cv）、偏差系数（Cs）分别为 8.69 亿 m^3、0.30 和 0.45。根据设计频率可得据此，在研究期间（2000 ~ 2009 年），选择 2001 年为丰水年（年入湖水量为 10.2 亿 m^3），2004 年为平水年（8.9 亿 m^3），2009 年为枯水年（5.7 亿 m^3）。

3.3.2 水环境容量计算方法

在污染源调查和水质监测基础上“采用数值模拟方法”通过建立水动力水质和入湖污染物浓度模型，计算出各个污染源的响应系数场和分担率，根据水质目标及现状浓度求得主要污染源和控制单元入湖泊污染物（COD、TP、TN）的承载能力。

3.3.2.1 污染分担率的计算

根据线性叠加原理，n 个污染源共同作用下所形成的浓度场可视为各个污染源单独影响浓度场的线性叠加（图 3-19）。即

$$C(x,\ y) = \sum_{i=1}^{n} C_i(x,\ y)$$

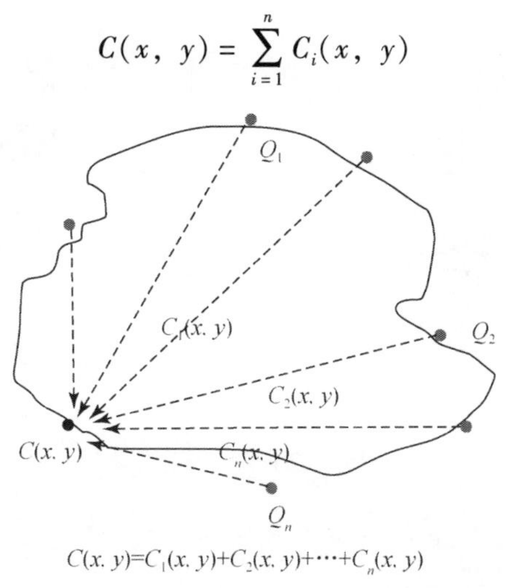

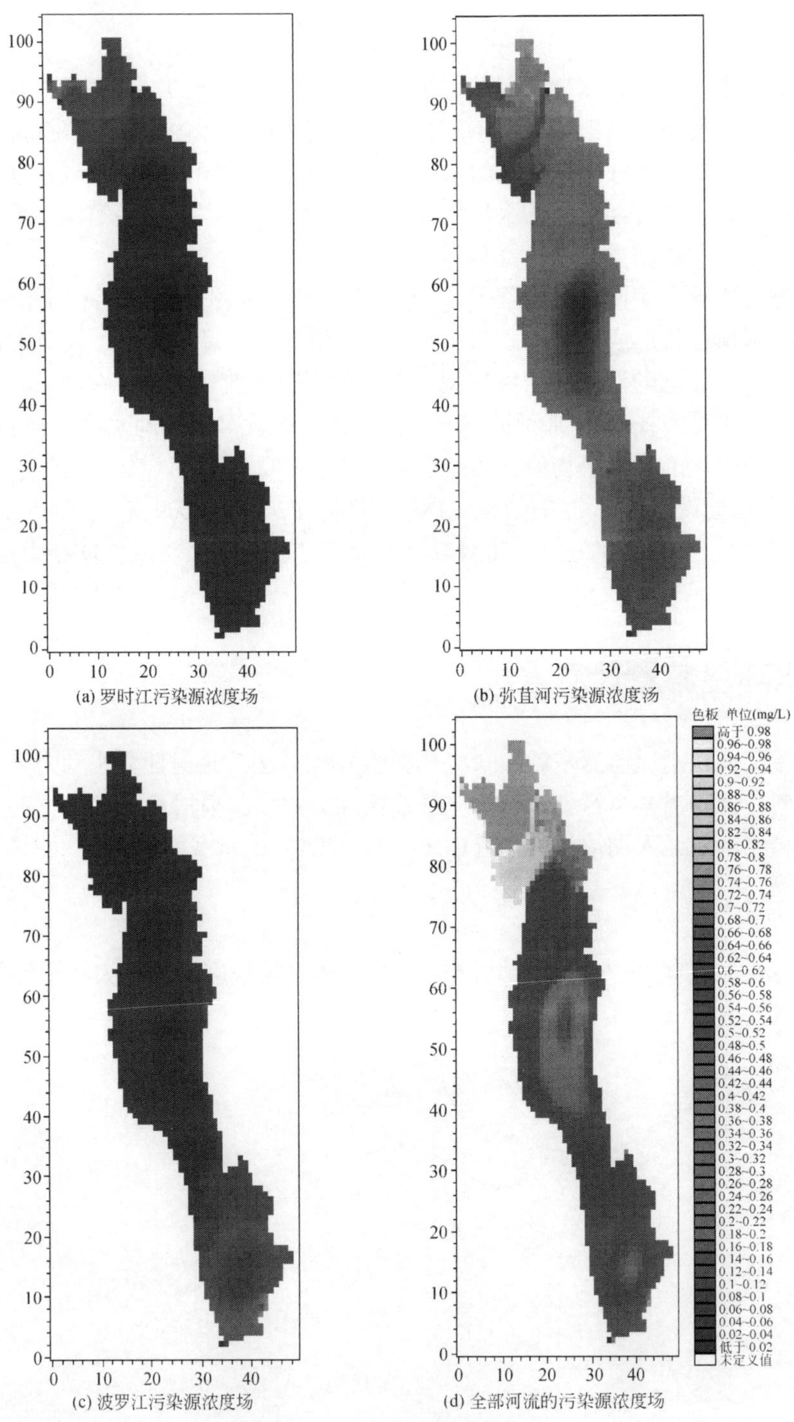

(a) 罗时江污染源浓度场　(b) 弥苴河污染源浓度场　(c) 波罗江污染源浓度场　(d) 全部河流的污染源浓度场

图 3-19　污染源浓度场叠加图

式中，$C_i(x, y)$ 为第 i 个污染源 Q_i 的单独影响浓度场，(x, y) 为空间点坐标。分担率指

的是各污染源的影响在湖区水域内总体污染影响中所占的百分率，即

$$r_i = C_i(x, y)/C(x, y)$$

分担率表明某个污染源对水体污染所负责任的轻重程度。显然，分担率有如下特点：同一污染源对不同区域的分担率不同，不同污染源对同一区域的分担率也不同。

3.3.2.2 各点源允许排放量的计算

根据需要达到的水质标准 $C_0(x, y)$，计算出满足水质目标条件下的第 i 个点源的分担浓度值 $C_{0i}(x, y)$，即

$$C_{0i}(x, y) = r_i \cdot C_0(x, y)$$

由分担浓度值进一步计算第 i 个点源的允许排放强度 Q_{0i}，即

$$Q_{0i} = C_{0i}(x, y)/\alpha_i = \frac{r_i C_0(x, y)}{\alpha_i}$$

其中 α_i 即为 $Q_i=1$（单位点源）时所形成的影响浓度场，即

$$C_i = \alpha_i Q_i$$

我们将 α_i定义为响应系数，它表征了湖区水域内水质对某个点源的响应关系。显然，由于各种环境动力因素的相互作用，α_i 的值在湖区水域内的分布随地点而变化，形成响应系数场。响应系数是在质量守恒原理基础上建立起来的湖区水域水质与污染源的定量关系，是水环境容量计算的基础。响应系数场反映了入湖河流对湖区水质所造成影响的空间特征，最高值处于入湖河流河口附近，随着距离的增加，入湖河流的影响逐渐减弱。响应系数的分布形势与入湖河口的位置有关，是各种环境动力因素综合作用的结果。

整个湖区水域的允许排放总量则为

$$Q_0 = \sum_{i=1}^{n} Q_{0i}$$

从图 3-19 可以看出同一时刻全部河流的污染源对湖泊污染所形成的浓度场是各个分河流污染源对湖泊污染形成浓度场之和，符合线性叠加原理。

3.3.3 洱海水环境容量计算

3.3.3.1 主要入湖河流及污染负荷

本次规划计算洱海水环境容量时，包括了洱海入湖的 24 条河流，洱海北部的弥苴河、永安江、罗时江共 3 条，南部的波罗江 1 条，东部的凤尾箐、海东箐和龙王庙箐共 3 条，西部的苍山十八溪中的桃溪和梅溪合并成一条河，所以共 24 条入湖河流（图 3-20）。

24 条入湖河流与子流域的对应关系如图 3-21 所示，丰、平、枯时期的入湖河流的流量与非点源污染物量由子课题研究的 SWAT 模型提供。

根据本子课题开发的洱海流域非点源模型，根据空间位置等关系统计工业、城镇生活污水、旅游、大气干湿沉降、面源等各类型污染源进入各入湖河流的污染物量，见表 3-1 ~ 表 3-3。

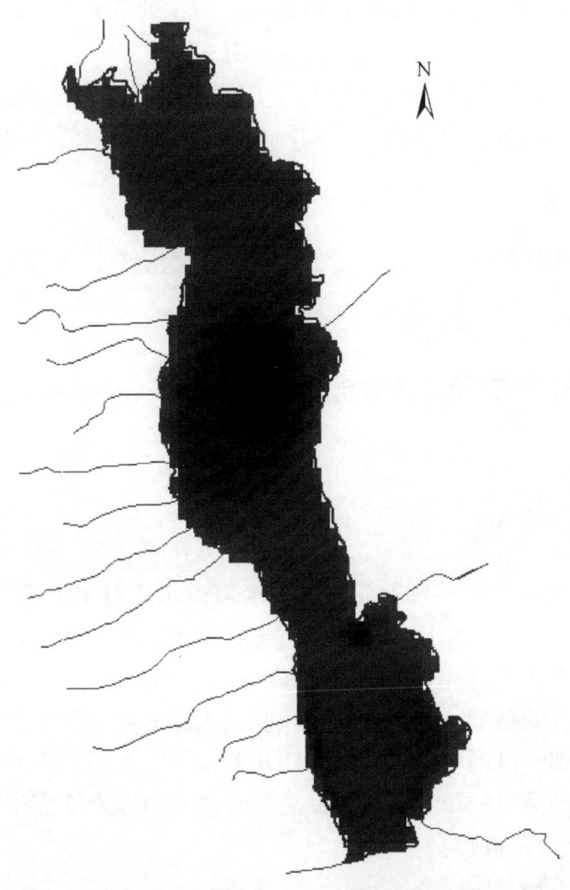

图 3-20　洱海水环境容量计算主要出入湖河流示意图

表 3-1　丰水年 2001 年各入湖河流水量及污染负荷

序号	河名	水量（万 m^3）	TN（t）	TP（t）	COD（t）
1	罗时江	6 260.78	152.40	7.39	1 042.99
2	弥苴河	47 883.37	657.22	55.41	4 942.60
3	永安江	3 478.21	90.17	2.98	631.66
4	凤尾箐	3 065.54	116.38	8.39	625.88
5	海东箐	1 583.86	39.04	3.86	346.28
6	龙王庙箐	1 021.85	82.50	2.71	288.37
7	波罗江	11 716.85	357.75	30.14	1 531.79
8	阳南溪	1 197.79	48.99	5.28	341.25
9	亭淇溪	959.94	19.47	2.10	144.86
10	莫残溪	1 285.64	27.79	3.29	203.90
11	清碧溪	1 046.09	22.33	3.08	96.25

续表

序号	河名	水量（万 m^3）	TN（t）	TP（t）	COD（t）
12	龙溪	881.22	28.46	2.57	169.43
13	白鹤溪	1 044.38	39.05	5.11	599.19
14	中和溪	838.67	39.23	3.62	358.45
15	桃梅溪	1 294.07	32.60	3.86	207.75
16	隐仙溪	707.84	22.02	1.74	56.77
17	双鸳溪	1 063.82	27.76	1.66	105.42
18	白石溪	1 551.27	38.90	1.87	167.23
19	灵泉溪	959.66	18.42	1.49	88.09
20	锦溪	1 083.26	26.16	2.96	130.88
21	茫涌溪	2 046.24	22.98	2.42	264.99
22	阳溪	3 847.24	58.13	4.35	380.84
23	万花溪	5 449.96	68.32	7.34	553.06
24	霞移溪	2 214.90	31.43	3.42	271.60
年总量		102 482.44	2 067.51	167.02	13 549.54

图 3-21　洱海子流域与入湖河流对应图

表 3-2　平水年 2004 年各入湖河流水量及污染负荷

序号	河名	水量（万 m^3）	TN（t）	TP（t）	COD（t）
1	罗时江	4 696. 05	112. 70	3. 87	845. 28
2	弥苴河	35 916. 05	446. 88	43. 11	3 929. 25
3	永安江	2 608. 91	78. 90	1. 94	530. 27
4	凤尾箐	3 083. 26	111. 77	5. 11	507. 30
5	海东箐	1 593. 02	35. 18	2. 81	274. 66
6	龙王庙箐	1 027. 75	80. 49	3. 95	228. 72
7	波罗江	12 318. 82	352. 77	23. 23	1 229. 51
8	阳南溪	1 232. 12	47. 71	5. 52	311. 75
9	亭淇溪	962. 77	17. 32	2. 39	114. 90
10	莫残溪	1 268. 86	24. 28	2. 55	161. 72
11	清碧溪	1 044. 57	20. 61	2. 75	76. 34
12	龙溪	875. 86	26. 94	3. 98	137. 55
13	白鹤溪	1 023. 85	36. 99	5. 40	490. 67
14	中和溪	798. 11	36. 18	4. 96	303. 38
15	桃梅溪	1 284. 35	31. 00	3. 86	168. 26
16	隐仙溪	687. 63	19. 14	1. 17	45. 03
17	双鸳溪	1 034. 98	23. 59	2. 68	83. 62
18	白石溪	1 473. 06	32. 10	2. 77	132. 64
19	灵泉溪	983. 50	16. 04	1. 42	69. 87
20	锦溪	1 076. 96	20. 41	2. 31	103. 81
21	茫涌溪	2 037. 41	19. 95	1. 99	210. 18
22	阳溪	3 830. 13	42. 81	2. 71	302. 07
23	万花溪	5 696. 89	55. 68	6. 94	459. 70
24	霞移溪	2 319. 72	26. 12	3. 01	229. 20
年总量		88 874. 64	1 715. 55	140. 42	10 945. 68

表 3-3　枯水年 2009 年各入湖河流水量及污染负荷

序号	河名	水量（万 m^3）	TN（t）	TP（t）	COD（t）
1	罗时江	3 034. 84	56. 87	2. 98	830. 99
2	弥苴河	23 210. 94	296. 95	20. 76	3 840. 94
3	永安江	1 686. 02	51. 67	1. 56	526. 35
4	凤尾箐	2 031. 35	59. 86	4. 37	496. 89
5	海东箐	1 049. 53	21. 47	2. 39	268. 37
6	龙王庙箐	677. 12	40. 03	2. 79	223. 49

续表

序号	河名	水量（万 m^3）	TN（t）	TP（t）	COD（t）
7	波罗江	7 536.33	156.21	16.68	1 202.98
8	阳南溪	766.74	48.17	4.99	309.16
9	亭淇溪	602.67	16.95	2.14	112.27
10	莫残溪	795.24	23.48	2.13	158.02
11	清碧溪	652.48	20.55	2.22	74.59
12	龙溪	534.52	25.28	2.87	134.76
13	白鹤溪	612.40	37.07	4.76	481.14
14	中和溪	506.08	36.16	4.15	298.55
15	桃梅溪	793.30	31.52	3.02	164.79
16	隐仙溪	431.86	17.38	1.11	44.00
17	双鸳溪	660.86	23.28	2.14	81.70
18	白石溪	945.29	28.05	2.23	129.61
19	灵泉溪	601.43	14.56	1.23	68.27
20	锦溪	671.09	19.56	1.94	101.43
21	茫涌溪	1 286.21	18.93	1.85	205.37
22	阳溪	2 424.33	39.29	2.75	295.15
23	万花溪	3 650.59	52.84	5.89	451.50
24	霞移溪	1 419.47	25.96	2.87	225.48
年总量		56 580.68	1 162.09	99.83	10 725.80

3.3.3.2 特征水位选取

湖泊运行水位作为湖泊水环境容量的重要影响因素，为计算洱海的水环境容量，需选定特征水位作为模型计算的基础条件。根据《大理白族自治州洱海管理条例》，洱海最低运行水位为1971m，最高蓄水位为1974m。同时，根据洱海1997～2008年的月均水位，可得到近12年来洱海的年均运行水位约为1973.00m（图3-22）。

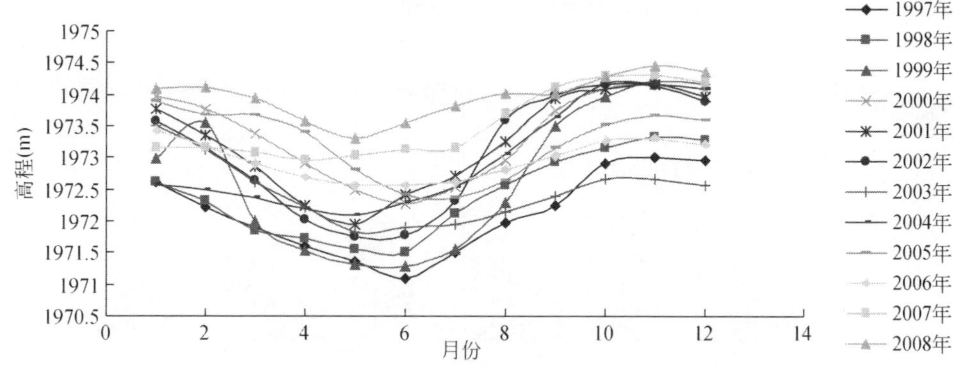

图3-22　1997～2008年6月份洱海月平均水位

注：本表洱海水位为平均水位、海防高程（单位：m），海防高程=85高程+8.31m。

所以，在计算洱海水环境容量时，选定多年平均运行水位1973.00m（海防高程）。

3.3.3.3 水环境容量的计算与分析

(1) 现状污染负荷与水环境容量

根据水环境容量计算方法，可计算出特征水位（多年平均运行水位 1973.00m），不同分期（丰、平、枯），不同分区（北部、中部、南部）洱海规划水质目标 COD、TN、TP 三类主要污染物的水环境容量，见表 3-4。

表 3-4　洱海"分区分期"的水环境容量计算结果　　（单位：t/a）

控制点		TN			TP			COD		
		Ⅰ类	Ⅱ类	Ⅲ类	Ⅰ类	Ⅱ类	Ⅲ类	Ⅰ类	Ⅱ类	Ⅲ类
丰	北部	453.7	1134.1	2268.2	32.4	80.9	161.9	7652.1	15304.3	22956.4
平	北部	434.2	1085.4	2170.8	31.4	78.5	157.1	6719.8	13439.6	20159.4
枯	北部	359.6	898.9	1797.9	29.8	74.5	148.9	5361.9	10723.7	16085.6
丰	中部	799.0	1997.5	3995.1	84.6	211.6	423.2	10132.7	20265.3	30398.0
平	中部	739.5	1848.7	3697.5	78.0	195.0	390.1	8853.7	17707.3	26561.0
枯	中部	614.6	1536.5	3072.9	70.9	177.2	354.5	7261.5	14522.9	21784.4
丰	南部	462.6	1156.4	2312.9	34.8	87.0	173.9	7940.9	15881.8	23822.7
平	南部	432.7	1081.8	2163.5	33.8	84.6	169.1	7271.2	14542.5	21813.7
枯	南部	377.4	943.4	1886.8	29.5	73.8	147.6	5852.6	11705.1	17557.7

近年来洱海实测的 COD 的浓度基本没有超过Ⅱ类水水质标准，而洱海 TN、TP 有时达Ⅲ类水质标准，北部地区和南部的波罗江入湖口等地人类活动强度较大的沿岸带水域 TN、TP 的水质浓度有时达到Ⅳ类水质标准。通过与污染负荷对比发现，近年 COD 的污染负荷基本没有超过Ⅱ类水质下的水环境容量，而部分年份 TN、TP 的污染负荷大都超过了Ⅱ类水质下的水环境容量（图 3-23），这与近年来 COD 水质呈Ⅱ类而 TN、TP 超Ⅱ类的水质状况是相匹配的，说明本次计算的水环境容量基本合理。

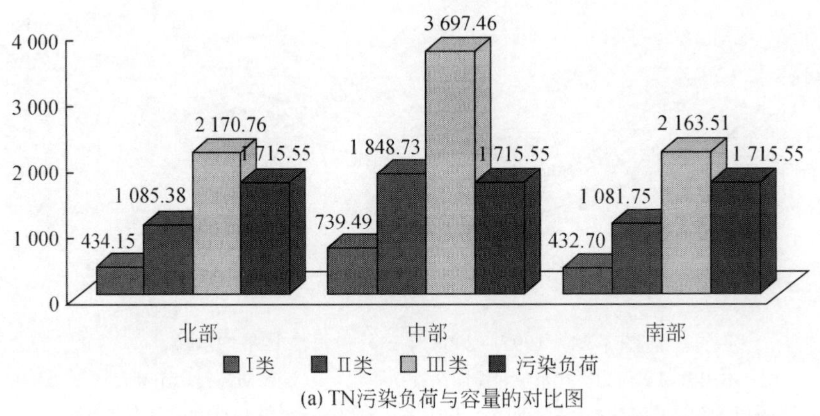

(a) TN污染负荷与容量的对比图

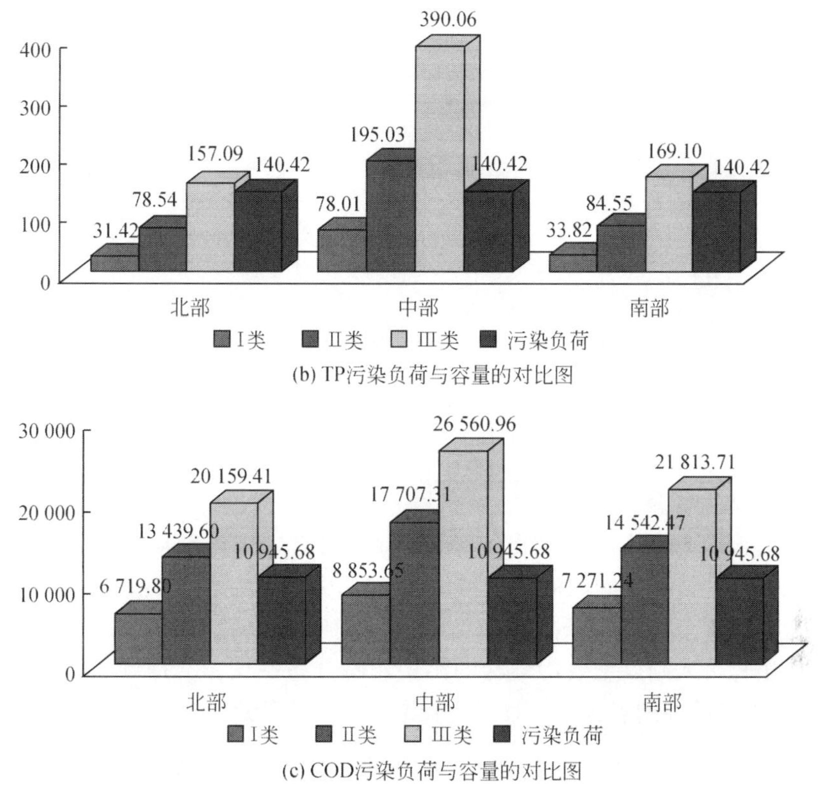

(b) TP污染负荷与容量的对比图

(c) COD污染负荷与容量的对比图

图 3-23　污染物的污染负荷与水环境容量的对比图

(2) 不同控制点水环境容量的比较

针对课题的要求，本次计算针对北部、中部、南部计算了不同分区控制点的水环境容量，由于各分区的水质浓度具有一定的差异，所以造成各分区计算的水环境容量略有不同。如图 3-24 所示是同一特征水位、同一水平年下，洱海北、中、南部湖区主要污染物的水环境容量，从图中明显可以看出各污染物的中部水环境容量最大、南部次之、北部的最小。洱海水质浓度分布的不均匀性是造成北部、中部、南部不同分区控制点水环境容量差异的主要原因，根据洱海的水质的实测数据来看，洱海水质北部最差、南部次之、中部最好。弥苴河、永安江、罗时江是洱海北部的三条大河，这三条水质较差的河流携带大量污染物洱海北部水体，形成洱海北部污染物的累积，造成洱海北部湖区水质最差，所以相对来说北部水体可再容纳的污染物量较少，北部湖区的水环境容量也较小。而中部湖区受入湖河流污染物的影响较小，水质较好，从计算的平水年的浓度场分布来看中部湖区低于Ⅱ类水质标准，所以中部湖区可容纳的污染物较多，根据中部湖区控制点计算的水环境容量也较大。

鉴于洱海这种北部湖区水质最差、南部水质次之、中部水质最好的水质分布状况，以北部、中部、南部控制点计算的水环境容量具有一定的差异。由于北部湖区的现状水质较差，如果要保证整个洱海湖泊的水质达标，建议以北部湖区为控制点进行的水环境容量来对洱海的各入湖河流的污染进行削减。

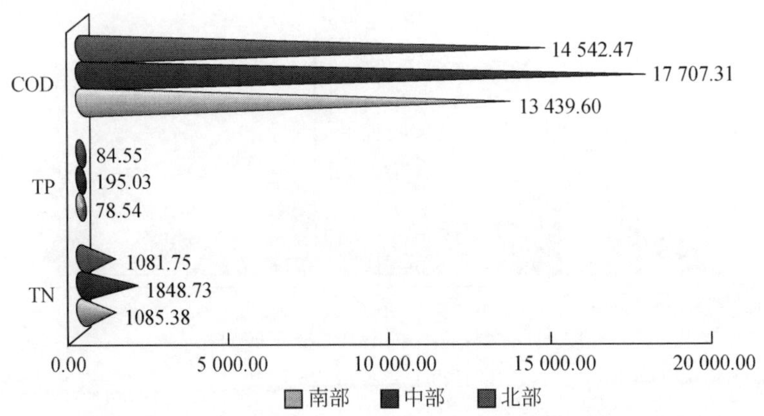

图 3-24 丰水年各控制点达到二类水质的水环境容量对比图

(3) 各河水环境容量

通过建立的水动力水质模型，根据确定的特征水位，各水平年各条入湖河流主要污染物的浓度、水量等，计算不同河流的单独作用下的污染物浓度场。根据水质—污染源响应系数的计算方法，逐一计算每条入湖河流在不同控制点的污染物响应系数场。在此基础上，可以计算出每个入湖点主要污染物的污染影响分担率场，共得到 24 个分担率场，以平水年 2004 年中部的控制点为例，计算的结果如表 3-5 所示。

表 3-5 各入湖河流响应系数与分担率的关系表

序号	河流名称	分担率/响应系数			序号	河流名称	分担率/响应系数		
		TN	TP	COD			TN	TP	COD
1	罗时江	242.89	215.12	341.86	13	白鹤溪	79.72	299.75	198.45
2	弥苴河	963.14	2395.18	1589.13	14	中和溪	77.98	275.77	122.70
3	永安江	170.06	107.56	214.46	15	桃梅溪	66.80	214.43	68.05
4	凤尾箐	240.89	283.90	205.17	16	隐仙溪	41.26	64.97	18.21
5	海东箐	75.81	155.89	111.08	17	双鸳溪	50.84	148.79	33.82
6	龙王庙箐	173.47	219.29	92.50	18	白石溪	69.19	153.95	53.65
7	波罗江	760.32	1290.75	497.26	19	灵泉溪	34.57	78.97	28.26
8	阳南溪	102.84	306.80	126.08	20	锦溪	43.99	128.15	41.98
9	亭淇溪	37.33	132.81	46.47	21	茫涌溪	43.00	110.46	85.00
10	莫残溪	52.33	141.88	65.41	22	阳溪	92.26	150.56	122.17
11	清碧溪	44.41	152.76	30.88	23	万花溪	120.01	385.30	185.92
12	龙溪	58.06	221.06	55.63	24	霞移溪	56.29	167.16	92.70

由表 3-5 可知，同一河流的 TN、TP、COD 的分担率/响应系数的有一定差别，主要原因是同一河流 TN、TP、COD 的污染物量不同造成的。但对某一入湖河流来说，3 种污染物的响应系数和分担率场也有一定相似的分布：距入湖河口越近，分担率值越高，离入湖

河口越远，分担率值越低，体现出污染源对于不同距离水体水质浓度的不同影响程度。

根据计算出各个河流的分担率及响应系数，进一步可以求出当洱海主要污染物达到Ⅰ类、Ⅱ类、Ⅲ类水质时各入湖河流应承担的水环境容量，计算结果见表3-6～表3-14。

表3-6 北部湖区丰水年水环境容量 （单位：t/a）

河名		TN			TP			COD		
		Ⅰ类	Ⅱ类	Ⅲ类	Ⅰ类	Ⅱ类	Ⅲ类	Ⅰ类	Ⅱ类	Ⅲ类
1	罗时江	33.4	83.6	167.2	1.4	3.6	7.2	589.0	1 178.1	1 767.1
2	弥苴河	144.2	360.5	721.0	10.7	26.9	53.7	2 791.3	5 582.7	8 374.0
3	永安江	19.8	49.5	98.9	0.6	1.4	2.9	356.7	713.5	1 070.2
4	凤尾箐	25.5	63.8	127.7	1.6	4.1	8.1	353.5	706.9	1 060.4
5	海东箐	8.6	21.4	42.8	0.8	1.9	3.7	195.6	391.1	586.7
6	龙王庙箐	18.1	45.3	90.5	0.5	1.3	2.6	162.9	325.7	488.6
7	波罗江	78.5	196.2	392.5	5.8	14.6	29.2	865.1	1 730.2	2 595.3
8	阳南溪	10.8	26.9	53.8	1.0	2.6	5.1	192.7	385.4	578.2
9	亭淇溪	4.3	10.7	21.4	0.4	1.0	2.0	81.8	163.6	245.4
10	莫残溪	6.1	15.2	30.5	0.6	1.6	3.2	115.2	230.3	345.5
11	清碧溪	4.9	12.3	24.5	0.6	1.5	3.0	54.4	108.7	163.1
12	龙溪	6.2	15.6	31.2	0.5	1.2	2.5	95.7	191.4	287.1
13	白鹤溪	8.6	21.4	42.8	1.0	2.5	5.0	338.4	676.8	1 015.2
14	中和溪	8.6	21.5	43.0	0.7	1.8	3.5	202.4	404.9	607.3
15	桃梅溪	7.2	17.9	35.8	0.8	1.9	3.7	117.3	234.7	352.0
16	隐仙溪	4.8	12.1	24.2	0.3	0.8	1.7	32.1	64.1	96.2
17	双鸳溪	6.1	15.2	30.5	0.3	0.8	1.6	59.5	119.1	178.6
18	白石溪	8.5	21.3	42.7	0.4	0.9	1.8	94.4	188.9	283.3
19	灵泉溪	4.0	10.1	20.2	0.3	0.7	1.4	49.8	99.5	149.3
20	锦溪	5.7	14.4	28.7	0.6	1.4	2.9	73.9	147.8	221.7
21	茫涌溪	5.0	12.6	25.2	0.5	1.2	2.4	149.7	299.3	449.0
22	阳溪	12.8	31.9	63.8	0.8	2.1	4.2	215.1	430.2	645.2
23	万花溪	15.0	37.5	75.0	1.4	3.6	7.1	312.3	624.7	937.0
24	霞移溪	6.9	17.2	34.5	0.7	1.7	3.3	153.4	306.8	460.2
总和		453.6	1 134.1	2 268.4	32.3	81.1	161.8	7 652.2	15 304.4	22 956.6

表3-7 北部湖区平水年水环境容量 （单位：t/a）

河名		TN			TP			COD		
		Ⅰ类	Ⅱ类	Ⅲ类	Ⅰ类	Ⅱ类	Ⅲ类	Ⅰ类	Ⅱ类	Ⅲ类
1	罗时江	28.5	71.3	142.6	0.9	2.2	4.3	518.9	1 037.9	1 556.8
2	弥苴河	113.1	282.7	565.5	9.7	24.1	48.2	2 412.3	4 824.5	7 236.8
3	永安江	20.0	49.9	99.8	0.4	1.1	2.2	325.5	651.1	976.6

续表

	河名	TN			TP			COD		
		Ⅰ类	Ⅱ类	Ⅲ类	Ⅰ类	Ⅱ类	Ⅲ类	Ⅰ类	Ⅱ类	Ⅲ类
4	凤尾箐	28.3	70.7	141.4	1.1	2.9	5.7	311.4	622.9	934.3
5	海东箐	8.9	22.3	44.5	0.6	1.6	3.1	168.6	337.2	505.9
6	龙王庙箐	20.4	50.9	101.8	0.9	2.2	4.4	140.4	280.8	421.3
7	波罗江	89.3	223.2	446.4	5.2	13.0	26.0	754.8	1 509.7	2 264.5
8	阳南溪	12.1	30.2	60.4	1.2	3.1	6.2	191.4	382.8	574.2
9	亭淇溪	4.4	11.0	21.9	0.5	1.3	2.7	70.5	141.1	211.6
10	莫残溪	6.1	15.4	30.7	0.6	1.4	2.9	99.3	198.6	297.9
11	清碧溪	5.2	13.0	26.1	0.6	1.5	3.1	46.9	93.7	140.6
12	龙溪	6.8	17.0	34.1	0.9	2.2	4.5	84.5	168.9	253.3
13	白鹤溪	9.4	23.4	46.8	1.2	3.0	6.0	301.2	602.5	903.7
14	中和溪	9.2	22.9	45.8	1.1	2.8	5.6	186.3	372.5	558.8
15	桃梅溪	7.8	19.6	39.2	0.9	2.2	4.3	103.3	206.6	309.9
16	隐仙溪	4.8	12.1	24.2	0.3	0.7	1.3	27.6	55.3	82.9
17	双鸳溪	6.0	14.9	29.9	0.6	1.5	3.0	51.3	102.7	154.0
18	白石溪	8.1	20.3	40.6	0.6	1.6	3.1	81.4	162.9	244.3
19	灵泉溪	4.1	10.2	20.3	0.3	0.8	1.6	42.9	85.8	128.7
20	锦溪	5.2	12.9	25.8	0.5	1.3	2.6	63.7	127.5	191.2
21	茫涌溪	5.1	12.6	25.3	0.4	1.1	2.2	129.0	258.1	387.1
22	阳溪	10.8	27.1	54.2	0.6	1.5	3.0	185.5	370.9	556.3
23	万花溪	14.1	35.2	70.5	1.6	3.9	7.8	282.2	564.4	846.7
24	霞移溪	6.6	16.5	33.1	0.7	1.7	3.4	140.7	281.4	422.1
总和		434.3	1 085.3	2 170.9	31.4	78.7	157.2	6 719.6	13 439.8	20 159.5

表 3-8　北部湖区枯水年水环境容量　　（单位：t/a）

	河名	TN			TP			COD		
		Ⅰ类	Ⅱ类	Ⅲ类	Ⅰ类	Ⅱ类	Ⅲ类	Ⅰ类	Ⅱ类	Ⅲ类
1	罗时江	17.6	44.0	88.0	0.9	2.2	4.5	415.4	830.8	1 246.2
2	弥苴河	91.9	229.7	459.4	6.2	15.5	31.0	1 920.1	3 840.2	5 760.3
3	永安江	16.0	40.0	79.9	0.5	1.2	2.3	263.1	526.3	789.4
4	凤尾箐	18.5	46.3	92.6	1.3	3.3	6.5	248.4	496.8	745.2
5	海东箐	6.6	16.6	33.2	0.7	1.8	3.6	134.2	268.3	402.5
6	龙王庙箐	12.4	31.0	61.9	0.8	2.1	4.2	111.7	223.4	335.2
7	波罗江	48.3	120.8	241.7	5.0	12.4	24.9	601.4	1 202.7	1 804.1

续表

河名		TN			TP			COD		
		Ⅰ类	Ⅱ类	Ⅲ类	Ⅰ类	Ⅱ类	Ⅲ类	Ⅰ类	Ⅱ类	Ⅲ类
8	阳南溪	14.9	37.3	74.5	1.5	3.7	7.4	154.6	309.1	463.6
9	亭淇溪	5.2	13.1	26.2	0.6	1.6	3.2	56.1	112.2	168.4
10	莫残溪	7.3	18.2	36.3	0.6	1.6	3.2	79.0	158.0	237.0
11	清碧溪	6.4	15.9	31.8	0.7	1.7	3.3	37.3	74.6	111.9
12	龙溪	7.8	19.6	39.1	0.9	2.1	4.3	67.4	134.7	202.1
13	白鹤溪	11.5	28.7	57.4	1.4	3.6	7.1	240.5	481.1	721.6
14	中和溪	11.2	28.0	56.0	1.2	3.1	6.2	149.2	298.5	447.7
15	桃梅溪	9.8	24.4	48.8	0.9	2.3	4.5	82.4	164.8	247.1
16	隐仙溪	5.4	13.4	26.9	0.3	0.8	1.7	22.0	44.0	66.0
17	双鸳溪	7.2	18.0	36.0	0.6	1.6	3.2	40.8	81.7	122.5
18	白石溪	8.7	21.7	43.4	0.7	1.7	3.3	64.8	129.6	194.4
19	灵泉溪	4.5	11.3	22.5	0.4	0.9	1.8	34.1	68.3	102.4
20	锦溪	6.1	15.1	30.3	0.6	1.4	2.9	50.7	101.4	152.1
21	茫涌溪	5.9	14.6	29.3	0.6	1.4	2.8	102.7	205.3	308.0
22	阳溪	12.2	30.4	60.8	0.8	2.1	4.1	147.6	295.1	442.7
23	万花溪	16.4	40.9	81.8	1.8	4.4	8.8	225.7	451.4	677.1
24	霞移溪	8.0	20.1	40.2	0.9	2.1	4.3	112.7	225.4	338.2
总和		359.8	899.1	1 798	29.9	74.6	149.1	5 361.9	10 723.7	16 085.7

表 3-9　中部湖区丰水年水环境容量（t/a）

河名		TN			TP			COD		
		Ⅰ类	Ⅱ类	Ⅲ类	Ⅰ类	Ⅱ类	Ⅲ类	Ⅰ类	Ⅱ类	Ⅲ类
1	罗时江	58.9	147.2	294.5	3.8	9.4	18.7	780.0	1 560.0	2 339.9
2	弥苴河	254.0	635.0	1 270.0	28.1	70.2	140.4	3 696.2	7 392.4	11 088.6
3	永安江	34.9	87.1	174.2	1.5	3.8	7.6	472.4	944.7	1 417.1
4	凤尾箐	45.0	112.4	224.9	4.3	10.6	21.3	468.1	936.1	1 404.2
5	海东箐	15.1	37.7	75.4	2.0	4.9	9.8	259.0	517.9	776.9
6	龙王庙箐	31.9	79.7	159.4	1.4	3.4	6.9	215.7	431.3	646.9
7	波罗江	138.3	345.6	691.3	15.3	38.2	76.4	1 145.5	2 291.0	3 436.5
8	阳南溪	18.9	47.3	94.7	2.7	6.7	13.4	255.2	510.4	765.6
9	亭淇溪	7.5	18.8	37.6	1.1	2.7	5.3	108.3	216.7	325.0
10	莫残溪	10.7	26.9	53.7	1.7	4.2	8.3	152.5	305.0	457.4
11	清碧溪	8.6	21.6	43.2	1.6	3.9	7.8	72.0	144.0	215.9

续表

河名		TN			TP			COD		
		Ⅰ类	Ⅱ类	Ⅲ类	Ⅰ类	Ⅱ类	Ⅲ类	Ⅰ类	Ⅱ类	Ⅲ类
12	龙溪	11.0	27.5	55.0	1.3	3.3	6.5	126.7	253.4	380.1
13	白鹤溪	15.1	37.7	75.5	2.6	6.5	12.9	448.1	896.2	1 344.3
14	中和溪	15.2	37.9	75.8	1.8	4.6	9.2	268.1	536.1	804.2
15	桃梅溪	12.6	31.5	63.0	2.0	4.9	9.8	155.4	310.7	466.1
16	隐仙溪	8.5	21.3	42.6	0.9	2.2	4.4	42.5	84.9	127.4
17	双鸳溪	10.7	26.8	53.7	0.8	2.1	4.2	78.8	157.7	236.5
18	白石溪	15.0	37.6	75.2	1.0	2.4	4.7	125.1	250.1	375.2
19	灵泉溪	7.1	17.8	35.6	0.8	1.9	3.8	65.9	131.8	197.6
20	锦溪	10.1	25.3	50.6	1.5	3.8	7.5	97.9	195.8	293.6
21	茫涌溪	8.9	22.2	44.4	1.2	3.1	6.1	198.2	396.3	594.5
22	阳溪	22.5	56.2	112.3	2.2	5.5	11.0	284.8	569.6	854.4
23	万花溪	26.4	66.0	132.0	3.7	9.3	18.6	413.6	827.2	1 240.8
24	霞移溪	12.2	30.4	60.7	1.7	4.3	8.7	203.1	406.2	609.3
总和		799.1	1 997.5	3 995.3	85	211.9	423.3	10 133.1	20 265.5	30 398.0

表 3-10　中部湖区平水年水环境容量　　（单位：t/a）

河名		TN			TP			COD		
		Ⅰ类	Ⅱ类	Ⅲ类	Ⅰ类	Ⅱ类	Ⅲ类	Ⅰ类	Ⅱ类	Ⅲ类
1	罗时江	48.6	121.5	242.9	2.2	5.4	10.8	683.7	1 367.4	2 051.2
2	弥苴河	192.6	481.6	963.1	24.0	59.9	119.8	3 178.3	6 356.5	9 534.8
3	永安江	34.0	85.0	170.1	1.1	2.7	5.4	428.9	857.8	1 286.8
4	凤尾箐	48.2	120.4	240.9	2.8	7.1	14.2	410.3	820.7	1 231.0
5	海东箐	15.2	37.9	75.8	1.6	3.9	7.8	222.2	444.3	666.5
6	龙王庙箐	34.7	86.7	173.5	2.2	5.5	11.0	185.0	370.0	555.0
7	波罗江	152.1	380.2	760.3	12.9	32.3	64.5	994.5	1 989.0	2 983.6
8	阳南溪	20.6	51.4	102.8	3.1	7.7	15.3	252.2	504.3	756.5
9	亭淇溪	7.5	18.7	37.3	1.3	3.3	6.6	92.9	185.9	278.8
10	莫残溪	10.5	26.2	52.3	1.4	3.6	7.1	130.8	261.6	392.4
11	清碧溪	8.9	22.2	44.4	1.5	3.8	7.6	61.8	123.5	185.3
12	龙溪	11.6	29.0	58.1	2.2	5.5	11.1	111.3	222.5	333.8
13	白鹤溪	15.9	39.9	79.7	3.0	7.5	15.0	396.9	793.8	1190.7
14	中和溪	15.6	39.0	78.0	2.8	6.9	13.8	245.4	490.8	736.2
15	桃梅溪	13.4	33.4	66.8	2.1	5.4	10.7	136.1	272.2	408.3

续表

河名		TN			TP			COD		
		Ⅰ类	Ⅱ类	Ⅲ类	Ⅰ类	Ⅱ类	Ⅲ类	Ⅰ类	Ⅱ类	Ⅲ类
16	隐仙溪	8.3	20.6	41.3	0.7	1.6	3.3	36.4	72.8	109.3
17	双鸳溪	10.2	25.4	50.8	1.5	3.7	7.4	67.6	135.3	202.9
18	白石溪	13.8	34.6	69.2	1.5	3.9	7.7	107.3	214.6	321.9
19	灵泉溪	6.9	17.3	34.6	0.8	2.0	4.0	56.5	113.0	169.6
20	锦溪	8.8	22.0	44.0	1.3	3.2	6.4	84.0	167.9	251.9
21	茫涌溪	8.6	21.5	43.0	1.1	2.8	5.5	170.0	340.0	510.0
22	阳溪	18.5	46.1	92.3	1.5	3.8	7.5	244.3	488.7	733.0
23	万花溪	24.0	60.0	120.0	3.9	9.6	19.3	371.8	743.7	1 115.5
24	霞移溪	11.3	28.1	56.3	1.7	4.2	8.4	185.4	370.8	556.2
总和		739.8	1 848.7	3 697.5	78.2	195.3	390.2	8 853.6	17 707.1	26 561.2

表 3-11　中部湖区枯水年水环境容量　（单位：t/a）

河名		TN			TP			COD		
		Ⅰ类	Ⅱ类	Ⅲ类	Ⅰ类	Ⅱ类	Ⅲ类	Ⅰ类	Ⅱ类	Ⅲ类
1	罗时江	30.1	75.2	150.4	2.1	5.3	10.6	562.6	1 125.2	1 687.8
2	弥苴河	157.1	392.6	785.2	14.7	36.9	73.7	2 600.4	5 200.7	7 801.1
3	永安江	27.3	68.3	136.6	1.1	2.8	5.5	356.4	712.7	1 069.0
4	凤尾箐	31.7	79.2	158.3	3.1	7.8	15.5	336.4	672.8	1 009.2
5	海东箐	11.4	28.4	56.8	1.7	4.2	8.5	181.7	363.4	545.1
6	龙王庙箐	21.2	52.9	105.9	2.0	5.0	9.9	151.3	302.6	453.9
7	波罗江	82.6	206.5	413.1	11.9	29.6	59.2	814.4	1 628.9	2 443.3
8	阳南溪	25.5	63.7	127.4	3.5	8.9	17.7	209.3	418.6	627.9
9	亭淇溪	9.0	22.4	44.8	1.5	3.8	7.6	76.0	152.0	228.0
10	莫残溪	12.4	31.1	62.1	1.5	3.8	7.6	107.0	214.0	321.0
11	清碧溪	10.9	27.2	54.3	1.6	4.0	7.9	50.5	101.0	151.5
12	龙溪	13.4	33.4	66.9	2.0	5.1	10.2	91.2	182.5	273.7
13	白鹤溪	19.6	49.0	98.0	3.4	8.5	16.9	325.7	651.5	977.2
14	中和溪	19.1	47.8	95.6	3.0	7.4	14.7	202.1	404.2	606.4
15	桃梅溪	16.7	41.7	83.3	2.1	5.4	10.7	111.6	223.1	334.7
16	隐仙溪	9.2	23.0	46.0	0.8	2.0	3.9	29.8	59.6	89.4
17	双鸳溪	12.3	30.8	61.6	1.5	3.8	7.6	55.3	110.6	165.9
18	白石溪	14.8	37.1	74.2	1.6	4.0	7.9	87.7	175.5	263.2

续表

河名		TN			TP			COD		
		Ⅰ类	Ⅱ类	Ⅲ类	Ⅰ类	Ⅱ类	Ⅲ类	Ⅰ类	Ⅱ类	Ⅲ类
19	灵泉溪	7.7	19.3	38.5	0.9	2.2	4.4	46.2	92.4	138.7
20	锦溪	10.4	25.9	51.7	1.4	3.4	6.9	68.7	137.3	206.0
21	茫涌溪	10.0	25.0	50.1	1.3	3.3	6.6	139.0	278.1	417.1
22	阳溪	20.8	52.0	103.9	2.0	4.9	9.8	199.8	399.6	599.5
23	万花溪	27.9	69.9	139.7	4.2	10.5	20.9	305.7	611.3	917.0
24	霞移溪	13.7	34.3	68.6	2.0	5.1	10.2	152.7	305.3	458.0
总和		614.8	1 536.7	3 073	70.9	177.7	354.4	7 261.5	14 522.9	21 784.6

表 3-12　南部湖区丰水年水环境容量　（单位：t/a）

河名		TN			TP			COD		
		Ⅰ类	Ⅱ类	Ⅲ类	Ⅰ类	Ⅱ类	Ⅲ类	Ⅰ类	Ⅱ类	Ⅲ类
1	罗时江	34.1	85.2	170.5	1.5	3.9	7.7	611.3	1 222.5	1 833.8
2	弥苴河	147.0	367.6	735.2	11.5	28.9	57.7	2 896.7	5 793.4	8 690.0
3	永安江	20.2	50.4	100.9	0.6	1.6	3.1	370.2	740.4	1 110.6
4	凤尾箐	26.0	65.1	130.2	1.8	4.4	8.7	366.8	733.6	1 100.4
5	海东箐	8.7	21.8	43.7	0.8	2.0	4.0	202.9	405.9	608.8
6	龙王庙箐	18.5	46.1	92.3	0.6	1.4	2.8	169.0	338.0	507.0
7	波罗江	80.0	200.1	400.2	6.3	15.7	31.4	897.7	1 795.5	2 693.2
8	阳南溪	11.0	27.4	54.8	1.1	2.8	5.5	200.0	400.0	600.0
9	亭淇溪	4.4	10.9	21.8	0.4	1.1	2.2	84.9	169.8	254.7
10	莫残溪	6.2	15.5	31.1	0.7	1.7	3.4	119.5	239.0	358.5
11	清碧溪	5.0	12.5	25.0	0.6	1.6	3.2	56.4	112.8	169.2
12	龙溪	6.4	15.9	31.8	0.5	1.3	2.7	99.3	198.6	297.9
13	白鹤溪	8.7	21.8	43.7	1.1	2.7	5.3	351.2	702.3	1 053.5
14	中和溪	8.8	21.9	43.9	0.8	1.9	3.8	210.1	420.2	630.2
15	桃梅溪	7.3	18.2	36.5	0.8	2.0	4.0	121.8	243.5	365.3
16	隐仙溪	4.9	12.3	24.6	0.4	0.9	1.8	33.3	66.5	99.8
17	双鸳溪	6.2	15.5	31.1	0.4	0.9	1.7	61.8	123.6	185.4
18	白石溪	8.7	21.8	43.5	0.4	1.0	2.0	98.0	196.0	294.0
19	灵泉溪	4.1	10.3	20.6	0.3	0.8	1.6	51.6	103.3	154.9
20	锦溪	5.9	14.6	29.3	0.6	1.5	3.1	76.7	153.4	230.1
21	茫涌溪	5.1	12.9	25.7	0.5	1.3	2.5	155.3	310.6	465.9
22	阳溪	13.0	32.5	65.0	0.9	2.3	4.5	223.2	446.4	669.6

续表

河名		TN			TP			COD		
		Ⅰ类	Ⅱ类	Ⅲ类	Ⅰ类	Ⅱ类	Ⅲ类	Ⅰ类	Ⅱ类	Ⅲ类
23	万花溪	15.3	38.2	76.4	1.5	3.8	7.6	324.1	648.3	972.4
24	霞移溪	7.0	17.6	35.2	0.7	1.8	3.6	159.2	318.4	477.5
总和		462.5	1 156.1	2 313.0	34.8	87.3	173.9	7 941.0	15 882.0	23 822.7

表 3-13　南部湖区平水年水环境容量　（单位：t/a）

河名		TN			TP			COD		
		Ⅰ类	Ⅱ类	Ⅲ类	Ⅰ类	Ⅱ类	Ⅲ类	Ⅰ类	Ⅱ类	Ⅲ类
1	罗时江	28.4	71.1	142.1	0.9	2.3	4.7	561.5	1 123.0	1 684.6
2	弥苴河	112.7	281.8	563.6	10.4	26.0	51.9	2 610.2	5 220.4	7 830.6
3	永安江	19.9	49.8	99.5	0.5	1.2	2.3	352.3	704.5	1 056.8
4	凤尾箐	28.2	70.5	141.0	1.2	3.1	6.2	337.0	674.0	1 011.0
5	海东箐	8.9	22.2	44.4	0.7	1.7	3.4	182.5	364.9	547.4
6	龙王庙箐	20.3	50.8	101.5	1.0	2.4	4.8	151.9	303.9	455.8
7	波罗江	89.0	222.4	444.9	5.6	14.0	28.0	816.8	1 633.5	2 450.3
8	阳南溪	12.0	30.1	60.2	1.3	3.3	6.7	207.1	414.2	621.3
9	亭淇溪	4.4	10.9	21.8	0.6	1.4	2.9	76.3	152.7	229.0
10	莫残溪	6.1	15.3	30.6	0.6	1.5	3.1	107.4	214.9	322.3
11	清碧溪	5.2	13.0	26.0	0.7	1.7	3.3	50.7	101.4	152.1
12	龙溪	6.8	17.0	34.0	1.0	2.4	4.8	91.4	182.8	274.1
13	白鹤溪	9.3	23.3	46.7	1.3	3.3	6.5	326.0	651.9	977.9
14	中和溪	9.1	22.8	45.6	1.2	3.0	6.0	201.5	403.1	604.6
15	桃梅溪	7.8	19.5	39.1	0.9	2.3	4.7	111.8	223.6	335.3
16	隐仙溪	4.8	12.1	24.1	0.3	0.7	1.4	29.9	59.8	89.7
17	双鸳溪	6.0	14.9	29.8	0.7	1.6	3.2	55.6	111.1	166.6
18	白石溪	8.1	20.2	40.5	0.7	1.7	3.3	88.1	176.2	264.3
19	灵泉溪	4.1	10.1	20.2	0.3	0.9	1.7	46.4	92.8	139.3
20	锦溪	5.2	12.9	25.7	0.6	1.4	2.8	69.0	137.9	206.9
21	茫涌溪	5.0	12.6	25.2	0.5	1.2	2.4	139.6	279.3	418.9
22	阳溪	10.8	27.0	54.0	0.7	1.6	3.3	200.7	401.3	602.0
23	万花溪	14.0	35.1	70.2	1.7	4.2	8.4	305.4	610.8	916.1
24	霞移溪	6.6	16.5	32.9	0.7	1.8	3.6	152.3	304.5	456.8
总和		432.7	1081.9	2163.6	34.1	84.7	169.4	7 271.4	14 542.5	21 813.7

表 3-14　南部湖区枯水年水环境容量　　（单位：t/a）

河名		TN			TP			COD		
		Ⅰ类	Ⅱ类	Ⅲ类	Ⅰ类	Ⅱ类	Ⅲ类	Ⅰ类	Ⅱ类	Ⅲ类
1	罗时江	18.5	46.2	92.3	0.9	2.2	4.4	453.4	906.9	1 360.3
2	弥苴河	96.4	241.1	482.1	6.1	15.4	30.7	2 095.8	4 191.6	6 287.5
3	永安江	16.8	41.9	83.9	0.5	1.2	2.3	287.2	574.4	861.6
4	凤尾箐	19.4	48.6	97.2	1.3	3.2	6.5	271.1	542.3	813.4
5	海东箐	7.0	17.4	34.9	0.7	1.8	3.5	146.4	292.9	439.3
6	龙王庙箐	13.0	32.5	65.0	0.8	2.1	4.1	122.0	243.9	365.8
7	波罗江	50.7	126.8	253.6	4.9	12.3	24.7	656.4	1 312.8	1 969.2
8	阳南溪	15.6	39.1	78.2	1.5	3.7	7.4	168.7	337.4	506.1
9	亭淇溪	5.5	13.8	27.5	0.6	1.6	3.2	61.3	122.5	183.8
10	莫残溪	7.6	19.1	38.1	0.6	1.6	3.1	86.2	172.5	258.7
11	清碧溪	6.7	16.7	33.4	0.7	1.6	3.3	40.7	81.4	122.1
12	龙溪	8.2	20.5	41.1	0.9	2.1	4.2	73.5	147.1	220.6
13	白鹤溪	12.0	30.1	60.2	1.4	3.5	7.0	262.5	525.1	787.6
14	中和溪	11.7	29.4	58.7	1.2	3.1	6.1	162.9	325.8	488.7
15	桃梅溪	10.2	25.6	51.2	0.9	2.2	4.5	89.9	179.8	269.8
16	隐仙溪	5.6	14.1	28.2	0.3	0.8	1.6	24.0	48.0	72.0
17	双鸳溪	7.6	18.9	37.8	0.6	1.6	3.2	44.6	89.2	133.8
18	白石溪	9.1	22.8	45.5	0.7	1.7	3.3	70.7	141.4	212.2
19	灵泉溪	4.7	11.8	23.7	0.4	0.9	1.8	37.3	74.5	111.8
20	锦溪	6.4	15.9	31.8	0.6	1.4	2.9	55.4	110.7	166.0
21	茫涌溪	6.2	15.4	30.7	0.6	1.4	2.7	112.1	224.1	336.2
22	阳溪	12.8	31.9	63.8	0.8	2.0	4.1	161.1	322.1	483.2
23	万花溪	17.2	42.9	85.8	1.7	4.4	8.7	246.4	492.7	739.1
24	霞移溪	8.4	21.1	42.2	0.9	2.1	4.2	123.0	246.1	369.1
总和		377.3	943.6	1 886.9	29.6	73.9	147.5	5 852.6	11 705.1	17 557.9

由计算结果同时可以看出对 24 条入湖河流中的每条入湖河流而言，3 种污染物所承担的水环境容量有相似的分布，都表现出弥苴河所对应的水环境容量最大（图 3-25），这是由于该河为洱海最大的入湖河流，年均入湖水量占地表总入湖水量的 1/3 以上，水环境容量较大，可以承载的污染物也较多，波罗江作为一条较大河流，其容量仅次于弥苴河。苍山十八溪由于水量近似、水质浓度差异不大等原因，对应的水环境容量之间差距不大。

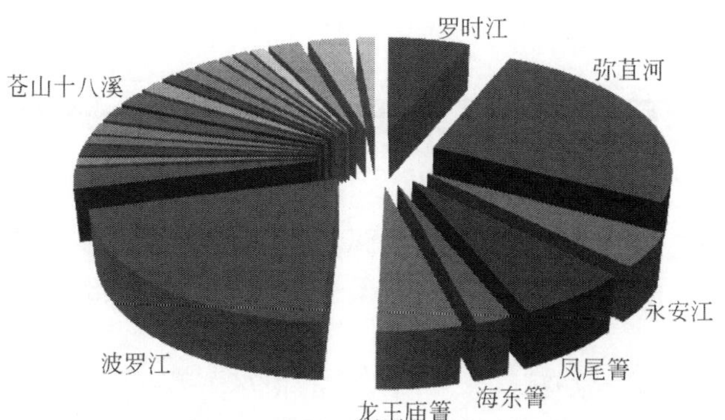

(a) Ⅱ类水质下各入湖河流污染物TN的水环境容量

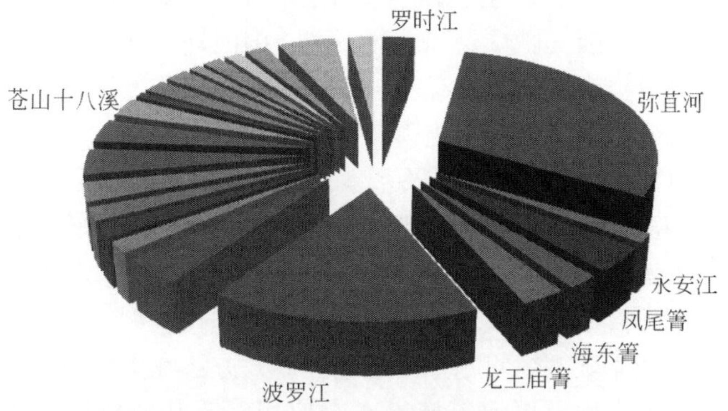

(b) Ⅱ类水质下各入湖河流污染物TP的水环境容量

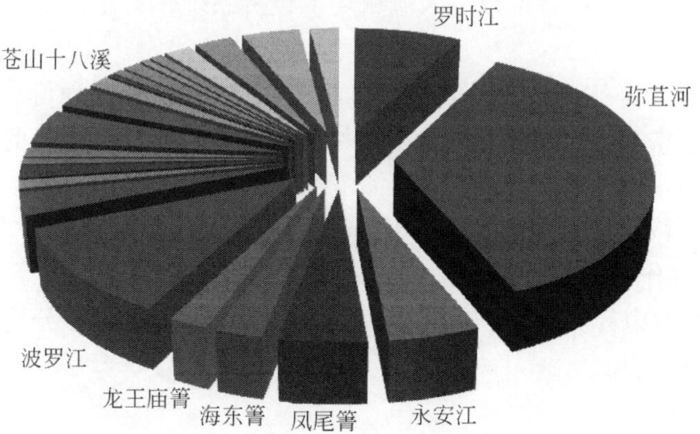

(c) Ⅱ类水质下各入湖河流污染物COD的水环境容量

图 3-25　Ⅱ类水质下各入湖河流水环境容量对比图

4 洱海流域水环境承载力计算与分析

本书在洱海水环境容量测算的基础上，试图从社会-经济-水资源-水环境系统的角度，以洱海Ⅱ类水环境保护为核心目标，计算分析流域的社会经济发展对洱海水环境的影响。

湖泊流域的社会-经济-水资源-水环境系统的相互作用过程是一个复杂的过程，采用模拟模型技术对其系统的相互作用过程进行仿真研究，能够有效地模拟实际复杂系统的内部联系，揭示系统的隐含成分，防止主观直觉上的判断失误，是解决系统问题的较好方法。在模拟模型应用方面，因其侧重点和方法不同，国内外建立了各种不同的应用模拟模型。国外所建立的流域模拟模型通常具有较强的针对性，如侧重于生态和经济系统模拟的路易斯安那州海岸生态景观空间生态系统模拟模型；为解决水资源分配和水资源规划及管理而开发的水可用性 WAM 模拟模型；以及基本包括了流域所涉及各个方面问题的水文经济 MITSIM 模拟模型。国内对流域系统模拟模型的研究和开发起步较晚，并多从社会、经济、资源、水污染等方面加以考虑，主要包括：①投入产出模型。如基于经济、环境、资源、污染治理的投入产出模型，区域水环境经济多目标优化模型。②系统动力学模型。由于系统动力学模型在处理流域系统问题中的适应性，该方法在太湖流域、和田河流域、淮河流域、滇池流域、密云水库及黑河流域等都有应用。③其他模型方法。如物质流分析法、计量经济学和熵值分析等也被引入流域环境经济系统模型中，用于分析和模拟流域环境经济系统的发展。

系统动力学模型（system dynamics model，SDM）能够有效地综合考虑人口、产业、资源、环境等子系统各组成要素之间的相互关系，实现流域发展趋势的系统模拟，进行系统不同情景发展方案的模拟分析。针对洱海流域水环境的实际情况，本子课题研究选用系统动力学模拟方法构建洱海流域社会-经济-水环境-水资源系统发展综合模型，使用 VENSIM_ PLE 软件作为工具，对洱海流域的水环境发展趋势进行计算与分析。并结合洱海流域水污染负荷模拟计算结果、水环境容量模拟计算结果，预测分析流域的社会经济发展所带来的水环境影响。

4.1 水环境承载力模拟模型

4.1.1 水环境承载力计算方法

在维持健康的洱海水生态系统和良好的水体功能前提下，对流域内的人口增长及经济发展所引发的最大限度的水环境承载能力，是水环境承载力计算的主要问题。洱海流域的水资源数量、水环境质量是社会经济发展的主要制约因素。从流域的社会经济与水环境资源的相互作用关系入手，在现有的流域水环境资源条件下对今后社会经济发展的水环境承载能力水平进行计算分析，并基于这种相互作用关系对未来的社会经济与水环境状况的变化做出预测，可以为流域的水污染防治中长期规划提供依据。

洱海流域水环境承载力计算主要分为以下几个步骤。

1）流域社会-经济-水资源-水环境的关联性分析：根据流域的社会经济、水资源、水环境状况调查分析、流域污染负荷模拟计算和水环境容量计算分析，解析流域社会-经济-水资源-水环境系统的相互作用关系。

2）构建流域的系统动力学模拟模型与计算指标：耦合洱海流域社会经济、水资源和水环境的各个关联要素，构建流域社会-经济-水资源-水环境系统动力学模拟模型与计算指标体系。

3）流域水环境发展趋势计算与预测：根据洱海流域的社会经济与水环境资源现状水平，计算与预测流域人口和 GDP 的发展、主要水污染物入湖负荷量的变化趋势。

4）流域不同发展情景下的水环境承载力分析：根据洱海水环境容量的限制阈值，分析流域不同水文年型、不同社会经济发展速率、不同污染治理水平和污染排放强度下的水环境承载压力。

洱海流域的社会-经济-水资源-水环境系统包括社会子系统、经济子系统、水资源子系统、水环境子系统，在系统中又以水环境子系统为核心。各个子系统之间相互作用关系如图 4-1 所示。社会子系统和经济子系统之间存在正反馈关系，人口的增加会产生更大的生产力，促进经济发展，进一步增强区域对人口的吸引力；水环境子系统和水资源子系统之间也存在正反馈关系，充足的水资源是环境容量的必要条件，良好的水环境也能减缓对水资源的压力。这两类子系统之间又形成负反馈关系，社会子系统和经济子系统的过度

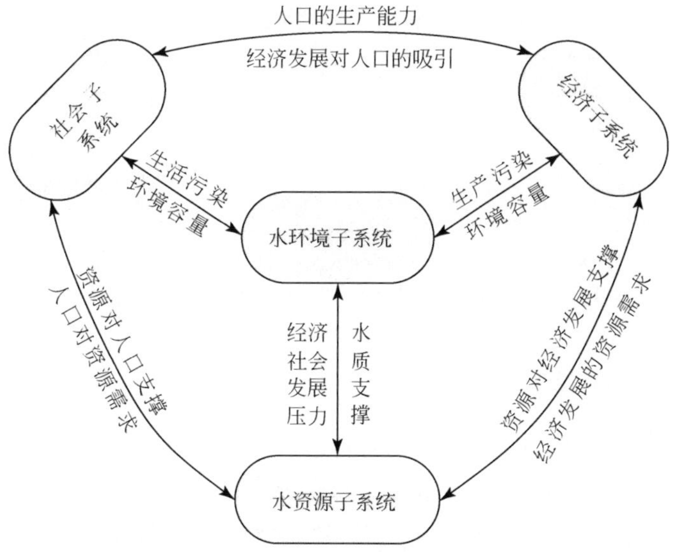

图 4-1　流域社会-经济-水资源-水环境各子系统相互作用关系

地、不合理地发展会造成污染物的大量排放和对水资源的大量消耗，进而引起水资源的短缺和水环境的恶化，反过来又会对经济、社会的发展形成制约。

4.1.2 水环境承载力模型构建

4.1.2.1 识别系统作用因素及相互关系

洱海流域的系统动力学模拟涉及的主要作用因素包括：人口数量、人口增长率、GDP总量、GDP增长率、污染物负荷排放量、污染治理水平、水资源数量、水环境容量等。在系统动力学模拟模型中，利用相互作用反馈环来表征洱海流域系统模型中各个作用因素及变量之间的相关关系。通过对关键变量的识别、分析和调整，建立洱海流域模拟的社会、经济、水资源和水环境系统的相互作用关系，以流域边界为系统边界，系统外的影响因素处理成输入变量，使边界内部构成完整的模拟系统。洱海流域系统的因果关系分析如图4-2所示。

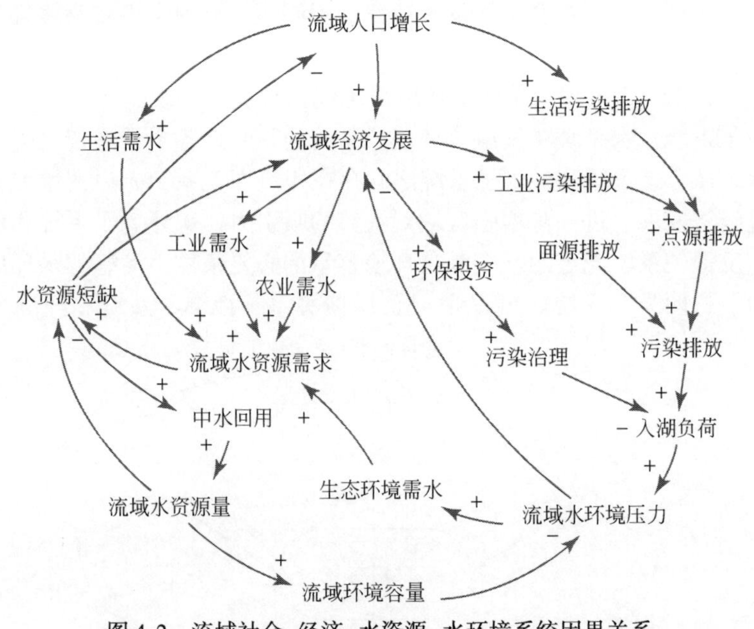

图4-2 流域社会-经济-水资源-水环境系统因果关系

4.1.2.2 子系统模型及作用关系设计

建立COD水环境承载力模型、TN水环境承载力模型、TP水环境承载力模型，模型变量包括状态变量、速率变量及辅助变量。定义的状态变量包括流域GDP、流域农村人口和流域城市人口；速率变量包括流域GDP增长率、流域农村人口变动率和流域城市人口变动率；定义相应的辅助变量，并与状态变量相连接。COD、TN和TP的模型结构及各个变量作用关系设计如图4-3、图4-4和图4-5所示。

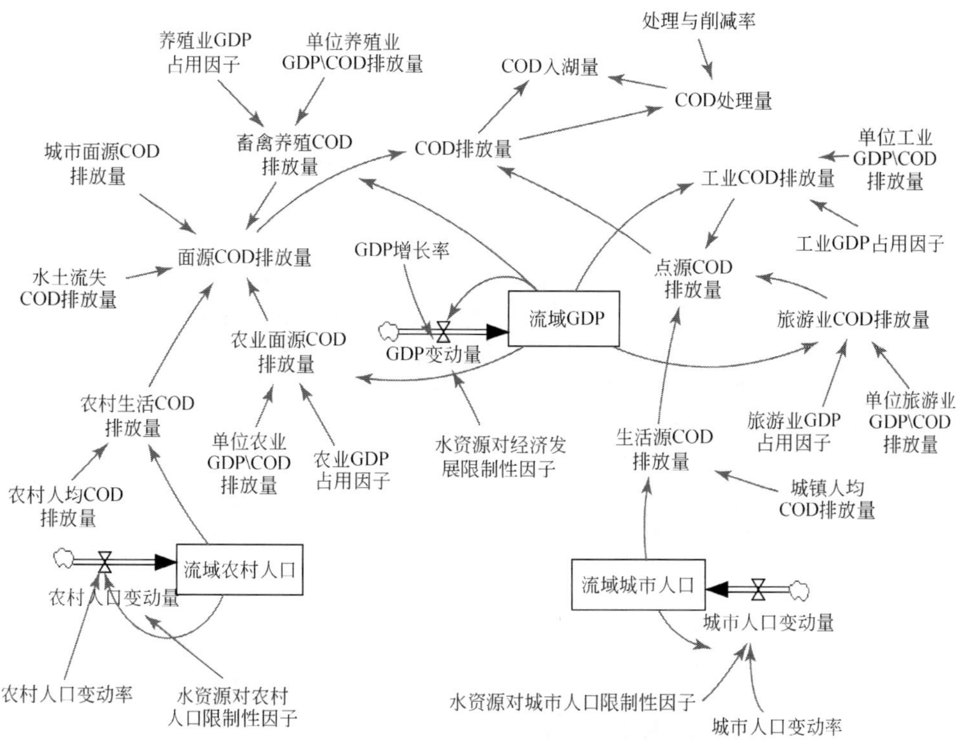

图 4-3　流域 COD 水环境承载力模型

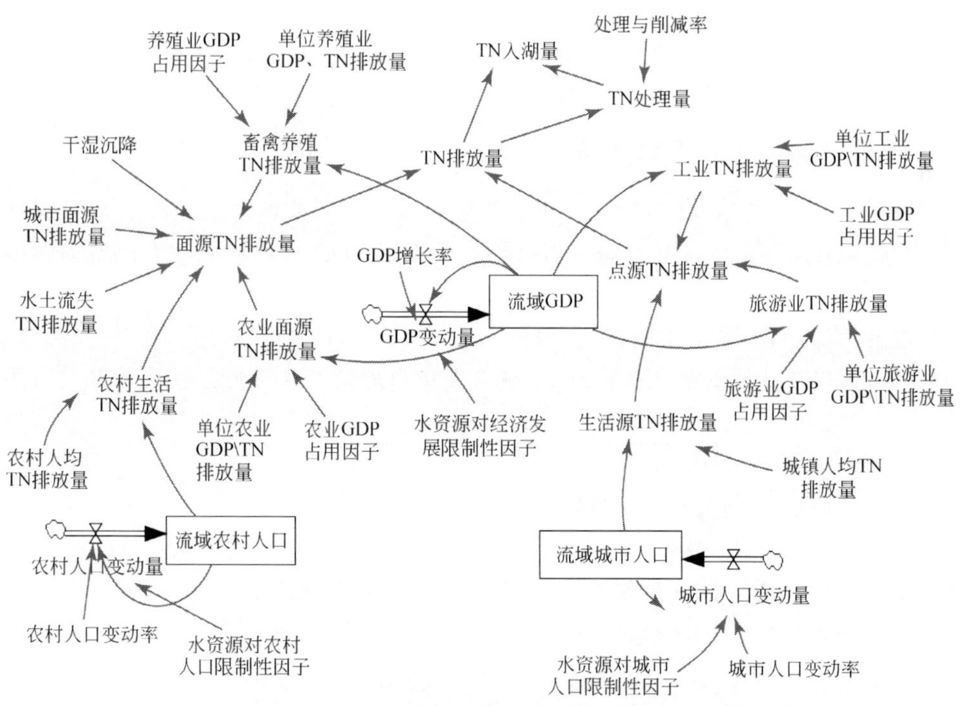

图 4-4　流域 TN 水环境承载力模型

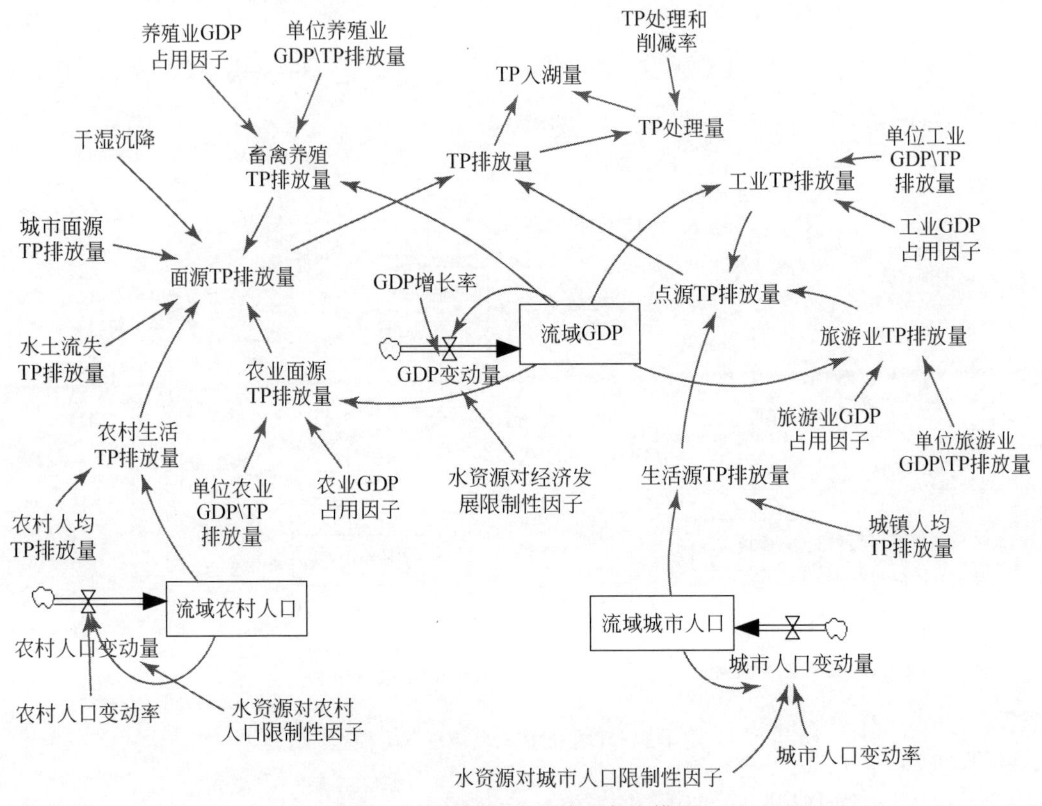

图4-5　流域TP水环境承载力模型

4.1.2.3　模型计算参数取值

系统模拟计算的初始参数取值以2009年为基准，速率参数取值来源于本子课题研究取得的2000～2009年洱海流域调查分析结果。下面以COD水环境承载力模型为例给出模型计算参数的取值。

1）城市面源COD排放量=1287，单位：t；

2）城市人口变动量=流域城市人口×城市人口自然增长率×水资源对城市人口限制性因子；

3）城市人口变动率=0.04；

4）城镇人均COD排放量=0.024，单位：t/人；

5）处理与削减率=0.484；

6）单位工业GDP\COD排放量=0.0023，单位：t/万元；

7）单位农业GDP\COD排放量=0，单位：t/万元；

8）单位旅游业GDP\COD排放量=0.00076，单位：t/万元；

9）单位养殖业GDP\COD排放量=0.01，单位：t/万元；

10）点源COD排放量=工业COD排放量+生活源COD排放量+旅游业COD排放量，

单位：t；

11）工业 COD 排放量=单位工业 GDP \ COD 排放量×流域 GDP×工业 GDP 占用因子，单位：t；

12）工业 GDP 占用因子=0.47；

13）农村人均 COD 排放量=0.0013，单位：t/人；

14）农村人口变动量=流域农村人口×农村人口自然增长率×水资源对农村人口限制性因子，单位：人；

15）农村人口变动率=-0.012；

16）农村生活 COD 排放量=农村人均 COD 排放量×流域农村人口，单位：t；

17）农业面源 COD 排放量=单位农业 GDP \ COD 排放量×农业 GDP 占用因子×流域 GDP，单位：t；

18）农业 GDP 占用因子=0.11；

19）面源 COD 排放量=城市面源 COD 排放量+农村生活 COD 排放量+农业面源 COD 排放量+畜禽养殖 COD 排放量+水土流失 COD 排放量，单位：t；

20）旅游业 COD 排放量=单位旅游业 GDP \ COD 排放量×旅游业 GDP 占用因子×流域 GDP，单位：t；

21）旅游业 GDP 占用因子=0.29；

22）流域城市人口= INTEG（城市人口变动量，276000），单位：人；

23）流域农村人口= INTEG（农村人口变动量，557100），单位：人；

24）流域 GDP= INTEG（GDP 变动量，1288510），单位：万元；

25）COD 处理量=COD 排放量×处理率，单位：t；

26）COD 排放量=点源 COD 排放量+面源 COD 排放量，单位：t；

27）COD 入湖量=COD 排放量-COD 处理量，单位：t；

28）畜禽养殖 COD 排放量=单位养殖业 GDP \ COD 排放量×流域 GDP×养殖业 GDP 占用因子，单位：t；

29）水土流失 COD 排放量=2353，单位：t；

30）水资源对城市人口限制性因子=1；

31）水资源对经济发展限制性因子=1；

32）水资源对农村人口限制性因子=1；

33）生活源 COD 排放量=城市人口×城镇人均 COD 排放量，单位：t；

34）模拟时间= 20，单位：年；

35）GDP 变动量=流域 GDP×GDP 增长率×水资源对经济发展限制性因子，单位：万元；

36）GDP 增长率=0.08；

37）养殖业 GDP 占用因子=0.13。

4.2 洱海流域水环境承载力计算

4.2.1 社会经济发展趋势计算

流域社会经济发展的GDP规模和人口增长与流域水污染物的排放量一般呈正相关的关系。GDP规模增长的直接效应为工业、农业、旅游业和畜禽养殖业的水污染物排放量增长，人口增长的直接效应为生活水污染物排放量增长。洱海流域社会经济和人口与水污染物排放量的关系如图4-6所示。

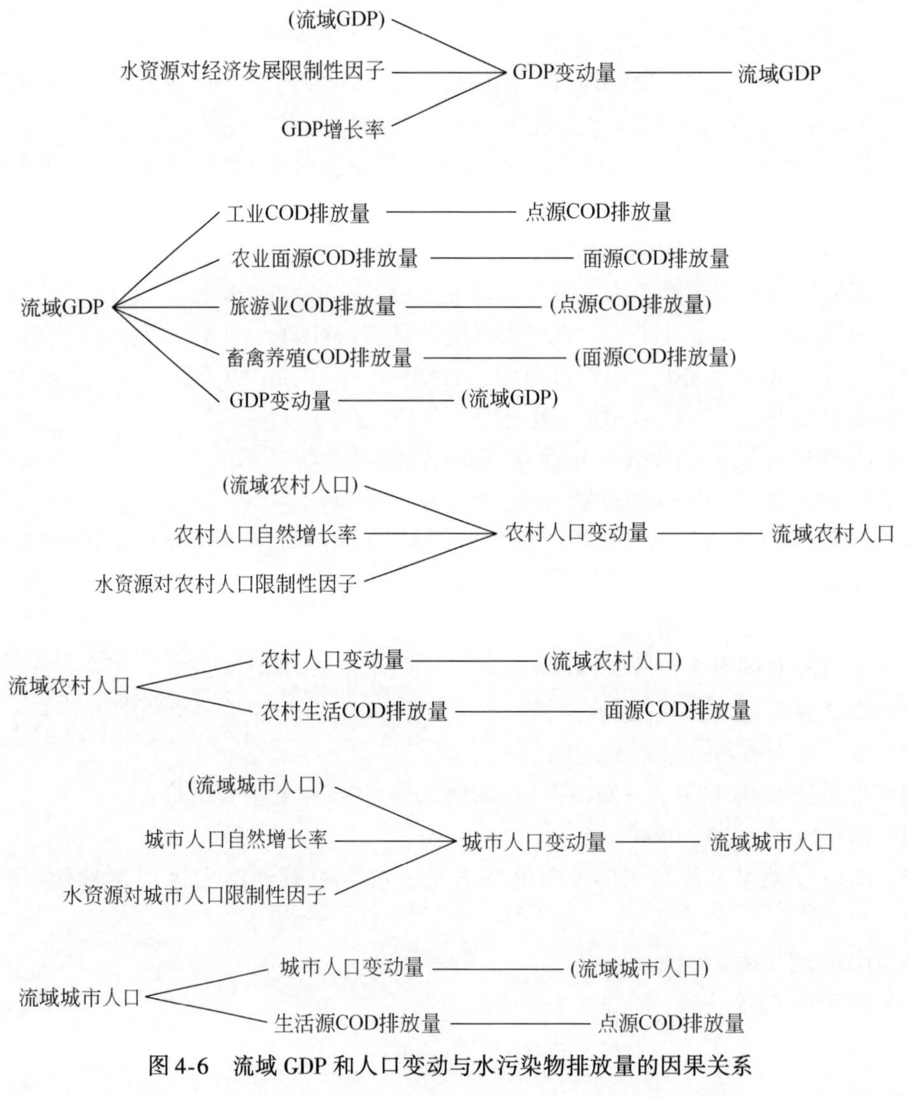

图4-6 流域GDP和人口变动与水污染物排放量的因果关系

根据洱海流域近十年来的社会经济发展情况调查，GDP 的年均增长速率达到 8%，流域工业、旅游业、农业、畜牧业所占 GDP 总量的比重分别为 47 : 29 : 11 : 13。流域人口的自然增长率平均为 0.6%，城市化水平发展较快，农村人口向城镇转移，平均每年以 1.2% 的变动率在减少，而城镇人口则平均每年以 4% 的变动率在增加。

2009 年流域 GDP 为 128.9 亿元，农村人口为 55.7 万人，城市人口为 27.6 万人，总人口为 83.3 万人。以此为基准年计算流域的社会经济发展趋势。预计到 2020 年，流域 GDP 约为 300.4 亿元，农村人口约为 48.8 万人，城市人口约为 42.5 万人，总人口约为 91.3 万人。流域社会经济发展趋势的计算结果见表 4-1 和图 4-7。

表 4-1　流域社会经济发展趋势计算

年份	GDP（亿元）	城市人口（万人）	农村人口（万人）	总人口（万人）
2009	128.9	27.6	55.7	83.3
2010	139.2	28.7	55.0	83.8
2011	150.3	29.9	54.4	84.2
2012	162.3	31.1	53.7	84.8
2013	175.3	32.3	53.1	85.4
2014	189.3	33.6	52.5	86.0
2015	204.5	34.9	51.8	86.7
2016	220.8	36.3	51.2	87.5
2017	238.5	37.8	50.6	88.4
2018	257.6	39.3	50.0	89.3
2019	278.2	40.9	49.4	90.2
2020	300.4	42.5	48.8	91.3

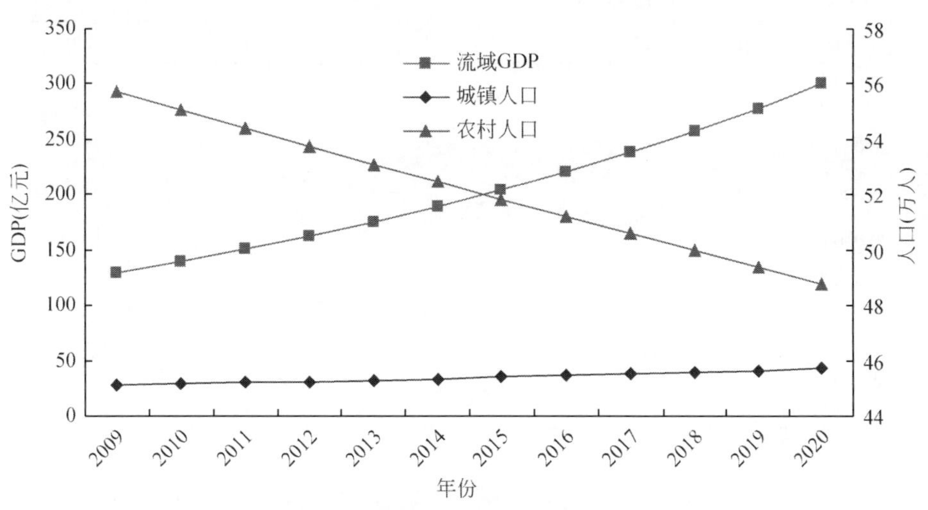

图 4-7　流域社会经济发展趋势变化

4.2.2 污染负荷发展趋势计算

(1) 枯水年型条件

在枯水年型（2009 年）条件下，洱海流域的 COD、TN 和 TP 污染物入湖负荷量分别为 10 761.5t/年、1162.2t/年和 99.8t/年。以此作为基准年设计，并保持现状污染治理水平计算。到 2020 年，流域的 COD、TN 和 TP 污染物入湖负荷量将分别达到 14 445.2t/年、1575.7t/年和 140.6t/年，较基准年的入湖污染物负荷量水平分别增加 34.2%、35.6% 和 40.9%。流域枯水年型条件下的各污染物负荷量的发展趋势计算结果见表 4-2 和图 4-8 所示。

表 4-2 枯水年型条件下流域污染负荷量发展趋势

年份	COD（t）	TN（t）	TP（t）
2009	10 761.5	1 162.2	99.8
2010	10 993.1	1 165.3	100.8
2011	11 240.4	1 176.4	102.3
2012	11 505.9	1 194.6	104.4
2013	11 790.7	1 219.6	107.1
2014	12 096.2	1 251.2	110.3
2015	12 423.6	1 289.2	114.0
2016	12 774.5	1 333.6	118.2
2017	13 150.3	1 384.4	123.0
2018	13 552.8	1 441.6	128.3
2019	13 983.8	1 505.3	134.2
2020	14 445.2	1 575.7	140.6

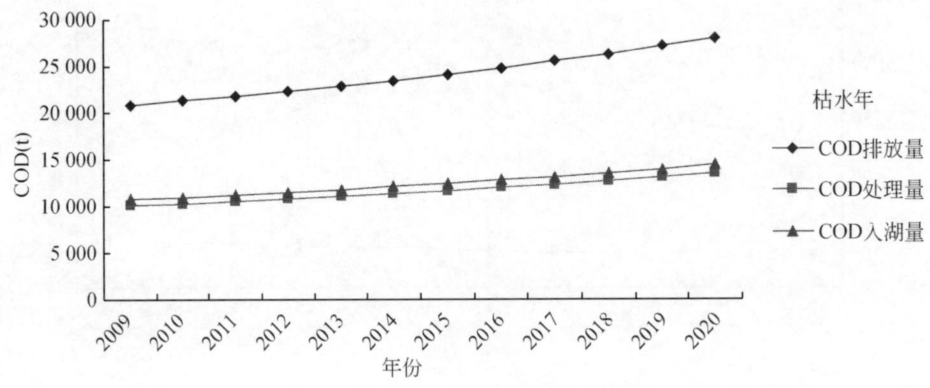

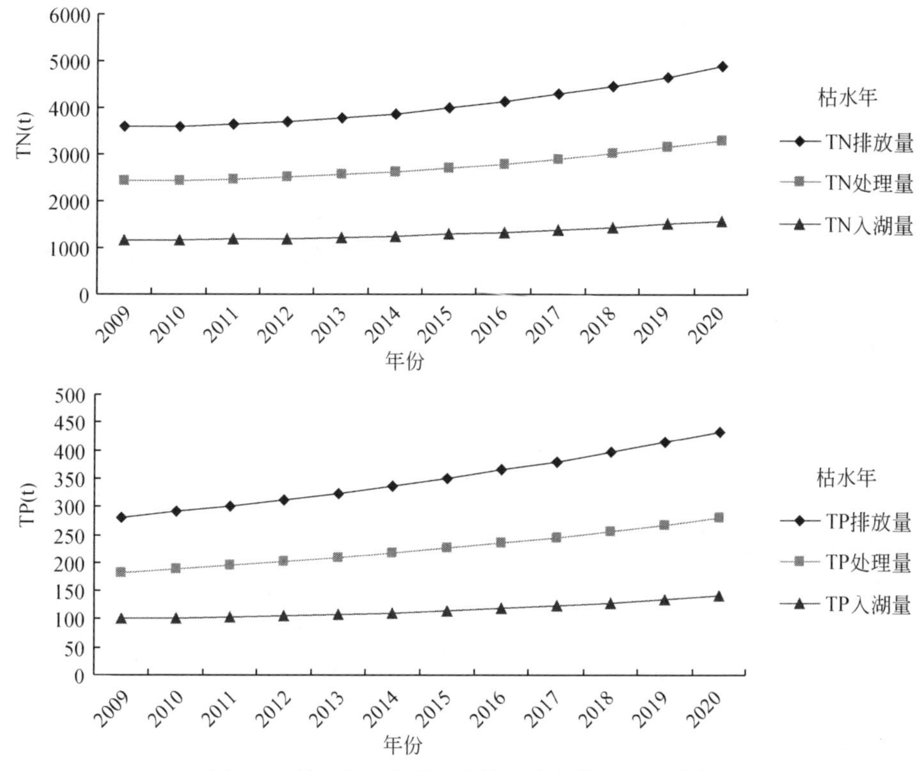

图 4-8　枯水年型条件下流域污染负荷量发展趋势

(2) 平水年型条件

在平水年型（2004 年）条件下，洱海流域的 COD、TN 和 TP 污染物入湖负荷量分别为 10 953. 7t/年、1715. 6t/年和 140. 4t/年。以此作为基准年设计，并保持现状污染治理水平计算。到 2020 年，流域的 COD、TN 和 TP 污染物入湖负荷量将分别达到 14 636. 1t/年、2584. 0t/年和 209. 2t/年，较基准年的入湖污染物负荷量水平分别增加 33. 6%、50. 6% 和 49. 1%。流域平水年型条件下的各污染物负荷量的发展趋势计算结果见表 4-3 和图 4-9 所示。

表 4-3　平水年型条件下流域污染负荷量发展趋势

年份	COD（t）	TN（t）	TP（t）
2009	10 953. 7	1 715. 6	140. 4
2010	11 184. 0	1 769. 2	144. 6
2011	11 431. 3	1 827. 2	149. 2
2012	11 696. 8	1 889. 5	154. 1
2013	11 981. 7	1 956. 3	159. 5
2014	12 287. 1	2 028. 1	165. 2

续表

年份	COD（t）	TN（t）	TP（t）
2015	12 614.6	2 105.2	171.3
2016	12 965.4	2 187.9	177.8
2017	13 341.3	2 276.6	184.9
2018	13 743.8	2 371.9	192.4
2019	14 174.7	2 474.2	200.5
2020	14 636.1	2 584.0	209.2

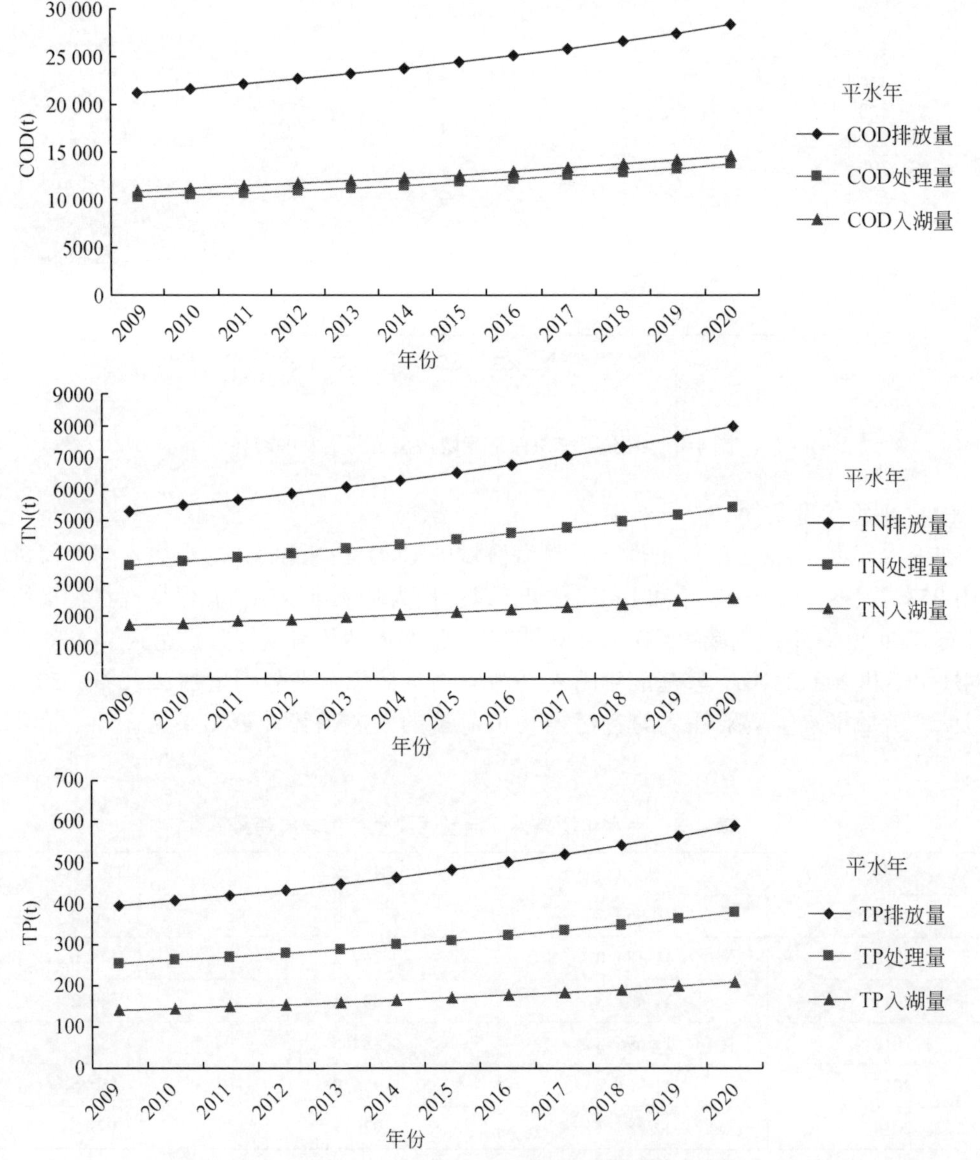

图 4-9　平水年型条件下流域污染负荷量发展趋势

(3) 丰水年型条件

在丰水年型（2001年）条件下，洱海流域的COD、TN和TP污染物入湖负荷量分别为13 549.5t/年、2 067.5t/年和167.1t/年。以此作为基准年设计，并保持现状污染治理水平计算。到2020年，流域的COD、TN和TP污染物入湖负荷量将分别达到17 481.0t/年、2 993.2t/年和234.2t/年，较基准年的入湖污染物负荷量水平分别增加29.0%、44.8%和40.1%。流域丰水年型条件下的各污染物负荷量的发展趋势计算结果见表4-4和图4-10所示。

表4-4 丰水年型条件下流域污染负荷量发展趋势

年份	COD（t）	TN（t）	TP（t）
2009	13 549.5	2 067.5	167.1
2010	13 790.1	2 124.9	170.7
2011	14 049.9	2 186.1	175.2
2012	14 330.0	2 251.9	180.0
2013	14 631.6	2 322.8	185.2
2014	14 956.2	2 399.0	190.8
2015	15 305.3	2 481.0	196.8
2016	15 680.6	2 569.2	203.3
2017	16 083.9	2 664.0	210.2
2018	16 517.0	2 765.9	217.6
2019	16 982.0	2 875.4	225.6
2020	17 481.0	2 993.2	234.2

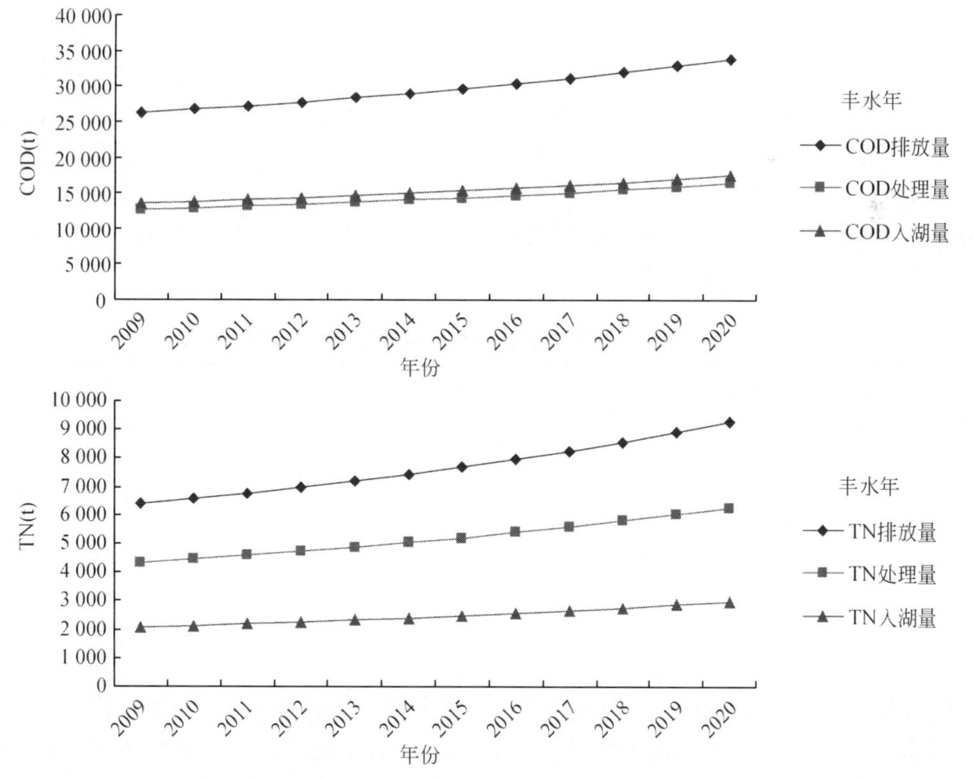

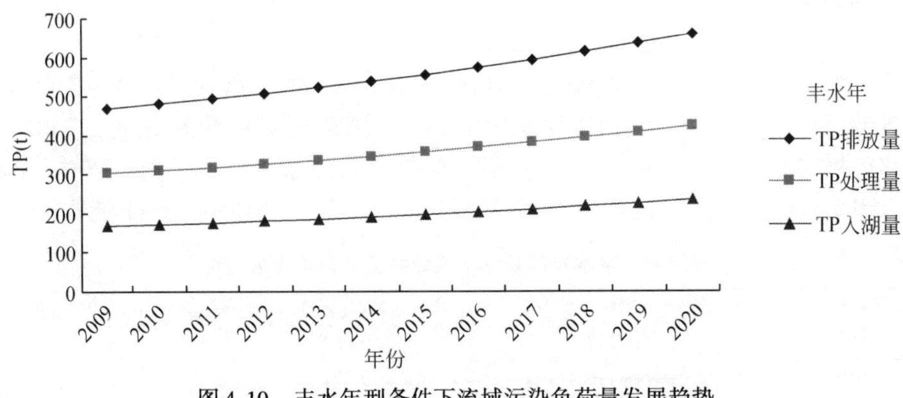

图 4-10 丰水年型条件下流域污染负荷量发展趋势

4.3 洱海流域水环境承载力分析

4.3.1 水环境承载力阈值

4.3.1.1 洱海水环境容量

湖泊的水环境容量是湖泊流域水环境承载力的限制阈值，流域的污染物负荷排放须受到水环境容量的约束。根据本子课题研究给出的洱海水环境容量计算结果，见表 4-5，将洱海分为北部水域、中部水域、南部水域，计算得到控制点Ⅱ类水质标准的水环境容量表明，在不同的水文年型条件下，洱海中部水域控制点得到的水环境容量最大，南部次之，北部最小。要使得洱海的水质达到Ⅱ类水质标准限值的保护目标要求，必须满足北部水域控制点得到的水环境容量约束，否则将失去对北部水域Ⅱ类水质的保护。因此，在对洱海流域的水环境承载力分析时，均按照北部水域的水环境容量阈值作为流域社会-经济-水资源-水环境系统发展的约束判定。

表 4-5 洱海Ⅱ类水质标准水环境容量计算结果

分期分区	COD 入湖量（t/a）			TN 入湖量（t/a）			TP 入湖量（t/a）		
	丰水年	平水年	枯水年	丰水年	平水年	枯水年	丰水年	平水年	枯水年
北部	15 304.3	13 439.6	10 723.7	1 134.1	1 085.4	898.9	80.9	78.5	74.5
中部	20 265.3	17 707.3	14 522.9	1 997.5	1 848.7	1 536.5	211.6	195	177.2
南部	15 881.8	14 542.5	11 705.1	1 156.4	1 081.8	943.4	87	84.6	73.8

4.3.1.2 水文年型情景分析

根据洱海目前的水质状况，COD 污染指标基本能够达到Ⅱ类水质标准的限值要求；而 TN 污染指标在大多数月份的月平均浓度均处于Ⅲ类水质状态，仅有少数几个月能够达到

Ⅱ类水质标准的要求；TP 污染指标的月平均浓度在雨季均处于Ⅲ类水质状态，到旱季时能够达到Ⅱ类水质标准的要求。如图 4-11 所示，从不同水文年型条件下洱海流域的入湖污染物负荷量计算结果与洱海的水环境容量计算结果比较可以看出，无论在丰水年、平水年、还是枯水年，流域排放的 TN、TP 入湖污染物负荷量均已超过了洱海水环境容量的阈值水平，流域的水环境承载力已经超载。而在枯水年的 COD 污染物的入湖负荷量已经达到洱海水环境容量的阈值水平。

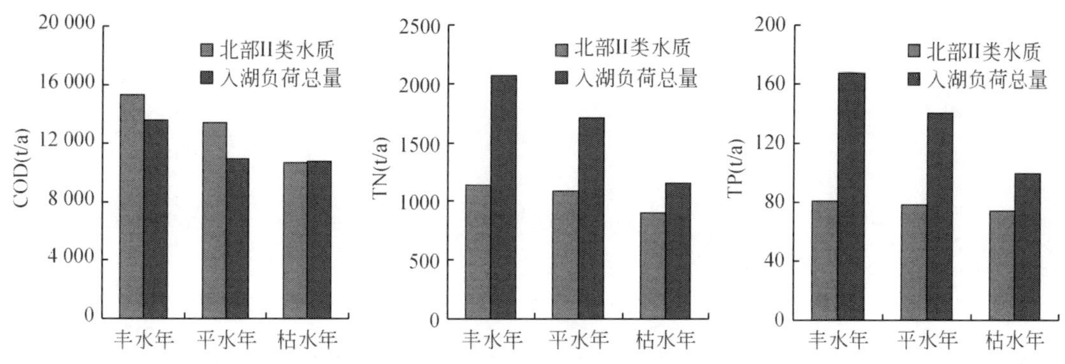

图 4-11　不同水文年型洱海入湖污染负荷量与水环境容量比较

按照洱海流域社会经济发展趋势的计算结果，到 2020 年，流域的 GDP 总量将达到 300 亿元，农村人口约为 49 万人，城市人口约为 43 万人，总人口约达到 92 万人。若保持现状污染治理水平不变，在不同的水文年型情景设计下的计算结果表明，流域 COD、TN、TP 污染物负荷量的发展趋势，将大幅度超过水环境承载力的阈值限制水平。

在枯水年情景下，到 2020 年，流域的 COD、TN 和 TP 污染物入湖负荷量将分别超出相应的水环境容量阈值水平达 34.7%、75.3% 和 88.7%。

在平水年情景下，到 2020 年，流域的 COD、TN 和 TP 污染物入湖负荷量将分别超出相应的水环境容量阈值水平达 8.9%、138.1% 和 166.5%。

在丰水年情景下，到 2020 年，流域的 COD、TN 和 TP 污染物入湖负荷量将分别超出相应的水环境容量阈值水平达 14.2%、163.9% 和 189.5%。

4.3.2　社会经济发展分析

近十年来，洱海流域的社会经济处于高速发展状态，GDP 的年均增长速率达到 8%，未来也将保持相当的发展速度。流域的水污染治理水平若保持现状不变，GDP 的增长速率按 6%、8%、10% 作预测计算，则入湖的污染物负荷量也将随之大幅度增加。不同经济增长速率下的入湖污染物负荷量预测计算结果分别见表 4-6 ~ 表 4-8。结果表明，流域经济的高速增长将直接导致入湖污染物负荷量的大幅增加，将给洱海带来巨大的水环境污染压力，更不利于洱海的水污染治理和水质恢复。洱海的水环境容量是流域社会经济发展的制约因素，更是发展的决定因素，洱海清，则大理兴。

表 4-6　不同经济增长率下 COD 入湖污染负荷量　（单位：t）

年份	经济增长率 10%	经济增长率 8%	经济增长率 6%
2009	10 953. 8	10 953. 8	10 953. 8
2010	11 218. 6	11 149. 4	11 166. 7
2011	11 506. 7	11 357. 3	11 394. 1
2012	11 820. 1	11 578	11 636. 9
2013	12 160. 9	11 812. 1	11 895. 7
2014	12 531. 3	12 060. 4	12 171. 6
2015	12 934. 0	12 323. 4	12 465. 6
2016	13 371. 7	12 601. 9	12 778. 5
2017	13 847. 4	12 896. 6	13 111. 7
2018	14 364. 6	13 208. 4	13 466. 1
2019	14 926. 8	13 538. 1	13 843
2020	15 538. 0	13 886. 6	14 243. 8

表 4-7　不同经济增长率下 TN 入湖污染负荷量　（单位：t）

年份	经济增长率 10%	经济增长率 8%	经济增长率 6%
2009	1 715. 3	1 715. 3	1 715. 3
2010	1 764. 3	1 769. 2	1 770. 7
2011	1 816. 6	1 827. 2	1 830. 8
2012	1 872. 3	1 889. 5	1 895. 6
2013	1 931. 7	1 956. 3	1 965. 7
2014	1 995. 0	2 028. 1	2 041. 3
2015	2 062. 4	2 105. 2	2 122. 8
2016	2 134. 3	2 187. 9	2 210. 7
2017	2 210. 8	2 276. 6	2 305. 4
2018	2 292. 3	2 371. 9	2 407. 4
2019	2 379. 1	2 474. 2	2 517. 1
2020	2 471. 5	2 584. 0	2 635. 2

表 4-8　不同经济增长率下 TP 入湖污染负荷量　（单位：t）

年份	经济增长率 10%	经济增长率 8%	经济增长率 6%
2009	140. 3	140. 3	140. 3
2010	145. 3	144. 6	143. 8

续表

年份	经济增长率 10%	经济增长率 8%	经济增长率 6%
2011	150.8	149.2	147.6
2012	156.8	154.1	151.6
2013	163.4	159.5	155.8
2014	170.5	165.2	160.2
2015	178.2	171.3	164.9
2016	186.7	177.8	169.9
2017	195.9	184.9	175.2
2018	205.9	192.4	180.8
2019	216.9	200.5	186.7
2020	228.8	209.2	192.9

从目前洱海流域的水污染治理水平来看，COD 污染物的处理率大约为 48%，TN 和 TP 污染物的处理率大约为 65%。从流域水环境管理与水污染防治的角度，在流域社会经济高速发展的情况下，水污染的治理水平也应该有相应的提高。在平水年型条件的情景下，综合考虑洱海流域的水环境管理与水污染防治力度，设计 COD 水污染处理率由目前的 48% 提高到 55%，TN 和 TP 水污染处理率由目前的 65% 提高到 70%，进行 COD、TN、TP 污染物负荷量的发展趋势计算分析。同时，把降低流域的水污染物排放强度也作为水污染控制因素，在现状水污染排放水平下，分别对 COD、TN、TP 污染物的排放率减少 10% 和 30%，进行发展趋势的计算分析。计算结果见图 4-12 所示。

从提高流域水污染治理水平的污染负荷量发展趋势来看，当 COD 污染物处理率提高 7 个百分点，可以减少入湖污染负荷量 13% 左右；TN 和 TP 污染物处理率提高 5 个百分点，可以减少 TN 和 TP 的入湖污染负荷量分别为 7% 和 16% 左右。从降低污染物排放强度的污染负荷量发展趋势来看，COD、TN 和 TP 污染排放强度降低 10% 和 30%，可以分别减少 COD 入湖污染负荷量 3% 和 8% 左右，分别减少 TN 入湖污染负荷量 4% 和 13% 左右，分别减少 TP 入湖污染负荷量 4% 和 12% 左右。

综合以上发展趋势计算分析，到 2020 年，洱海流域在社会经济高速发展与人口数量大幅增加的情况下，将导致 COD 入湖污染负荷量增加 29% ~36%，TN 入湖污染负荷量增加 36% ~51%，TP 入湖污染负荷量的增加 40% ~49%。提高流域的水污染治理率、降低水污染物排污强度，可以明显减少入湖污染负荷量。但是，在洱海Ⅱ类水质保护目标的水环境容量阈值条件下，无论是 TN 和 TP 的污染处理率由目前的 65% 提高到 70%，还是 TN 和 TP 的污染排放率减少 10% 和 30%，都远不能够满足洱海水环境容量的阈值要求，都将大幅度加重洱海的水环境负载，洱海流域的水污染治理形势不容乐观。

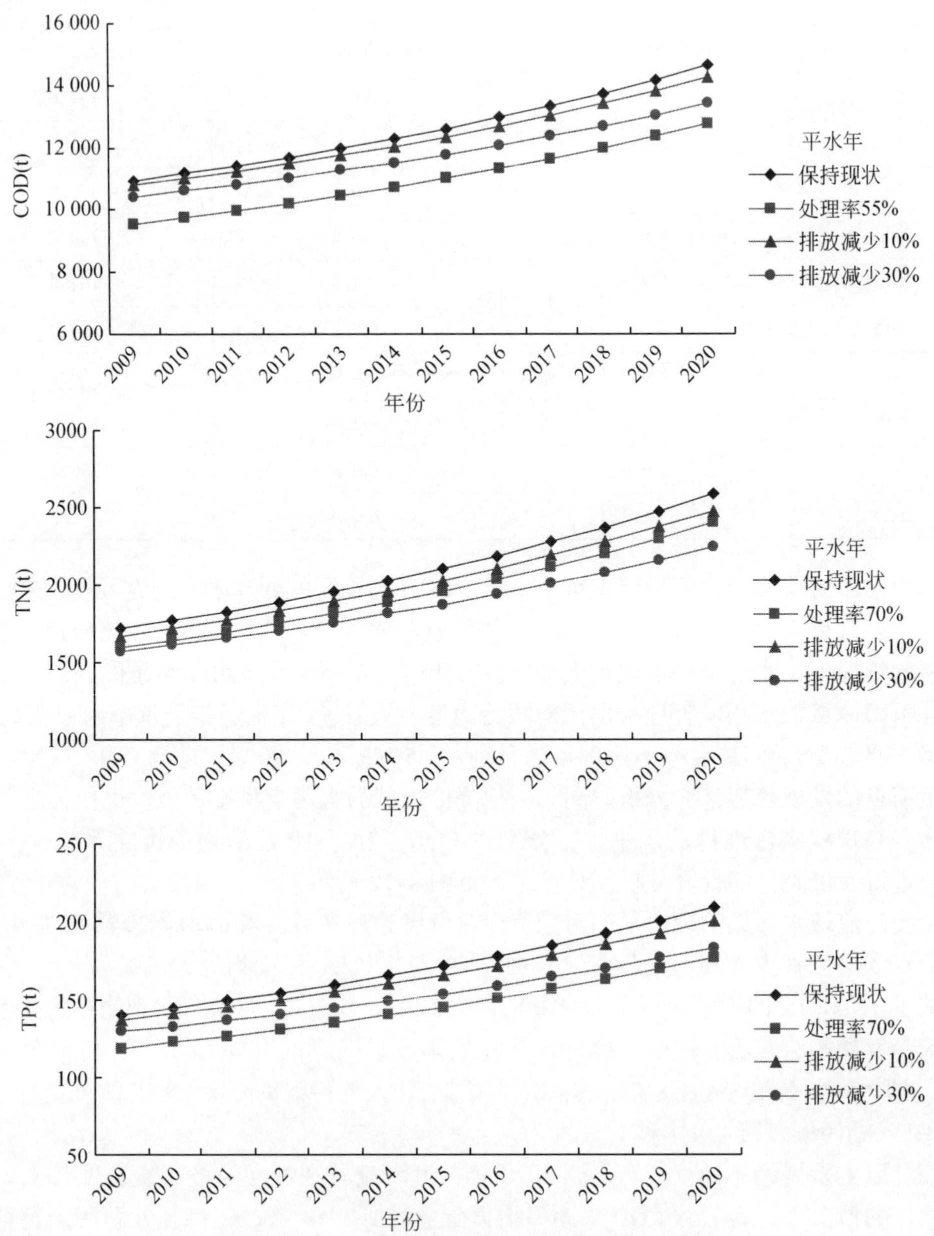

图 4-12　提高治理水平和降低排放强度发展趋势

5　洱海流域污染物总量控制方案

5.1　洱海流域水污染控制区划分

5.1.1　水污染控制区划分方法

流域水污染物总量控制是控制污染源发展、防治水环境污染、改善水环境质量，实现经济社会可持续发展的一项重要措施。针对洱海流域水环境污染的实际情况，进行流域水污染控制区划分，明晰各个分区的水环境影响特征，确定水污染负荷来源，实施水污染的分区防控与管理，是制定流域水污染物总量控制方案的基础。根据第一子课题的对洱海流域水污染源调查与分析和社会经济现状调查与分析，并结合第三子课题的流域社会经济发展友好模式研究和第四子课题的流域水污染控制与清水方案研究，本课题研究在进行洱海流域的水污染控制区划分时，主要从以下几个方面来考虑。

1）河流水系分布。洱海流域内的大小河溪、箐沟是洱海陆源污染负荷来源的主要途径。以河流水系的自然属性为条件，将洱海流域划分为北部河流子流域、西部河流子流域、南部河流子流域和东部河流子流域，并保持各条河流子流域的完整性。对河流水源地实施重点保护的区域，划分为水源涵养区。对水污染影响严重的河段区域，划分为重点水污染控制区。洱海水域作为流域保护的核心，划分为湖泊生态系统恢复区。

2）土地利用状况。洱海流域下垫面的地形地貌类型、植被覆盖程度、土地资源利用状况都直接反映了水污染负荷量的产生与发展，也是陆源污染负荷量核算的依据。根据流域内的山地、平坝、河谷的天然植被覆盖区域分布、农田耕作区域分布及乡镇农村用地区域分布等，进行水污染控制区划分。并分别针对北部的乡镇坝区与农业生产区，西部的山脚缓坡带与湖滨缓冲带，南部的城镇开发区与农业生产区，东部的水田耕作区与陡坡旱地耕作区等作出进一步的水污染控制区划分。

3）社会经济发展状况。人类的活动强度及对环境的影响程度，是洱海流域水环境污染的主要控制因素。根据洱海流域各类水污染负荷的产生来源，对水环境受干扰强烈、影响突出的区域，以及需产业结构调整的重点区域，进行水污染控制区划分。如大规模的经济作物种植和畜禽养殖的区域、工业产业集中的区域、人口密集的城镇区和开发区等。特别是针对洱海西部由大丽公路分隔的坝区，分别划分为村镇坝区水污染控制区和湖滨缓冲带生态修复区。

4）水污染负荷来源分布。根据洱海流域的水污染源调查与分析，陆域水污染负荷的来源构成主要为工业源、城镇生活源、城镇面源、农业面源、水土流失、旅游度假等类型。针对流域内各类污染源的主要产生区域，水污染负荷的贡献量大小与分布情况，进行水污染控制区划分。能够有重点、有针对地制定各控制区的水污染物总量控制方案。

5）水环境管理要求。为了便于各级行政管理部门有针对性地制定水污染控制分区的防控措施，落实防控责任，实施有效的水环境管理。在流域水污染控制区划分的基础上，进一步按乡镇的行政区来划分水污染控制单元，使得水污染物总量控制方案的制订更具有针对性和可操作性，实现洱海流域水污染综合防治的分区管理。

5.1.2 水污染控制区划分结果

按照洱海流域水污染控制区的划分方法，将洱海流域划分为 5 个一级水污染控制分区、10 个二级水污染控制分区和 28 个水污染控制单元。

5.1.2.1 一级水污染控制分区

洱海流域一级水污染控制区的划分为：洱海北部流域水污染控制区、洱海西部流域水污染控制区、洱海南部流域水污染控制区、洱海东部流域水污染控制区、洱海水域及周边水污染控制区。一级水污染控制区的划分如图 5-1 所示。

(1) 洱海北部三江流域水污染控制区

洱海北部的三江流域水污染控制区由弥苴河、永安江和罗时江流域组成。控制区面积约为 1247.7km^2，其中，农田面积约为 301.7km^2，约占区域总面积的 24.2%；城镇村庄面积约为 46.0km^2，约占区域总面积的 3.7%。控制区内分布有牛街、三营、茈碧、凤羽、右所、邓川和江尾 7 个乡镇，人口数量为 25.7 万人，主要分布在各个乡镇坝区，农村人口占 92.1%，城市化水平为 7.9%。多年平均地表径流量为 4.74 亿 m^3，约占洱海流域地表径流量的 51.4%。

洱海北部水污染控制区域内的产业结构以农业为主。粮食作物主要种植有水稻、小麦、大麦、玉米、马铃薯、蚕豆等，经济作物主要种植有大蒜、烤烟、油料、蔬菜等，其中，大蒜种植主要分布在右所、邓川、江尾等区域，是洱海流域种植规模最大的区域。畜牧养殖业发展较快，在农业经济中占有相当的比重，主要养殖有奶牛、黄牛、猪、羊、蛋禽、肉禽等。工业产业以农副食品加工、食品制造、饮料制造、水泥建材、交运设备为主，产品主要有大蒜油、果脯、果饮料、液态奶、奶粉、白酒、果酒等农特产品，以及水泥建材、汽车修理等。建有以云南新希望邓川蝶泉乳业有限公司为龙头的邓川工业园区、大理天滋实业有限责任公司、云南大理洱宝实业有限公司、力帆骏马邓川拖拉机制造分厂、大理州云弄峰酒业等工业重点企业。

近些年来，洱源县以天然温泉、高原湖泊、白族风情、“乳、梅果、兰花”和乡村旅游等特色产品为依托的旅游业发展迅速。

(2) 洱海西部苍山十八溪流域水污染控制区

洱海西部的水污染控制区由苍山十八溪流域组成。控制区面积约为 353.9km^2，其中，

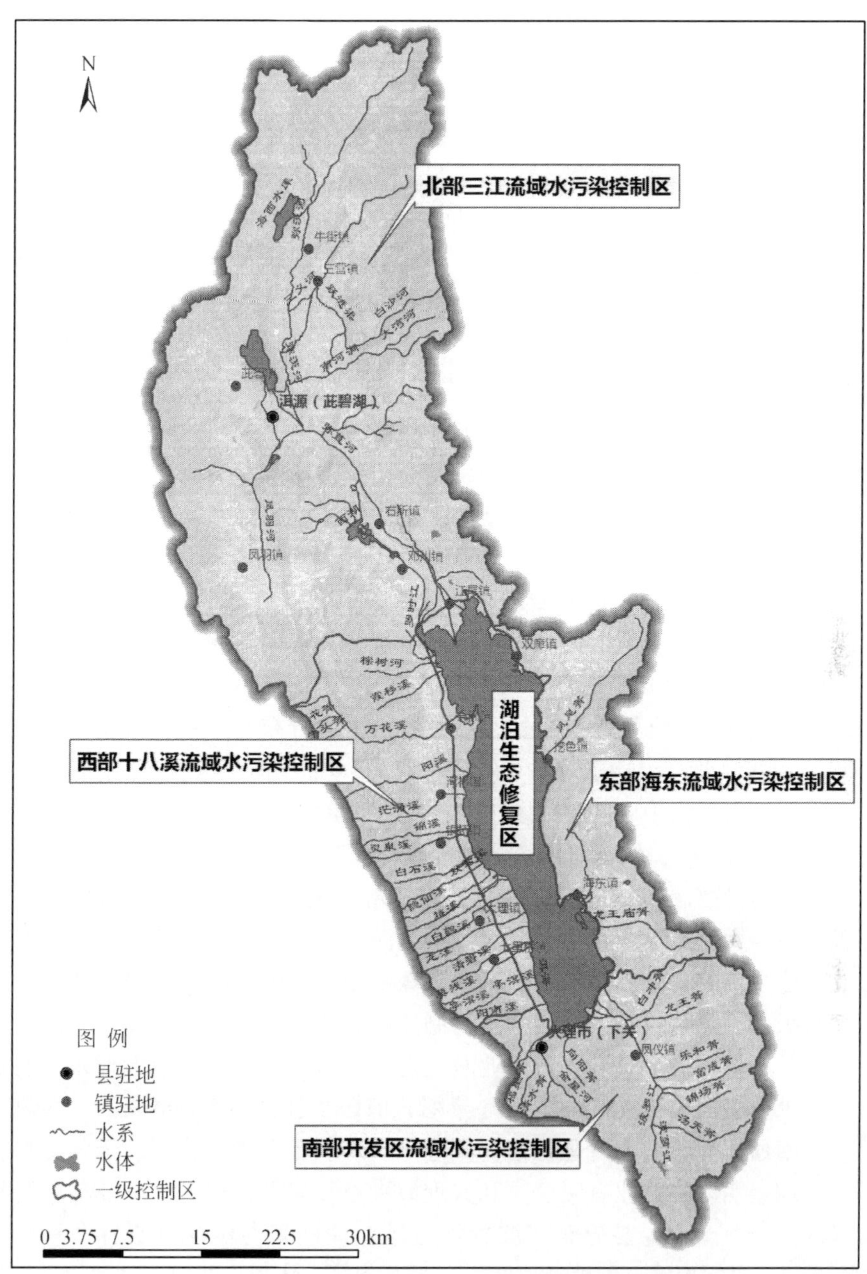

图 5-1　洱海流域一级水污染控制区划分

农田面积约为 63. 5km²，约占区域总面积的 17. 9%；城镇村庄面积约为 28. 7km²，约占区域总面积的 8. 1%。控制区内分布有喜洲、湾桥、银桥、大理和七里桥 5 个乡镇，人口数量为 19. 3 万人，主要集中分布在紧邻洱海的沿湖坝区，村镇居民点密集，人口密度较高，农村人口占 82. 2%，城市化水平为 17. 8%。多年平均地表径流量为 2. 43 亿 m³，约占洱海流域地表径流量的 26. 4%。

洱海西部水污染控制区域是农作物的主要产区，也是畜牧养殖的主要产区。粮食作物主要种植有水稻、小麦、玉米、蚕豆、马铃薯等，经济作物主要种植有蔬菜、油料、大蒜、烤烟等，其中，蔬菜种植主要分布在湾桥、银桥、七里桥等区域，成为农业经济发展较快的产业。畜牧养殖主要有奶牛、黄牛、猪、蛋禽、肉禽等，养殖方式基本上以农村家庭圈养为主，其中，奶牛养殖主要集中在喜洲、湾桥，是奶牛养殖数量最大的区域。工业以农副食品加工、食品饮料制造、原材料加工为主，主要产品有液态奶、纯净水、乳饮料、鲜猪肉、麻石板材等。工业企业主要有大理娃哈哈食品有限公司、大理来思尔乳业有限责任公司、大理市兴诚屠宰厂、大理市牛奶有限责任公司及麻石加工厂等，集中分布在银桥和大理两地。

洱海西部水污染控制区域内旅游资源丰富，是大理旅游的核心区域，点苍山、蝴蝶泉、大理古镇、崇圣寺三塔、南诏德化碑太和城遗址、圣元寺观音阁等成为大理“苍山—洱海”旅游的主要景区。区域内交通道路发达，洱海西岸有龙龛码头、才村码头、桃源码头等与各景区相连，旅游设施包括旅游度假区、宾馆、酒店、餐饮服务网等，主要围绕旅游景点和渡口码头分布。

（3）洱海南部城镇及开发区流域水污染控制区

洱海南部的水污染控制区由大理市主城区、经济开发区和波罗江流域组成。控制区面积约为378.6km^2，其中，农田面积约为63.9km^2，约占区域总面积的16.9%；城镇村庄面积约为41.3km^2，约占区域总面积的10.9%。控制区内分布有下关、凤仪2个城镇和大理经济开发区，人口数量为31.7万人，主要集中分布在大理市主城区和经济开发区、凤仪镇及波罗江沿岸，人口集中度较高，城镇人口占64.8%，农村人口占35.2%。多年平均地表径流量为1.56亿m^3，约占洱海流域地表径流量的16.9%。

洱海南部水污染控制区域是大理的政治、经济、文化中心，有大理机场、广大铁路、楚大高等级公路、大丽二级公路、大保高等级公路等交通网络，是滇西交通枢纽和物资集散地。工业产业主要有食品制造、饮料制造、医药制造、烟草制品、农副产品加工、造纸及纸制品、纺织品、建筑材料、交运设备等制造业，建设中的经济开发区为以新型工业和仓储物流为主的工业园区。重点工业企业有大理啤酒有限公司、云南大理东亚乳业有限公司、大理华成纸业有限公司、红塔烟草（集团）有限责任公司大理卷烟厂、大理金穗麦芽有限公司、云南通大生物药业有限公司、大理华兴纺织有限责任公司、云南力帆骏马车辆有限公司、大理金明动物药业有限公司和大理海春畜牧有限公司等，主要集中分布在下关和经济开发区。农业产业主要分布在波罗江流域，种植粮食作物主要有水稻、小麦、大麦、玉米、蚕豆、马铃薯等，种植经济作物主要有蔬菜、烤烟、油料、大蒜等，规模化蔬菜种植、特色花卉种植、畜禽养殖等生产规模不断扩大，成为流域农业经济发展较快的产业。

（4）洱海东部海东流域水污染控制区

洱海东部的水污染控制区由双廊镇、挖色镇、海东镇3个乡镇和凤尾箐、海东箐、龙王庙箐流域组成。控制区面积约为263.4km^2，其中，农田面积约为67.8km^2，约占区域总面积的25.8%；城镇村庄面积约为7.4km^2，约占区域总面积的2.8%。控制区内人口数量为6.2万人，主要集中分布在双廊镇、挖色镇和海东镇，其他的农村居民点较少并且分散，农村人口占92.9%，城镇人口占7.1%。多年平均地表径流量为0.49亿m^3，约占洱海流域地表径流量的5.4%。

洱海东部水污染控制区是以农业产业为主的区域，山高坡陡，水土流失严重，旱地多、水田少。粮食作物主要种植有玉米、马铃薯、水稻、小麦、大麦等，经济作物主要种植有烤烟、蔬菜、大蒜等，畜禽养殖数量较少。工业企业有挖色镇的大理市荣茂食品有限责任公司和海东镇的大理建中香料有限公司，主要从事干葱的加工和天然香料的制造。

（5）洱海湖泊生态修复区域水污染控制区

洱海湖泊生态修复水污染控制区包括洱海水域及周边湖滨带至沿湖公路的缓冲区域，在洱海流域水污染控制区的划分上作为洱海生态环境保护的核心控制区域来考虑。控制区面积约为321.9km^2，其中，洱海水域面积约为242.5km^2，约占控制区总面积的75.3%；洱海周边区域面积约为79.4km^2，约占控制区总面积的24.7%。在洱海周边的缓冲区域中，农田面积约为52.2km^2，约占该区域面积的65.8%；城镇村庄面积约为19.9km^2，约占该区域面积的25.1%。

洱海湖泊生态修复水污染控制区的西部和北部大丽公路至湖泊沿岸的地势较平坦，农田成片分布，农村居民点密集，在龙龛码头、才村码头、桃源码头周围建有大量旅游服务设施，是人类活动强度最大的区域。南部西洱河至机场路的湖泊沿岸已开发成为城市公园。东部湖泊沿岸的地势陡峭，地势较缓的区域分布有沿湖岸而建的双廊镇、挖色镇和海东镇。

5.1.2.2　二级水污染控制分区

在洱海流域一级水污染控制区划分的基础上，根据各个控制分区内的地形地貌类型、植被覆盖程度、土地资源利用状况、人类活动干扰强度以及主要水污染物COD、TN、TP的产生来源，将流域一级水污染控制分区进一步划分成10个二级水污染控制分区。二级水污染控制区的划分如图5-2所示，各个水污染控制区的环境特征见表5-1。

（1）北部三江流域水源涵养区

此控制区面积约为1031.6km^2，大部分为中山山地，是洱海北部三江弥苴河（上游为弥茨河、凤羽河）、罗时江、永安江的水源区，也是洱源主要湖泊海西海、茈碧湖、西湖的水源区。区内的草地分布较广，旱地耕作面积较大，土壤侵蚀程度较重，是水污染物产生的主要贡献来源。北部三江流域地表径流水量约占洱海地表径流入湖水量的51.4%，是洱海的主要补给水源区。

（2）北部农业坝区水污染控制区

此控制区面积约为216.1km^2，坝区地势较为平坦，是牛街、三营、茈碧、凤羽、右所、邓川和江尾7个乡镇的所在地，农村居民点分布较集中，人类活动强度较大。区内大部分为农田，其中，右所、邓川和江尾的经济作物种植规模较大，是大蒜种植的聚集地，也是畜禽养殖的聚集地，养殖数量较大，成为水污染物的主要贡献来源。工业企业集中分布在茈碧镇、右所镇和邓川镇。流经控制区内的河流污染较严重，水污染物主要来自农田面源、农村乡镇生活排放、畜禽养殖排放、工业生产排放等污染源产生的贡献。

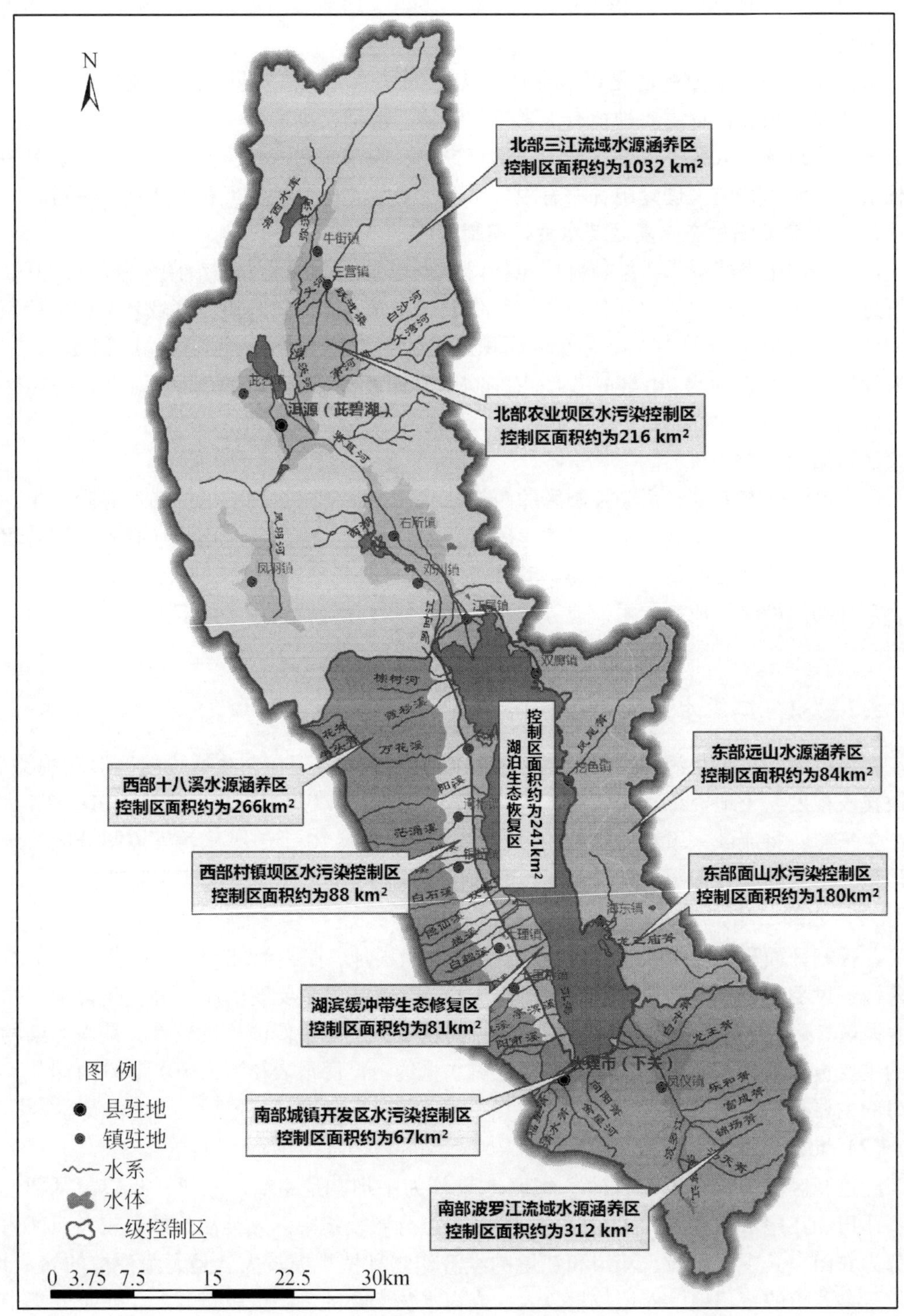

图 5-2　洱海流域二级水污染控制区划分

表 5-1　洱海流域水污染控制区特征

一级分区	二级分区	环境特征	面积（km^2）
北部三江流域水污染控制区	北部三江流域水源涵养区	大部分为中山山地，是北部三江的水源区，是海西海、茈碧湖、西湖的水源区，也是洱海的主要补给水源区。区内的草地分布较广，旱地耕作面积较大，土壤侵蚀程度较重。是水污染物产生的主要贡献来源。洱海的多年平均地表径流补给水量有近51. 4%是来自北部三江流域	1031. 6
	北部农业坝区水污染控制区	坝区地势较为平坦，是7个乡镇的所在地，农村居民点分布较集中，人类活动强度较大。右所、邓川和江尾是大蒜种植的聚集地，也是畜禽养殖的聚集地，工业企业集中分布在茈碧镇、右所镇和邓川镇。区内河流污染较严重，水污染物主要来自农田面源、农村乡镇生活排放、畜禽养殖排放、工业生产排放等污染源产生的贡献	216. 1
西部十八溪流域水污染控制区	西部苍山十八溪水源涵养区	苍山是国家级自然保护区，原生植被保持较好，森林覆盖率高，是苍山十八溪的水源区。苍山十八溪为洱海的重要补给水源，约占洱海多年平均地表径流入湖水量的26. 4%	266. 1
	西部村镇坝区水污染控制区	为缓坡坝区，分布有5个乡镇，农村居民点密集，人口密度较高，人类活动强度较大。农田分布面积较广，蔬菜种植规模较大，畜牧养殖数量较多，是农业污染较重的区域，也是旅游度假污染影响最大的区域。区内的水污染物主要来自农田面源、农村乡镇生活排放、畜禽养殖排放及旅游度假等污染源产生的贡献	87. 8
南部城镇及开发区水污染控制区	南部波罗江流域水源涵养区	大部分为中山山地，是洱海南部入湖河流波罗江的水源区。西部区域的原生植被保持较好，森林覆盖率较高。东部区域的陡坡旱地开垦面积较广，山地原生植被遭到大面积破坏，水土流失严重，成为水污染物的主要产生来源。洱海的多年平均地表径流补给水量有近16. 9%是来自波罗江流域	311. 3
	南部城镇及开发区水污染控制区	分布有大理市主城区、开发区和凤仪镇，是大理的政治、经济、文化中心，工业企业聚集区，人口集中度较高，大面积农田分布在河谷坝区。区内的水污染物主要为城镇农村生活、农田耕作、工业生产等产生的污染排放，并经波罗江水系及入湖河流带入洱海	67. 3
东部海东流域水污染控制区	东部远山水源涵养区	为洱海东部流域上游的远山植被覆盖度较好的区域，分布有少量的陡坡旱地，水污染物的产生源主要来自水土流失	84. 1
	东部面山水污染控制区	面山山高坡陡，是水土流失最严重的区域。居民点主要分布在双廊镇、挖色镇和海东镇。北部分布有大面积的草地和陡坡旱地；中部的植被覆盖度较好；南部的山地原生植被破坏严重，大部分被开垦成旱地。农田污染物流失、水土流失及村镇居民生活排放，是水污染物的主要贡献来源	179. 3
洱海湖泊生态修复区	湖滨缓冲带生态修复区	分布有大量农田，农业污染严重，沿岸农村居民点密集，旅游码头周边服务设施聚集，土地资源遭受过度开发，湖滨带大量滩地被侵占，湖周天然湿地生态系统基本消失，是人类活动干扰影响最大的区域	80. 6
	湖泊生态恢复区	洱海主要受TN和TP污染影响，大多数月份的TN平均浓度均处于Ⅲ类水质状态，在雨季各月的TP平均浓度也处于Ⅲ类水质状态，按湖泊营养状态分级，洱海处于中营养水平。在北部湖湾、西部沿岸附近水域及南部水域均出现了高浓度污染，水质明显恶化。水生生态系统结构呈单一化发展演变。蓝藻生物量大幅上升，浮游动物生物量大幅下降，水生植物群落面积缩小，土著鱼类生境遭到破坏	241. 3

(3) 西部苍山十八溪水源涵养区

此控制区面积约为266.1km²，苍山是国家级自然保护区，原生植被保持较好，森林覆盖率高，是苍山十八溪的水源区。苍山十八溪为洱海的重要补给水源，约占洱海多年平均地表径流入湖水量的26.4%。

(4) 西部村镇坝区水污染控制区

此控制区面积约为87.8km²，主要为大丽公路以上的缓坡坝区，分布有喜洲、湾桥、银桥、大理和七里桥5个乡镇，农村居民点密集，人口密度较高，人类活动强度较大。区内农田分布面积较广，是农业的主要生产区，其中，在湾桥、银桥、七里桥等区域的蔬菜种植规模较大，在喜洲、湾桥等区域的畜牧养殖数量较多，成为农业污染较重的区域。旅游观光景点、旅游服务设施集中分布在该区域，是旅游度假污染影响最大的区域。控制区内的水污染物主要来自农田面源、农村乡镇生活排放、畜禽养殖排放及旅游度假等污染源产生的贡献。

(5) 南部波罗江流域水源涵养区

此控制区面积约为311.3km²，大部分为中山山地，是洱海南部入湖河流波罗江的水源区。在波罗江的西部区域原生植被保持较好，森林覆盖率较高。而在波罗江的东部及支流的面山区域，陡坡旱地开垦面积较广，山地原生植被遭到大面积破坏，水土流失严重，成为水污染物的主要产生来源。洱海的多年平均地表径流补给水量有近16.9%是来自波罗江流域。

(6) 南部城镇及开发区水污染控制区

此控制区面积约为67.3km²，主要为大理市主城区、开发区和凤仪镇，是大理的政治、经济、文化中心，工业企业聚集区，人口集中度较高。农村居民点主要分布在波罗江沿岸，大面积农田分布在河谷坝区。区内的水污染物主要为城镇农村生活、农田耕作、工业生产等产生的污染排放，并经波罗江水系及入湖河流带入洱海。

(7) 东部远山水源涵养区

此控制区面积约为84.1km²，为洱海东部流域上游的远山植被覆盖度较好的区域，分布有少量的陡坡旱地，水污染物的产生源主要来自水土流失。

(8) 东部面山水污染控制区

此控制区面积约为179.3km²，湖岸地势陡峭，面山山高坡陡，是洱海流域水土流失最严重的区域。村镇居民点主要分布在双廊镇、挖色镇及其河谷、海东镇及其河谷等地带，山区有零散分布。区内北部的森林覆盖率较低，分布有大面积的草地和陡坡旱地；中部的林地分布较广，植被覆盖度较好；南部的山地原生植被破坏严重，大部分被开垦成为旱地。水田集中分布在挖色坝区，以及海东河谷地带。区内的农田耕作污染物流失、水土流失及村镇居民生活排放，成为水污染物的主要贡献来源。

(9) 湖滨缓冲带生态修复区

此控制区面积约为80.6km²，为二级水污染控制分区中除洱海水域之外的区域，是人类干扰强度最大，对洱海污染影响最直接的区域。区内的土地资源遭受过度开发，湖滨带大量滩地被侵占，湖周天然湿地生态系统基本消失。在西部和北部分布有大量的农田，沿岸农村居民点密集，农业耕作产生的污染物和居民生活排放的污染物，随地表径流从大小河溪、沟渠直接进入洱海。在西岸的旅游码头周边服务设施聚集，污水直接排放造成的污染影响突出。

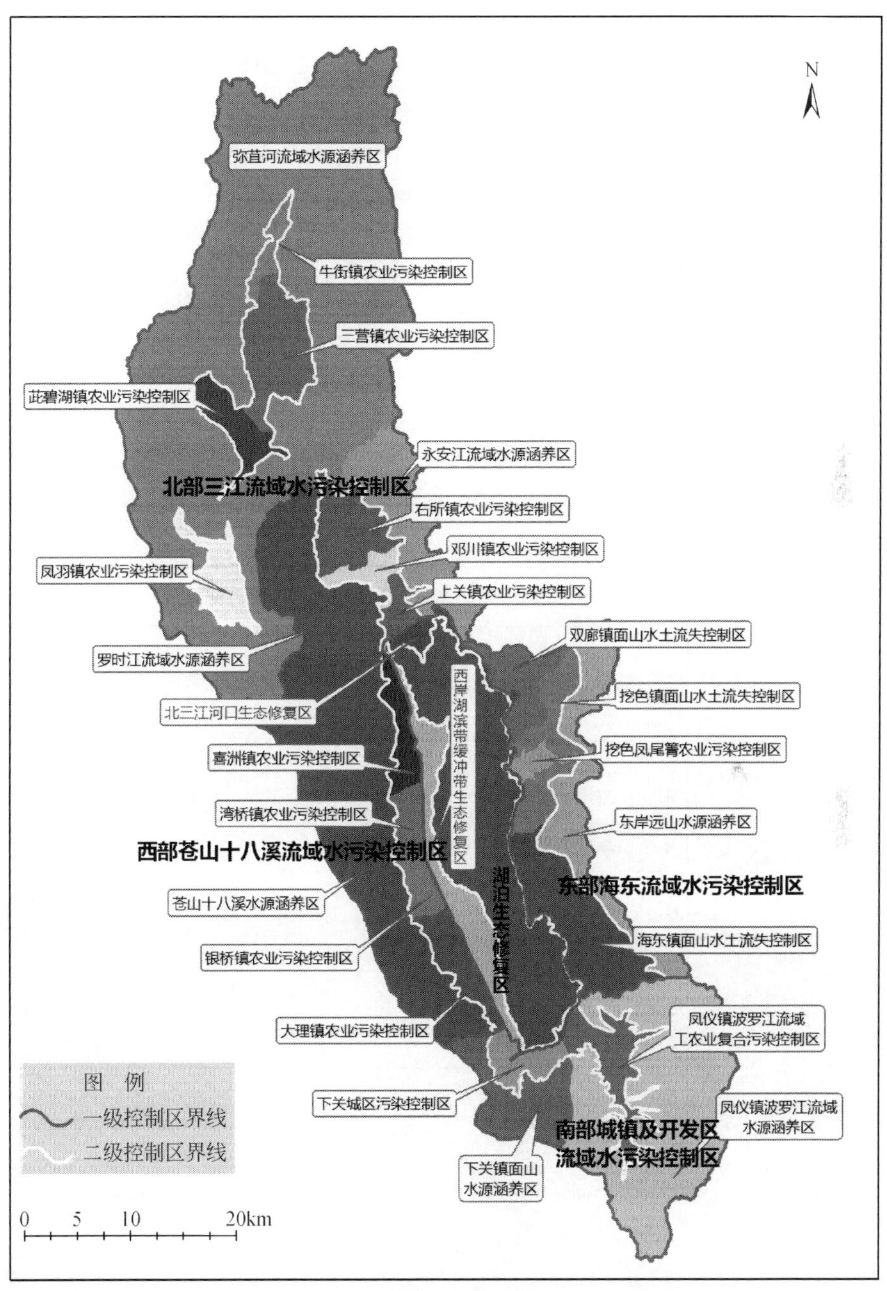

图 5-3 洱海流域水污染控制单元划分

(10) 湖泊生态恢复区

洱海水域面积约为241.3km²，洱海水体受到污染的主要指标为TN和TP。一年中的大多数月份，全湖TN的月平均浓度水平均处于Ⅲ类水质状态，仅有少数几个月能够达到Ⅱ类水质标准的要求。全湖TP的月平均浓度水平在雨季均处于Ⅲ类水质状态，到旱季时能够满足Ⅱ类水质标准的要求。按湖泊（水库）营养状态分级，洱海的各个监测断面均处于中营养状态。洱海水体在北部的沙坪湾、红山湾水域均出现高浓度污染状态，在中部的喜洲至大理沿岸附近的水域以及南部的大部分水域、海东湾水域，也都出现了高浓度污染状态。

目前的洱海水生生态系统结构呈单一化发展演变。蓝藻的数量及生物量大幅上升，而浮游动物的种类及生物量则大幅下降。水生植物群落面积不断缩小，种类趋向单一化，部分种类（如海菜花）已完全消失。土著鱼类生境遭到破坏，大部分被“四大家鱼”取代。

5.1.2.3 三级水污染控制单元

为了制定可行的洱海流域水污染分区防控措施，实施有效的水环境管理。在洱海流域二级水污染控制区划分的基础上，进一步按乡镇的行政区来划分水污染控制单元，见图5-3和表5-2。

表5-2 洱海流域水污染控制单元划区

一级分区	二级分区	控制单元	行政区	面积（km²）
北部三江流域水污染控制区	北部三江流域水源涵养区	弥苴河流域水源涵养区	洱源县	838.3
		罗时江流域水源涵养区	洱源县	106.2
		永安江流域水源涵养区	洱源县	87.1
		牛街镇坝区农业污染控制区	洱源县	14
		三营镇坝区农业污染控制区	洱源县	64.4
	北部农业坝区水污染控制区	茈碧湖镇坝区农业污染控制区	洱源县	31.2
		凤羽镇坝区农业污染控制区	洱源县	32.1
		右所镇坝区农业污染控制区	洱源县	45.1
		邓川镇坝区农业污染控制区	洱源县	15.2

续表

一级分区	二级分区	控制单元	行政区	面积（km^2）
西部十八溪流域水污染控制区	西部苍山十八溪水源涵养区	上关镇坝区农业污染控制区	大理市	14.1
		西部苍山十八溪水源涵养区	大理市	266.1
		大理镇坝区农业污染控制区	大理市	30.3
	西部村镇坝区水污染控制区	银桥镇坝区农业污染控制区	大理市	18.1
		湾桥镇坝区农业污染控制区	大理市	15.2
		喜州镇坝区农业污染控制区	大理市	24.2
南部城镇及开发区水污染控制区	南部波罗江流域水源涵养区	下关镇面山水源涵养区	大理市	57.1
		凤仪镇波罗江流域水源涵养区	大理市	254.2
	南部城镇及开发区水污染控制区	下关镇城市污染控制区	大理市	23.1
		凤仪镇工农业复合污染控制区	大理市	44.2
东部海东流域水污染控制区	东部远山水源涵养区	东部远山水源涵养区	大理市	84.1
		双廊镇面山水土流失控制区	大理市	36
	东部面山水污染控制区	挖色镇面山水土流失控制区	大理市	47
		海东镇面山水土流失控制区	大理市	86.2
		挖色镇凤尾箐流域农业污染控制区	大理市	10.1
洱海湖泊生态修复区	湖滨缓冲带生态修复区	上关镇重点河口生态修复区	大理市	9.1
		西岸湖滨带与缓冲带生态修复区	大理市	58.2
	湖泊生态恢复区	东岸湖滨带与缓冲带生态修复区	大理市	13.3
		洱海湖泊生态系统恢复区	大理市	241.3

5.2 洱海流域水污染负荷总量核算

5.2.1 丰水年型水污染负荷总量

丰水年型下，洱海流域陆域 TN、TP 和 COD 入湖污染负荷分别为 1849t/a、149t/a 和 13549t/a，其中，面源 TN、TP 和 COD 污染负荷分别占总负荷的 92.9%、92.6% 和 92%。陆域面源污染是洱海最主要的污染来源，是流域水污染物负荷总量控制的重点。详见图 5-4 和表 5-3。

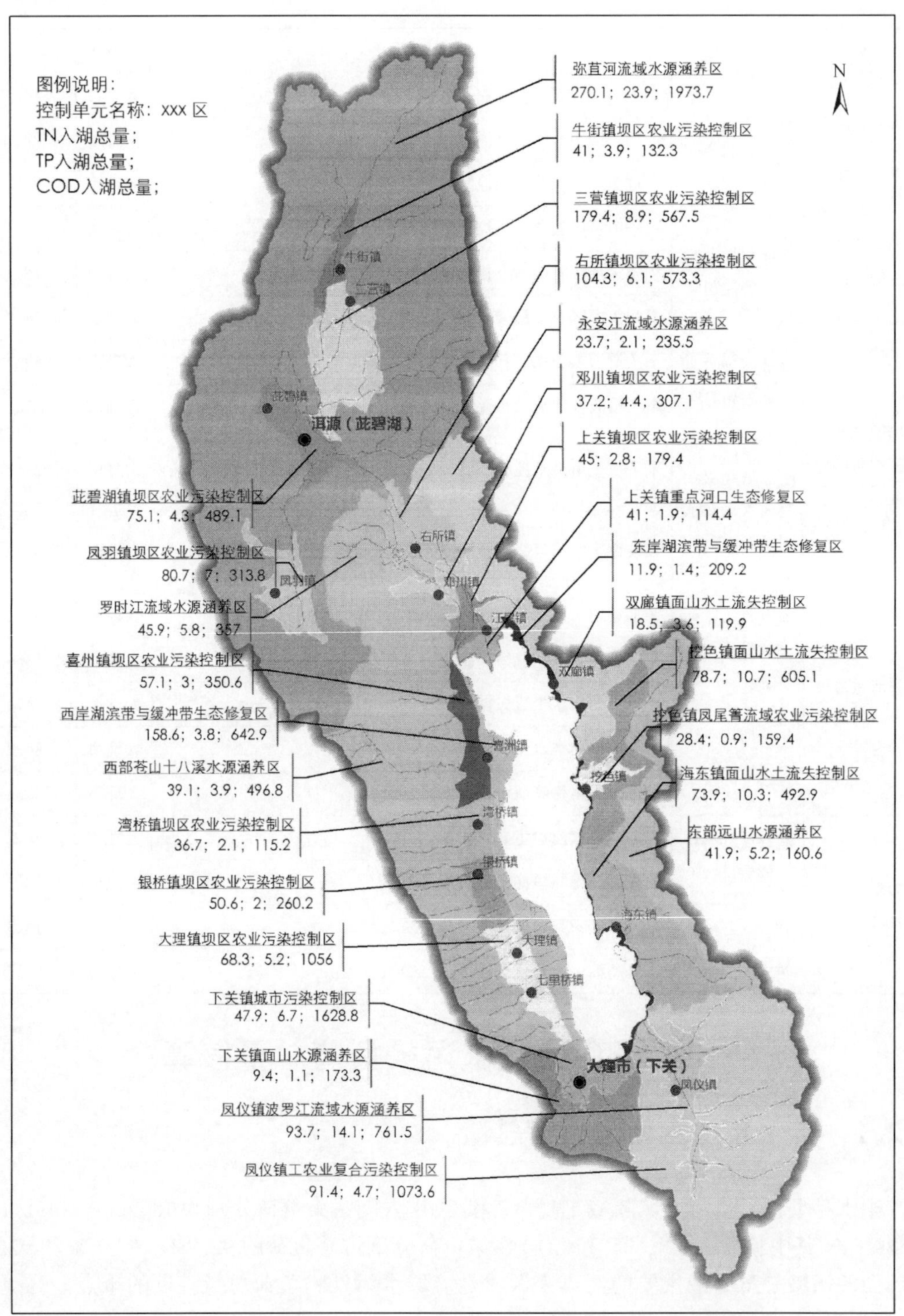

图 5-4 洱海流域丰水年型水污染控制分区入湖污染负荷量分布

表 5-3 洱海流域丰水年型各水污染控制分区入湖污染负荷量 （单位：t/a）

控制单元	城镇生活污染源			旅游污染源			工业污染源			陆域面源		
	TN	TP	COD	TN	TP	COD	TN	TP	COD	TN	TP	COD
弥苴河流域水源涵养区	0. 0	0. 0	0. 0	0. 0	0. 0	0. 0	0. 0	0. 0	0. 0	270. 1	23. 9	1 973. 7
罗时江流域水源涵养区	0. 0	0. 0	0. 0	0. 0	0. 0	0. 0	0. 0	0. 0	0. 0	45. 9	5. 8	357. 0
永安江流域水源涵养区	0. 0	0. 0	0. 0	0. 0	0. 0	0. 0	0. 0	0. 0	0. 0	23. 7	2. 1	235. 5
牛街镇坝区农业污染控制区	0. 0	0. 0	26. 1	0. 0	0. 0	0. 0	0. 0	0. 0	0. 0	41. 0	3. 9	106. 2
三营镇坝区农业污染控制区	4. 8	0. 4	33. 2	0. 0	0. 0	0. 0	0. 0	0. 0	0. 0	174. 6	8. 5	534. 3
茈碧湖镇坝区农业污染控制区	6. 1	0. 5	24. 8	0. 0	0. 0	0. 0	0. 0	0. 0	19. 2	69. 0	3. 8	445. 1
凤羽镇坝区农业污染控制区	4. 6	0. 4	26. 1	0. 0	0. 0	0. 0	0. 0	0. 0	0. 0	76. 1	6. 6	287. 7
右所镇坝区农业污染控制区	4. 8	0. 4	40. 3	0. 0	0. 0	0. 0	0. 0	0. 0	3. 9	99. 5	5. 7	529. 1
邓川镇坝区农业污染控制区	7. 5	0. 6	56. 9	0. 0	0. 0	0. 0	0. 0	0. 0	44. 7	29. 7	3. 8	205. 5
上关镇坝区农业污染控制区	10. 5	0. 9	26. 1	0. 0	0. 0	0. 0	0. 0	0. 0	0. 0	34. 5	1. 9	153. 3
西部苍山十八溪水源涵养区	4. 8	0. 4	0. 0	0. 0	0. 0	0. 0	0. 0	0. 0	0. 0	34. 3	3. 5	496. 8
喜州镇坝区农业污染控制区	0. 0	0. 0	0. 0	0. 0	0. 0	0. 0	0. 0	0. 0	0. 0	57. 1	3. 0	350. 6
湾桥镇坝区农业污染控制区	0. 0	0. 0	35. 6	0. 0	0. 0	0. 0	0. 0	0. 0	0. 0	36. 7	2. 1	79. 6
银桥镇坝区农业污染控制区	6. 6	0. 6	30. 8	0. 0	0. 0	0. 0	0. 0	0. 0	39. 1	44. 0	1. 4	190. 3
大理镇坝区农业污染控制区	5. 7	0. 5	16. 2	0. 0	0. 0	104. 2	0. 0	0. 0	0. 0	62. 6	4. 7	935. 6
东部远山水源涵养区	4. 0	0. 4	0. 0	17. 7	1. 5	0. 0	0. 0	0. 0	0. 0	20. 2	3. 3	160. 6
双廊镇面山水土流失控制区	0. 0	0. 0	26. 1	0. 0	0. 0	0. 0	0. 0	0. 0	0. 0	18. 5	3. 6	93. 8
挖色镇面山水土流失控制区	4. 8	0. 4	0. 0	0. 0	0. 0	0. 0	0. 0	0. 0	138. 3	73. 9	10. 3	466. 8
海东镇面山水土流失控制区	0. 0	0. 0	26. 1	0. 0	0. 0	0. 0	0. 0	0. 0	0. 0	73. 9	10. 3	466. 8
挖色镇凤尾箐流域农业污染控制区	4. 8	0. 4	52. 2	0. 0	0. 0	0. 0	0. 0	0. 0	0. 0	23. 6	0. 5	107. 2
凤仪镇波罗江流域水源涵养区	9. 6	0. 8	0. 0	0. 0	0. 0	0. 0	0. 0	0. 0	0. 0	84. 1	13. 3	761. 5
下关镇面山水源涵养区	0. 0	0. 0	0. 0	0. 0	0. 0	0. 0	0. 0	0. 0	0. 0	9. 4	1. 1	173. 3
凤仪镇工农业复合污染控制区	0. 0	0. 0	0. 0	0. 0	0. 0	104. 2	0. 0	0. 0	0. 0	91. 4	4. 7	969. 4
下关镇城市污染控制区	0. 0	0. 0	0. 0	17. 7	1. 5	104. 2	0. 0	0. 0	16. 0	30. 2	5. 2	1 508. 6
上关镇重点河口生态修复区	0. 0	0. 0	0. 0	17. 7	1. 5	0. 0	0. 0	0. 0	4. 5	23. 3	0. 4	109. 9
西岸湖滨带与缓冲带生态修复区	0. 0	0. 0	0. 0	0. 0	0. 0	0. 0	0. 0	0. 0	0. 0	158. 6	3. 8	642. 9
东岸湖滨带与缓冲带生态修复区	0. 0	0. 0	0. 0	0. 0	0. 0	0. 0	0. 0	0. 0	0. 0	11. 9	1. 4	209. 2
合计	78. 6	6. 7	420. 5	53. 1	4. 5	312. 6	0. 0	0. 0	265. 7	1 717. 8	138. 6	12 550. 3

一级分区中，北部三江流域水污染控制区是洱海流域主要的入湖负荷来源区，TN、TP 和 COD 贡献率分别为48. 8%、46. 2%和37. 85%。其他4 个分区的TN 负荷总量贡献率依次为西部十八溪流域水污染控制区（13. 6%）、南部城镇及开发区水污染控制区（13. 1%）、东部海东流域水污染控制区（13%）和洱海湖泊生态修复区（11. 4%）；TP

负荷总量贡献率依次而为东部海东流域水污染控制区（20.5%）、南部城镇及开发区水污染控制区（17.7%）、西部十八溪流域水污染控制区（10.8%）和洱海湖泊生态修复区（4.8%）；COD负荷总量贡献率依次而为南部城镇及开发区水污染控制区（26.8%）、西部十八溪流域水污染控制区（16.8%）、东部海东流域水污染控制区（11.4%）和洱海湖泊生态修复区（7.1%）。

二级分区中，北部农业坝区水污染控制区是洱海流域主要的入湖负荷来源区，TN、TP和COD贡献率分别为30.4%、24.9%和18.9%。其他8个分区TN负荷总量贡献率依次为北部三江流域水源涵养区（18.4%）、西部村镇坝区水污染控制区（11.5%）、湖滨缓冲带生态修复区（11.4%）、东部面山水污染控制区（10.8%）、南部城镇及开发区水污染控制区（7.5%）、南部波罗江流域水源涵养区（5.6%）、东部远山水源涵养区（2.3%）和西部苍山十八溪水源涵养区（2.1%）；TP负荷总量贡献率依次为北部三江流域水源涵养区（21.2%）、东部面山水污染控制区（17.1%）、南部波罗江流域水源涵养区（10.1%）、西部村镇坝区水污染控制区（8.2%）、南部城镇及开发区水污染控制区（7.6%）、湖滨缓冲带生态修复区（4.8%）、西部苍山十八溪水源涵养区（2.6%）和东部远山水源涵养区（3.4%）；COD负荷总量贡献率依次为南部城镇及开发区水污染控制区（20%）、北部三江流域水源涵养区（18.9%）、西部村镇坝区水污染控制区（13.2%）、东部面山水污染控制区（10.2%）、南部波罗江流域水源涵养区（6.9%）、湖滨缓冲带生态修复区（7.1%）、西部苍山十八溪水源涵养区（3.7%）和东部远山水源涵养区（1.2%）。

三级控制区TN污染负荷全流域贡献率在5%以上的依次分别为三营镇坝区农业污染控制区（19%）、弥苴河流域水源涵养区（14.6%）、西岸湖滨带与缓冲带生态修复区（16.8%）、右所镇坝区农业污染控制区（11.5%）、凤仪镇波罗江流域水源涵养区（9.9%）、凤仪镇工农业复合污染控制区（9.7%）、挖色镇面山水土流失控制区（8.3%）、茈碧湖镇坝区农业污染控制区（8%）、海东镇面山水土流失控制区（7.8%）、大理镇坝区农业污染控制区（7.2%）和喜州镇坝区农业污染控制区（6%）；TP污染负荷全流域贡献率在5%以上的依次分别为弥苴河流域水源涵养区（16.9%）、挖色镇面山水土流失控制区（13.1%）、海东镇面山水土流失控制区（12.6%）、三营镇坝区农业污染控制区（10.8%）、凤羽镇坝区农业污染控制区（8.5%）、凤仪镇波罗江流域水源涵养区（8.3%）、右所镇坝区农业污染控制区（7.4%）、罗时江流域水源涵养区（7%）、海东镇面山水土流失控制区（6.9%）、下关镇城市污染控制区（5.7%）、茈碧湖镇坝区农业污染控制区（5.2%）和大理镇坝区农业污染控制区（5.2%）；COD污染负荷全流域贡献率在5%以上的依次分别为弥苴河流域水源涵养区（14.6%）、下关镇城市污染控制区（12%）、凤仪镇工农业复合污染控制区（7.9%）、大理镇坝区农业污染控制区（7.8%）和凤仪镇波罗江流域水源涵养区（5.6%）。

5.2.2 平水年型水污染负荷总量

平水年型下，洱海流域陆域TN、TP和COD入湖污染负荷分别为1497t/a、123t/a和

10953t/a，其中面源 TN、TP 和 COD 污染负荷分别占总负荷的91.2%、91%和91%。详见图5-5和表5-4。

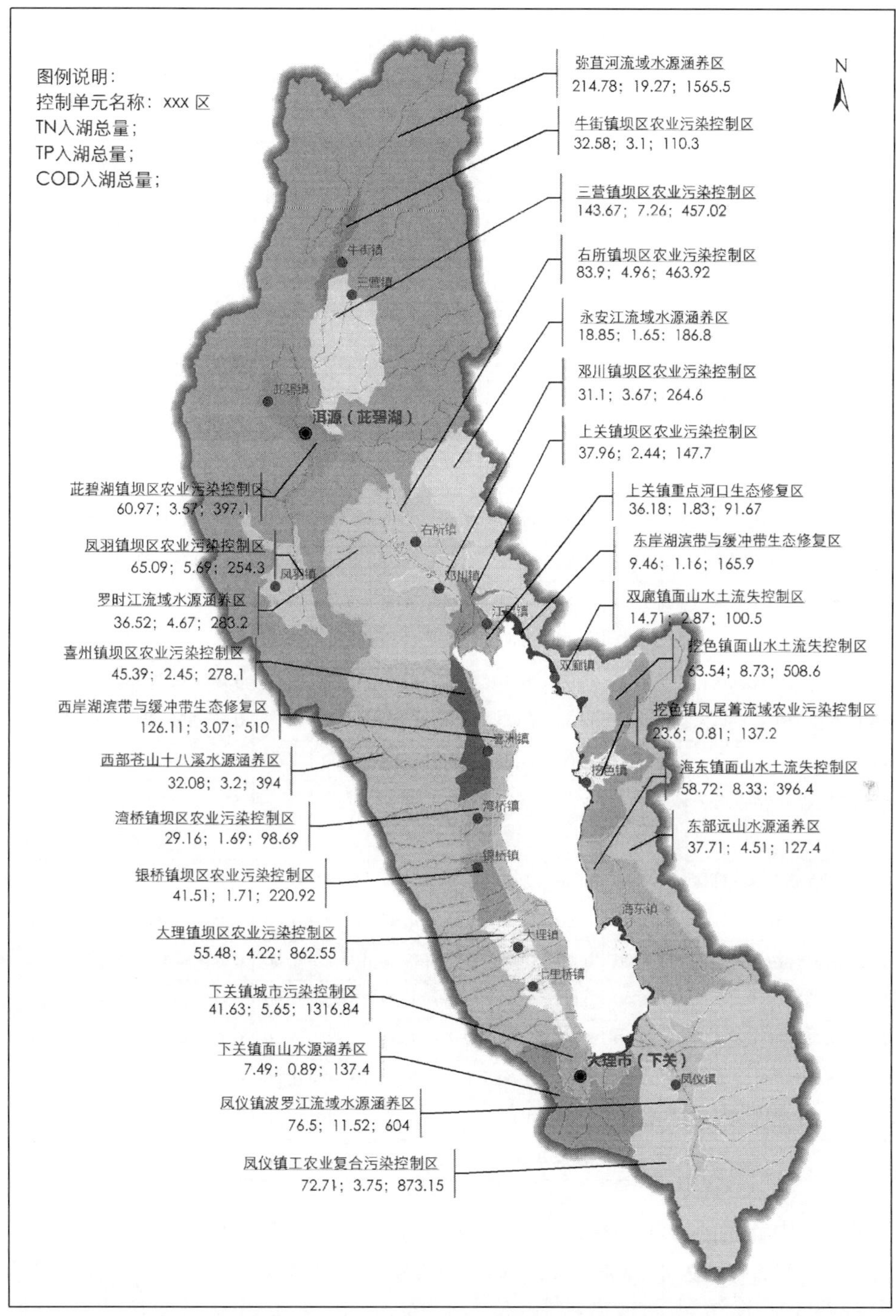

图5-5　洱海流域平水年型水污染控制分区入湖污染负荷量分布

表 5-4 洱海流域平水年型各水污染控制分区入湖污染负荷量 （单位：t/a）

控制单元	城镇生活污染源			旅游污染源			工业污染源			陆域面源		
	TN	TP	COD	TN	TP	COD	TN	TP	COD	TN	TP	COD
弥苴河流域水源涵养区	0.00	0.00	0.00	0.00	0.00	0.00	0.00	0.00	0.00	214.78	19.27	1565.5
罗时江流域水源涵养区	0.00	0.00	0.00	0.00	0.00	0.00	0.00	0.00	0.00	36.52	4.67	283.2
永安江流域水源涵养区	0.00	0.00	0.00	0.00	0.00	0.00	0.00	0.00	0.00	18.85	1.65	186.8
牛街镇坝区农业污染控制区	0.00	0.00	26.10	0.00	0.00	0.00	0.00	0.00	0.00	32.58	3.1	84.2
三营镇坝区农业污染控制区	4.82	0.40	33.22	0.00	0.00	0.00	0.00	0.00	0.00	138.85	6.86	423.8
茈碧湖镇坝区农业污染控制区	6.13	0.51	24.80	0.00	0.00	0.00	0.00	0.00	19.20	54.84	3.06	353.1
凤羽镇坝区农业污染控制区	4.60	0.40	26.10	0.00	0.00	0.00	0.00	0.00	0.00	60.49	5.29	228.2
右所镇坝区农业污染控制区	4.82	0.40	40.33	0.00	0.00	0.00	0.00	0.00	3.89	79.08	4.56	419.7
邓川镇坝区农业污染控制区	7.45	0.62	56.94	0.00	0.00	0.00	0.00	0.00	44.66	23.65	3.05	163.0
上关镇坝区农业污染控制区	10.51	0.88	26.10	0.00	0.00	0.00	0.00	0.00	0.00	27.45	1.56	121.6
西部苍山十八溪水源涵养区	4.82	0.40	0.00	0.00	0.00	0.00	0.00	0.00	0.00	27.26	2.8	394.0
喜州镇坝区农业污染控制区	0.00	0.00	0.00	0.00	0.00	0.00	0.00	0.00	0.00	45.39	2.45	278.1
湾桥镇坝区农业污染控制区	0.00	0.00	35.59	0.00	0.00	0.00	0.00	0.00	0.00	29.16	1.69	63.1
银桥镇坝区农业污染控制区	6.57	0.55	30.84	0.00	0.00	0.00	0.00	0.00	39.08	34.94	1.16	151.0
大理镇坝区农业污染控制区	5.69	0.47	16.20	0.00	0.00	104.25	0.00	0.00	0.00	49.79	3.75	742.1
东部远山水源涵养区	4.02	0.36	0.00	17.66	1.49	0.00	0.00	0.00	0.00	16.03	2.66	127.4
双廊镇面山水土流失控制区	0.00	0.00	26.10	0.00	0.00	0.00	0.00	0.00	0.00	14.71	2.87	74.4
挖色镇面山水土流失控制区	4.82	0.40	0.00	0.00	0.00	0.00	0.00	0.00	138.30	58.72	8.33	370.3
海东镇面山水土流失控制区	0.00	0.00	26.10	0.00	0.00	0.00	0.00	0.00	0.00	58.72	8.33	370.3
挖色镇凤尾箐流域农业污染控制区	4.82	0.40	52.20	0.00	0.00	0.00	0.00	0.00	0.00	18.78	0.41	85.0
凤仪镇波罗江流域水源涵养区	9.64	0.80	0.00	0.00	0.00	0.00	0.00	0.00	0.00	66.86	10.72	604.0
下关镇面山水源涵养区	0.00	0.00	0.00	0.00	0.00	0.00	0.00	0.00	0.00	7.49	0.89	137.4
凤仪镇工农业复合污染控制区	0.00	0.00	0.00	0.00	0.00	104.25	0.00	0.00	0.00	72.71	3.75	768.9
下关镇城市污染控制区	0.00	0.00	0.00	17.66	1.49	104.25	0.00	0.00	15.99	23.97	4.16	1196.6
上关镇重点河口生态修复区	0.00	0.00	0.00	17.66	1.49	0.00	0.00	0.00	4.47	18.52	0.34	87.2
西岸湖滨带与缓冲带生态修复区	0.00	0.00	0.00	0.00	0.00	0.00	0.00	0.00	0.00	126.11	3.07	510.0
东岸湖滨带与缓冲带生态修复区	0.00	0.00	0.00	0.00	0.00	0.00	0.00	0.00	0.00	9.46	1.16	165.9
合计	78.71	6.59	420.62	52.98	4.47	312.75	0.00	0.00	265.59	1365.71	111.61	9954.8

一级分区中，北部三江流域水污染控制区是洱海流域主要的入湖负荷来源区，TN、TP 和 COD 贡献率分别为 48.8%、46.2% 和 37.7%。其他 4 个分区的 TN 负荷总量贡献率依次为西部十八溪流域水污染控制区（14.7%）、南部城镇及开发区水污染控制区（13.8%）、东部海东流域水污染控制区（12.4%）和洱海湖泊生态修复区（10.3%）；TP

负荷总量贡献率依次而为东部海东流域水污染控制区（19.7%）、南部城镇及开发区水污染控制区（18.3%）、西部十八溪流域水污染控制区（12%）和洱海湖泊生态修复区（3.7%）；COD 负荷总量贡献率依次而为南部城镇及开发区水污染控制区（26.8%）、西部十八溪流域水污染控制区（16.9%）、东部海东流域水污染控制区（11.6%）和洱海湖泊生态修复区（7 %）。

二级分区中，北部农业坝区水污染控制区是洱海流域主要的入湖负荷来源区，TN、TP 和 COD 贡献率分别为 30.7%、25.3% 和 19.2%。其他 8 个分区 TN 负荷总量贡献率依次为北部三江流域水源涵养区（18%）、西部村镇坝区水污染控制区（12.9%）、东部面山水污染控制区（11.4%）、湖滨缓冲带生态修复区（10.3%）、南部城镇及开发区水污染控制区（8.8%）、南部波罗江流域水源涵养区（56%）、西部苍山十八溪水源涵养区（1.8%）和东部远山水源涵养区（1.1%）；TP 负荷总量贡献率依次为北部三江流域水源涵养区（20.9%）、东部面山水污染控制区（17.5%）、西部村镇坝区水污染控制区（9.7%）、南部波罗江流域水源涵养区（9.5%）、南部城镇及开发区水污染控制区（8.9%）、湖滨缓冲带生态修复区（3.7%）、西部苍山十八溪水源涵养区（2.3%）和东部远山水源涵养区（2.2%）；COD 负荷总量贡献率依次为南部城镇及开发区水污染控制区（20%）、北部三江流域水源涵养区（18.6%）、西部村镇坝区水污染控制区（13.4%）、东部面山水污染控制区（10.5%）、南部波罗江流域水源涵养区（6.8%）、湖滨缓冲带生态修复区（7%）、西部苍山十八溪水源涵养区（3.6%）和东部远山水源涵养区（1.2%）。

三级控制区 TN 污染负荷全流域贡献率在 5% 以上的依次分别为弥苴河流域水源涵养区（14.3%）、三营镇坝区农业污染控制区（9.7%）、西岸湖滨带与缓冲带生态修复区（8.4%）、凤仪镇工农业复合污染控制区（6%）和右所镇坝区农业污染控制区（5.8%）；TP 污染负荷全流域贡献率在 5% 以上的依次分别为弥苴河流域水源涵养区（15.7%）、挖色镇面山水土流失控制区（7.1%）、海东镇面山水土流失控制区（6.8%）和三营镇坝区农业污染控制区（6%）；COD 污染负荷全流域贡献率在 5% 以上的依次分别为弥苴河流域水源涵养区（14.3%）、下关镇城市污染控制区（12%）、凤仪镇工农业复合污染控制区（8%）、大理镇坝区农业污染控制区（7.9%）和凤仪镇波罗江流域水源涵养区（5.5%）。

5.2.3 枯水年型水污染负荷总量

平水年型下，洱海流域陆域 TN、TP、COD 入湖污染负荷分别为 1497t/a、123t/a 和 10761t/a，其中面源 TN、TP 和 COD 污染负荷分别占总负荷的 91.2%、91% 和 91%，详见图 5-6 和表 5-5。

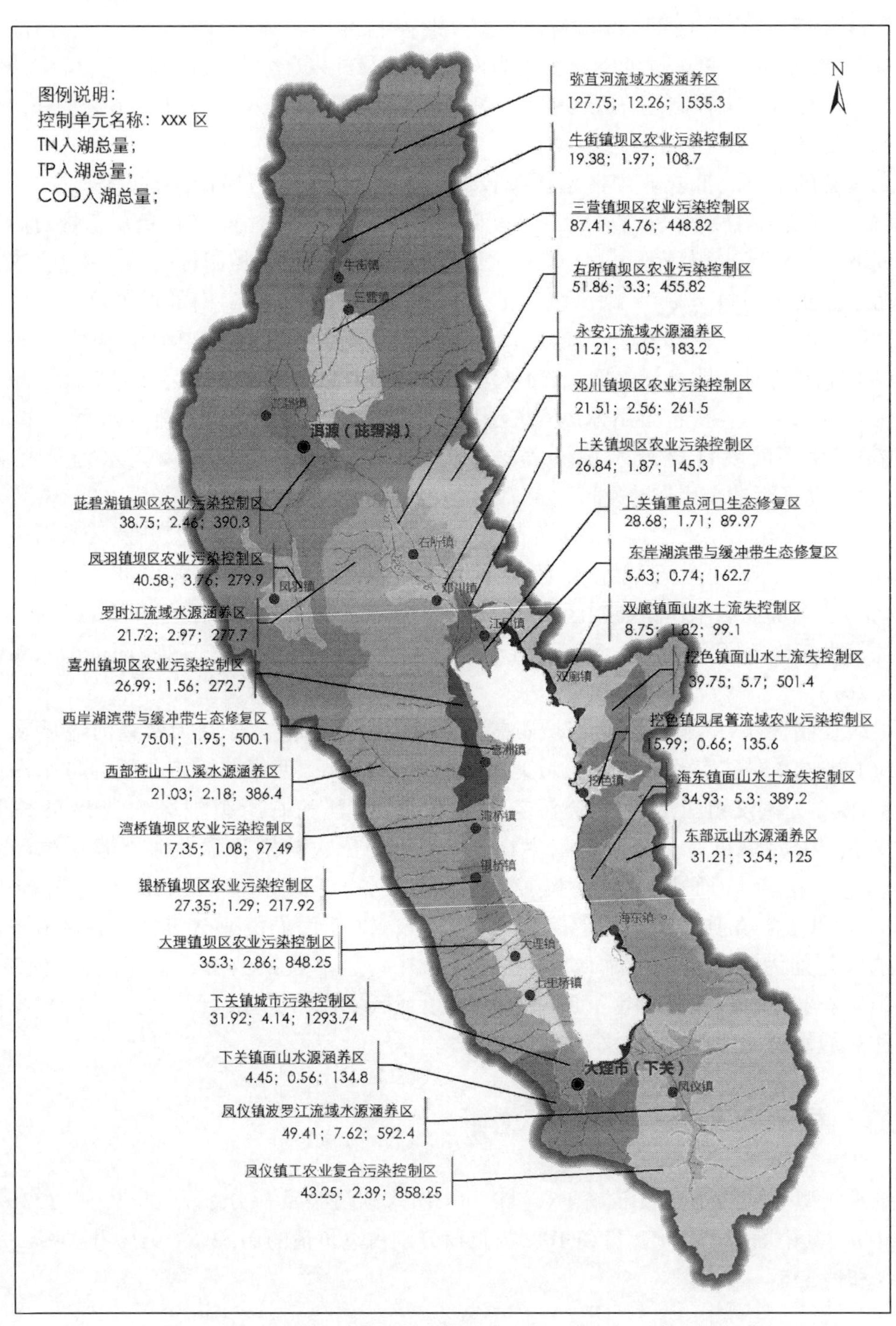

图 5-6　洱海流域枯水年型水污染控制分区入湖污染负荷量分布

表 5-5　洱海流域枯水年型各水污染控制分区入湖污染负荷量　（单位：t/a）

控制单元	城镇生活污染源			旅游污染源			工业污染源			陆域面源		
	TN	TP	COD	TN	TP	COD	TN	TP	COD	TN	TP	COD
弥苴河流域水源涵养区	0.00	0.00	0.00	0.00	0.00	0.00	0.00	0.00	0.00	127.75	12.26	1535.3
罗时江流域水源涵养区	0.00	0.00	0.00	0.00	0.00	0.00	0.00	0.00	0.00	21.72	2.97	277.7
永安江流域水源涵养区	0.00	0.00	0.00	0.00	0.00	0.00	0.00	0.00	0.00	11.21	1.05	183.2
牛街镇坝区农业污染控制区	0.00	0.00	26.10	0.00	0.00	0.00	0.00	0.00	0.00	19.38	1.97	82.6
三营镇坝区农业污染控制区	4.82	0.40	33.22	0.00	0.00	0.00	0.00	0.00	0.00	82.59	4.36	415.6
茈碧湖镇坝区农业污染控制区	6.13	0.51	24.80	0.00	0.00	0.00	0.00	0.00	19.20	32.62	1.95	346.3
凤羽镇坝区农业污染控制区	4.60	0.40	26.10	0.00	0.00	0.00	0.00	0.00	0.00	35.98	3.36	223.8
右所镇坝区农业污染控制区	4.82	0.40	40.33	0.00	0.00	0.00	0.00	0.00	3.89	47.04	2.9	411.6
邓川镇坝区农业污染控制区	7.45	0.62	56.94	0.00	0.00	0.00	0.00	0.00	44.66	14.06	1.94	159.9
上关镇坝区农业污染控制区	10.51	0.88	26.10	0.00	0.00	0.00	0.00	0.00	0.00	16.33	0.99	119.2
西部苍山十八溪水源涵养区	4.82	0.40	0.00	0.00	0.00	0.00	0.00	0.00	0.00	16.21	1.78	386.4
喜州镇坝区农业污染控制区	0.00	0.00	0.00	0.00	0.00	0.00	0.00	0.00	0.00	26.99	1.56	272.7
湾桥镇坝区农业污染控制区	0.00	0.00	35.59	0.00	0.00	0.00	0.00	0.00	0.00	17.35	1.08	61.9
银桥镇坝区农业污染控制区	6.57	0.55	30.84	0.00	0.00	0.00	0.00	0.00	39.08	20.78	0.74	148.0
大理镇坝区农业污染控制区	5.69	0.47	16.20	0.00	0.00	104.25	0.00	0.00	0.00	29.61	2.39	727.8
东部远山水源涵养区	4.02	0.36	0.00	17.66	1.49	0.00	0.00	0.00	0.00	9.53	1.69	125.0
双廊镇面山水土流失控制区	0.00	0.00	26.10	0.00	0.00	0.00	0.00	0.00	0.00	8.75	1.82	73.0
挖色镇面山水土流失控制区	4.82	0.40	0.00	0.00	0.00	0.00	0.00	0.00	138.30	34.93	5.3	363.1
海东镇面山水土流失控制区	0.00	0.00	26.10	0.00	0.00	0.00	0.00	0.00	0.00	34.93	5.3	363.1
挖色镇凤尾箐流域农业污染控制区	4.82	0.40	52.20	0.00	0.00	0.00	0.00	0.00	0.00	11.17	0.26	83.4
凤仪镇波罗江流域水源涵养区	9.64	0.80	0.00	0.00	0.00	0.00	0.00	0.00	0.00	39.77	6.82	592.4
下关镇面山水源涵养区	0.00	0.00	0.00	0.00	0.00	0.00	0.00	0.00	0.00	4.45	0.56	134.8
凤仪镇工农业复合污染控制区	0.00	0.00	0.00	0.00	0.00	104.25	0.00	0.00	0.00	43.25	2.39	754.0
下关镇城市污染控制区	0.00	0.00	0.00	17.66	1.49	104.25	0.00	0.00	15.99	14.26	2.65	1173.5
上关镇重点河口生态修复区	0.00	0.00	0.00	17.66	1.49	0.00	0.00	0.00	4.47	11.02	0.22	85.5
西岸湖滨带与缓冲带生态修复区	0.00	0.00	0.00	0.00	0.00	0.00	0.00	0.00	0.00	75.01	1.95	500.1
东岸湖滨带与缓冲带生态修复区	0.00	0.00	0.00	0.00	0.00	0.00	0.00	0.00	0.00	5.63	0.74	162.7
合计	78.71	6.59	420.62	52.98	4.47	312.75	0.00	0.00	265.59	812.32	71.00	9762.6

一级分区中，北部三江流域水污染控制区是洱海流域主要的入湖负荷来源区，TN 和 TP 贡献率分别为 47.9% 和 45.6%。其他 4 个分区的 TN 负荷总量贡献率依次为西部十八溪流域水污染控制区（15.3%）、南部城镇及开发区水污染控制区（14.5%）、东部海东流域水污染控制区（12.6%）和洱海湖泊生态修复区（9.7%）；TP 负荷总量贡献率依次

而为东部海东流域水污染控制区（19.5%）、南部城镇及开发区水污染控制区（18.8%）、西部十八溪流域水污染控制区（12.7%）和洱海湖泊生态修复区（3.5%）；COD负荷总量贡献率依次而为南部城镇及开发区水污染控制区（26.8%）、西部十八溪流域水污染控制区（16.9%）、东部海东流域水污染控制区（11.6%）和洱海湖泊生态修复区（7 %）。

二级分区中，北部农业坝区水污染控制区洱海流域主要的入湖负荷来源区，TN和TP贡献率分别为30.8%和25.7%。其他8个分区TN负荷总量贡献率依次为北部三江流域水源涵养区（17%）、西部村镇坝区水污染控制区（13.6%）、东部面山水污染控制区（11.6%）、南部城镇及开发区水污染控制区（9.8%）、湖滨缓冲带生态修复区（9.7%）、南部波罗江流域水源涵养区（4.7%）、西部苍山十八溪水源涵养区（1.7%）和东部远山水源涵养区（1%）；TP负荷总量贡献率依次为北部三江流域水源涵养区（19.8%）、东部面山水污染控制区（17.4%）、西部村镇坝区水污染控制区（10.5%）、南部城镇及开发区水污染控制区（9.8%）、南部波罗江流域水源涵养区（9%）、湖滨缓冲带生态修复区（3.5%）、西部苍山十八溪水源涵养区（2.2%）和东部远山水源涵养区（2.1%）；COD负荷总量贡献率依次为南部城镇及开发区水污染控制区（20%）、北部三江流域水源涵养区（18.6%）、西部村镇坝区水污染控制区（13.4%）、东部面山水污染控制区（10.5%）、南部波罗江流域水源涵养区（6.8%）、湖滨缓冲带生态修复区（7%）、西部苍山十八溪水源涵养区（3.6%）和东部远山水源涵养区（1.2%）。

三级控制区TN污染负荷全流域贡献率在5%以上的依次分别为弥苴河流域水源涵养区（13.5%）、三营镇坝区农业污染控制区（9.4%）、西岸湖滨带与缓冲带生态修复区（8%）、右所镇坝区农业污染控制区（5.8%）、凤仪镇工农业复合污染控制区（6.5%）和大理镇坝区农业污染控制区（5.4%）；TP污染负荷全流域贡献率在5%以上的依次分别为弥苴河流域水源涵养区（14.9%）、凤仪镇波罗江流域水源涵养区（8.3%）、海东镇面山水土流失控制区（6.9%）、挖色镇面山水土流失控制区（6.5%）、三营镇坝区农业污染控制区（5.9%）、大理镇坝区农业污染控制区（5.2%）和下关镇城市污染控制区（5.7%）；COD污染负荷全流域贡献率在5%以上的依次分别为弥苴河流域水源涵养区（14.3%）、下关镇城市污染控制区（12%）、凤仪镇工农业复合污染控制区（8%）、大理镇坝区农业污染控制区（7.9%）和凤仪镇波罗江流域水源涵养区（5.5%）。

5.3 洱海流域水污染物总量控制方案

5.3.1 水污染物总量控制方法

总量削减是在流域总量控制目标确定后，将污染负荷削减量分配到下级单元的过程。结合洱海流域水污染控制分区的三级划分体系，建立“流域-控制区-污染源”的三级削减量分配的方法，其中，污染源归纳为城镇生活污染源、旅游污染源、工业污染源和陆域面源。由于旅游污染源难以确定具体的排放位置，将旅游污染源平均分配至大理镇坝区农业污染控制区、凤仪镇工农业复合污染控制区和下关镇城市污染控制区。

5.3.1.1 削减方法

在洱海流域的总量削减中，将在污染控制区划分、污染负荷和湖泊水环境容量核算的基础上，借鉴国际上通用的反映分配收入公平性的基尼系数法来实现对削减量分配合理性的评估。具体来说，就是首先给各控制区一个初始的削减量分配，然后按照一定的指标，计算基尼系数，评价这个削减量的分配是否公平。

按照基尼系数的内涵，引入到污染负荷分配与人口数量的公平性中，可以作出如下的假设：基于排放一定比例的污染物，需要对应于相同数量的人口，则污染负荷的分配为绝对平均。因此，可用基尼系数来衡量和检验湖泊削减量分配的公平性，基尼系数的等级划分标准仍采用基尼系数的国际惯例。根据基尼系数的内涵，湖泊总量分配的基尼系数反映的是污染负荷分配与人口数量的内部公平性，体现在各个控制区的内部。如果其中的某个控制区的人口百分比或者经济贡献率低于其污染负荷分配量占流域总量的比例，则属于侵占了其他控制区的分配公平性；相反，则是对其他控制区公平性的贡献。因此，可以定义一个公平指数（G_i），用来表现各个子流域之间的外部影响，称之为外部公平性。该指数的具体计算方法如下

$$G_i = \frac{x_i}{y_i} \tag{5-1}$$

式中，x_i 为第 i 个控制区人口等指标占总量的百分比；y_i 为第 i 个控制区污染负荷分配占总量的百分比。

当公平指数 $G_i<1$ 时，第 i 个控制区人口等指标占总量的百分比低于其污染负荷分配量占流域总量的百分比，说明该控制区污染负荷分配量过大；当公平指数 $G_i>1$ 时，第 i 个控制区人口指标占总量的百分比高于其污染负荷分配量占流域总量的百分比，说明该控制区污染负荷分配量过小；当公平指数 $G_i=1$ 时，第 i 个控制区人口等指标占总量的百分比刚好等于其污染负荷分配量占流域总量的百分比，说明该控制区污染负荷分配量恰好合适。

基尼系数有多种求取方法，本研究中基尼系数的求取采用梯形面积法，其公式如下

$$G_i = 1 - \sum_{i=1}^{n}(X_i - X_{i-1})(Y_i + Y_{i-1}) \tag{5-2}$$

式中，i 为将 G_i 按由大到小的顺序排列后的序号；X_i 为第 i 个控制区人口指标的累计百分比，当 $i=1$ 时，$X_i-1=0$；Y_i 为第 i 个控制区污染负荷分配的累计百分比，当 $i=1$ 时，$Y_i-1=0$。

这里，X_i、Y_i 与 x_i、y_i 的关系如下

$$X_i = \sum_{j=1}^{i} x_j \tag{5-3}$$

$$Y_i = \sum_{j=1}^{i} y_j \tag{5-4}$$

5.3.1.2 削减步骤

在使用基尼系数模型来对洱海总量削减的公平性进行检验时，按照以下步骤进行（图 5-7）。

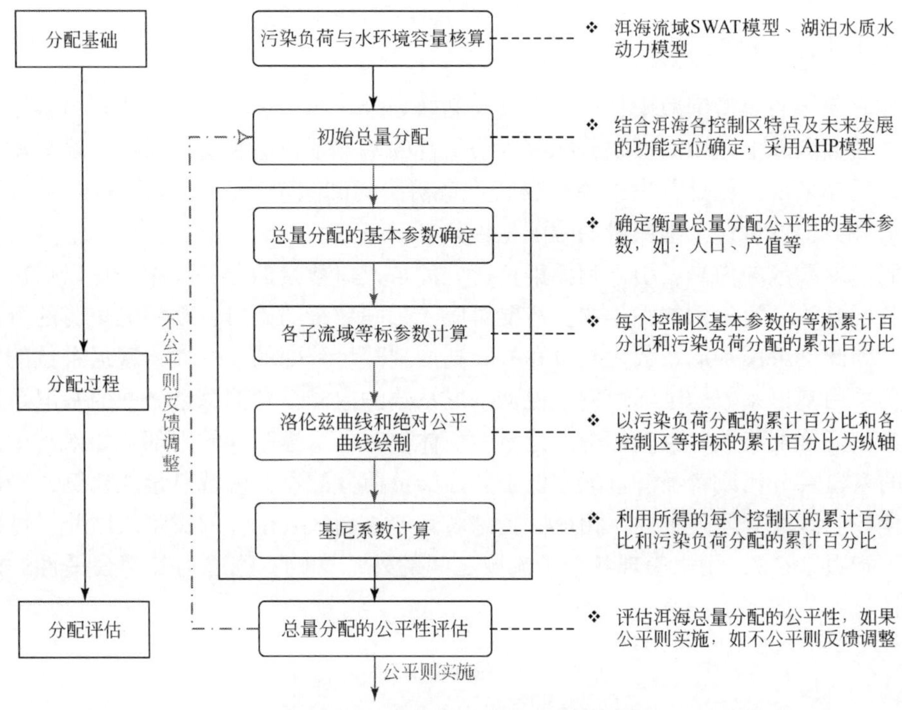

图 5-7　洱海流域总量控制基本步骤

1）控制区划分及污染负荷和水环境容量核算，利用本报告前面的控制区划分及SWAT 和洱海水质水动力模型，确定不同控制区的污染负荷、不同源的负荷分布及洱海的水环境容量。

2）初始总量分配的确定，根据洱海流域的未来发展模式、现存污染状况以及各控制区的功能定位，确定各控制区的初始削减值。

3）确定基本参数，计算公平指数 G_i。基本参数主要包括各个子流域人口等指标占总量的百分比和污染负荷分配占总量的百分比，在确定这些参数后，利用式（5-1）计算 G_i。

4）将 G_i 按由大到小的顺序排列，并按照顺序对各控制区重新编号。编号完后，将对应的参数按照编号顺序重新整理出来。

5）按重排的顺序，利用式（5-3）和式（5-4），计算洱海各控制区人口指标的累计百分比和污染负荷分配的累计百分比。

6）绘制洛伦兹曲线和绝对公平曲线。以每个控制区人口指标的累计百分比为横轴，分别以污染负荷分配的累计百分比和每个控制区人口指标的累计百分比为纵轴，绘制洛伦兹曲线和绝对公平曲线。

7）计算基尼系数。利用所得的每个控制区人口指标的累计百分比和污染负荷分配的累计百分比，代入式（5-2）中即可求出基尼系数。

8）分配的公平性评估。依据计算的基尼系数，评估分配的公平性。若基尼系数<0.4，则认为分配是基本公平的；反之则需重新调整初始分配值，重新进行基尼系数的计算和公平性评估。

5.3.1.3 削减原则

对于“流域-控制区”尺度，洱海流域污染物总量削减的原则为：①总体削减规模最小化；②重点区优先削减原则，洱海湖滨缓冲带将实施大规模退耕退房以及生态修复工程，湖滨缓冲带生态修复区负荷优先削减，负荷削减率达到100%；③削减可行性原则，水源涵养区（包括北部三江流域水源涵养区、西部苍山十八溪水源涵养区、南部波罗江流域水源涵养区）污染物削减率控制在20%。

对于“控制区-污染源”尺度，洱海流域污染物容量总量分配规则需要综合考虑点源、面源的削减难度和可行性，具体考虑如下：①点源虽然不是洱海流域的主要污染源，但削减的可操作性强，考虑点源实现90%的收集率和一级A标排放标准；②临近洱海水体的农业面源污染优先削减；③在上述原则的基础上，实现各个控制区农业面源TN、TP负荷削减总规模最小化；④反馈调整原则，总量分配与削减的方案要通过规划方案的设计、评估和反馈调整来保证其实施的可行性。

此外，由于降雨降尘属于流域背景负荷，难以实施有效控制，并且随着流域生态环境改善，降雨降尘负荷会相应减少，因此不对其提出污染控制要求。

5.3.2 水环境容量总量控制指标

本研究第3章将洱海不同分区（北部、中部、南部）作为水质目标控制点计算了基于分区目标的水环境容量，同时也计算了不同水文年型下（丰、平、枯）的洱海水环境容量。

表5-6列出了洱海流域入湖污染负荷与水环境容量。总体而言，以洱海北部作为水质目标控制点时，洱海的水环境容量最小；以洱海南部作为水质目标控制点时洱海水环境容量略大于以北部作为控制点；以洱海中部作为水质目标控制点时，洱海水环境容量最大。采用洱海北部的水环境容量是水质达标风险最低的一种选择，可保障全湖所有区域水质达标。

结果表明，入湖污染负荷已远超洱海Ⅰ类水质目标下的水环境容量。丰水年型下TN、TP和COD分别需要削减1050～1395t/a、64～117t/a和3417～5898t/a，削减率分别为56.79%～75.46%、43.19%～78.28%和25.22%～43.53%；平水年型下TN、TP和COD分别需要削减1050～1395t/a、64～117t/a和2100～4234t/a，削减率分别为50.6%～71.1%、36.58%～74.46%和19.17%～38.65%；枯水年型下TN、TP和COD分别需要削减329～584t/a、11～52t/a和3501～5400t/a，削减率分别为34.9%～61.91%、13.55%～64.01%和32.53%～50.18%。

在Ⅱ类水目标下，总体上洱海的COD容量尚有盈余，不需削减。以洱海中部作为水质目标控制点时，洱海水环境容量尚有盈余，不需削减。以洱海北部和南部作为水质目标控制点时，在丰水年型下TN和TP分别需要削减693～715t/a和62～68t/a，削减率分别为37.46%～38.66%和41.64%～45.7%；平水年型下TN和TP分别需要削减412～415t/a和38～44t/a，削减率分别为27.5%～27.74%和31.26%～36.12%；枯水年型下TN和TP分别需要削减1～45t/a和8t/a，削减率分别为0.07%～4.77%和9.21%～10.01%，见表5-7。

表 5-6　洱海流域入湖负荷与水环境容量[a]　　（单位：t/a）

年型污染物指标 入湖负荷		丰水年			平水年			枯水年		
		TN	TP	COD	TN	TP	COD	TN	TP	COD
		1849	149	13 550	1497	123	10 954	944	82	10 762
水环境容量（Ⅰ类水质目标）	北部	454	32	7 652	434	31	6 720	360	30	5 362
	中部	799	85	10 133	739	78	8 854	615	71	7 261
	南部	463	35	7 941	433	34	7 271	377	30	5 853
水环境容量（Ⅱ类水质目标）	北部	1 134	81	15 304	1 085	79	13 440	899	74	10 724
	中部	1 998	212	20 265	1 849	195	17 707	1 536	177	14 523
	南部	1 156	87	15 882	1 082	85	14 542	943	74	11 705
水环境容量（Ⅲ类水质目标）	北部	2 268	162	22 956	2 171	157	20 159	1 798	149	16 086
	中部	3 995	423	30 398	3 697	390	26 561	3 073	354	21 784
	南部	2 313	174	23 823	2 164	169	21 814	1 887	148	17 558

注：a 入湖负荷不包括干湿沉降。

表 5-7　洱海流域负荷削减量　　（单位：t/a）

年型污染物指标 入湖负荷		丰水年			平水年			枯水年		
		TN	TP	COD	TN	TP	COD	TN	TP	COD
水环境容量（Ⅰ类水质目标）	北部	−1 395	−117	−5 898	−1 063	−92	−4 234	−584	−52	−5 400
	中部	−1 050	−64	−3 417	−758	−45	−2 100	−329	−11	−3 501
	南部	−1 386	−114	−5 609	−1 064	−89	−3 683	−567	−52	−4 909
水环境容量（Ⅱ类水质目标）	北部	−715	−68	1 754	−412	−44	2 486	−45	−8	−38
	中部	149	63	6 715	352	72	6 753	592	95	3 761
	南部	−693	−62	2 332	−415	−38	3 588	−1	−8	943
水环境容量（Ⅲ类水质目标）	北部	419	13	9 406	674	34	9 205	854	67	5 324
	中部	2 146	274	16 848	2 200	267	15 607	2 129	272	11 022
	南部	464	25	10 273	667	46	1 086	943	66	6 796

注：负值表示需要削减，正值表示不需要削减。

根据《云南省大理白族自治州洱海管理条例》，洱海的水质保护按国家地表水环境质量Ⅱ类标准执行。此外，以北部控制点作为水质目标时水环境容量最小、风险最小，能够保障全湖水质达标。因此，本研究依据北部控制点的水质达到地表水环境质量Ⅱ类标准时的水环境容量制定洱海流域总量控制目标，具体如下所述。

丰水年型下，洱海最大允许 TN 和 TP 入湖负荷分别为 1998t/a 和 212t/a，TN 和 TP 入湖污染负荷削减量需分别达到 715t/a 和 68t/a，削减率需分别达到 38. 66% 和 45. 7% 。

平水年型下，洱海最大允许 TN 和 TP 入湖负荷分别为 1085t/a 和 79t/a，TN 和 TP 入湖污染负荷削减量需分别达到 412/a 和 44t/a，削减率需分别达到 27. 5% 和 36. 12% 。

枯水年型下，洱海最大允许 TN 和 TP 入湖负荷分别为 899t/a 和 74t/a，TN 和 TP 入湖污染负荷削减量需分别达到 45/a 和 8t/a，削减率需分别达到 4. 77% 和 9. 12% 。

5.3.3 “流域–控制区”总量控制方案

5.3.3.1 丰水年型下总量控制方案

依据上述的总量分配基本原则与方法，对各个控制单元的分配总量进行了优化计算。由于水源涵养区、湖滨缓冲带的污染物削减率分别按照20%、100%确定，因此在优化分配时不考虑以上2类控制区。

图5-8为优化后的TN和TP分配的洛伦茨曲线，基尼系数分别为0.36和0.35，说明这一分配结果符合人口公平性原则。

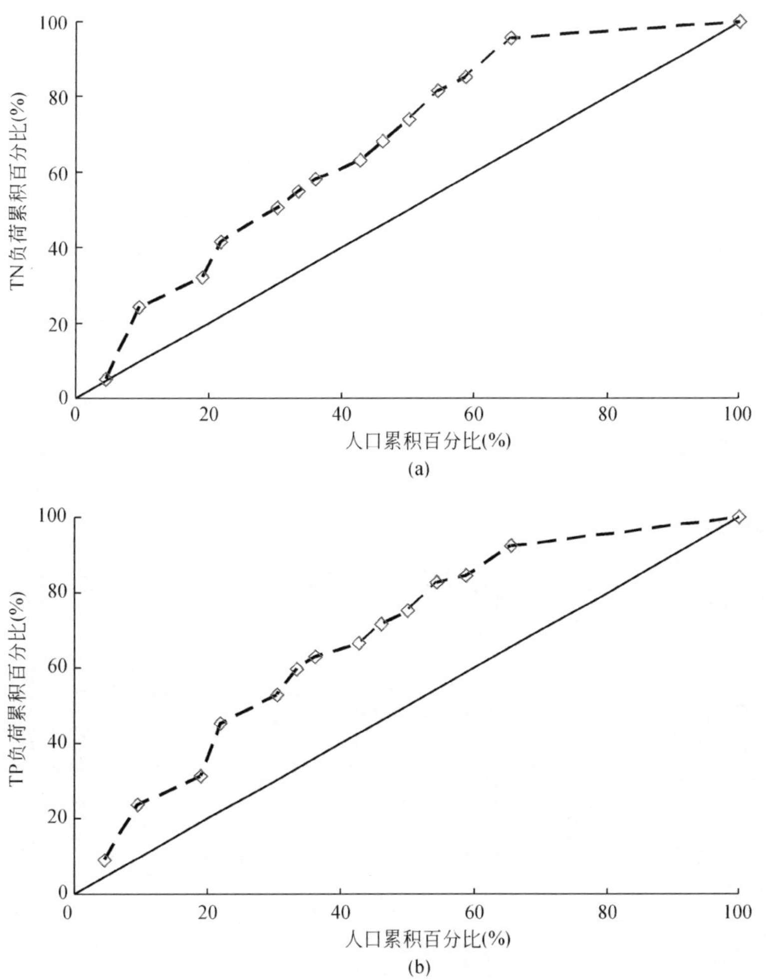

图5-8 基于人口的TN、TP污染负荷分配洛伦茨曲线

除了洱海湖泊生态修复区，洱海流域其余4个一级控制区的TN和TP削减率需分别达到21.5%～37.1%和22.3%～63.1%，污染物削减要求最高的为西部十八溪流域水污染控制区，其次为南部城镇及开发区水污染控制区。

除了湖滨缓冲带生态修复区，洱海流域其余8个二级控制区的TN和TP削减率需分别达到20% ~43.7%和20% ~77.6%，污染物削减要求较高的区域为南部城镇及开发区水污染控制区、西部村镇坝区水污染控制区和北部坝区水污染控制区。

28控制单元中，除了水源涵养区、湖滨缓冲带生态修复区，其余以人为干扰较为严重的控制单元的TN和TP削减率需分别达到30% ~48.2%和60.8% ~78.6%。可见，为达到Ⅲ类水质目标，在水源涵养区的污染物削减率控制在20%时，人为干扰严重的控制单元的污染物削减压力非常大。污染物削减要求较高的控制单元为大理镇坝区农业污染控制区、下关镇城市污染控制区、凤仪镇工农业复合污染控制区和右所镇坝区农业污染控制区。见表5-8和图5-9。

表5-8 洱海流域丰水年型下“流域–控制单元”总量削减结果

控制单元	允许负荷量（t/a）		削减量（t/a）		削减率（%）	
	TN	TP	TN	TP	TN	TP
弥苴河流域水源涵养区	216.1	19.1	54.0	4.8	20	20
罗时江流域水源涵养区	36.7	4.6	9.2	1.2	20	20
永安江流域水源涵养区	19.0	1.6	4.7	0.4	20	20
牛街镇坝区农业污染控制区	31.3	1.7	14.4	2.6	31.6	60.8
三营镇坝区农业污染控制区	114.4	2.7	66.3	6.3	36.7	69.6
茈碧湖镇坝区农业污染控制区	48.2	1.4	25.4	2.8	34.5	66.3
凤羽镇坝区农业污染控制区	56.6	2.6	24.3	4.3	30.0	62.3
右所镇坝区农业污染控制区	55.3	1.4	51.6	4.9	48.2	77.6
邓川镇坝区农业污染控制区	24.5	1.3	15.8	3.3	39.2	71.7
上关镇坝区农业污染控制区	20.0	0.6	19.4	1.8	49.2	76.3
西部苍山十八溪水源涵养区	27.4	2.8	6.9	0.7	20.0	20.0
喜州镇坝区农业污染控制区	31.2	0.7	25.9	2.3	45.3	76.8
湾桥镇坝区农业污染控制区	29.7	0.9	13.5	1.7	31.2	65.3
银桥镇坝区农业污染控制区	34.3	0.7	15.3	1.2	30.8	64.2
大理镇坝区农业污染控制区	46.1	1.4	38.2	5.1	45.3	78.6
东部远山水源涵养区	16.1	2.6	4.0	0.7	20	20
双廊镇面山水土流失控制区	18.7	3.2	4.7	0.8	20	20
挖色镇面山水土流失控制区	59.1	8.3	14.8	2.1	20	20
海东镇面山水土流失控制区	62.9	8.6	15.7	2.1	20	20
挖色镇凤尾箐流域农业控制区	23.2	0.4	10.1	1.0	30.2	72.5
凤仪镇波罗江流域水源涵养区	67.3	10.6	16.8	2.7	20	20
下关镇面山水源涵养区	7.5	0.9	1.9	0.2	20	20
凤仪镇工农业复合污染控制区	61.5	1.4	47.6	4.7	43.6	76.6
下关镇城市污染控制区	26.8	1.4	21.0	5.2	44.0	78.5
上关镇重点河口生态修复区	0.0	0.0	23.3	0.4	100	100
西岸湖滨与缓冲带生态修复区	0.0	0.0	158.6	3.8	100	100
东岸湖滨与缓冲带生态修复区	0.0	0.0	11.9	1.4	100	100
合计	1 133.9	80.9	715.3	68.5	—	—

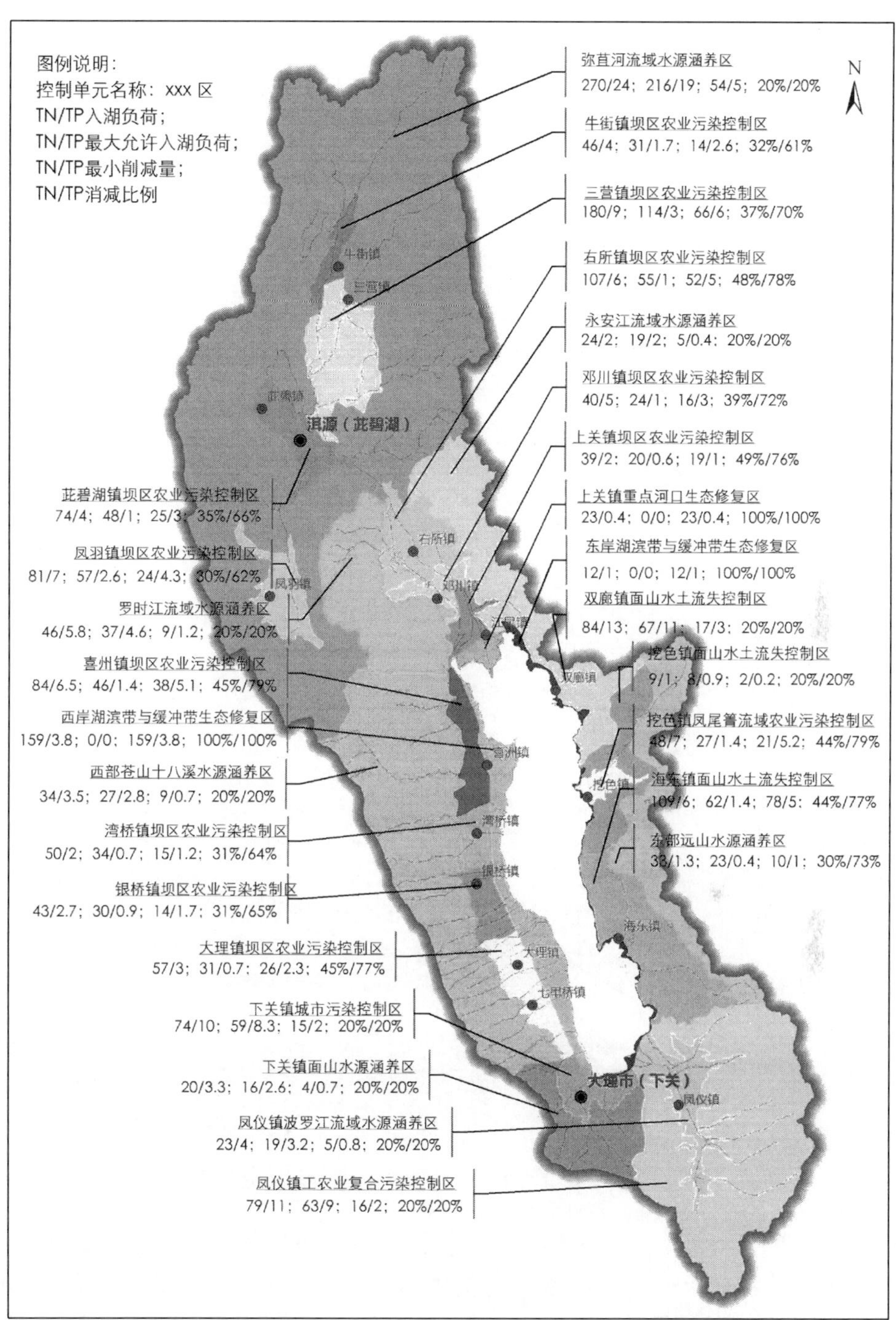

图 5-9 丰水年型下“流域–控制区”尺度容量总量分配布局图

5.3.3.2 平水年型下总量控制方案

图5-10为优化后的TN和TP分配的洛伦茨曲线，基尼系数分别为0.34和0.35，说明这一分配结果符合人口公平性原则。

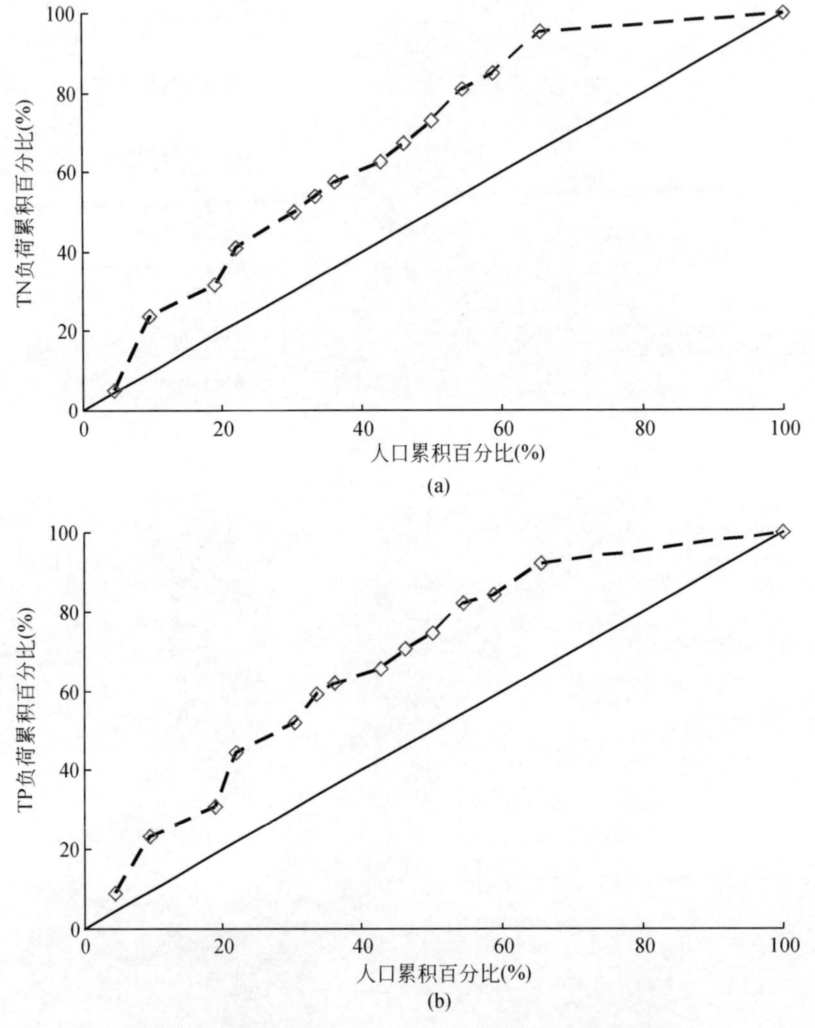

图5-10 基于人口的TN和TP污染负荷分配洛伦茨曲线

除了洱海湖泊生态修复区，洱海流域其余4个一级控制区的TN和TP削减率需分别达到21.6%～37.2%和22.6%～63.5%，污染物削减要求最高的为西部十八溪流域水污染控制区，其次为南部城镇及开发区水污染控制区。

除了湖滨缓冲带生态修复区，洱海流域其余8个二级控制区的TN和TP削减率需分别达到20%～43.7%和20%～77.6%，污染物削减要求较高的区域为南部城镇及开发区水污染控制区、西部村镇坝区水污染控制区和北部坝区水污染控制区。

28控制单元中，除了水源涵养区、湖滨缓冲带生态修复区，其余以人为干扰较为严重的控制单元的TN和TP削减率需分别达到30%～48.2%和60.8%～78.6%。污染物削减要求较高的控制单元为大理镇坝区农业污染控制区、下关镇城市污染控制区、凤仪镇工农业复合污染控制区和右所镇坝区农业污染控制区。

5.3.3.3 枯水年型下总量控制方案

枯水年型下，洱海流域的TN和TP入湖污染负荷削减量需分别达到45/a和8t/a，削减率需分别达到4.77%和9.12%。污染物削减要求较低，为达到总量控制目标，只需要削减洱海湖滨缓冲带生态修复区的污染物即可，因此不再分析枯水年型下的总量分配方案。详见表5-9和图5-11。

表5-9 洱海流域平水年型下“流域–控制单元”总量削减结果

控制单元	允许负荷量（t/a）		最小削减量（t/a）		削减率（%）	
	TN	TP	TN	TP	TN	TP
弥苴河流域水源涵养区	171.8	15.4	43.0	3.9	20	20
罗时江流域水源涵养区	29.2	3.7	7.3	0.9	20	20
永安江流域水源涵养区	15.1	1.3	3.8	0.3	20	20
牛街镇坝区农业污染控制区	25.6	1.4	11.8	2.1	31.6	60.8
三营镇坝区农业污染控制区	91.8	2.2	53.2	5.1	36.7	69.6
茈碧湖镇坝区农业污染控制区	38.9	1.2	20.5	2.3	34.5	66.3
凤羽镇坝区农业污染控制区	45.7	2.1	19.6	3.5	30.0	62.3
右所镇坝区农业污染控制区	44.8	1.2	41.7	4.0	48.2	77.6
邓川镇坝区农业污染控制区	20.8	1.1	13.4	2.8	39.2	71.7
上关镇坝区农业污染控制区	16.4	0.5	15.9	1.5	49.2	76.3
西岸苍山十八溪水源涵养区	21.8	2.2	5.5	0.6	20	20
喜州镇坝区农业污染控制区	24.8	0.6	20.6	1.9	45.3	76.8
湾桥镇坝区农业污染控制区	24.6	0.8	11.2	1.5	31.2	65.3
银桥镇坝区农业污染控制区	28.1	0.6	12.5	1.1	30.8	64.2
大理镇坝区农业污染控制区	39.1	1.2	32.4	4.4	45.3	78.6
东部远山水源涵养区	12.8	2.1	3.2	0.5	20	20
双廊镇面山水土流失控制区	15.6	2.6	3.9	0.7	20	20
挖色镇面山水土流失控制区	47.0	6.7	11.7	1.7	20	20
海东镇面山水土流失控制区	50.8	7.0	12.7	1.7	20	20
挖色镇凤尾箐流域坝区农业区	19.8	0.3	8.6	0.9	30.2	72.5
凤仪镇波罗江流域水源涵养区	53.5	8.6	13.4	2.1	20	20
下关镇面山水源涵养区	6.0	0.7	1.5	0.2	20	20
凤仪镇工农业复合污染控制区	51.0	1.2	39.4	4.0	43.6	76.6
下关镇城市污染控制区	23.3	1.2	18.3	4.4	44.0	78.5
上关镇重点河口生态修复区	0.0	0.0	18.5	0.3	100	100
西岸湖滨与缓冲带生态修复区	0.0	0.0	126.1	3.1	100	100
东岸湖滨与缓冲带生态修复区	0.0	0.0	9.5	1.2	100	100
合计	918.3	65.9	579.2	56.7		

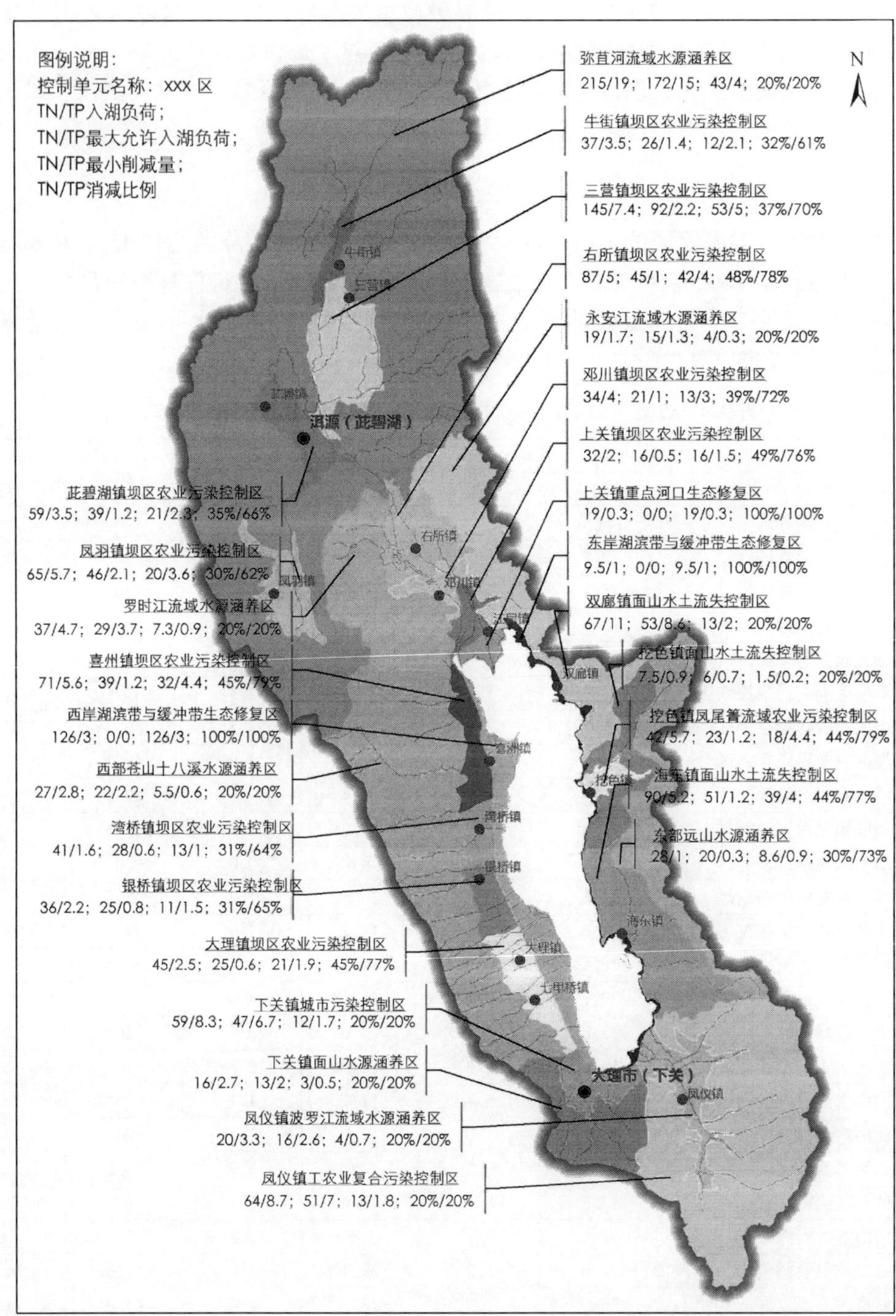

图5-11　平水年型下“流域-控制区”尺度容量总量分配布局图

5.3.4 “流域–污染源”总量控制方案

5.3.4.1 丰水年型下总量控制方案

丰水年型下，为达到总量控制目标，城镇生活污染源、旅游污染源和面源的 TN 最大允许入湖量分别为 15.74t/a、10.6t/a 和 1170.8t/a，TP 最大允许入湖量分别为 1.32t/a、0.89t/a 和 78.7t/a。

根据子课题一的调查结果，洱海流域城镇人口较为集中的下关镇、凤仪镇的污水收集处理系统较为完善，并且污水基本排入西洱河，这些区域的城镇生活污染源入湖率基本为零。本研究基于子课题一的调查结果，重点对污水收集处理设施不完善的城镇提出了污染削减要求。

洱海流域城镇生活污染源、旅游污染源和面源的 TN 入湖负荷需至少分别削减 63t/a、42t/a 和 610t/a；TP 入湖负荷需至少分别削减 5.3t/a、3.6t/a 和 60t/a。面源污染削减最大的依旧集中在下关镇城市污染控制区、大理镇坝区农业污染控制区、右所镇坝区农业污染控制区和喜州镇坝区农业污染控制区，详见表 5-10 和图 5-12。

表 5-10 洱海流域丰水水年型下“控制区–污染源”最大允许入湖量

控制单元	城镇生活源（t/a）		旅游污染源（t/a）		陆域面源（t/a）	
	TN	TP	TN	TP	TN	TP
弥苴河流域水源涵养区	0.00	0.00	0.00	0.00	216.09	19.10
罗时江流域水源涵养区	0.00	0.00	0.00	0.00	36.74	4.63
永安江流域水源涵养区	0.00	0.00	0.00	0.00	18.97	1.64
牛街镇坝区农业污染控制区	0.96	0.08	0.00	0.00	30.38	1.58
三营镇坝区农业污染控制区	1.23	0.10	0.00	0.00	113.19	2.63
茈碧湖镇坝区农业污染控制区	0.92	0.08	0.00	0.00	47.27	1.33
凤羽镇坝区农业污染控制区	0.96	0.08	0.00	0.00	55.65	2.54
右所镇坝区农业污染控制区	1.49	0.12	0.00	0.00	53.85	1.28
邓川镇坝区农业污染控制区	2.10	0.18	0.00	0.00	22.38	1.14
上关镇坝区农业污染控制区	0.96	0.08	0.00	0.00	19.02	0.47
西岸苍山十八溪水源涵养区	0.00	0.00	0.00	0.00	27.42	2.77
喜州镇坝区农业污染控制区	0.00	0.00	0.00	0.00	31.22	0.70
湾桥镇坝区农业污染控制区	1.31	0.11	0.00	0.00	28.43	0.81
银桥镇坝区农业污染控制区	1.14	0.09	0.00	0.00	33.20	0.59
大理镇坝区农业污染控制区	0.80	0.07	3.53	0.30	41.75	1.02
东部远山水源涵养区	0.00	0.00	0.00	0.00	16.12	2.64
双廊镇面山水土流失控制区	0.96	0.08	0.00	0.00	17.69	3.08
挖色镇面山水土流失控制区	0.00	0.00	0.00	0.00	59.08	8.26
海东镇面山水土流失控制区	0.96	0.08	0.00	0.00	61.97	8.50
挖色镇凤尾箐流域坝区农业区	1.93	0.16	0.00	0.00	21.28	0.20
凤仪镇波罗江流域水源涵养区	0.00	0.00	0.00	0.00	67.27	10.62
下关镇面山水源涵养区	0.00	0.00	0.00	0.00	7.53	0.88
凤仪镇工农业复合污染控制区	0.00	0.00	3.53	0.30	58.00	1.14

续表

控制单元	城镇生活源（t/a）		旅游污染源（t/a）		陆域面源（t/a）	
	TN	TP	TN	TP	TN	TP
下关镇城市污染控制区	0.00	0.00	3.53	0.30	23.24	1.13
上关镇重点河口生态修复区	0.00	0.00	0.00	0.00	0.00	0.00
西岸湖滨与缓冲带生态修复区	0.00	0.00	0.00	0.00	0.00	0.00
东岸湖滨与缓冲带生态修复区	0.00	0.00	0.00	0.00	0.00	0.00

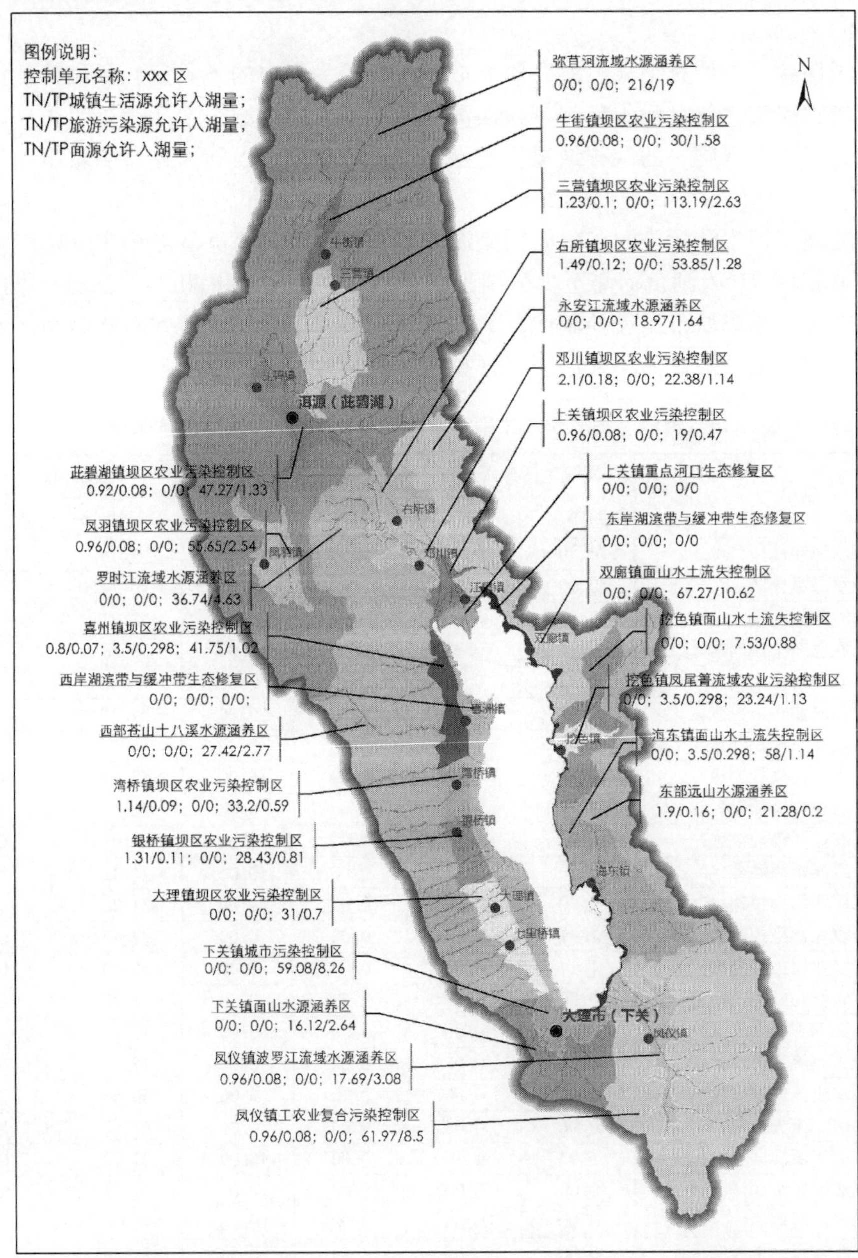

图5-12　丰水年型下“控制区–污染源”尺度容量总量分配布局图

5.3.4.2 平水年型下总量控制方案

平水年型下，为达到总量控制目标，城镇生活污染源、旅游污染源和面源的 TN 最大允许入湖量分别为 15.74t/a、10.6t/a 和 892t/a，TP 最大允许入湖量分别为 1.32t/a、0.89t/a 和 63.7t/a。相应地，洱海流域城镇生活污染源、旅游污染源和面源的 TN 入湖负荷需至少分别削减 63t/a、42t/a 和 474t/a；TP 入湖负荷需至少分别削减 5.3t/a、3.6t/a 和 48t/a。面源污染削减最大的依旧集中在下关镇城市污染控制区、大理镇坝区农业污染控制区、右所镇坝区农业污染控制区和喜州镇坝区农业污染控制区，详见表 5-11 和图 5-13。

表 5-11 洱海流域平水水年型下"控制区–污染源"最大允许入湖量

控制单元	城镇生活源（t/a）		旅游污染源（t/a）		陆域面源（t/a）	
	TN	TP	TN	TP	TN	TP
弥苴河流域水源涵养区	0.00	0.00	0.00	0.00	171.82	15.42
罗时江流域水源涵养区	0.00	0.00	0.00	0.00	29.21	3.73
永安江流域水源涵养区	0.00	0.00	0.00	0.00	15.08	1.32
牛街镇坝区农业污染控制区	0.96	0.08	0.00	0.00	24.63	1.29
三营镇坝区农业污染控制区	1.23	0.10	0.00	0.00	90.55	2.14
茈碧湖镇坝区农业污染控制区	0.92	0.08	0.00	0.00	38.02	1.08
凤羽镇坝区农业污染控制区	0.96	0.08	0.00	0.00	44.74	2.06
右所镇坝区农业污染控制区	1.49	0.12	0.00	0.00	43.31	1.04
邓川镇坝区农业污染控制区	2.10	0.18	0.00	0.00	18.67	0.93
上关镇坝区农业污染控制区	0.96	0.08	0.00	0.00	15.42	0.38
西岸苍山十八溪水源涵养区	0.00	0.00	0.00	0.00	21.81	2.24
喜州镇坝区农业污染控制区	0.00	0.00	0.00	0.00	24.83	0.57
湾桥镇坝区农业污染控制区	1.31	0.11	0.00	0.00	23.26	0.67
银桥镇坝区农业污染控制区	1.14	0.09	0.00	0.00	26.97	0.49
大理镇坝区农业污染控制区	0.80	0.07	3.53	0.30	34.74	0.83
东部远山水源涵养区	0.00	0.00	0.00	0.00	12.82	2.13
双廊镇面山水土流失控制区	0.96	0.08	0.00	0.00	14.66	2.53
挖色镇面山水土流失控制区	0.00	0.00	0.00	0.00	46.97	6.66
海东镇面山水土流失控制区	0.96	0.08	0.00	0.00	49.87	6.90
挖色镇凤尾箐流域坝区农业区	1.93	0.16	0.00	0.00	17.90	0.17
凤仪镇波罗江流域水源涵养区	0.00	0.00	0.00	0.00	53.49	8.57
下关镇面山水源涵养区	0.00	0.00	0.00	0.00	5.99	0.71
凤仪镇工农业复合污染控制区	0.00	0.00	3.53	0.30	47.44	0.93
下关镇城市污染控制区	0.00	0.00	3.53	0.30	19.78	0.92
上关镇重点河口生态修复区	0.00	0.00	0.00	0.00	0.00	0.00
西岸湖滨与缓冲带生态修复区	0.00	0.00	0.00	0.00	0.00	0.00
东岸湖滨与缓冲带生态修复区	0.00	0.00	0.00	0.00	0.00	0.00

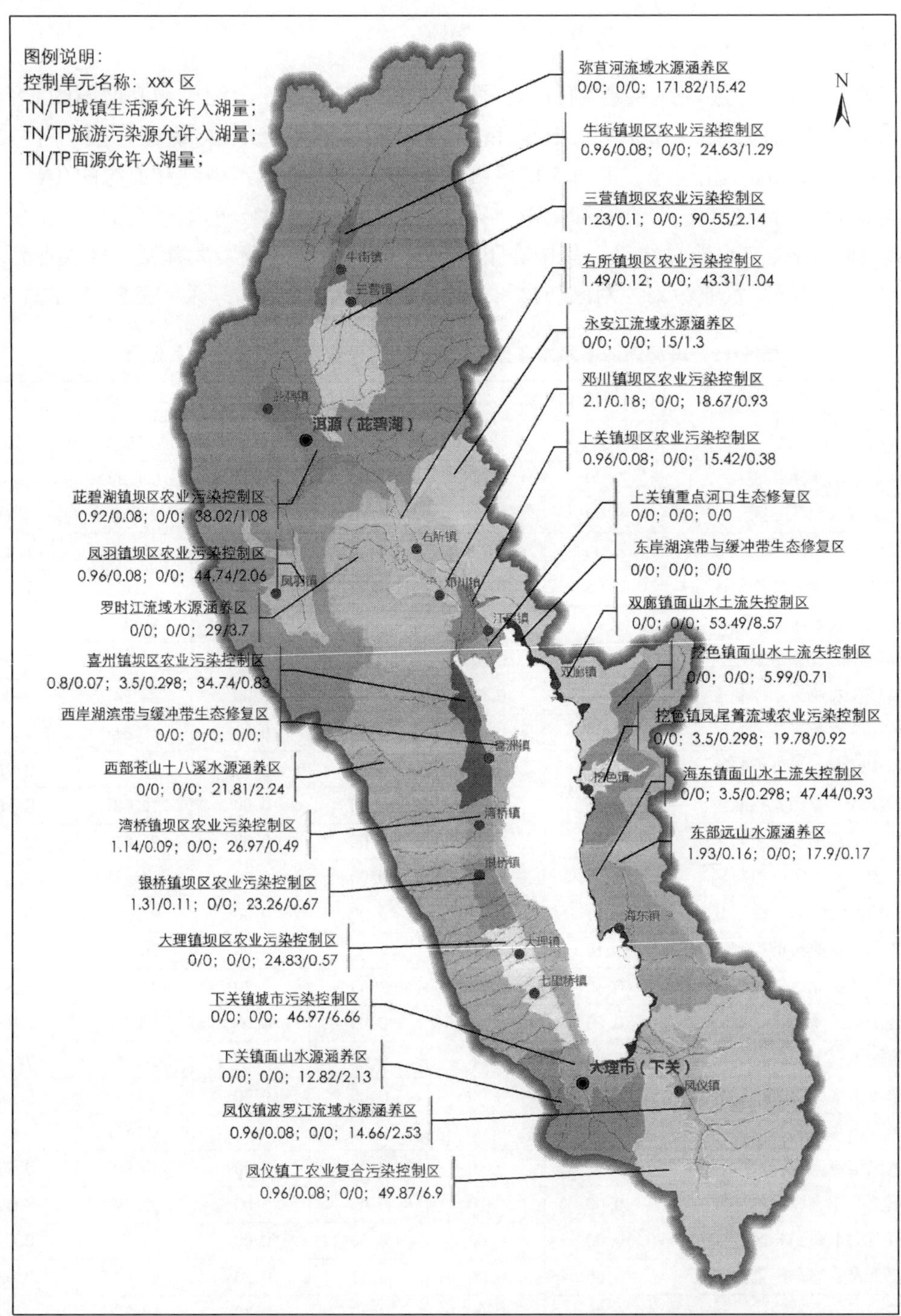

图 5-13　平水年型下“控制区–污染源”尺度容量总量分配布局图

综上所述，在北部控制点的水质达到地表水环境质量Ⅱ类标准时洱海流域的总量控制目标为以下 3 点。

1）丰水年型下，洱海最大允许TN和TP入湖负荷分别为1998t/a和212t/a，TN和TP入湖污染负荷削减量需分别达到715t/a和68t/a，削减率需分别达到38.66%和45.7%；平水年型下，洱海最大允许TN和TP入湖负荷分别为1085t/a和79t/a，TN和TP入湖污染负荷削减量需分别达到412/a和44t/a，削减率需分别达到27.5%和36.12%；平水年型下，洱海最大允许TN和TP入湖负荷分别为899t/a和74t/a，TN和TP入湖污染负荷削减量需分别达到45/a和8t/a，削减率需分别达到4.77%和9.12%。

2）丰水年型下，28控制单元中，除了水源涵养区和湖滨缓冲带生态修复区，其余以人为干扰较为严重的控制单元的TN和TP削减率需分别达到30%～48.2%和60.8%～78.6%。可见，为达到Ⅱ类水质目标，在水源涵养区的污染物削减率控制在20%时，人为干扰严重的控制单元的污染物削减压力非常大。污染物削减要求较高的控制单元为大理镇坝区农业污染控制区、下关镇城市污染控制区、风仪镇工农业复合污染控制区和右所镇坝区农业污染控制区。为实现控制单元的污染削减要求，洱海流域城镇生活污染源、旅游污染源和面源的TN入湖负荷需至少分别削减63t/a、42t/a和610t/a；TP入湖负荷需至少分别削减5.3t/a、3.6t/a和60t/a。

3）平水年型下，28控制单元中，除了水源涵养区、湖滨缓冲带生态修复区，其余以人为干扰较为严重的控制单元的TN和TP削减率需分别达到30%～48.2%和60.8%～78.6%。污染物削减要求较高的控制单元为大理镇坝区农业污染控制区、下关镇城市污染控制区、风仪镇工农业复合污染控制区和右所镇坝区农业污染控制区。为实现控制单元的污染削减要求，洱海流域城镇生活污染源、旅游污染源和面源的TN入湖负荷需至少分别削减63t/a、42t/a和474t/a；TP入湖负荷需至少分别削减5.3t/a、3.6t/a和48t/a。

研 究 篇

6 洱海流域社会经济结构、发展速度与污染控制研究

6.1 引　　言

近二十多年来，随着洱海流域人口的增加和经济的快速发展，人类对自然资源的开发不断加剧，流域生态环境逐渐恶化，洱海水质日益下降，逐步由贫营养化过渡到中营养化，目前正处于中营养向富营养湖泊的过渡阶段，水质已由 20 世纪 90 年代的Ⅱ类到Ⅲ类发展到现在的Ⅲ类水临界状态。这说明近几年来洱海流域经济发展、人口增加给洱海水质带来的威胁有增无减。

本研究目的是依据陆域控制单元划分及区域污染分摊，拟合出洱海流域社会经济发展速度及人口的增长与污染物之间的耦合关系，并对模拟出的结果进行分析，最后给出社会经济结构与污染物排放量之间的关系、社会经济发展速度与污染物排放量的关系。通过研究，解析流域社会经济结构与发展速度的污染贡献度，为进一步探讨和设定流域社会经济结构优化布局奠定基础。

本研究思路：首先，对洱海流域 1999 ~ 2008 年近十年的数据进行分析整理，利用 SPSS 软件拟合图形，并根据图形的特征给出回归模型，然后利用 SPSS 软件分析得出模型回归方程，最后对模拟结果进行分析。

6.2 问题分析和模型构建、求解

通过模型-层次分析，我们主要从产业结构、城乡空间结构及土地利用方式的三维视角，探讨流域社会经济结构与主要污染物排放量之间的耦合关系。

6.2.1 产业结构与污染物排放量关系研究

此处，产业结构与污染物排放量之间的耦合关系，具体是指工业、农业、旅游业三产业的产值与主要污染物 COD、TN 和 TP 之间的关系。下面我们运用 SPSS 软件中的绘图功能生成以上四个变量的矩阵散点图，如图 6-1 所示。

可以看出 TN、TP 和 COD 污染物排放量与其他三个变量之间存在着明显的线性关系，于是我们给出线性回归模型如下

$$\mathrm{Pol}_i = \alpha_i + \sum_{j=1}^{3} \alpha_{ij}\mathrm{Ind}_{ij} + \varepsilon_i \tag{6-1}$$

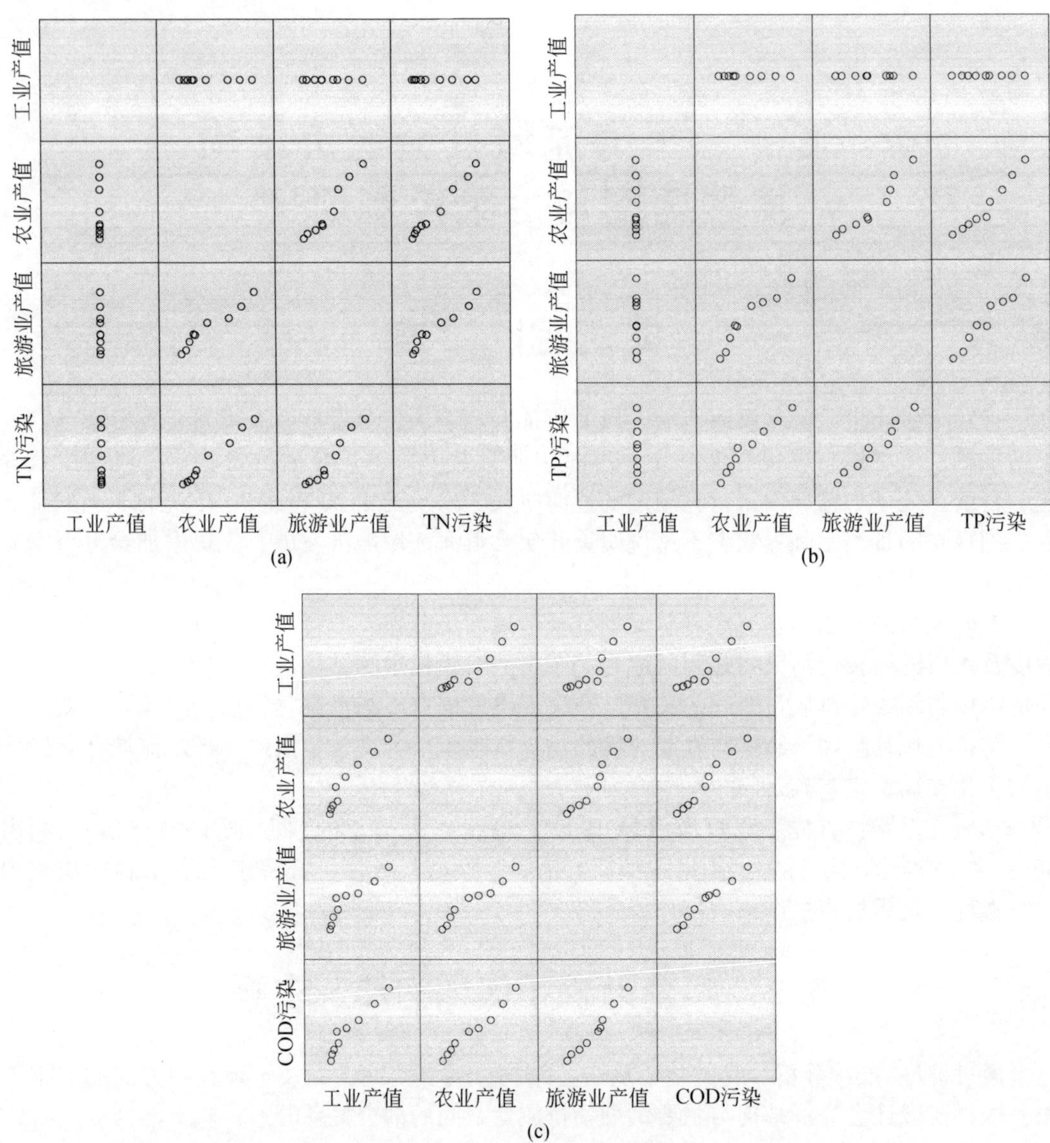

图 6-1　4 个变量的矩阵散点图

式中，$i=1$、2、3，$j=1$、2、3，$i=1$ 表示 TN，2 表示 TP，3 表示总 COD；$j=1$ 表示工业，2 表示农业，3 表示旅游业，Pol 为污染物排放量，单位为千吨，Ind 为产业产出量，单位为 10 亿元。

运用 SPSS 软件做多元线性回归分析，得到如下数据（表 6-1）。

表 6-1　模型检验

系数						
模型		非标准化系数		标准化系数	t	Sig.
		B	标准误差	Beta		
1	（常数）	7.344	0.132		55.834	0.000
	农业产值	1.591	0.335	0.840	4.755	0.003
	旅游业产值	0.159	0.177	0.159	0.897	0.404

于是我们得到第一个回归方程为

$$Pol_1 = 7.34 + 1.59Ind_{12} + 0.16Ind_{13}$$

该回归方程统计检验值如下：$R^2 = 0.991$，$F = 313.189$，Sig. = 0

从模型结果分析可以得出：农业对 TN 污染排放量的影响较大，几乎是旅游业影响的 10 倍。

用同样的方法得到 TP 污染与工业、农业、旅游业之间相关分析数据（表 6-2）及回归方程。

表 6-2　模型检验

系数						
模型		非标准化系数		标准化系数	t	Sig.
		B	标准误差	Beta		
1	（常数）	3.624	0.014		266.400	0.000
	农业产值	0.072	0.029	0.535	2.476	0.048
	旅游业产值	0.034	0.016	0.464	2.147	0.075

$$Pol_2 = 3.624 + 0.072Ind_{22} + 0.034Ind_{23}$$

该回归方程统计检验值如下：$R^2 = 0.977$，$F = 126.68$，Sig. = 0

从模型结果分析可以得出：农业对 TP 污染排放量的影响较大。

用同样的方法得到 COD 污染与工业、农业、旅游业之间相关分析数据（表 6-3）及回归方程。

表 6-3　模型检验

系数						
模型		非标准化系数		标准化系数	t	Sig.
		B	标准误差	Beta		
1	（常数）	18.732	0.213		87.957	0.000
	工业产值	0.502	0.140	0.285	3.574	0.016
	农业产值	0.933	0.837	0.156	1.116	0.315
	旅游业产值	1.800	0.304	0.574	5.926	0.002

$$\mathrm{Pol}_3 = 18.732 + 0.502\mathrm{Ind}_{31} + 0.933\mathrm{Ind}_{32} + 1.8\mathrm{Ind}_{33}$$

该回归方程统计检验值如下：$R^2 = 0.998$，$F = 812.693$，Sig. = 0

从模型结果分析可以得出：旅游业对 COD 污染物排放量的影响最大。

6.2.2 城乡空间结构与污染物排放量关系研究

在这一部分中，我们主要研究农村人口与城镇人口与三种主要污染物 COD、TN、TP 之间的耦合关系，下面我们运用 SPSS 软件中的绘图功能生成以上三个变量的矩阵散点图，如图 6-2 所示。

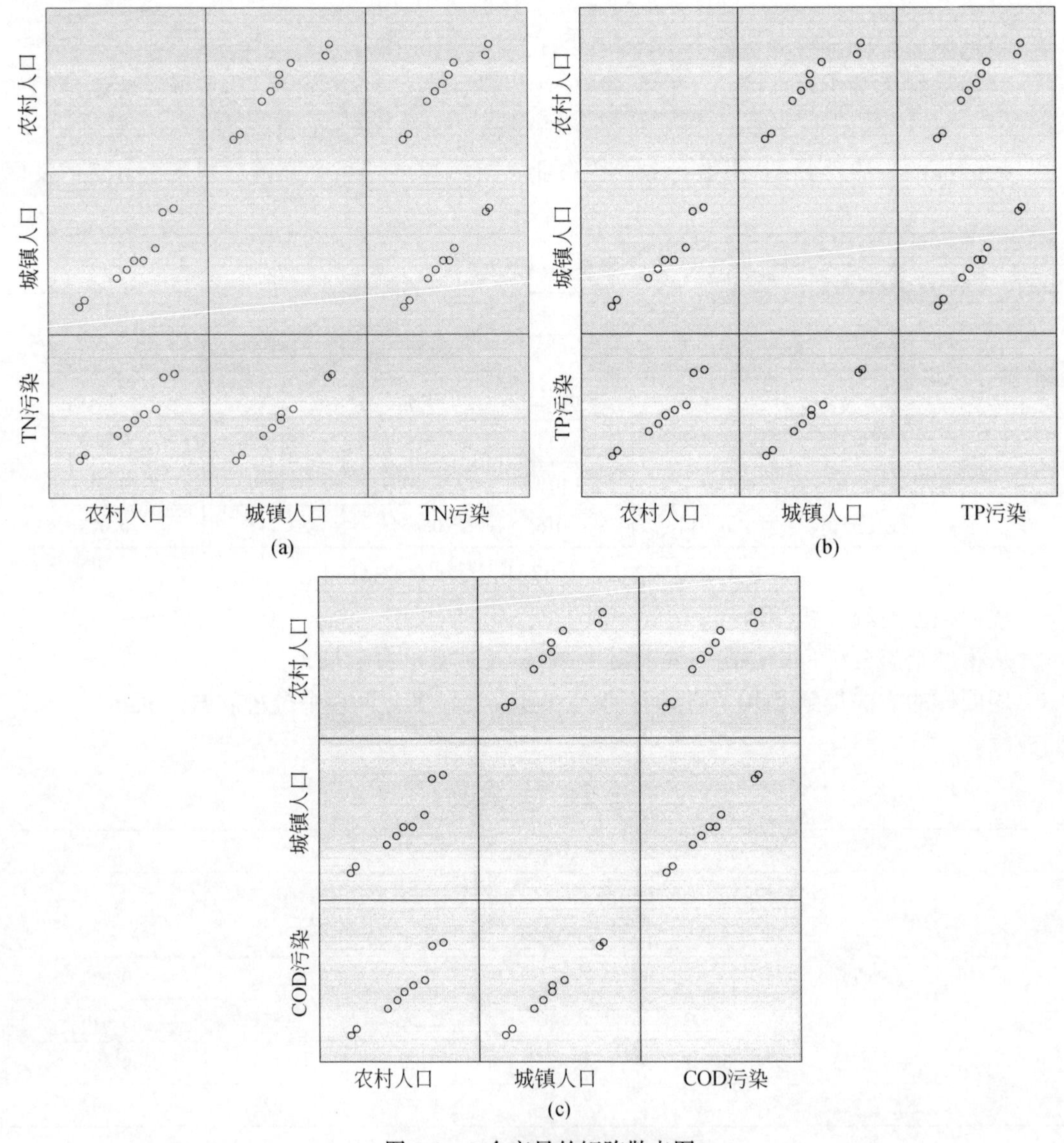

图 6-2　3 个变量的矩阵散点图

可以看出 TN、TP、COD 污染排放量与其他两个变量之间存在着明显的线性关系，于是我们给出线性回归模型如下。

$$\mathrm{Pol}_i = \beta_i + \sum_{j=1}^{2} \beta_{ij} \mathrm{Urb}_{ij} + \delta_i \tag{6-2}$$

式中，$i=1$、2、3，$j=1$、2，$i=1$ 表示 TN，2 表示 TP，3 表示总 COD；$j=1$ 表示农村人口，2 表示城镇人口，Pol 为污染物排放量，单位为 kt，Urb 为人口数量，单位为十万人。

运用 SPSS 软件做多元线性回归分析，得到如下数据（表 6-4）。

表 6-4　模型检验

系数						
模型		非标准化系数		标准化系数	*t*	Sig.
		B	标准误差	Beta		
1	（常数）	-2.784	1.993		-1.397	0.212
	农村人口	0.607	0.429	0.112	1.415	0.207
	城镇人口	3.910	0.347	0.891	11.258	0.000

于是我们得到第一个回归方程为

$$\mathrm{Pol}_1 = -2.784 + 0.607\mathrm{Urb}_{11} + 3.910\mathrm{Urb}_{12}$$

该回归方程统计检验值如下：$R^2 = 0.997$，$F = 943.146$，Sig. $=0$

从模型结果分析可以得出：城镇人口对 TN 污染物排放量的影响较大。

用同样的方法得到 TP 污染与农村人口、城镇人口之间相关分析数据（表 6-5）及回归方程。

表 6-5　模型检验

系数						
模型		非标准化系数		标准化系数	*t*	Sig.
		B	标准误差	Beta		
1	（常数）	-2.125	1.618		-1.313	0.237
	农村人口	0.461	0.349	0.102	1.321	0.235
	城镇人口	3.300	0.282	0.901	11.697	0.000

$$\mathrm{Pol}_2 = -2.125 + 0.461\mathrm{Urb}_{21} + 3.3\mathrm{Urb}_{22}$$

该回归方程统计检验值如下：$R^2 = 0.997$，$F = 996.002$，Sig. $=0$

从模型结果分析可以得出：城镇人口对 TP 污染物排放量的影响较大。

用同样的方法得到 COD 污染与农村人口、城镇人口之间相关分析数据（表 6-6）及回归方程。

表 6-6　模型检验

系数						
模型		非标准化系数		标准化系数	t	Sig.
		B	标准误差	Beta		
1	（常数）	−1. 529	1. 114		−1. 372	0. 219
	农村人口	0. 334	0. 240	0. 113	1. 389	0. 214
	城镇人口	2. 115	0. 194	0. 889	10. 884	0. 000

$$\mathrm{Pol}_3 = -1.529 + 0.334\mathrm{Urb}_{31} + 2.115\mathrm{Urb}_{32}$$

该回归方程统计检验值如下：$R^2 = 0.997$，$F = 884.502$，Sig. $= 0$

从模型结果分析可以得出：城镇人口对 COD 污染物排放量的影响较大。

6. 2. 3　土地利用方式与污染物排放量关系研究

在这一部分中，我们主要研究流域 7 种主要的种植业的种植面积与主要污染物 COD、TN、TP 之间的耦合关系，下面我们运用 SPSS 软件中的绘图功能生成以上 8 个变量的矩阵散点图，如图 6-3 所示。

由近十年数据拟合的矩阵散点图，可以得出以上 7 种种植业的种植面积与 3 种主要污染物的排放量之间存在明显的线性关系，给出模型如下：

$$\mathrm{Pol}_i = \chi_i + \sum_{k=1}^{7}\chi_{ij}\mathrm{lan}_{ij} + \gamma_i \tag{6-3}$$

式中，$i = 1$ 表示 TN，2 表示 TP，3 表示总 COD；$j = 1$ 表示水稻，$j = 2$ 小麦，$j = 3$ 玉米，$j = 4$

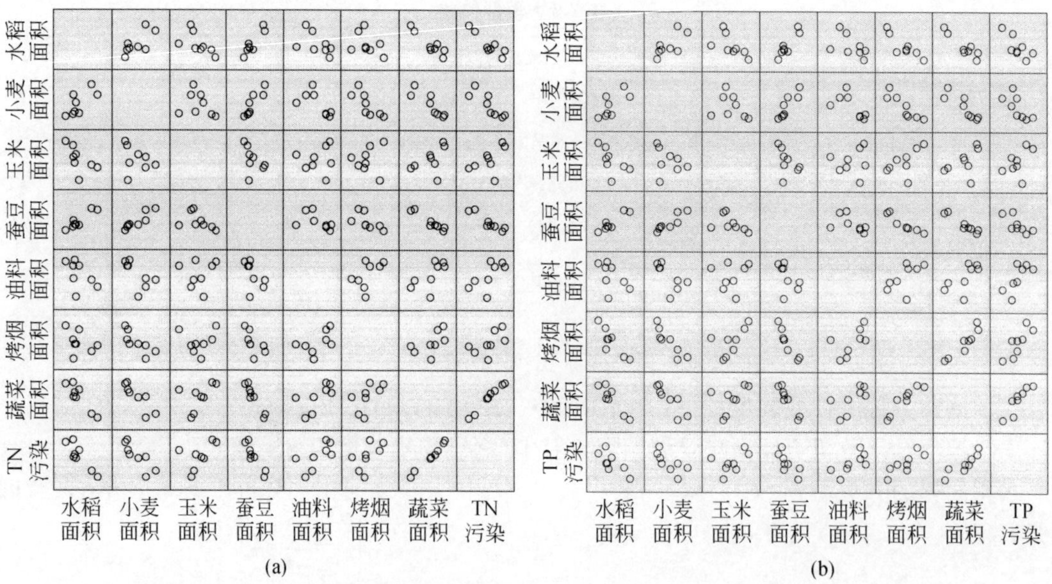

(a)

(b)

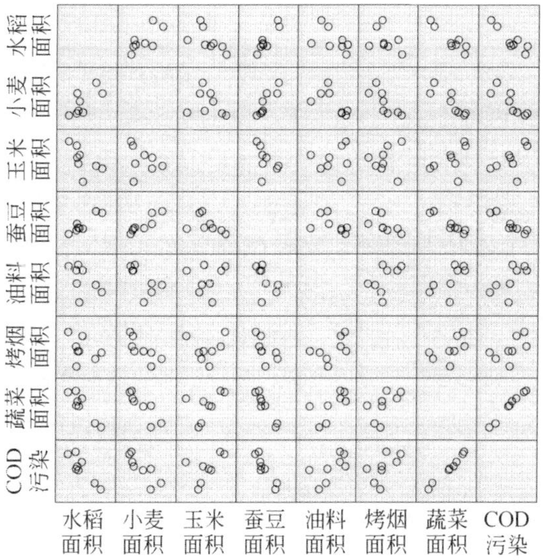

(c)

图 6-3　8 个变量的矩阵散点图

蚕豆, $j=5$ 油料, $j=6$ 烤烟, $j=7$ 蔬菜; t 表示年份; Pol 为污染物排放量，单位为 kt，lan 表示种植面积，单位为万亩。运用 SPSS 软件做多元线性回归分析，得到如下数据（表 6-7、表 6-8）。

表 6-7　模型检验

系数						
模型		非标准化系数		标准化系数	t	Sig.
		B	标准误差	Beta		
1	（常数）	−0.907	0.088		−10.295	0.062
	水稻面积	0.093	0.002	0.274	46.167	0.014
	小麦面积	0.078	0.002	0.281	48.982	0.013
	玉米面积	0.144	0.003	0.112	47.150	0.014
	油料面积	0.129	0.008	0.040	15.668	0.041
	烤烟面积	0.099	0.003	0.100	31.155	0.020
	蔬菜面积	0.192	0.001	1.354	168.300	0.004

表 6-8　模型检验

排除变量						
模型		Beta In	t	Sig.	偏相关	线性统计
						公差
1	蚕豆面积	−1.286[a]	0.000	0.000	−1.000	1.890×10^{-6}

$$Pol_1 = -0.907 + 0.093lan_{11} + 0.078lan_{12} + 0.144lan_{13} + 0.129lan_{15} + 0.099lan_{16} + 0.192lan_{17}$$

该回归方程统计检验值如下：$R^2 = 1$，$F = 53316.522$，Sig. $= 0.003$

从模型结果可以得出：蔬菜的种植面积对 TN 污染物排放量的影响最大，而蚕豆几乎对 TN 污染物排放量不产生影响。

用同样的方法得到 TP 污染与各种作物种植面积之间相关分析数据（表 6-9、表 6-10）及回归方程。

表 6-9　模型检验

系数						
模型		非标准化系数		标准化系数	t	Sig.
		B	标准误差	Beta		
1	（常数）	-1.852	0.164		-11.295	0.056
	水稻面积	0.084	0.003	1.063	24.498	0.026
	小麦面积	0.063	0.003	0.988	23.233	0.027
	玉米面积	0.034	0.007	0.113	4.870	0.129
	油料面积	0.212	0.014	0.280	15.013	0.042
	烤烟面积	0.215	0.026	0.482	8.259	0.077
	蔬菜面积	0.067	0.002	2.056	32.601	0.020

表 6-10　模型检验

排除变量						
模型		Beta In	t	Sig.	偏相关	线性统计
						公差
1	蚕豆面积	-1.593[a]	0.000	0.000	-1.000	6.732×10^{-5}

$$Pol_2 = -1.852 + 0.084lan_{21} + 0.063lan_{22} + 0.034lan_{23} + 0.212lan_{25} + 0.215lan_{26} + 0.067lan_{27}$$

该回归方程统计检验值如下：$R^2 = 1$，$F = 975.831$，Sig. $= 0.024$

从模型结果可以得出：烤烟的种植面积对 TP 污染物排放量的影响最大，而蚕豆几乎对 TP 污染物排放量不产生影响。

用同样的方法得到 TP 污染与各种作物种植面积之间相关分析数据（表 6-11、表 6-12）及回归方程。

表 6-11 模型检验

系数						
模型		非标准化系数		标准化系数	t	Sig.
		B	标准误差	Beta		
1	（常数）	-0.794	0.012		-65.393	0.010
	水稻面积	0.123	0.000	0.249	443.765	0.001
	小麦面积	0.112	0.000	0.278	511.773	0.001
	玉米面积	0.190	0.000	0.101	452.324	0.001
	油料面积	0.190	0.001	0.040	166.876	0.004
	烤烟面积	0.150	0.000	0.105	343.092	0.002
	蔬菜面积	0.275	0.000	1.332	1747.607	0.000

表 6-12 模型检验

排除变量						
模型		Beta In	t	Sig.	偏相关	线性统计
						公差
1	蚕豆面积	-0.122[a]	0.000	0.000	-1.000	1.890×10^{-6}

$$\mathrm{Pol}_3 = -0.794 + 0.123\mathrm{lan}_{31} + 0.112\mathrm{lan}_{32} + 0.190\mathrm{lan}_{33} + 0.190\mathrm{lan}_{35} + 0.150\mathrm{lan}_{36} + 0.275\mathrm{lan}_{37}$$

该回归方程统计检验值如下：$R^2 = 1$，$F = 5941311.095$，Sig. = 0

从模型结果可以得出：蔬菜的种植面积对 COD 污染物排放量的影响最大，而蚕豆几乎对 TP 污染物排放量不产生影响。

式（6-1）～式（6-3）分别考察产业结构、城乡空间结构、土地利用方式与主要污染物排放量之间的数理关系和作用机理。

6.2.4 流域社会经济发展速度与流域主要污染物排放量的研究

通过模型一层次分析，从人口、产业、空间的三个方面，系统解析流域社会经济发展速度与流域主要污染物排放量的定量关系。

分析：人口、产业、空间与污染物之间的耦合关系是指流域总人口数、三产业的总产值和城镇化水平与主要污染物 COD、TN 和 TP 之间的关系，下面我们运用 SPSS 软件中的绘图功能生成以上 4 个变量的矩阵散点图，如图 6-4 所示。

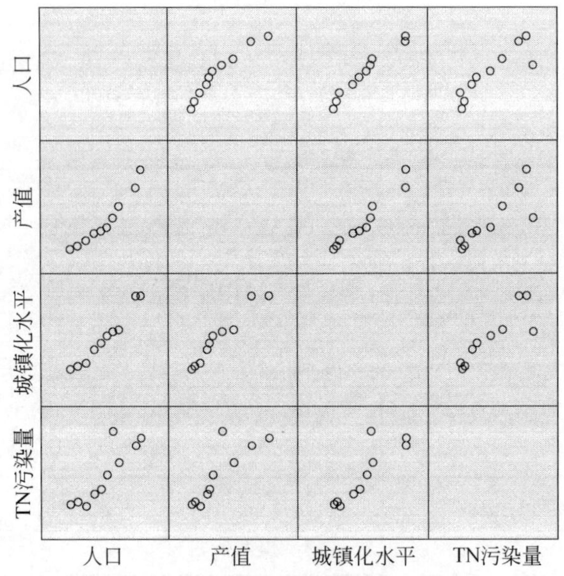

图 6-4　4 个变量的矩阵散点图

从图中最后一行的 4 个散点图来看，TN 排放量与人口、产值、城镇化水平之间的线性关系是非常勉强的，而与它们都或多或少的存在着对数函数的关系，根据散点图的结果，决定把模型略做如下改动

$$\ln\text{Pol}_i = \beta_{1i} + \beta_{2i}\ln\text{Popu}_i + \beta_{3i}\ln\text{GDP}_i + \beta_{4i}\ln\text{Urb}_i + \varepsilon_i \tag{6-4}$$

式中，$i=1$ 表示总氮，$i=2$ 表示总磷，$i=3$ 表示总 COD；t 表示年份；Pol 代表主要污染物排放量，单位为 kt，Popu 代表人口数，GDP 代表经济总产值，Urb 代表城市化率。经过这个变换之后再对这 4 个变量生成矩阵散点图结果如图 6-5 所示。

运用 SPSS 软件做多元线性回归分析，得到如下数据分析（表 6-13）及回归方程如下。

表 6-13　模型检验

系数						
模型		非标准化系数		标准化系数	t	Sig.
		B	标准误差	Beta		
1	（常数）	2.042	2.885	—	0.708	0.518
	人口	0.278	1.041	0.146	0.267	0.803
	产值	0.150	0.117	0.591	1.284	0.269
	城镇化水平	0.417	0.754	0.257	0.553	0.610

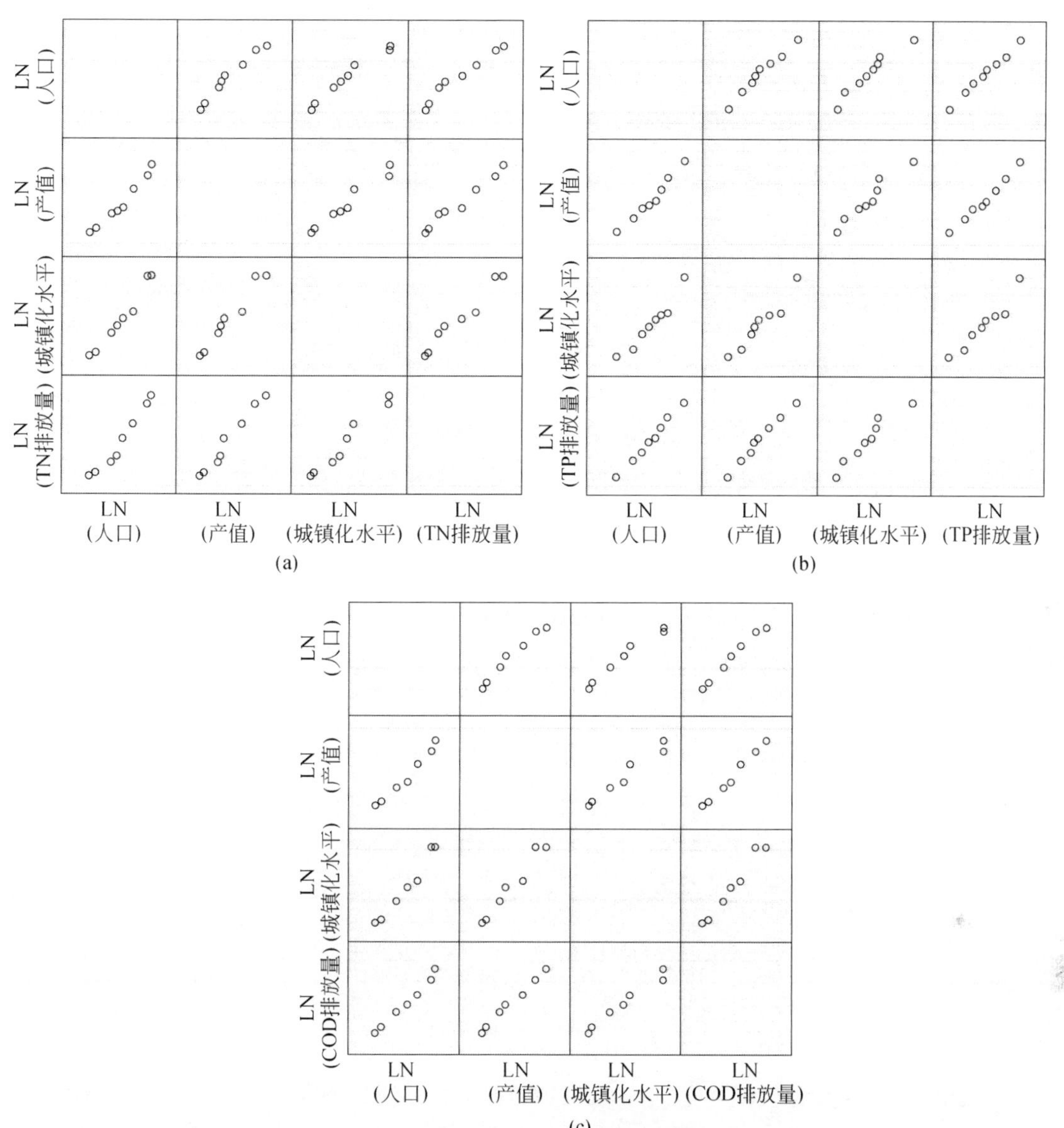

图 6-5　4 个变量的矩阵散点图

$$\ln Pol_1 = 2.042 + 0.278\ln Popu_1 + 0.150\ln GDP_1 + 0.417\ln Urb_1$$

该回归方程统计检验值如下：$R^2 = 0.978$，$F = 58.195$，Sig. = 0.001。从模型结果可以得出：城镇化水平对 TN 污染物排放量的影响最大。

用同样的方法得到 TP 污染与各变量之间的相关分析数据（表 6-14）及回归方程。

表 6-14　模型检验

系数						
模型		非标准化系数		标准化系数	t	Sig.
		B	标准误差	Beta		
1	(常数)	0. 645	0. 193		3. 333	0. 029
	人口	0. 279	0. 079	0. 752	3. 529	0. 024
	产值	0. 022	0. 010	0. 411	2. 122	0. 101
	城镇化水平	-0. 052	0. 044	-0. 166	-1. 172	0. 306

$$\mathrm{LnPol}_2 = 0.645 + 0.279\mathrm{LnPopu}_2 + 0.022\mathrm{LnGDP}_2 - 0.052\mathrm{LnUrb}_2$$

该回归方程统计检验值如下：$R^2 = 0.996$，$F = 339.589$，Sig. $= 0$

从模型结果可以得出：人口对 TP 污染物排放量的影响最大。

用同样的方法得到 COD 污染与各变量之间的相关分析数据（表 6-15）及回归方程。

表 6-15　模型检验

系数						
模型		非标准化系数		标准化系数	t	Sig.
		B	标准误差	Beta		
1	(常数)	2. 274	1. 983		1. 147	0. 335
	人口	0. 585	0. 737	0. 274	0. 794	0. 485
	产值	0. 163	0. 083	0. 570	1. 976	0. 143
	城镇化水平	0. 289	0. 498	0. 158	0. 581	0. 602

$$\mathrm{LnPol}_3 = 2.274 + 0.585\mathrm{LnPopu}_3 + 0.163\mathrm{LnGDP}_3 + 0.289\mathrm{LnUrb}_3$$

该回归方程统计检验值如下：$R^2 = 0.994$，$F = 170.574$，Sig. $= 0.001$

可以看到人口对 COD 污染物排放量的影响最大。

（注：显著性水平设定为 0. 05，第一个拟合优度系数是 R^2，其中 R 是相关系数，第二个是 F 统计量值，第三个是与统计量 F 对应的概率 P，当 $P<\alpha$ 时拒绝 H_0，回归模型成立。）

6. 3　结论和建议

根据以上分析得出以下四点建议。

第一，在产业结构调整方面：从模型（1）的结果分析可得农业、旅游业对污染物排放量贡献较大，因此在产业结构调整方面，我们可重点调整农业，其次是旅游业和工业。

第二，在城乡结构调整方面：从模型（2）的结果分析可得出，城镇人口比农村人口对排污量的影响大，但是城镇人口居住比较集中，污染物便于二级处理，因此在一定条件下，要有效地转移农村人口。

第三，在种植业的调整方面：从模型（3）的结果分析可得出，蔬菜、烤烟、油料的排污量比较大，因此在农业的结构调整方面，可重点调整蔬菜的种植，即可大棚种植、施有机肥，其次是烤烟和油料。

第四，在社会经济发展速度的调整方面：从模型（4）的结果分析得出，人口的增长、经济的增长与污染物的排放量呈正相关的关系，因此在水环境承载力的允许下，人口的增长不能过快，其次是产值的增长速度也要受到环境的约束。

7 与水环境承载力相适应的流域生产力布局研究

依据陆域控制单元划分及区域污染分摊，参照滇西中心城市和“1+6”城市圈建设规划，从宏观层面对流域主体功能区和居民点规划进行研究，为流域生产力空间布局作出符合污染源控制的科学有效规划。

7.1 洱海流域主体功能区和居民点规划研究

7.1.1 流域产业结构、污染（减排）现状及其相关机理

洱海流域属澜沧江—湄公河水系，流域面积2565 km^2，海拔1974 m，位于大理白族自治州境内，地跨大理市和洱源县的17个乡镇，流域总人口约83万，约占大理州人口的1/4，其中，农村人口约占总人口的78%，包括白族、汉族、彝族、回族、傈僳族、藏族、傣族、纳西族等23个民族。

7.1.1.1 流域产业结构现状

近年来，洱海流域基本上扭转了以农业为主体、工业及服务业落后的局面，但其社会经济结构仍处于工业化初级到中级发展阶段，同时，还存在产业结构不合理、资源环境优势尚未充分发挥等诸多问题。

(1) 流域农业产业发展总体情况及特征

a. 农业产业发展总体情况

近十年来，流域农业经济发展速度迅猛，第一产业总产值由1999年的113 734万元增长到2008年的193 363万元，年均增长6.05%（图7-1）。

b. 农业产业结构特征

流域种植业和畜牧养殖业是农业经济的主导产业，其产值比重占到了整个农业经济产值的94%，而林业和渔业产值比重仅占6%。

流域种植产业分为粮食作物和经济作物。其中，粮食作物主要包括水稻、小麦、玉米、豆类等；经济作物主要包括油料、烤烟、蔬菜等。流域粮食作物种植规模明显减少，2006年比1999年净减少13.5万亩（1亩≈666.7m^2），经济作物的种植规模明显增加。经济作物中蔬菜种植面积增加最为明显，尤其是早熟大蒜的种植，仅洱源县早熟大蒜的种植面积由2002年的3.5万亩增加到2008年的5万多亩，增长速度迅猛（表7-1）。

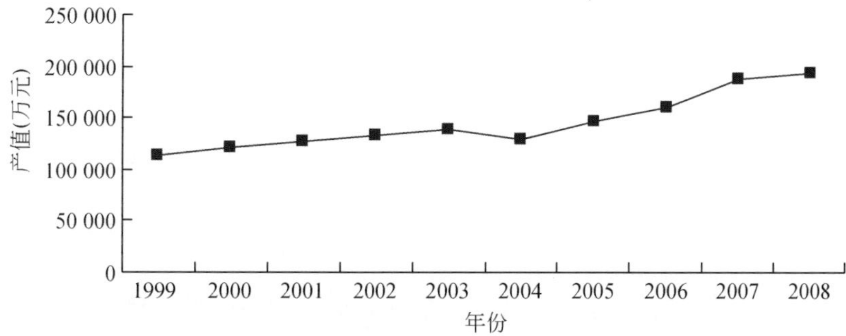

图 7-1　洱海流域第一产业产值变化图

资料来源：大理州统计年鉴

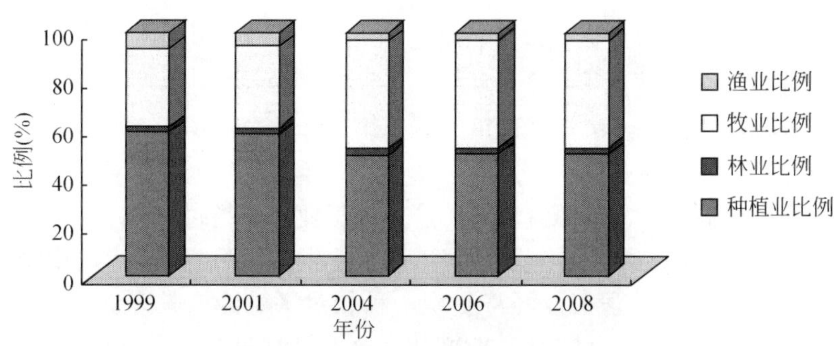

图 7-2　洱海流域农林牧渔业产值比例变化图

资料来源：大理州统计年鉴

表 7-1　洱海流域主要种植品种种植规模的变化情况　　（单位：亩）

年份	水稻	小麦	玉米	豆类	油料	烟叶
1999	295 815	123 030	108 135	168 885	20 850	40 740
2001	285 120	51 090	112 470	178 260	30 450	44 355
2004	268 365	16 830	111 270	194 940	30 720	45 975
2006	265 455	18 645	113 415	151 020	32 205	44 790
2008	268 365	16 830	111 270	194 940	30 720	45 975

资料来源：大理州统计年鉴。

流域畜牧养殖业生产规模不断扩大，成为流域农业经济发展最快的产业。流域畜牧养殖业主要包括大牲畜养殖（牛马驴骡）、生猪养殖和羊养殖等。从表 7-2 可以看出流域畜牧养殖品种中，大牲畜存栏量逐年递增，尤其是奶牛存栏量增幅最为显著。

表 7-2　洱海流域主要养殖品种养殖规模的变化情况　　[单位：头（只）]

年份	大牲畜存栏	奶牛存栏	猪出栏	猪存栏	羊存栏
1999	145 832	—	461 819	415 814	150 627
2001	152 100	—	507 445	448 738	157 624

续表

年份	大牲畜存栏	奶牛存栏	猪出栏	猪存栏	羊存栏
2004	167 948	71 602	671 358	514 912	191 202
2006	183 303	80 458	748 674	492 520	158 127
2008	195 645	102 681	671 358	514 912	191 202

资料来源：大理州统计年鉴。

流域林业生产的主要品种有：花椒、松脂、油桐籽、油茶籽、核桃、板栗、棕片、木材、竹材等。其中，主要创收品种为核桃。渔业发展在洱海实施半年禁渔措施之后，产业受到了一定程度的限制，发展缓慢。总体来看，林业和渔业是流域农业经济中非主导产业。

（2）流域工业产业发展总体情况及特征

a. 工业产业发展总体情况

近十年来洱海流域工业经济发展速度迅猛，第二产业总产值由1999年的306 555万元增加到2008年的754 256万元，年均增长10.5%。第二产业包括工业和建筑业，从产业增加值和企业利润总额来看，洱海流域第二产业中工业占比超过了90%，工业是洱海流域第二产业的主体。从图7-3可以看到，洱海流域工业发展大致经历了两个阶段。第一个阶段为1999～2002年，这一阶段工业经济呈现一种相对平稳的增长态势，工业总产值年均增长率为3.2%；第二个阶段为2003～2008年，这一段时间工业增长速度明显加快，工业总产值年均增长率达到了20.2%。

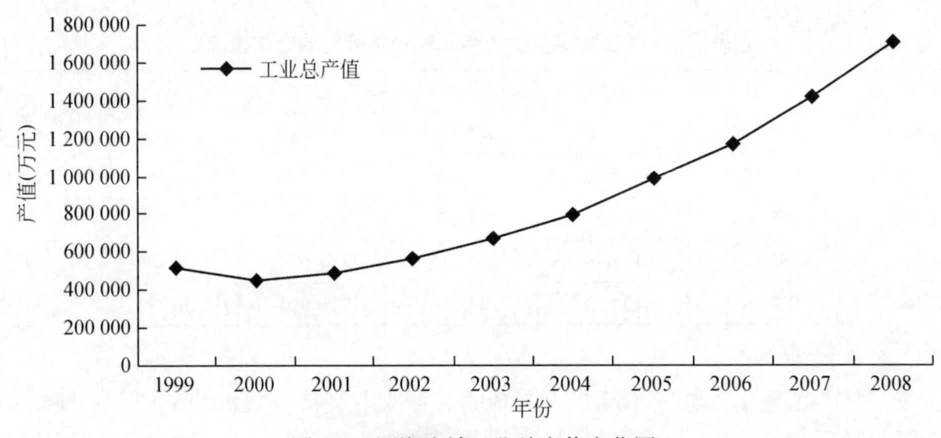

图7-3 洱海流域工业总产值变化图

资料来源：大理州统计年鉴

b. 工业产业（结构）发展特征

近年来，洱海流域工业产业结构中重工业占比持续上升，说明随着流域各类资源的有效利用和基础设施的完善，流域工业化和城镇化进程加快，对重工业产品的需求迅速提高，流域工业发展有向“重化工业”时代过渡的趋势（图7-4）。

洱海流域的主要工业产品包括卷烟、啤酒、茶叶、水泥和汽车等，近几年来各工业产

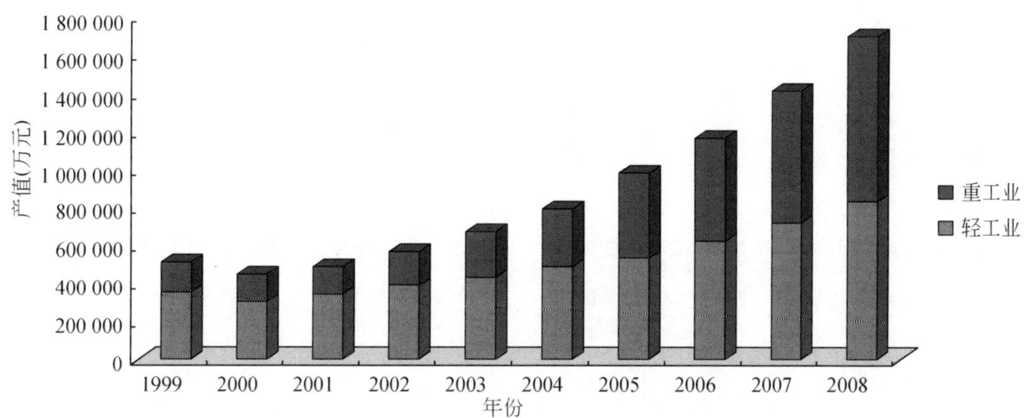

图 7-4　流域轻重工业总产值比重变化图
资料来源：大理州统计年鉴

品的产量变化如表 7-3 所示。从表 7-3 可以看出，近几年重化工业的产品产量迅速提高，尤其值得注意的是，高污染的行业和产品如硫酸、塑料制品等，最近几年产量没有下降，有的甚至快速增长。

表 7-3　洱海流域主要工业产品产量统计表

产量＼产品	茶叶（t）	卷烟（箱）	啤酒（kL）	水泥（t）	发电量（万 kW·h）	纱（t）
2005 年流域总产量	6 823	402 010	87 720	36 228	75 433	3 538
2008 年流域总产量	1 750	409 000	119 118	37 374	95 729	3 040
2008 年比 2005 年增减	-74. 35%	1. 74%	35. 79%	3. 16%	26. 91%	-14. 07%
产量＼产品	布（km）	纸制品（t）	硫酸（t）	塑料制品（t）	大理石板材（m^3）	变压器（kVA）
2005 年流域总产量	502	7 389	18 744	4 421	73 805	22 1564
2008 年流域总产量	268	8 415	52 423	5 916	33 600	175 850
2008 年比 2005 年增减	-46. 61%	13. 89%	179. 67%	33. 81%	-54. 47%	-20. 63%
产量＼产品	混合饲料（t）	软饮料（t）	乳制品（t）	液体乳（t）	载货汽车（辆）	砖（万块）
2005 年流域总产量	73 848	86 656	23 856	60 351	12 077	3 693
2008 年流域总产量	86 764	94 905	39 812	137 271	29 991	5 504
2008 年比 2005 年增减	17. 49%	9. 52%	66. 88%	127. 46%	148. 34%	49. 04%

资料来源：大理州统计年鉴。

洱海流域的主要工业行业①，有烟草、交运设备、电力生产、非金属矿物（主要是水

① 工业行业数据系按照《国家经济行业分类》（GB/T4754—2002）的标准来进行分类统计。

泥）、饮料制造等，2008 年各主要行业的规模以上企业①，经营总体情况如表 7-4 所示。

表 7-4　洱海流域工业分行业规模以上企业经营指标统计表

指标 \ 行业	规模以上总计	有色金属矿业	农副食品加工	食品制造	饮料制造	烟草制品	纺织
流域企业数（户）	68	2	5	4	9	3	3
工业增加值合计（万元）	525 902	2 989	7 706	14 606	32 720	245 642	4 824
主营业务收入合计（万元）	1 016 791	5 652	26 122	35 304	82 728	319 356	16 116
利润总额合计（万元）	118 751	910	1 140	2 185	10 456	75 167	611
企业从业人数合计（人）	20 648	256	3 013	1 262	2 198	1 091	2 700

指标 \ 行业	造纸及纸制品	印刷	化学原料	医药制造	塑料制品	非金属矿物	金属制品
流域企业数（户）	5	5	3	4	3	9	1
工业增加值合计（万元）	11 835	7 974	1 347	19 833	2 042	45 073	185
主营业务收入合计（万元）	16 673	19 153	12 701	32 273	7 491	85 308	936
利润总额合计（万元）	1 353	6 307	484	7 335	−2	19 889	70
企业从业人数合计（人）	528	541	117	571	245	2 993	31

指标 \ 行业	通用设备制造	交运（专用）设备	电气机械	仪器仪表	电力热力生产	水生产供应	
流域企业数（户）	2	3	2	1	3	1	
工业增加值合计（万元）	1 264	83 612	489	100	41 110	2 554	
主营业务收入合计（万元）	4 145	234 775	4 144	1 890	108 231	3 792	
利润总额合计（万元）	532	23 358	473	44	−30 125	−1 480	
企业从业人数合计（人）	703	4 364	157	92	2 081	271	

资料来源：大理州统计年鉴。

从经营规模来看，烟草行业一枝独秀，其工业增加值在工业总增加值中的占比接近 50%。交运设备行业的销售收入，最近几年大幅增长，成为流域工业领域的两大龙头产业；从经济效益来看，烟草行业效益非常好，烟草行业在各行业的利润总额占比达到了 63%，饮料行业、交运设备、非金属矿物制品等行业效益也较好。

（3）流域旅游产业发展总体情况及特征

a. 旅游产业发展总体情况

流域游客的规模不断扩大，如图 7-5 所示。流域游客数量从 1983 年的 1 万人发展到 2008 年的 573 万人，20 多年内增加了近 600 倍，其发展速度是快速的。

① 规模以上工业企业按照目前统计年鉴的分类是指全部国有和年销售收入 500 万元以上的非国有独立核算工业企业。

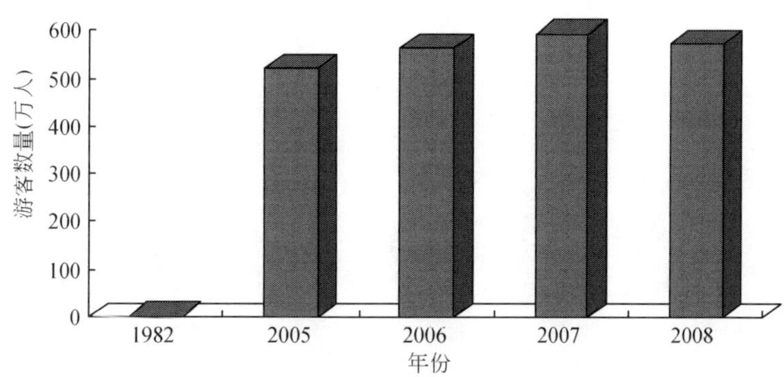

图 7-5　洱海流域游客数量变化

资料来源：大理州统计年鉴

流域旅游业收入增长也是较快的，如图 7-6 所示。流域旅游年收入从 1983 年的 0.15 亿元增加到 2008 年的 41.08 亿元，20 多年内增加了 270 多倍。

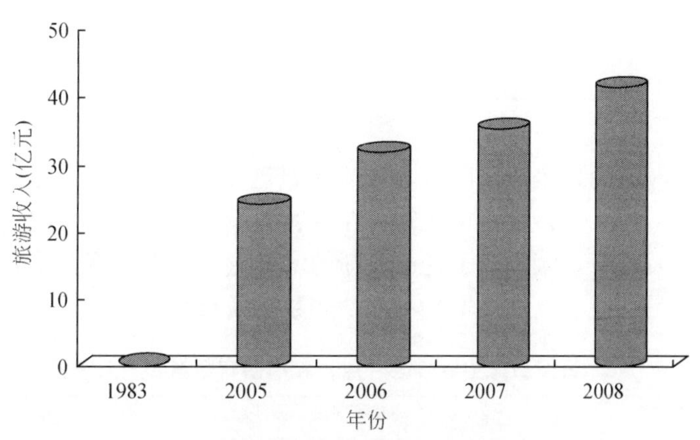

图 7-6　洱海流域旅游收入变化

资料来源：大理州统计年鉴

b. 流域旅游产业发展特征

根据调研，流域旅游各行业占旅游业总收入的大致比重如图 7-7 所示。交通业收入占流域旅游业总收入的约 13%，住宿业收入占 13%，餐饮业占 8.6%，景区游览业占 28.4%，购物业占 34.8%，其他旅游行业部门占 2.2%。可见，购物和游览是流域旅游业收入的重头。

以 2006 年为例，在流域中，大理市和洱源县的游客数量和旅游收入如表 7-5。虽然大理市的游客数量是洱源县的 12.1 倍，但其收入只有洱源县的 9.86 倍。洱源县的旅游业效益要强于大理市，洱源县是流域旅游业发展的新增长点。

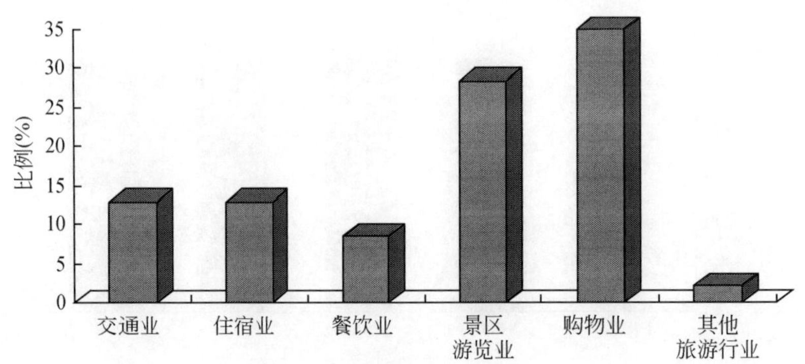

图 7-7　洱海流域旅游业各行业占旅游业总收入的比例

资料来源：大理州统计年鉴

表 7-5　2006 年大理市和洱源县旅游业比较

县市＼项目	游客数量（万人）	旅游业收入（亿元）
大理市	520.2	28.89
洱源县	43	2.93

资料来源：大理州统计年鉴。

流域旅游业景区结构如表 7-6 所示。在流域景区中，传统景点的游客数量增加不多，甚至还有少量下降。但是经营效益在改善，在游客数量未见增加的情况下，收入有了较大的提高。另外，流域的新景区构成了行业的新的增长点，不仅游客数量在急剧上升，收入也大幅度提高。但是，新景点收入增长不如游客数量增长快。

表 7-6　洱海流域主要景区（点）接待游客数量和收入统计表

景点名称	2005 年		2006 年	
	游客数量（万人）	总收入（万元）	游客数量（万人）	总收入（万元）
三塔公园	156	4561	150	9700
蝴蝶泉景区	146	3155	145	3520
洱海游船	134	6998	138	9500
大理地热国	4.2	510	7.8	746

7.1.1.2　流域污染现状

(1) 流域农业污染源分布及特征

a. 粮食作物污染

2008 年，流域各乡镇粮食作物 TN、TP（化肥）排放总量见表 7-7。TN 排放总量依次为水稻、玉米、大麦、蚕豆、马铃薯和小麦；TP 排放总量依次为水稻、蚕豆、玉米、大麦、马铃薯和小麦。

表 7-7　洱海流域各乡镇粮食作物 TN、TP（化肥）排放总量　（单位：t/a）

	水稻		小麦		大麦		玉米		马铃薯		蚕豆	
	TN	TP	TN	TP	TN	TP	TN	TP	TN	TP	TN	TP
大理市	156.59	8.59	7.63	0.46	17.94	1.35	136.69	4.06	29.06	1.52	29.69	6.66
下关镇	6.33	0.35	0.65	0.04	0.00	0.00	10.86	0.32	3.03	0.16	1.17	0.26
大理镇	17.36	0.95	0.00	0.00	0.11	0.01	25.04	0.74	8.70	0.45	1.64	0.37
凤仪镇	28.36	1.56	1.10	0.07	5.46	0.41	15.41	0.46	2.87	0.15	6.12	1.37
喜洲镇	29.38	1.61	1.90	0.12	4.99	0.38	13.21	0.39	3.29	0.17	6.17	1.38
海东镇	7.09	0.39	1.05	0.06	1.18	0.09	12.45	0.37	2.57	0.13	1.35	0.30
挖色镇	4.53	0.25	0.89	0.05	1.51	0.11	10.25	0.30	3.59	0.19	1.30	0.29
湾桥镇	18.02	0.99	0.00	0.00	1.27	0.10	8.83	0.26	1.75	0.09	3.66	0.82
银桥镇	15.94	0.87	0.34	0.02	2.34	0.18	15.55	0.46	1.35	0.07	3.46	0.78
双廊镇	1.64	0.09	0.57	0.03	0.41	0.03	14.35	0.43	1.45	0.08	1.22	0.27
上关镇	21.95	1.20	1.01	0.06	0.02	0.00	9.50	0.28	0.46	0.02	2.02	0.45
开发区	5.99	0.33	0.13	0.01	0.64	0.05	1.24	0.04	0.00	0.00	1.58	0.36
洱源县	157.62	8.65	4.13	0.25	38.48	2.90	124.05	3.69	18.28	0.95	25.96	5.82
茈碧湖镇	33.46	1.84	0.86	0.05	5.31	0.40	21.76	0.65	1.04	0.05	7.75	1.74
邓川镇	10.91	0.60	0.00	0.00	0.00	0.00	5.59	0.17	1.54	0.08	0.89	0.20
右所镇	32.68	1.79	2.46	0.15	1.49	0.11	28.27	0.84	6.15	0.32	0.49	0.11
三营镇	34.37	1.89	0.66	0.04	22.09	1.66	25.73	0.76	5.71	0.30	10.03	2.25
凤羽镇	27.50	1.51	0.00	0.00	7.57	0.57	25.62	0.76	0.88	0.05	1.86	0.42
牛街乡	18.69	1.03	0.14	0.01	2.02	0.15	17.08	0.51	2.96	0.15	4.94	1.11
合计	314.21	17.23	11.76	0.71	56.42	4.25	260.74	7.75	47.34	2.47	55.65	12.48

资料来源：《云南洱海绿色流域建设与水污染防治规划》。

流域粮食作物单位面积 TN、TP（化肥）排放量见表 7-8。单位面积 TN 排放量最多的是玉米，最少的是蚕豆；单位面积 TP 排放量最多的是马铃薯，最少的是水稻。

表 7-8　洱海流域粮食作物单位面积 TN、TP（化肥）排放量（单位：kg/亩）

水稻		小麦		大麦		玉米		马铃薯		蚕豆	
TN	TP	TN	TP	TN	TP	TN	TP	TN	TP	TN	TP
1.336	0.075	1.406	0.085	1.062	0.080	2.944	0.088	2.196	0.115	0.406	0.091

流域粮食作物单位产值 TN、TP（化肥）排放量见表 7-9。单位产值 TN 排放量最多的是玉米，最少的是蚕豆。单位产值 TP 排放量最多的是小麦，最少的是大麦。

表 7-9 洱海流域粮食作物单位产值 TN、TP（化肥）排放量

（单位：kg/万元）

水稻		小麦		大麦		玉米		马铃薯		蚕豆	
TN	TP	TN	TP	TN	TP	TN	TP	TN	TP	TN	TP
0.013	0.0007	0.0262	0.0016	0.0083	0.0006	0.0395	0.0012	0.0297	0.0015	0.0059	0.0013

b. 经济作物污染

2008 年，流域各乡镇经济作物 TN 和 TP（化肥）排放总量见表 7-10。大蒜和蔬菜的 TN 和 TP 排放量最多，油料和烤烟相对较少。

表 7-10 洱海流域各乡镇经济作物 TN、TP（化肥）排放总量 （单位：t）

	油料		烤烟		蔬菜（不含大蒜）		大蒜	
	TN	TP	TN	TP	TN	TP	TN	TP
大理市	8.30	0.59	36.54	1.99	238.83	12.71	148.67	7.12
下关镇	0.05	0.00	0.00	0.00	42.97	2.29	7.85	0.38
大理镇	0.97	0.07	0.00	0.00	89.77	4.78	23.13	1.11
凤仪镇	1.47	0.11	2.86	0.16	29.45	1.57	12.39	0.59
喜洲镇	1.04	0.07	3.71	0.20	0.11	0.01	18.17	0.87
海东镇	0.79	0.06	4.64	0.25	4.70	0.25	4.54	0.22
挖色镇	0.86	0.06	7.61	0.42	12.72	0.68	8.26	0.40
湾桥镇	1.23	0.09	4.86	0.27	7.08	0.38	25.19	1.21
银桥镇	1.48	0.11	0.00	0.00	19.29	1.03	10.74	0.51
双廊镇	0.11	0.01	6.89	0.38	0.91	0.05	10.32	0.49
上关镇	0.26	0.02	5.96	0.33	29.77	1.58	26.84	1.29
开发区	0.04	0.00	0.00	0.00	2.05	0.11	1.24	0.06
洱源县	17.75	1.27	59.38	3.24	39.96	2.13	211.32	10.12
茈碧湖镇	1.14	0.08	4.76	0.26	7.14	0.38	24.78	1.19
邓川镇	0.00	0.00	1.19	0.06	1.94	0.10	23.95	1.15
右所镇	0.00	0.00	4.29	0.23	18.53	0.99	103.24	4.95
三营镇	1.40	0.10	39.76	2.17	9.22	0.49	33.16	1.59
凤羽镇	13.43	0.96	8.41	0.46	0.12	0.01	20.65	0.99
牛街乡	1.77	0.13	0.98	0.05	3.00	0.16	5.53	0.27
合计	26.05	1.87	95.92	5.24	278.78	14.84	359.98	17.24

资料来源：《云南洱海绿色流域建设与水污染防治规划》。

流域经济作物单位面积 TN、TP（化肥）排放量见表 7-11。蔬菜和大蒜的单位面积 TN 和 TP 排放量最高，油料和烤烟相对较小。

表 7-11　洱海流域经济作物单位面积 TN、TP（化肥）排放量（单位：kg/亩）

油料		烤烟		蔬菜（不含大蒜）		大蒜	
TN	TP	TN	TP	TN	TP	TN	TP
1.2213	0.0875	2.3809	0.1300	4.5661	0.2430	4.1297	0.1978

流域经济作物单位产值 TN、TP（化肥）排放量见表 7-12。烤烟和油料的产值较低，单位产值的 TN 和 TP 排放量相对较高；蔬菜和大蒜的产值较高，单位产值的 TN 和 TP 排放量相对较低。

表 7-12　洱海流域经济作物单位产值 TN、TP（化肥）排放量

（单位：kg/万元）

油料		烤烟		蔬菜（不含大蒜）		大蒜	
TN	TP	TN	TP	TN	TP	TN	TP
0.0168	0.0012	0.0133	0.0007	0.0104	0.0006	0.0092	0.0004

流域农作物播种面积如图 7-8。

洱海流域大蒜种植面积为 $5812hm^2$，现状见图 7-9。

c. 养殖品种污染

流域各乡镇养殖品种 TN 和 TP 排放总量见表 7-13。奶牛 TN 和 TP 排放总量最大，其余依次为猪、黄牛、羊和家禽。

表 7-13　洱海流域各县市养殖品种 TN、TP 排放总量　（单位：t）

项目 / 市（镇）	黄牛		奶牛		猪		羊		肉禽		蛋禽	
	TN	TP	TN	TP	TN	TP	TN	TP	TN	TP	TN	TP
大理市	314.20	53.93	568.39	93.63	667.17	185.41	18.96	2.75	33.41	10.27	31.99	9.84
下关镇	29.41	5.05	26.28	4.33	75.89	21.09	1.79	0.26	3.65	1.12	1.50	0.46
大理镇	47.87	8.22	24.54	4.04	96.55	26.83	0.00	0.00	4.42	1.36	6.37	1.96
凤仪镇	12.48	2.14	21.75	3.58	127.36	35.39	4.98	0.72	9.98	3.07	9.31	2.86
喜洲镇	73.59	12.63	123.47	20.34	99.08	27.54	0.27	0.04	3.67	1.13	2.32	0.71
海东镇	7.25	1.25	8.14	1.34	29.54	8.21	2.19	0.32	1.72	0.53	1.08	0.33
挖色镇	7.71	1.32	3.90	0.64	27.58	7.67	2.88	0.42	1.17	0.36	0.69	0.21
湾桥镇	2.15	0.37	65.25	10.75	56.09	15.59	0.07	0.01	1.33	0.41	1.50	0.46
银桥镇	19.62	3.37	39.88	6.57	53.79	14.95	0.00	0.00	1.26	0.39	1.18	0.36
双廊镇	5.12	0.88	26.08	4.30	21.43	5.96	3.18	0.46	0.24	0.07	0.32	0.10
上关镇	2.11	0.36	226.57	37.32	55.68	15.47	3.24	0.47	1.63	0.50	2.21	0.68
开发区	106.89	18.35	2.52	0.42	24.16	6.71	0.35	0.05	4.34	1.33	5.50	1.69
洱源县	75.58	12.97	1111.01	183.01	257.64	71.60	45.28	6.57	5.26	1.62	5.49	1.69
茈碧湖镇	20.86	3.58	255.92	42.16	42.55	11.82	6.02	0.87	0.73	0.22	0.35	0.11

续表

项目 市（镇）	黄牛		奶牛		猪		羊		肉禽		蛋禽	
	TN	TP	TN	TP	TN	TP	TN	TP	TN	TP	TN	TP
邓川镇	0.66	0.11	102.68	16.91	12.53	3.48	0.56	0.08	0.26	0.08	0.39	0.12
右所镇	33.34	5.72	276.89	45.61	55.90	15.54	12.93	1.88	1.73	0.53	2.21	0.68
三营镇	5.97	1.03	253.44	41.75	67.22	18.68	16.59	2.41	1.15	0.35	1.80	0.56
凤羽镇	6.75	1.16	97.03	15.98	36.53	10.15	3.33	0.48	0.68	0.21	0.25	0.08
牛街乡	7.99	1.37	125.05	20.60	42.91	11.93	5.84	0.85	0.72	0.22	0.49	0.15
合　计	389.78	66.91	1679.40	276.64	924.82	257.01	64.24	9.33	38.67	11.89	37.48	11.53

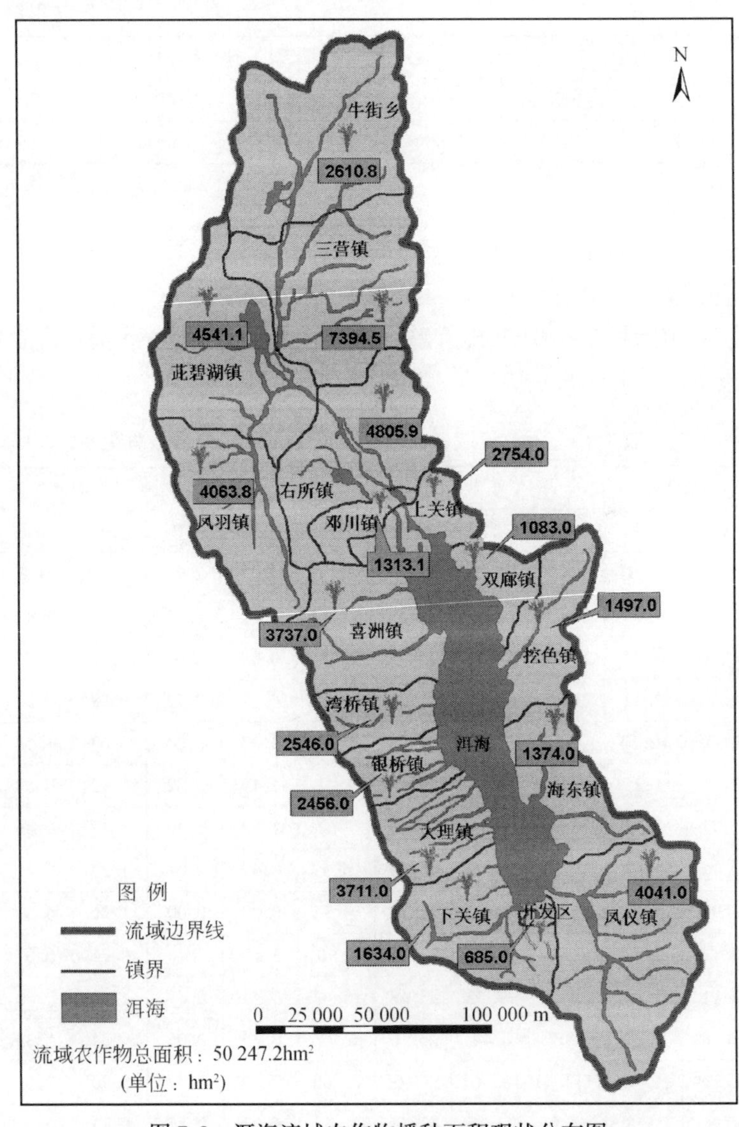

图 7-8　洱海流域农作物播种面积现状分布图

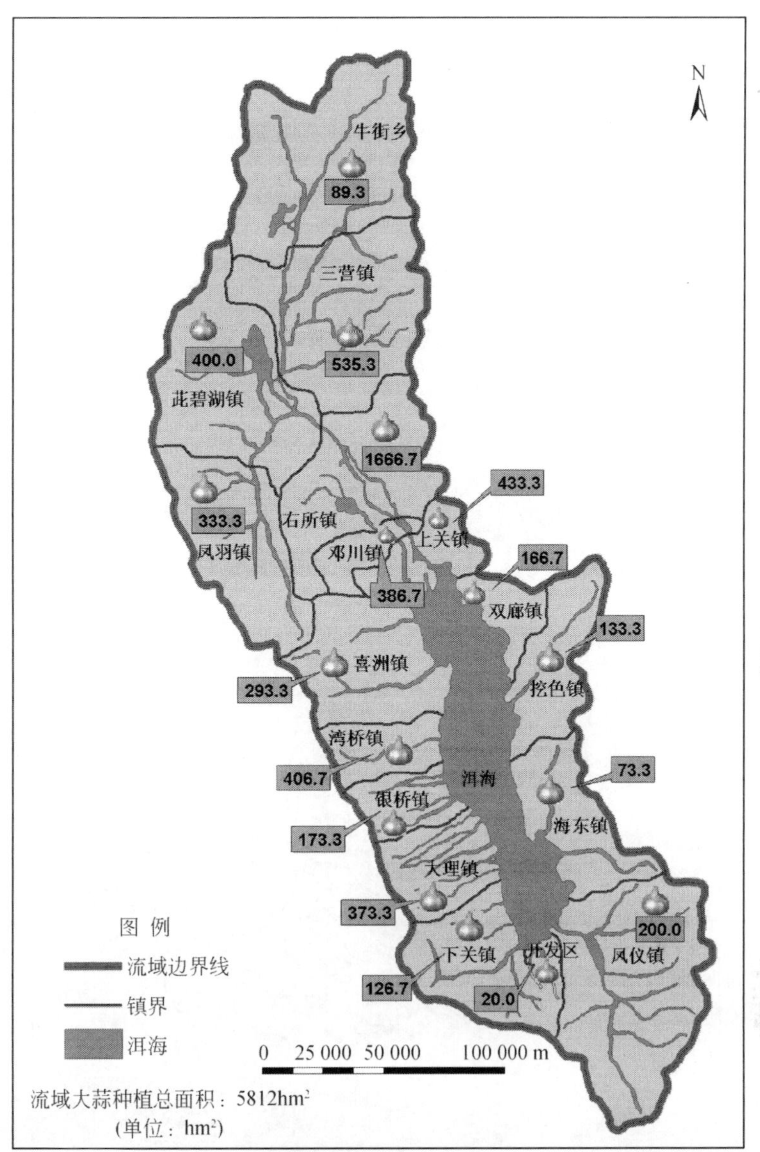

图 7-9　洱海流域大蒜种植现状分布图

流域养殖品种单位数量 TN 和 TP 排放量见表 7-14。奶牛单位数量 TN 和 TP 排放量最高，其次是黄牛，猪羊相对较少，家禽最少。

表 7-14　洱海流域养殖品种单位数量 TN、TP 排放量

［单位：kg/头（只）］

黄牛		奶牛		猪		羊		肉禽		蛋禽	
TN	TP	TN	TP	TN	TP	TN	TP	TN	TP	TN	TP
13. 1880	2. 2637	18. 1259	2. 9858	1. 3549	0. 3765	0. 6865	0. 0997	0. 0125	0. 0038	0. 0828	0. 0255

流域养殖品种单位产值 TN 及 TP 排放量见表 7-15。奶牛单位产值 TN 和 TP 排放量最高，其次是羊、黄牛和猪，家禽最少。

表 7-15　洱海流域养殖品种单位产值 TN 及 TP 排放量　（单位：kg/万元）

黄牛		奶牛		猪		羊		肉禽		蛋禽	
TN	TP	TN	TP	TN	TP	TN	TP	TN	TP	TN	TP
0.024	0.0041	0.0466	0.0077	0.0192	0.0053	0.0258	0.0037	0.0067	0.0021	0.0065	0.002

洱海流域畜牧养殖、家禽养殖等现状见图 7-10、图 7-11 所示。其中，洱海流域奶牛养殖为 92.7 千头，现状见图 7-12。

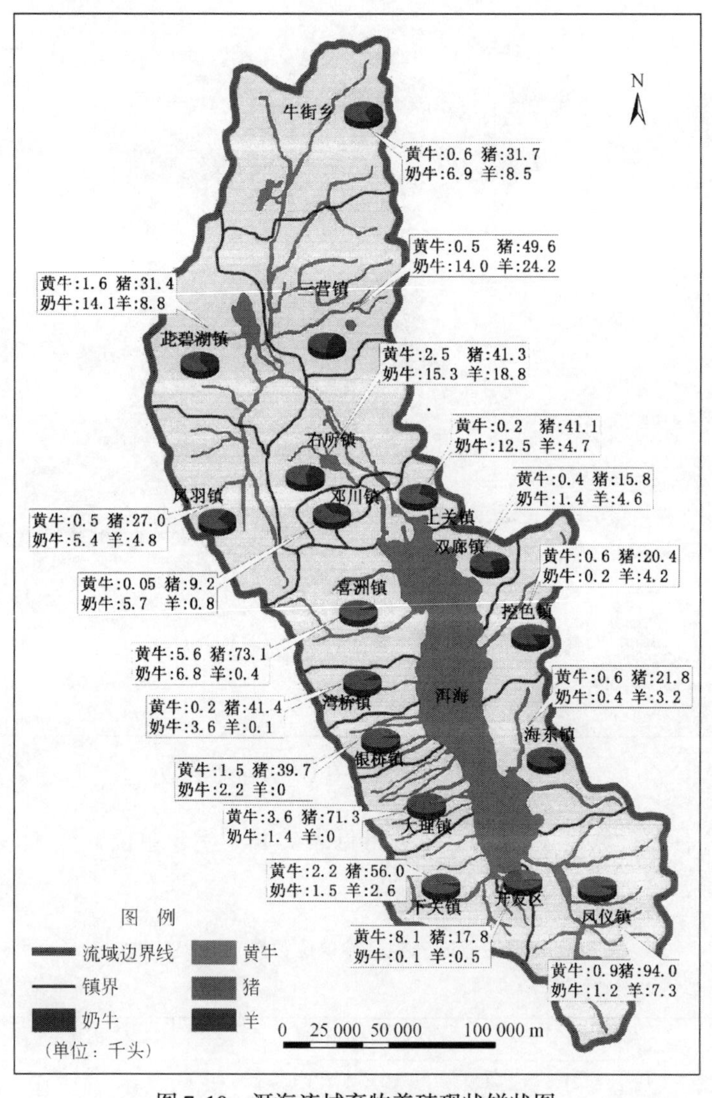

图 7-10　洱海流域畜牧养殖现状饼状图

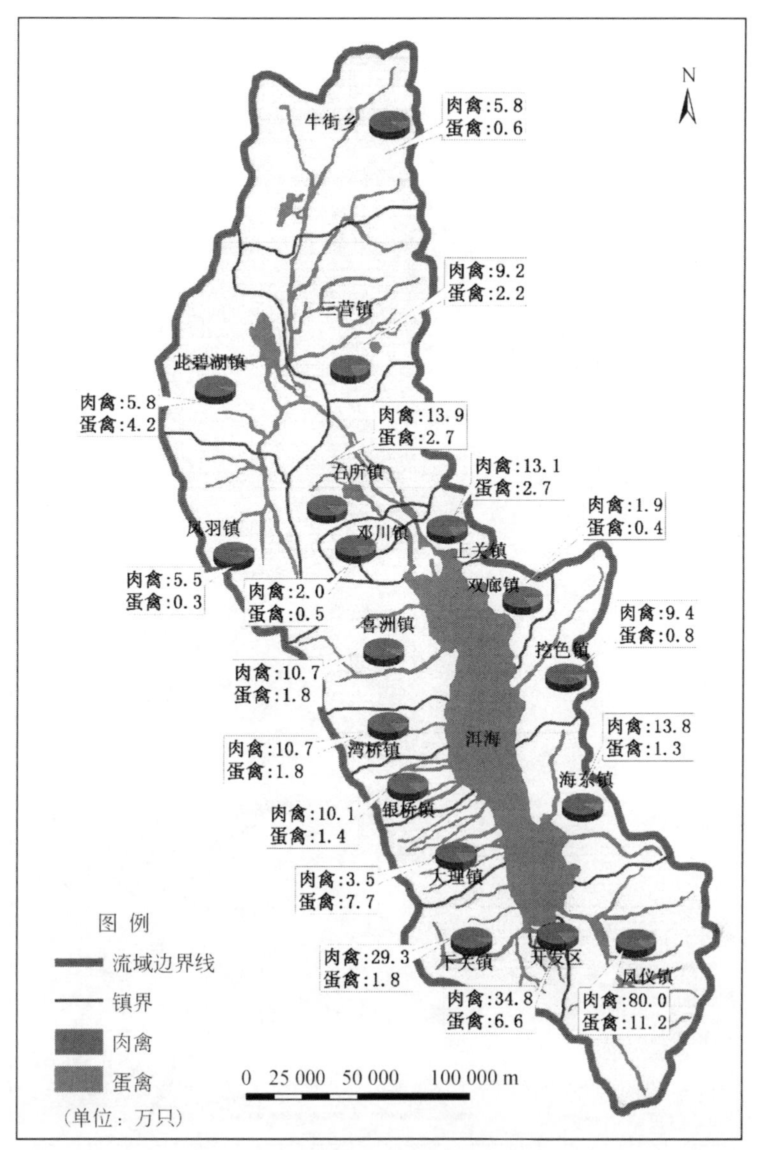

图 7-11　洱海流域家禽养殖现状饼状图

d. 流域农业细分行业污染特征

流域农业产业 TN 排放量最多的是奶牛，其后依次是猪、黄牛和蔬菜等（图 7-13）；流域农业产业 TP 排放量最多的也是奶牛，其后依次是猪、黄牛和蔬菜等（图 7-14）。说明流域农业产业中奶牛、蔬菜和猪是流域氮磷污染的主要来源。

总体来看，流域农业各产业中经济作物种植和畜禽养殖对农业经济发展的贡献最高，相应产生的氮磷污染源也最高，尤其是奶牛、大蒜、蔬菜在带来大量经济产出的同时，也带来了大量的农业污染。

全流域各农业产业单位面积（数量）TN、TP 排放量、全流域各农业产业单位产值

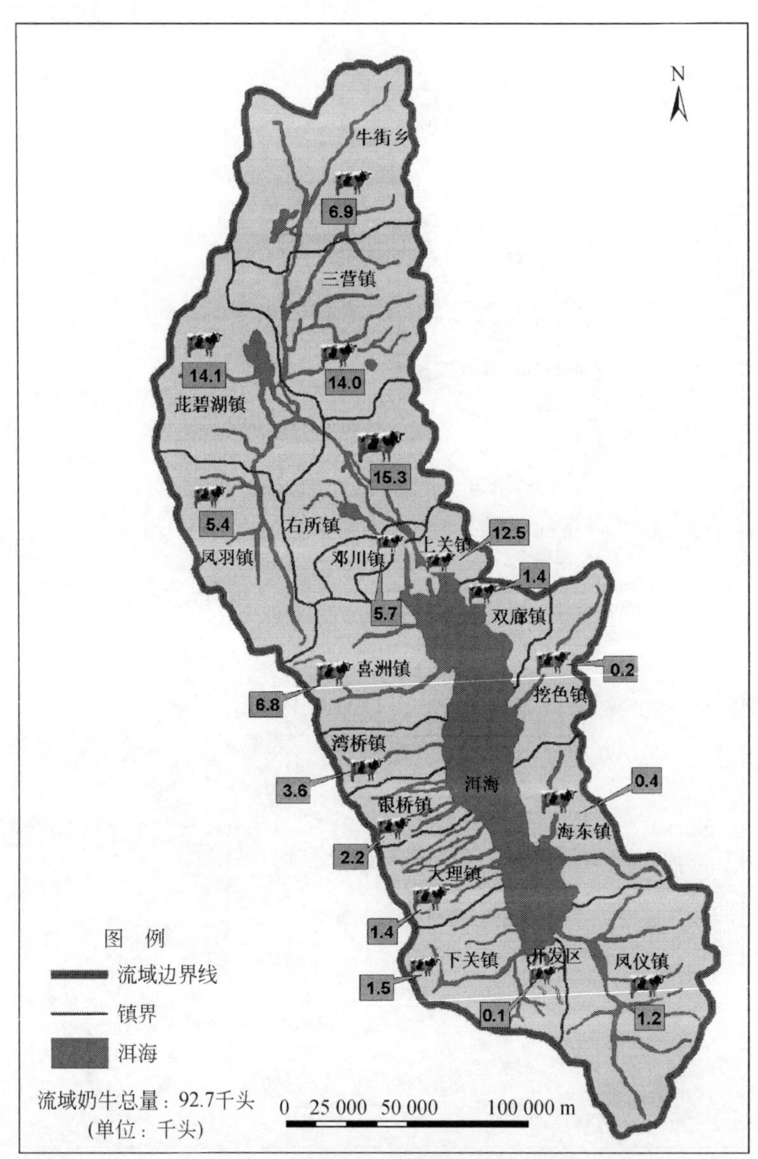

图 7-12 洱海流域奶牛养殖现状分布图

TN、TP 排放量见图 7-15、图 7-16（皆按 TN 从高至低排序）。

如图 7-15 所示，全流域各农业产业单位面积（数量）TN 排放量从高至低依次为奶牛、黄牛、蔬菜、大蒜、玉米、烤烟、马铃薯、小麦、猪、水稻、油料、大麦、羊、蚕豆、蛋禽、肉禽。可以发现，经济作物中大蒜、蔬菜，牲畜中的奶牛、黄牛的排序最靠前，说明经济作物和大牲畜的单位面积（数量）TN 排放量较大，而粮食作物、小牲畜和家禽的单位面积（数量）TN 排放量相对较小。

如图 7-16 所示，全流域各农业产业单位产值 TN 排放量从高至低依次为奶牛、玉米、马铃薯、小麦、羊、黄牛、猪、油料、烤烟、水稻、蔬菜、大蒜、大麦、肉禽、蛋禽和蚕

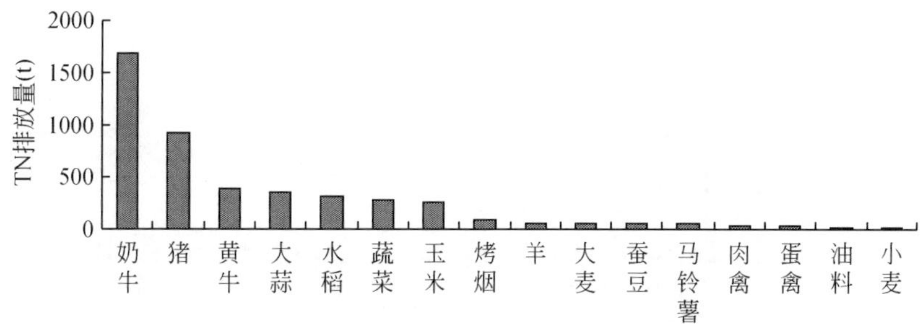

图 7-13 洱海流域各农业产业 TN 排放量排序图

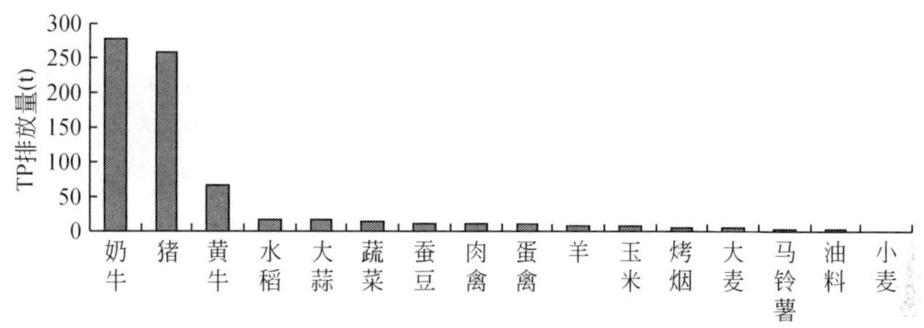

图 7-14 洱海流域各农业产业 TP 排放量排序图

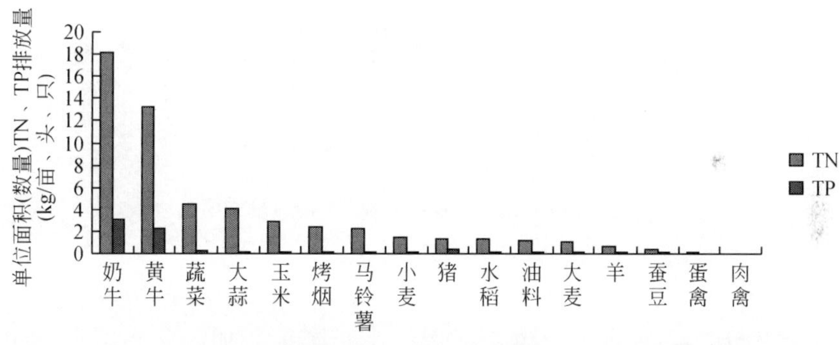

图 7-15 洱海流域各农业产业单位面积（数量）TN、TP 排放量排序图

豆。可以发现，由于各农业产业单位产值大小存在差异，与单位面积（数量）TN 排放量排序情况相比，单位产值 TN 排放量排序靠前的农业产业既有牲畜养殖、经济作物，也有粮食作物。粮食作物中的玉米和马铃薯排序最前，畜禽中奶牛排序仍然最前。

e. 流域农业行政区（镇级）污染特征

流域各乡镇农业 TN 排放量从大到小的顺序为：右所镇（580.6t）、三营（528.3t）、茈碧湖镇（434.5t）、上关镇（389.3t）、喜州镇（384.4t）、大理镇（346.5t）、凤仪镇（291.4t）、凤羽镇（250.6t）、牛街乡（240.1t）、下关镇（211.4t）、湾桥镇（198.3t）、银桥镇（186.2t）、邓川镇（163.1t）、开发区（156.7t）、挖色镇（95.4t）、双廊镇（94.3t）、海东镇（90.3t）。流域各乡镇农业 TP 排放量从大到小的顺序为：右所镇

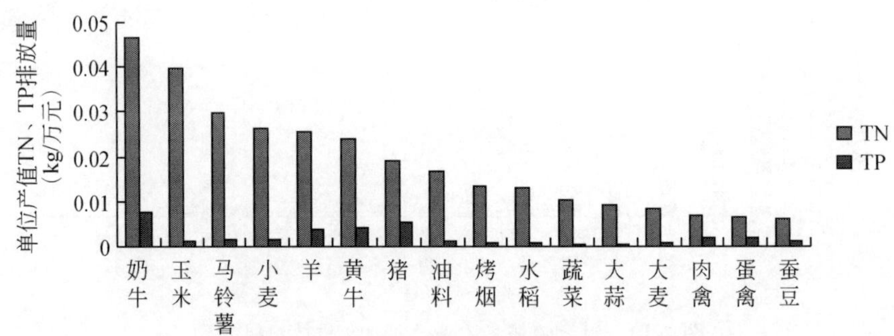

图 7-16　洱海流域各农业产业单位产值 TN、TP 排放量排序图

(79.5t)、三营镇（76.1t）、喜州镇（67.6t）、茈碧湖镇（64.6t）、上关镇（60.1t）、凤仪镇（54.2t）、大理镇（50.9t）、牛街乡（38.7t）、下关镇（36.1t）、凤羽镇（33.8t）、湾桥镇（31.8t）、银桥镇（29.7t）、开发区（29.5t）、邓川镇（23.2t）、海东镇（14.1t）、双廊镇（13.6t）、挖色镇（13.4t）。根据以上调查数据，得到流域各乡镇农业产业总氮、总磷排放量排序图如图 7-17、图 7-18。

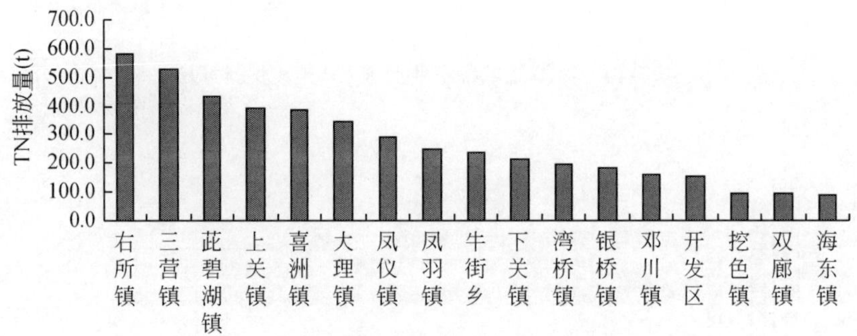

图 7-17　洱海流域各乡镇农业 TN 排放量排序图

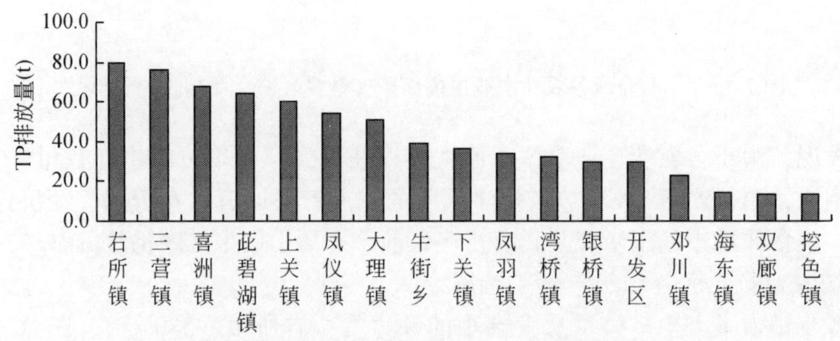

图 7-18　洱海流域各乡镇农业 TP 排放量排序图

从图 7-17、图 7-18 看出，洱海北部洱源县农业 TN、TP 的排放量最高，这与洱源县各乡镇的农业人口众多，农业产业规模大，是流域传统农业县的特点相一致，对洱海水系污

染威胁最大。洱海西部和南部乡镇农业 TN、TP 排放量仅次于北部，农业氮磷排放量也较大，不容忽视。洱海东部乡镇农业 TN、TP 排放量相较而言最低。

(2) 流域工业污染源分布及特征

a. 重点工业企业排污分布及特征

洱海流域内共有工业企业 606 家，位于洱源县境内的工业企业 95 家，大理市境内工业企业 511 家。在年销售收入超过 1 亿元且从业人员超过 500 人的 10 个主要工业行业中，工业重点污染源有 41 家企业（表 7-16）。

表 7-16 洱海流域 41 家企业排污量调查统计数据汇总表 （单位：t/年）

编号	企业名称	主要产品	位置	污水排放量	COD 排放量	TN 排放量	TP 排放量
1	洱源县宏茂农贸公司	大蒜油	洱源县右所镇	450	1.2	0.07	0
2	大理天滋实业有限责任公司	果脯、果饮料	洱源县右所镇	109 017	181.15	9.56	0.49
3	洱源县邓川顺达汽车修理厂	汽车检修	洱源县邓川镇	750	0.08	0	0
4	力帆骏马邓川拖拉机制造分厂	拖拉机	洱源县邓川镇	32 000	1.8	0	0
5	大理邓川锦详生物工程有限公司	血液制品、鲜牛肉	洱源县邓川镇	2 296	4.3	0.27	0.02
6	云南新希望邓川蝶泉乳业有限公司	液态奶、奶粉	洱源县邓川镇	411 186	234.48	17.13	1.05
7	洱源县天琪水泥有限责任公司	水泥	洱源县茈碧湖镇	200	0.01	0	0
8	洱源县强隆汽车修理中心	汽车检修、喷漆服务	洱源县茈碧湖镇	1 200	0.21	0	0
9	洱源县云洱果脯有限责任公司	果脯	洱源县茈碧湖镇	627.75	0.58	0.03	0
10	云南大理洱宝实业有限公司	果脯	洱源县茈碧湖镇	321.41	0.3	0.02	0
11	洱源果品农特经营有限公司	精梅	洱源县茈碧湖镇	25.11	0.02	0	0
12	云南大理洱宝实业有限公司	梅子饮料	洱源县茈碧湖镇	60 834.55	27.39	1.57	0.1
13	赵金银青麻石加工	麻石加工	大理市银桥镇	4 000	0.28	0	0
14	杨继仁青麻石加工	麻石加工	大理市银桥镇	4 000	0.28	0	0
15	杨照山青麻石加工	麻石加工	大理市银桥镇	3 000	0.21	0	0

续表

编号	企业名称	主要产品	位置	污水排放量	COD排放量	TN排放量	TP排放量
16	杜福光青麻石加工	麻石加工	大理市银桥镇	2 000	0.14	0	0
17	大理市牛奶有限责任公司	鲜奶、酸奶、乳产品	大理市银桥镇	5 475	4.94	0.25	0.02
18	大理娃哈哈食品有限公司	纯净水、乳饮料	大理市银桥镇	197 263	28.07	1.6	0.1
19	大理金穗麦芽有限公司	麦芽生产	大理市下关镇	96 000	12.63	1.46	0.09
20	红塔烟草（集团）有限责任公司大理卷烟厂	香烟	大理市下关镇	140 000	15.82	1.72	0.25
21	云南白药集团大理药业有限责任公司	片剂、胶囊	大理市下关镇	31 362.5	15.48	0.39	0.06
22	大理啤酒有限公司	啤酒	大理市下关镇	1 095 000	87.6	24.64	3.29
23	云南下关沱茶（集团）股份有限公司	紧压茶	大理市下关镇	7 300	173.19	31.71	2.72
24	大理华成纸业有限公司	瓦楞沿纸	大理市下关镇	332 150	152.28	0.81	0.01
25	大理华兴纺织有限责任公司	纱、布	大理市下关镇	73 500	5.6	1.38	0.79
26	大理市荣茂食品有限责任公司	干葱	大理市挖色镇	47 500	2.66	0.15	0.01
27	大理州云弄峰酒业	白酒、果酒	大理市上关镇	2 555	63.88	2.56	1.28
28	云南红塔滇西水泥股份有限公司	水泥	大理市开发区	15 000	0.6		
29	大理海春畜牧有限公司	鲜猪肉	大理市开发区	52 500	54.8	8.8	0.39
30	云南大理东亚乳业有限公司	液态奶、奶粉	大理市开发区	365 000	43.8	4.39	1.83
31	云南依玛中大食品有限公司	食品加工	大理市开发区	15 000	5.1	0.29	0.02
32	大理金明动物药业有限公司	注射剂、散粉剂	大理市开发区	70 809	24.16	1.38	0.09
33	云南通大生物药业有限公司	片剂、中成药	大理市开发区	90 994.5	11.22	0.64	0.04
34	大理美登印务有限公司	印刷烟包装盒	大理市开发区	40 000	7.2	0.49	0.07
35	大理建中香料有限公司	天然香料	大理市海东镇	18 000	5.42	0.37	0.02
36	大理市华营水泥厂	水泥	大理市凤仪镇	2 500	0.1	0	0

续表

编号	企业名称	主要产品	位置	污水排放量	COD排放量	TN排放量	TP排放量
37	大理红山水泥有限责任公司	水泥	大理市凤仪镇	13 000	0.5	0	0
38	大理骏马汽车制造厂	汽车	大理市凤仪镇	73 000	3.2	0	0
39	大理滇西纺织有限责任公司	纱、布	大理市凤仪镇	53 800	3.85	0.94	0.58
40	大理市兴诚屠宰厂	鲜猪肉	大理市大理镇	42 000	43.84	7.04	0.31
41	大理来思尔乳业有限责任公司	液态奶	大理市大理镇	146 000	26.28	1.8	0.73
合计				3 657 617	1 244.59	121.46	14.36

可以看出，从COD和TN的排放量来看，云南新希望邓川蝶泉乳业有限公司、大理天滋实业有限责任公司和云南下关沱茶（集团）股份有限公司等几家企业污染排放量相对较大。

b. 工业分地域排污量分析

按照以上重点工业企业生产经营和污染排放所在地域，分乡镇汇总统计工业排污量数据。

表7-17　洱海流域各乡镇重点工业企业排污量统计表　　（单位：t）

乡镇	企业户数	污水排放量	COD排放量	TN排放量	TP排放量
上关镇汇总	1	2 555	63.88	2.56	1.28
海东镇汇总	1	18 000	5.42	0.37	0.02
挖色镇汇总	1	47 500	2.66	0.15	0.01
此碧湖汇总	6	63 208.82	28.51	1.62	0.1
右所汇总	2	109 467	182.35	9.63	0.49
凤仪镇汇总	4	142 300	7.65	0.94	0.58
大理镇汇总	2	188 000	70.12	8.84	1.04
银桥镇汇总	6	215 738	33.92	1.85	0.12
邓川汇总	4	446 232	240.66	17.4	1.07
开发区汇总	7	649 303.5	146.88	15.99	2.44
下关镇汇总	7	1 775 313	462.6	62.11	7.21
合　计	41	3 657 617	1 244.5	121.46	14.36

从各乡镇的COD、TN、TP的排放量来看，下关、大理开发区和邓川等乡镇工业污染排放量较大。其中，下关饮料制造企业集中；大理开发区生产企业多，且食品加工、医药企业集中；邓川食品制造企业较多。

c. 工业分行业排污分布及特征

按照统计年鉴行业划分标准，分行业汇总统计流域工业排污量数据。

表 7-18　洱海流域各行业重点工业企业排污量统计表　　(单位：t)

行业	企业户数	污水排放量	COD 排放量	TN 排放量	TP 排放量
印刷行业汇总	1	40 000	7.2	0.49	0.07
非金属行业汇总	8	43 700	2.12	0	0
交运设备行业汇总	4	106 950	5.29	0	0
纺织行业汇总	2	127 300	9.45	2.32	1.37
烟草制品行业汇总	1	140 000	15.82	1.72	0.25
医药制造行业汇总	3	193 166	50.86	2.41	0.19
农副食品行业汇总	6	240 746	119.43	17.79	0.82
造纸行业汇总	1	332 150	152.28	0.81	0.01
食品制造行业汇总	10	1 070 652	502.01	33.84	4.16
饮料制造行业汇总	5	1 362 953	380.13	62.08	7.49
合　计	41	3 657 617	1 244.59	121.46	14.36

注：表 7-16 中，企业 34 属于印刷行业，企业 7、13、14、15、16、28、36、37 属于非金属行业，企业 3、4、8、38 属于交运设备行业，企业 25、39 属于纺织行业，企业 20 属于烟草制品行业，企业 21、32、33 属于医药制造行业，企业 1、5、19、26、29、40 属于农副食品行业，企业 24 属于造纸行业，企业 2、6、9、10、17、30、31、35、41 属于食品制造行业，企业 12、18、22、23、27 属于饮料制造行业。

从流域总体排污量水平来看，交运设备、非金属矿物行业污染排放总量较少，饮料制造、食品制造、农副食品、医药制造和纺织行业是流域内污染排放相对较多的五个行业。

(3) 流域旅游业污染分布及特征

a. 旅游业污染物的发生量和排放量

流域旅游业污染物排放量如表 7-19 所示。

表 7-19　洱海流域旅游业污染物年排放量总表

污染物类型	流域总量（t）	按游客均量（t/万人）	按旅游业收入均量（kg/万元）
COD	780	1.36	1.90
TN	143.89	0.25	0.35
TP	11.95	0.021	0.029

流域旅游业污染物发生量如表 7-20 所示。

表 7-20　洱海流域旅游业污染物年发生量总表

污染物类型	流域总量（t）	按游客均量（t/万人）	按旅游业收入均量（kg/万元）
COD	817.73	1.43	1.99
TN	151.46	0.26	0.37
TP	12.45	0.022	0.03

流域旅游业污染物入湖量如表 7-21 所示。

表 7-21　洱海流域旅游业污染物年入湖量总表

污染物类型	流域总量（t）	按游客均量（t/万人）	按旅游业收入均量（kg/万元）
COD	286.21	0.5	0.7
TN	52.86	0.09	0.13
TP	4.33	0.007	0.01

b. 污染物行业结构

流域旅游业产污主要来自住宿业和餐饮业，这两种行业的污染物排放量如表 7-22、表 7-23 所示。

表 7-22　洱海流域旅游住宿业污染物年污染量表

污染物类型	流域总量（t）	按游客均量（t/万人）	按旅游业收入均量（kg/万元）
COD	124.39	0.22	0.3
TN	51.94	0.09	0.13
TP	3.03	0.005	0.007

表 7-23　洱海流域旅游餐饮业污染物年污染量表

污染物类型	流域总量（t）	按游客均量（t/万人）	按旅游业收入均量（kg/万元）
COD	476.03	0.83	1.16
TN	76.05	0.13	0.19
TP	7.68	0.013	0.019

c. 污染物区域分布

流域分区域旅游业污染物年排放量如表 7-24 所示。

表 7-24　洱海流域旅游业污染物年排放量分布表

区　域	区域 N 总量（t）	区域 P 总量（t）
下关镇	56.20	4.72
大理镇	54.34	4.39
银桥镇	1.66	0.17
湾桥镇	1.26	0.13
喜洲镇	3.45	0.32
上关镇	0.92	0.09
双廊镇	2.34	0.22
挖色镇	0.44	0.04
海东镇	0.52	0.05

续表

区 域	区域 N 总量（t）	区域 P 总量（t）
开发区	20.25	1.64
茈碧湖镇	1.71	0.11
右所镇	0.80	0.07
合计（≈）	144	12

注：其他未列入表中的区域的旅游业污染物发生量均远低于平均水平，故不列入。

(4) 流域居民生活污染分布及特征

流域城乡居民人口与生活污染物排放负荷（表7-25）。

表7-25 流域城乡居民人口与生活污染物排放负荷

类型	污染源	COD（t/a）产生量	COD（t/a）入湖量	TN（t/a）产生量	TN（t/a）入湖量	TP（t/a）产生量	TP（t/a）入湖量	类别	人口（万元）
点源	城镇生活污水	6 266.2	407.1	1 156.8	75.1	96.4	6.3	城镇人口数量	26.41
面源	农村生活污水	13 342.5	2 511.5	2 463.2	418.6	205.3	33.5	农村人口数量	56.24
合计		19 608.7	2 918.6	3 620	493.7	301.7	39.8	合计	82.65

资料来源：《云南洱海绿色流域建设与水污染防治规划》。

7.1.1.3 流域产业结构与污染物减排作用机理

传统产业结构注重产业构成比例和不同产业部门之间的投入产出联系，着重于产业结构的高级化发展，却忽视了生态要素的制约，忽视了产业和自然之间的物质能量和信息交换而难以可持续发展。产业生态要求产业结构的调整与优化注意与环境的适应性，为此，需要建立适应环境的合理化依据和标准，促进产业与环境的协调持续发展。近年来，产业结构对生态环境影响研究日益受到重视，但目前多集中于单一产业发展对生态环境的影响，系统分析不足，多关注单个城市地区污染，而对区域生态环境影响关注较少。

(1) 产业结构对环境的影响

产业结构是联系人类经济活动与生态环境之间的一条重要纽带，从生产角度讲，产业结构是一个“资源配置器”，从环境保护角度讲，它是环境资源的消耗和污染物产业的质（种类）和量的“控制体”，会对环境产生重要影响。传统的产业结构能够把资源按照社会需求进行转换并实现价值扩张，以产业资本有机构成和技术含量为主导，以各产业构成比例、产业梯次转换为主框架，改进区域内不同产业部门之间的生产联系和比例关系，实现产业结构的高级化，但这种思路往往忽视了生态内核，造成资源环境的制约而不能持续发展。以太湖流域为例，它自然资源丰富，生态环境原本较好，但是由于产业结构不合理等原因，使得资源破坏和环境污染问题普遍存在，生态环境严重恶化（主要是湖水富营养化），原本是长三角地区的生态屏障区，却变成区域生态灾害的源头。

第一产业中农业种植多以绿色植物为生产对象，从某种意义上是生态环境的重要屏障；尤其是林业不仅可以直接创造大量物质财富，还可以起到调节气候、改善环境质量的作用，带来较多的环境效益。但不恰当的土地利用方式同样给地球生态环境带来毁灭性破坏。新中国成立以来，我国共进行过三次大的产业结构调整。20 世纪六七十年代农业生产结构是“开荒造田、毁林造田和围湖造田”，形成以种植为主的农业生产结构。这种单一结构造成了严重的生态环境破坏和水土流失；80 年代以来，改革开放实行家庭联产承包责任制，但由于环境保护意识薄弱和片面强调高产农业，资源浪费和环境破坏并未得到有效遏制；20 世纪 90 年代以来，大规模经济开发、城市化和道路交通等基础设施建设占用了大量耕地、林地，工业废物直接排放污染水源与土壤，生态环境日益恶化。

第二产业特别是重化工业的快速发展，建立在大量消耗矿产、能源等不可再生的环境资源的基础上。我国钢铁、水泥等原材料消耗占全球的 30% ~50%，石油进口依赖度高达 40% 以上，经济总量 GDP 却只有世界的 4.4%；国家环保局统计显示，我国钢铁、有色、化工、电力、石油加工及炼焦、建材 6 个高耗能行业的增加值占规模以上工业的 33% 左右，用电量占工业用电量的 64% 左右，能耗占全国工业能耗的 70% 左右。这种高能耗、高物耗的生产方式不仅难以持续，所排放的大量废弃物对生态环境也造成了极大破坏。根据国家环保总局网站发布的信息，2006 年发生我国环境突发事件 161 起，环境投诉 60 多万起。

第三产业对生态环境资源的影响相对较小，但也不容忽视，尤其是交通运输业、旅游业、餐饮业等行业的发展对生态环境质量有直接影响。道路交通设施建设永久占用耕地、林地等土地资源，土地自然生产力不能恢复：路面有害物质通过道路排水系统流入地表、河流等，污染地表水和地下水；交通线路往往造成河流改道；氮氧化物、一氧化碳等车辆尾气排放污染大气，汽车排放的含铅化合物，可直接污染土壤。生活污水、餐饮污水直接排入水体造成水体富营养化、蓝藻暴发，对水体环境产生直接影响。

总而言之，产业结构与资源环境之间存在着显著的互动关系。一方面，产业结构的组合类型和强度在很大程度上决定了经济效益、资源利用效率和对环境的胁迫；另一方面，区域自然资源的质量、数量及结构决定着主导产业、支柱产业的选择，环境通过承载力对产业的发展起到制约作用。

可以说，产业结构与自然环境是进行物质能量与信息交换的一个有机整体，脱离自然环境进行产业调整只会引起环境恶化并危及人类自身安全。过去的产业转移实际是促使污染扩大化，并没有实现真正意义上的生产方式的改变，产业应当转型而不是转移。产业结构应该以产业与环境的适应性、多样性及环保产业占经济比重作为重要依据，把资源承载力与产业的持续发展能力作为发展基础，通过环保产业与绿色新兴产业的发展建立产业之间物质能量与信息更加广泛的有机联系，才能实现环境-经济-社会的和谐发展。重视环境问题不仅保护了自然，还可以提高经济技术层次。日本等发达国家把解决环境问题当做经济技术升级的跳板。表现在：①在经济总体构成上，高科技支持下的服务业增长高于制造业；②在制造业中，以高科技或环境安全技术为背景的朝阳产业受到支持和鼓励；③在市场经济中，具有绿色产品特征的商品成为消费主流。

(2) 产业结构调整与实现污染物减排

a. 产业结构与污染物减排

上述产业结构的论述较为完整，但在实际社会发展过程中，考虑到高科技支持和产业升级所要求的巨额投入等硬指标及社会意识、服务能力等软指标的稀缺性，我们考虑通过产业结构的调整，在保持一定的社会发展和区域总体规划的前提下，使得污染物排放得到控制以至减排活动顺利进行，直至环境—经济—社会的和谐发展。

b. 产业经济产出系数与污染贡献度

根据不同产业对社会经济、生态环境影响广度与深度的差异，衡量各类型产业发展对社会经济和水、大气、土壤与生物等生态环境要素影响的相对强度，可以建立产业结构与区域生态环境质量的关联。为此，采用产业经济产出系数与污染贡献度的概念。

（农业行业的）经济产出系数［万元/亩，万元/头（只）］=某产业一年内（于某地的）产值/某产业此年的来源物数量。

产业经济产出系数越大，反映产业能用较小的（农业）来源带来较大的经济产出，反之，产业带来较小的经济产出。

产业污染贡献度（万元/kg）=某产业一年内（于某地的）产值/某产业此年排放的某种污染物的质量。

产业污染贡献度越大，反映产业能用较小的污染带来较大的经济产出，即该产业的经济地位越大；反之，产业对环境的破坏和负影响越大。

7.1.2 流域产业发展与污染份额动态耦合优化方案

7.1.2.1 指导思想和原则

以服务于洱海流域水污染防治科学规划为目的，坚持论证的系统性、长效性、科学性和可行性的原则，充分融合各领域专家的意见和决策层的战略考虑，运用数学建模的方法，解算出一个兼顾社会经济发展和水污染控制的经济结构调整的参考方案。

7.1.2.2 技术路线和工作机制

区域经济与生态环境的好坏受不同时空单元内的许多环境、资源和经济行为及其各目标的影响，这些行为和目标之间相互作用、错综复杂，仅通过直接的分析评价或专家打分的方法进行决策并不能有效地反映复杂系统的特征。本书将基于 IMOP 模型建立一套系统分析和规划方法，将经济与生态环境系统的众多组分（目标、约束和行为）综合构建在一个模型框架内。系统分析能够有效地反映相互作用性、多目标性、动态性和不确定性的系统特征。制定洱海流域社会经济结构优化布局中长期规划，其结果经过解译可得到具有很强可操作性的方案，从而为决策者提供科学有效的决策依据，如图 7-19 所示。

7.1.2.3 建模思路

首先，厘清社会经济结构、发展速度与污染控制之间的互动关系，探讨其作用机理。为此，归纳出人口、产业、空间等因素与流域主要污染物排放量之间的定量结果。其次，通过生态环境分析、经济结构分析、社会发展分析，确立系统目标和约束条件，预测未来

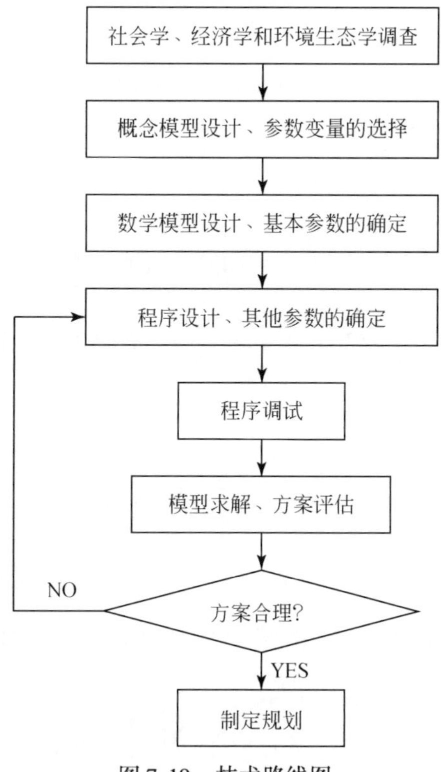

图 7-19　技术路线图

人口规模和经济发展水平。最后，以生态文明流域评价技术指标体系及水环境承载力为约束条件，构建多目标线性规划模型，通过主体利益分析建立合理的方案选择机制进而确定最终规划及其方案，以求解最适合洱海绿色生态文明流域的社会经济结构和发展速度。

7.1.2.4　洱海流域社会经济结构优化多目标规划模型

洱海流域生态文明流域建设的目标是：污染最低，产值最高，经济结构最优。此处，洱海流域产业结构优化的多目标规划模型的构建是以流域经济总产出最大化和经济结构最优化为目标，同时把三种主要污染物的排放量、土地的种植面积、政府的资金投入量、产业的增长等作为约束条件，来构建和求解。

(1) 目标函数

a. 社会总体经济产出最大化

$$\begin{aligned}\max F_1 = &\sum_{i=1}^{3}\sum_{j=1}^{2}\sum_{k=1}^{9}(\mathrm{NY}_i)(\mathrm{AGB}_{ijk})\mathrm{AG}_{ijk} + \sum_{i=1}^{3}\sum_{j=1}^{3}\sum_{k=10}^{11}\sum_{n=1}^{2}(\mathrm{NY}_i)(\mathrm{AGB}_{ijkn})\mathrm{AG}_{ijkn}\\ &+ \sum_{i=1}^{3}\sum_{j=1}^{2}\sum_{k=1}^{6}\sum_{n=1}^{2}(\mathrm{NY}_i)(\mathrm{PAB}_{ijkn})(\mathrm{PARO}_{kn})\mathrm{PA}_{ijkn}\\ &+ \sum_{i=1}^{3}\sum_{j=1}^{12}(\mathrm{NY}_i)\mathrm{IN}_{ij} + \sum_{i=1}^{3}(\mathrm{NY}_i)(\mathrm{TRB}_i)\mathrm{TR}_i\end{aligned}$$

式中，种植业：i 表示规划期；j 表示行政区划；k 表示种植业行业；n 表示种植方式。畜牧业：i 表示规划期；j 表示行政区划；k 表示养殖业行业；n 表示养殖方式。工业：i 表示规划期；j 表示工业行业。旅游服务业：i 表示规划期。)

b. 流域宏观经济结构最优化目标

$$\max F_2 = \sum_{i=1}^{3}\sum_{j=1}^{2}\sum_{k=1}^{9}(\mathrm{NY}_i)(\mathrm{AGI}_k)(\mathrm{AGB}_{ijk})\mathrm{AG}_{ijk} + \sum_{i=1}^{3}\sum_{j=1}^{2}\sum_{k=10}^{11}\sum_{n=1}^{2}(\mathrm{NY}_i)(\mathrm{AGI}_k)(\mathrm{AGB}_{ijkn})\mathrm{AG}_{ijkn}$$
$$+ \sum_{i=1}^{3}\sum_{j=1}^{2}\sum_{k=1}^{6}\sum_{n=1}^{2}(\mathrm{NY}_i)(\mathrm{PAI}_k)(\mathrm{PAB}_{ijkn})(\mathrm{PARO}_{kn})\mathrm{PA}_{ijkn}$$
$$+ \sum_{i=1}^{3}\sum_{j=1}^{12}(\mathrm{NY}_i)(\mathrm{INI}_j)\mathrm{IN}_{ij} + \sum_{i=1}^{3}(\mathrm{NY}_i)(\mathrm{TRI})(\mathrm{TRB}_i)\mathrm{TR}_i$$

(2) 约束条件

a. 氮排放约束

$$\sum_{j=1}^{2}\sum_{k=1}^{9}(\mathrm{AGN}_k)(\mathrm{AGNF}_{ijk})\mathrm{AG}_{ijk} + \sum_{j=1}^{2}\sum_{k=10}^{11}\sum_{n=1}^{2}(\mathrm{AGN}_k)(\mathrm{AGNF}_{ijkn})\mathrm{AG}_{ijkn}$$
$$+ \sum_{j=1}^{2}\sum_{k=1}^{6}\sum_{n=1}^{2}(\mathrm{PAN}_k)(\mathrm{PANF}_{ijkn})\mathrm{PA}_{ijkn} + (\mathrm{TRN}_i)\mathrm{TR}_i$$

$\leqslant \mathrm{TN}_i$（$i=1$，2，3）（农业、工业、旅游业预测排放量-消减量）

b. 磷排放约束

$$\sum_{j=1}^{2}\sum_{k=1}^{9}(\mathrm{AGP}_k)(\mathrm{AGPF}_{ijk})\mathrm{AG}_{ijk} + \sum_{j=1}^{2}\sum_{k=10}^{11}\sum_{n=1}^{2}(\mathrm{AGP}_k)(\mathrm{AGPF}_{ijkn})\mathrm{AG}_{ijkn}$$
$$+ \sum_{j=1}^{2}\sum_{k=1}^{6}\sum_{n=1}^{2}(\mathrm{PAP}_k)(\mathrm{PAPF}_{ijkn})\mathrm{PA}_{ijkn} + (\mathrm{TRP}_i)\mathrm{TR}_i$$

$\leqslant \mathrm{TP}_i$（$i=1$，2，3）（农业、工业、旅游业预测排放量-消减量）

c. COD 排放约束

$$\sum_{j=1}^{2}\sum_{k=1}^{9}(\mathrm{AGCOD}_k)(\mathrm{AGCODF}_{ijk})\mathrm{AG}_{ijk} + \sum_{j=1}^{2}\sum_{k=10}^{11}\sum_{n=1}^{2}(\mathrm{AGCOD}_k)(\mathrm{AGCODF}_{ijkn})\mathrm{AG}_{ijkn}$$
$$\sum_{j=1}^{2}\sum_{k=1}^{6}\sum_{n=1}^{2}(\mathrm{PACOD}_k)(\mathrm{PACODF}_{ijkn})\mathrm{PA}_{ijkn} + \sum_{j=1}^{12}(\mathrm{INCOD}_{ij})\mathrm{IN}_{ij}$$
$$+ (\mathrm{TRCOD}_i)\mathrm{TR}_i$$

$\leqslant \mathrm{COD}_i$（$i=1$，2，3）（农业、工业、旅游业排放量-消减量）

d. 种植业土地利用约束

$$\mathrm{AG}_{1jk} = \mathrm{AG}_{2jk} = \mathrm{AG}_{3jk}(j = 1，2；k = 1，2，\cdots，8)$$

$$\mathrm{AGLL}_i \leqslant \sum_{j=1}^{2}\sum_{k=1}^{9}\sum_{n=1}^{2}\mathrm{AG}_{ijk} + \sum_{j=1}^{3}\sum_{k=10}^{11}\sum_{n=1}^{2}\mathrm{AG}_{ijkn} \leqslant \mathrm{AGL}_i(i = 1，2，3)$$

e. 种植业单品种种植面积约束

f. 养殖业单品种养殖量约束

g. 工业各行业增长约束

$$\mathrm{IN}_{oj} \cdot (1 + \mathrm{LGROWTH}_j)^5 \leqslant \mathrm{IN}_{1j}$$

$$IN_{1j} \cdot (1 + LGROWTH_j)^5 \leqslant IN_{2j}$$
$$IN_{2j} \cdot (1 + LGROWTH_j)^{10} \leqslant IN_{3j}$$
$$IN_{oj} \cdot (1 + UGROWTH_j)^5 \geqslant IN_{1j}$$
$$IN_{1j} \cdot (1 + UGROWTH_j)^5 \geqslant IN_{2j}$$
$$IN_{2j} \cdot (1 + UGROWTH_j)^{10} \geqslant IN_{3j}$$

h. 旅游容量约束

$$TRD_i \leqslant TR_i \leqslant TRC_i$$

i. 资金约束

j. 技术约束

$$AG_{ijkn} \geqslant 0\,; \quad PA_{ijkn} \geqslant 0\,; \quad IN_{ij} \geqslant 0\,; \quad TR_i \geqslant 0;$$

(3) 模型指标的求解

a. 农业产值增长率

$$GDPAG(0) \times (1 + x\%)^7 = GDPAG(1)/5$$
$$GDPAG(1) \times (1 + y\%)^5 = GDPAG(2)$$
$$GDPAG(2) \times (1 + z\%)^{10} = GDPAG(3)$$

b. 工业产值增长率

$$\sum_{i=1}^{12} IN(0,\ i) \times (1 + x\%)^7 = \sum_{i=1}^{12} IN(1,\ i)$$
$$\sum_{i=1}^{12} IN(1,\ i) \times (1 + y\%)^5 = \sum_{i=1}^{12} IN(2,\ i)$$
$$\sum_{i=1}^{12} IN(2,\ i) \times (1 + z\%)^{10} = \sum_{i=1}^{12} IN(3,\ i)$$

c. 旅游业产值增长率

$$GDPTR(0) \times (1 + x\%)^7 = GDPTR(1)/5$$
$$GDPTR(1) \times (1 + y\%)^5 = GDPTR(2)$$
$$GDPTR(2) \times (1 + z\%)^{10} = GDPTR(3)$$

d. 三产业总产值增长率

$$[GDPAG(0) + GDPIN(0) + GDPTR(0)] \times (1 + x\%)^7$$
$$= [GDPAG(1) + GDPPA(1) + GDPIN(1) + GDPTR(1)]/5$$
$$[GDPAG(1) + GDPPA(1) + GDPIN(1) + GDPTR(1)] \times (1 + y\%)^5$$
$$= [GDPAG(2) + GDPPA(2) + GDPIN(2) + GDPTR(2)]$$
$$[GDPAG(2) + GDPPA(2) + GDPIN(2) + GDPTR(2)] \times (1 + z\%)^{10}$$
$$= [GDPAG(3) + GDPPA(3) + GDPIN(3) + GDPTR(3)]$$

(4) 三产业的劳动力转移模型

a. 农业

[GDPAG (1) +GDPPA (1)] / NLZ1 = NLZR (1)

[GDPAG (2) +GDPPA (2)] / NLZ2 = NLZR (2)

[GDPAG (3) +GDPPA (3)] / NLZ3 = NLZR (3)

b. 工业

GDPIN (1) / GLR1 = GLJR (1)

GDPIN (2) / GLR2 = GLJR (2)

GDPIN (3) / GLR3 = GLJR (3)

c. 旅游业

GDPTR (1) / LLR1 = LLJR (1)

GDPTR (2) / LLR2 = LLJR (2)

GDPTR (3) / LLR3 = LLJR (3)

(5) 参数表

模型中的参数如表 7-26 所示。

表 7-26 参数符号的确定

种植业占地面积	AG	种植业土地氮量流失率	AGNF
种植业单位面积净收益	AGB	种植业土地磷量流失率	AGPF
畜牧业年内饲养量	PA	种植地单位面积氮含量	AGN
畜牧业年出栏率	PARO	种植地单位面积磷含量	AGP
畜牧业单位氮排放量	PAN	畜牧业单位磷排放量	PAP
畜牧业氮量流失率	PANF	畜牧业磷量流失率	PAPF
游客流量	TR	旅游总氮、磷排放量	TRN
畜牧业单位 COD 排放量	PACOD	畜牧业 COD 量流失率	PACODF
畜牧业单位出栏净收益	PAB	工业不同行业净收益	IN
旅游业单位净收益	TRB	种植业 COD 排放量	AGCOD
种植业 COD 量流失率	AGCODF	工业 COD 排放量	INCOD
旅游业人均 COD 排放量	TRCOD	旅游业人均 TN 排放量	TRN
旅游业人均 TP 排放量	TRP	旅游容量上限	TRC
种植业影响系数	AGI	旅游容量下限	TRD
工业影响系数	INI	畜牧业影响系数	PAI
种植业最大允许面积	AGL	旅游业影响系数	TRI
COD 的环境容量	CAPCOD	种植业最小允许面积	AGLL
TP 的环境容量	CAPP	TN 的环境容量	CAPN
种植业总产值	GDPAG	某阶段的资金约束量	AVFUND
畜牧业总产值	GDPPA	工业总产值	GDPIN
旅游业总产值	GDPTR	农业劳动力转移人数	NLZR
工业劳动力就业人数	GLJR	旅游业劳动力就业人数	LLJR

7.1.2.5 基本参数的确定

模型中的基本参数是由现场调研、查阅大理统计年鉴、大理政府各部门提供和查阅相关水污染资料四种渠道来确定的，具体参数详见模型程序与模型数据表。

7.1.2.6 情景设定、模型求解与规划方案评价

(1) 情景一：低增长方案

a. 微观控制参数的选择

决策变量的选取是结合总本给出的产业结构调整的目标和洱海流域实际的种植业种类、畜牧业品种、工业行业和旅游人数来设定的（表 7-27）。

表 7-27 决策变量

产业		种类
决策变量	农业、种植业种植方案（亩/年）	粮食作物：水稻、小麦、大麦、玉米、马铃薯、蚕豆 经济作物：油料、烤烟、蔬菜、大蒜、茶果
	养殖业养殖方案［头（只）/年］	黄牛、奶牛、猪、羊、肉禽、蛋禽
	工业产业生产方案（万元/年）	饮料制造、食品制造、农副食品、纺织、印刷、冶金、烟草、机械、电力、建材、生物开发业、电子
	旅游业方案（万人/年）	旅游人次

b. 宏观决策参数的设定

宏观决策参数如表 7-28 所示。

表 7-28 洱海流域低方案污染物排放量预测 （单位：t/a）

污染物（容许排放量）	基准年	近期规划年	中期规划年	远期规划年
COD	9 864.1	25 806.728	27 218.3	30 589.2
TN	2 591.3	3 875.3	4 031.5	4 365.6
TP	173.8	706.3	746.5	833.5

c. 模型的求解

多目标线性优化模型的算法是按照实际情况给每个目标设定权重，然后用 lingo 编程来求解。如表 7-29 ~ 表 7-34 所示。

表 7-29 种植业调整方案

流域种植业种类（亩）	基期第一区划种植面积	近期第一区划种植面积（比基期）	中期第一区划种植面积（比基期）	远期第一区划种植面积（比基期）
水稻	117 285	112 285	112 285	112 285
小麦	5 437	1 000	1 000	1 000

续表

流域种植业种类（亩）	基期第一区划种植面积	近期第一区划种植面积（比基期）	中期第一区划种植面积（比基期）	远期第一区划种植面积（比基期）
大麦	16 890	16 890	16 890	16 890
玉米	46 398	30 398	30 398	30 398
马铃薯	13 236	4 000	4 000	4 000
蚕豆	72 971	109 214. 2	109 214. 2	109 214. 2
油料	6 792	5 792	5 792	5 792
烤烟	15 309	5 000	5 000	5 000
茶果	20 000	51 147	51 147	51 147
蔬菜 1	16 309	5 000	10 000	10 000
蔬菜 2		7 000	6 000	12 000
大蒜 1	36 000	20 000	15 000	10 000
大蒜 2		0	5 000	20 000
流域种植业种类（亩）	基期第二区划种植面积	近期第一区划种植面积	中期第一区划种植面积	远期第一区划种植面积
水稻	13 506	135 060	135 060	135 060
小麦	2 934	2 000	2 000	2 000
大麦	36 223	43 223	43 223	43 223
玉米	42 092	42 090	42 090	42 090
马铃薯	8 318	5 000	5 000	5 000
蚕豆	63 775	9 172. 8	9 172. 8	9 172. 8
油料	14 502	21 502	21 502	21 502
烤烟	24 966	24 966	24 966	24 966
茶果	40 000	52 340. 9	52 340. 9	52 340. 9
蔬菜 1	8 752	8 572	8 572	9 655. 8
蔬菜 2		+3 000	3 000	5 000
大蒜 1	51 175	51 175	41 167. 6	20 000
大蒜 2		4 992. 6	15 000	30 000

表 7-30　畜牧业调整方案、政府投入

洱海流域畜牧业种类	基期第一区划年内饲养量（头）	近期第一区划年内饲养量（头）	中期第一区划年内饲养量（头）	远期第一区划年内饲养量（头）
黄牛 1	32 503	22 503	22 503	22 000
黄牛 2		0	0	6 000

续表

洱海流域畜牧业种类	基期第一区划年内饲养量（头）	近期第一区划年内饲养量（头）	中期第一区划年内饲养量（头）	远期第一区划年内饲养量（头）
奶牛 1	158 374	113 874	121 874	130 000
奶牛 2		+4 500	6 500	10 500
猪 1	698 448	608 448	608 448	608 448
猪 2		+80 000	80 000	80 000
羊 1	58 272	53 272	58 272	0
羊 2		0	0	10 000
肉禽	4 136 620	3 426 620	3 716 620	4 006 620
蛋禽 1	1 097 489	0	0	26 001 810
蛋禽 2		1 147 489	1 397 489	1 647 489

洱海流域畜牧业种类	基期第一区划年内饲养量（头）	近期第一区划年内饲养量（头）	中期第一区划年内饲养量（头）	远期第一区划年内饲养量（头）
黄牛 1	21 708	20 708	20 708	17 708
黄牛 2		0	0	100
奶牛 1	342 425	203 925	208 925	208 925
奶牛 2		+8 500	12 500	30 500
猪 1	320 123	210 123	220 000	210 000
猪 2		+20 000	20 000	20 000
羊 1	131 386	106 386	101 386	0
羊 2		0	0	0
肉禽 1	745 640	0	9 692 769	70 467 070
肉禽 2		835 640	1 025 640	1 215 640
蛋禽 1	152 829	0	0	0
蛋禽 2		302 829	552 829	702 829
畜牧业总产值		670 652. 6	785 804. 8	2 702 559
种植业总产值		598 046. 7	583 456. 1	1 230 418
农业总产值	193 363	1 268 699	1 369 261	3 932 977
增长率（%）		4	1. 5	3. 8

此处，模型低方案求解的农业总产值是逐年在增加，但是增长的速度比较慢，近期到远期是先增加后降低的，与低方案污染物排放量少是有很大的关系。

表 7-31　洱海流域工业产出

洱海流域工业种类	基期各工业产值（万元）	近期各工业年均总产值	中期各工业年均总产值	远期各工业年均总产值
饮料制造	32 720	48 076. 41	70 640. 03	152 506. 5
食品制造	14 606	21 461. 01	31 533. 26	68 077. 94
农副食品	7 706	11 322. 64	16 636. 68	35 917. 34
纺织	4 824	7 088. 039	10 414. 65	22 484. 46
印刷	7 974	11 716. 42	17 215. 27	37 166. 47
烟草	245 642	360 928. 7	530 322. 7	1 144 927
交运设备	83 612	122 853. 5	180 512	389 711. 9
医药	19 833	31 941. 24	51 441. 69	133 426. 5
非金属矿物制品	45 073	60 317. 84	80 718. 88	144 555. 2
造纸	11 835	17 389. 5	25 550. 88	55 162. 43
电力	41 110	60 404. 08	88 753. 41	191 611. 9
电子产品	589	948. 59	1 527. 714	3 962. 497
总计（各期年均）	515 524	754 447. 969	1 105 267. 164	2 379 510. 1
年增长率（%）		5. 8	8	8

表 7-32　旅游业产出

	基期	近期	中期	远期
流域旅游人数（万人）	573	690	860	1 236
流域旅游业产值（万元）	410 800	3 622 500	6 450 000	55 620 000
增长速度（%）		8. 7	12	24

表 7-33　农业、工业、旅游业总产出

洱海流域各产业	基期（2008）	近期（2015）	中期（2020）	远期（2030）	近、中、远总计
种植业（万元）	193 363	598 046. 7	583 456. 1	1 230 418	2 411 920. 8
畜牧业（万元）		670 652. 6	785 804. 8	2 702 559	4 159 016. 4
工业（万元）	601 276	3 772 240	5 526 336	23 795 100	33 093 676
旅游业产值（万元）	410 800	3 622 500	6 450 000	55 620 000	65 692 500
总计	1 205 439	8 663 439	13 345 597	83 348 077	105 357 113. 2
增长速度（%）		6. 3	9	12. 1	7. 4（平均）

表 7-34　污染物分析

污染源	近期			中期			远期		
	COD	TN	TP	COD	TN	TP	COD	TN	TP
种植业	3 776.3	1 187.7	69	3 660.4	1 151.2	66.9	3 496.9	1 099.8	64.2
畜牧业	12 564.9	2 519.2	515.2	13 319.2	2 674.7	552.1	15 335.1	3 089	684
工业	735.9			965.5			2 112.1		
旅游业	736.9	168.4	14.5	825.6	205.5	17.2	949.2	176.7	18.5
合计	17 814	3 875.3	598.7	18 770.7	4 031.4	636.2	21 893.3	4 365.5	766.7

（2）情景二：中增长方案

a. 微观控制参数的选择（同低方案）

b. 宏观决策参数的设定（表 7-35）

表 7-35　洱海流域中方案污染物排放量预测　　（单位：t/a）

污染物（容许排放量）	基准年	近期规划年	中期规划年	远期规划年
COD	9 864.1	28 594	32 132.7	42 273.8
TN	2 591.3	4 983.6	5 405.5	6 032.4
TP	173.8	788.2	840.1	967.3

c. 模型的求解

模型的求解结果如表 7-36 ~ 表 7-41 所示。

表 7-36　种植业调整方案

流域种植业种类（亩）	基期第一区划种植面积	近期第一区划种植面积（比基期）	中期第一区划种植面积（比基期）	远期第一区划种植面积（比基期）
水稻	117 285	132 285（+15 000）	132 285（+15 000）	132 285（+15 000）
小麦	5 437	1 000（-4 437）	1 000（-4 437）	1 000（-4 437）
大麦	16 890	21 890（+5 000）	21 890（+5 000）	21 890（+5 000）
玉米	46 398	31 398（-15 000）	31 398（-15 000）	31 398（-15 000）
马铃薯	13 236	5 000（-8 236）	5 000（-8 236）	5 000（-8 236）
蚕豆	72 971	72 971（+0）	72 971（+0）	72 971（+0）
油料	6 792	6 792（+0）	6 792（+0）	6 792（+0）
烤烟	15 309	5 000（-10 309）	5 000（-10 309）	5 000（-10 309）
茶果	20 000	51 147（+21 147）	51 147（+21 147）	51 147（+21 147）
蔬菜 1	16 309	15 000	15 000	15 000（-1 309）
蔬菜 2		7 000	6 000	7 000
大蒜 1	36 000	25 000（-1 000）	20 000	15 000
大蒜 2		0	0	25 000
水稻	118 060	135 060（+17 000）	135 060（+17 000）	135 060（+17 000）

续表

流域种植业种类（亩）	基期第一区划种植面积	近期第一区划种植面积（比基期）	中期第一区划种植面积（比基期）	远期第一区划种植面积（比基期）
小麦	2 934	2 000（-934）	2 000（-934）	2 000（-934）
大麦	36 223	43 223（+7 000）	43 223（+7 000）	43 223（+7 000）
玉米	42 092	41 482.4	41 482.4	41 482.4
马铃薯	8 318	5 000（-3 318）	5 000（-3 318）	5 000（-3 318）
蚕豆	63 775	4 775（-59 000）	4 775（-59 000）	4 775（-59 000）
油料	14 502	21 502（+7 000）	21 502（+7 000）	21 502（+7 000）
烤烟	24 966	24 966（+0）	24 966（+0）	24 966（+0）
茶果	40 000	66 901（+26 901）	66 901（+26 901）	66 901（+26 901）
蔬菜 1	8 752	8 572	8 572	9 659.5
蔬菜 2		+3 000	3 000	5 000（+2 000）
大蒜 1	51 175	50 989	41 175（-10 000）	15 000（-31 175）
大蒜 2		10 186	20 000	40 000

表 7-37　畜牧业调整方案、政府投入

洱海流域畜牧业种类	基期第一区划年内饲养量（头）	近期第一区划年内饲养量（头）	中期第一区划年内饲养量（头）	远期第一区划年内饲养量（头）
黄牛 1	32 503	32 503	32 503	22 000（-8 000）
黄牛 2		0	0	+8 000
奶牛 1	158 374	153 874（-4 500）	151 874（-2 000）	140 000（-10 000）
奶牛 2		+4 500	6 500（+2 000）	16 500（+10 000）
猪 1	698 448	618 448（-80 000）	618 448	618 448
猪 2		+80 000	80 000	80 000
羊 1	58 272	63 272（+5 000）	68 272（+5 000）	0
羊 2		0	0	12 000
肉禽	4 136 620	4 426 620（+290 000）	4 716 620（+290 000）	5 006 620（+290 000）
蛋禽 1	1 097 489	2 285 048	0	0
蛋禽 2		1 347 489（+250 000）	1 597 489（+250 000）	1 847 489（+250 000）
黄牛 1	21 708	21 708	21 708	19 708（-2 000）
黄牛 2		0	0	+2 000
奶牛 1	342 425	333 925（-8 500）	328 925（-5 000）	308 925（-20 000）
奶牛 2		+8 500	13 500（+5 000）	33 500（+20 000）

续表

洱海流域 畜牧业种类	基期第一区划 年内饲养量（头）	近期第一区划 年内饲养量（头）	中期第一区划 年内饲养量（头）	远期第一区划 年内饲养量（头）
猪 1	320 123	300 123（-20 000）	300 000	300 000
猪 2		+20 000	20 000	20 000
羊 1	131 386	136 386（+5 000）	141 386（+5 000）	0
羊 2		0	0	0
肉禽 1	745 640	0	12 176 120	36 524 440
肉禽 2		1 035 640（+290 000）	1 325 640（+290 000）	1 615 640（+290 000）
蛋禽 1	152 829	0	15 453 770	38 296 690
蛋禽 2		402 829（+250 000）	652 829（+250 000）	902 829（+250 000）
畜牧业总产值(万元)	—	近期（5 年）	中期（5 年）	远期（10 年）
总计(万元)	—	990 002. 1	1 646 770	5 584 859
种植业总产值(万元)	—	661 840	646 141. 8	1 378 401
农业总产值(万元)	193 363	1 651 842	2 292 912	6 963 260
增长率（%）	—	9	9	12

表 7-38　洱海流域工业产出

洱海流域 工业种类	基期各工 业产值（万元）	近期各工业 年均总产值（万元）	中期各工业 年均总产值（万元）	远期各工业 年均总产值（万元）
饮料制造	32 720	74 855. 43	109 987. 2	237 454. 1
食品制造	14 606	33 414. 99	49 097. 58	105 998
农副食品	7 706	17 629. 46	25 903. 46	55 923. 63
纺织	4 824	11 036. 14	16 215. 72	35 008. 51
印刷	7 974	18 242. 58	26 804. 34	57 868. 55
烟草	245 642	568 517	835 338	1 803 432
交运设备	83 612	191 284	437 611. 5	2 290 386
医药	19 833	29 141. 18	42 817. 96	92 440. 76
非金属矿物制品	45 073	79 434. 03	139 989. 9	434 787. 4
造纸	11 835	27 075. 61	61 942. 44	324 196. 6
电力	41 110	111 108. 3	163 254. 6	352 454. 4
电子产品	589	865. 434 2	1 271. 607	2 745. 304
总计（各期年均）	515 524	1 162 604. 15	1 910 234. 307	5 792 695. 25
年增长率（%）		12. 3	11	12

表 7-39 旅游业产出

	基期	近期	中期	远期
流域旅游人数（万人/年）	573	780	972	1 510
流域旅游业产值（万元）	410 800	5 448 651	10 537 310	85 289 780
旅游业增长速度（%）	—	15	14.5	23.2

表 7-40 农业、工业、旅游业总产出

洱海流域各产业	基期（2008）	近期（5 年）	中期（5 年）	远期（10 年）	近、中、远总计
种植业（万元）	193 363	661 840	646 141.8	1 378 401	2 686 382.8
畜牧业（万元）		990 002.1	1 646 770	5 584 859	8 221 631.1
工业（万元）	515 524	5 813 021	9 551 171	57 926 960	73 291 152
旅游业产值（万元）	410 800	5 448 651	10 537 310	85 289 780	101 275 741
总计	1 119 687	12 913 514	22 381 393	150 180 000	185 474 907
增长速度（%）		12.7	12	12.7	11

表 7-41 污染物分析

污染源	近期			中期			远期		
	COD	TN	TP	COD	TN	TP	COD	TN	TP
种植业	4 082.2	1 283.8	71.1	3 923.9	1 234.1	68.6	3 741.8	1 176.9	65.6
畜牧业	17 752	3 509.4	670.9	18 781	3 939.1	752.1	20 372.8	4 639.6	879.1
工业	1 116.5	—	—	1 621.6	—	—	4 918.2	—	—
旅游业	833	190.3	16.4	933.7	232.3	19.4	1 159.7	215.9	22.6
合计	23 783.7	4 983.5	758.4	25 260.2	5 405.5	840.1	30 192.5	6 032.4	967.3

（3）情景三：高增长方案

a. 微观控制参数的选择（同低方案）

b. 宏观决策参数的设定（表 7-42）

表 7-42 洱海流域高方案污染物排放量预测 （单位：t/a）

污染物（容许排放量）	基准年	近期规划年	中期规划年	远期规划年
COD	9 864.1	31 016.4	41 056.1	66 889.3
TN	2 591.3	4 678.5	6 319	8 010.2
TP	173.8	894.5	1 232.8	1 703.7

c. 模型的求解

模型求解的结果如表 7-43 ~ 表 7-48 所示。

表 7-43　种植业调整方案

流域种植业种类（亩）	基期第一区划种植面积	近期第一区划种植面积（比基期）	中期第一区划种植面积（比基期）	远期第一区划种植面积（比基期）
水稻	117 285	122 285	122 285	122 285
小麦	5 437	1 000	1 000	1 000
大麦	16 890	21 890	21 890	21 890
玉米	46 398	31 398	31 398	31 398
马铃薯	13 236	5 000	5 000	5 000
蚕豆	72 971	99 214. 2	99 214. 2	99 214. 2
油料	6 792	6 792	6 792	6 792
烤烟	15 309	5 000	5 000	5 000
茶果	20 000	41 147	41 147	41 147
蔬菜 1	16 309	1 000	2 000	1 000
蔬菜 2		7 000	6 000	7 000
大蒜 1	36 000	20 000	20 000	15 000
大蒜 2		0	0	25 000
流域种植业种类（亩）	基期第二区划种植面积	近期第一区划种植面积	中期第一区划种植面积	远期第一区划种植面积
水稻	13 506	135 060	135 060	135 060
小麦	2 934	2 000	2 000	2 000
大麦	36 223	43 223	43 223	43 223
玉米	42 092	42 090	42 090	42 090
马铃薯	8 318	5 000	5 000	5 000
蚕豆	63 775	4 775	4 775	4 775
油料	14 502	21 502	21 502	21 502
烤烟	24 966	24 966	24 966	24 966
茶果	40 000	66 901	66 901	66 901
蔬菜 1	8 752	8 572	8 572	9 354. 7
蔬菜 2		+3 000	3 000	5 000
大蒜 1	51 175	50 379. 4	40 565. 4	15 000
大蒜 2		10 186	20 000	40 000

表 7-44　畜牧业调整方案、政府投入

洱海流域畜牧业种类	基期第一区划年内饲养量（头）	近期第一区划年内饲养量（头）	中期第一区划年内饲养量（头）	远期第一区划年内饲养量（头）
黄牛 1	32 503	22 503	22 503	22 000
黄牛 2	—	0	0	8 000
奶牛 1	158 374	133 874	131 874	130 000
奶牛 2	—	+4 500	6 500	16 500
猪 1	698 448	618 448	618 448	618 448
猪 2	—	+80 000	80 000	80 000
羊 1	58 272	63 272	68 272	0
羊 2	—	0	0	12 000
肉禽	4 136 620	4 426 620	4 716 620	5 006 620
蛋禽 1	1 097 489	0	0	0
蛋禽 2	—	1 347 489	1 597 489	1 847 489
洱海流域畜牧业种类	基期第一区划年内饲养量（头）	近期第一区划年内饲养量（头）	中期第一区划年内饲养量（头）	远期第一区划年内饲养量（头）
黄牛 1	21 708	21 708	21 708	19 708
黄牛 2	—	0	0	2 000
奶牛 1	342 425	333 925	328 925	308 925
奶牛 2	—	+8 500	13 500	33 500
猪 1	320 123	300 123	300 000	300 000
猪 2	—	+20 000	20 000	20 000
羊 1	131 386	136 386	141 386	0
羊 2	—	0	0	0
肉禽 1	745 640	0	200 796 100	36 472 600
肉禽 2	—	1 035 640	1 325 640	1 615 640
蛋禽	152 829	0	23 069 380	58 488 770
蛋禽	—	402 829	652 829	902 829
畜牧业总产值		近期	中期	远期
总计	—	850 127. 6	3 573 060	12 982 760
种植业总产值	—	608 606. 5	638 581. 8	1 360 444
农业总产值	193 363	1 458 734. 1	4 211 641. 8	14 343 204
增长率（%）	—	6. 5	23	5. 5

表 7-45　洱海流域工业产出

洱海流域工业种类	基期各工业产值（万元）	近期各工业年均总产值	中期各工业年均总产值	远期各工业年均总产值
饮料制造	32 720	48 076. 41	70 640. 03	152 506. 5
食品制造	14 606	21 461. 01	31 533. 26	68 077. 94
农副食品	7 706	17 629. 46	25 903. 46	55 923. 6
纺织	4 824	11 036. 14	16 215. 7	35 008. 5
印刷	7 974	12 298. 2	18 070. 12	39 012. 02
烟草	245 642	663 898. 6	975 484. 9	2 105 999
交运设备	83 612	191 284	437 611. 5	2 290 386
医药	19 833	29 141. 18	42 817. 96	92 440. 76
非金属矿物制品	45 073	79 434. 03	139 989. 9	434 787. 4
造纸	11 835	27 075. 61	61 942. 44	324 196. 6
电力	41 110	60 404. 8	88 753. 4	191 611. 9
电子产品	589	865. 434 2	1 271. 607	2 745. 304
总计（各期年均）	515 524	1 162 605	1 910 234	5 792 695. 524
年增长率（%）	—	—	10. 5	12

表 7-46　旅游业产出

项目	基期	近期	中期	远期
流域旅游人数（万人）	573	678. 8	1 072	1 710
流域旅游业产值（万元）	410 800	4 742 319	11 621 390	96 586 440
旅游业增长速度（%）		13	19. 5	15. 3

表 7-47　农业、工业、旅游业总产出

洱海流域各产业	基期（2008）	近期（2015）	中期（2020）	远期（2030）	近、中、远总计
种植业（万元）	193 363	608 606. 5	638 581. 8	1 360 444	2 607 632. 3
畜牧业（万元）		850 127. 6	3 573 060	12 982 760	17 405 948
工业（万元）	601 276	5 813 021	9 551 171	57 926 960	73 291 152
旅游业产值（万元）	410 800	4 742 319	11 621 390	96 586 440	112 950 149
总计	1 119 687	12 014 074	25 384 203	168 856 604	206 254 881
增长速度（%）		11. 5	16	12. 8	10. 5（平均）

表 7-48　污染物分析

污染源	近期			中期			远期		
	COD	TN	TP	COD	TN	TP	COD	TN	TP
种植业	3 808. 5	1 197. 8	68. 8	3 788. 9	1 191. 6	68. 6	3 598. 9	1 131. 9	65. 5
畜牧业	16 841. 7	3 315	643. 4	22 200	4 871. 1	1 142. 8	27 812. 1	6 636. 7	1 612. 6
工业	825. 2	—	—	1 280. 4	—	—	4 181. 5	—	—
旅游业	725	165. 6	14. 3	1 029. 1	256. 2	21. 4	1 313. 3	244. 5	25. 6
合计	22 200. 4	4 678. 4	726. 5	28 298. 4	6 318. 9	1 232. 8	36 905. 8	8 013. 1	1 703. 7

7.1.2.7 社会经济结构调整建议

从表7-49中数据分析可知，中发展方案中近、中、远三期的工业、农业、旅游业与总的GDP增长率相对比较稳定，同时三行业的就业人数也在稳步增长，而且三种污染物TN、TP、COD的排放量都在水环境承载力的范围之内；低方案虽然污染物排放量少，但是三期的经济增长和就业人数都比较低；高方案三期的总产值比较高，但其污染排放量比较高，同时三产业与总的经济发展速度很不均衡，因此高发展方案既污染水体又不利于经济均衡发展。

综合以上分析，此次洱海流域社会经济结构调整建议采取中发展方案。

表7-49　三种方案的指标分析

项目	低方案			中方案			高方案		
	近期	中期	远期	近期	中期	远期	近期	中期	远期
总GDP增长率（%）	6.44	9.03	12.06	12.68	11.63	12.87	11.53	16.14	12.77
农业GDP增长率（%）	3.96	1.5	3.69	7.95	6.78	4.27	6.05	23.62	5.47
工业GDP增长率（%）	5.6	7.94	7.97	12.32	10.44	11.73	12.32	10.44	11.73
旅游GDP增长率（%）	8.44	12.23	15.73	14.95	14.10	15.00	12.70	19.63	15.31
农业劳动力转移人数	43 021	42 300	53 671	56 014	70 835	95 023	49 465	130 109	195 731
工业就业人数	41 531	59 017	63 268	63 999	101 999	154 020	63 999	101 999	154 020
旅游业就业人数	46 538	76 513	123 903	69 998	124 998	189 997	60 924	137 858	215 162
TN（t）	3 875.3	4 031.5	4 365.6	4 983.6	5 405.5	6 032.4	4 678.5	6 319	8 010.2
TP（t）	598.7	636.3	766.7	758.4	840.1	967.3	726.4	1 232.8	1 703.7
COD（t）	17 814	18 771	21 893	23 786	25 263	30 199	22 492	28 640	37 643

7.1.3 基于污染份额的洱海流域主体功能区规划

7.1.3.1 主体功能区划概念的提出

我国地域辽阔，资源绝对量丰富，但人均量不足，各地的自然资源生态与环境条件及社会经济发展的差异很大。按照科学发展观的要求，统筹区域经济、社会发展是中国全面建设小康社会和实现可持续发展目标的根本出路。那么，如何实现可持续发展就成为近年来政府和学术界关心的焦点问题。在许多专家看来，对区域发展不能实现分类指导、区别对待，是产生诸多问题的源头。在这种背景下，《国民经济和社会发展第十一个五年规划纲要》（以下简称“十一五”规划纲要）提出了主体功能区划，统筹考虑各区域的资源环境承载能力、开发强度和发展潜力，把国土空间划分为优化、重点、限制和禁止开发四类主体功能区，在区域发展和布局中承担不同的分工定位，并配套实施差别化的区域政策和绩效考核标准，借此逐步打破行政区划分割、改善政府空间开发管理。

7.1.3.2 主体功能区的内涵

主体功能区是根据区域发展基础、资源环境能力及不同层次区域中的战略地位等，对区域发展理念、方向和模式加以确定，突出区域发展的总体要求的一种功能定位。是超越一般功能和特殊功能基础之上的功能定位，但是其又不排斥一般功能和特殊功能的存在和发挥。主体功能区中的各类开发区中的“开发”主要是指大规模工业化和城镇化的人类活动。优化开发是指在加快经济社会发展的同时，更加注重经济增长的方式、质量和效益，实现又好又快的发展。重点开发并不是指所有方面都要重点开发，而是重点开发那些维护区域主体功能的开发活动。限制开发是指为了维护区域生态功能而进行的保护性开发，对开发的内容、方式和强度进行约束。禁止开发也不是指禁止所有的开发活动，而是指禁止那些与区域主体功能定位不符合的开发活动。

主体功能区可以从不同空间尺度进行划分，既可以有以市、县为基本单元的主体功能区，也可以有以乡、镇为基本单元的主体功能区，取决于空间管理的要求和能力。其类型、边界和范围在较长时期内应该保持稳定，但可以随着区域发展基础、资源环境承载能力以及在不同层次区域中的战略地位等因素发生变化而调整。由此，我们定义主体功能区为根据资源环境承载能力、现有开发密度和发展潜力，以一定自然地理特征为基础划分出的功能地域。其目的在于赋予特定的地域单元特定的发展理念、方向和模式，实行不同的发展速度、目标、模式和政策，改变空间开发秩序混乱和空间开发结构不合理的状况，促进统筹区域发展和科学发展观的落实和实现，增强经济社会全面协调和可持续发展的能力的功能分区。

7.1.3.3 主体功能区划的原则与标准

a. 主体功能区划的原则

国家发展改革委员会提出了国土部分覆盖、基本依托行政区划和自上而下的划分原则。这三个原则都是充分考虑我国国情而提出的，适用于主体功能区的建设。此外，坚持以人为本，科学可行性、全面考虑、动态反馈调整等原则同样十分重要。

b. 主体功能区划的标准

“十一五”规划纲要提出以资源环境承载能力、现有开发密度和发展潜力三个类指标为依据划分主体功能区。本部分主要研究水资源承载能力下的区域规划。

依据主体功能区划理论，在流域污染减排基础上，划分流域产业发展四类功能区。

7.1.3.4 主体功能区的类型与功能

我国在借鉴国际经验的基础上并结合我国的实际情况，提出了主体功能区的四类功能区划分类型与功能。

a. 优化开发区

优化开发区是国土开发密度已经较高、资源环境承载能力开始减弱的区域。要改变依靠大量占用土地、大量消耗能源和大量排放污染实现经济较快增长的模式，把提高增长质量和效益放在首位，提升参与全球分工与竞争的层次，继续成为带动全国经济社会发展的龙头和我国参与经济全球化的主体区域。

优化开发就是要求把提高增长质量和效益放在首位，保持经济持续增长，提升参与全球分工与竞争的层次，率先提高自主创新能力，率先实现经济结构优化升级和发展方式转变，率先完善社会主义市场经济体制。优化开发区的主体功能从以下几个方面来定位：通过产业结构的优化升级促进综合竞争能力；培育和发展产业集群；提升区域内资源环境的承载能力。

b. 重点开发区

重点开发区是指资源环境承载能力较强、经济和人口集聚条件较好的区域。要充实基础设施建设，改善担资创业环境，促进产业集群发展，壮大经济规模，加快工业化和城镇化，承接优化开发区域的产业转移，承接限制开发区域和禁止开发区域的人口转移，逐步成为支撑全国经济发展和人口集聚的重要载体。

重点开发区的功能定位：①区域集聚功能。重点开发区要成为吸纳优化开发区的成熟技术和限制开发区以及禁止开发区的人口转移的重要载体，经济活动在这一区域的空间集聚要有利于部门、行业及企业分工的进一步细化和专业化程度的提高，从而带来更高的劳动生产率和生产成本的大幅度降低；要做到促进城市规模的扩大，给城市社会经济各方面带来利益，从而形成城市经济规模效益、城市社会规模效益、城市环境规模效益等；要有利于形成多高效益的基础设施和公共服务网络，形成巨大的经济效应。②区域辐射功能。③提高经济发展质量。

c. 限制开发区

在“十一五”规划纲要中对这一类型的区域进行了定义，提出资源环境承载能力较弱、大规模集聚经济和人口条件不够好并关系到全国或较大区域范围生态安全的区域，应因地制宜发展资源环境可承载的特色产业，逐步成为区域或全国性的重要生态功能区。具体又可分为三种不同情况：一是生态环境脆弱地区，如西北河西走廊、阿拉善等荒漠化地区，西南石漠化地区等；二是各类自然保护区的周边地区；三是其他限制开发的地区，如水源保护地、泄洪区等。将这一类型的区域定位为限制开发区，所涵盖的地域比生态脆弱区更为广泛，更具有普遍的代表性，符合主体功能区划的功能区划分的要求。

限制开发区域要成为保障国家农产品生产安全的重要基地，保障国家生态安全的重要区域。农业地区要以发展农业为首要任务，切实保护好耕地，着力提高农业综合生产能力。生态地区要以生态修复和环境保护为首要任务，增强水源涵养、水土保持、防风固沙、维护生物多样性等的能力。要在保护和发挥农业功能、生态功能的前提下，适度发展矿产资源开采、旅游、农林产品加工及其他生态型产业。坚持点状开发，严格控制开发强度，在现有基础上集约建设城镇，重点增强城镇的公共服务功能，引导农村人口和生态地区超载人口逐步有序转移。严格保护自然植被，禁止过度放牧、无序采矿、毁林开荒、开垦草地和湿地等行为。

d. 禁止开发区

在“十一五”规划纲要中，将依法设立的各类自然文化保护区域定位为禁止开发区，包括：有代表性的自然生态系统保护区，珍稀濒危野生动植物物种的天然集中分布区，有特殊价值的自然遗迹所在地和文化遗址。并且明文规定全国31处世界文化自然遗产、138个国家地质公园、187个国家重点风景名胜区、243个国家级自然保护区以及565个国家森林公园都是禁止开发区的范畴。禁止开发区并不是要禁止人类活动，绝对地不能发展，其功能在于依据法律法规规定和相关规划实施强制性保护，保持区域的原真性、完整性，控制人为因素对自然生态的干扰，严禁不符合主体功能定位的开发活动，引导人口逐步有序地转移。

7.2 洱海流域土地优化利用模式研究

7.2.1 流域土地现状分析

大理白族自治州地处云南省中部偏西，地理坐标为北纬24°41′~26°42′，东经98°52′~101°03′，平均海拔2090m。东邻楚雄州，南靠思茅、临沧地区，西与保山地区、怒江州相连，北接丽江地区。该自治州国土总面积29 459km²。山区面积占总面积的83.7%，坝区面积占16.3%。东西最大横距320多公里，南北最大纵距270多公里。

大理白族自治州为全国30各民族自治州中唯一的白族自治州，大理州辖1市8县3自治县，即大理市、祥云县、宾川县、弥渡县、永平县、云龙县、洱源县、剑川县、鹤庆县、漾濞彝族自治县、南涧彝族自治县和巍山彝族回族自治县。全州130个乡镇、办事处(其中民族乡17个、镇16个、办事处2个)、1098个村公所，并设有一个省级经济开发区和一个省级旅游度假区。2009年末全州户籍总人口为351.62万人。少数民族人口178.28万人，占总人口的50.7%。人口出生率为10.42‰，死亡率为5.62‰，自然增长率为4.8‰。全州年末常住人口为350.8万人。

大理州地处云贵高原与横断山脉结合部位，地势西北高，东南低，地貌复杂多样。点苍山以西为高山峡谷区，点苍山以东、祥云以西为中山陡坡地形。境内以老君山—点苍山—哀牢山一线的大断裂为界，构成两大部分。东部属扬子准地台区，西部属藏滇地槽褶皱区（又称三江区）。州境内分布有洱海、天池、茈碧湖、西湖、东湖、剑湖、海西海、青海湖8个湖泊。洱海位于大理市境东部，是云南省第二大内陆淡水湖泊，风光明媚，素有“高原明珠”之称。

大理州地处低纬高原，在低纬度高海拔地理条件综合影响下，形成了低纬高原季风气候特点：四季温差小，年平均气温15℃。干湿季分明，境内年平均降雨量为1053mm，全州水资源在全省属中等水资源地区，地表径流量为105.9亿m³，地下径流量为32.3亿m³，人均占有水量为5193m³。垂直差异显著，气象灾害多，常见的气象灾害主要有干旱、低温、洪涝、霜冻、冰雹和大风等。

大理州是一个天然的动植物基因库，是中国生物多样性最为丰富的地区。据统计，种子植物约有3000多种，仅野生驯化栽培的观赏花卉就有690余种，拥有爬行动物50多种，鸟类150种以上，已定名的蝴蝶9科164种。全州森林覆盖率达48.67%，活立木蓄积量 6644 万 m^3。全州有 2 个国家级自然保护区，5 个国家级森林公园，5 个省级自然保护区，24 个州级自然保护区。

州境位于滇西槽褶系成矿区，金沙江、澜沧江、怒江成矿带，地质成矿好。金属矿产有铁、锰、锡、铅等 16 种，非金属矿产有大理石、石灰石、花岗石等，储量丰富，特别是苍山大理石矿床储量达 1 亿 m^3，是全国少有的特大型矿床。

7.2.1.1 流域概况

(1) 位置与范围

洱海流域地处澜沧江、金沙江和元江三大水系分水岭地带，属澜沧江—淠公河水系，地理坐标为北纬 25°25′~26°10′，东经 99°32′~100°27′。流域面积 2565km²，海拔 1974m，洱海流域地跨大理市和洱源县两个市县，行政范围包括大理市的下关镇、大理镇、银桥镇、湾桥镇、喜洲镇、上关镇、双廊镇、海东镇、挖色镇、凤仪镇 10 个镇，洱源县的邓川镇、右所镇、茈碧湖镇、凤羽镇、牛街乡、三营镇 6 个乡镇，以及大理省级经济开发区和大理省级旅游度假区。流域总人口约 83 万，约占大理州人口的 1/4，其中农村人口约 56 万，约占总人口的 78%，包括白族、汉族、彝族、回族、傈僳族、藏族、傣族、纳西族等 25 个民族。

(2) 地形地貌

流域地质以老君山—点苍山—哀牢山一线的洱海深大断裂为界，分为两大部分：东部属扬子准地台区，海拔约 2800m；西部属三江褶皱区，海拔 3074~4122m；洱海系以该南北走向的深大断裂成湖。

流域地处横断山脉的西南峡谷区，地貌具有高原湖盆和横断山脉纵谷两大类型；地势西北高，东南低，洱海位于流域东南的峡谷区内；境内地形分为山地、盆地、河谷三种，主要山脉属云岭山脉，南北走向。苍洱之间，自地质更新早期形成盆地，并堆积了湖积、冲湖、冲积和洪积等多种松散堆积物。

流域内地形起伏，不同区域坡度差异较大，13°以上的面积占整个流域面积的 51%，坡度较小的区域主要分布在海西、海南与海北坝区，海西苍山山脊、海北、海东与海南远山土地坡度较大。流域内地形坡度情况如图 7-20 所示。

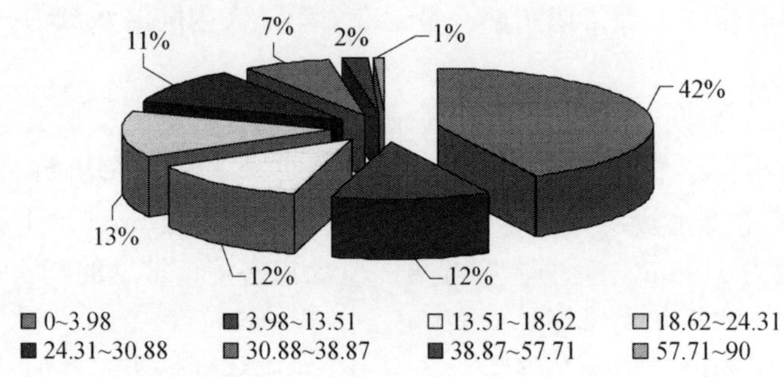

图 7-20 洱海流域内地形坡度情况图

(3) 水文水系

洱海流域位于澜沧江、金沙江和元江三大水系的分水岭地带，属澜沧江—湄公河水系，境内有弥苴河、永安江、罗时江、波罗江、西洱河及苍山十八溪等大小客流117条；流域内有洱海、茈碧湖、海西海、西湖等湖泊、水库4个。

洱海来水主要为降水和融雪，北部有茈碧湖、海西海和西湖汇集降水和融雪，经洱海盆地、邓川盆地分别由弥苴河、永安江、罗时江汇入洱海；西部有苍山十八溪汇纳苍山山地径流；南部有波罗江汇聚城市地面径流和城市废水入湖；东部有海潮河、凤尾箐、玉龙河等小溪水汇入，洱海多年平均入湖流量8.25亿m^3，四条主要入湖河流弥苴河、永安江、罗时江、波罗江的输送水量占洱海入湖总水量的70%以上。

(4) 气候

洱海流域气候属于低纬高原亚热带季风气候区，干湿分明，气候温和，日照充足，四季如春，年平均气温15.1℃，全年有干湿季之别而无四季之分。每年11月至翌年4、5月为干季，5月下旬至10月为雨季。洱海流域的降雨量集中在雨季，占全年降雨量的85%以上，多年平均降雨量1048mm。湖面蒸发量多年平均1208.6mm，最大是1968年的1520mm，最小是1952年的932mm。

最高月平均气温20.1℃，最低月平均气温8.8℃。30年极端最高气温是1951年6月的34.0℃，极端最低气温是1969年1月的-3℃。全年日照时数2250～2480h，日照分辨率52%～56%。湖区常年主导风向西南风，年平均风速4.1m/s，最大风速40m/s。

(5) 植被

由于复杂多样的地形和典型的山地立体气候，流域内植物垂直分布带谱十分明显，形成了区域内丰富多样的生态系统类型，包括森林生态系统、草甸生态系统、湿地生态系统和高原湖泊生态系统。

苍山具有典型的植物垂直分布带谱，古代冰川遗迹保存完好，形成本地区独具风貌的自然古迹和人文景观，在中国生物多样性保护工作中占有十分重要的地位。据统计，区内种子植物约2330种，隶属170科755种属，约占云南省种子植物总数的15%，其中药用植物199科601种。苍山杜鹃花44种，约占中国杜鹃花总数的10%，是我国杜鹃花重要的分布和变异中心之一。区内分布有26种珍稀濒危植物和大量具有多种用途的经济植物，其中国家二级保护植物4种，三级保护植物10种，中国特有种3种，云南特有种4种，苍山特有种5种。流域植被覆盖分布见表7-50。

表7-50　洱海流域植被覆盖分布表

植被	分布范围
草甸	苍山东坡海拔3900～4122m
冷杉、高山柏、高山柳、箭竹	苍山东坡海拔3400～3900m
杜鹃、箭竹、高山栎灌丛	苍山东坡，洱源海拔3200～3400m
针阔混交林华山矮松林	大理、洱源海拔2700～2900m
灌木草丛	下关、大理（花甸坝）、洱源海拔2900～3300m

续表

植被	分布范围
华山松林、杜鹃、山茶等	苍山，海拔 2500 ~ 2900m
云南松及次生灌草丛	大理、洱源，海拔 2200 ~ 2600m
云南松滇清冈、麻栎等次生灌丛草地	大理蟠溪以北、洱源，海拔 2500 ~ 2600m
农田、稻、麦、豆	大理、洱源坝子
农田、稻、麦、豆	海东区、洱源南部
农田、稻、麦、豆	凤仪坝子
农田、稻、麦、豆	凤仪坝边缘、洱源坝、弥苴河三角洲等
农田、稻、麦、豆	下关、大理、湖周
云南松及混交林荒山草地	洱海东部双廊以北
荒山草地	洱海东部双廊以南

具体来说，流域西部的苍山山体高大，南北绵延，海拔 3000m 以上的高峰就有 19 座，属深切割高山，山地植物中的特异种较多，如苍山杜鹃、黄花木、高山木兰等。山体气候、土壤、植被垂直分异明显，一般分为四个带：①山麓山地植被带；②中山植被带；③亚高山植被带；④高山植被带。

洱海湖东丘陵山地由于人为长期的干扰破坏，目前森林植被实际上已完全消失，土壤贫瘠、岩石裸露、生境严重干旱化。加上气候干燥，原生型植被现已十分稀少。在石灰岩风化程度教高、土层较厚的坡地、山麓等立地条件较好的土壤上，有呈孤岛状分布的云南松林，疏林、残次林、灌木林、灌草丛及岩石裸露地则分布在山上部、陡坡的樵采、放牧等人为干扰较严重的地段。目前主要植物种类有云南松、小铁仔、仙人掌、扭黄矛、金发草等，均为阳性耐旱种类。本区面山石灰岩山地植被群落处于逆向演替过程中，森林植被的破坏，造成水土流失加剧，区域生态环境恶化，亟待处理。

流域北部以高山盆坝、喀斯特中山地貌为主，海拔 2100 ~ 3700m 时，植被类型以华山松林和落叶阔叶林为主。此区域人类活动干扰强度较大，森林覆盖率较低，森林质量较差；部分山区受过度垦殖的影响，水土流失严重。区内山体植被垂直分布明显，主要森林植被由低到高出现云南松林、华山松林、向铁松林及云杉、冷杉林过渡的特点；阔叶林出现了半湿润常绿阔叶林向中山湿性常绿阔叶林及硬叶常绿阔叶林过渡的特点。此外，还夹杂着各种森林破坏后形成的灌林、稀树灌木草丛及亚高山、高山的各类杜鹃灌丛和草甸。海拔 2000 ~ 2200m 时，多为湖盆农业与居住区，以高原湖盆地貌为主，多开垦为农地或城镇，森林覆盖率低。

湖滨平坝及湖湾冲积小平原是农业生产区，素有“鱼米之乡”之称，土壤肥沃，生产水稻、小麦、蚕豆、油菜、玉米等农作物。

（6）土壤

流域内的地带性土壤为红壤，随着海拔的变化，由低到高依次为红壤、黄红壤、黄棕壤、暗棕壤、亚高山草甸土及高山草甸土，另外还镶嵌分布有紫色土、漂灰土、石灰土和沼泽土。垂直分布的大致情况为：海拔 2600m 以下为红壤、紫色土和部分冲积土；海拔 2600 ~ 2800m 为红棕壤；海拔 2800 ~ 3300 为棕壤和暗棕壤；海拔 3300 ~ 3900m 为亚高山草甸土；海拔 3900m 以上为高山草甸土，具体土壤类型及地貌分布见表 7-51。

表 7-51　洱海流域土壤类型及地貌分布表

土壤类型	地貌类型
亚高山草甸土	高山顶部
山地灰化暗棕色壤	山腰
暗棕壤	山腰
棕壤	山腰
草甸棕壤	山腰
黄棕壤	山腰
黄红壤	山腰
山原红壤	山地及坝区边缘山麓洪积扇
潴育型水稻土	坝区洪积扇下河流及山沟两岸冲积台地
潴育型红壤性水稻土	坝区边缘、洪积扇上的梯田
潴育型紫色土性水稻土	山地或山麓冲积扇缓坡
潴育型冲积性水稻土	平坝区缓坡及河流两岸台地、河漫滩
潴育型湖积性水稻土	湖泊周围地势平缓区
山原红壤	低山山地
红色石灰土	丘陵或山地

流域内土壤类型多，耕地土壤肥沃，适宜于植物生长。据土壤普查资料，流域内共有 10 个土类，17 个亚类，43 个土属，79 个土种。按全国土壤普查暂行技术规程，综合考虑各种土壤所处的环境条件、利用现状、生产水平、主要障碍及开发利用前景等各种因素，将流域内土地分为 8 级，其中 1 ~ 3 级为耕地，4 ~ 8 级为非耕地。1 级地占土地总面积的 4.85%，主要分布于平坝区村庄附近，以油沙土、鸡粪土、紫泥土及黑泥土等土壤为主，肥力高，水利条件好，一年两熟，旱涝保收；2 级地占 4.38%，主要分布于平坝区中部，土壤以沙泥、黄泥田及红泥田为主，肥力中上，水利条件好，以上两级耕地，基本上是稳产、高产农田。3 级地占 2.95%，主要分布在苍山及其山麓洪积扇中下部、箐口、河道两旁及山区村寨附近，土壤有白沙土、黄沙土、胶泥田及冷浸田等，水利条件较差。除以上 3 级耕地外，4 ~ 7 级土地占 66.82%，主要指海拔 2500m 以下的山麓缓坡地带和 2500m 以上的山地，土壤有红壤、黄红壤、紫色土、石灰土、黄棕壤、棕壤、暗棕壤、高山针叶林土等。海拔 2500m 以下的山麓缓坡地带宜发展林果业，2500m 以上的山地主要以发展林业保持水土为主，8 级土地占 21%，指水面、石山和城镇道路等。

(7) 自然灾害

洱海流域的自然灾害主要是地震和泥石流灾害。

大理州是地震多发地，特别是沿红河深大断裂的大理、弥渡、洱源、剑川、鹤庆等县震害尤甚，据历史不完全统计记载，从公元886年至今，已发生5级以上破坏性地震60余次，其中6~7级地震18次。对本区影响较大的是红河—元江断裂带和程海断裂带，洱海东断裂带和苍山东断裂带控制了大理盆地。

泥石流主要发生在苍山十八溪，多为暴雨型泥石流，新中国成立以来共发生较大规模的泥石流50多次。

(8) 自然资源

土地资源：洱海流域土地总面积2565km^2，其中：耕地面积2453.18hm^2（水田14844.91hm^2、旱平地2395.74hm^2、梯地面积2930.93hm^2、坡耕地4363.60hm^2），林地面积104085.68hm^2（有林地43466.18hm^2、灌木林地25336.51hm^2、疏林地19355.31hm^2、幼林地12257.54hm^2、经果林3670.14 hm^2），草地35864.77hm^2、水域面积28318.61hm^2，荒山荒坡面积51867.83 hm^2，难利用地面积3343hm^2，城镇、农村居民点、公交道路及工矿用地面积8484.93hm^2。

水资源：流域内降水较丰富，河流湖泊较多，地表水、地下水和地热水资源较丰富，大理市多年平均降水量为16.6亿m^3，多年平均径流量为6.408亿m^3，洱源县多年水资源总量为11.908亿m^3。

森林资源：流域森林资源丰富多样，以云南松、华山松及灌木林地为主。全流域森林覆盖率达43%，其中苍山森林覆盖率达70%以上。随着森林资源保护力度的加大，物种数量逐渐增加，中草药材品种多、蕴藏量大。

生物资源：流域内地形复杂，气候多样，为各类植物生长提供了良好的环境条件，成为许多植物的发育和分化中心，植物资源十分丰富。按动物地理分布区划，流域属西南动物系。境内有鸟类44种，兽类29种。近百年来，由于自然环境的变迁，人类活动范围的扩大，野生动物种类和数量有所减少。

矿产资源：流域内蕴藏着丰富的矿产资源，矿藏有金矿、白金矿、铜矿、自然铜、银矿、铁矿、煤矿、点苍石、紫英石、青石、粗石11种，此外还发现铅、锌、铁、锰、铜、钛等小矿床或矿化现象。在所有分金属矿产中，以大理石为主的石材矿产资源质地优良，储量丰富，是本地区最具开发潜力的资源之一；金属矿产中，以贵金属铂、钯矿床规模最大，主产于基性和超基性火层岩体中。

旅游资源：流域旅游资源丰富，极具特色，自然景观和人文景观融为一体。有历史文化遗存，白族民间艺术，特色的生活风情，古城民居村寨；有珠联璧合的苍山洱海，风情婉约的风花雪月，温暖湿润的气候环境，是云南省的主要旅游区之一，是具有国际知名度的著名旅游目的地，年接待旅游人数达500万人次。

(9) 社会经济概况

洱海流域的大理市是大理白族自治州的政治、经济、文化、教育和商贸中心，全市经济增长速度高于全省、全州的平均水平。2009年全市生产总值（GDP）完成1596433万元，比上年增长9.7%（按可比价格计算），其中：第一产业增加值为126236万元，比上年增长1.1%；第二产业增加值为767270万元，比上年增长11.9%；第三产业增加值为702927万元，比上年增长10.8%。生产总值中一、二、三产业的比重分别为7.9%、

48%、44.1%。

洱海流域的洱源县2009年实现农林牧渔业总产值172170万元，同比增长11.7%；粮食总产量14.93万t，同比增长5.3%。工业经济稳步增长，完成现价工业总产值2057053万元。

7.2.1.2 土地制度

(1) 土地所有制

大理地区的土地制度经历了原始公社土地所有制、奴隶制土地所有制之后，进入南诏时期以后出现了多种形式并存的封建土地制度。主要介绍新中国成立以后的土地制度。

中华人民共和国成立以后，实行国家和集体所有土地制度。1954年，全国人民代表大会通过的《中华人民共和国宪法》中明确规定：中华人民共和国的生产资料主要有国家所有、劳动群众集体所有、个体劳动者所有和资本家所有4种形式。土地所有制存在国家所有、集体所有和个人私有3种形式。1957年，全国人大常委会在修订的《宪法》中，明确规定我国现阶段生产资料主要有全民所有制和集体所有制两种形式。1986年，全国人大常务委员会通过的《中华人民共和国土地管理法》中明确规定：中华人民共和国实行社会主义土地公有制，即全民所有制和集体经济组织所有制。

1）国家所有土地制。1950年6月28日，中央人民政府委员会第八次会议通过《中华人民共和国土地改革法》第十八条明确规定：大森林、大水利工程、大荒山、大荒地、大盐田（矿）和矿山及湖泊、江河、沼泽等归国家所有，由人民政府经营管理。第十九条又规定：使用机器耕作的农田、苗圃、农事实验场地、大竹园、大果园、大茶园、大桐山、大桑园、大牧场等属于地主者，经省以上人民政府批准后收归国有。第二十五条规定：沙田、湖田之属于地方者或为公共团体所有者，均收归国有。第二十六条规定：铁路、公路、护堤、护路堤地及飞机场、军事要塞、港口码头的土地不得分配。

1950年11月政务院发布的《城市郊区土地改革条例》第九条规定：城市郊区所有没收和征收的土地一律归国家所有（没收的土地是地主的土地，征收的土地是宗教、祠堂、寺庙、教堂、学校和团体的农业土地和荒地、工商业家的家用土地和荒地）。

1950年11月，中央财经委员会和交通部颁发的《公路留地办法》中对公路及车站留用地又作了规定：国道和省道除路基宽度及两侧沟外，每侧保留1米，作为养路取土之用。

1952年2月，云南省人民政府据《土地改革法》和《云南省土地改革实施办法》又作出了关于土地改革中农林、水利、公路、铁路、工厂、矿山等国有土地的补充规定。

1982年，全国人大第五次会议通过的《中华人民共和国宪法》再次对国有土地和集体所有土地作出了更明确的规定。《宪法》第九条规定：矿藏、水流、森林、荒地、滩涂等自然资源都属于国家所有（即全民所有）。由法律规定属于集体所有的森林和山岭、草原、荒地、滩涂等除外。第十条又规定：城市的土地属于国有。农村和城市郊区的土地，除由法律规定属于国有的土地外属于集体所有。

2）农民私有土地所有制。1951年11月至1952年12月底，大理分3批开展了土地改革，全州投入土地改革的人员达2900人。第一批与1951年11月开始在洱源县进行试点；大理市是从1952年2月开始的第二批县市中。土地改革中分给农民的土地为私有，面积26.04万hm^2；私有城镇土地3250hm^2；化为私有林地、草场面积6800hm^2。全区共填发私有土地证283129份。土改中划为私有土地的农户占总户数的90.31%。1956年至1958年8月，全州1212个高级农业社成立后，土地、农具、耕牛等生产资料入社，农户土地私有制过渡为集体土地所有制，私有土地归集体所有。

3）高级社土地所有制。从1956年6月开始，大理各县市按照中央、国务院和省委、省政府的部署，开展了由初级社向高级社过渡的工作。将1954～1955年成立的4302个初级农业社合并为1320个高级农业合作社。土地作为主要的生产资料进去了高级农业合作社，实行了高级社所有土地、农具、耕畜等制度。

4）管理区土地所有制。从1958～1962年贯彻落实中央“农业六十条”和“清理一平二调”生产资料前，实行管理区土地所有制，在管理区范围内的耕地、林地、荒地、山场等归管理区所有，管理区可以平调土地。

5）集体经济组织土地所有制。从1962年6月至1982年，实行“三级所有、队为基础、以队核算”的土地所有制。以“土地固定、劳力固定、财产固定、农具固定”政策为依据，大队将管理区所有的耕地、山林地、草场地、荒地（山）按基本合理的分配原则分配到各个生产队，归生产队所有。1982年以后，实行土地所有权与使用权相分离的土地使用制，土地仍然属于集体所有。

（2）土地使用制度

土地改革以后，农村土地由土地所有者使用。人民公社合作化后，农村土地由农村集体经济组织统一经营，土地所有权和使用权合为一体。城镇国有土地的使用者长期无偿使用，未体现土地所有者在经济方面的利益。中共十一届三中全会以后，城乡土地使用制度发生了重大变化。

1）土地联产承包责任制。1979年12月中旬，中共大理州委在下关召开了全州山区经济工作会议，提出在贫困山区较穷的大队（村公所）实行土地联产承包责任制。1980年，开展实行的有32个大队。1981年2月全州三级干部会议之后，县市按州委的部署，选择一个较贫困、居住分散、发展缓慢的乡进行社员土地联产承包责任制。全州农村土地承包责任制分3个发展阶段：1981年为试点摸索阶段；1982年为扩大阶段；1983年为全面实行土地联产承包责任制阶段。1983年，洱源、大理等县市全面推行土地联产承包责任制。1984年，在全州三级干部会上，州委、州政府根据省委、省政府的指示提出山区乡的“土地承包责任制5～10年不变”。1984年3月，州委、州政府根据云南省委的规定，宣布“土地承包期15～20年不变”。全州实行土地所有权与使用权分离的集体土地使用权分离的集体土地使用制。完成了农村土地集体所有土地的使用制度改革。1988年12月，州政府发出《关于完善家庭联产承包责任制，强化土地经营管理的通知》，要求进一步完善农村土地承包责任制，规范承包合同，稳定土地承包关系，各级政府要加强对土地经营活动的管理，强化乡村（办事处）对土地的管理。1988年，大理州根据云南省委、省政府的文件通知要求，布置了续签土地承包合同。明确土地承包期由“15年不变”、“长期不变”界定为“30年不变”。12个县市政府与农业户分别签订了土地承包协议书，土地使用年限为30年。全州共填发土地承包合同书69611本，这些土地使用证在1999年年底前发放到各农户户主手里。

2）林业“三定”与划分“两山”。1979年9月，省委、省政府发出《关于划分社员自留山的规定》后，州政府决定将州内的集体所有的宜林荒山，就近划给社员作自留山。1981年10月12日，中共大理州委、州人民政府发出《关于今冬明春落实山林所有权的决定》、《关于进一步落实自留山，加快荒山绿化造林的意见》和《关于林业生产责任制的试行办法》三个文件。同年11月3～8日在下关召开了省、州、县、公社党政领导260多人参加的全州林业三级干部会议，对全州开展林业“三定”工作进行了部署。11月下旬，州、县、公社、大队（村公所）四级共组织了3353人参加的林业“三定”工作队，深入基层开展工作。

林业“三定”。1982年1月召开全州林业确定权属、确定责任制和确定自留山（简称“三定”）工作会议，确定了8条林业“三定”标准。明确了国有林和集体所有林的界线，明确了集体与集体之间的山林权属界线，完善了林业生产责任制，划定自留山，明确管理绿化责任制，解决了一大批久拖未决的山林纠纷案件，全州共填发了11085份“山林所有证”书。

划分“两山”。1982年7月，州委召开了全州落实“两山”（自留山、责任山）工作座谈会，总结了经验，并对加快“两山”划定工作提出了具体要求。1983年7月26日，州委、州政府发出了《关于抓紧做好落实‘两山’到户的通知》。自留山按省委、省政府的规定划定。成材林、幼林、水源林、防护林、风景林及不宜划给社员作自留山的疏林地、宜林荒地，作为责任山承包给社员。全州有6929人参加了“两山“划定工作，1983年8月～10月完成。

3）非农用地使用制度改革。非农用地使用制度改革包括使用农村宅基地、城镇国有土地使用制度改革等。

第一，有偿使用农村宅基地。农村宅基地属于集体所有，长期以来实行无偿、无限期使用，这种使用制度无经济杠杆调节户与户之间、户与集体之间在宅基地使用上的经济利益得失关系，导致乱占滥用土地的现象越来越严重。根据州政府的安排，州土地管理局在两个村进行“有偿使用农村宅基地的试点”工作。在取得试点工作成功经验的基础上，继续扩大有偿使用农村宅基地试点范围。大理等县市也相继开展了有偿使用农村宅基地工作。1993年6月2日，州土地管理局根据有关减轻农民负担政策的规定，取消了“农村宅基地使用费”、“农户超占耕地费”和“土地登记费”等三项费用。同时宣布不再开展有偿使用农村宅基地的试点工作，试点中收取的“宅基地使用费”分别用于村、社的公益事业建设。

第二，城镇国有土地使用制度改革。清理城镇国有土地自发交易市场。城镇国有土地自发交易市场是指未经土地管理部门批准，自行买卖、转让、出租、抵押土地的行为。表现形式主要有以下几种：①建筑物连同土地使用权一起买卖，地价包括在房价中；②直接买卖和出租土地使用权；③出租建筑物连同出租土地使用权，地租包括在房租中；④以地易物、易房而转移土地使用权；⑤以土地使用权为资本，进行联营、联建，建成后按一定比例分配新房屋或联营分红；⑥以土地使用权抵押债务、贷款等。土地自发交易的弊端和危害是：混淆了土地所有权和使用权的界限，损害了社会主义土地公有制；避开了政府土地管理部门的管理监督和检查，土地统一管理不能到位，土地资源配置处于失控状态；导致过于资产流失，本应为国家财政收入的土地收益，流入了部分单位和个人的的腰包，加剧了社会分配不公，诱发了土地投机；阻碍了土地使用制度的改革和地产市场的建立。根据国务院1990年5月发布的《城镇国有土地使用权出让和转让暂行条例》，全州与1992年，在大理等六县市城市规划区内进行了城镇土地自发交易的摸底调查，在此基础上州人民政府发出了《关于开展清理整顿土地隐性市场的工作意见》，并把此项工作列入当年土地管理目标责任书中，是此项工作在全州全面开展。到1996年年底，全州12县市已全面完成城镇土地自发交易市场的清理整顿工作，收取补交土地使用权出让金的收益金近1000万元。在基础上，各县市对清理对象建档立卡，实行跟踪管理，并把此项工作延伸到乡镇。

第三，推行国有土地使用权出让工作。1988年以来，国务院相继颁发了《中华人民各共和国城镇国有土地使用税暂行条例》、《中华人民各共和国城镇国有土地使用权出让和转让暂行条例》和《关于出让过于土地使用权审批权限的通知》。1992年3月，国家土地管理局颁布了《划拨土地使用权管理暂行办法》。云南省人民政府于1988年12月颁布了《〈中华人民共和国城镇土地使用税暂行条例〉云南省实施办法》。1990年3月又颁发了《云南省城镇国有土地使用权出让和转让实施办法》。在1993年6月云南省八届人大七次常务委员会审议通过的《云南省土地管理实施办法》中，又增加了城镇土地有偿使用的内容。1996年12月颁布了《云南省关于鼓励外商投资的若干规定》。大理州人民政府于1993年3月5日发出了《关于加快土地使用制度改革，强化土地管理工作的通知》。按以上规定，国有土地使用权可依法进行出让，收取出让金。出让期限根据不同用途而定，最长不得超过70年，期满国家收回土地使用权。出让可以通过协议、招标、拍卖等方式。土地出让必须由土地使用者与市县人民政府土地管理部门签订土地使用权出让合同，支付出让金后办理登记、领取土地使用证，才能取得土地使用权。在取得土地使用权后，土地使用者按出让合同规定投资开发后，可以将土地使用进行转让、出租和抵押，国家收取增值税。国家队土地使用权一级市场出让实行垄断，即只能由国家（县市土地管理局代表政府）出让。1994年10月，全省土地使用制度改革工作会议提出，要加快土地使用制度改革步伐，提高出让比例，扩大出让范围及受让对象。从1994年起，全州12个县市都开展了“五统一”［统一规划、统一征地、统一出让（划拨）、统一开发、统一管理］工作。出让方式突破了单一的协议出让方式，出让范围也从县城扩大到乡政府所在地和繁华集镇。受让对象打破了局限于外商、全民所有制单位的情况，私营企业、个体工商户都可以受让方式取得土地使用权，用于生产、经营，支持了乡镇企业、个体私营经济的发展。1995年，大理州土地有偿使用工作，突出了“两小”出让（即在小城镇出让小土地）的土地有偿使用新思路。全州用出让方式供地的比例大幅度提高，土地出让金中的纯收益大部分返回乡镇用于小城镇基础设施建设，既为在小城镇置地办企业的用户提供了土地，促进了乡镇企业和私营经济的发展，又达到了“以地生财、以财建镇”的目的，深受各级政府和群众的欢迎。

配合有关部门做好国有企业改制的土地资产处理工作。从 1996 年开始，全州土地管理部门，在国有企业改制中，坚持“三个有利于”的原则，围绕建立现代企业制度，认真做好企业改制中国有土地资产的产权界定、资产评估工作。全州在企业改制土地资产处置中，主要方式是：一是出让土地使用权，将原企业用地依法确定给新企业使用；二是出租土地使用权。将企业使用的国有土地直接出租给改制后的新企业使用，租金按评估值测算，定期收取；三是土地使用权作价入股，将国有土地资产折成股本金作为向企业投入的股份，国家按期分红。

盘活城镇和企业的存量土地，促进土地利用从粗放型向集约型转变。县城建制镇，大致有 40% 左右的土地被一些老企业、老公房和旧民房所占据，盘活城镇和企业的存量土地，促使城镇建设用地从新征土地为主转到盘活存量土地战略性转变，是土地适用制度改革的新课题。各县市在旧城改造和企业改制中，也开展了旧城改造、盘活闲置、存量土地工作，并取得许多成功经验。从 1999 年开始，全州对城镇土地及工矿用地进行清理整顿，将闲置的城镇土地、工矿用地、乡村邑寨闲置土地作出了盘查清理后，作为“小城镇、小宗地”出让给单位或个人。这种做法一方面保护了耕地，繁荣了城乡建设，救活了不少困难企业，另一方面也为城市基础设施积累了资金，促进了土地集约利用，提高了土地利用率。

第四，有偿开发利用“四荒”土地。大理州有偿开发利用“荒山、荒地、荒坡和荒滩（沟）”（以下简称“四荒”）工作，始于 1988 年。1988 年，漾江林业局为了解决职工的生产生活出路，与巍山县大仓乡党委及县委、政府协商有偿划拨荒山，开发利用荒山创办“绿色企业”。通过有偿划拨荒山方式，取得 34.67hm^2 荒山的使用权，并开发成茶园和梨园基地。到 1991 年，基地已初见成效，安排了 60 名职工，年产值已达到 5 万多元。有偿开发利用“四荒”土地成功之后，他们又受让了 213hm^2 荒地，用于种植茶园、果园和蓝桉林。1993 年 7 月 10 日 ~8 月 31 日，全州在弥渡县开展有偿出让“四荒”土地试点，成功地拍卖“四荒”土地 371 宗，面积 554.3hm^2，占全县宜出让“四荒”土地面积的 17.7%。取得经验后，其他各县市也相继开始了“四荒”土地使用权出让工作。1996 年，全州出让“四荒”土地已基本结束。全年共出让“四荒”土地 1009.8hm^2，收取土地出让金 284 万元。

7.2.2 洱海流域土地开发利用分析

7.2.2.1 土地开发利用程度分析

采用土地利用程度综合模型、土地利用程度变化量和土地利用程度变化率进行评价。

(1) 土地利用程度综合模型

$$I = 100 \times \sum_{i}^{n} Ai \times C_i \qquad I \in [100,\ 400]$$

式中，A 为土地利用类型分级指数（不同土地利用类型分级指数见表 7-52），C 为土地类型面积百分比。

表 7-52　不同土地利用类型分级指数表

土地利用类型	未利用地	林地（水域）	耕地	城镇（农村居民点用地、交通用地）
分级指数	1	2	3	4

（2）土地利用程度变化量

一个地区的土地利用程度变化是多种土地利用类型变化的综合结果，土地利用程度变化量可定量表达该地区土地利用的综合水平和变化趋势。土地利用变化值可表达为：$\Delta I_{b-a}=Ib-Ia$

式中，I 为某区域土地利用综合程度指数，a、b 为时间点。如 ΔI_{b-a}，$b>a$，则该区域土地利用处于发展时期，否则处于调整期或衰退期。

（3）土地利用变化率

$$R=(\Delta I_{b-a}/I_a)\times 100\%$$

式中，R 为土地利用变化率，a，b 为时间点。当 $R>0$ 时，表示该区域土地利用处于发展阶段；$R<0$，则相反。

根据相关数据，经过计算，流域 1999 年、2004 年、2008 年的土地利用综合指数分别是 188.82，198.18，198.58，由此可以看出土地利用指数逐渐增大，土地开发强度逐步增强。土地利用程度变化率达到 5.17，土地利用程度的发展迅速。从土地利用程度的范围来看，流域土地利用仍处于相对较低的状态（表 7-53）。流域在今后相当长一段时期，土地利用强度仍将继续增大，区域土地开发活动将继续增强。

表 7-53　洱海流域土地利用情况表

土地利用综合指数			土地利用程度变化量			土地利用程度变化率（%）		
1999	2004	2008	1999 ~ 2004	2004 ~ 2008	1999 ~ 2008	1999 ~ 2004	2004 ~ 2008	1999 ~ 2008
188.82	198.18	198.58	9.36	0.4	9.76	4.96	0.2	5.17

7.2.2.2　土地开发利用问题分析

（1）水土流失

流域不同区域人类活动干扰与陆地生态系统差异较大。总体来说，西部苍山陆地生态较好；北部片区和南部片区人类活动干扰较大，植被覆盖与陆地生态明显差于西部片区，近年来开展了水土流失治理和林业生态建设，取得一定的成效；东部片区由于特有的地质条件，森林植被退化严重，土壤贫瘠、岩石裸露、陆地生态环境较为恶劣。

根据土壤侵蚀分析数据，南部片区和西部片区土壤侵蚀相对较轻，其轻度侵蚀面积占区域总面积的一半以上；北部片区和东部片区存在强度土壤侵蚀，分别占区域面积的 7.18% 和 4.05%。普遍存在的水土流失形式主要是面蚀和沟蚀，局部有重力侵蚀发生。

（2）土地侵蚀

a. 土壤侵蚀现状

根据第三次遥感土壤侵蚀调查，流域共有土壤侵蚀面积 1556.84km^2，占流域总面积的60.69%。在各种强度的土壤侵蚀面积中，轻度侵蚀面积占总侵蚀面积的61.08%，中度侵蚀面积占总侵蚀面积的28.29%，强度侵蚀面积占总面积的10.12%，极强侵蚀面积占总面积的0.51%。流域土壤侵蚀的强度及面积比例见表7-54。

表7-54　洱海流域土壤侵蚀的强度及面积比例表

地区	土壤侵蚀	强度分级										
		轻度		中度		强度		极强度		剧烈		
	面积（km^2）	比例（%）	面积	比例	面积	比例	面积	比例	面积	比例	面积	比例
大理市	377.48	26.92	266.87	70.70	76.55	20.28	33.82	8.96	0.24	0.06	0	0
洱源县	1179.36	41.14	684.07	58.00	363.92	30.86	123.70	10.49	7.67	0.65	0	0

对生态环境影响较大的中度以上的土壤侵蚀。流域中度侵蚀面积440.47 km^2，集中分布在洱源县中部；强度侵蚀面积157.52 km^2，主要分布在大理市银桥镇、湾桥镇、喜洲镇和蝴蝶泉等地，以及洱源县的炼铁乡和右所镇等地。

b. 土壤侵蚀现状的空间分布规律

1）土壤侵蚀沿河流两岸呈条带状展分布。流域土壤侵蚀与深大断裂发育着重要关系，使土壤侵蚀基本沿河流两岸发生和发展。流域受到来自孟加拉湾和热带海洋的东南季风的影响，加上西部的高黎贡山、怒山呈南北向平列排列，降水随海拔增高而增加；人类活动也主要集中在河谷地带。土壤侵蚀也沿江边两侧呈条带状纵深排列，其侵蚀轻度一般也具有从江边向山顶逐渐减弱的变化特征。同时，由于沿断裂带曾有多期岩浆活动，致使岩层破碎，地表组成物质疏松，也是泥石流、滑坡、崩塌等重力侵蚀多发地。

2）土壤侵蚀强度与岩性类别密切相关。流域土壤性状深受母岩岩性的影响，土层薄，成土时间短暂，常可见到母岩直接裸露地表，土壤剖面层次发育不明显，表土层以下即为母质；由于干湿交替强烈，产生涨缩作用，表层崩解迅速，具有风化雨侵蚀交替的特性，保水能力差，是产生土壤侵蚀主要岩类，且强度较大。

3）以坝子、居民点为中心的土壤侵蚀环形结构排列。土地资源的结构和特点，特别是耕地资源的分布状况，对于人口的空间分布特点的形成，有十分重要的影响。随着人口的膨胀，人们对粮食、燃料、矿产等的需求量呈正比上升，导致无序毁林开荒、毁林取薪、毁林采矿现象的存在，也给生态环境带来极为严重的破坏。由于人口的压力增加，耕作制度不合理，轮歇地的耕作周期也越来越短，地力逐渐减退，土壤侵蚀强度增加。因此无论是坝子或丘陵地，凡是有人口居住的地区，由于耕地少，燃料短缺，往往形成以居民点为中心的土地资源开发利用现状。

4）以道路为纽带的工程侵蚀呈线状发展。山高坡陡的地形条件是发展流域交通的制约因素，同时又是产生新的水土流失的必然过程。路修到哪里，水土流失的发生就延伸到哪里。由于在施工过程中缺乏水土保持意识和有效措施，大开大挖和任意弃石弃土，不但破坏了岩层结构和边坡稳定，导致沿线岩体裸露，同时泥沙大量排泄江河，致使水土流失加剧。随着工程建设的扩大，这种现状侵蚀随着经济建设的发展还将继续加剧。

5）农村生活能源缺乏。由于山区大部分农户仍以薪柴作为主要的生活能源。虽然近年来各地政府在大力推广新型高效能源，农村能源结构有了很大的改善，高效能源正在逐步替代薪柴为主的低效能源，但农村能源利用方式仍在对各地的土壤侵蚀产生深远的影响。一方面由于农村受多年来的生活习惯影响和经济条件制约，一部分农户不愿或无力承担煤电灯能源的费用，使得山区高效能源推广进程慢，毁林取薪的现象仍然存在；另一方面，以往伐薪造成的土壤侵蚀仍然普遍存在，没有得到及时治理，存在加剧的可能。

（3）重金属污染

根据洱海环湖地区的地质、地貌、土壤类型、土地面积和分布特点，分东、南、西、北四片布点取样，进行土壤重金属的监测评价。各片区土壤监测项目有：Cu、Pb、Zn、Cd、Cr、As 、Hg 和 pH 共 8 项。

a. 评价标准

评价标准采用国家颁布的《土壤环境质量标准》（GBIS618—95）（表 7-55）。

表 7-55　土壤环境质量标准值　（单位：mg/kg）

级别	一级		二级		三级
pH	自然背景	<6.5	6.5～7.5	>7.5	>6.5
Cu≤	35	50	100	100	400
Zn≤	100	200	250	300	500
Pb≤	35	250	300	350	500
Cr（水田）≤	90	250	300	350	400
Cr（旱地）≤	90	150	200	250	300
Cd≤	0.20	0.30	0.30	0.60	1.0
As（水田）≤	15	30	25	20	30
As（旱地）≤	15	40	30	25	40
Hg≤	0.15	0.30	0.50	1.0	1.5

b. 评价方法

评价方法采用单项污染指数和综合污染指数（表 7-56）。

土壤单项污染指数=土壤污染物实测值/污染物质量标准；

土壤综合污染指数= ｛［（平均单项污染指数）^{2}+（最大单项污染指数）^{2}］/2｝$^{1/2}$。

表 7-56　土壤分级标准

等级划分	综合污染指数	污染程度	污染水平
1	P<0.7	安全	清洁
2	0.7<P≤1	警戒级	尚清洁
3	1<P≤2	轻度污染	土壤污染物超过背景值
4	2<P≤3	中度污染	土壤受到中度污染
5	P>3	重度污染	土壤污染相当严重

c. 评价结果

从监测区域看，监测元素在各片区中含量差异各不相同，北片区和南片区的含量高于东片区和西片区；北片区平均含量最高的元素有 Cu、Zn、Cr；南片区平均含量最高的元素有 pb、As；东片区和西片区各有一个元素的平均含量最高，东片区含量最高的元素是 Cd，西片区是 Hg；样品间含量差异最大的元素 As，差异最小的元素 Zn。评价结果显示，环湖地区的土壤已受重金属污染，达轻度污染水平，主要污染因子为重金属 Cd。

土壤重金属含量超标，就其原因主要有几种可能。一是成土过程中成土母质重金属含量高，致使土壤重金属普遍超标。二是长期大量施用化肥和污水灌溉，造成重金属污染；三是工矿企业污染使土壤重金属超标。洱海环湖地区农田土壤重金属 Cd 含量普遍超标，环湖地区的灌溉都以洱海水为主，周围无工矿企业，Cd 的超标不可能由灌溉和工矿企业污染引起，成土过程中成土母质自身含 Cd 量高是洱海环湖地区农田土壤重金属 Cd 超标的主要原因。由于环湖地区是粮食主产区和主要蔬菜供应基地，土壤重金属超标对农产品质量安全造成较为严重的影响，在调整农业产业结构过程中，应考虑土壤重金属超标这一现实，注意作物种植结构的调整，应选择抗污染（Cd 吸收力小）的品种进行种植，严禁种植对重金属富集力较强的蔬菜品种，并进一步加强对农产品重金属含量的检测，确保农产品质量的安全。

7.2.2.3 土壤环境敏感性评价

(1) 土地侵蚀敏感性评价

土地侵蚀敏感性主要指自然环境条件所造成的可能发生土壤侵蚀的程度。

在自然环境中，影响土壤侵蚀的主要因素有：降水侵蚀力、土壤质地、地形和地表覆盖。

降水侵蚀力（R）反映降水对土壤侵蚀的影响。在土壤质地因子和地表覆盖因子相同的条件下，R 值越大，土壤侵蚀敏感性等级越高。在一般情况下，单点暴雨对降雨侵蚀的影响程度最大。

地形（LS）反映地形对土壤侵蚀的影响，包括坡度（S）和坡长（L）。主要影响因子为坡度。一般来讲，在其他因子条件相同的情况下，35°~45°的坡地土壤侵蚀量最大。

土壤质地（K）土壤对土壤侵蚀的影响主要与土壤质地因子 K 有关。K 值的大小与土壤机械组成和有机含量有关，经相关研究证明，K 值越大，土壤侵蚀敏感性等级越高。

地表覆盖（C）地表覆盖主要反映植被类型及其覆盖状况对土壤侵蚀的影响，植被的郁闭度越高，防治土壤侵蚀的效果越好。

根据国家环保部对土壤侵蚀敏感性评价的编制规范，结合流域的实际情况，制定出流域各影响因子对土壤侵蚀敏感性评价等级和标准（表 7-57）。

按照表 7-57 的分级标准，根据流域实际情况，降雨侵蚀因子（R）的选取以大理州水文站研制的 1 : 50 万多年平均降雨量等值线图为主要取值依据；地形因子以大理州 1 : 25 万的 DEM 为基础研制坡度图后取值；K 值的选取以 1 : 50 万的大理州土壤类型图为基础，根据土壤侵蚀的诺谟方程，结合大理州已有的典型地区土壤侵蚀定点观测结果；C 值选取以大理州 1：50 万土地利用现状图为依据。

表 7-57　流域各影响因子对土壤侵蚀敏感性评价等级和标准

分级	不敏感	轻度敏感	中度敏感	高度敏感	极度敏感
降雨量（mm）	≤900	900～1000	1000～1200	1200～1500	1500～2000
土壤质地（K）	≤0.099	0.099～0.160	0.160～0.228	0.228～0.329	0.329～0.475
地形（坡度）	0°～8°	8°～15°	15°～25°	25°～35°	>35°
地面覆盖	冰川及永久积雪、城镇、灌溉水田、河流水面、湖泊、坑塘水面、农村居民点	改良草地、果园、人工草地、疏林地、天然草地、有林地	菜地、茶园、灌木林、其他园地、桑园、未成林地	荒草地、迹地	旱地、裸土地、其他未利用地、水浇地、滩涂、特殊用地、独立工矿用地
分级赋值	1	3	5	7	9
分级标准	1.0～2.0	2.1～4.0	4.1～6.0	6.1～8.0	>8.0

土壤侵蚀的敏感性是表示自然环境条件的组合，对土壤侵蚀发生的敏感程度，并不等于现行的土壤侵蚀状况。在以上分析的各类敏感区域中，最危险的是中度以上的敏感区域，流域内，土壤侵蚀的敏感性为轻度的区域分布面积较大，而且中度以上的区域面积相对较小，主要分布在人口比较密集的地方，这些地方是重点防治区域（表 7-58）。

表 7-58 流域土壤侵蚀敏感性程度以及分布面积。

（2）石漠化敏感性评价

表 7-58

地区	不敏感		轻度敏感		中度敏感		高度敏感		总计	
	面积	比例	面积	比例	面积	比例	面积	比例	面积	比例
大理	489.43	34.80	356.93	25.38	520.87	37.07	39.34	2.80	1406.57	100
洱源	411.38	14.30	1374.08	47.77	1001.14	34.81	89.61	3.12	2876.21	100

根据石漠化的成因，引起石漠化的主要敏感性因素是：地形、地貌、植被覆盖。

地形：反映地形对石漠化的影响，包括坡度和坡长，主要影响因子为坡度。一般来讲，在其他条件相同的情况下，坡度在25°以上的坡地是石漠化程度最大的区域。

地貌：在营力因素、构造因素、岩石因素和时间因素共同作用下形成的地貌是石漠化的主要因子。其中，喀斯特地貌是引起石漠化的首要原因，洱源县北部为典型喀斯特地貌，非喀斯特地貌地区均为石漠化不敏感区域。

植被覆盖：良好的植被覆盖式防止喀斯特地貌出现石漠化的重要前提，植被的郁闭度越高，防治石漠化的效果越好。

根据国家环境总局对石漠化敏感性评价的编制规范，结合流域实际情况，流域石漠化敏感型评价的分级标准见表 7-59。

表 7-59　洱海流域石漠化敏感型评价的分级标准

敏感性	不敏感	轻度敏感	中度敏感	高度敏感	极敏感
喀斯特地形	不是	是	是	是	是
坡度（°）		< 15	15 ~ 25	25 ~ 35	> 35
植被覆盖（%）		> 70	50 ~ 70	20 ~ 50	< 20

GIS 叠置分析和统计结果表明：流域的石漠化敏感地区主要分布在洱源县北部，由于地处偏远，经济发展滞后，农业生产水平较低，土地的不合理利用和土地垦殖强度较大，将会加大石漠化的进程。

（3）地质灾害敏感性评价

流域地质灾害类型主要以自然因素诱发的山体滑坡和泥石流为主，其次为工程建设开发活动诱发的崩塌、滑坡、泥石流、地裂缝、地面塌陷等。地质灾害易发期为 5 月 ~ 10 月，主汛期 6 月 ~ 9 月为地质灾害高发期。敏感性区域分布：弥苴河流域的三营镇、牛街乡、县城等周边山地地质灾害隐患和危害程度较大。工程建设活动对地质环境的扰动不断增大，工程边坡开挖、废弃土石任意堆放和地下矿山采空区等成为诱发认为地质灾害的主要因素，矿山等区域是地质灾害发生的敏感区域。

（4）土壤保持的重要性评价

流域土壤保持的重要地区，是在考虑土壤侵蚀敏感性的基础上，分析其可能造成对下游河流和水资源的危害程度。在综合分析地表覆盖状况、降雨量、土壤质地、地形坡度等因素的基础上，考虑下游河流等级和水资源的需求来评价土壤保持的重要性。土壤保持重要地区的划分标准见表 7-60。

表 7-60　洱海流域土壤保持重要地区的划分标准

土壤侵蚀敏感性影响水体	不敏感	轻度敏感	中度敏感	高度敏感	极敏感
1、2 级河流及大中城市主要水源水体	不重要	中等重要	极重要	极重要	极重要
3 级河流及小城市水源水体	不重要	较重要	中等重要	中等重要	极重要
4、5 级河流	不重要	不重要	较重要	中等重要	中等重要

根据以上标准，在 GIS 技术支持下，将植被图、降雨量等值线图、土壤图、坡度图、水系图、土壤侵蚀敏感性评价图等相关图层进行叠加分析。

根据云南大学 2009 年所发布的《大理州生态功能区规划》，大理州土壤保持的极重要的地区面积为 4791.77km^2，占大理州国土面积的 16.94%，主要分布在西北部，其中包括洱源的西部。这些地区降雨量丰富、坡度较大，而且接近于澜沧江主干道，土壤保持对维护这些区域的生态环境和流域下游的生态安全极为重要。

土壤保持中等重要的地区面积为 19869.57 km^2，占大理州国土面积的 70.24%。主要分布在澜沧江的干流地区、苍山以西等地，这些地区基本上是河谷地带，人口分布较为集中、农业生产也较为发达，是大理州在土壤保持方面密切关注的区域。

大理州土壤保持比较重要的区域面积为548.98 km^2，占大理州国土面积的1.94%，主要分布在流域洱源县的局部地区，不重要的地区面积为3076.42 km^2，占大理州国土面积的10.88%，集中分布在流域内洱海盆地等。

7.2.2.4 洱海流域土地开发利用潜力分析

土地开发利用潜力分析主要有深度开发和广度开发利用潜力两种。

(1) 土地深度开发潜力分析

流域具有较大深度开发潜力的土地主要有以下几类。

1) 耕地。流域92%的耕地为平坝缓坡耕地，有较好的水利条件，只要我们进一步完善农田水利基础设施建设，坚持“巩固改造、适当发展、加强管理、注重效益”的水利工作方针，加大科技兴农力度，“走工程措施与生物措施相结合，治水与改土相结合，山水沟路综合治理的路子”，做好农田田园化标准建设，结合中低产田地的改造和高稳产农田产量的进一步管理，尽管非农建设占用一些耕地，我们仍可以确保粮食产量的总产目标，缓解吃饭和建设的矛盾。

对于6.7%的15°~25°的微陡坡耕地，应因地制宜地尽量改坡地为梯地，以保水保肥，努力提高单产。

2) 林地。流域林地中有30.4%的灌木林。49%的有林地，在有林地中，特用林占38.7%，用材林占39.6%，经济林仅占13.1%。在总积蓄量中，特用林占67.9%，用材林只占25.9%。这一结构虽然体现出流域以林业生态效益和社会效益为重心的格局，但是林业的经济效益并未得到应有的发挥。因此重视林业产业结构调整，加快营造用材林和经济林，改造灌木林是改造地产林地，促进林地深度开发的重要途径。

3) 园地。长期以来，由于对水果、茶叶的产业化发展重视不够，流域的果园、茶园立地条件普遍较差，管理粗放落后，品种杂乱，树势老化，产量低，品质差。近年来，随着经济发展、产业结构的调整，水果、茶叶产业得到一定的发展，但是随着人民生活水平的提高，对果、茶需求量的逐渐增大，统筹规划、改造低产园地，充分挖掘园地潜力，是深度开发发挥园地效益的重要条件。

4) 水域。流域水域面积辽阔，适宜大力发展水产业、航运业、旅游业和发电业，但是近年来，由于管理监管不严，捕捞过量，水域污染，水产业的发展受到严重威胁，低产水面较多，为充分挖掘现有水域的社会、经济和生态效益潜力，应强化水域管理，做好切实可行的水域开发利用规划。

5) 农村居民点用地。流域农村居民点用地缺乏统一规划，一家一户盖房浪费较大，居住分散。要改变现状，实施旧村改造，消灭“空心村”，切实保护耕地，农村居民点用地有较大的内在潜力可以挖掘的。

(2) 土地广度开发潜力分析

流域未利用地1460522.6亩，占土地总面积的19.59%，其中最具开发潜力的是1197520.9亩荒草地。根据荒草地适宜性评价结果，在荒草地中，有宜耕荒草地主要分布在凤仪镇、挖色镇、海东镇、湾桥镇等地；有宜园荒草地主要分布在挖色镇、凤仪镇、海东镇等地；有宜林荒草地主要分布在挖色镇、凤仪镇、海东镇等地；有宜牧荒草地主要分布在喜洲镇、凤仪镇等地。只要合理规划开发利用，出台相关开发荒山荒地政策法规，多方筹措资金，使荒山荒地得到充分利用，流域土地利用率将得到很大提高。

7.2.3 洱海流域土地功能控制区划

流域土地区划是在参考国家“主体功能区划”和“生态功能区划”的有关理论研究与实践经验基础上，综合大理城市规划的“禁建区、限建区、适建区和已建区”的区划研究成果，基于流域的生态敏感性的实际，尝试性构建基于生态约束和社会经济发展相协调的土地区划方案和体系，并提出流域生态环境保护策略和流域空间发展的策略，以期为进一步研究提供参考。

7.2.3.1 区划技术路线

(1) 土地承载力研究

土地资源承载力是在调查市域范围土地资源总量与质量的基础上，采用生态适宜性评价等方法，评估获得市域内适用于城市建设的土地资源总量，在保证基本农田的前提下，采用指标法测算可供城市发展建设的土地总量，进而估算未来城市建设规模。

根据本研究构建的建设用地生态适宜性评价指标体系，采用 Arcgis9.0 的空间分析功能进行评价。评价结果和空间叠加分析表明，不适宜城市建设用地为湖泊、湖滨带、坡度较大、海拔高、交通不便、离建成区较远的地区，面积为 882.1 km^2，这些区域内难于进行大规模城市开发建设；勉强适宜建设用地主要分布在海拔较高的中高山地区，面积为 298.5 km^2，这些地区应加强生态环境保护，控制城市开发建设；中等适宜建设用地主要分布在坡度较缓的中山地区，面积为 365.2 km^2，这些地区可以进行适度的开发建设，但必须根据限制因素制定相应的防护措施；高度适宜建设用地主要分布在离中心城市较近的湖盆平坝区、坡度较缓地区，面积为 269.2 km^2。同时，随着新的全国土地利用总体纲要的出台，18 亿亩耕地红线将是我国国土控制的高压线。严格控制耕地流失，加强基本农田建设和保护仍将是流域面临的刚性约束。

(2) 开发强度分析

利用遥感数据解译获得土地利用信息，根据土地利用类型来划分土地开发强度的强弱。城镇用地、工矿用地、交通运输用地等代表开发极强区，农村居民点用地、耕地、牧草地等代表开发高强度区，荒草地、裸岩、沙地等代表开发中强度区，林地、水体等代表开发弱强度区。

(3) 土地建设适宜性评价

根据已有研究成果，结合基础资料，建立城市建设用地的生态适宜性评价指标体系，指标层包括岩土体工程地质、断裂、地形地貌、地质灾害、坡度、地表水文、地下水埋深、污染气象条件、城镇吸引力和交通优势度 10 个因子。每个因子分 4 个建设适宜性级别：高度适宜、中等适宜、勉强适宜和不适宜，并对其进行量化，确立量化级别：高度适宜（8～10分）、中等适宜（5～7分）、勉强适宜（2～4分）和不适宜（≤4分）。为避免主观性、不确定因素、采用层次分析法两两比较，确定因子权重。具体指标体系见表7-61。

表7-61　城市建设用地的生态适宜性评价指标体系

指标层	约束层			
	分级	分级标准	量化级别	因子权重
岩土体工程地质	高度适宜	山地块状坚硬岩组工程地质条件类型区	9	0.06
	中等适宜	层状结构次硬岩组工程地质条件类型区	6	
	勉强适宜	层状结构次硬、次软岩组工程地质条件类型区	4	
	不适宜	坝区松散岩组工程地质条件类型区	2	
断裂	高度适宜	距断裂带的距离>500m	10	0.04
	中等适宜	距断裂带的距离250～500m	7	
	勉强适宜	距断裂带的距离50～250m	4	
	不适宜	距断裂带的距离<50m	1	
地质灾害	高度适宜	地质灾害不易发区	10	0.05
	中等适宜	地质灾害低易发区	7	
	勉强适宜	地质灾害中度易发区	4	
	不适宜	地质灾害高易发区	1	
地形地貌	高度适宜	湖泊坝区，海拔高程1966～2000m	10	0.07
	中等适宜	丘陵区，海拔高程1336～1966m、2000～2200m	6	
	勉强适宜	非湖泊坝区1966～2000m 中山区，海拔高程2200～2600m	4	
	不适宜	高山、湖面区，海拔高程2600m以上1966m以下	1	
坡度	高度适宜	0～8°	10	0.18
	中等适宜	8°～15°	5	
	勉强适宜	15°～25°	2	
	不适宜	>25°	0	
地表水文	高度适宜	>100m	10	0.04
	中等适宜	50～100m	6	
	勉强适宜	15～50m	3	
	不适宜	≤15m	0	
地下水埋深	高度适宜	地下水位>3m	10	0.04
	中等适宜	地下水位1～3m	7	
	勉强适宜	地下水位<1m	4	
	不适宜	地下水漏斗区	0	

续表

指标层	约束层			
	分级	分级标准	量化级别	因子权重
污染气象条件	高度适宜	上风向	10	0.02
	中等适宜	下风向	7	
	勉强适宜	—	—	
	不适宜	—	—	
城镇吸引力	高度适宜	主城区辐射半径 2000m 内	10	0.30
	中等适宜	主城区辐射半径 2000～5000m 二级城镇辐射半径 1000m 内	7	
	勉强适宜	主城区辐射半径 5000～10000m 二级城镇辐射半径 1000～2000m，城镇用地	4	
	不适宜	其他地区	1	
交通优势度	高度适宜	高速公路、飞机场<1000m；铁路、高等级公路<500m；县级公路<300m；乡村道路<100m	10	0.20
	中等适宜	高速公路、铁路、飞机场 1000～3000m；高等级公路 500～1000m；县级公路 300～500m；乡村道路 100～200m	7	
	勉强适宜	高速公路、铁路、飞机场 3000～5000m；高等级公路 1000～2000m；县级公路 500～1000m；乡村道路 200～500m	4	
	不适宜	高速公路、铁路、飞机场>5000m；高等级公路>2000m；县级公路>1000m；乡村道路>500m	1	

在分析流域区域地形地貌、水文、土地利用、交通、城镇吸引力、自然灾害、生物多样性保护等诸多因素的基础上，遵循因子的可计量、主导性、代表性和超前性原则，选取对土地建设影响显著的因子计算适宜性。

土地建设适宜性计算公式如下：

$$\begin{cases} S = 0 & \text{当 } V_k = 0 \text{ 时} \\ S = \sum_{k=1}^{n} W_k \times V_k & \text{当 } V_k \neq 0 \end{cases}$$

式中，S 表示土地建设适宜性综合评价分值，n 表示评价因子数，W_k 为第 k 个评价因子权重；V_k 为第 k 个评价因子的量化分值。根据计算结果的峰值分布，选取合适的阈值，将流域建设用地适宜性划分为高度适宜、中等适宜、勉强适宜和不适宜四个级别，其具体含义如下。

高度适宜建设用地：无较大限制性因素的存在，可用于大规模建设而不受重要自然因素限制的用地。

中等适宜建设用地：有一定限制性因素，需采取一定的工程措施改善交通状况等基础设施后方能适应较大规模建设要求。

勉强适宜建设用地：有较大的限制性，土地开发的环境因素制约较大。

不适宜建设用地：有严重的限制性，地质地形等因素影响限制用地。

由洱海流域生态功能区划分级可以看出，流域大部分国土不适宜土地开发建设，通过空间叠加分析表明，不适宜建设用地主要由湖泊、湖滨带、坡度较大、海拔高、交通不便，离中心城区较远的地区组成，不宜进行大规模开发建设；勉强适宜建设用地主要分布在海拔较高的中高山地区，这些地区应加强生态环境保护，控制城市开发建设；中等适宜建设用地主要分布在坡度较缓的中山地区，这些地区可以使进行适度的开发建设，但必须根据限制因素制定相应的防护措施；高度适宜建设用地主要分布在离中心城区较近的湖盆平坝区、坡度较缓地区。

7.2.3.2 洱海流域生态功能区划

(1) 区划原则

国家环保部在《生态功能区划的技术规范》中指出“生态功能区划是区分生态系统或区域对人类活动的服务功能，以满足人类需求及对区域生态环境安全的重要性为区划标志”。按照技术规范要求，流域生态功能区划的主要原则如下。

1）以植被区划为基础。植被是生物圈的基本单位，是生态系统的核心功能部分，在自然界中具有重要的地位和作用。植被是很重要的自然资源，与人类的生产活动关系十分密切，植被又是自然界中最容易收到自然和人为影响（如破坏、干扰和改造）而迅速发生变化的部分。植被区划是在研究和分析区域植被组合和规律的基础上进行的，它揭示了区域自然环境的特点和生态现状。植被的地域分异是以植被为主的生态系统与环境间的生态联系，一个植被区域本身就包含着植被组合和它的生态环境两方面的内容。因此，植被区划为区域生态系统的保护和土地资源的合理利用、自然生产潜力的开发、农、林、牧生态的布局提供理论依据和基础信息，是生态功能区划的重要基础。

2）生态结构的一致性。生态结构的一致性主要包括两个方面：区域的自然属性和社会属性。自然属性以发生学为依据，包括区域的自然地理特点，生态系统类型、结构、相互关系以及与生态环境紧密相关的资源态势等。这些关系反映了流域中不同区域的生态服务功能的形成与生态系统结构、过程以及格局之间的关联。区域的社会属性，包括社会发展的历史沿革、社会经济结构及其特点、资源利用的现状与方式、社会经济长远发展目标对区域自然资源和环境功能的要求等。区划中尽可能满足现实的人类生产和生活需求，不损害现实的利益或尊重现实利用方式。

3）主导因子和综合分析相结合。生态功能区划必须以区域生态系统的协调发展为原则，遵循主导因子与综合分析相结合的原则，确定不同区域的主功能。所谓综合分析是要以生态结构和地域个体本身的综合特征作为区划的基础，在分区时挑选出一套相互联系的指标作为确定区界的依据，而主导因素则是强调区域的主功能，突出区域在生态保护和社会经济发展中的主攻方向和地位。

4）生态保护和建设目标的一致性。生态功能区划的目的是满足人类需求及对区域生态环境安全的重要性。而在现有的生态环境条件下，要达到这一目标的主要措施是进行生态保护和建设。由于不同区域在生态建设中的主功能不同，生态建设的措施和方向也有所不同。不同生态功能区域，随着社会经济的发展，发展目标也因区域的主功能不同而异。因此生态功能区的划分根据不同区域的发展规划、自然条件和人为活动强度因地制宜划分，以使建设目标和措施切实可行。

5）尽可能与行政辖区相协调。历史上形成的行政辖区，或者能反映环境和地理特点，或者能反映社会经济的沿革与现状，或者反映区域的资源特点。区划时尽可能是使环境与行政辖区相一致，不仅便于管理，而且有利于功能区的保护和建设，并具有环境和社会经济合理性。

（2）区划等级

洱海流域生态功能区划系统分为三个等级。

1）一级区——生态区。根据流域的自然环境特征，其生态功能区划的一级区以大地貌的分异为依据进行划分。流域地处横断山谷地与滇中高原的结合部，地势西北高、东南低，西部中部为高山、中高山深切峡谷地貌，东部为浅切割地貌。由于地貌格局不同，包括地表切割程度、山脉和河谷的走势、岩性对地貌发育的影响等的不同，造成了其自然环境条件的差异，其生态功能也表现不同。

2）二级区——生态亚区。流域生态功能区划的二级区主要体现云南省的三级生态功能区。根据流域自然环境及生态系统结构及其在云南省的地位，从整个云南省的生态安全格局出发，该区域具有服务于云南省生态系统稳定和生态系安全的特定功能和定位。

3）三级区——生态功能区。三级区即为生态功能区。是流域生态功能区划的最小单位和基础单元。生态功能区的划分根据不同地区的生态服务功能、生态敏感性和生态脆弱性进行。这是在不同的生态亚区内，由于地貌格局的不同，包括地表切割程度、山脉和河谷的走势、岩性对地貌发育的影响等，引起的生态亚区内的分异。这些差异造成了同一个生态亚区内不同区域的生态服务功能、生态敏感性和生态脆弱程度的差异。不同生态功能区主要反映区域在水源涵养、土壤保持、生物多样性保护、天然林保护和生态农业建设等方面功能。

（3）区划定位

根据全国生态功能区划，洱海流域属于“滇西横断山常绿阔叶林生物多样性保护三级功能区”。该区的主要的生态问题是：人口增加以及农业和城市扩张，自然栖息地遭到破坏，森林资源过度开发，原始森林面积锐减，次生低效林面积大，生物多样性受到不同程度的威胁，土壤侵蚀和地质灾害严重。生态保护的主要方向是：加强自然保护区建设和管理；不得改变自然保护区的土地用途，禁止在自然保护区内开发建设，实施重大工程对生物多样性影响的生态评价；保护自然生态系统与重要物种栖息地，防止生态建设导致栖息环境的改变；调整农业结构，发展生态农业，实施退耕还林还草，适度发展牧业等。

根据《云南省生态功能区划》，洱海流域属于“高原亚热带北部常绿阔叶林生态区、滇中高原谷盆地半湿润常绿阔叶林—暖性针叶林生态亚区、洱海—洱源盆地农业与城镇生态功能区”。该区的主要生态环境问题是土地过度利用、旅游带来的环境污染问题和土地退化，湖盆景观和农业生态环境质量较为敏感，主要的生态服务功能是高原湖盆生态农业和洱海地区的生态旅游。该功能区的主要保护措施和发展方向为：保护农田生态环境，控制化肥和农药的使用，建设点苍山自然保护区，发展生态旅游。维护本区的自然生态景观和地质遗产。

(4) 区划方法

流域生态功能区划采用 GIS 支持下的多因子叠置分析法。在 Arcview 软件的支持下，一级区以大理州 TM 影像为背景，参考主要山脉的分界线、大流域的分水岭、河流等自然特征进行修正；二级区以流域生态功能区的三级区为背景，结合区域的地形地貌特征、生态系统类型结构及其组合规律以及行政区界限进行划分；三级区在二级区划的基础上，结合林业、农业、矿产资源开发、水电建设等各专业规划，从生态管理的层次上，进行多因子信息的综合，分析生态保护和恢复的总体目标及其各种因子和不同区域的关系、确定区域的主要生态服务功能。在此基础上，根据大理州生态保护和建设的要求，指定区划的指标体系，在 Arcinfo 和 Arcview 软件的支持下，划分流域的生态功能区（表 7-62）。

表 7-62 洱海流域生态功能区划分依据

功能区类型	选择图层	划分标准
水源涵养区	水系图	大流域的分水岭或河流的上游地区
	卫星影像图	流域的山脊地区
	植被图	植被覆盖较好
生物多样性保护区	自然保护区分布图	国家级自然保护区、重要省级自然保护区
	生境敏感性评价图	生境极敏感地区
水土保持区	植被图	地带性植被分布的集中地区
	土壤图	紫色土集中分布的地区
	坡度图	大于 25°的坡度在 30% 以上
	降雨量分布图	年降雨量大于 1000mm 以上
	土壤侵蚀敏感性评价图	极敏感和高度敏感地区
矿产资源开发区	矿产资源开发规划图	鼓励开发区
	土壤侵蚀敏感性评价图	中度以下敏感区
	生境敏感性评价图	生境不敏感地区
生态农业及城镇建设区	土地利用现状图	耕地分布集中，居民点分布集中
	坡度图	坡度 15°以下的土地面积占 80% 以上
	卫星影像图	盆地及宽谷地区
生态林业区	卫星影像图	中低山及丘陵地带
	土地规划图	商品林集中分布区
	坡度图	15°～25°和 25°～30°以上的坡地在 70% 以上

(5) 区划类型

1）农产品提供生态功能区。农产品提供生态功能区主要指以提供农产品为主的长期从事农业生产的地区，包括商品粮基地和集中联片的农业用地。该类型区一般开发较早，人口密度较大。主要生态问题是土地利用强度高，农田被大量侵占、土壤肥力下降、农业面源污染。生态保护主要方向是：培养土壤肥力，加强基本农田建设，增强抗自然灾害的能力，发展无公害农产品、绿色食品和有机食品，调整农业产业为和农村经济结构，合理组织农业生产和农村经济活动，建设生态农业示范区。

2）林产品提供生态功能区。林产品提供生态功能区主要指以提供林产品为主的地区，主要指速生丰产林基地和大型国有林场分布和以水源林发展为主的区域。林产品提供生态功能区一般都为中山河谷地貌，森林植被一般保存较好，区内分布有一定数量的寒温性针叶林、温凉性针叶林、暖性针叶林和其他森林类型，是林产工业发展及商品林建设的重要基础。该类型区的主要生态问题：林区过量砍伐，森林质量下降较为普遍，林种较为单一。生态保护的主要方向是：加强速生丰产林区的管理、合理采伐，实现采育平衡，协调木材生产与生态功能保护的关系，改善农村能源结构，减少对林地的压力。提高森林的质量好数量，严防水土流失。

3）生物多样性保护生态功能区。生物多样性保护生态功能区是流域生物多样性丰富、重要植被类型集中分布，生境极为敏感的区域。生物多样性保护生态功能区的主要生态功能是保护区域生境的独特性和完整性，保护特有的生态系统类型和物种。该类型区的主要生态问题是人口增加、旅游、水电水利建设，及外来物种入侵等导致的自然栖息地破坏、栖息地破碎化和岛屿化、生物多样性受到严重威胁，许多野生动植物物种濒临灭绝。

4）土壤保持生态功能区。土壤保持生态功能区是流域以生态建设和土壤保持为主要生态功能的区域。这些地区一般以中山峡谷地貌为主，地形复杂，降雨丰富，土壤极易冲刷，土壤侵蚀的敏感性一般在中度以上。该类型生态功能区的主要生态问题是不合理的土地利用，特别是豆粕开垦，以及交通、水电、矿产资源开发和过度放牧等人为活动而导致的地表植被退化和土壤侵蚀。生态保护主要方向是：调整产业结构，加速城镇化和社会主义新农村建设的进程，加快农业人口转移，降低人口对土地的压力；全面实施保护天然林工程、坚持退耕还林还草，严禁陡坡垦殖和超载放牧，加大对现有灌木林的封山育林力度，改善森林质量，严格资源开发和建设项目的生态监管，控制新的人为土壤侵蚀，发展农村新能源，保护自然植被。

5）水源涵养生态功能区。水源涵养生态功能区分布于大流域的分水岭地带和省级自然保护区的分布区，地势较为平缓，水系发育不全，水资源相对匮乏，水资源不足及土壤保水能力较差。该类型主要生态问题是：人类活动干扰强度大，生态系统结构单一，生态功能衰退；森林资源过度利用、森林质量差。生态保护的方向是：加强对水源涵养生态功能区的保护与管理，在重要水源涵养生态功能区建立生态功能保护区，严格保护具有重要水源涵养功能的自然植被，限制或禁止各种不利于保护生态系统水源涵养功能的经济社会活动和生产方式，如过度放牧、无序开采、毁林开荒、开垦草地等；加强生态恢复与生态建设，治理土壤侵蚀，提高生态系统的水源涵养功能；控制水污染，减轻水污染负荷，禁止导致水污染的产业发展；严格控制载畜量，改良畜种，鼓励围栏和舍饲，开展生态产业示范，培育替代产业，减轻区内居民生产对水源和生态系统的压力。

6）矿产资源开发功能区。流域矿产资源丰富，特别是有色金属矿产资源，这些资源是流域经济发展的重要支柱。流域矿产资源主要分布在流域的东部和南部地区，蕴藏量大，开发历史悠久。这些地区的主要生态环境问题是：人口较为密集，开采历史悠久，森林覆盖率低，地表破坏较为严重。生态保护的主要方向是：加强对矿产资源开发的管理，严禁无序开矿和毁林开荒；加强矿山开采的生态恢复与生态建设，治理土壤侵蚀，开展生态产业示范，发展循环经济，促进区域的可持续发展。

7）城市群生态功能区。流域的该类生态功能区即洱海湖盆城镇、旅游与农业生态功能区，该地区是流域政治、经济、文化的中心，城市化水平高，城乡交错分布、工业企业集中，农业生产现代化水平相对较高，是集大流域分水岭、湖滨水陆交错带、城乡交错带为一体的区域，生态环境极为脆弱。是流域生态环境破坏和污染最为严重的区域之一。主要生态环境问题是高原湖泊及其流域的面源污染、工业污染及水污染和土地资源的短缺。生态保护和建设的主要任务是加强城市发展规划、合理布局城市功能组团，加强城市污染源控制，调整产业结构，发展循环经济，治理高原湖泊水体污染和流域区的面源污染，保护城市生态环境。

7.2.3.3 洱海流域主体功能区划

(1) 区划背景

根据资源禀赋和用地建设条件，按照生态优先、保护土地、支持发展的原则划定禁建区、限建区、适建区和已建区的范围，进行分类控制和引导。

1）禁建区及管制范围。禁建区包括河湖水系及湿地、自然保护区、风景名胜区的核心保护区和一级保护区、森林公园内重要景点和核心景区、连片的基本农田、饮用水源一级保护区、潜在地质灾害防护区、高压走廊等以及其他不宜建设区。禁建区内严格禁止进行与生态保护及其修复无关的任何建设行为。

2）限建区及管制范围。限建区包括风景名胜区（不含核心区）、森林公园其他地区和林地、一般农田、城镇绿化隔离区、地质灾害影响区、机场净空保护区、饮用水水源二级保护区和准保护区、基础设施的保护区、重要蓄滞洪区等。限建区除了依法可以兼容的建设项目外，原则上禁止城镇建设。

3）适建区及管制范围。适建区指尚未开发建设且适宜进行集中建设的地区，主要包括用地评定为适宜建设和交通区位条件较好的地区，规划分为调整优化区和优先扩展区两大亚类。

调整优化区指城镇建设的成熟地区，建设用地已基本饱和，可扩展的新建用地非常少，从生态和环境质量的角度，已经不宜再增加建设密度，进一步的发展应以城市更新和内涵提高为主的地区，主要包括下关城区等。原则上不再增加建设密度，控制人口密度的增加，积极推动产业升级和功能置换，营造尺度适当的城市开发空间，提升人居环境品质。

优先扩展区指规划确定发展条件和用地条件较好的地区，包括新兴扩展片区以及外围可建设地区。在优先扩展区内应当提高土地的利用效率，紧凑扩展，扩展无序蔓延、闲置土地的现象，同时避免过度开发。

4）已建区及管制范围。已建区指以规划基准年之前已经进行建设开发的各类土地，应在规划指导下加强用地功能的优化调整，提高土地利用集约化水平。

(2) 区划指标

根据土地承载力、开发潜力和开发强度（人为活动强度）分析，结合流域空间分布现状，建立流域主体功能区指标体系。根据开发强度和土地承载能力，确定流域内人为活动的强弱及生态敏感程度。综合考虑开发潜力，结合流于产业布局，划分出重点开发区、优化开发区、限制开发区和禁止开发区四类主体功能区（表7-63）。

表7-63　主体功能区划指标体系

目标层	准则层	指标层	约束层	
			分级	分级依据
主体功能区	土地承载力	承载力强弱	极敏感区	承载力弱
			敏感区	承载力低
			中等敏感区	承载力中
			较敏感区	承载力高
	开发强度	人为活动强度	极强	城镇用地、工矿用地、交通运输用地等
			强	农村居民点用地、耕地、牧草地等
			中	荒草地、裸岩、沙地等
			弱	林地、水体等
	土地建设适宜性评价	建设适宜性因子	高度适宜建设用地	各因子一级分级
			中等适宜建设用地	各因子二级分级
			勉强适宜建设用地	各因子三级分级
			不适宜建设用地	各因子四级分级

(3) 区划结果

通过叠加生态敏感性程度图、现有开发密度图等，确定流域主体功能分区。

1）禁止开发区主要包括苍山洱海国家级自然保护区和某些较大面积的坡度大于25°的山地及湖滨带灯区域。这类区域有重要的自然保护功能，在维持流域生态环境良性发展方面具有重要作用。要加强管制，实施强制性保护。严禁不符合区域功能定位的开发建设活动，有限发展与禁止开发区的功能相容的相关产业。

2）限制开发区主要分布在生态环境脆弱、水土流失较严重的上关镇、双廊镇、挖色镇和海东镇，有林地分布较多的凤仪镇和下关镇，以及坡度较大和具有重要生物生产功能和生态廊道功能的海西镇耕地所在区域。这类地区要加强生态修复保护，遵循保护优先，适度开发原则，有节制地发展以休闲经济为主的现代服务业和具有自然生态保护意义的绿色产业。

3）优先开发区主要分布在开发密度较高的下关镇和大理镇。该区域要转变经济的增长方式，优化产业结构，调整开发策略。

4）重点开发区主要分布在凤仪镇坝区和下关镇的部分区域。该区资源承载能力较强、集聚经济和人口条件良好，适于大规模开发建设，但应避开断裂带并加强地基处理提高防震能力，设定严格的环境准入条件，发展高新技术产业。

7.2.3.4 洱海流域生态功能区与主体功能区的关系

推进形成主体功能区是《中华人民共和国国民经济和社会发展第十一个五年规划纲要》提出的主要任务之一。根据国家“十一五”规划纲要和大理州“十一五”规划纲要，国土空间可规划为优化开发、重点开发、限制开发和禁止开发四类主体功能开发区。四个主体功能区的划分依据是“资源环境承载能力、现有开发密度和发展潜力，统筹考虑未来我国人口分布、经济布局、国土利用和城镇化格局”并要求按照主体功能定位调整完善区域政策和绩效评价，规范空间开发秩序，形成合力的空间开发结构。

根据国家和大理州“十一五”规划的要求和主体功能区划分的定义，大理州生态功能区划是大理州主体功能区划分的基础，区划结果应是主体功能区划分中各主体功能区自然环境条件和资源承载力的界定。据此，大理州生态功能区划的基础上，按照各功能区的资源环境承载能力、现有开发密度和发展潜力，统筹考虑未来大理州的人口分布、经济布局、国土利用和城镇化格局，对大理州主体功能区划提出以下建议。

（1）关于优化开发区

《中华人民共和国国民经济和社会发展第十一个五年规划纲要》中指出：优化开发区域就是指国土开发密度已经较高、资源环境承载能力开始减弱的区域。要改变依靠大量利用土地、大量消耗资源和大量排放污染实现经济较快增长的模式，把提高增长质量和效益放在首位，提升参与全球分工与竞争的层次，继续成为带动全国经济社会发展的龙头和我国参与经济全球化的主体区域。

大理州属于相对欠发达的多山省区。根据国家对优化开发区的定义，优化开发区具有较好的发展基础和条件，人口密度较大，开发密度较高，地形平缓，农业及多种经济较为发达，是经济实力较强的区域，同时也是大理州经济、金融、信息、贸易、科教、文化和对外开放的中心。据此，建议以洱海湖盆城镇、旅游与农业生态功能区核心划定大理州的优化开发区。

洱海湖盆城镇、旅游与农业生态功能区是大理州政治、经济、文化的中心，同时也是大理州面向“9+2”和东南亚、南亚开放的桥头堡和传承点。发展导向是大力充实基础设施，增强吸纳人口和资金、技术、产业的能力；加快工业化和城市化步伐，增强经济、技术、文化的辐射、传导能力。优化产业结构，使其服务、辐射、带动功能，以及在全省龙头作用进一步加强；参与我国西南区及周边国家和地区合作和实力，尽快提高竞争能力。在生态环境保护和建设中的主要任务是合理利用土地、防止城镇化建设带来的环境污染。

（2）关于重点开发区

《中华人民共和国国民经济和社会发展第十一个五年规划纲要》中指出：重点开发区域是指资源环境承载能力较强、经济和人口集聚条件较好的区域。要充实基础设施，改善投资创业环境，促进产业集群发展，壮大经济规模，加快工业化和城镇化，承接优化开发区域的产业转移，承接限制开发区域和禁止开发区域的人口转移，逐步成为支撑全国经济发展和人口集聚的重要载体。

根据国家的要求，结合大理州的自然环境条件和资源分布状况，大理州的重点开发区指资源较为丰富，地形条件较好，经济和人口条件较好，适宜发展城镇化和工业化的区域，同时也是大理州亟待发展和极富特色的区域。加快发展，增强创新能力，重点开发这些区域，是大理州加快发展，缩小地区差距，扩大对外开放的重要途径。据此，大理州的重点开发区可考虑以农业生态功能区为中心进行界定。

大理州的林产品和特色农产品的开发和生产是大理州经济发展的支柱之一，建议进一步对农产品提供生态功能区和林产品生态功能区进行资源与环境承载力的分析，根据分析结果，确定重点开发区。

(3) 关于限制开发区

按照国家“十一五”规划纲要的定义，限制开发区域是指资源环境承载能力较弱、大规模集聚经济和人口条件不够好并关系到全国或较大区域范围生态安全的区域。

对这一类的区域要坚持保护优先、适度开发、点状发展，因地制宜发展资源环境可承载的特色产业，加强生态修复和环境保护，引导超载人口逐步有序转移，逐步成为全国或区域性的重要生态功能区。

根据国家“十一五”规划纲要中对限制开发区的定义，结合流域实际情况，流域限制开发区应集中于重要的天然林保护地区、怒江、金沙江、澜沧江干流地区、干热河谷地区和石漠化较为严重的喀斯特地貌区。由于限制开发区的界定直接影响到一些项目的开发和实施，因此，在流域生态功能区划的基础上，建议将重要水源涵养生态功能区、重要土壤保持区界定为限制开发区。在限制开发区内，在保障其主体功能区的前提下，可发展水电开发、紫胶等特色产业，也可适当发展旅游业，但必须统筹规划、因地制宜、适度发展。

(4) 关于禁止开发区

根据国家“十一五”规划纲要的定义，禁止开发区域是指依法设立的各类自然保护区域。对这一类的区域，要依据法律法规规定和相关规划实行强制性保护，控制人为因素对自然生态的干扰，严禁不符合主体功能定位的开发活动。

根据国家有关规定，结合流域的实际情况，流域的禁止开发区主要指国家级和省级自然保护区的核心区。流域生态功能区划中划定的生物多样性保护的生态功能区是以生境的敏感性和重要生态系统的保护为原则来划分，由于区划工作的技术要求，这种划分必须是成片分布，并有一定的面积，因此，这种划分是一种地域上的界定。

由于在禁止开发区内，严禁一切人为活动，若按国家级和省级自然保护区都划为禁止开发区，则面积过大，将对各种资源的开发有很大的限制。因此，建议将流域生态多样性保护生态功能区作为划分禁止开发区的主要依据，而最后划定的禁止开发区，应该是一些分散在生物多样性保护的生态功能区中的斑块。

7.2.4 洱海流域土地利用模式

基于前期生态功能区划和主体功能区划的研究，综合考虑流域产业布局及城市规划，从系统论的角度对流域土地利用结构优化系统的特征、功能和结构进行了定性、定量相结合的深入分析，针对流域土地利用结构优化系统灰色性、可控性、动态性、多目标性和复杂性等特点，运用运筹学、数学和灰色系统等多学科交叉理论建立流域土地利用结构优化的灰色多目标动态规划模型。以初步构建的土地利用空间结构优化模型为基础，调整目标参数，将流域土地利用最优模型分成三个阶段，得出流域土地利用结构优化的满意方案，为流域新一轮土地利用总体规划修编提供科学的、可行的工具和手段。

7.2.4.1 土地利用模式评价模型目标与原则

对流域土地利用结构优化的研究是针对当前土地资源经济供给的稀缺性及利用过程的不合理性而提出的。故土地利用系统优化的目标，是在时空上分配有限土地资源于不同的用途，并在微观层次与其他经济资源（人力、资金、技术）达到合理组合，以使这些资源生产出更多的社会所需的产品和提供更多的服务，又不导致生态环境质量下降。

(1) 土地利用结构优化的目标

在一定的经济技术条件下，土地利用结构优化的目标可以有两种描述：①使有限的土地资源产生最大的效益；②为取得预定的效益尽可能少利用土地资源。

按描述①，要求在一定的约束条件下，通过各种土地类型的合理组合，以追求产出效益的最大化。这里的资源投入量和规划目标的限制是约束条件，因而它对应着一个求最大的最优规划问题。按描述②，为了既定效益目标，如何合理组织土地利用结构，使总的成本最小，效益值是约束条件，资源总成本最小是目标函数，因而它对应着一个最小化的最优规划问题。一般而言，对于完成一个既定的优化配置问题，使用描述②；对于总体上如何配置问题，使用描述①。

区域土地利用系统是一个多重利益交织、多重目标取向的综合体，不同阶层、不同利益集团对各自利益的寻求很强烈。现实情况下，既表现为国家、集体和个人间的分配，又表现为资源在代表不同利益集团的产业部门间的配置。区域土地利用结构优化应建立在对区域不同阶层社会利益的正确分析基础上，通过控制机制影响并体现其利益取向。流域土地利用空间结构优化的目标有四个：经济效益目标、社会效益目标、生态效益目标和综合效益目标。

1）经济效益目标。不管效益目标函数如何复杂，土地利用结构优化主要标准就是使有限土地尽可能生产出较多的产品和提供较多的服务。这个经济效益的概念，讲的是生产过程的效益，是指有限的投入生产出尽可能多的符合需要的产品及提供人民需要的各种服务。就目前的认识水平来说，反映一国或地区在一年内创造的产品和服务价值的指标为国民生产总值（GNP）、国内生产总值（GDP）和净产值。按照经济效益原则，要求国民生产总值或国内生产总值或净产值尽可能大的增长。

2）社会效益目标。土地利用结构符合上述经济效益的原则，并不代表土地合理利用的全部内容。优化土地利用的结构，还须考虑土地产出的产品和服务与社会需求如何最好适应的问题，不仅要求最有效地进行生产，同时也要求社会最有效地分配生产和服务，实现最有效的消费，不解决分配和消费过程中的效益问题，生产中的效益或经济效益就不能最终实现。

3）生态效益目标。生态环境可作为一种资源，这种资源的所有者是全人类。任何地球上的人类工程，任何一种上地利用方式都必然与人类生态环境相交流。一个建设项目对生态环境的破坏，实际上是生态作为一种资源向项目的投入。许多污染性大的用地项目，在不计其他生态投入的成本时，可能计算出较高的土地利用效果，但考虑生态投入后，就要大打折扣了。

因此土地利用结构优化的合理性应包括对生态环境改善的自然要求具有高效益的最大产出和公平的分配并不能保证对生态环境的充分保护，因而不是土地合理利用的充分条件。土地利用要注重经济效益、社会效益和生态效益的总和，才是土地资源合理利用的充分条件，才是土地资源合理利用的一组完整的准则。

但生态效益和社会效益一样，很难像经济效益一样用货币的价值尺度来衡量土地资源得到投入或损失。在生态环境和社会效益的定量化并建立社会生态环境资源与经济资源共有的度量标准方面，存在着许多尚未克服的困难。这种困难也影响了土地利用结构优化对生态环境效益指标所作的准确的评价。

4）综合效益目标。根据土地利用结构优化的目标，其效益可分为三大类：经济效益、社会效益和生态效益。这些效益在一个具体的配置项目上可能相互依存、彼此正相关，但有的土地利用项目各项效益可能互相排斥。因此，对具体的土地利用结构的优化方案，必须全面权衡各种效益并进行利弊的权衡，按综合效益的原则实行资源分配的价值取向，做到“因地制宜、地尽其用、各得其所、合理利用、协调控制”，土地利用结构才可能实现优化配置。

（2）流域土地利用空间结构优化的基本原则

为保证市级土地利用结构优化的科学性、可行性和可操作性，必须依照社会主义市场经济规律及土地利用的自然与经济属性，科学地优化土地利用结构。即在系统框架下，其应按下列 8 个基本原则去进行。

1）整体性原则。系统的整体性是系统理论的核心，是系统科学考虑问题的出发点和归宿。土地利用结构优化工作方案的设计就是对土地利用的规划，它是有结构的，结构决定功能，而且要求整体功能大于各部分功能之总和。因此，土地利用结构优化必须坚持整体性的原则，必须从总体协调的需要出发，正确处理好每个子系统的技术要求；处理好每个子系统与整体之间、各子系统之间的矛盾，使系统处于最佳的运行状态、实现整体功能最优。

2）协调性原则。土地利用总体规划作为一般意义上的宏观层次的土地利用优化配置方式，对一定区域内部的土地利用做时空上的统筹安排和战略部署，而土地利用结构的优化则给予技术上的支持。土地利用总体规划的实质是土地利用结构在时空上的优化，土地利用结构优化为土地利用总体规划提供重要依据。因此，土地利用结构优化必须要与土地利用总体规划相协调，只有这样，才能使土地利用系统的整体功能发挥最佳，保证区域内土地资源的高效、持续和协调利用，使土地利用结构在时空上实现效益最大化。

3）继承性原则。土地利用的结构与布局是人类长期的经济活动形成的，具有一定的合理性，同时也具有一定的刚性。土地资源在时空调整的过程就是土地利用结构对现状土地利用进行调整趋优的过程。在这个过程中，并不是完全的摈弃，而是有扬有弃，这符合土地利用刚性的特点。因此土地利用结构的优化必须以土地利用的现状为基础，在对土地利用现状的结构、空间布局和综合效益进行系统分析的基础上确定相对合理的优化方案，才能保持土地利用的稳定性，做到循序渐进。

4）持续性原则。土地利用既要考虑现在也要着眼于未来，即要考虑其可持续性。可持续利用的思想现在已深入人心，土地资源可持续利用是在特定的时期和地区条件下，对土地资源进行合理的开发、使用、治理、保护，并通过一系列的合理利用组织、协调人地关系及人与资源、环境的关系，以期满足当代人与后代人生存发展的需要。土地利用结构优化必须以其为根本，以其为准则来制定配置方案。

5）动态性原则。土地的自然要素和经济要素是不断变化和发展的，随着社会因素的变化，导致土地利用配置方案不断进行调整和优化。土地利用配置方案的优化具有相对性，要根据区域经济发展变化的需要不断进行适时调整和修正，以保持相对优化的状态，从而在相对稳定的基础上表现区域土地利用的动态性。

6）因地制宜原则。区域土地利用结构优化不仅要遵循资源优化配置本身的一般规律，而且还必须注重不同国家、不同时期的特殊自然与社会经济条件，由此决定了市级土地利用结构优化的目标、主体、结构、方式、规模等必然呈现出较强的差异性。我国的市级土地利用结构优化同样必须严格遵循因地制宜、区别对待的原则，针对不同地区的不同水平，选择适合自身特点的土地利用结构优化的配置机制与实现模式，避免土地资源的空闲与荒废。

7）综合效益最大化原则。土地利用结构优化的综合效益最大原则，并不是经济效益、社会效益和生态效益等目标效益间的均衡或同时获得这几种目标效益的最大化，而是通过一种主导目标辅以其他目标的实现，还要视具体地区、系统层次而做出选择。因为这些效益在一个具体的项目上则既有可能相互依存，也有可能互相排斥。因此，对一个具体的土地利用结构优化方案，必须全面衡量各种效益并进行利弊的权衡，按综合效益原则实行资源分配，土地利用结构才能实现优化配置。

8）宏观、中观、微观相结合的原则。作为市级土地利用结构的优化系统，在制订方案时应兼顾宏观、中观、微观三个层次，宏观上立足该市生态环境的持续性与经济发展的地域性，根据不同区域土地生态适宜性，科学构建该区域土地利用方式和格局；中观上主要着眼于产业结构的调整和布局，根据不同产业用地的生态经济功能要求，寻求各生态经济区内与之相适应的土地类型，尤其是通过土地利用结构格局的系统分析，对现状经济结构有悖于自然生态结构的利用方式相应提出改进对策；微观模式侧重于具体的土地利用方式，强调可操作性，如发展生态林草保护与开发利用模式。区域土地利用结构优化只有按照宏观、中观到微观分步、分层地落实，才能真正使其具有可操作性，并逐步达到土地可持续利用的目标。

7.2.4.2 保护生态环境、优先保证经济发展阶段土地利用模式

本阶段是在不破坏生态环境的前提下，优先保证发展经济，以房地产立体开发为目标，房地产业产业链长，关联度大，对经济带动作用大。利用灰色多目标动态规划

（GMDP）来优化流域的土地利用结构。GMDP 以灰色线性规划和多目标规划为基础，是灰色线性规划和多目标规划的延伸和发展。灰色多目标动态规划突出之处在于它解决了约束白化的多目标问题，它不是单纯地提出某些折中解或满意解，而是为决策者更加清楚地展现未来可能发生的多种情形，以及不同情形下的决策圈。即它不仅可求出既定条件下的最优结构，而且也可显示最优结构的发展变化情况，以及最终的决策方案。

（1）流域土地利用灰色多目标动态规划模型的设计

数学模型设计是整个土地利用结构优化的最主要阶段。把影响土地利用系统有关因素用一定的参量表示出来，区分可控量（数值有待确定）和不可控量（数值已定）；把可控量当作未知变量，按问题给定的相互关系列出数学表达式，这就是土地利用系统的规划模型。其数学模型有很多种，共同点是由目标函数和约束条件两部分组成，规划意味着寻求在给定的约束条件下达到最佳目标的途径。用待定变量的函数表示土地利用规划系统的功能目标（效益目标）称为目标函数。试图将灰色线性规划模型和多目标规划模型结合起来，构建灰色多目标动态规划（GMDP）模型（图 7-21）。

GMDP 是多目标规划和灰色系统理论的交叉研究领域。实际问题中目标函数和约束条件都具有不同形式的不确定性，这类不确定性就是灰色。灰色系统理论认为，由灰变白不是绝对的，而是相对的，因而灰色系统在模型、预测、决策、数据分析中存在灰数，并把预测和决策目标定在某一范围的灰平面内或灰靶上的满意区域内。在这些过程中，不仅运用了现代控制理论的数学模型，而且还直接引用经验判断的知识，定性与定量分析交织在一起，二者相辅相成。

定义 1　根据已知信息，仅能确定其取值范围的数称为灰数。补充信息后，灰数取值转化为一确定值，该值称为灰数的白化值。记以 $\otimes(a)$ 为白化值的灰数为 $\otimes(a)$，已知灰信息下，其取值区间为 $[\bar{a}, \underline{a}]$，即 $\underline{\otimes(a)} \in [\bar{a}, \underline{a}]$。

定义 2　多目标线性规划模型

$$\max\{Z_i = C_i X = \sum_{j=1}^{n} C_{ij} X_j\}$$
$$s.t.\ AX \leqslant b$$
$$X \geqslant 0,\ i = 1,\ 2,\ \cdots,\ K$$

式中，$C_i \in R^{l\times n}$，$A \in R^{m\times n}$，$b \in R^{m\times l}$。若其诸参数均为灰数，记为：$\otimes(C_{ij}) \in [\underline{C_{ij}}, \overline{C_{ij}}]$，$\otimes(C_l) = [\otimes(C_{l1}), \otimes(C_{l2}), \cdots, \otimes(C_{ln})]$，$\otimes(A) = [\otimes(a_{ij})]mn$，$\otimes(B) = [\otimes(b_1), \otimes(b_2), \cdots, \otimes(b_m)]^T$ 得到灰色多目标线性规划（GMLP）模型。

定义 3　灰色多目标动态规划模型

$$\max\{\otimes(C_i)X\}$$
$$s.t.\ \otimes(A)X \leqslant \otimes(b);$$
$$X \geqslant 0,\ i = 1,\ 2,\ \cdots,\ K$$

根据实际情况，建立了模型后，要编制计算机程序或运用相应软件进行调试计算。在计算后，要对结果进行最优化分析，以判断是否适用，是否需要进行修改或重新计算。

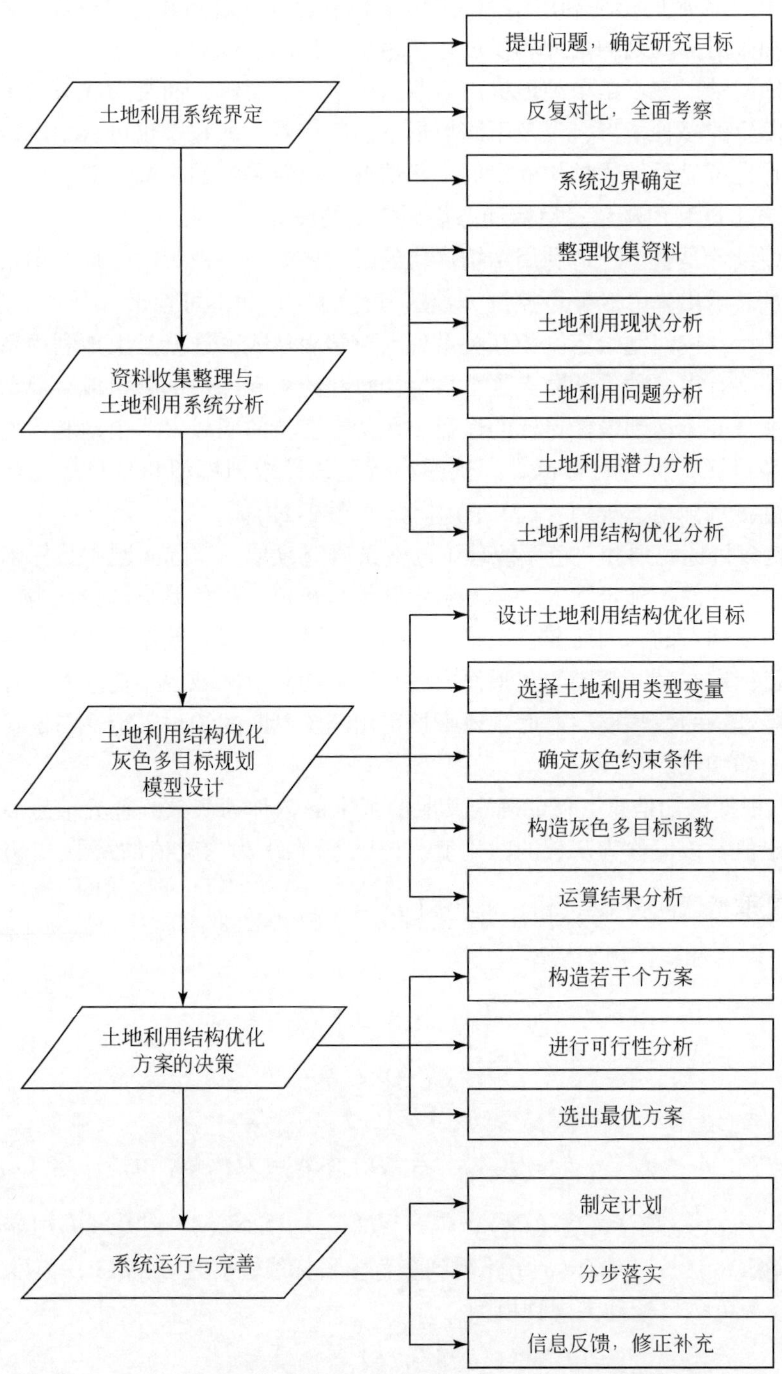

图 7-21　洱海流域土地利用空间结构优化模型设计的流程图

（2）变量设置

变量的选择则要能体现土地资源利用的特点和土地利用现状分类体系，符合规划的要求及今后的发展趋势。变量设置应满足三个原则①土地利用类型的设置要符合全国《土地利用现状分类规程》，要符合土地利用总体规划的要求，充分体现耕地总量动量平衡和土地用途管制的要求，但同时应尽量反映研究区的实际；②各变量要在地域上独立，不能重叠，并具有综合性与典型性，粗细得当的特点；③各变量的效益资料容易取得，以便于确定各类用地的效益系数。据此，决策变量的选择是以土地利用现状为基础，从其土地资源特点、社会经济发展要求和经营习惯，以及今后的发展方向出发，综合考虑相关数据的可操作性和目标函数效益系数的易确定性，设置了 15 个变量，见表 7-64。

表 7-64　洱海流域土地利用变量设置表

变量	土地利用类型	现状面积
	土地总面积	6 438 607. 9
	农用地	4 414 632. 2
X_1	耕地	748 740. 8
X_2	园地	182 649. 7
X_3	林地	3 236 236
X_4	牧草地	4 391. 9
X_5	其他农用地	242 613. 8
	建设用地	281 345
X_6	城市用地	14 856. 7
X_7	建制镇用地	23 610. 6
X_8	农村居民点	132 036. 6
X_9	独立工矿	27 452. 4
X_{10}	特殊用地	19 360. 9
X_{11}	交通用地	62 296. 6
X_{12}	水利设施用地	1 731. 2
	未利用地	1 742 630. 7
X_{13}	荒草地	1 197 520. 9
X_{14}	河流水面	488 244. 9
X_{15}	其他未利用地	56 864. 9

（3）约束条件的建立

约束条件是实现目标函数的限制因素，主要限于与土地利用结构关系密切的土地资源、社会需求和生态环境要求 3 个方面，据此确定了 9 个约束条件。为了保证规划的动态性，约束系数 a_{ij} 和约束常数 b_i 采用灰色 MG（1，1）模型、专家打分法、综合平衡法等进行预测，并结合定性分析得到其白化值，再进行求解。

1）土地总面积约束。各类用地面积之和应等于流域土地总面积。

即 $\sum_{i=1}^{15} X_i = 6\ 438\ 607.9$

2）人口总量约束。

即 $\otimes(a_{21})(\sum_{i=1}^{8}x_i + x_{11}) + \otimes(a_{22})(x_9 + x_{10}) \leqslant \otimes(b_2)$

式中，$\otimes(a_{21})$ 上限是农用地的平均人口密度，下限是农用地平均人口密度的现状值；$\otimes(a_{22})$ 下限是城镇用地平均人口密度，上限是城镇用地平均人口密度的现状值。$\otimes(b_2)$ 是流域总人口值。

3）耕地动态平衡约束。

$x_1+x_2=$耕地面积总和

$\otimes(a_{31}) \times (x_1 + x_2) \times f_r \times f_0 \geqslant S_0 \times P_0$

4）建设用地需求约束。人均建设用地需求约束，结合国家规定人均建设用地面积指标，较为合理的标准是 100～120m^2；土地利用总体规划提出 2010 年，农村人均建设用地控制在 120m^{2}以内，城镇人均建设用地控制在 96m^{2}以内。

$$\sum_{i=9}^{15} x_i / \otimes(a_{41}) = \frac{\otimes b_4}{10000}$$

5）土地供应能力约束。

$x_{16} + x_{17} + x_{18} = \otimes(b_{14})$

6）土地利用率约束。

目标年，土地利用率提高到 95.09% 以上。可将条件转化为未利用地不超过总土地面积的 4.91%。

7）各类生态用地约束。

8）绿当量约束。

区域实际林地的绿当量 $x_{林} = (x_4/S_{林}) \times 100\%$；$x_i$为 i 类用地的面积；g_i为 i 类用地的绿当量。则流域的绿当量的计算公式为 $x_{绿当量} = x_{林} + \left(\dfrac{\sum_{i=1}^{3} x_i g_i + \sum_{i=5}^{8} x_i g_i}{S}\right) \times 100\%$

9）宏观计划约束。

各主要建设用地应以宏观计划量为控制。

即 $\sum_{i=9}^{11} x_i \leqslant 19360.9$

10）数学模型要求约束。

$X_i \geqslant 0$，$i = 1, 2, \cdots, 15$。

（4）目标函数的建立

本研究要建立的是一个 GMDP 模型，模型设计应该追求经济效益、生态效益、社会效益的最大化。因此，对一个具体的土地利用结构的优化方案，必须全面衡量各种效益并进行利弊的权衡，按综合效益的原则实行资源的分配，土地利用结构才能实现其最优化。故试图建立以下三个目标函数。

a. 经济效益目标函数

首先，确定各类用地的效益相对权益系数，构成效益权重集 W_i（$i=1, 2, \cdots, 9$）。

W_i = （0.062，0094，0.022，0.431，0.063，0.096，0.233，0）。其中，i 代表的土地类型是：1—耕地，2—园地，3—林地，4—牧草地，5—其他农用地，6—居民点工矿、水利设施用地，7—交通用地，8—未利用地和特殊用地。

采用灰色预测确定效益系数 $C_j(j=1, 2, \cdots, 15)=\otimes(c)*W_i$，因特殊用地、未利用地对目标函数值的影响极小，故把它们的系数分别定为 0.001、0.0001。C_j = （1.506，1.506，2.864，0.125，221.42，221.42，1.583，1.583，3.159，3.159，3.159，3.159，0.001，46.619，3.159，0.0001，0.0001，0.0001）

b. 社会效益目标函数

$$\max f(x)=\otimes(c)X^T=1.506(x_1+x_2)+2.864x_3+0.125x_4+1.583(x_5+x_6)+3.159\sum_{i=7}^{10}x_i+0.001x_{11}+3.159x_{12}+0.0001(x_{13}+x_{14}+x_{15})$$

c. 生态效益目标函数

由于生态效益和社会效益很难具体量化，所以试着从有关方面建立其目标函数。社会效益，主要是指土地利用结构优化方案，不但要能促进当地的产业开发，加快经济发展，农民脱贫致富，人民生活水平提高，还要能促进社会的全面进步。社会效益评价主要是指结构优化方案满足社会各部门对土地的需求程度。其评价指标主要包括城镇化水平、人均建设用地、人均粮食占有量、人均耕地面积、人均纯收入等。这些指标主要和耕地、建设用地有着紧密关系。

$$\max g(x)=x_1+x_2+x_3+\sum_{i=5}^{12}x_i+x_{14}+x_{15}$$

（5）利用模式与保障措施

由于土地利用结构优化问题是一个涉及经济、社会、生态的问题，所以优化方案不但要符合三效益的发展规律，而且要具有可操作性和实用性，所以数学意义上的最优解往往并不一定是科学的方案。本着理论与实际相结合的原则，着重从土地利用结构的三效益出发，设计各种限制因素，得出最优利用模式。

1）优化土地利用结构。根据流域可持续发展的要求，在保障粮食用地，农作物生产和农业基础设施用地的基础上，严格保护生态环境，合理调整和优化现有的土地利用结构，以做到地尽其利，实现经济、社会和生态效益的最优组合。优化土地利用结构，实际上是调整农业生产结构。

流域森林覆盖率达 43%，但水土流失仍很严重。针对这一现实，在进行土地利用结构调整时，宏观上要立足山区生态建设的整体需要，从土地资源可持续利用角度，以保护和发展土地资源为基础，确立山区林业主导地位，合理调整林业内部种植结构，除了要适当扩大林地的比重，还要在林业内部的林种、树种的配置上，适当增加用材林和防护林的比重。

2）严格控制人口增长速度。流域人多地少，人均占有土地和耕地少，人地矛盾突出。控制人口增长速度、提高人口素质是缓解人地矛盾、提高土地利用效益、实现土地资源可持续利用的关键所在。

3）提高土地利用效率。流域可供开发利用的未利用土地较多，达到流域土地总面积的近20%。土地利用结构调整所需补充的农用地、建设用地很大部分可以通过对未利用地的开发利用获得，因此要充分挖掘未利用土地的区位优势和生产潜力，但要依据土地利用总体规划及相关发展战略，进行因地制宜的开发利用。另外，由于流域人地矛盾突出。一方面要严格控制人口增长，提高人均占用资源量；另一方面要通过提高复种指数、建筑容积率，利用科技手段，努力提高土地利用效率。积极发展以林为主、林农结合的复层经营方式，建立立体复合生态系统，以便既能起到长短结合、相互促进的效果，又能提高土地利用率，增加土地开发的广度和深度，还能够起到水土保持和培肥地力的多重效果。

4）严格控制建设用地规模。流域现有城镇、农村居民点人均建设用地均高于国家标准，今后应加强建设项目用地预审管理，严格控制新增建设用地规模和增长速度，特别要严格控制非农建设占用耕地，要充分发挥现有建设用地的潜在作用，注重建设用地的合理配置和重复利用，积极盘活存量土地，加快旧城利用和“空心村”改造；并严格执行国家建设项目用地定额指标制度，控制和减少建设项目的总用地规模。

5）采取填充式开发和再开发方式提高房地产开发强度。填充式开发是对流域市区内公用设施配套齐全的空闲地的有效利用，再开发是对现有土地利用结构的替代和再利用，是对已利用土地的开发。目的是改变城市蔓延造成的低密度用地格局、复兴城镇经济，不是见缝插针式的开发，而是以合理的利用模式和规划为先导，开发出的土地不仅可以用于建设用地，也可用于绿地、开敞空间等，保护公共空间、农业用地、自然景观，改善人们生活质量。进一步提高规划容积率指标，提高房地产立体开发程度，减少资源浪费。

6）实行土地管理的科学化、信息化，强化土地管理。传统的土地管理方式和手段高耗低效且精确度不高，使得土地管理工作中的时空信息不能及时的得到管理和更新。随着信息时代的到来，以及计算机、网络、通信技术的飞速发展，各种以计算机技术、地理信息系统技术（GIS）、遥感技术（RS）和全球定位系统（GPS）为支撑的土地管理软件应运而生。要逐步实现流域土地管理的科学化、信息化，可以及时了解各种土地信息的变化情况，如土地用途变更等；并及时地进行宏观调控和管理，如严格控制非农用地审批等，使土地管理达到实时、高效，为流域土地利用结构不断优化奠定基础。

7.2.4.3 经济作为坚强后盾，着重改善生态环境阶段土地利用模式

（1）基于生态理念的土地利用模型

基于生态理念的土地利用系统是一个开放复杂的系统，必须建立比较完善的模型体系。土地利用总体规划在时间、空间和功能上都存在层次结构，其相应的模型体系具有多层次性。在土地利用规划中构建模型的方法分为两类：最大-最优化方法和最小-最大约束方法。生态最优化方法和经济最大效益方法都基于理性模式，依赖于完全的信息并基于科学知识，能制定一个最佳方案最小-最大约束方法是回避最坏结果的出现，而不是追求最佳状态，是为了达到一种平衡点，如最低安全约束、发展闭限约束、生态安全约束等。

依据土地利用总体规划的目标和内容，以生态保护为目标，兼顾经济、社会和生态效益，土地利用总体规划模型如下。

ⅰ. $\max Z = \max U = f(\mathrm{UP}, \mathrm{UR}, \mathrm{Uen}, \mathrm{Ues}, \mathrm{US}, T, L)$
$= C_n(I)$, $I = [I_1, I_2, \wedge, I_n]^T$ $\quad S.T.\ Xj \leqslant (or \geqslant) Y$

ⅱ. $\max Z = \max U = f(\mathrm{UP}, \mathrm{UR}, \mathrm{Uen}, \mathrm{Ues}, \mathrm{US}, T, L)$
$= C_n(I)$, $I = [I_{n1}, I_{n1+1}, \wedge, I_{2n-1}]^T$ $\quad S.T.\ Xj \leqslant (or \geqslant) Y$

ⅲ. $\max Z = \max U = f(\mathrm{UP}, \mathrm{UR}, \mathrm{Uen}, \mathrm{Ues}, \mathrm{US}, T, L)$
$= C_n(I)$, $I = [I_{n2}, I_{n2+1}, \wedge, I_n]^T$ $\quad S.T.\ Xj \leqslant (or \geqslant) Y$

模型中 U 为区域的效用函数，（I_{n1}，I_{n1+1}，$\wedge$，I_{2n-1}）为经济子系统指标；（I_{n1}，I_{n1+1}，$\wedge$，I_{2n-1}）为生态子系统指标；（I_1，I_2，$\wedge$，I_n）为社会子系统指标。C_S（I）为土地利用系统的静态协调度；Y 是区域发展条件。模型ⅰ是在区域发展条件的约束下，寻求整个区域系统协调度的最大化，适用于经济发达地区和土地利用现状处于可持续性地区。模型ⅱ是在区域发展条件的约束下，寻求区域经济子系统静态协调度的最大化，适用于经济较发达地区。模型ⅲ是在区域发展条件的约束下，寻求区域环境生态子系统静态协调度的最大化，适用于生态环境脆弱或已遭破坏的地区和超负荷不可持续性地区。

上述模型以三者之间的协调度最大作为目标函数，避免了传统土地利用结构优化方法中将经济、生态、社会因素之间的有机联系分割。以土地利用总体规划的效应不导致土地生态环境的退化和不超过土地资源的生态安全阈值为约束条件，包括土地总面积约束、生态安全约束、人口约束、资源承载力约束、耕地保有量约束和建设用地供需量约束等。

（2）约束条件的建立

土地总面积约束：$\sum S_j = X_S$

生态安全约束：$\dfrac{\mathrm{d}X_i}{\mathrm{d}t} = f_i(X_{\mathrm{Pt}}, X_{\mathrm{Rt}}, X_{\mathrm{Ent}}, X_{\mathrm{Ect}}, X_{\mathrm{St}}) \in [\underline{a_i}, \overline{a_i}]$

人口约束：$X_P \leqslant X_P{}^*$

资源承载力约束：$X_R \leqslant X_R{}^*$

耕地保有量约束：$X_F \leqslant X_F{}^-$

建设用地供需量约束：$X_C{}^- \leqslant S_C \leqslant X_C{}^*$

式中，X 为规划系统的发展水平向量；S_j 为各类用地的面积；[$\underline{a_i}$，$\overline{a_i}$] 为规划系统发展速度的目标区间，权重为时间 t 的函数；$X_P{}^*$，$X_R{}^*$，$X_C{}^*$ 为系统发展最大容量限制，$X_F{}^-$ 为系统发展最小容量限制，包括土地总面积 S、人口容量 P、资源承载力 R、耕地保有量 F、建设用地供需量 C。

（3）利用模式与保障措施

生态的实质是以人为主体的生命与其环境间的相互关系，包括物质代谢、能量转换和信息反馈关系，以及结构、功能和过程的关系规划的最本质特征是未来导向性。传统发展观念把人类社会的功能分为经济生产和社会生产两大类，忽视其资源、环境、人口与自然的供给、接纳、控制和缓冲功能。传统的规划只注意物质量的规划，忽视生态序的规划只注重土地的生产和服务功能，忽视其生态服务功能。

1）各级政府制定重大经济技术政策、社会发展规划、经济发展规划、专项规划时，要依据土地利用分区，充分考虑生态的完整性和稳定性。制定建设规划与生态保护，要根据利用模式，确定合理的生态保护与建设目标、制定可行的方案和具体措施，促进生态系统恢复、增强生态系统服务功能，为区域生态安全和区域可持续发展奠定生态基础。

2）经济社会发展应与土地利用模式的功能定位保持一致。资源开发利用项目应当符合生态保护目标，不得造成生态功能的改变。对现有建设开发项目用地区，在经济、社会、环境等多方面可行性研究的基础上，确定最低和最高土地利用强度，只有达到最低土地利用强度后，才能供给新开发土地，对拟供给的新开发土地，确定其开发时限和基础设施条件开发标准，防止任意的“摊大饼”和闲置土地。

3）实施生态移民计划，降低脆弱土地区域的生态负荷。在区域经济发展的前提下，实施生态移民增强流域土地可持续发展能力，能够提高功能区的土地质量和生态环境功能。生态移民在性质上不同于一般意义上的扶贫移民，分批分期将农户从生态脆弱地区搬迁到低山平坝和小城镇，将大大降低扶贫成本，提高投资效益，并为流域资源优势和高效益开发利用转换提供更大的发展空间。

4）不断实施土地整理工程，土地发展要符合利用规划要求。土地使用功能的转化也是投资风险最大的转化。有计划地保障土地资源的人均拥有量是社会稳定的基本要素，是减少社会风险、实现社会进步的底线。按规划、有步骤地实现土地使用功能的转化、置换和补偿，减少土地发展利用过程中的盲目性，贯彻土地资源合理功能的持续保持和高值开发，通过不断的土地整理，综合协调解决好各方面对土地资源的需求，处理好农业用地向工业建设集约用地转化过程中的各种矛盾，使广大农民的生活质量和家庭经济水平在脱离土地的传统使用方式后能够稳定进入社会经济水平长期提高的新阶段。

5）完善相关管理制度，进一步加强流域生态系统能力建设。现阶段流域管理仍停留在以流域水土资源综合利用为主要目的的多目标管理阶段，仍处于洱海管理局，水利、国土、环保、城建、规划等部门多头管理局面。为了进一步加强地方性土地规划利用、环保法制建设，提高流域管理的科学性和有效性，建议政府以流域生态系统管理为指导，进一步加强流域综合管理能力建设，从立法、行政区划调整、管理机构设置，管理能力建设等多方面出发构建基于流域生态系统的流域综合管理模式。

7.2.4.4 经济和生态环境达到良好协调阶段土地利用模式

由于流域土地利用结构调整是牵一发而动全身的工作，其中涉及多个子区的环境和经济因素，这些因素之间又往往存在着复杂的相互作用。在本阶段，以社会、生态与经济协调发展为目标，因此，面对这样复杂的对象，仅仅依靠决策者的经验和知识是很难实现既确保环境又优化经济的任务的。因此在本阶段的土地利用系统规划中运用不确定系统规划模型方法。总的来说，不确定性系统优化模型分为随机优化模型、模糊优化模型和区间数优化模型三种。但由于随机模型在模型建立过程中需要许多关于参数概率分布的数据，而且其求解过程中还常常会生成难以求解的中间模型，因此其实用性受到了很大限制。模糊系统优化模型则只能解决模型约束条件右边项的不确定问题，而对技术系数的不确定性则无能为力。此外，模糊模型的建立还需要有关隶属函数的数据信息，这些都对其实际应用造成了困难。区间数模型能够在建模过程中将实际系统中的不确定因素直接反映在模型中，通过模型的求解可以得到一组行为区间，决策者在进行实际决策时，就可结合各种新的信息，根据个人或集体经验、偏好在这一行为区间中确定具体最优利用模式。

(1) 流域土地系统利用模型

区间数土地利用系统规划模型的抽象形式如下

$\max f^{\pm}=C^{\pm}X^{\pm}$

$st A^{\pm}X^{\pm}<B^{\pm}$

$X^{\pm}\geqslant 0$

式中，$A^{\pm}\in\{R^{\pm}\}_{m\times n}$ 为技术系数矩阵，代表各子区不同土地利用类型单位面积的非点源污染排放强度；$B^{\pm}\in\{R^{\pm}\}_{m\times 1}$ 代表洱海对农林土地所产生非点源污染的承受能力；$C^{\pm}\in\{R^{\pm}\}_{1\times n}$ 代表产出或费用系数；$X^{\pm}\in\{R^{\pm}\}_{n\times 1}$ 为决策变量；$f^{\pm}$ 为目标函数；$f^{\pm}$、$C^{\pm}$、$X^{\pm}$、$A^{\pm}$、$B^{\pm}$ 等均为区间数。

首先，构建并求解区间数优化模型。在原始模型的基础上，构造求解目标函数最优值区间上限的子模型，对其求解得到一组最优解，然后结合原始模型和上一步所得的最优解构造求解目标函数区间下限的子模型，从而解出目标函数最优值的下限，由此得到相应的决策变量解区间。现将具体的子模型构造与求解过程描述如下。

设在目标函数 $f^{\pm}$ 的 N 个区间系数 $C_j^{\pm}(j=1,2,\cdots,N)$ 中有 K_1 个非负，其余 K_2 个为负数，现令前 K_1 个系数为非负，即 $C_j^{\pm}\geqslant 0(j=1,2,\cdots,K_1)$，后 K_2 个系数为负数，即 $C_j^{\pm}\leqslant 0(j=K_1+1,K_1+2,\cdots,N)$。则求解目标函数上限的子模型可构造如下

$$\max f^{\pm}=\sum_{j=1}^{K_1}c_j^{+}x_j^{+}+\sum_{j=K_1+1}^{n}c_j^{+}x_j^{-}$$

$$st\sum_{j=1}^{K_1}|a_{ij}|^{-}\mathrm{Sign}(a_{ij}^{-})x_j^{+}/b_i^{+}+\sum_{j=K_1+1}^{n}|a_{ij}|^{+}\mathrm{Sign}(a_{ij}^{+})x_j^{-}/b_i^{-}\leqslant 1$$

式中，Sign 为符号函数，当其参数为正时，函数取值为+1，当参数为负时，取值为-1，参数为零时，取值为 0。求解模型就可得到 $x_{jopt}^{+}(j=1,2,\cdots,K_1)$ 和 $x_{jopt}^{-}(j=K_1+1,K_1+2,\cdots,n)$ 以及相应的目标函数最优解上限 f_{jopt}^{-}。而后，在此基础上，构造对应与目标函数最优解下限的模型如下。

$$\max f^{-}=\sum_{j=1}^{K_1}c_j^{+}x_j^{+}+\sum_{j=K_1+1}^{n}c_j^{+}x_j^{-}$$

$$st\sum_{j=1}^{K_1}|a_{ij}|^{+}\mathrm{Sign}(a_{ij}^{+})x_j^{-}/b_i^{-}+\sum_{j=K_1+1}^{n}|a_{ij}|^{-}\mathrm{Sign}(a_{ij}^{-})x_j^{+}/b_i^{+}\leqslant 1,\ \forall i$$

$x_{\pm j}\geqslant 0,\ \forall j$

$x_j^{-}\leqslant x_{jopt}^{+},\ j=1,2,\cdots,K_1$

$x_j^{+}\geqslant x_{jopt}^{-},\ j=j=K_1+1,K_1+2,\cdots,n$

再求解这一组模型，即可得到 x_{jopt}^{-}，$(j=1,2,\cdots,K_1)$ 和 $x_{jopt}^{+}(j=K_1+1,K_1+2,\cdots,n)$ 以及相应的目标函数最优解下限 f_{opt}^{-}。通过以上两步，就完成了区间数模型的求

解。得到的区间解可以用于作进一步解译从而生成决策方案。根据以上土地利用系统规划模型的抽象形式，结合洱海流域实际情况，我们以区域土地利用系统的经济产出为目标，以其非点源污染贡献为约束，构造流域土地利用环境经济协调不确定最优化模型如下。

$$\max f = \sum_{i=1}^{4}\sum_{j=1}^{7}(L\_\ \mathrm{ECO}_{ij}^{\pm})\ \mathrm{LAND}_{ij}^{\pm}$$

$$st\sum_{i=1}^{4}(\mathrm{SOIL\_\ LOSS}_{ij}^{\pm})\ \mathrm{LAND}_{ij}^{\pm} \leqslant \mathrm{PERM\_\ SOIL}_{ij}^{\pm}$$

$$\sum_{i=1}^{4}(\mathrm{N\_\ LOSS}_{ij}^{\pm})\ \mathrm{LAND}_{ij}^{\pm} \leqslant \mathrm{PERM\_\ N}_{j}^{\pm}$$

$$\sum_{i=1}^{4}(\mathrm{P\_\ LOSS}_{ij}^{\pm})\ \mathrm{LAND}_{ij}^{\pm} \leqslant \mathrm{PERM\_\ P}_{j}^{\pm}$$

$$\sum_{i=1}^{4}(\mathrm{DIS\_\ N}_{ij}^{\pm})\ \mathrm{LAND}_{ij}^{\pm} \leqslant \mathrm{PERM\_\ DIS\_\ N}_{j}^{\pm}$$

$$\sum_{i=1}^{4}(\mathrm{DIS\_\ P}_{ij}^{\pm})\ \mathrm{LAND}_{ij}^{\pm} \leqslant \mathrm{PERM\_\ DIS\_\ }P_{j}^{\pm}$$

$$\sum_{i=1}^{3}\mathrm{LAND}_{ij}^{\pm} \leqslant \mathrm{AV\_\ AG\_\ LAND}_{j}^{\pm}$$

$$\sum_{i=1}^{3}\mathrm{LAND}_{ij}^{\pm} \leqslant \mathrm{LEA\_\ LAND}_{j}^{\pm}$$

$$\sum_{i=1}^{4}\mathrm{LAND}_{ij}^{\pm} \leqslant \mathrm{AVA\_\ LAND}_{j}^{\pm}$$

$$\mathrm{LAND}_{4j} \leqslant \mathrm{PRE\_\ FORE}_{j}$$

$$\mathrm{LAND}_{3j}^{\pm} \geqslant 0$$

式中，$\mathrm{L_ECO}_{ij}^{\pm}$为第 j 区第 i 土地利用类型单位面积经济产出；$\mathrm{LAND}_{ij}{}^{\pm}$为第 j 区第 i 土地利用类型面积，第一种土地利用类型为水田，第二种为旱地，第三种为蔬菜地，第四种为林地；$\mathrm{SOIL\_LOSS}_{ij}^{\pm}$、$\mathrm{N\_LOSS}_{ij}^{\pm}$、$\mathrm{P\_LOSS}_{ij}^{\pm}$、$\mathrm{DIS_N}_{ij}^{\pm}$和 $\mathrm{DIS_P}_{ij}^{\pm}$分别为第 j 区第 i 土地利用类型单位面积水土流失强度，N、P 流失强度，溶解态 N、P 强度；$\mathrm{PERM\_SOIL}_{ij}^{\pm}$、$\mathrm{PERM\_N}_{j}^{\pm}$、$\mathrm{PERM\_DIS\_P}_{j}^{\pm}$、$\mathrm{PERM\_DIS\_N}_{j}^{\pm}$、$\mathrm{PERM\_DIS\_P}_{j}^{\pm}$ 分别为第 j 区允许土水流失量，允许 N、P 流失量，允许溶解态 N、P 流失量；$\mathrm{AV\_AG\_LAND}_{j}^{\pm}$、$\mathrm{AVA\_LAND}_{j}^{\pm}$ 分别为第 j 区农业可用地和农林可用地面积；$\mathrm{LEA\_LAND}_{j}^{\pm}$ 为第 j 区农业用地面积下限；$\mathrm{PRE\_FORE}_{j}$ 为现有林地面积；以上各参数均为由其上、下限值构成的区间数。

（2）利用模式与保障措施

由模型的最优解可以看出，对于不同的子区，农林土地利用的调整方案是不同的。从环境经济协调的角度，洱海流域的土地利用现状是不令人满意的，因此需要对之进行科学合理的调整。对洱海流域而言，在各个子区，水田都应作不同程度的扩展，其具体扩展规模可以根据模型的最优解确定。本阶段是以社会、生态、经济协调发展为目标，为此需建立多方位的保障措施。

1）法制保障。制定完善法律规章，加大环境执法力度。在贯彻执行现有行政法规、规章的基础上，加快制定与流域建设配套的产业政策、促进清洁生产、保护和合理利用资源等各项措施，建立健全生态流域建设的政策体系，保证政策和规划的实施。建立鼓励政策，对生态农业、环境保护和生态建设中优先发展的项目提供相应的税收优惠和政策倾斜，推动生态补偿机制建设；建立健全资源管理保护、环境与资源综合决策、环境影响评价、生态约束、生态补偿、自然资源使用权管理、生态安全管理等制度；建立高效的环境监测管理体制，强化执法检查和监督管理，依法严肃查出各种环境违法行为和生态破坏现象，并适时组织开展专项整治活动。

2）组织保障。建立科学的管理机制，加大政策引导和扶持力度，完善考核体系，建立健全评价体系。建立以生态环境保护为导向的经济政策，完善自然资源与环境有偿使用制度，将生态建设规划与流域发展相结合。所有重大决策、工程项目、建设规划都必须执行环评制度、项目预审制度、决策咨询制度、公众参与制度、责任追究制度，对实施情况进行动态监测，并及时汇总，对实施情况进行动态分析评估，并根据社会经济发展趋势和生态环境的变化情况对规划内容进行调整或补充。

3）资金保障。将生态环境保护纳入国民经济核算体系。各级政府切实增加生态环境保护的投入，创造条件设立生态建设引导资金，建立多元化融资渠道为生态流域建设筹集资金。发挥市场机制配置资源的基础性作用，支持生态项目进行多渠道融资，允许经营生态建设项目企业以特许经营权、林地、矿山使用权等作为抵押费等优惠政策，调动社会资金投入的积极性，使社会资金对投入生态建设有合理回报。以市场方式配置资源，提高资源利用效率，完善资源的开发利用、节约和保护机制。研究并试行把自然资源和生态环境成本纳入国民经济核算体系，使有关统计指标能够充分体现生态环境和自然资源的价值，引导人们改变传统观念，达到经济、社会和环境的协调发展。

4）技术保障。加大科技投入力度，积极引进人才，提高环境监管能力，扩大合作资源，借鉴他人经验。科学技术是第一生产力，建立生态环境技术支撑系统，完善科技推广、信息服务体系和技术交流网络，为生态流域建设提供技术支撑。重视发挥人才作用，积极引进人才，建立起与市场经济体制相适应的人才机制。积极调整优化产业结构和产品结构，实现经济增长方式从粗放型向集约型转变。积极推行循环经济、清洁生产工艺，重点发展高附加值、轻污染或无污染产品，逐步淘汰工艺落后的产品、设备、技术，禁止能耗大、原材料浪费及污染严重的产品生产，大力发展高新技术和资源节约型的产业和产品，保障经济、社会、环境协调健康快速发展。

5）社会保障。积极发动、组织引导人民群众参与生态流域建设，形成做好生态流域建设的广泛群众基础，建立和完善公众参与制度，涉及群众利益的规划、项目和决策，应充分听取群众的意见，及时公布生态流域建设重点内容，完善信访、举办制度，扩大公民知情权、参与权和监督权。组织媒体及时宣传报道生态流域建设重大事项和重点项目的进展情况，加强社会舆论监督。大力开展生态流域的群众性创建活动。在生态综合协调建设中，开阔视野，拓宽领域，在各个方面，尽可能全方位开展交流与合作，利用国内与国际两个市场和两种资源，完成生态建设任务，实现生态建设目标。

7.3 洱海流域生态产业布局和产业链整合研究

7.3.1 传统产业向生态产业发展的突破口和路径

7.3.1.1 传统农业向生态农业发展的突破口和路径

(1) 生态农业

生态农业是在合理利用自然资源，保持和改善农业生态环境的前提下，遵循生态系统的生物共生和物质循环再生规律，运用系统工程方法，将传统农业的经验同现代科学技术结合起来，以集约经营手段建立经济效益、社会效益和生态效益协调统一的可持续发展的农业生产体系，是具有整体性、多目标、多功能、多分组、多层次、良性循环、资源再生、协调发展的新型农业生产体系。

流域生态农业建设，就是按照生态环境良好、生态技术广泛运用、农产品安全优质、经济环境与人口协调发展的要求，把生态农业的理念、原则和技术运用到农业开发之中。以“水环境保护、农产品消费安全、农业经济可持续发展”为绿色流域农业产业发展目标，围绕农业增效、农民增收的要求，走农业结构调整与生态建设相结合、资源优势与产业优势相兼顾、自然生产与社会再生产相协调、社会经济与生态文明相统一的发展道路。

(2) 传统农业向生态农业发展的突破口和路径

围绕流域建设生态流域的目标，生态农业建设的总体思路为：突出农业结构调整、农业产业化经营和农民增收三条主线，依照“整体协调、循环再生”的生态经济学原理，使发展农村经济与农业生态环境建设相结合、传统农业精华与现代农业科学技术相结合，以强化生态保护与建设、改善生产条件、实现资源培育和高效利用、提高农业综合生产能力、增加农民收入、改善农村人居环境为目标，逐步达到生态、经济、社会的协调统一；努力推进农业由数量速度型向结构效益型、由资源外延型向产品系列开发转变；大力发展观光农业、旅游农业，在发展农业的同时与旅游业相结合，形成新的经济增长点；打造流域农产品品牌，使洱源发展成为云南乃至全国的无公害、绿色有机农产品的重要生产基地。

7.3.1.2 传统工业向生态工业发展的突破口和路径

(1) 生态工业

生态工业是依据生态经济学原理，以节约资源、清洁生产和废弃物多层次循环利用等为特征，以“5R”为原则，以现代科学技术为依托的一种综合工业发展模式。为加快实现洱源工业生态转型，要在工业结构上，全面提升传统产业，引进和培育以生产新型的、生态的产品的精深加工、制造企业为方向；在工业规模上，着力发展大型集团企业，提高资源、能源利用效率和污染治理的综合效率；在空间结构上，优化工业布局，降低资源环境条件的制约；在环境管理和可持续发展能力建设方面，加强工业园区建设和环境管理，全面提高工业系统的可持续发展能力。

(2) 传统工业向生态工业发展的突破口和路径

流域生态工业建设，应以市场为导向，以技术创新为动力，以软硬环境和产业氛围营造为重点，以工业富民强县为目标，不断加大工业投入力度，优化全县工业经济结构，进一步打牢工业快速发展的基础；紧紧围绕非公有制经济发展，培植全国知名企业、知名品牌，加快招商引资三个工作重点，着力抓好乳业、梅果加工业、电矿业、农机装配业、建材业，快速扶持发展一批在县域经济中起龙头作用，在产业中居于支柱地位的大企业。大集团，进一步抓好工业园区建设，形成有利于企业集中发展的工业平台；促进工业园区生态化发展，广泛开展企业清洁生产审核，大力发展循环经济，提高资源的重复利用率；开发一批具有高科技含量和较好市场前景的新产品和绿色产品，形成以高新技术产业为先导、以运用高新技术和先进适用技术改造的传统产业为支撑、以新兴产业为后续的新型生态工业体系。

由于工业产业的规模经济、范围经济效应及集中治理污染的优势，在产业功能分区中的优化发展压区与综合开发亚区的工业产业布局呈现“点状集聚、周边扩散、以点带面”的发展态势，通过不同规划期的重点发展区域的带动，实现流域工业经济的动态均衡与可持续增长。流域工业产业宏观调整规划，按“三片，三组团”规划实施，规划的总体设想是：“离湖拓展，培育核心；发展总部，辐射周边”。

流域传统工业向生态工业发展如图 7-22 所示。

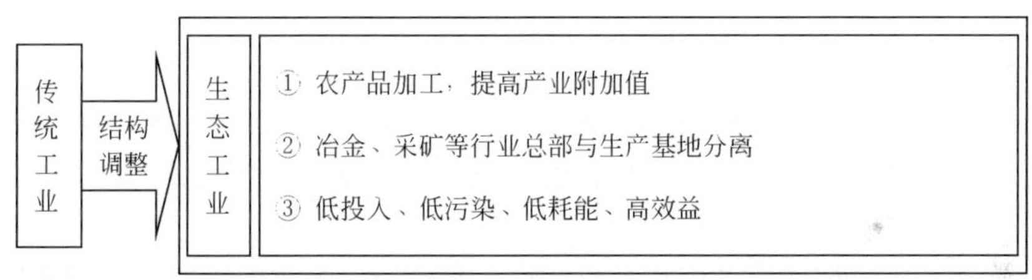

图 7-22 洱海流域传统工业向生态工业发展示意图

7.3.1.3 传统旅游业向生态旅游业发展的突破口和路径

(1) 生态旅游业

大理市和洱源县旅游区位优势明显，并具有独特的旅游资源特色。境内高原湖泊星罗棋布，地热温泉资源尤其丰富，温泉品位较高，历史文化保留下来的遗迹和遗址、森林植被、自然保护区等旅游资源也十分丰富，同时借助流域所处的区域优势，把洱源放在滇西、全省乃至全国的旅游网络系统中，与周边地区形成协同发展的旅游格局。这些风景名胜区、森林公园和自然保护区具有优良的生态环境、丰富的生物多样性、美丽的自然风光、灿烂的民族文化，是发展生态旅游的宝贵资源。但目前流域旅游开发整体水平较低，对景区的配套设施、餐饮、交通、购物等产业发展不足，需要在整体规划的基础上，有计划、有步骤、有目标地推进旅游及其关联产业的协调发展。

（2）传统旅游业向生态旅游业发展的突破口和路径

旅游发展要围绕创建国家级生态旅游的总体目标，将发展旅游经济与流域生态环境相结合，形成生态型的旅游产业体系，使得旅游业成为弘扬洱源生态文化，普及生态知识，形成生态意识，促进经济社会协调发展的推动产业。充分考虑环境资源的承载能力，以不过度开发和不饱和开发为前提，追求适当的速度和规模。通过实施绿色旅游通道工程、生态旅游示范区工程、园林化的生态型旅游城市工程、生态型的民俗旅游村工程、义务植树活动等工程来实现旅游产业的生态化。在工程项目建设运营过程中，充分使用绿色环保材料，产生的废物一律进行无害化处理，并根据洱源日照时间长、光照强的实际，尽力推广使用太阳能综合利用技术，并优先使用其他洁净能源，努力实现人与自然和谐发展。

1）总体发展思路是：以流域的高原水乡原生态风貌为基础环境，以人类宜居气候和条件为前提，以丰富地热为特点，以瑰丽的人文资源为精华，突出以“地热温泉、高原水乡、历史文化、白族风情”为优势旅游品牌，发展以温泉度假、高原水乡观光、休闲娱乐、康体保健、白族乡村体验、民族风情游为主的综合多种旅游形式的高原水乡生态旅游业，通过一批重点项目的实施，把洱源打造成为中国温泉养生度假胜地、中国重要湿地公园、滇西北生物多样性保护重要区域，使流域成为集观光、科考、探险、度假休闲、购物为一体的生态旅游区，在旅游开发中，建立保护与开发相互促进的可持续良性发展模式。

2）客源市场：核心市场——昆明市、楚雄州、大理州、丽江市、迪庆州城镇游客，国内外温泉爱好者，国内外湿地爱好者。基本市场——滇中地区、滇西北地区游客。机会市场——滇西北过境游客。

3）实施六大旅游产业集群战略。

一是以会议中心、星级宾馆、度假村为主的由高档接待服务设施和企业构成的产业集群。

二是以休闲渔业养殖、特色农产品种植和养殖、特色农副产品加工为主的休闲农业产业集群。

三是以购物街区、现代化的娱乐场所、特色餐饮街区为主的旅游休闲产业集群。

四是以地热温泉、高原水乡旅游景区、主题公园、农业观光区为主的景区类产业集群。

五是以豪华旅游大客车、旅游巴士为主的旅游交通服务产业集群。

六是以旅游中介、会议、会展策划和服务、旅游信息服务为主要构成的旅游服务产业群。

总之，旅游业发展必须把丰富的旅游资源和生态环境优势有机结合起来，旅游开发要服从于生态环境保护，使自然景观与人文景观相互协调、相互促进。

流域传统旅游业向生态旅游业发展如图7-23所示。

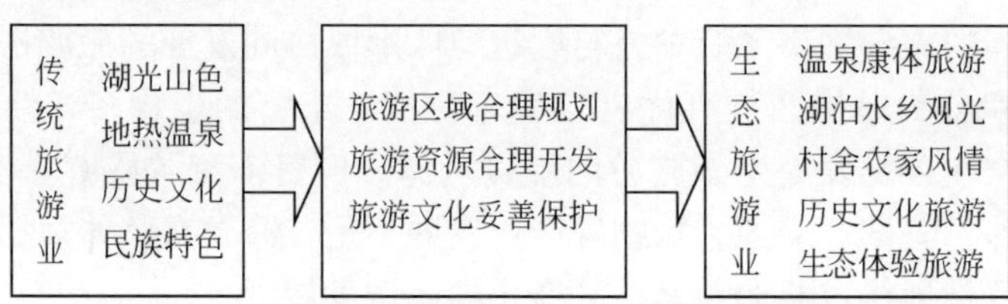

图7-23　洱海流域传统旅游业向生态旅游业发展示意图

7.3.2 洱海流域生态产业布局机制

7.3.2.1 流域生态农业布局机制

(1) 生态农业发展优势

1）流域耕地资源丰富。洱海流域面积 2565 km^2，占全州 8.7%，流域耕地面积 31 265hm^2，占全州 16.7%。而且流域水资源也相当充足。洱海流域集中了全州最大的 4 个淡水湖泊，其中洱海湖面积 251 km^2，湖容量 27.4 亿 m^3，南北长 42.5 km，最大水深 21.3 m，平均水深 10.6 m。流域大小河流共 117 条，其中最大的河流弥苴河汇水面积 1389km^2，多年平均来水量为 $5.1\times10^8m^3$，占洱海入湖总径流量的 57.1%。除此之外，流域的水生资源品种繁多。流域水生动植物资源丰富，水生植物有 27 科 46 属 64 种，有鱼类 6 科 31 种，洱海特有的大理裂腹鱼（弓鱼）、洱海鲤为国家二级重点保护鱼类，大理鲤、春鲤为云南省二级保护动物。

2）洱海流域土壤肥沃，气候温和，年平均气温 15.7℃，最高气温为 34℃，最低气温为-2.3℃，光照充足，流域受东南季风及西南季风影响，雨量充沛，年平均降水量为 1000～1200 mm，年日照时数为 2250～2480h，太阳总辐射量为 139.4～149.5kcal/ cm^2 · a，相对湿度 66%，四季如春，适合农业发展，是大理州重要的农业生产基地。洱海流域是全州重要的粮食生产基地。粮食播种面积 46 237hm^2，占全州的 17.9%，粮食产量 264 919t,占全州的 21.8%，不仅为流域人口提供充足的粮食供给，而且为全州的粮食安全提供有力的保障。并且，流域畜牧养殖已经形成了一定规模的奶牛养殖、肉牛养殖、生猪养殖和家禽养殖四大养殖产业，畜牧养殖产值占到全州的 28.5%。其中，奶类产量占全州的 80%，肉猪出栏量和存栏量分别占全州的 25.5% 和 20.8%。

(2) 流域生态农业布局机制

流域生态农业布局优化原则既要有利于发挥不同地势海拔、年均温、日照积温、降水量、土壤性质等主要生态环境要素与农作物物候要素的因地制宜的合理搭配；又要有利于农业规模化和标准化发展。具体表现在全面建设坝区农业经济区、山区农业经济区、城镇农业经济区三个特色区域。

坝区农业经济区，以三营镇、牛街乡、凤羽镇、茈碧湖镇等乡镇为主，主要以 214 线、大丽路及省道为轴心开展生产力布局，重点发展粮油、烤烟、大蒜、乳畜、水产等农业产业。

1）发挥区域优势产业布局特点，按市场需求调控总体种植规模，细化选择不同经济作物最适宜种植区以及适度控制不同品种发展规模；

2）积极推广节水生态农业，开展节灌日光温室、滴灌等示范项目。

3）鼓励使用有机肥，鼓励秸秆还田还地；科学控制土地复种指数和化肥、农药施用量，减少化肥、农药的使用量，推广生物防虫防害技术；

4）建立现代化生态农业管理体制，抓好农业环境检测网络建设，抓好生态农业和无公害农产品、有机食品生产示范基地的建设。

5）实施规模化、集约化种植项目，以提高土地利用效益为基本前提，调控种植结构的合理搭配的周期轮作，形成作物轮种搭配合理的种植制度。

6）结合作物优化布局发展乳牛养殖业，逐步形成种植业与养殖业协调发展，以种植业发展促进养殖业、以养殖业的扩大、规模化为绿色食品产业发展提供优质费源。实现种养加产业有机结合、相互促进的循环经济的发展模式。

山区农业经济区，以炼铁乡、西山乡、乔后镇三个山区乡镇为主，高度重视发挥山区环境质量优势的发挥，重点发展核桃、梅果、药草、食用菌基地和森林畜牧业。

1）充分考虑森林生态环境条件的综合利用，本着大集中、小分散的原则，突出主打品种的规模效益以满足市场需求，鼓励群落散嵌式的种植方式和林下套种间种以提高人工种植物种与自然生态的整体融合效果。

2）林药业要向药典明确的地道品种和市场稳定的原料药品种方向发展，并重点发展以果实和根茎为原料的多年生品种，特别是小乔木、灌木和宿根类药用植物品种。为避免产生新的生态环境问题，不能在生态条件脆弱的林下发展，以树皮和一年生草茎利用为主的药用植物要慎重发展，同时加大野生药用资源的保护。

3）野生食用菌产业要向半人工促进种群扩繁的方向发展，通过山林承包经营方式结束野生菌采摘无序混乱资源破坏的局面；人工栽培菌的发展要走反季市场化的道路，要从珍稀、优质、高产菌种的引种和标准化栽培中挖掘最大的单位产值。

4）本地丰富的核桃、梅果资源开发是林果业创新发展的重要途径。要加大对核桃、梅果产品的绿色农产品认证。

5）要充分利用森林生态的小气候条件和生物多样性抑制病虫害能力，发展低成本高效益的特色产品。

城镇农业经济区，以县城（茈碧湖镇）、邓川镇、右所镇为主，重点发展绿色蔬菜、有机食品、模型加工型原料农产品、特色旅游农副产品。

突出发展“特色农业”、“精品农业”和“订单农业”。特别是优质稻种植基地、大蒜种植基地、优质油菜种植基地、无公害饲料粮和饲料草种植基地、无公害豆类种植基地、无公害水产植物种植基地、梅果种植基地、生态中草药种植基地和优质烤烟种植基地的建设；粮经饲种植比例结构的调整；粳米、大蒜、蚕豆、油菜、芸豆、梅果、核桃、水产、松籽等的深加工；以及保健品、特色食品和生物农药等工业化原料标准化规模化开发；结合当地的特点发展特色乳牛养殖业，使种植业与养殖业加工业协调发展。

7.3.2.2 流域生态工业发展优势

1）洱海流域地处云南省西部经济区，北面是中国铅锌储量最多的兰坪金顶地区，南面是澜沧江流域水能资源的重点开发区，西面是中国最有前景的内陆边境贸易区，东面是云南省经济最发达的滇中经济区。该区域地处中国西南部，毗邻越南、老挝、缅甸等国家，在中国对外经济交往中处于十分重要的地位。同时滇西经济区矿产资源、水能资源、旅游资源、农林业资源十分丰富，三线工业基础和技术力量较为雄厚，是比较典型的内陆地区。区域内产业结构总体偏重，能源、原材料工业所占比例较大。伴随国家产业政策的调整和倾斜，国家计委将澜沧江中游地区确定为水电、有色金属基地，列入全国 19 个重点开发地区之一，云南省政府也把大理市列为“滇西经济区”的中心城市。流域内一些国家和省级重点建设项目也逐步实施，整个滇西地区发展前景看好，这给流域的工业经济建设带来了极好的机遇。

2）在云南省 17 个设市城市中（包括省辖市和地州辖市），大理市长期以来都是经济比较发达的地区之一，相对于滇西其他各县市来讲，具有工业门类比较齐全、工业生产水平相对较高、商业繁荣、基础设施比较完备等优势。

7.3.2.3 流域生态旅游业发展优势

1）大理市全年气候温和，四季如春。被誉为“文献名邦”的大理，是多元文化与自然和谐的乐土，拥有丰富的自然类和文化类旅游资源优势。大理历史悠久。远在新石器时代，大理就是白族先民的生息繁衍之地；秦王朝统一中国时，大理就已醒目于国家版图上；西汉武帝时期，汉王朝在大理设置郡县，我国最古老的国际通道——南方丝绸之路和茶马古道穿越大理。至今，大理仍是滇西第一大城市。大理文化灿烂。数千年的岁月，给大理留下了大量足以傲世的历史遗存。大理民俗浓郁，白族的服饰、民居、婚嫁、信仰、习俗和庆典节日，都洋溢着浓浓的民族风情。大理佛缘悠远，大理古有“妙香佛国”之称，史载佛教盛行于南诏国后期和大理国，并被尊为国教，大理国传世二十二代皇帝中，就有九位禅位为僧，这在中国历史上是绝无仅有的，佛寺古刹星罗棋布于苍山洱海之间。

2）作为茶马古道的枢纽站，洱海流域自古是交通要地。1994 年开始，顺应云南省的要求，大理提出了“旅游活市”的发展战略。经过多年的建设，目前洱海流域已经建成大理机场、大理—昆明铁路专线、大理—昆明及大理—保山等多条高等级公路、大理—丽江旅游公路，并开辟了市内旅游专线，形成了海（洱海）-陆-空立体交通体系。

3）洱海流域旅游业的发展逐渐呈现出多点增长的态势。洱源县的旅游业发展近来加快了步伐，使洱海流域旅游业出现了多极增长的良好形势。增长点的培养使洱海流域旅游业后继有力。洱海流域的旅游业发展不能简单地建立在少数传统景点和项目上，只有不断培养增长极，才能保证可持续的发展。目前洱源县在“生态文明试点县”规划指导下，大力发展生态旅游业，是洱海流域生态-经济-社会协调发展的重要一环。

7.3.3 洱海流域生态产业布局的相关产业政策

7.3.3.1 流域生态农业布局的相关产业政策

（1）流域生态农业发展现状

1）近十年来，流域农业经济发展速度迅猛，第一产业总产值由 2001 年的 126 807 万元增长到 2009 年的 205 931 万元，年均增长 6.05%，如图 7-24 所示。

2）流域第二、第三产业逐渐发展壮大，第一产业占国民经济总产值的比重由 2001 年的 17.3% 下降为 2009 年的 11.38%。流域三产业发展情况如表 7-65 所示。

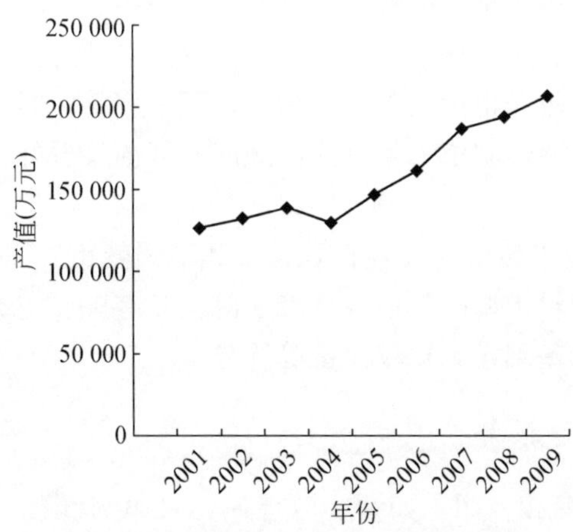

图 7-24　洱海流域第一产业产值变化图

资料来源：历年大理州统计年鉴

表 7-65　洱海流域三次产业发展情况及第一产业产值比例表

年份	第一产业产值（万元）	第二产业产值（万元）	第三产业产值（万元）	第一产业产值比例（%）
2001	126 807	332 511	275 160	17．30
2002	132 141	367 792	300 447	16．50
2003	139 076	405 769	328 476	15．90
2004	129 823	375 263	399 325	14．40
2005	146 992	456 317	479 181	13．60
2006	161 030	541 238	546 082	12．90
2007	186 701	647 636	603 917	12．98
2008	193 363	754 256	703 282	11．71
2009	205 931	825 963	777 823	11．38

资料来源：历年大理州统计年鉴。

（2）流域生态农业发展存在的问题

流域农业经济的发展对该地区国民经济发展及提高流域人民生活水平举足轻重，流域领导非常重视农业经济的发展，在促进农业发展过程中投入了大量技术、政策、资金上的扶持且取得了一定的成效，但依然存在一些突出的问题。

1）农业结构不均衡，农、牧业占绝对比重，林业等发展不足。

农业经济包括农、林、牧、渔四大分支，2008 年农业产值从结构组成来看，传统种植业和畜牧业占比重在 90% 以上，林业、渔业比重过低。流域种植业和畜牧养殖业是农业经济的主导产业，其产值比重占到了整个农业经济产值的 94%，而林业和渔业产值比重仅占 6%。洱源山区面积占 85.7%，分布有广大的林地，林地面积占 68.3%，同时洱源境内水系交错纵横，具有发展经济林木及水产养殖的资源条件。洱海流域农林牧渔业产值比重变化如图7-25所示。

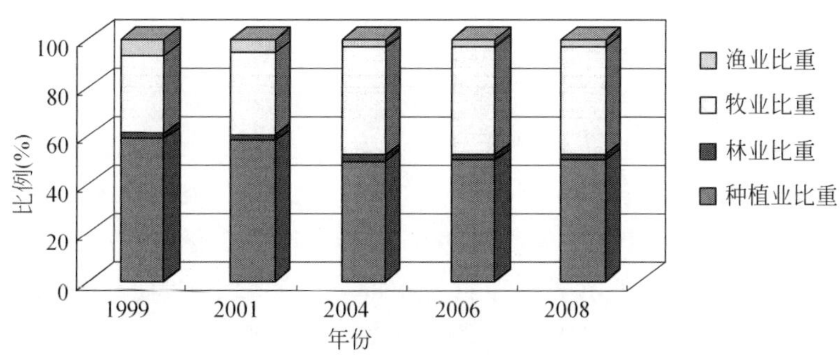

图7-25　洱海流域农林牧渔业产值比例变化图

2）农业生产基础设施薄弱，抗御自然灾害能力差。

截至2008年年底，流域累计建成年亩产粮食400kg以上的高产稳产农田18.14万亩，仍有19.81万亩中低产田地，占全县耕地的52.20%；有些循环农业的项目建成以后得不到推广普及；专业人才不足，技术力量相对薄弱。

3）无公害、绿色、有机食品生产的发展滞后。

洱海保护治理工程实施以来，农业部门十分重视无公害农产品生产的发展，洱源县先后有21000亩无公害大蒜通过了无公害食品产地和产品认证，但仅占全县农作物种植面积的5.3%，远远低于全国和全省平均水平。水产养殖六个品种（鲤鱼、草鱼、鲫鱼、鲢鱼、鳙鱼、团头鲂），350hm^2（茈碧湖镇、右所镇、邓川镇的九个村委会）通过认证，基本实现适宜养殖水面的全覆盖。洱宝、天滋、中洱等4家梅果加工企业的雕梅、炖梅、青梅爽等6个系列23个品种通过了绿色食品认证，但由于缺乏经费投入和技术人员，加之目前市场优质优价调节作用不明显和监管措施不力，导致企业和农户发展无公害食品的积极性不高，必须加大工作力度，采取有效措施，推进无公害农产品生产的发展步伐。

4）农业产业化程度低，龙头企业带动作用不强。

梅果和优质稻米是洱源县农民增收的主要支柱产业，但产业化水平低，到2008年，全县梅果种植面积达9.4万亩，挂果3.7万亩，鲜梅产量1.11万t，梅农收入2533万元，有专业从事梅果生产和加工的企业16家，其中产值在200万元以上的仅有3家。优质稻米面积为8.3万亩，总产52 290t，仅有加工企业一家，加工业企业规模普遍较小，并且有些加工原料不对路，不能与本地农产品有效对接，无法满足产业化需求。

5）农业机械化程度低，离发展现代化农业要求还有较大差距。

到2008年年底，洱源县共有大中型拖拉机2 448台，小型拖拉机1 782台，农用载重汽车124辆，脱粒机1 195台，农用排灌机械858台，实现机耕面积134 390亩，机械植保面积27 240亩，农用机械种类少、覆盖面窄。机械化程度低，无法有效地为生态建设提供服务。

6）农业面源污染严重，影响农业经济发展的环境保护。

流域农村面源污染是目前造成河流、湖泊水污染的主要原因，也是影响整个流域经济能否健康发展的最主要因素之一。目前流域农业面源污染主要来自于农村生活污水污染、人畜粪便污染、农村生活垃圾污染、农田固废污染和农田化肥径流污染。

(3) 流域生态农业布局的相关产业政策

1) 推进流域优势产业发展，全面提升农、林、牧产品品质。按生态建设产业化，产业发展生态化要求，继续推进流域优势产业发展。根据流域洱源县梅果产业发展规划，力争到2012年梅果面积达20万亩，总产值达3亿元，梅农收入0.8亿元；到2010年将优质稻面积发展到10万亩，总产68 000t，实现产值3亿元；扩大蚕豆、大麦等作物和牧草的种植面积，扩大玉米等旱作物种植面积。同时，压缩大蒜、烤烟种植面积，把大蒜种植面积控制在6万亩以内并全部施用控释肥。加大有机、绿色及无公害农产品的发展力度。以绿色环保为方向，加强以规模化、产业化、无公害化的农产品基地和无公害禽畜、水产养殖基地建设，着力打造洱源“绿色生态”品牌。结合洱海保护，向省州争取年无公害农产品认证整体推进项目，计划分无公害粮油生产基地（面积45.7万亩）、无公害果蔬生产基地（面积55.3万亩）、无公害畜禽养殖基地（总量为71万头/匹）、无公害水产养殖基地整体推进，完成流域主要农产品的无公害生产基地认证，具备条件的申报为有机食品。

立足资源优势，以发展山区林果业、野生菌为主，积极推进洱源林产品的开发。流域的林业经济在生态文明建设中发挥着重要作用，在提供木材、林产品、绿色食品、药材、生物能源以及发展相关产业、扩大就业方面有着不可替代的作用。因此，在现有规划实施完成40万亩泡核桃的基础上，再新建30万亩，到2012年实现70万亩的目标，2011～2015年改造野生铁核桃20万亩，把洱源建成木本油料基地；在已有规划实施完成17.15万亩华山松的基础上，新建22.85万亩，实现40万亩的目标。积极大力培育、具有地方特色的稀有珍贵植物、林药、野生食用菌、森林蔬菜、野生花卉、观赏植物资源，充分发挥洱源丰富的以松茸、牛肝菌、羊肚菌、黑木耳、鸡枞、鸡油菌、竹荪、猴头菌、香菇、奶浆菌和珊瑚猴头菌等为主的野生食用菌，及以云茯苓、珠子参、红芽大戟、大理藜芦、苍山贝母等为主的森林名贵中药材资源优势，按市场规律走产业化道路，全面提高洱源非木材森林资源保护、利用和人工培育水平，提高产品的加工、营销及新产品的研发等综合开发能力，积极推进洱源森林资源非木材产业体系的建设。

以龙头企业带动为导向，大力发展高原生态乳牛养殖业。流域多以传统农户型散养乳牛为主，规模化养殖数量较少。目前洱源县5头以上的有512户，20头以上4户，规模化养殖4个。立足资源优势，按照“公司+基地+农户”的发展思路，紧紧围绕建设西南最大商品奶生产基地、中国较大的奶制品加工出口基地的目标，以市场为导向，以增加农民收入为核心，以科技为支撑，以防疫为保障，加大高原生态乳畜业发展。

2) 以控制农业面源污染为目标，推广环境友好型农业。在保护优先的前提下，优化现有产业结构，通过鼓励政策措施，促使传统农业向低投入、低废、高效、优质的循环性农业生态产业转变，解决当地群众在发展传统农业生产时，为追求高效益，而产生的“高投入—高产出—高废物—高污染”的局面，使当地群众在维护并遵守水源保护政策的条件下，通过发展循环型生态产业，提高农业资源（包括农业废物）利用率，减少农业废物排放，降低生产成本，生产高质、优价农产品，获得较高的经济收益。如此，有助于环节弥苴河流域内环境保护和区域经济发展的矛盾。

逐步减少高投入作物面积，增加低投入作物面积，在增加林地面积、园林苗木面积，压缩农作物面积的情况下，要加大作物品种结构的调整，大力推广优良、优质、高效益、低污染的品种，增加农民收入，弥补因结构调整给农民带来的损失。在保护优先的前提下，确保生物多样性。逐步削减需大量化肥农药的农作物种植面积，压缩施肥较多的大蒜、烤烟种植面积，把资源环境优势转化为经济优势，利用经济优势搞好环境保护，从根本上解决环境保护与资源利用之间的矛盾，实现社会经济的可持续发展与农业生态系统的良性循环。加快开发生物肥、生物农药，大力推广生物防治和精准施药、测土施肥、控释肥等技术，减少农药化肥使用量，提高农药化肥利用率；要制定不同作物无害化生产技术规程，大力开展标准化和无害化生产；要开办农民田间学校，培训农民植保、土肥、环保技术人员，监控有害病虫发生和农业环境污染的变化。本着无害化、减量化、资源化的原则，运用生物、物理、化学等方法采取过腹还田、直接还田、堆肥处理、沼气生产和秸秆气化等源头减污措施对农村固体废弃物进行综合处置，达到不危害人体健康、不污染周围环境，大力发展农业循环经济，实现农业清洁生产及物质及能源的回收利用。转变牲畜养殖方式，坚持用生态文明和现代产业发展理念改造提升乳牛养殖业，以有利于粪便无害化处理、提高产奶量、提高奶农收入为中心，抓好奶牛规模化养殖，积极走专业化、规模化养殖的路子。坚持畜禽养殖污染防治强制性技术规范，按照建好卫生厩和沼气池、配套种植无公害蔬菜的模式，积极引导农民发展生态养殖。果草套种，长短结合。在果树空隙种植紫花苜蓿，绿化抗旱，促进果林生长。保持水土，恢复植被。刈割使用紫花苜蓿，饲养优质牛肉，以养殖收入巩固果林种植。

3）加强中低产田地改造力度，提高土地的综合生产能力。以流域洱源县为例，洱源县现有 19.81 万亩中低产田，占全县耕地的 52.20%，其中坡耕地 10.23 万亩，占 26.96%，轮歇地 2.27 万亩，占 6.03%。这些中低产田地耕种质量较差，冷浸内涝、干旱缺水、耕层浅薄、质地黏重等障碍因素突出。结合不同生态环境条件和特色产业发展要求，争取用 10 年时间，争取资金 1.6 亿元，完成全县中低产田地改造任务，提高土地的综合生产能力。

4）强化农业科技培训。洱海流域具有良好的生态环境基础和独特的农业产业优势，要实现生态农业发展目标，必须加强农业科技培训，提高从事农业生产的人员素质。采取轮训与集中培训相结合的方式。聘请有关专家来洱源或派技术人员到省州相关部门进行生态农业、科学种植养殖、农产品安全生产、农业面源污染治理等方面的学习和培训，确保每年有适当数量技术人员接受各类培训。加强对农户的科技培训。一是充分利用数字乡村已建成的网络、电视、报纸、农村集市日，举办内容丰富、形式多样的科普宣传活动；二是以举办现场会、培训会、办科技示范样板，树科技示范户活动，将科技培训作为生态文明的重要基础工作来抓，做到长期坚持。做到户均 2 人次以上受训，掌握 2、3 项科学种养及环保节能方面的技能，使保护环境、节约能源成为全社会每一个人的共识。

7.3.3.2 流域生态工业布局的相关政策

（1）流域生态工业发展现状

近十年来洱海流域工业经济发展速度迅猛，第二产业总产值由2001年的332 511万元增加到2009年的825 963万元，年均增长10.5%。第二产业包括工业和建筑业，从产业增加值和企业利润总额来看，洱海流域第二产业中工业占比超过了90%，工业是洱海流域第二产业的主体。洱海流域第二产业产值变化如图7-26所示。

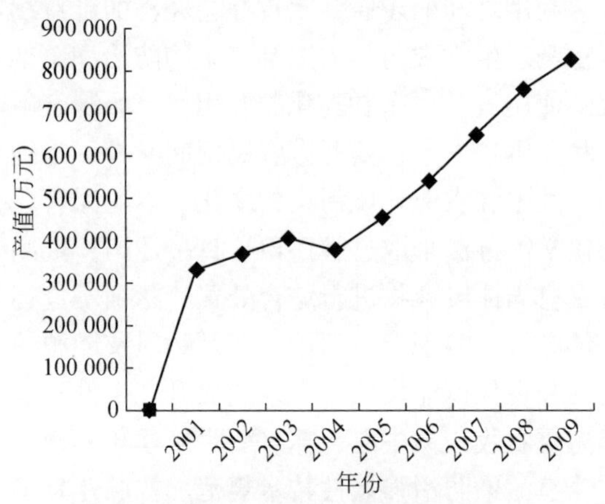

图7-26 洱海流域第二产业产值变化图

资料来源：历年大理州统计年鉴

从图7-33可以看到，洱海流域工业发展大致经历了两个阶段。第一个阶段为2001～2004年，这一阶段工业经济呈现一种相对平稳的增长态势，工业总产值年均增长率为3.2%；第二个阶段为2004～2009年，这一段时间工业增长速度明显加快，工业总产值年均增长率达到了20.2%。目前，洱源工业基本形成了以乳业和梅果加工业为主的生物资源开发业、农机装配业、电力（风电和水电）、矿冶业和建材业为主的五大工业体系，技术结构和产品结构进一步得到提高，企业的整体竞争力显著增强。工业园区建设取得重大进展，为流域工业发展提供了良好的发展平台。

（2）流域生态工业发展存在的问题

1）工业经济总量偏低。以洱源县为例，洱源县是传统的农业县，工业相对不发达。2008年全县三次产业比例为39：29：32，工业产值所占比例远低于一、三产业；在全县从业人员中，90%以上的人口主要从事第一产业，而工业从业人员不到万人。全县工业经济以民营企业为主，企业起点低，技术力量薄弱，企业同类化和产品同质化较为普遍，工业产品大部分属原料型和初级加工产品，高科技。高附加值产品比例低，工业经济总量偏低，工业尚有较大的促进经济总量增长的空间。

2）产业结构、产业布局不尽合理。洱海流域工业产业结构主要以农机加工、乳制品加工、农特产品加工、电力和矿业为主，工业产业结构单一，产品结构单一，产品同质化突出，各产业间关联度低，产业链较短。在洱源县98家工业企业中，规模以上企业仅11

家，除力帆骏马车辆公司邓川拖拉机装配厂、新希望邓川蝶泉乳业有限公司外，其他企业规模相对较小，龙头企业对其他行业及产业的拉动作用较弱。

规划区内产业布局不尽合理，洱源县工业企业共 98 户，分布在全县六镇三乡，其中 70% 以上的工业经济总量集中在邓川镇、右所镇、茈碧湖镇，规模以上 11 户企业几乎全部分布在邓川镇和茈碧湖镇，而在矿产资源和农林资源丰富的三营镇、凤羽镇、炼铁镇、乔后镇等乡镇不到经济总量的 30%，从资源分布来看，除邓川镇、右所镇和茈碧湖镇具有丰富的大理石和钛矿外，洱源探明硅藻土储量的 100% 分布于凤羽镇，乔后镇分布有丰富的页岩，全县矿产资源潜在经济价值达 300 亿，应加大对资源储量丰富地区的资源开发和利用力度，有针对性地适当发展工业经济，实现工业经济的增值。

3）产业链纵向延伸和横向关联不足，生态发展尚未形成。产业链的延伸是资源不断加工升值的过程，对于拉动经济增长、解决就业问题有着重要的意义。流域拥有丰富的农业资源，有乳畜、梅果、大蒜、优质稻米等优势农产品资源，目前也形成了一定规模的优势的农特产品加工业，然而资源优势并未转变为经济优势，产品加工仅限于初级加工，产品加工层次低，纵向的产品产业链短，产品结构单一，不利于资源的深加工和可持续利用，没有形成有市场竞争力的高附加值产品。与此同时，不同行业间产业关联度低，缺乏不同行业间的横向耦合，部门之间物质交换、能源利用和信息共享等方面极为欠缺，没有形成生态化的产业发展格局。

4）工业发展环境保护压力大。由于洱源地处洱海上游，是重要的水源地，同时具有丰富的旅游资源，环境保护具有非常重要的位置。从目前的环境监测状况来看，90% 以上的河流、湖泊没有达到要求的保护标准，声环境质量多个点超标，大气环境保护形势严峻。2008 年，单位 GDP 综合能耗为 0. 8tce/万元 GDP，主要污染物排放中化学需氧量排放强度 3. 05kg/万元 GDP、二氧化硫排放强度 6. 78kg/万元 GDP，能耗和 COD 污染物排放指标均已达到生态县建设标准要求，仅二氧化硫排放强度超过生态县建设标准。在这样的状况下，工业发展在能源利用指标及水污染排放指标方面具有了一定的优势条件，但从目前各大河流、湖泊水质现状来看，为了保护洱海源头、保护洱海还需要不断地走节能、减排的道路。与此同时，在工业废气排放方面，还面临比较大的环境压力，如何在合理利用资源和能源同时又能有效保护环境的前提下发展壮大工业经济，是洱源目前经济发展中急需破解的重要课题。

7. 3. 3. 3 流域生态工业布局的相关产业政策

（1）调整工业结构

工业结构调整以提高市场竞争力为核心，以加快发展为目标，改造提升传统产业，扶持发展高新技术产业、新兴产业，加快工业化进程，逐步形成以乳制品加工、农产品加工、风能和太阳能等新能源开发、水电、矿业采选、农机装配等传统支柱产业为基础，生物资源开发、制药、农产品精深加工等新兴产业为增长点，实现产业规模化、传统产业高新化和高新技术产业化，从资源和环境保护的角度，从产业发展需要额角度规划产业结构，培育和引进产业补链、延伸链项目，实现可持续发展的工业新格局。

（2）促进产业生态化转型

针对流域洱源县地处水源地，高能耗、高污染工业受到严格限制的特点，以及洱源县资源特点，生态工业发展主要从企业、企业集群生态化入手，以大蒜、梅果、乳制品加工为主线的农特产品加工为主线，以工业废物的再利用和再循环利用为纽带，根据生态工业建设的需要，通过工业产品及废物链的补链及延伸，实现一、二产业内物质的多级利用和循环利用，促进工业经济的良性增长，实现工业经济增长和环境保护的双赢。

（3）企业生态化建设

搞好生态企业建设要引导企业加快技术改造步伐，积极推行清洁生产，加强环境管理，使污染防治由末端治理为主向生产全过程控制转变，通过培育生态企业，构筑循环经济微观基础。

第一，以节能减排、节能降耗为重点，积极引进先进技术，改造现有梅果、大蒜加工企业的生产工艺，对加工废水进行处理后循环使用，积极推广利用中水回用节水技术和新型太阳能干燥装置研制及推广应用，对太阳能梅子干燥系统进行产业化开发，做到节水节电，降低废（污）水排放，实现清洁生产。

第二，农产品加工废渣实施生化处理，将废弃物集中，经催化、发酵、堆沤后，制作成优质有机肥回田使用。

第三，重点污染企业实行节能减排技术改造和清洁生产。主要是钛矿为主的矿产品冶炼企业，重点要引进先进生产工艺和工艺控制方法，使环境质量标准和污染物排放标准达标。同时提高生产过程中资源再利用、再循环的效率，实现资源利用的最大化和废物产生的最小化。做到节能、降耗、减排和清洁生产。

第四，认真审核新、扩、改建项目的工艺先进程度，建设单位要尽可能采用国际或国内先进工艺，在设计和建设过程中，要始终遵循循环经济和清洁生产理念，最大限度地实现废物的减量化、资源化。

第五，运用循环经济理念对企业进行生态化改造，加大资源综合利用度。对符合国家产业政策、市场前景好的企业要加大资源综合利用的力度。树立起一批资源利用率高、污染物排放量少、环境清洁优美、经济效益显著、具有国际竞争力的循环型企业。

第六，企业尽可能根据产品生命周期分析、生态设计和环境标志产品要求，开发和生产低能耗、低消耗、绿色安全的产品；积极推进企业 ISO14001 环境管理体系认证，促进企业环境管理水平。

7.3.3.4 流域生态旅游业布局的相关政策

（1）流域生态旅游业发展现状

a. 游客规模

流域游客的规模不断扩大，如图 7-27 所示。流域游客数量从 1983 年的 1 万人发展到 2008 年的 573 万人，20 多年内增加了近 600 倍，发展速度非常快。

b. 旅游收入

流域旅游业收入增长也是较快的，如图 7-28 所示。流域旅游年收入从 1983 年的 0.15

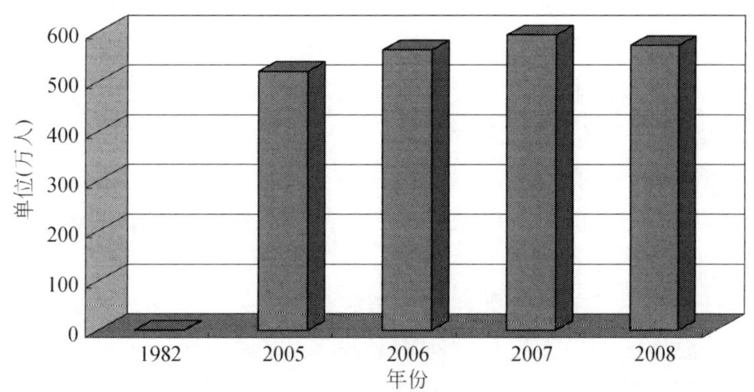

图 7-27　洱海流域游客数量变化

亿元增加到 2008 年的 41.08 亿元，20 多年内增加了 270 多倍。

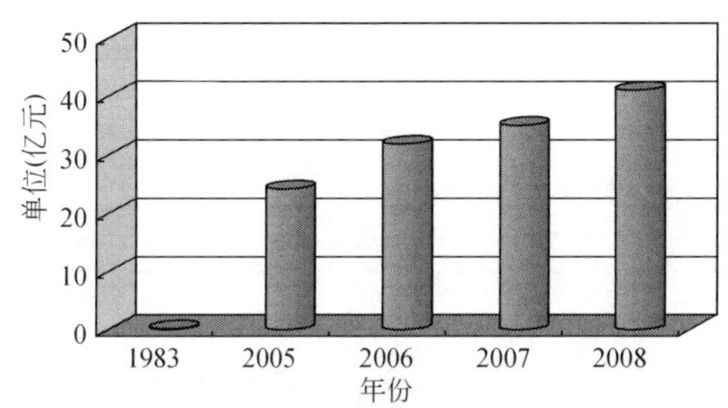

图 7-28　洱海流域旅游收入变化图

c. 接待条件

1982 年流域只有两家宾馆：洱海宾馆和红山茶宾馆。2008 年，大理市星级宾馆就有 76 家，其中五星级旅游饭店 2 家，三星级旅游饭店 21 家，洱源县有星级旅游饭店 2 家。不仅如此，在改革开放以来 30 年的发展中，流域先后获得过很多旅游业荣誉，如首批“中国优秀旅游城市”“最佳中国魅力城市”“中国文化旅游大县”“中国十佳休闲旅游城市”“国家历史文化名城”“国家级风景名胜区”“国家级自然保护区”等。

（2）流域生态旅游业发展存在的问题

a. 环境与旅游业发展相互制约的误区

如果说优美的自然环境是洱海流域旅游业发展的重要资源，那么环境保护与旅游业发展的协调问题又一直是困扰洱海流域旅游业发展的瓶颈。课题组在调研过程中，发现苍山上游客寥寥无几，大理古城旅游团成群结队，美好秀丽的苍洱景区居然无人登高欣赏，令人惋惜。

和洱海地区丰富的生态旅游资源相比，游客对生态旅游的享受是较少的。洱海流域的生态旅游开发还处于初级阶段。另外，有的游客不知道洱海地区的生态旅游资源情况，这说明在宣传上还做得不够。

诚然，我们决不能为了经济利益而牺牲环境，但是，真正的可持续发展不是“蓄而不发”，而是妥善规划、良好管理，推动生态和经济的和谐发展。否则，洱海流域得天独厚的自然环境，非但不是旅游业发展的资源，反而是旅游业发展的障碍了。

b. 旅游资源缺乏广范围和深层次开发

洱海流域的旅游业不仅在历史上有着深厚的基础，而且改革开放以来也经过了 30 年的发展。但是总体而言，目前洱海流域的旅游产品和服务项目乏善可陈，缺乏足够深度和广度挖掘。

洱海流域具有价值很高的自然类和文化类旅游资源，但很多游客还不了解，只有很少部分的游客觉得洱海地区的旅游项目“很有意思”。这说明洱海流域的旅游资源（包括生态旅游资源）开发得还很不够。现有的旅游产品和服务多停留在简单的参观和购物上。大理旅游集团有限责任公司的某副总也指出，目前大理旅游业还没有很好地提升，旅游产品相对简单、粗糙。

c. 洱海流域的旅游业效益尚待提升

从表 7-66 中可以看出洱海流域旅游在整个大理州旅游结构中的比例。

表 7-66　大理市旅游业在大理州所占比重

地区	海内外旅游总人数（万人）		旅游总收入（亿元）	
	2007 年	2008 年	2007 年	2008 年
大理州	867.6	953.31	66.2	133.35
洱海流域	598.49	573	35.15	41.08
洱海流域/大理州（%）	68.98	60.11	53.10	30.81

从表 7-66 中可以发现，洱海流域的游客数虽然占了整个大理州的大半，但流域的旅游业收入却只能占到整个大理州的一少半，即洱海流域的旅游业效益还有待提升。

（3）流域生态旅游业布局的相关政策

旅游业发展必须把丰富的旅游资源和生态环境优势有机结合起来，旅游开发要服从于生态环境保护，使自然景观与人文景观相互协调、相互促进。

a. 保护自然生态旅游资源

第一，地热水资源保护。地热水承载水和热量两种资源，是洱源县最具特色、最有竞争力，也是目前开发强度最大的旅游资源。在取水总量难以统计控制的情况下，应通过立法措施控制全县地热水取水井的最大允许深度，以维持一定的地下水位，保持其自然再生能力。维持一定的地下水位也有利于洱源特有的含“天生磺”地热水的特性的保持以及水陆生态系统的安全。坚决取缔已建的超深开采设施。

第二，湖泊、湿地及河流生态资源保护。禁止填湖造地等任何缩小水面的行为；禁止引入任何外来物种；取缔网箱养殖；逐步取消向湖泊投放外来鱼苗，将湖泊作为水产养殖场的行为。湖泊水面禁止使用机动船。各湖泊流域内应进行乡镇和村舍生活污染源以及农田污染源的治理。工业和服务业污染源在满足浓度达标的同时，还应达到总量控制指标的要求，并逐步开展清洁生产。从国土资源开发和土地利用的角度，应保证各流域内植被覆盖率逐步增加，采取工程措施治理水土流失。流域内推广生态农业，实施控氮、控磷及综合农药控制。流域内农村尽量保持使用旱厕和堆农家肥的习惯。

第三，地貌、景观、植被和生物多样性资源的保护。地貌及远景保护措施：在旅游路线及风景视线走廊范围内，即茈碧湖面山、梨园村天际线、西湖东湖面山及村落、古镇天际线以内的范围，禁止开山采石、砍伐树木、设立排烟口。罗坪山等生态游览点，通车道路不建入保护区内部；旅游道路作高价处理以避免切割路陆地生态系统；旅游区内除必要的步伐栈道、通信、救护和保护区管理设施外不再搞任何人为建设，尤其禁止住宿餐饮设施建设和捕猎行为。对古树名木进行调查、建档和挂牌，安排保护复壮措施。鼓励引导林区居民参与旅游增收，缓解生存压力与森林资源保护间的矛盾。

第四，文物古迹、白族文化人文旅游资源的保护。物质人文资源包括居民与村落建筑如梨园村、九台村等；宗教、行政和文化古建筑，如德源城、凤羽古镇等；题刻等。古建筑群内不新建道路和建筑，仅作游赏体验和短暂休息，不从事住宿接待和商贸购物活动（该类活动安排到新城服务区）；修缮古建筑物时本着“修旧如旧”的原则，不改变原始部分的材料、工艺和色彩，将新修缮部分与原始部分明显区分表示，避免混同。安排专业人员考察整理白族历史传统建筑的材料、工艺、色彩、构造和装饰艺术，村落中新建房屋在材料、工艺和风格上保持传统。将物质遗产以数字形式、拓本形式、照片影音形式等保存下来，配合旅游商品的开发。村落内部要进行规划，有序的排放污水、处理垃圾等。

b. 创建绿色旅游景区、完善旅游配套设施与服务系统。

第一，加强景区生态建设和环境整治。要加强规划带和景区周围的环境治理，强化环境卫生的建设，在景区入口、停车场、住宿点、餐馆、购物点以及道路边安置垃圾分类收集装置。初期为易于游客理解并实施，可简单分有机（食品、纸张等）和无机（玻璃、金属、硬塑料等）二类并以不同颜色区分，一段时期后可随自然折旧周期将垃圾收集装置逐步替换为较复杂的分类方式。定期收集分类后的垃圾进行资源化利用。严禁在景区周围建设工厂、垃圾场，严禁在旅游公路两侧乱倒垃圾及排污。禁止开发建设会破坏资源与环境的旅游项目和设施；禁止在旅游景区景点、重点旅游线路规划保护区内从事开山、建坟、砍伐、取水等破坏资源与环境的活动。考虑洱源地下水分布广泛，使用填埋方式处理垃圾应慎重选址，对有机垃圾可考虑以焚烧发电或堆肥方式处理。在罗坪山等远离城镇，缺乏供水排污设施的地区设置流动厕所，流动厕所应具有免冲、支持后续堆肥等特点。

第二，完善旅游景区生态基础设施。因地制宜建设消烟除尘、污水处理、垃圾处理和处置设施，促进污染的集中控制，增加污染物处理和达标排放的能力。改善旅游区的燃料结构和煤炭燃用方式，禁止原煤直接散烧，禁止在旅游区内不加处理直接排放废气、废液，固体废弃物必须及时集中清运出旅游区。建设因景制宜、体现人性化设计理念的生态型环境基础设施，景区内垃圾桶的设置要合理，便于游客使用；增强景区环境基础设施与周围景观的协调性和特色性。

建设环保友好型景区。景区内尽可能采用节能照明设施，利用太阳能等可再生资源。

注意绿化系统构成的多样性，尽量采用生态化植物设计方法，保证绿化系统的自维持，减少人工维护；绿化用水可采用景区中水。加强地热水资源的节约利用和循环利用。

加强景区内的环境保护宣传教育。恰当运用宣传资源、标语标牌等宣传提倡绿色消费、资源节约和环境保护意识，特别是关于景区植被保护和洗浴场所地热水资源节约利用意识的培养和宣传。

第三，完善旅游交通。铁路旅游交通：正在修建中的大丽铁路途径洱源县境内，设有洱源站日输送能力达4000 人以上。充分利用大理——丽江黄金旅游线。提高铁路交通在大众游客中的影响力。与大丽铁路线路联合推出“景区门票与列车车票套餐”服务，即将景区（点）门票与列车车票合为一票，优惠出售。

公路旅游交通：缓解城区交通压力，提供畅通的交通环境。近期加强对车辆的引导，避免交通堵塞，同时，注意控制过多的车辆对城区的噪声及环境污染。强化214 国道、大丽高速公路、省道310 线和平甸线的旅游交通功能。充分利用214 国道良好的路况，将其打造成黄金旅游通道，为自驾车旅游者提供良好的服务。

景区（点）游览交通：停车场的建设。适当增加景区内各主要集散地停车场的车位，调整布局。对于新建或扩建的景区（点），停车场应设置在景区外围，与景区保持一定的距离。开设景区旅游专线服务。开设有服务规范的观光巴士、旅游公交车等，确保定时、按质服务，对于重要的旅游景点不应局限于市域内，可与周边景点成套推出、共同发展。控制景区（点）旅游交通污染。自然保护区、文物保护区等重点生态旅游景区应划定一定范围的交通线路缓冲区，逐步更新车辆动力，采用电瓶车、太阳能车等环保型交通工具，减少尾气排放，并控制鸣笛，提倡租用自行车进行短距离游览。

第四，强化旅游信息服务。强化旅游咨询服务中心功能。在已有旅游咨询服务中心的基础上，建立全区域旅游信息服务中心。设立游客接待中心。在茈碧湖温泉、西湖湿地、凤羽古镇等主要景区设立游客接待中心。

c. 开发多样化的生态旅游产品。

第一，发展本地特色旅游文化产品。生态旅游纪念品开发与生产基地建设，要选址合理，生态化设计，全过程环保，做到无污染、无公害、方便、实用，尽量采用本土化工艺，挖掘地方文化内涵，强化地方艺术风格，实用地方性包装材料。开发与建设生态旅游纪念品，主要有凤羽砚台、土陶、陶瓷、贺蒲席、民族乐器等旅游纪念品。注重艺术性、纪念性、地方性、民族性、便携性、礼品性等因素。

第二，发展以旅游产品制作为主题的旅游。发展与本地特色产品、绿色产品生产相结合的观光、休闲旅游，学习和认识绿色产品及绿色生产技术，加深对白族文化的了解，加强对产品品质的认同，促进旅游产品销售。具体将白族民间手工艺品的购物、参观并学习手工艺品制作过程有机结合起来；参观白族扎染、蜡染加工过程，体验参与扎染、蜡染过程等。

第三，旅游商品市场体系建设。在洱源县城建设旅游购物中心或者旅游商品步行街。二级旅游集散中心设置分销店，各景区点形成旅游商品零售店。形成洱源县乳制品和梅子制品两大优势特色商品专业批发市场。并培育两个对应的龙头旅游商品企业。

7.3.4 洱海流域生态产业总体布局与产业链整合

7.3.4.1 流域生态产业发展总体思路与目标

(1) 生态产业发展总体思路

以全面实现小康社会作为总体目标，围绕资源节约型社会建设，以改革开放为先导，以生态州建设为契机，以循环经济理念为指导，以体制创新和科技创新为核心，高新技术产业化为主要手段，以结构调整为主线，以产业提升为重点，以环境保护为前提，加快发展第二产业，优化提高第三产业，切实加强第一产业，增强支柱产业实力和效益，培育新型优势产业，形成以工业、旅游业为核心和主导的关联度大、竞争力强的特色强势产业链，促进经济跨越式发展，不断提升生态产业发展水平，实现经济社会和环境效益的统一。

(2) 流域生态产业发展目标

1）中期目标（2011~2015年）：三产结构逐步调整为18：40：42，基本建立以循环经济为主要特征的生态产业发展模式，一批高起点、高效益和见效快的循环经济项目发挥示范作用，万元生产总值的综合能耗、水耗等主要指标初步达到国家生态州（市）建设标准；加强农业多元化经营，农林副产品生产、加上形成显著特色，形成地方特色产品牌，强化发展现代农业，加强休闲旅游产业的内涵式发展，进一步完善配套设施，促进现代服务业的壮大、成熟，初步形成以休闲旅游为核心和主导的关联度大、竞争力强的特色强势服务产业链。

2）远期目标（2016~2020年）：三产结构调整为15：40：45，产业结构和布局全面达到循环经济的要求，产业结构得到优化，产业层次得到提升；三产协调、强劲发展，为经济可持续发展提供坚实的支撑与保障。建成以高新技术产业发展为特征的循环、高效、低能耗、低排放的生态产业体系；万元生产总值的综合能耗、水耗等指标达到国家生态市建设标准；休闲旅游产业的发展注重外延扩展与内涵深化的有机结合，现代服务业趋于成熟，设施配套日趋完善，服务水平日渐提高，完善以休闲旅游为核心和主导特色强势产业链，逐渐形成中国西部国际著名休闲、旅游胜地，云南省重要的生物产业基地，滇西重要的先进制造业基地，滇西重要的物流产业基地。

7.3.4.2 产业链上各产业发展思路与目标

(1) 生态农业发展思路与目标

a. 生态农业发展思路

流域生态农业建设与新农村建设相结合，与工业化进程相协调，以科技进步和模式创新为动力，立足支持发展农业产业化经营，培育带动力强的龙头企业，健全企业与农户利益共享、风险共担的机制；扩大养殖、园艺等劳动密集型产品和绿色食品生产，鼓励优势农产品出口，发展休闲观光农业；完善生态农业布局调整，建立农业安全保证体系，建设一批农业标准化及有机食品生产基地，形成结构和效益协调的发展格局，促进生态农业的产业化、规模化、特色化发展。培育畜牧业与核桃经济林业，油料与烤烟等经济作物种植业为农业经济支柱产业，发展水果种植与茶叶等新兴种植产业。

b. 生态农业发展目标

中期目标（2011～2015年）：生态农业的主体地位得到确立，基本形成产供销与贸工农一体化的产业链，节水、节能、节地型农业生产技术得到进一步推广，农业科技贡献率有较大提高，农村利用生物能源和可再生能源的水平进一步提高。农业环境质量得到显著改善。农业面源污染得到较大治理，农村生态环境得到进一步提高。到2015年，农民人均纯收入达到4500元（州考核2012年为4000元以上），主要农产品中有机及无公害、绿色农产品比重达到80%以上、农村生活用能中新能源比例达到60%以上，农药及化肥使用强度达到生态县标准。

远期目标（2016～2020年）：基本形成比较安全的农产品生长环境。建成专业化、基地化、规模化和企业化的农业生产体系，农业生态经济步入良性循环，农业生态系统的生态服务功能得到有效发挥，循环、高效、可持续的生态农业体系基本形成。到2020年，农民人均纯收入达到5500元，主要农产品中有机及绿色农产品比重达到90%以上、农村生活用能中新能源比例达到70%以上，农药及化肥使用强度明显降低并优于国家生态县建设指标要求。

（2）生态工业发展思路与目标

a. 生态工业发展思路

贯彻国家《产业结构调整指导目录》，严格控制水泥、钢铁、电解铝、化工等高能耗、高水耗、高污染、超标排放、超总量排放的“三高两超”项目的建设，依法淘汰浪费资源、污染环境的落后生产工艺、技术设备和产品。将发挥特色资源优势与发展循环经济紧密结合，以大理州矿冶工业，烟草工业，建材工业，能源工业资源密集型行业为主体，借鉴先进模式，结合企业特点，分行业探索流域特色优势产业循环经济发展模式。以循环经济工业体系为框架，依靠科技创新，突破关键技术，以市场化和生态化为原则，打造上、下游产出物和产品的链接。

b. 生态工业发展目标

中期目标（2011～2015年）：继续保持工业经济持续、快速、健康发展的势头，优势资源合理利用率大幅度提高，龙头企业进一步壮大，对行业发展的带动作用不断加强，工业用水及固体废物循环利用率显著提高，形成完整而稳定的产业群落结构，工业企业全面实现清洁生产，主要企业通过ISO14001环境管理体系认证。

远期目标（2016～2020年）：全面达到生态建设中涉及工业的体系指标，流域工业生产步入良性发展轨道，以生态工业园区为载体，实现企业技术进步和产业结构升级，建立起企业间物质的梯次使用，实现废物的循环再用，基本形成符合工业生态学的工业发展模式。

（3）生态旅游业发展思路与目标

a. 生态旅游业发展思路

以“生态文明为本，文化历史为魄”，着力打造洱海旅游圈、环大理旅游圈，促进旅游产业由单一的观光型向休闲、度假、康体、观光、会展等多元型转变，使洱海流域成为中国西部国际著名的生态、休闲、观光、文化体验为一体的生态旅游胜地。

b. 生态旅游业发展目标

中期目标（2011～2015 年）：提高洱海流域旅游的知名度，实现由一般产业型向支柱产业型转变，向观光旅游与休闲度假、康体疗养相结合转变。突出建筑风格的民族特色、风味餐饮的地方特色、民族服饰的传统特色。实施湖泊与结合、农业与生态结合、宾馆与民居结合、自然与人文相结合。抓好源头，抓好客源，抓好建设，抓好管理，抓好特色。

远期目标（2016～2020 年）：以绿色生态文化为主线索，立体生态体验、自然保护、民族商品的开发与旅游业相结合，突出以“地热温泉、高原水乡、历史文化、白族风情”为优势旅游品牌，发展以温泉度假、高原水乡观光、休闲娱乐、康体保健、白族乡村体验、民族风情为主的综合多种旅游形式的高原水乡温泉生态旅游业，使洱海流域成为集观光、科考、探险、度假、购物为一体的生态旅游区。

7.3.4.3 产业链整合的必要性

（1）产业链整合是可持续发展的要求

洱海流域产业链整合还处于起步阶段，整个产业链中，产业链协作的意识不强，各个产业的衔接还不够，不同的产业之间并没有太多的合作。农业、工业、旅游业之间还没有形成网络，仍处于各自发展的阶段。现阶段，不仅要发展生态农业、生态工业、生态旅游业，更要发展生态产业链，实现可持续发展。所谓可持续发展，就是既要考虑当前发展的需要，又要考虑未来发展的需要，不要以牺牲后代人的利益为代价来满足当代人的利益。使产业链整合建立在社会、经济、人口、资源、环境相互协调和共同发展的基础上，既能相对满足当代人的需求，又不对后代人的发展构成危害。

（2）产业链整合是降低成本，提高收益的要求

畜牧业在农业和工业的产业链中起着中轴产业的作用，既是粮食及其副产品的转化产业，又是食品加工业及其他相关工业产业的基础原料产业。在美国、日本等发达国家，畜产品 80% 是通过精深加工在超市销售，畜产品加工的产值是畜牧业产值的 3 倍以上。当前洱源在畜牧产品精深加工的成果方面虽有所提高，但总体来看精深加工的成果不明显，高附加值农产品加工业的比重仍较低。洱源县绝大部分地区乳牛养殖还是以农户散养为主，科学饲养水平比较低，凭经验养乳牛的现象还相当普遍。所以，要实现产业链整合，实现农业与工业的整合，必然不能忽视畜牧业和畜产品加工的发展，这既是降低成本的需要，也是提高收益的要求。

（3）产业链整合是实现资源共享的要求

流域产业链整合后，可以共享资金、信息、人才和技术等。近年来，流域经济快速发展，需要大量的资金、技术和人才。实施整合后，资金和信息可以共享，人才可以自由流动，还可以充实技术力量，既解决了流域的人才困境，又降低了发展费用，还能够实现技术共享，提高技术创新能力，一举多得。

（4）产业链整合是实现规模经济的要求

洱海流域拥有丰富的农业资源，有乳畜、梅果、大蒜、优质稻米等优势农产品资源，目前也形成了一定规模的优势的农特产品加工业，然而资源优势并未转变为经济优势，产品加工仅仅限于初级加工，产品加工层次低，纵向的产品产业链短，产品结构单一，不利于资源的深加工和持续利用，没有形成有市场竞争力的高附加值产品。与此同时，不同行业间产业关联度低，缺乏不同行业间的横向耦合，部门之间物质交换、能源利用和信息共享等方面极为欠缺，没有形成规模经济的产业发展格局。所以，要实现规模经济，必须实行产业链的整合。

7.3.4.4 产业链整合的可行性

(1) 经济环境可行

对于洱海流域发展生态产业，生态产业链，各级政府给予了大力的支持。大理州 2009 年财政支出合计为 1020682 万元，而用于环境保护的支出为 60644 元，占到了支出总额的 5.9%。而大理市 2009 年财政支出合计为 193822 万元，洱源县为 63757 万元，用于环境保护的支出分别为 17712 万元和 6571 万元，分别占到了支出总额的 9.1% 和 10.3%。这充分说明了政府对于流域的环境保护事业，给予了高度的重视，见表 7-67 和图 7-29 ~ 图 7-31。

表 7-67 大理州 2009 年财政一般预算支出情况

地区	支出合计（万元）	环境保护支出（万元）	环境支出占总支出比重（%）
大理州	1 020 682	60 644	5.90
大理市	193 822	17 712	9.10
洱源县	63 757	6 571	10.30

资料来源：大理州 2010 年统计年鉴。

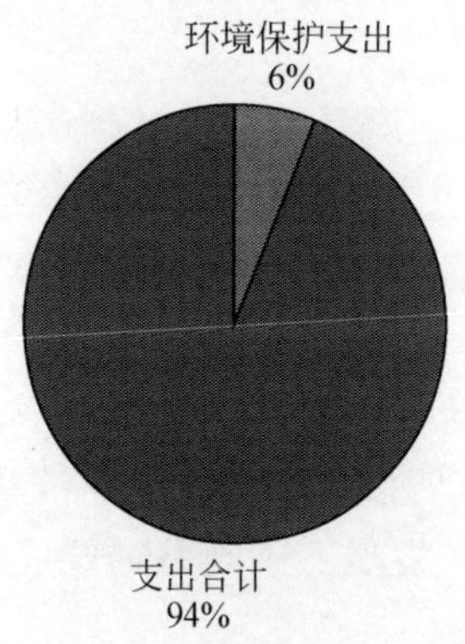

图 7-29 大理州 2009 年财政一般预算支出情况

环境保护支出
9%
支出合计
91%

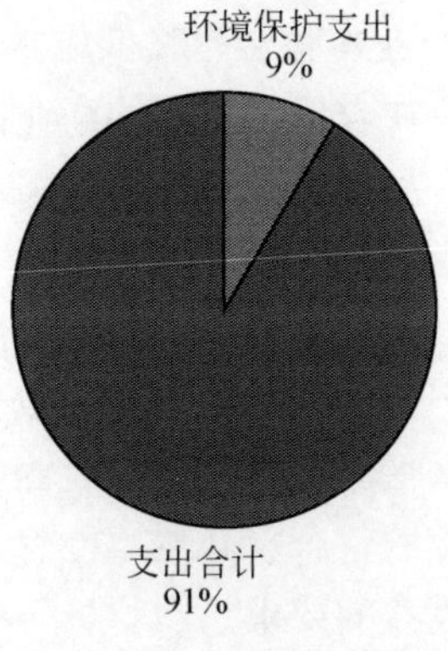

图 7-30 大理市 2009 年财政一般预算支出情况

(2) 政策可行

政策可行体现在政府对项目的投资和整体规划上。通过综合运用媒体、网络、商务活动等各种手段，全方位、多层次推介本地项目和引进外来项目；推行“项目带动”战略，以项目拉动流域工业经济增长，形成“以大项目带动大企业、以大企业带动大产业、以大产业带动大就业”的滚动发展格局。洱海流域工业宏观调整规划政府投资总体匡算见表 7-68 ~ 表 7-70。

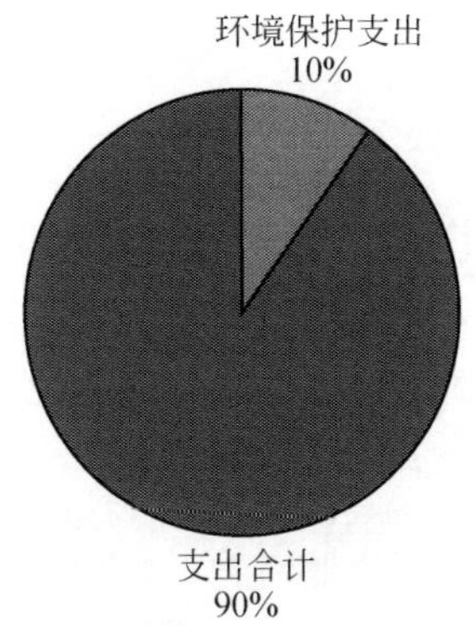

图 7-31　洱源县 2009 年财政一般预算支出情况

表 7-68　洱海流域工业宏观调整规划政府投资总体匡算　（单位：万元）

投资项目	近期	中期	远期
环保示范园区政府引导资金	1200	1300	1500
工业企业环保设施政府补贴	900	900	1500
工业企业搬迁改造政府投入	500	500	600
小计	2600	2700	3600
合计	8900		

表 7-69　洱海流域工业政府投资效益分析　（单位：亿元/亿元）

指标	近期	中期	远期
流域工业产业产值（增加值）增长量	57	72	300
政府投资对工业产值的促进作用	219.23	266.67	833.33

表 7-70　洱海流域旅游业宏观调整规划政府投资匡算　（单位：万元）

项目	近 期	中 期	远期
风　都	100	400	800
古　都	100	200	200
情　都	100	300	500
花　都	300	200	500
热　都	100	200	200
一　道	600	500	200
一　廊	500	600	200
小　计	1800	2600	2800
合　计	7200		

7.3.4.5 产业链整合的方案

洱海流域产业链整合的方案，如图7-32所示。

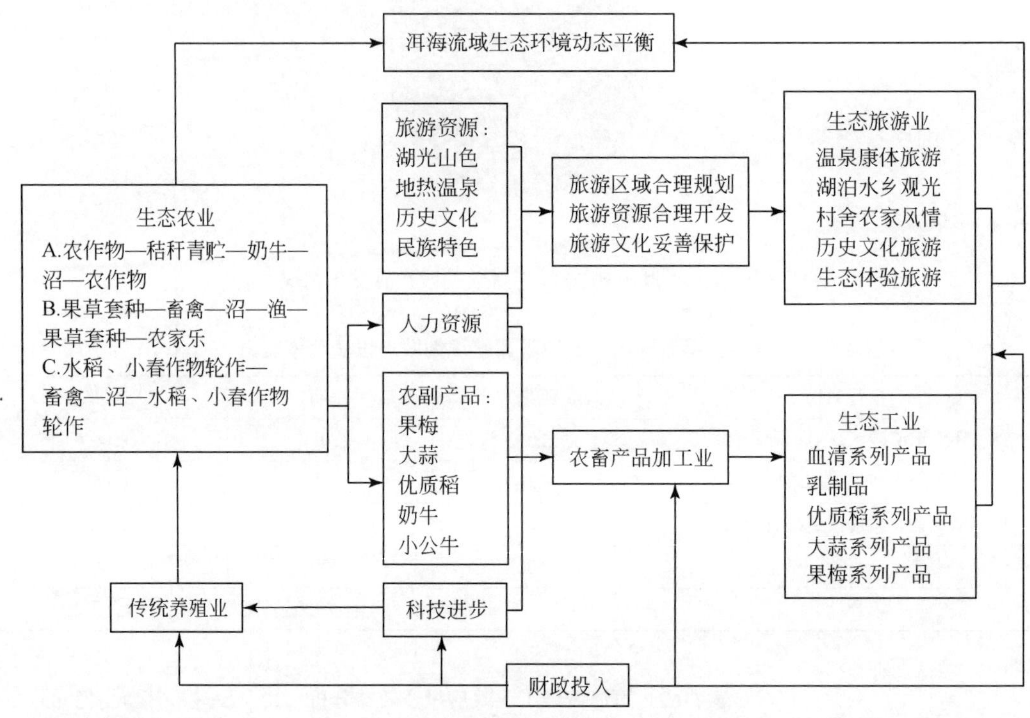

图7-32 洱海流域产业链整合方案示意图

(1) 财政投入是基础

流域生态产业的发展离不开政府的财政支持，政府的财政投入无疑会为生态产业链的整合注入新的血液。生态产业的发展和产业链的整合是一个长期而艰巨的过程，在这个过程中，每个产业、行业的发展都需要政府的高度重视和适当的财政投入。传统的养殖业、农畜产品加工业、生态工业、生态旅游业都需要政府给予一定的支持，特别是科技的进步，需要大量的资金投入。所以，财政投入是基础。

(2) 人力资源是保障

在传统养殖业向生态农业发展的过程中，依靠科技的进步，逐渐形成“农作物—秸秆青贮—奶牛—沼—农作物”、“果草套种—畜禽—沼—渔—果草套种—农家乐”、“水稻、小春作物轮作—畜禽—沼—水稻、小春作物轮作”的循环经济模式。显然，这个过程是一个告别传统养殖形式，凭借科技进步向高效、高产过渡的循环、可持续发展的过程。随着科技应用于传统养殖业中，人力成本大大减少，剩余的人力资源使可以转移到生态工业、生态旅游业的发展之中。人才的自由流动，实现了生态农业、生态工业、生态旅游业的资源共享，为产业链整合提供了强有力的人力保障。

（3）流域生态环境动态平衡是目标

一方面，从传统的养殖业得到的农副产品，如果梅、大蒜、优质稻、奶牛、小公牛等，直接投入到农畜产品的加工业中，形成血清系列产品、乳制品、优质稻系列产品、大蒜系列产品、果梅系列产品等，不仅可以增加资源的利用率，而且对环境保护起到了一定的促进作用，大大降低了入湖的污染量。另一方面，从传统的养殖业流入到旅游业的人力资源，与流域美丽的湖光山色、舒适的地热温泉、悠久的历史文化、灿烂的民族特色相结合，通过对旅游区域合理规划、旅游资源合理开发、旅游文化妥善保护，形成集温泉康体旅游、湖泊水乡观光、村舍农家风情、历史文化旅游、生态体验旅游于一体的生态旅游业，这个过程又无疑会增加入湖的污染量。所以，要实现这两方面的动态平衡不是一蹴而就的，需要很长一段时间的努力。所以，追求流域生态环境动态平衡是实现产业链整合的最终目标。

7.4 洱海流域劳动力转移目标及规划研究

7.4.1 洱海流域农村剩余劳动力转移的必然性分析

7.4.1.1 内在推力

1）有限耕地对农村劳动力产生了推动效应。

农村的耕地是有限的，随着农村劳动力的增加，这种有限性表现得更加明显。这里借助人口耕地压力指数来衡量洱海流域的耕地资源是否能完全承载流域农村所有的劳动力。

人口耕地压力指数可以具体表示为：$r=P/R$。式中，P 表示洱海流域的农村总人口数，R 表示耕地人口容量，即用耕地总量除以一定标准的人均耕地占有量。这里将这种标准选定为全国的人均耕地水平 1.365 亩。如果 $r<1$，则表明洱海流域农村耕地对农村人口的承载力相对富裕；如果 $r>1$，则表明洱海流域农村耕地对农村人口的承载力相对不足。

通过查阅相关数据，并代入上述公式，可以计算出洱海流域的人口耕地压力指数如表 7-71 所示。

表 7-71 洱海流域的人口耕地压力指数（2003～2008 年）

年份	农村人口（万人）	耕地总量（hm^2）	r
2003	53.52	31 491	1.55
2004	54.28	31 219	1.59
2005	53.62	31 336	1.56
2006	53.63	31 145	1.57
2007	51.41	30 957	1.52
2008	51.55	30 848	1.53

资料来源：《2004—2009 年大理州统计年鉴》，《1949—2008 奋进的大理—新中国成立 60 周年统计资料汇编》，通过计算得到。

由图 7-33 可以清晰地看出，近几年来，洱海流域的人口耕地压力指数均大于 1，且均在 1.5 以上，说明流域的农村耕地对农村人口的承载力严重不足，二者处于一个不合理的比例水平，人多地少，有限的耕地必然对庞大的农村人口产生挤出效应，因此会排斥出多余的农村劳动力。

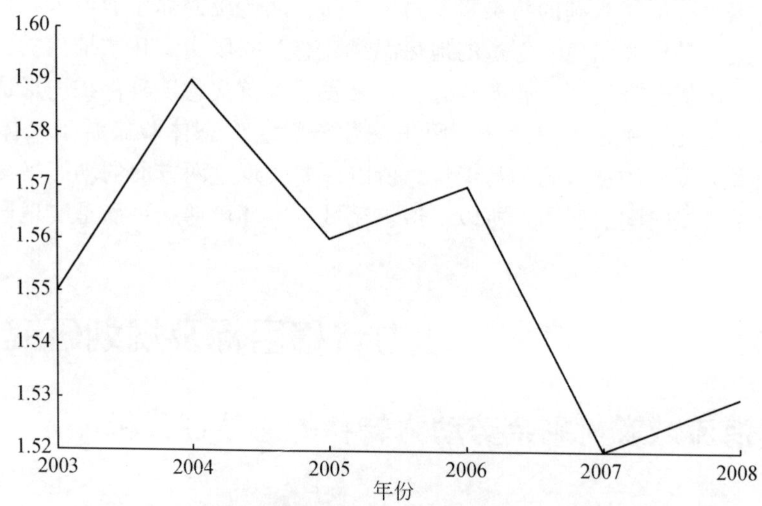

图 7-33 洱海流域的人口耕地压力指数（2003 ~ 2008 年）

2）农业科技水平的提高推进了农村剩余劳动力的转移。

近几年来，大理州农业生产的机械化进程不断加快，农业生产逐步由人力转向机械化生产，农业科技水平得到了很大的提高，不仅提高了农业劳动生产率，而且减少了农业生产对农村劳动力的需求，大大节约了活劳动的消耗，使农业劳动力相对剩余，迫使农业剩余劳动力转向非农业。

3）就业结构滞后于产业结构推进了农村剩余劳动力的转移。

近几年来，洱海流域的产业结构状况与就业结构状况见表 7-72。

表 7-72 洱海流域的产业结构状况与就业结构状况

年份	三次产业产值比	三次产业就业人数之比
2003	15.9 : 46.5 : 37.6	51.0 : 19.4 : 29.6
2004	14.7 : 40.3 : 45.0	48.2 : 21.7 : 30.1
2005	13.6 : 42.2 : 44.2	47.9 : 22.1 : 30.0
2006	12.9 : 43.4 : 43.7	46.7 : 21.2 : 32.1
2007	13.0 : 45.0 : 42.0	46.2 : 22.1 : 31.7
2008	12.1 : 45.6 : 42.3	42.1 : 24.0 : 33.9

资料来源：根据《2004—2009 年大理州统计年鉴》，《1949—2008 奋进的大理—新中国成立 60 周年统计资料汇编》计算整理得到。

由表 7-72 可以看出，洱海流域的三次产业大致呈“二、三、一”的结构现状，而就业结构则呈现出“一、三、二”的特点，产业结构与就业结构形成了明显的结构偏差，第一产业的产值所占的比重最小，而从事第一产业的就业人数所占的比重最大，表明农业劳动力的就业结构变动明显滞后。

为了定量地分析洱海流域就业结构偏离产业结构的程度，这里引入了结构偏离度的指标，结构偏离度=（GDP 的产业构成百分比/ 就业的产业构成百分比）-1。结构偏离度的绝对值越大，表明产业结构与就业结构越失衡；结构偏离度的绝对值越小，表明产业结构与就业结构越平衡；结构偏离度趋于零时，表明产业结构与就业结构处于均衡状态。结构偏离度为正值，表明产业增加值份额大于就业结构份额，是由于劳动生产率的提高而造成的不平衡；结构偏离度为负值，表明产业增加值份额小于就业结构份额，是由于劳动生产率的低下而造成的不平衡。利用相关数据，可以计算出洱海流域近几年的三次产业的结构偏离度指标（表 7-73）。

表 7-73　洱海流域三次产业的结构偏离度

年份	第一产业	第二产业	第三产业
2003	-0. 69	1. 39	0. 27
2004	-0. 70	0. 86	0. 50
2005	-0. 72	0. 91	0. 47
2006	-0. 72	1. 04	0. 36
2007	-0. 72	1. 04	0. 32
2008	-0. 71	0. 90	0. 25

资料来源：2004—2010 年大理州统计年鉴，《1949—2008 奋进的大理—新中国成立 60 周年统计资料汇编》，通过计算得到。

从表 7-73 可以看出，近几年第一产业的结构偏离度均为负值，而且其绝对值数额比较大，有三年达到了-0. 72。由此可见，第一产业相对劳动生产率较低，滞留了过多的农村剩余劳动力，存在隐性失业问题。同时，第一产业吸纳劳动力的能力减弱，已成为劳动力净流出部门。

第二产业的结构偏离度均为正值，但是其绝对值数额仍然比较大，从理论上讲，随着洱海流域工业化进程的进一步加快，第二产业应该有能力吸纳更多的劳动力，但是由于近年来第二产业中技术密集型和资金密集型企业的比重增加，相对劳动生产率的大幅提高，企业对劳动力的需求量没有大幅增加，而是保持着稳定的趋势。

相对于第一产业和第二产业，第三产业的结构偏离度最小，2008 年达到最小值 0. 25，并且有缓慢向零靠拢的趋势，近几年来洱海流域第三产业发展迅速，尤其是旅游业，而且洱海流域旅游业的发展逐渐呈现出多点增长的态势，这样第三产业吸收了大量的从第一产业流出的劳动力资源，对劳动力的吸纳量不断增加。同时，第三产业的产业结构和就业结构正向均衡状态靠近，意味着未来流域第三产业将成为吸纳劳动力资源的主要部门。

从以上分析中可以看出，就业结构明显滞后于产业结构的发展，这样导致农村劳动力相对过剩，推进了大量的农村剩余劳动力由第一产业向第二产业和第三产业转移。

4）自然灾害（旱灾）给农民带来了严重影响，在某种程度上推进了农村剩余劳动力的转移。

自2009年入秋以来，大理州遭受了百年一遇的严重旱灾，已造成秋、冬、春连旱，给洱海流域工农业生产和群众生活造成了巨大影响。农业损失非农补，面对特大旱情，转移农村劳动力、发展劳务经济成了弥补旱灾损失、增加农民收入的最有效办法。为了顺利实现农村经济总收入比上年增10%以上，农民人均纯收入比上年增10%以上的目标，弥补旱灾给农户带来的损失，必须要做好农村劳务输出工作，推进农村剩余劳动力的有序转移。

7.4.1.2 外部拉力

(1) 城乡收入差距产生了拉力效应

由于我国长期实施的城乡分治的二元户籍管理制度，城乡居民在社会地位、物质待遇上都不能享受同等权力，再加上城镇相对于农村而言，有更强的辐射和自我增长的集效，致使城乡二元经济结构差距明显。近几年，随着小城镇建设速度的加快，农村发展速度远远滞后于城镇的发展速度，城乡居民收入差距不断扩大，城镇居民收入增长幅度远大于农村居民收入的增长幅度。

表7-74为大理市城乡居民收入差距的变动情况（注：由于洱源县近几年城镇居民人均可支配收入的数据缺失，这里以大理市为例来说明洱海流域城乡居民收入差距的变动情况）。

表7-74 大理市城乡居民收入差距的变动情况（2002～2008年）

年份	城镇居民人均可支配收入（元）	农村居民人均纯收入（元）	二者比例
2002	7 946	3 161	2.51∶1
2003	8 339	3 291	2.53∶1
2004	8 758	3 256	2.69∶1
2005	8 974	3 457	2.60∶1
2006	10 176	3 675	2.77∶1
2007	11 616	4 010	2.90∶1
2008	12 866	4 416	2.91∶1

资料来源：2004—2010年大理州统计年鉴，《1949—2008奋进的大理—新中国成立60周年统计资料汇编》，通过计算得到。

从表7-74中可以看出，近几年来，城镇居民人均可支配收入与农村居民人均纯收入之比在不断增大，由2002年的2.51∶1增大到2008年的2.91∶1，收入差距十分明显，这种不断增大的收入差距对农村居民产生了一定的拉力，促进了农村剩余劳动力向城镇转移。

(2) 地区间经济发展不平衡产生拉力效应

东部沿海地区和周边较发达地区都是劳动力流入的主要区域。以广东省为例，2007年广东城镇居民人均可支配收入为17 699.2元，大理州城镇居民人均可支配收入为11 616元，广东是大理的1.52倍；广东农村居民人均可支配性收入为5624.2元，大理州农村居民人均纯收入为 2677 元，广东是大理的 2. 10 倍。2007 年浙江省城镇居民人均可支配收入 20 574. 3 元，是大理的 1. 78 倍；浙江省农村居民人均可支配收入 8265. 4 元，是大理的 3. 08 倍。

托达罗迁移模型表明，只要存在相对较高收入的就业岗位就会对收入较低、就业不足的劳动力产生持续的引力（拉力）效应。上述数据表明，洱海流域与东部沿海地区和周边比较发达地区的经济发展存在着很大的差距，这些经济较发达的地区对农村居民产生了很大的吸引力。因此，区域外部较大的收益差带动农村剩余劳动力的流出，最终形成农村剩余劳动力转移的拉力。

(3) 农业的比较效益下降产生了拉力效应

农业与其他产业最大的不同点在于，农业是弱质产业，既要承担自然风险，又要承担市场风险。农业与非农业的劳动生产率差距越大，农村剩余劳动力转移的动力也就越大。在农民人均纯收入中，农民人均工资性收入已成为支撑农民收入增长的主要且重要因素。显然，外出打工对洱海流域农村劳动力会产生极大的吸引力。

据统计，2008 年大理市农民工务工总收入 2. 8 亿元，占农业总产值 19. 95 亿元的 14%；外出务工人员人均年收入 8027 元，是全市农民人均纯收入 4416 元的近 1 倍。外出劳动力的报酬收入成为增加农民收入的新亮点，很多外出者是在亲自看到周围的外出打工者在节假日带着自己收获的“成果”回来，而前去效仿。再加上乡镇领导定期会对部分优秀打工者给予一定的奖励或者对他们进行宣传，带动效应更加明显。农村富余劳动力走出山村到城市非农产业就业，增加了收入，为农村经济的发展起到了较强的带动作用。因此农村劳动力外出打工的“示范效应”带动了大量农村劳动力的转移。

7. 4. 2 洱海流域的各产业对劳动力的吸纳状况分析

农村富余劳动力的转移包括由农业劳动向农村非农业劳动的转移以及由农村向城镇的转移。本书利用产业的劳动力区位商指数来判断洱海流域的各产业对劳动力的吸纳状况。具体公式如下

$$R_1 = \frac{\text{某区域农村农业就业人数}}{\text{该区域农村总就业人数}} + \frac{\text{全国农村农业就业人数}}{\text{全国农村总就业人数}} \tag{7-1}$$

农村富余劳动力主要集中在农业中，如果农业劳动力在农村劳动力总量中所占的比例越大，则说明农村富余劳动力转移的压力越大，同时第二产业和第三产业对农村富余劳动力吸纳的能力越弱。式（7-1）将这一比重与全国的平均水平进行了对比，若 $R_1>1$，则表明该区域劳动力转移的压力大于全国的平均水平。

$$R_2 = \frac{\text{某区域第二产业的就业人数}}{\text{该区域总就业人数}} + \frac{\text{全国第二产业就业人数}}{\text{全国总就业人数}} \tag{7-2}$$

由刘易斯的二元经济理论可知，城市工业部门的扩张是农业劳动力转移的前提。第二产业劳动力所占的比重越大，说明第二产业对劳动力的吸纳能力越强。式（7-2）中，如果 $R_2>1$，则表明该区域第二产业对劳动力的吸纳能力大于全国的平均水平，反之，则得出相反的结论。

$$R_3 = \frac{某区域第三产业的就业人数}{该区域总就业人数} + \frac{全国第三产业就业人数}{全国总就业人数} \tag{7-3}$$

发展第三产业逐渐成为促进地区经济增长，扩大就业的重要途径。随着经济的发展，第三产业成为吸纳劳动力的主要渠道，它不仅可以吸纳农业剩余劳动力，还可以吸纳由第二产业转移出来的劳动力。式（7-3）中，如果 $R_3>1$，则表明该区域第三产业对劳动力的吸纳水平大于全国的平均水平。

通过查阅相关数据，利用上述公式，可以计算出产业的劳动力区位商指数如表 7-75 所示。

表 7-75　洱海流域的劳动力区位商指数

年份	R_1	R_2	R_3
2003	1.38	0.410 007	0.589 294
2004	1.30	0.442 261	0.606 575
2005	1.28	0.459 312	0.613 656
2006	1.24	0.464 055	0.642 864
2007	1.23	0.488 598	0.640 986
2008	1.20	0.512 501	0.670 975

资料来源：2004—2010 年大理州统计年鉴，中国统计年鉴，通过计算得到。

从表 7-75 可以看出，近几年来，R_1 的数值均大于 1，而 R_2、R_3 的数值均小于 1，说明洱海流域劳动力转移的压力比较大，而且第二产业、第三产业对劳动力的吸纳能力低于全国的平均水平。从纵向来看，R_1 的数值在逐年减小，表明近几年来洱海流域在农业劳动力转移方面取得了一定的成绩，使得劳动力转移的压力在逐渐减小；R_2 的数值在逐年增大，表明近几年来洱海流域工业经济发展速度迅猛，工业是洱海流域第二产业的主体，流域的工业化和城镇化进程加快，农产品加工等资源开发型产业得到了有效地发展，在一定程度上提高了第二产业对劳动力的吸纳能力，但是由于第二产业的产业结构不是非常合理，工业产品大部分属于原料型和初级加工品，而高科技、高附加值产品比例低，劳动密集型企业数量有限，现有的就业机会不能有效地吸纳从第一产业转移出来的劳动力；R_3 的数值也在逐年增大，从 2002 年的 0.589 增加到 2008 年的 0.671，近几年洱海流域凭借其资源优势、交通优势、企业管理优势和多极优势，旅游业发展迅速，提高了第三产业对剩余劳动力的吸纳能力，但是由于旅游产品发展不够充分，没有在温泉资源和气候资源的基础上深度开发休闲度假产品，因此无法创造出更多的就业机会，吸纳更多的农村富余劳动力。

7.4.3　洱海流域农村剩余劳动力的测算

（1）从城市化发展的角度估计

伴随着社会经济的发展，城市的合理化进程能有效地吸纳农村剩余劳动力，而滞后的城市化进程则会造成大量的富余劳动力留在农村，从而制约社会经济的快速发展。因此，从城市化的角度出发，根据特定国家（地区）相应经济发展水平下应有的城市化水平与实

际城市化水平的差距便可测算出需要转移的农村剩余劳动力的总量。具体估算公式如下

$$Ls = (U_y - U_s) P_t R_1 \tag{7-4}$$

式中，Ls 表示农村剩余劳动力的总量；U_y 表示所研究的特定区域应有的城市化水平；U_s 表示所研究的特定区域实际的城市化水平；P_t 表示所研究的特定区域的总人口；R_1 表示研究区域的农村劳动力占总人口的比重。

所研究区域实际的城市化水平可以表示为该区域的非农业人口占年末总人口的比重，该区域的应有的城市化水平可以用以下模型计算得到。

根据钱纳里提出的关于经济发展和城市化水平之间关系的“标准结构”，可以估计出两者之间关系的对数曲线相关模型，具体数学表达式为：$Y = 23.36\ln X - 94.76$ 。在该模型中，Y 表示城市化率，X 是研究区域人均国内生产总值（折算为美元）。由于该模型的 R_2 值高达 0.195，总体显著，因此可以以此为基础，来测算洱海流域农村剩余劳动力的总量（表 7-76）。

表 7-76　2003～2009 年洱海流域农村剩余劳动力的估计（城市化发展角度估计）

年份	人口总数（万人）	农村劳动力总量（万人）	非农业人口（万人）	人民币对美元汇率	人均 GDP（美元）	应达到的城市化水平（%）	实际的城市化水平（%）	农村剩余劳动力（万人）
2003	85.53	34.78	22.12	8.277	1233.66	71.51	25.86	15.88
2004	86.32	35.79	22.59	8.192	1346.81	73.56	26.17	16.96
2005	87.10	36.07	22.95	7.972	1558.96	76.97	26.35	18.26
2006	87.91	36.41	23.23	7. 604	1867.57	81.19	26.42	19.94
2007	88.58	36.84	23.50	6.946	2337.46	86.43	26.53	22.07
2008	89.21	37.84	23.72	6.833	2708.47	89.88	26.59	23.95
2009	90.07	37.87	23.87	6.786	2960.80	91.96	26.5	24.79

资料来源：2004—2010 年大理州统计年鉴。

（2）从农业生产的角度来估计

这里借鉴韩纪江于 2002 年提出的一种测算方法，计算方法如下。

首先，计算全国居民总收入水平。全国居民总收入 S 等于农村居民总收入 A 与城镇居民总收入 B 之和，即 $S=A+B$。农村居民总收入 A 等于农村家庭人均纯收入与农村总人口的乘积，城镇居民总收入 B 等于城镇家庭人均可支配收入与城镇总人口的乘积。

第二步，计算出全国劳动力平均收入水平。即用全国居民总收入 S 除以全国的劳动力总量。

第三步，计算出洱海流域农村必需劳动力的数量，即用农村居民总纯收入（乡村人口数乘以农村居民人均纯收入）除以全国劳动力平均收入水平，得到理想状态下洱海流域农村必需劳动力的数量。

最后计算出洱海流域农村富余劳动力的数量，即用洱海流域农村劳动力的总量减去流域农村必需劳动力的数量。

表 7-77　2003～2009 年洱海流域农村剩余劳动力的估计（从农业生产的角度估计）

年份	洱海流域农村劳动力总量（万人）	农村必需劳动力总量（万人）	农村剩余劳动力总量（万人）
2003	34.78	15.07	19.71
2004	35.79	13.78	22.01
2005	36.07	13.07	23.00
2006	36.41	12.66	23.75
2007	36.84	11.32	25.52
2008	37.84	10.90	26.94

资料来源：2004—2010 年大理州统计年鉴，中国统计年鉴，通过计算得到。

（3）综合分析流域农村剩余劳动力的变化趋势及特点

为了使计算更加精确，减少误差，这里将表 7-76 和表 7-77 综合考虑，进而得出了最后的测算结果。计算公式如下：平均估计值=［农村剩余劳动力总量（表 7-76）+农村剩余劳动力总量（表 7-77）］/2，最终得出的流域农村剩余劳动力的数值如表 7-78 所示。

表 7-78　2003～2009 年洱海流域农村剩余劳动力的平均估计值

年份	农村剩余劳动力总量（万人）	农村剩余劳动力总量（万人）	平均估计值（万人）
2003	15.88	19.71	17.80
2004	16.96	22.01	19.49
2005	18.26	23.00	20.63
2006	19.94	23.75	21.85
2007	22.07	25.52	23.80
2008	23.95	26.94	25.45

从表 7-82 中可以看出，近几年来，洱海流域农村剩余劳动力的数量呈逐步上升趋势，由 2003 年 17.8 万人增加到 2008 年的 25.45 万人，增加的幅度比较大，表明近几年来农村劳动力转移的压力非常大。由于农业科技水平得到了很大的提高，由农业转移出来了较多的剩余劳动力，再加上农业产业化水平不高，吸纳劳动力的能力有限，导致第一产业滞留了过多的农村剩余劳动力；农村第二产业的产业结构有待调整，产业布局不尽合理，产业链纵向延伸和横向关联不足，劳动密集型企业数量有限，现有的就业机会不能有效地吸纳从第一产业转移出来的劳动力；第三产业尤其是旅游业的质量有待提升，流域的旅游产品和服务项目乏善可陈，缺乏足够深度和广度挖掘。流域的旅游资源（包括生态旅游资源）开发得不够充分，现有的旅游产品和服务多停留在简单的参观和购物上，旅游产品相对简单、粗糙，这样也阻碍了旅游业更大程度吸纳农村剩余劳动力。

7.4.4 洱海流域农村富余劳动力转移的路径

近十年来，农村劳动力由农业转向非农产业的规模和速度明显加快，形式呈现出多样化的趋势。目前，学术界对农村劳动力转移的路径持两种不同的观点。第一种认为农村劳动力转移可以分为就地转移和异地转移两种方式。就地转移是指主要依托当地乡镇企业的发展而实现的农民职业转换，但并未实现生产和生活空间的转换；异地转移方式弥补了城市传统就业岗位的空缺，促进了城乡之间资源和生产要素的流动、互补、竞争和合作，有助于工业化城市化的协调推进。第二种观点认为农村劳动力转移可分为专业转移和兼业转移。兼业转移是指农户家庭在不完全脱离农业的条件下，通过向市场提供非农产品或劳务以增加货币收入的活动。而专业转移是指农业劳动力不仅离开农村进入城市，而且从事非农业生产，不再从事农业生产的转移。

其实这两种观点的区别在于分类标准的不同。第一种观点是以劳动力转移是否跨地域为标准来划分，而第二种是以农业劳动者所从事的行业来划分的。

目前，我国的农村劳动力转移的路径主要有三条。

第一，以农民家庭为单位，在进行农业生产经营的同时，经营某些非农业项目。这种“草根式”的非农业，至少在其发展初期必然是与农业结合在一起的，即必然是以兼业形式存在的。

第二，进入乡镇企业。乡镇企业建在乡村，从而为其职工在业余时间发展农业创造了条件。一般说，一个农民家庭只能有个别成员进入乡镇企业，而仅靠他们的工资收入，无法达到提高家庭生活水平的目标。由于乡镇企业本身的不稳定性造成了其职工就业的不稳定性。

第三，进入城市工作。在进城务工农民中绝大多数进城谋职的农民只能找到临时性的工作，职业不稳定，收入也很低，无法将家庭安置在城市。进城农民工多数只是季节性地兼业；而且即使当部分家庭成员在城市工作期间，就其整个家庭而言，仍表现为不同成员在不同地点异地兼业。而少数农民因具有较强的适应能力，凭借其出色的工作有一定的资本积累，此后，将居家迁入城市，成为专业转移。

7.4.5 对洱海流域农村富余劳动力转移的路径进行简单评价

1）从转移的人数来看，就地转移的人数偏多。在流域内被农业内部吸收的劳动力及被农村非农产业吸收的劳动力最多，虽然近几年异地劳务输出人数在不断增加，但是其绝对数远远不及就地转移的人数。例如，自 2004 年 8 月启动实施农村劳动力转移工作以来，大理市共组织农村劳动力培训 39158 人，转移 30771 人。其中，国外转移 24 人，省外转移 1633 人，市外转移 8798 人，市内转移 20348 人，劳动力在市内转移的人数最多，远远大于劳动力向省外转移的人数。

2）从转移的难易程度来看，就地转移的难度偏大。由于各级政府经过多年的实践，积累了一整套劳务输出的工作方法和经验，因此从转移难度上看，目前异地输出的成本最低、风险最小、收益最快，也最容易被农村劳动力接受；而劳动力流向本地的第二、第三产业及农业内部，必须要提高农业内部、农村第二产业和第三产业对劳动力的吸纳能力，因此需要不断地调整农业产业结构、实施农业产业化经营、不断拉长农业产业链、提高农业的比较效益，努力调整工业结构、积极推进工业新型化，提高第三产业质量（旅游业），从深度和广度上开发流域的旅游产品等。在此过程中，需要投入大量的人力、物力和财力，周期比较长、投入大而见效不快，因此就地转移的难度明显大于异地劳务输出地难度。

3）从转移的趋势来看，就地转移即向农业内部和农村第二、第三产业转移将显现出巨大的潜力。异地输出的总量有限，在近期内会逐步趋缓，再加上各种制约因素的作用，外出人员回流的趋势明显。在目前转移的劳动力中，大多数都是未经过正规职业技术培训，导致务工人员素质普遍低，只能干重活、粗活，劳动时间长、强度大、技术含量低、工作环境差、风险大、收入不高。随着科技的发展和社会的进步，各厂家、企业对务工人员素质的要求越来越高。但由于农村能够输出的劳动力绝大多数已经实现了就业，未就业的劳动力主要是新成长劳动力和年龄大、技能低、有残疾的劳动力。除了新成长劳动力容易就业外，其余劳动力就业都比较困难，劳动力向异地转移的就业人数不可能在短期内实现大幅度增长。与此同时，由于受宏观环境的影响，企业经济效益短期内难以有大的提高，同时企业为了最大限度地降低成本，增加利润，很多企业通过调低最低工资标准促进企业发展，在这种情况下，对外出打工的农民工而言，维持现有劳动力工资水平已经很不错了，寄希望提高劳动力的工资水平时下还不是太现实。另外政府对农民进城的管理机制不健全，农民的合法权益得不到保护，如土地政策、户籍制度，农民子女就学难等一系列问题，直接影响了农村的社会稳定和经济发展，也就制约了农民收入的提高。

从农村经济社会可持续发展的角度来讲，全民创业，发展二、三产业吸纳农村劳动力将是大势所趋，也是历史的必然要求；农业内部转移的人数目前虽不多，但在逐步增加，显示出巨大的潜力。

8　洱海流域社会经济结构优化布局与发展速度规划

8.1　洱海流域国土空间主体功能区区划规划

8.1.1　规划背景

改革开放以来，随着我国经济持续较快增长，工业化城镇化加快推进，国土空间发生了巨大变化。这种变化有力地支撑了综合国力增强和社会进步，但也存在一些必须高度重视的问题。今后一个时期是我国全面建设小康社会的关键时期，是深化改革开放、加快转变经济发展方式的攻坚时期，在经济快速发展中国土空间开发还面临着一系列新的压力和挑战。在这样的背景下，有必要从中华民族的长远发展和可持续发展出发，统筹谋划未来国土空间开发的战略格局，形成科学的国土空间开发导向。根据国家发展和改革委员会2011年6月8日发布的信息，《全国主体功能区规划》（国发〔2010〕46号）已由国务院于2010年年底正式发布，这是新中国成立以来第一部全国性国土空间开发规划。中共中央关于制定国民经济与社会发展第十一个五年规划的建议就提出了主体功能区的战略构想，《中华人民共和国国民经济和社会发展第十一个五年规划纲要》明确了基本方向和主要任务。党的十七大把主体功能区布局基本形成作为全面建设小康社会的一个重要目标。并在党的十七届五中全会通过的关于“十二五”规划的建议中明确提出实施主体功能区战略。与区域发展总体战略一起作为促进区域协调发展的“两大战略”，这是中央针对我国区域发展环境和条件变化做出的重大决策。实施主体功能区战略，是我国国土空间开发思路、开发模式的重大转变，是国家区域调控理念和方式的重大创新，对我国未来经济社会发展将产生重大的、历史性的影响。

8.1.2　规划区域

该规划的区域为洱海流域，地跨大理市和洱源县两个市县，共有17个乡镇，170个行政村17个乡镇如下所示。

大理市（11个乡镇）：下关镇、大理镇、凤仪镇、喜洲镇、海东镇、挖色镇、湾桥镇、银桥镇、双廊镇、上关镇、开发区。

洱源县（6个乡镇）：茈碧湖镇、邓川镇、右所镇、三营镇、凤羽镇、牛街乡。

8.1.3　规划依据

本规划的依据有：《全国主体功能区规划》、《云南洱海绿色流域建设与水污染防治规划》、《大理市城市总体规划调整（2005—2020）》、《大理白族自治州国民经济和社会发展第十二个五年规划纲要（2011—2015）》、《大理滇西中心城市总体规划（2009—2030）》、《大理市统计年鉴（2003—2008）》及《洱源县统计年鉴（2007—2008）》。

8.1.4　规划目的

通过划定洱海流域国土空间主体功能区，根据洱海流域内不同区域的资源环境承载能力、现有开发强度和发展潜力，统筹谋划人口分布、经济布局、国土利用和城市化格局，确定不同区域的主体功能，并据此明确开发方向，完善开发政策，控制开发强度，规范开发秩序，逐步形成人口、经济、资源环境相协调的空间开发格局，推进洱海流域绿色生态文明建设。

8.1.5　规划意义

划定洱海流域国土空间主体功能区，是在区域发展上贯彻科学发展观的重大战略举措，有利于推进洱海流域经济结构战略性调整，从根本上转变经济发展方式，实现科学发展；有利于按照以人为本的理念推进流域协调发展，缩小流域内地区间基本公共服务和人民生活水平的差距；有利于引导洱海流域经济布局、人口分布与资源环境承载能力相适应，促进人口、经济、资源环境的空间均衡；有利于从源头上扭转生态环境恶化趋势，促进资源节约和环境保护，应对和减缓气候变化，实现可持续发展；有利于打破行政区划界限，制定实施更有针对性的区域政策和绩效考核评价体系，加强和改善区域调控。

8.1.6　规划指导思想

以邓小平理论和“三个代表”重要思想为指导，全面贯彻党的十七大精神，深入贯彻落实科学发展观，树立新的开发理念，主要是：根据自然条件适宜性开发的理念、区分主体功能的理念、根据资源环境承载能力开发的理念、控制开发强度的理念、调整空间结构的理念和提供生态产品也是发展的理念。积极贯彻“坚持让湖泊休养生息，建设绿色流域”的指导思想，配合滇西中心城市和“1+6”城市群建设，以洱海流域人口、资源、环境承载力为基础，转变传统开发模式，统一认识，指导洱海流域未来国土空间开发。

8.1.7 洱海流域国土空间开发利用方式

按开发方式，洱海流域国土空间开发区域分为优化开发亚区、重点开发亚区、限制开发亚区和禁止开发亚区四类。

优化开发亚区是经济比较发达、人口比较密集、开发强度较高、资源环境问题更加突出，从而应该优化进行工业化城镇化开发的城市化地区。

重点开发亚区是有一定经济基础、资源环境承载能力较强、发展潜力较大、集聚人口和经济的条件较好，从而应该重点进行工业化城镇化开发的城市化地区。优化开发和重点开发区域都属于城市化地区，开发内容相同，开发方式不同。

限制开发亚区分为两类：一是农产品主产区，即耕地面积较多、发展农业条件较好，尽管也适宜工业化城镇化开发，但从保障国家农产品安全及可持续发展的需要出发，须把增强农业综合生产能力作为发展的首要任务，从而应该限制进行大规模、高强度工业化城镇化开发的地区。二是重点生态功能区，即生态系统脆弱、生态系统重要，资源环境承载能力较低，不具备大规模、高强度工业化城镇化开发的条件，应当把增强生态产品生产供应能力作为首要任务，限制大规模、高强度工业化城镇化开发的地区。

禁止开发亚区是依法设立的各级各类自然文化资源保护区域，以及其他禁止进行工业化城镇化开发、需要特殊保护的重点生态功能区。国家层面禁止开发区域，包括国家级自然保护区、世界文化自然遗产、国家级风景名胜区、国家森林公园和国家地质公园。省级层面的禁止开发区域，包括省级及以下各级各类自然文化资源保护区域、重要水源地以及其他省级人民政府根据需要确定的禁止开发区域。

8.1.8 洱海流域国土空间主体功能区分区

“根据洱海流域社会经济发展友好模式研究”的研究思路和技术路线，分别针对流域生态农业、工业、旅游等产业进行研究，形成流域产业结构调整最优规划和建设方案。依据社会经济发展的圈层理论，在流域水污染综合防治四片七区基础上，采用红线、黄线、蓝线和绿线，划分流域产业发展四类功能控制区。

8.1.8.1 流域农业主体功能区分区

根据流域经济发展规划，结合洱海流域的基础设施条件，进行农业主体功能区的划分。洱海流域农业主体功能区如图 8-1 所示。

(1) 农业禁止发展亚区

禁止发展亚区不允许任何农业产业以任何形式存在，对目前处在区内的农业种植产业采取退耕还林、退耕还草的方式进行清除；对于处在区内的畜牧养殖产业采取拆迁和转移到其他发展区的方式进行清除。

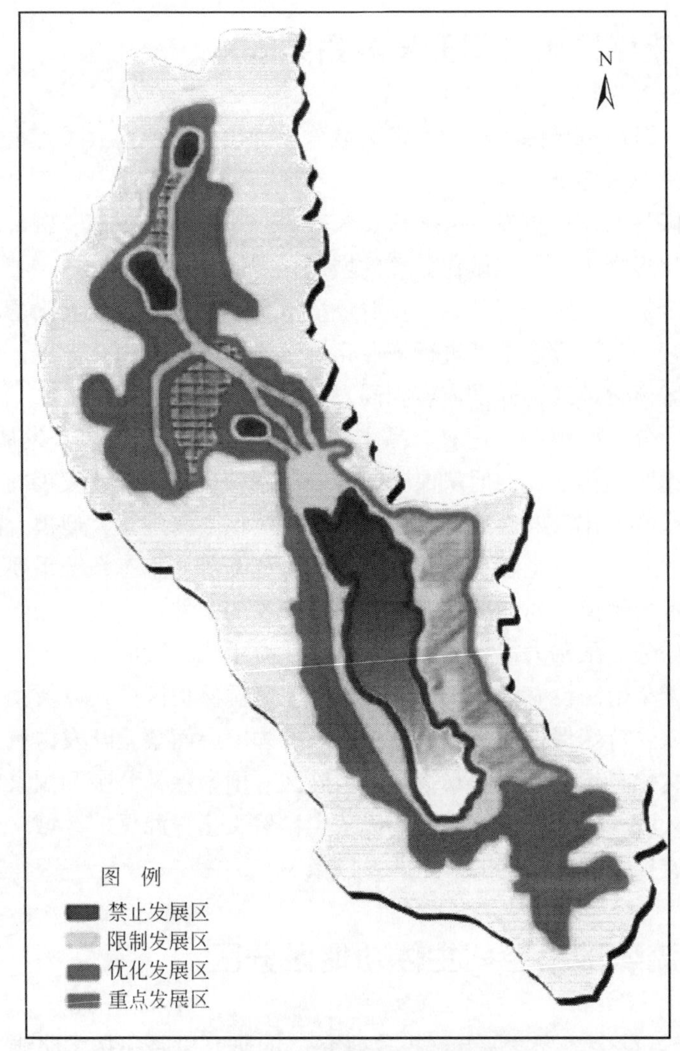

图 8-1　洱海流域农业主体功能区分区

(2) 农业限制发展亚区

处于限制发展亚区的农业产业具有较高的污染控制要求，首先，对污染产生量高、污染控制乏力、对流域水环境威胁大的农业产业，如玉米，采取消减规模或者调整转移到外层发展区的方式进行严控。其次，根据国内外相关经验和流域的实践，大力推行高产、优质、高效的生态农业发展模式，具体模式有鱼稻连作、烟豆套种等。最后，在该区实施低污染处理技术工程和生态农业发展工程，进行生态化农业产业改造和整治，具体方式有低污染水处理系统运用、农业水循环利用技术运用、精确施肥等。

(3) 农业优化发展区

优化发展亚区突出对农业产业结构、布局和种养方式的调整优化。一是对单位数量污染产生量大的产业，如大蒜、奶牛的规模进行缩减；二是优化重污染种植业种植方式，选择污染产生量小的种植品种轮作方式进行生产，改露地蔬菜种植为大棚蔬菜种植，扩大大棚种植面积。三是鼓励发展水稻、大麦、蚕豆、茶果和家禽等产业，以大理市个乡镇为重点，结合培植发展旅游观光农业。

(4) 农业重点发展区

重点发展亚区突出对经济作物和畜牧家禽的专业化、规模化、标准化种养，应通过政府土地入股、农户农业品种入股、农业企业现金入股等农业股份合作制，或农业专业合作社等形式，建立相应种养基地，并实行农业污染物的集中收集与处理。

8.1.8.2 流域工业主体功能区分区

根据流域经济发展规划，结合洱海流域的基础设施条件，进行工业主体功能区的划分。洱海流域工业产业规划控制分区如图 8-2 所示。

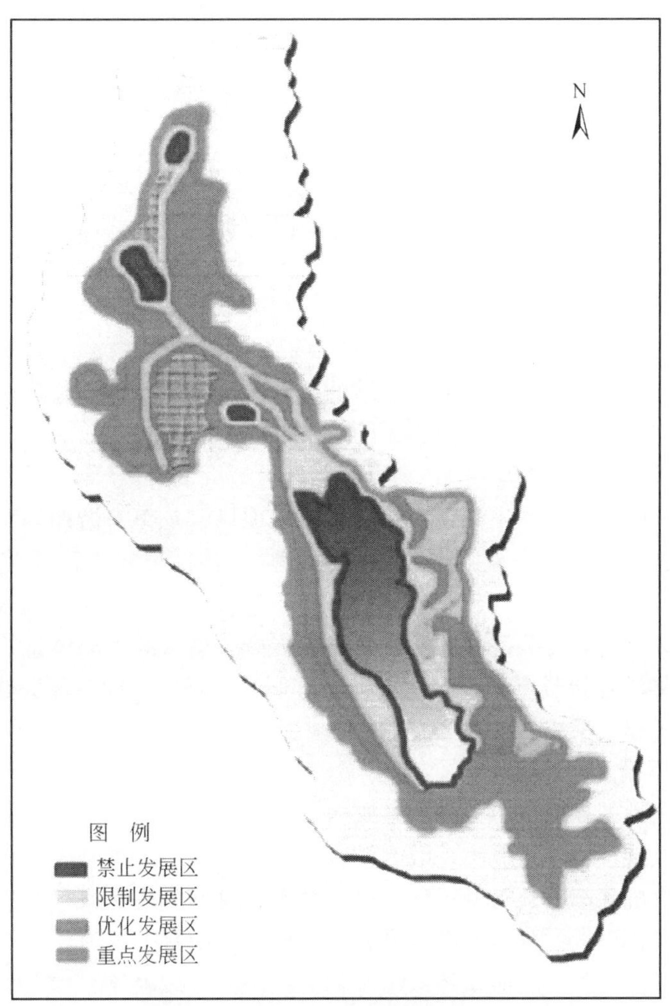

图 8-2 洱海流域工业主体功能区分区

(1) 工业禁止发展亚区

禁止发展亚区是距离流域湖泊和水系最近的区域。在该区域内发展工业会导致工业污染大量发生，即使经过环保处理的工业废水进入水体也会污染洱海水环境，据此在该区域内不允许任何工业产业的发展。

(2) 工业限制发展亚区

由于该区域距离流域湖泊和水系很近，规划要求处于该区域内的工业产业应该是以零排放的高科技绿色工业为主，可以适当发展创意产业，而对于一般加工业等规模大、排放高的产业，如饮料、食品、农副、纺织、印刷、造纸等行业应严格限制其发展。

(3) 工业优化发展亚区

该区域距离流域湖泊和水系的距离较近，工业污染对流域湖泊和水系的威胁较大。目前该区域的工业产业规模不大，但有一些企业污染排放相对严重，今后对处于该区域的工业必须通过排污控制和结构调整手段进行优化，以此有效削减工业产业和城镇污染。

(4) 工业重点发展亚区

由于该区域距离湖泊和水系的距离较远或者对流域湖泊水系的污染影响最小，因此可以鼓励工业产业如增加烟草、交运设备等行业在资源约束条件下适度发展。在此区域内，应该结合实际设置若干重点工业产业发展区（工业组团），通过区域政策、产业政策的引导，逐步培育特色产业园和产业群，构建分区域产业带，形成“以点带面、周边辐射、沿轴扩散”的工业产业区域架构。

8.1.8.3 流域旅游业主体功能区分区

根据流域经济发展规划，结合洱海流域的基础设施条件，进行旅游业主体功能区的划分。流域旅游业主体功能区分区如图 8-3 所示：

(1) 旅游业禁止发展亚区

禁止发展亚区内游客基本不涉足，除少数亲水项目（如洱海游船等）可抵湖边外，该区仅提供远观功能、满足生态景观的视觉美化需求。该区要求无高层建筑，视野开阔平缓，视效与周边环境和谐，体现出宁静优美的田园农家风光和清纯广阔的洱海湖景。游客在限制发展区沿线可长程无障碍地欣赏到禁止发展区和湖水的美丽风景。在不得不提供游客通道的地点（如游船接驳点）设定集中的游客服务管理区，配备环保处理设备，并做好相关宣传和管理工作，禁止污染物入湖。

(2) 旅游业限制发展亚区

限制发展亚区不禁止但也不鼓励游客入内。在限制发展亚区内不设置大量旅游项目和服务设施，以降低游客的进入概率。限制游客自备车辆或交通车驶入。在通道上，可设置活动式路障，减少机动车辆通行顺畅度，以抑制游客自驾车或交通车的进入。可容游客步行或骑乘非机动车辆进入。区内不鼓励设置旅游项目，如有少数项目有必要设于区内或由该区提供通道，应由管理部门组织环保型车辆提供集体穿梭服务。

(3) 旅游业优化发展亚区

优化发展亚区是游客主要活动区域之一。也是多样化旅游项目的重点部署区域。游客

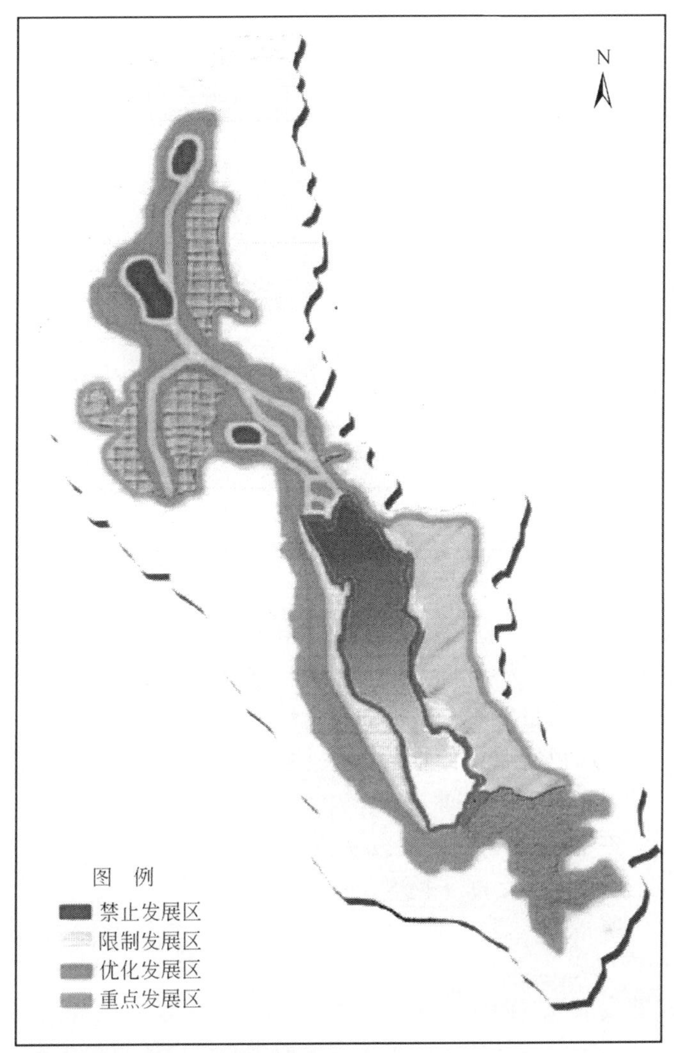

图 8-3 洱海流域旅游业主体功能区分区

在内可自由选择交通方式。优化发展亚区可丰富旅游业项目内容和服务品种，有效提高游客的滞留时间，发展住宿业，提升旅游业产业结构。该区可以设置旅游餐饮业和住宿业(但不鼓励)，并依托当地民族风情和人文特色开发休闲娱乐项目。在该区内要充分发挥旅游业各行业的综合带动功能和规模效应。

(4) 旅游业重点发展亚区

旅游业重点开发区不是旅游业主要产品部署区域，而是工业和农业分布区域。但在该区域内可提供综合性旅游服务。鼓励将污染物发生量最大的餐饮业和住宿业设置在综合开发区。

8.2 洱海流域城市化发展与城乡空间结构优化中长期规划（2016—2030 年）

8.2.1 规划空间区域

该规划的空间区域为洱海流域，地跨大理市和洱源县两个市县，共有 17 个乡镇，170 个行政村，17 个乡镇如下所示。

大理市（11 个乡镇）：下关镇、大理镇、凤仪镇、喜洲镇、海东镇、挖色镇、湾桥镇、银桥镇、双廊镇、上关镇、开发区。

洱源县（6 个乡镇）：茈碧湖镇、邓川镇、右所镇、三营镇、凤羽镇、牛街乡。

8.2.2 规划的指导思想

与滇西中心城市和“1+6”城市圈建设规划相衔接配套，以洱海湖泊水环境承载力为基础，立足 21 世纪，坚持以人为本，创造人与自然和谐发展的空间，走经营城市之路，以特有的文化气质与环境质量取胜，以做强做优城市、保护洱海环境为目标，贯彻“坚持让湖泊休养生息，建设绿色流域”的指导思想，把握市场经济规律，适应改革开放需要，为本区域社会经济发展拓展战略空间。

8.2.3 城市社会经济发展目标

（1）基本实现现代化

把大理市逐步建设成为滇西中心城市，作为大理州的政治、经济、文化中心，辐射滇西地区，面向东南亚。把洱源县建设成为大理滇西中心城市的重要生态涵养区、区域温泉疗养休闲胜地、商务休闲中心和山水田园生态城镇。

（2）推进产业结构调整，明确城市定位

以实施高新技术带动和旅游产业带动为重点，将大理市建设成为繁荣的经济强市、开放的窗口城市、文明的现代都市和秀美的旅游名市，洱海流域的政治、经济、文化中心，流域金融、信息、科教文卫服务中心，流域先进制造业和高新技术产业核心区，流域文化创意和休闲产业中心，以及流域旅游集散地。将洱源县建设成为西部地区生态环保技术的策源地和引领可持续发展的生态示范区，川滇藏旅游区知名的温泉疗养休闲胜地，面向南亚，东南亚的国际商务休闲中心，发展以绿色无污染生态农业、旅游休闲、温泉养生疗养、商住会务和绿色风电能源为主的山水田园生态城镇。

8.2.4 洱海流域城镇-人口发展方案规划

洱海流域城镇-人口分布现状如图 8-4 所示。

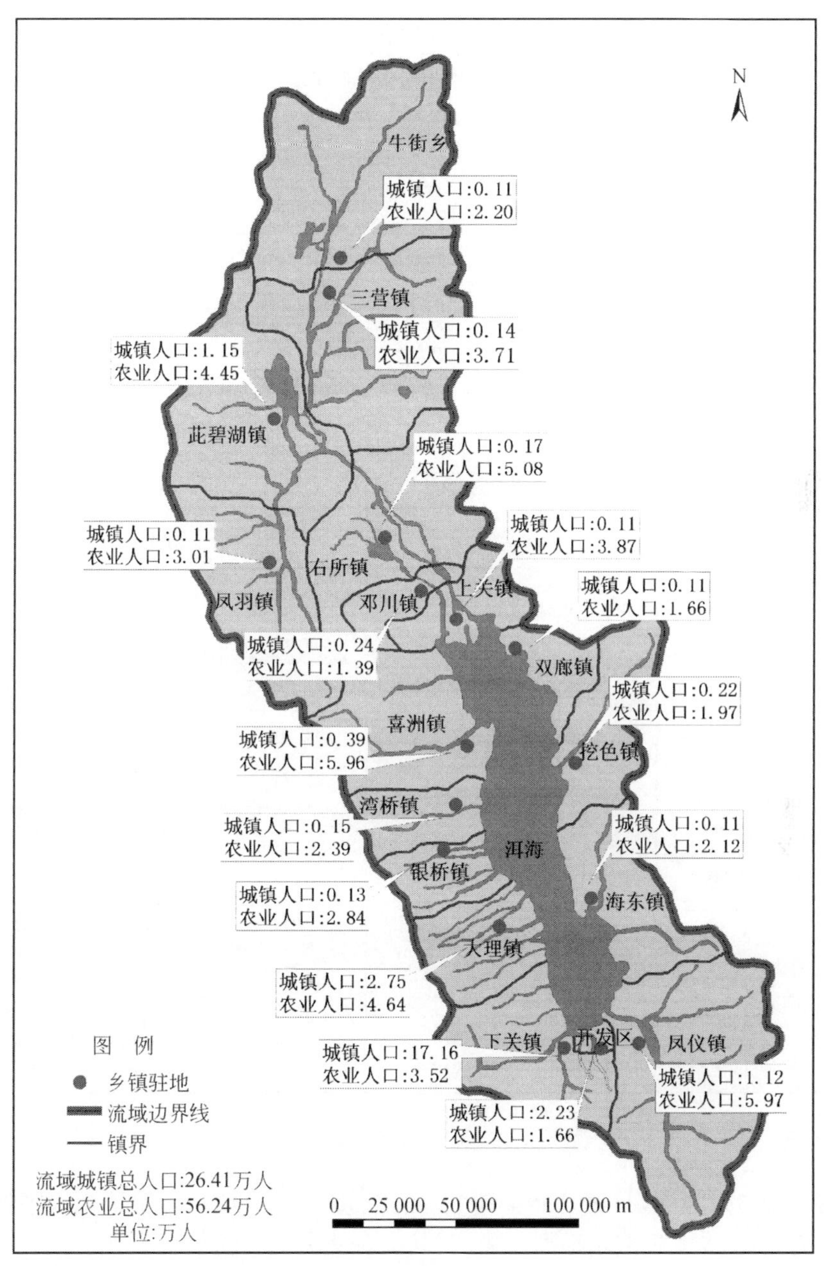

图 8-4 洱海流域城镇-人口分布现状

8.2.4.1 洱海流域城镇-人口高发展方案规划

人口增长取7‰~8‰（近、中期增长8‰，远期增长7‰），城镇化水平按近、中期年提高5.5%，远期年提高4.5%计算，如表8-1和图8-5所示。

表8-1 洱海流域城镇-人口高发展方案规划 （单位：万人）

	近期（2015年）		中期（2020年）		远期（2030年）	
	城镇人口	农村人口	城镇人口	农村人口	城镇人口	农村人口
洱源县	2.81	17.27	3.67	14.37	5.69	6.90
牛街乡	0.17	1.92	0.22	1.60	0.34	0.77
三营	0.20	3.23	0.27	2.69	0.41	1.29
茈碧湖	1.67	3.87	2.19	3.22	3.40	1.55
凤羽	0.16	2.62	0.20	2.18	0.32	1.05
右所	0.25	4.42	0.33	3.68	0.52	1.77
邓川	0.35	1.21	0.46	1.00	0.71	0.48
大理市	35.61	31.72	46.54	26.36	72.29	12.64
上关	0.15	3.37	0.20	2.80	0.31	1.35
双廊	0.16	1.44	0.21	1.20	0.32	0.58
挖色	0.32	1.72	0.42	1.43	0.65	0.69
海东	0.16	1.85	0.21	1.54	0.33	0.74
凤仪	1.63	5.05	2.13	4.20	3.31	2.02
开发区	3.24	1.44	4.24	1.20	6.59	0.58
下关	24.97	3.06	32.64	2.55	50.69	1.22
大理	4.00	4.04	5.23	3.36	8.12	1.61
银桥	0.20	2.47	0.26	2.05	0.40	0.99
湾桥	0.22	2.08	0.28	1.73	0.44	0.83
喜洲	0.57	5.19	0.74	4.32	1.15	2.07
流域	38.42	48.97	50.21	40.73	77.98	19.54

8.2.4.2 洱海流域城镇-人口中发展方案规划

人口增长取7‰~8‰（近、中期增长8‰，远期增长7‰），城镇化水平按近、中期年提高4.5%~5.0%，远期年提高3.8%计算，如表8-2和图8-6所示。

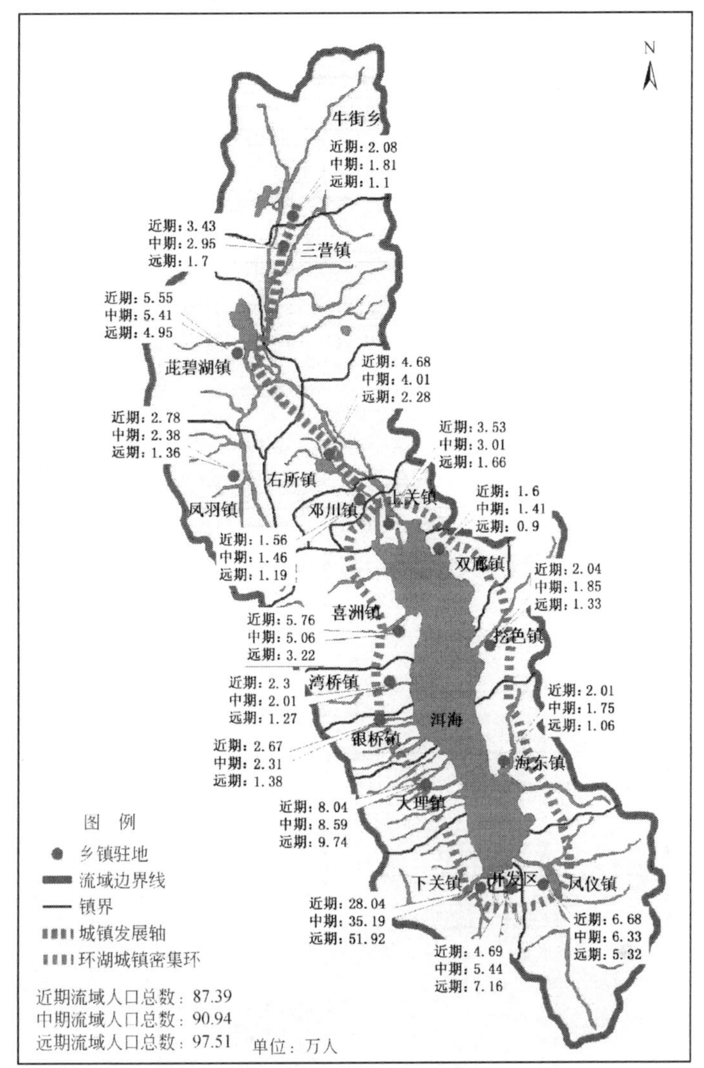

图 8-5 洱海流域城镇-人口高方案规划

表 8-2 洱海流域城镇-人口中发展方案规划 （单位：万人）

	近期（2015 年）		中期（2020 年）		远期（2030 年）	
	城镇人口	农村人口	城镇人口	农村人口	城镇人口	农村人口
洱源县	2. 64	18. 14	3. 35	15. 89	4. 86	10. 9
牛街乡	0. 16	2. 01	0. 20	1. 76	0. 29	1. 21
三营	0. 19	3. 39	0. 24	2. 97	0. 35	2. 04
茈碧湖	1. 57	4. 07	2. 00	3. 57	2. 90	2. 45
凤羽	0. 15	2. 75	0. 19	2. 41	0. 27	1. 65
右所	0. 24	4. 65	0. 30	4. 07	0. 44	2. 79
邓川	0. 33	1. 27	0. 42	1. 11	0. 61	0. 76
大理市	33. 31	33. 31	42. 52	29. 18	61. 74	20. 2
上关	0. 14	3. 54	0. 18	3. 10	0. 27	2. 13

续表

	近期（2015年）		中期（2020年）		远期（2030年）	
	城镇人口	农村人口	城镇人口	农村人口	城镇人口	农村人口
双廊	0.15	1.52	0.19	1.33	0.27	0.91
挖色	0.30	1.80	0.38	1.58	0.55	1.08
海东	0.15	1.94	0.19	1.70	0.28	1.17
凤仪	1.52	5.30	1.94	4.64	2.82	3.19
开发区	3.04	1.52	3.87	1.33	5.62	0.91
下关	23.36	3.22	29.81	2.82	43.28	1.93
大理	3.74	4.25	4.78	3.72	6.94	2.55
银桥	0.18	2.59	0.23	2.27	0.34	1.56
湾桥	0.20	2.19	0.26	1.91	0.37	1.31
喜洲	0.53	5.45	0.68	4.78	0.98	3.28
流域	35.94	51.45	45.87	45.07	66.60	30.91

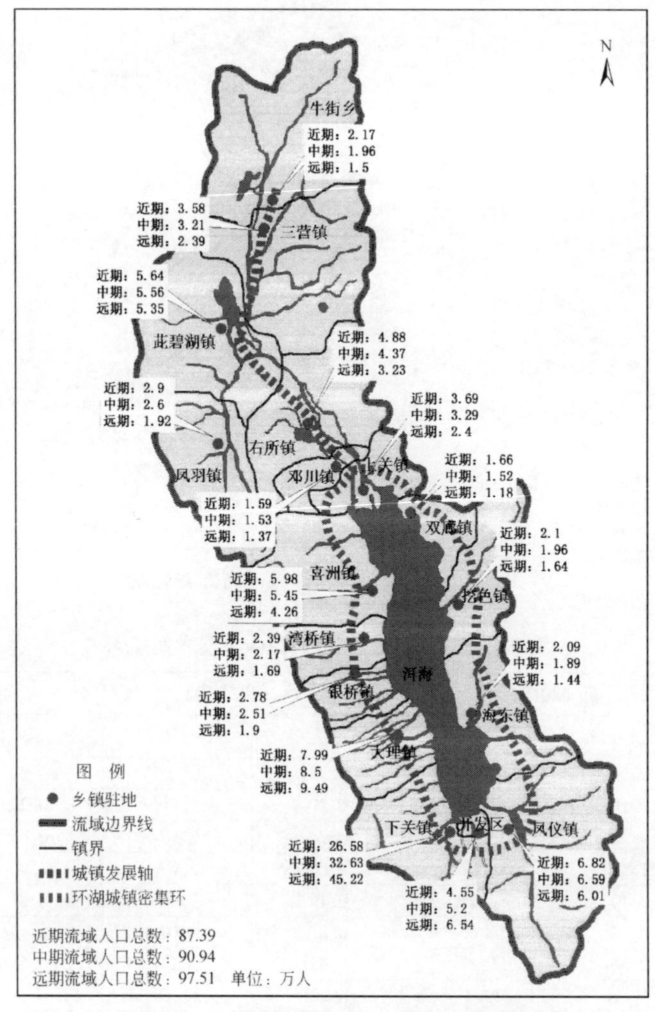

图8-6　洱海流域城镇-人口中方案规划

8.2.4.3 洱海流域城镇–人口低发展方案规划

人口增长取6‰~7‰（近、中期增长7‰，远期增长6‰），城镇化水平按近、中期1.4%、远期年提高2.0%计算，如表8-3和图8-7所示。

表8-3 洱海流域城镇–人口低发展方案规划 （单位：万人）

	近期（2015年）		中期（2020年）		远期（2030年）	
	城镇人口	农村人口	城镇人口	农村人口	城镇人口	农村人口
洱源县	2.13	20.3	2.29	20.7	2.78	20.23
牛街乡	0.13	2.26	0.14	2.30	0.17	2.25
三营	0.15	3.80	0.17	3.87	0.20	3.78
此碧湖	1.27	4.56	1.36	4.64	1.66	4.54
凤羽	0.12	3.09	0.13	3.14	0.15	3.07
右所	0.19	5.21	0.21	5.30	0.25	5.18
邓川	0.27	1.42	0.28	1.45	0.35	1.41
大理市	26.98	37.38	28.91	37.96	35.26	37.14
上关	0.12	3.97	0.13	4.04	0.15	3.95
双廊	0.12	1.70	0.13	1.73	0.16	1.69
挖色	0.24	2.02	0.26	2.06	0.32	2.01
海东	0.12	2.18	0.13	2.21	0.16	2.17
凤仪	1.23	5.95	1.32	6.05	1.61	5.91
开发区	2.46	1.70	2.63	1.73	3.21	1.69
下关	18.92	3.61	20.28	3.67	24.72	3.59
大理	3.03	4.76	3.25	4.84	3.96	4.74
银桥	0.15	2.91	0.16	2.96	0.19	2.89
湾桥	0.16	2.45	0.17	2.49	0.21	2.44
喜洲	0.43	6.11	0.46	6.22	0.56	6.08
流域	29.11	57.68	31.20	58.66	38.04	57.37

到2020年，洱海流域总人口达到90.94万，其中农村人口45.07万，城镇人口45.87万，城市化水平达到50.44%。

8.2.5 洱海流域城乡聚落体系结构

（1）主城

大理市的下关、凤仪、大理和海东组成的主城区是大理滇西中心城市的核心组团和滇西地区的综合服务中心。

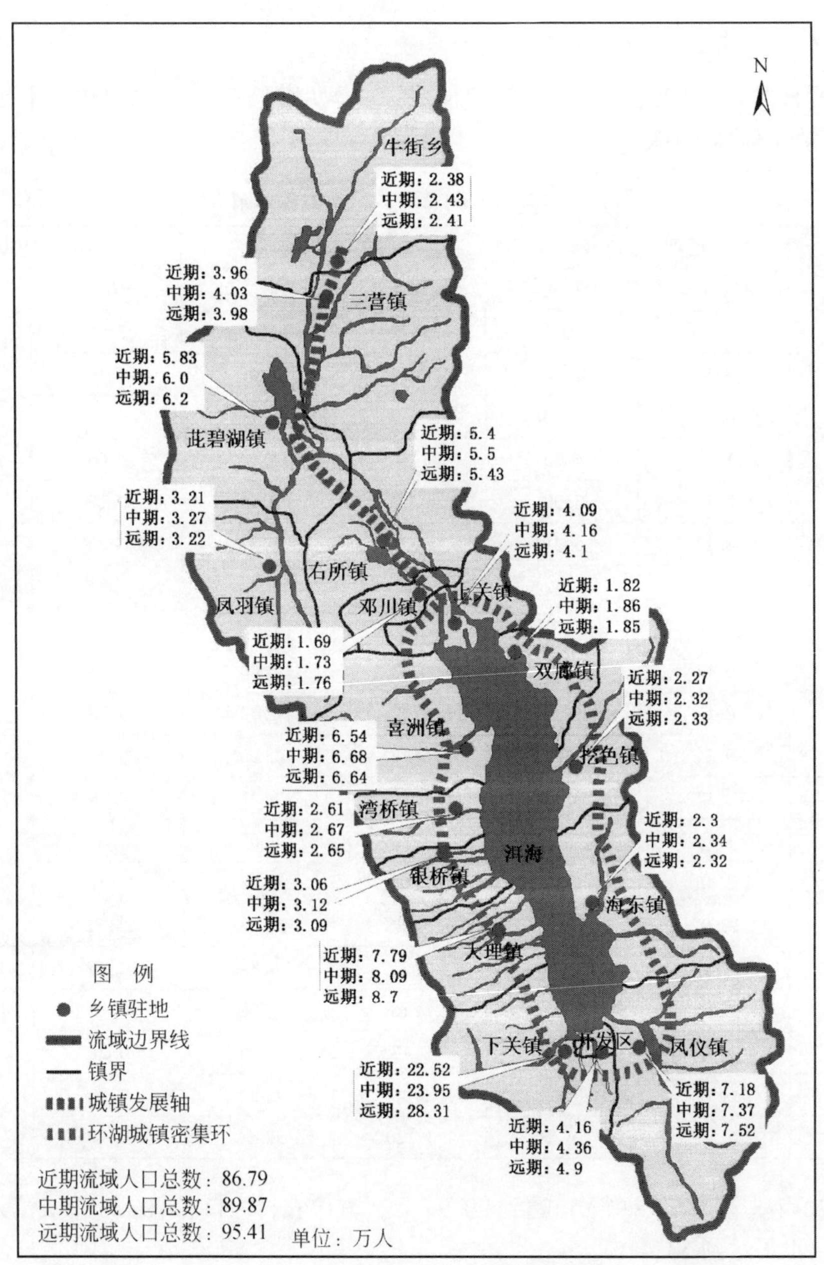

图 8-7　洱海流域城镇-人口低方案规划

(2) 副城

副城为洱源县的茈碧湖镇，作为大理网络型城市群的次中心城市，发挥城市增长级的带动作用。

(3) 新市镇

新市镇不同于传统的城镇，作为滇西中心城市的重要功能组团和基层服务节点，是乡村向城市转变的中间站，在城市发展过程中起到承上启下的作用，包括喜洲镇、湾桥镇、挖色镇、银桥镇、双廊镇、上关镇、邓川镇、凤羽镇、右所镇和三营镇。

（4）中心社区

中心社区以农业服务为主，交通、工业等发展条件稍差的乡镇聚落，广泛分布于滇西中心城市群范围内，乡村地区的空间重组也主要围绕其展开。相较于传统的社区，中心社区的产业结构更加多元，居住空间联系紧密，各项服务设施较为完善，生活环境与城市差距逐步缩小，居民生活方式逐渐趋向城市化。

8.2.6 洱海流域各城镇职能与产业引导

（1）主城职能与产业引导

下关城区（一级主城，综合服务型）：发展现代服务业。

凤仪新区（一级主城，工业加工型）：发展先进制造业和现代物流业。

大理古城（一级主城，旅游休闲型）：发展旅游、教育、文化产业。

海东片区（一级主城，综合服务型）：发展旅游、文化、创意、会展产业。

（2）副城职能与产业引导

茈碧湖副城（二级副城，综合服务型）：洱源县政治、经济、文化中心，以旅游、休闲、疗养服务、农副产品加工为主。

（3）新市镇职能与产业引导

喜洲镇（新市镇，旅游休闲型）：发展旅游、食品加工、民族传统工艺品、旅游产品生产等产业。

挖色镇（新市镇，旅游休闲型）：发展旅游业、商品贸易。

上关镇（新市镇，生态农业型）：发展高效生态农业、农副产品加工工业、旅游业。

湾桥镇（新市镇，生态农业型）：发展生态农业、观光农业。

银桥镇（新市镇，工业加工型）：发展农副产品加工业、饮料和茶叶生产。

双廊镇（新市镇，旅游休闲型）：发展旅游配套产业、果品加工工业、商业贸易。

邓川镇（新市镇，工业加工型）：发展乳业、梅果加工、机械装配业、物流业。

凤羽镇（新市镇，旅游休闲型）：发展融游、食、娱、购、度假和科考为一体的民族风情旅游业。

三营镇（新市镇，工业加工型）：发展农副产品加工业。

右所镇（新市镇，工业加工型）：发展矿产业、果品加工业、传统手工加工业、电力工业、特色农业。

8.2.7 洱海流域城镇体系空间结构规划

在云南省城镇体系规划指导下，根据洱海流域城镇体系现状基础和发展潜力，以大理市为流域中心城市，并结合自然地形，总体上形成“单核、一圈、一环、两轴”的城镇体系格局。

(1) 单核

核心为规划期末（2030 年）的大理滇西中心城市，使城镇人口达到 100 万，城市化率达到 74% 的大城市，大理、下关、凤仪为其城市核心区，也是大理州的政治、经济、文化中心。

(2) 一圈

一个大理都市圈，以大理、下关、凤仪为核心，以约 50km 距离和 1h 通勤范围为半径向外扩散形成一个大理都市圈，空间范围：大理市所有城镇，洱源县的邓川镇和右所镇。

(3) 一环

一个城镇密集环（环洱海城镇密集环），这是与核心城市联系最密切、接受核心城市辐射最广泛的区域，是大理州城的经济、政治、文化中心，也是大理作为滇西地区中心的主要辐射源所在地。主要包括大理市域范围内的环洱海城镇群及洱海北部的邓川镇、右所镇两个洱源的城镇。

(4) 一轴

一条向北的城镇发展轴线，以大理滇西中心城市为核心，向外放射，在洱海流域形成向北发展的城镇发展轴线。

沿 214 国道和大丽公路至丽江地区，沿轴城镇有大理镇、银桥镇、湾桥镇、喜洲镇、邓川镇、上关镇、双廊镇和右所镇。

(5) 城镇散点状分布区

主要是指那些远离主要交通线，经济不发达，城镇规模小的一般建制镇和集镇地区，主要是相对独立的山地型城镇，这些城镇地区与中心城市和县域联系较少，交通比较落后，不成网络，城镇之间联系松散。

8.3 洱海流域生态产业总体布局中长期规划（2016—2030 年）

8.3.1 规划背景

根据全国生态产业的发展状况，生态产业是一类按照循环经济规律组织起来的基于生态系统承载能力，具有完整的生命周期、高效的代谢过程及和谐的生态功能的网络型、进化型和复合型产业。将同一产业建设的纵向结合和不同产业的生产横向耦合，将社会经济发展程度和区域环境状况纳入生态产业总体规划中，谋求资源的高效利用、社会的充分就业和生产的低污染甚至零污染。洱海流域是欠发达地区、低污染的高原湖泊，在该流域的发展过程中，生态产业是发展的主线，包括一切经济活动和社会活动都是围绕着生态建设。通过对洱海流域的农业、工业和旅游业这三大产业的生态合理布局，实现推动该地区经济的快速、健康、可持续发展。

8.3.2 规划依据

本规划的依据有:《大理市城市总体规划(编修)城市规划核定报告》、《洱源生态县建设规划》、《大理滇西中心城市总体规划(2009—2030)》、《大理统计资料汇编》、《大理统计年鉴》、《大理州城镇体系规划》及《云南洱海绿色流域建设与水污染防治规划》。

8.3.3 规划区域

该规划的空间区域为洱海流域,地跨大理市和洱源县两个市县,共有17个乡镇,170个行政村,17个乡镇如下所示。

大理市(11个乡镇):下关镇、大理镇、凤仪镇、喜洲镇、海东镇、挖色镇、湾桥镇、银桥镇、双廊镇、上关镇、开发区。

洱源县(6个乡镇):茈碧湖镇、邓川镇、右所镇、三营镇、凤羽镇、牛街乡。

8.3.4 洱海流域产业结构现状及发展方向

与全国和云南省内一些经济发达的县区相比,洱海流域三大产业的构成中第一产业比重明显偏高,第二产业逐年升高并开始成为推动经济发展的主导力量,而第三产业中的旅游业的贡献也在不断增大。第一、第二、第三产业呈现出4∶3∶3的比例结构。就洱源县和大理市的状况分析,洱海流域地区农业相对集中。工业所占比例来说,大理市列位第一,占比例的53.6%,洱源县所占比例仅为8.4%。旅游业方面则显现出大理市一枝独秀的局面,所占比例超过了50%,其余县均在8%左右。

根据洱海流域国民经济发展目标和政府对其产业的规划目标,洱海流域未来将进入经济发展的腾飞时期,必须贯彻“坚持让湖泊休养生息,建设绿色流域”的指导思想,以洱海湖泊人口、资源、环境承载力为基础,重点发展生态农业,生态工业和生态旅游服务业。

8.3.5 洱海流域生态农业发展

生态农业是指在合理利用自然资源,保持和改善农业生态环境的前提下,将传统农业的经验同现代科技结合起来,以集约经营的手段建立经济效益、社会效益和生态效益协调统一的可持续发展的农业产业体系。洱海流域生态农业的布局,就应该按照生态环境良好发展、经济环境发展与人口协调发展相结合的路径,以实现生态农业布局合理化。

8.3.5.1 流域生态农业空间布局

流域主要农业产业布局划应以农业产业污染控制和绿色农业发展为主线,以“水环境保护、农产品消费安全、农业经济可持续发展”为绿色流域农业产业发展目标，围绕农业增效、农民增收的要求，走农业结构调整与生态建设相结合、资源优势与产业优势相兼顾、自然生产与社会再生产相协调、社会经济与生态文明相统一的发展道路。

以“绿色环保，强力减排，增收增效，和谐渐进”思想为指导，在产业功能发展亚区规划的基础上，按“四圈五带”对农业产业进行规划。即规划形成以流域四湖（洱海、西湖、茈碧湖、海西海）为中心的四个生态农业、设施农业产业发展圈和以洱海西岸十八溪、洱海南岸波罗江沿线、西湖东岸弥苴河沿线、茈碧湖南岸凤羽河沿线、海西海东岸弥茨河沿线的五个粮经轮作、规模化、标准化农业产业发展带。“四圈”布局在限制发展亚区，“五带”布局在优化发展亚区和综合发展亚区。

（1）农业产业发展类别

重点调整产业。重点调整产业包括大蒜和奶牛。大蒜和奶牛分别是流域种植业和养殖业中单位面积（数量）污染排放量和污染排放总量最大的农业产业，而且种养规模扩大的速度非常快，给流域水环境带来的威胁最为严重，因此，必须对这两个农业品种进行规模消减、布局调整和种养方式优化。

限制发展产业。限制发展产业包括：小麦、玉米、马铃薯、蔬菜、黄牛、猪和羊。粮食作物中玉米、马铃薯的单位面积污染排放量较大，而小麦的经济效益不高，应该限制其规模；经济作物中蔬菜的经济效益较高，但是污染排放量很高，且种植规模扩大的趋势十分明显，带给水环境的压力也持续增加，因此，也属于限制发展类产业；综合考量畜牧家禽中羊、猪、黄牛的养殖规模、污染产生总量、单位数量污染产生量，将其归为限制发展类。

鼓励发展产业。鼓励发展产业包括：水稻、大麦、蚕豆、油菜和家禽。粮食作物中水稻种植规模最大，污染产生量最多，但是单位面积污染产生量相对较小，而大麦、蚕豆品种单位面积污染产生量较小，且种植规模不大，考虑到优质水稻、啤饲大麦是流域粮食生产主导产业，结合流域粮食安全保障的需要，对这些品种应该鼓励发展。经济作物中油菜和养殖业中的家禽单位面积（数量）污染产生量很低，也应该鼓励发展。

（2）农业产业调整规划

重点发展产业调整规划。对目前处于“四圈”区内的奶牛和大蒜产业规模（数量、面积）进行大幅度的消减，并转移至“五带”区内远离水系的区域或流域外炼铁、西山、乔后，乃至滇西“1+6”城市圈辅城区域进行规模化种养。对于保留的奶牛和大蒜，采用大棚种植和生态厩养进行清洁生产。

限制发展产业调整规划。根据流域农产品消费和加工需求，对目前处于“四圈”区内的限制发展产业规模进行适度消减和限制。用种植业中单位面积污染产生量较低的产业（如大麦、蚕豆）替代限制发展产业中玉米、马铃薯和大蒜消减的规模或者对限制发展产业进行种植方式的转换（大棚种植、规模化、标准化种植）和种植布局的转移（移至“五带”离水系较远的区域）。对限制发展产业中的畜牧产业，直接消减其养殖数量，对于保留的畜禽转移至“五带”区内远离水系的区域进行生态养殖。

鼓励发展产业调整规划。在“四圈”区域大力发展优质水稻、啤饲大麦、蚕豆等鼓励发展的产业，形成优质粮食作物产业圈。以大理市各乡镇为重点，结合培植发展旅游观光农业，改善栽培措施建立无公害优质双低油菜生产基地，适当扩大油菜种植规模。改家禽散养为生态养殖，并在“五带”区内远离水系的区域扩大家禽尤其是蛋禽的生产规模。

流域农业产业“四圈五带”宏观调整规划如图 8-8 所示。

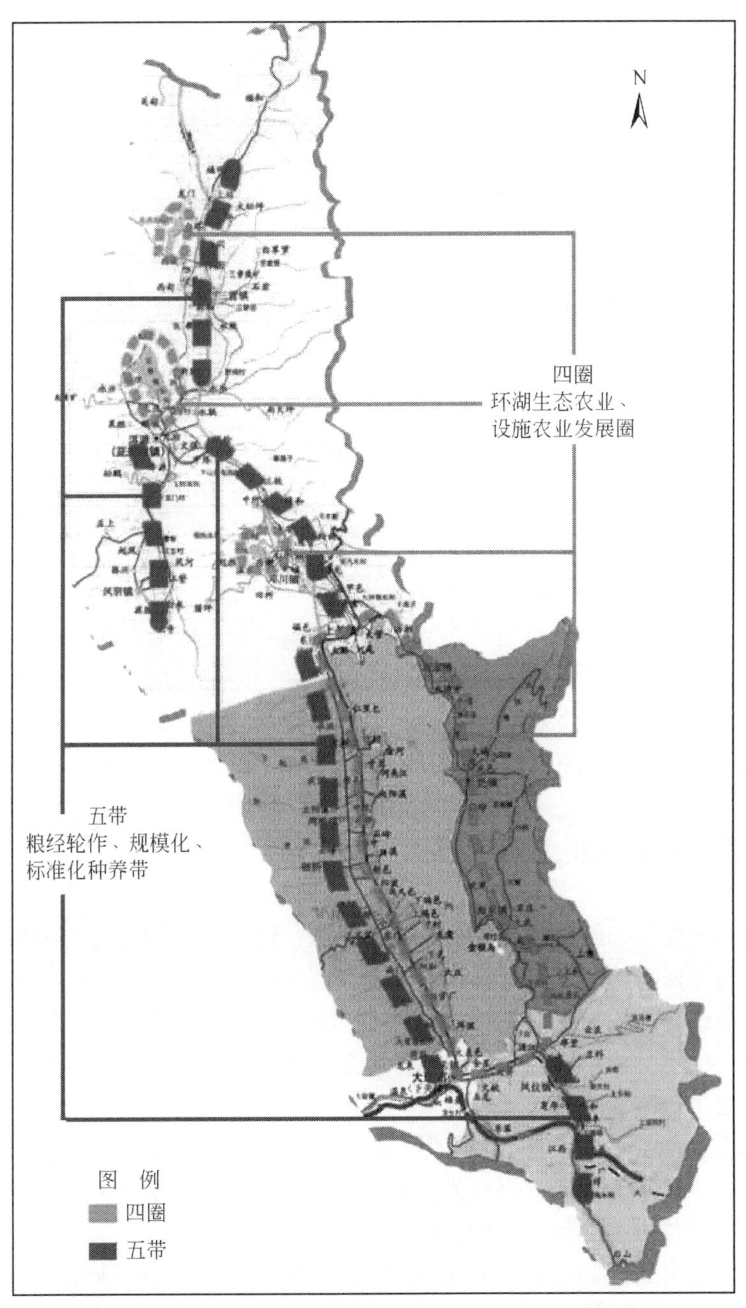

图 8-8　洱海流域农业宏观调整规划

8.3.5.2 农业产业控污减排方案

洱海流域农业产业控污减排方案包括流域种植业减排方案和流域养殖业减排方案，分别见表 8-4 和表 8-5。

表 8-4 流域种植业减排方案 （单位：亩）

	规划期	水稻	大麦	玉米	蚕豆	油料	蔬菜	大蒜	茶果
大理市	2010～2015	+15 000	+5 000	−15 000	—	+5 000	大棚 30 000	−10 000	+20 000
	2016～2020	—	—	—	—	—	—	规模化 10 000	
	2021～2030	—	—	—	—	—	大棚 20 000	规模化 15 000	
洱源县	2010～2015	+15 000	+5 000	−15 000	+5 000	—	大棚 3 000	−10 000	+20 000
	2016～2020	—	—	—	—	—	—	规模化 20 000	
	2021～2030	—	—	—	—	—	大棚 2 000	规模化 20 000	

表 8-5 流域养殖业减排方案 （单位：头、只）

	规划期	黄牛	奶牛	猪	羊	肉禽	蛋禽
大理市	2010～2015	—	−4 500	−80 000	+5 000	+290 000	+250 000
	2016～2020	—	−2 000	—	+5 000	+290 000	+250 000
	2021～2030	−8 000	−10 000	—	+10 000	+290 000	+250 000
洱源县	2010～2015	—	−8 500	−20 000	+5 000	+290 000	+250 000
	2016～2020	—	−5 000	—	+5 000	+290 000	+250 000
	2021～2030	−2 000	−20 000	—	+10 000	+290 000	+250 000

注：养殖调减的数量全部迁到流域外。

8.3.6 洱海流域生态工业发展

生态工业是根据生态经济学原理，以节约资源、清洁生产和废弃物多次循环利用为特征，以现代科技为依托的综合性工业发展模式。在结构和规模上，全面提升传统产业，对新型和生态产品进行精深加工，着力发展大型集团企业以提高资源、能源的综合利用率。在空间布局上，优化工业布局，降低资源环境条件的制约；在环境管理和可持续发展能力建设方面，加强工业园区建设和环境管理，全面实现工业的可持续发展能力。

流域生态工业产业发展将坚持洱海保护和环境改善的宗旨，贯彻大理州“两保护、两开发”的原则，以市场为导向、企业为主体，以技术和机制创新为动力，以工业园区（开发区）为载体，增加投入、优化结构，培育大企业、打造大品牌、形成大基地。规划将突出增加工业产业的附加值和增强产业的关联度，着眼于产业链的延伸和产业竞争力的提高，推行工业产业的循环经济并促进绿色工业的发展，力求达到流域工业“做大求强”的目的，即尽快做大以“奶、烟、果、茶、菜”为特色的流域绿色农副产品加工业，力争做强以机械制造、电力、建材和新能源为代表的新兴产业，并发展成为低排放、环保型产业的制造中心和各类加工企业的区域总部。

8.3.6.1 流域生态工业空间布局

由于工业产业的规模经济、范围经济效应及集中治理污染的优势，在产业功能分区中的优化发展亚区与综合开发亚区的工业产业布局呈现“点状集聚、周边扩散、以点带面”的发展态势，通过不同规划期的重点发展区域的带动，实现流域工业经济的动态均衡与可持续增长。流域工业产业宏观调整规划，按“三片三组团”规划实施，规划的总体设想是：“离湖拓展，培育核心；发展总部，辐射周边”。

借助产业园区建设和产业辐射区拓展，逐步打造出区位集中、具有区域特色的优势产业和企业集群，园区主导行业和企业在成长过程中又由中心向外沿轴线扩散或周边辐射，进而发展成若干个工业产业带（片）和产业聚集区（组团），形成“三片三组团”的工业产业发展格局，如图 8-9 所示。

（1）北部区域

北部区域处于洱海上游，农副产品资源丰富，对流域生态环境保护影响较大。规划将结合区域的区位特点、资源优势和产业基础，通过存量调整和增量改进，借助产业政策引导，不断完善北部区域的环保配套及其他基础设施，创造良好的绿色农产品加工产业发展环境，逐步形成环洱海北部绿色农副产品加工产业片。

（2）西部区域

西部区域可以依托旅游资源和现有产业优势，发展形成环洱海西部休闲旅游产品工贸产业片，规划工业产业将是以休闲食品、绿色饮料、旅游产品加工等为特色的低污染、环保型工业，通过发掘大理镇旅游品牌优势，积极发展扎染、刺绣等旅游产品生产，借助旅游区的辐射作用，提升流域特色产品加工业层次。

（3）东部区域

按照大理市“两保护两开发”的发展战略，环洱海东部地区是大理市未来发展的重点区域。由于该片区特殊的地形地貌和战略地位，宜规划发展为生态工业示范产业片。

东部区域还应着重发展“海东创意高科技产业组团”，可以抓住海东新区开发管委会、海东镇整体划归大理经济开发区领导和管理的契机，综合利用州市和开发区的资源、信息、政策、机制的优势，把握海西产业结构调整的机遇，在海东培育发展高科技、节能环保、文化创意、会展商贸、旅游地产等生态产业。

（4）南部区域

洱海南部区域是流域传统工业基地，规划重点发展特色工业与现代制造业，形成洱海流域近中期主要的两个工业产业聚集区（组团）。

下关总部经济组团。下关及大理经济开发区是大理市的工业基地，产业基础较好，城市污水处理等综合设施齐全，配套服务业也较为发达。规划重点发展总部经济、高新技术产业、新能源产业以及烟草、医药等特色传统工业产业，并通过招商引资和产业支持，吸引那些限于水环境承载力、不适宜布局在洱海流域的工业企业将其公司总部、营销中心或

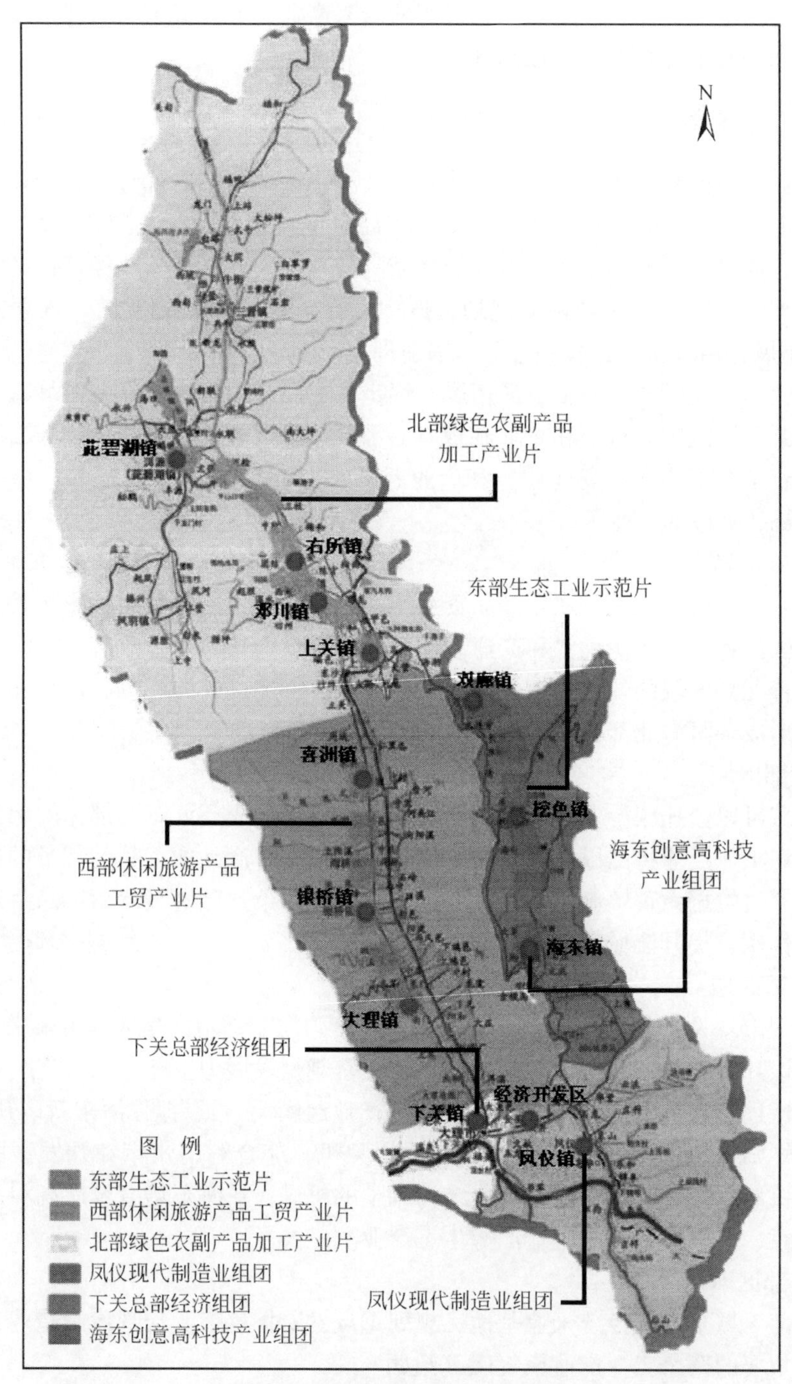

图 8-9　洱海流域工业宏观调整规划

技术中心设置在此区域。

凤仪现代制造业组团。凤仪是洱海流域发展工业综合条件最好、营商环境最理想的区位。凤仪组团将着力发展现代制造业，不断延伸制造业产业链和提高产业附加值，规划发展成为洱海流域乃至滇西重要的制造中心和物流中心，构建“大工业、大流通”的产业格局。

8.3.6.2 流域工业内部产业调整与发展规划

洱海流域工业内部调整与发展包括重点调整产业、限制发展产业、重点支持产业和鼓励发展产业，见表8-6。

表8-6 洱海流域工业结构调整规划及措施表

产业	品种	产业调整措施
重点调整产业	饮料制造、食品制造、农副食品、纺织、印刷	搬迁改建和大力实施技术改造，延长产业链、开展深加工和创立品牌提高产业附加值
限制发展产业	冶金、采掘	实行总部和生产基地分离
重点支持产业	烟草及烟辅、机械、电力、建材	提升整个产业及产业链各环节的竞争力和效益水平
鼓励发展产业	生物开发产业、以新能源、新材料为主的高新技术产业	扶持“低投入、低污染、低耗能、高效益”的优势产业，培育新兴产业集群

（1）重点调整产业

饮料制造、食品制造、农副食品、纺织是污染排放强度最大的行业，也是规划调整的重点。规划将从以下几方面调整：一是纺织、印刷包装等轻工产业通过企业的搬迁改建和大力实施技术改造提高产业整体实力，并结合“文化大理”与“旅游大理”建设，以贸易和品牌培植为重点，积极发展以扎染、刺绣为主的民族传统手工纺织品、民族木制品、特色旅游产品；二是食品饮料与农副食品加工产业要不断扩大流域以“果脯、乳品、茶叶”为特色的农产品加工产业规模，通过延长产业链、开展深加工和创立品牌提高产业附加值。

（2）限制发展产业

对于冶金、采掘等污染排放强度大、对洱海保护构成较大威胁的行业，可以在清洁生产、控制排放的前提下限制其发展。可以通过区位布局调整，结合企业经营组织变革发展和流域总部经济的优势，在流域周边区域拓展这些产业的发展空间，实行总部和生产基地分离。

（3）重点支持产业

流域规划将重点支持市场潜力大、产业规模大的支柱产业。一是烟草及烟辅产业，要遵循“稳定、创新、挖潜”的发展思路，建立优质原料基地，强化产业链上下游的烟辅、印刷包装业的业务合作，提升整个产业及产业链各环节的竞争力和效益水平；二是机械产业，可以以组装总成企业为龙头引进发展配套产业，不断延伸产业链，迅速做强做大产业；三是电力产业，可以进一步发挥资源优势，加快地方小水电建设，大力发展风力和太阳能发电；四是建材产业，可以借助市场手段和政策引导，加快产业资源整合，淘汰落后产能，组建跨地区跨行业的大型水泥集团。

(4) 鼓励发展产业

工业规划将积极鼓励突出区域特色和优势的绿色产业的发展，大力扶持生物开发、新能源、新材料、高新科技等“低投入、低污染、低耗能、高效益”的优势产业，培育新兴产业集群。具体为：一是大力发展生物开发产业，利用洱海流域多样化的生物资源，加快发展天然生物制药产业，将制药企业与药农相结合，规范原料药材的种植，推进中药产业化进程；二是积极扶植以新能源、新材料为主的高新技术产业发展。抓住太阳能非晶硅薄膜光电项目等新引进项目建设的契机，精心孵化培育高新技术产业，以新材料、新能源为突破口，发展非晶硅材料、ITO 靶材、纳米金属粉体等新材料产业和风能、太阳能设备制造产业。

8.3.6.3 工业产业控污减排方案

(1) 工业产业污染排放与控污减排预测

根据洱海流域工业万元产值与废水排放量的相关关系，预测高中低三种发展方案下流域工业废水污染物排放总量，再按照工业产业内部结构调整和企业废水处理水平逐步提高进行控污减排规划预测，计算得出高中低三个方案下的不同规划期工业废水污染物排放削减量如表所示。(三种方案下近、中、远期排放削减率分别为6%、8%、10%)，见表8-7。

表 8-7 洱海流域工业污染物(COD)排放削减量预测 (单位：t/年)

方案		近期	中期	远期
高	不控污下排放预测值	3 310.4	6 658.4	26 936.9
	控污下排放消减量预测值	198.6	532.7	2 693.7
中	不控污下排放预测值	2 425.2	3 905.8	10 130.6
	控污下排放消减量预测值	145.5	312.5	1 013.1
低	不控污下排放预测值	1 751.1	2 234.9	3 640.5
	控污下排放消减量预测值	105.1	178.8	364.1

(2) 工业产业控污减排总体方案

结合洱海治理与保护的要求，规划采取有效措施降低工业污染排放对流域水环境的影响，工业控污减排总体方案见表8-8。

表 8-8 洱海流域工业控污减排总体方案(以中发展方案为例)

名称	2015 年	2020 年	2030 年	规划措施
工业污染物排放量削减率	6%	8%	10%	①改善环保设施，提高企业废水处理能力 ②改进生产技术，推行清洁生产 ③提高资源回收综合利用率，发展循环工业 ④实施产业结构调整，培育绿色环保产业 ⑤加强配套治污工程，实行区域工业废水集中治理 ⑥改进污水处理技术设备，提高处理能力 ⑦开展产业空间布局调整，降低工业污染对流域水体的影响
工业污染物入湖量削减率	7%	20%	22%	
工业污染物入湖率(入湖量/排放量)	20%	18%	18%	

(3) 主要工业产业污染减排方案

针对不同产业的实际情况，结合产业规划中提出的产业调整发展与污染控制思路与目标，拟定下列分行业控污减排方案（按照中发展方案，以升序排列）。主要工业产业 COD 减排方案见表 8-9。

表 8-9　洱海流域主要工业产业 COD 减排方案　　（单位：t/年）

所属产业	2008 年排放量	预计 2015 年排放量	预计 2020 年排放量	预计 2030 年排放量
电力生产产业汇总	0	0	0	0
高新技术产业	0	3.8	9.4	34.9
非金属产业汇总	2.12	4.8	9.4	30.5
交通运输、机械设备产业汇总	5.29	13.4	28.2	87.2
烟草制品产业汇总	15.82	28.6	43.9	113.4
医药生物开发产业汇总	50.86	104.9	188.3	567.1
纺织、造纸、印刷产业汇总	148.91	305.2	470.7	1221.5
食品饮料、农副食品产业汇总	1017	1812.3	2824.5	6979.9
主要产业合计	1240	2273.0	3574.5	9034.7
流域工业产业总计	1244.5	2279.7	3593.3	9117.5

8.3.7　洱海流域生态旅游业发展

8.3.7.1　生态旅游业发展战略

洱海流域旅游区位优势明显，并具有独特的旅游资源特色。根据该流域的区域特征，旅游业的开发建设得到了长足的发展，在三大产业中旅游业的比重也在逐年攀升，2004～2006 年，旅游业收入在洱海流域第三产业中所占比重一直在一半以上，并有所增加。在洱海流域国内生产总值中，旅游业也逐渐占到 25% 的比例。在发展项目上，洱源县主打地热温泉项目，另外还包括历史文化遗址、森林植被、自然保护区等。而大理市则深度挖掘文化、塑造旅游形象，站在市场的角度和视野打造苍耳山水主题、西南的历史文化主题和民族风情主题等。借助流域地区所处的区域优势，把洱海流域放在滇西、全省乃至全国的网络系统中，与周边地区形成协同发展的旅游格局。

8.3.7.2　生态旅游业空间布局

旅游业应以空间布局调整带动旅游产业结构调整，优先发展购物、娱乐等高产值低污染的旅游形式，增加旅游业效益，控制旅游业污染，削减单位产值的排污量，并完善旅游配套污染物处理设施。在各保障措施的支持下，达到减排既定目标，体现旅游业的经济和环境效益。

流域旅游产业宏观调整规划，按“五都，一道，一廊”规划实施，规划的总体设想是：“核心优化，高端发展；域外拓展，网络集成”。

（1）生态旅游业核心区

风都。下关镇是著名的“风都”，风期之长、风力之强为世所罕见。可开发“风都”旅游项目，如观赏风车群组，身临其境体验高原劲风威力等。除了自然风之外，下关作为大理州和大理市党政领导机关所在地，还体现着强劲有力的洱海“改革风”。在旅游项目的开发上，可以安排参观洱海保护及社会经济协调发展的成绩，向世人展现古老苍洱的新风貌。

古都。洱海流域是古南诏国和大理国的古都所在地，文明悠久，名胜众多。尤其是大理镇的一系列景点构成了洱海流域的“古都”集群。在古都的局部区域可依托苍山索道，进一步推动苍山游线的保护开发。

情都。古都而上，即为情都蝴蝶泉。应从比较文化学的角度对蝴蝶泉的旅游价值进行深度发掘，充分揭示蝴蝶泉文化对现代社会爱情观与和谐观的意义。

花都。上关为“花都”。上关花可地毯式种植大面积、多品种、分花期、组色块形成俯瞰型景观。通过精巧的安排，能分期成片开放，起到大自然时钟的作用，做到月月有花，季季有果。上关花既可供游客观光、教育科普，也可销售创收，一举两得。花都的构建可实现农业结构的就地升级，农业功能的高效转换。

热都。洱源即是“热都”。洱源素有温泉之乡美称。

一道。“一道”即茶马古道。该道沿214国道开发，长度约46km，规划布局服从控制分区（即上述四区）框架，沿线建设旅游小镇。该道全程提供马匹和仿古马车供游客骑乘，沿线村落的本祖文化相映展示，并充分采用原味道具、服装、器物、设计等。其功能是对史上茶马古道人文、民俗等实施再现，让游客身临其境、感悟源远流长的苍洱文明。依道而设的大量休闲、娱乐、购物、餐饮、住宿等旅游项目和设施充分激发和满足游客的多种需求，充实旅游内容，提升旅游产业结构，增加旅游效益。

一廊。“一廊”即休闲走廊，南起下关、北抵茈碧湖，长度约26km，将大理市和洱源县的旅游资源串联，贯穿洱源沿线景区，并向两侧纵深延展，集休闲、体验、科普、教育、康体等多种旅游形式于一线。

“五都，一道，一廊”在近期规划、中期投入并实施、远期巩固并优化，本着“提升产业结构、控制游客规模、增加单客消费、改善总体效益”的原则，具体规划安排如表8-10、表8-11所示。

表8-10　洱海流域旅游业宏观规划安排方案（基准年：2008年）

措施	指标	相对于基期变化率		
		近期（2015年）	中期（2020年）	远期（2030年）
核心区宏观调整规划	游客人次	36%	70%	163%
	单客消费金额	95%	202%	688%
	总体经济效益	155%	413%	1976%

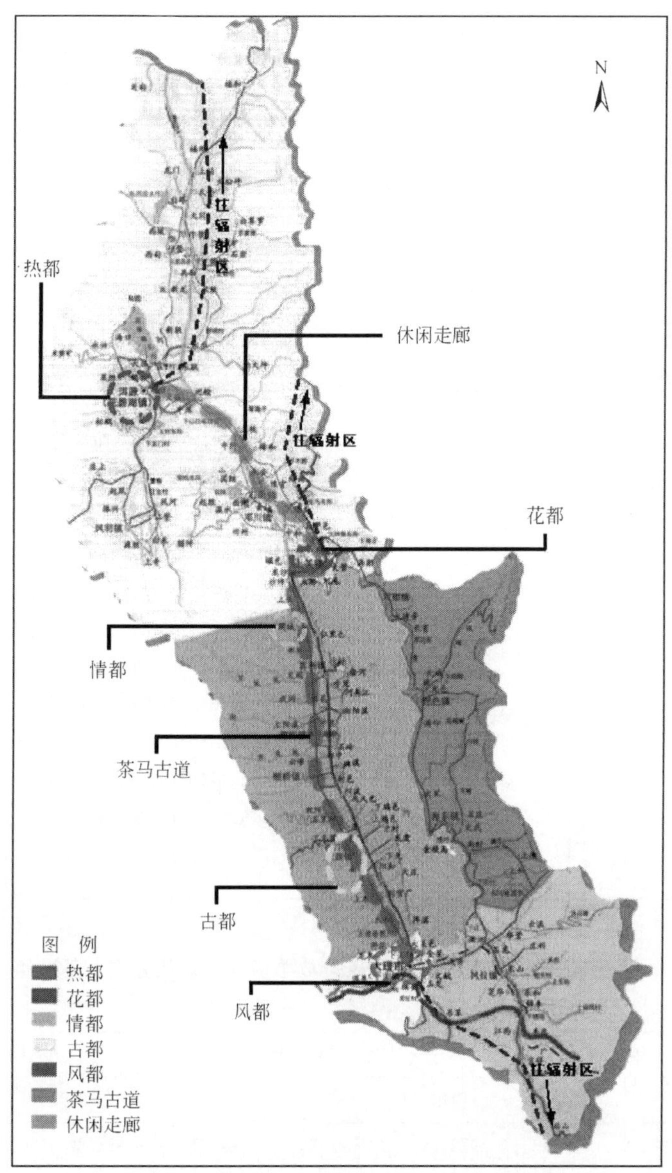

图 8-10 洱海流域旅游业宏观调整规划图

表 8-11 洱海流域旅游业宏观规划安排方案（基准年：2008 年）

措施	指标	数量		
		近期（2015 年）	中期（2020 年）	远期（2030 年）
核心区宏观调整规划	游客人次（万人）	779.77	971.74	1 509.08
	单客消费金额（元）	1 397.09	2 168.17	5 648.33
	总体经济效益（亿元）	104.75	210.69	852.67
	新吸纳劳动力（人）	47 000	55 000	65 000

(2) 生态旅游辐射区

“五都，一道，一廊”构成洱海流域旅游业“核心区”。另外，通过整合资源，与流域外其他景区相连接，形成旅游业“辐射区”。核心区与辐射区交相辉映、统一规划管理，使旅游线路在州内，乃至滇西“1+6”城市圈内形成环线，让游客不走冤枉路，变着景色看。核心区和辐射区相互带动，促成大理州，乃至滇西“1+6”城市圈旅游业的整体发展和产业结构调整。

8.3.7.3 旅游业产业控污减排方案

洱海流域旅游业控污减排总方案见表8-12。流域旅游业污染物预期污染排放总量（中排放方案和流域旅游业污染物预期污染消减量（中排放方案）见表8-13和表8-14。

表8-12 洱海流域旅游业控污减排方案（基准年：2008年）

名称	近期（2015年）	中期（2020年）	远期（2030年）	规划措施
旅游业污染物污染相对于基期变化率	-7%	-14%	-25%	①核心区-辐射区分工合作 ②“五都一道一廊”集中规划 ③通过提升旅游产业结构、控制游客规模、增加单客消费、改善总体效益，优先发展高产值低排放的旅游行业 ④用“大生态旅游”理念统领旅游业发展 ⑤近期取缔沿湖农家乐 ⑥规划和实施控制分区 ⑦加强配套治污工程

表8-13 洱海流域旅游业污染物预期污染排放总量（中排放方案，基准年：2008年）

（单位：t）

近期（2015年）			中期（2020年）			远期（2030年）		
COD	TN	TP	COD	TN	TP	COD	TN	TP
312.86	157.14	14.29	372.14	186.43	15.71	432.80	216.40	18.40

表8-14 洱海流域旅游业污染物预期污染消减量（中排放方案，基准年：2008年）

（单位：t）

近期（2015年）			中期（2020年）			远期（2030年）		
COD	TN	TP	COD	TN	TP	COD	TN	TP
21.9	11.0	1.0	52.1	26.1	2.2	108.2	54.1	4.6

8.4 洱海流域土地利用优化布局中长期规划（2016—2030年）

8.4.1 规划目的及意义

阐明规划期间洱海流域土地利用战略；协调城市规划、交通规划等相关规划的用地空间，通过调整土地利用结构和布局，统筹安排各用途、各区域用地；加强耕地和基本农田保护；加强用地存量挖潜，节约和集约利用土地资源，保障重点区域和重点项目的合理用地；加强生态建设、环境整治及历史文物保护，促进洱海流域人与自然和谐发展。积极贯彻“坚持让湖泊休养生息，建设绿色流域”的指导思想，积极推进滇西中心城市和“1+6”城市群建设，以洱海流域人口、资源、环境承载力为基础，切实落实节约资源和保护环境的要求，统筹安排各业各用途用地，保障土地资源可持续利用。严格保护耕地特别是基本农田、增强依法用地意识、加强土地宏观管理和实施土地用途管制、促进土地节约和集约利用、保护洱海流域生态环境、保障经济社会健康发展。

8.4.2 规划依据

本规划的依据有：《云南洱海绿色流域建设与水污染防治规划》、《大理市城市总体规划调整（2005—2020）》、《大理白族自治州国民经济和社会发展第十二个五年规划纲要（2011—2015）》、《大理滇西中心城市总体规划（2009—2030）》、《大理市统计年鉴（2003—2008）》、《洱源县统计年鉴（2007—2008）》。

8.4.3 规划范围

该规划的空间区域为洱海流域，国土面积为2565 km^2，地跨大理市和洱源县两个市县，共有17个乡镇，170个行政村，其中17个乡镇如下所示。

大理市（11个乡镇）：下关镇、大理镇、凤仪镇、喜洲镇、海东镇、挖色镇、湾桥镇、银桥镇、双廊镇、上关镇、开发区。

洱源县（6个乡镇）：茈碧湖镇、邓川镇、右所镇、三营镇、凤羽镇、牛街乡。

8.4.4 规划期限

本规划为中长期规划，规划期限为2016～2030年，其中中期规划期限为2016～2020年，长期规划为2021～2030年。

8.4.5 洱海流域土地利用战略

8.4.5.1 区域发展功能定位

(1) 大理市功能定位

大理市的功能定位为大理滇西中心城市的核心区和动力极核，洱海流域的政治、经济、文化中心，流域内金融、信息、科教文卫服务中心，流域内先进制造业和高新技术产业核心区，流域内文化创意和休闲产业中心，流域内旅游集散地，以总部经济、金融、商贸、科研、教育、医疗、信息、综合管理和服务职能为主。

(2) 洱源县功能定位

基于洱源作为全国生态文明建设试点县和对洱海保护的重大意义，洱源县的功能定位为西部地区生态环保技术的策源地和引领可持续发展的生态示范区，川滇藏旅游区知名的温泉疗养休闲胜地，面向南亚、东南亚的国际商务休闲中心，重点发展以绿色无污染生态农业、旅游休闲、温泉养生疗养、商住会务和绿色风电能源为主的山水田园生态城镇。

8.4.5.2 洱海流域各主体功能区土地利用战略

从主体功能区来看，大理市基本为禁止开发区和限制开发区，适宜建设的北部坝区和海西坝区由于生态功能和提供农产品功能重要也不适宜大规模开发，为限制开发区。而海南坝区建筑适宜性高、资源环境承载能力较强，经济和人口集聚条件较好，在基础设施充实完善、投资环境改善后，可促进产业集群发展，壮大经济规模，承接下关城区等优先开发区域的产业转移，承接限制开发区和禁止开发区的人口转移，可逐步成为支撑大理市经济发展和人口集聚的重要载体。

由于流域土地资源稀缺，发展空间有限，为保证经济社会的发展，同时协调生态保护，针对提出的四类主体功能区，建议开展具有弹性的发展策略，并采取不同的土地政策方针。

(1) 优先开发区的土地利用战略

发达国家和地区经验表明，优先开发区基本属于依赖城市三产发展，从而带动城市集聚效应。流域优化开发区主要分布在开发密度较高的下关和大理，已经形成了在优化开发区中工业用地占一定比重，城市商业等三产用地比重较低的局面。因此应改变建设用地供应工业用地比重过高、城市用地比重不足的格局，诱导城市化与工业化的匹配发展，促进稀缺土地的更集约、更节约的利用。严格限定行政划拨用地。对于海西坝区，既要组织稀缺土地资源的大面积圈占，也要解决建设用地后备资源的供应瓶颈。建议出台基本农田异地置换的方式和补偿机制等相关政策，既可以解决工业化、城市化进程中区域发展土地需求，又有利于基本农田的保护。

(2) 重点开发区的土地利用战略

流域重点开发区为大理市政治、经济、文化中心和滇西交通枢纽，同时也是州、市政府所在地；凤仪组团主要发展物流园区及工业综合区，是未来滇西区域的产业基地。在重点开发区中，城市区域要留一定比例的建设用地给原腾出建设用地的农村区域，作为工业和城市发展用地。此外，城市区域应向腾出建设用地吸纳一定比例的人口进城。

(3) 限制开发区的土地利用战略

流域的限制开发区基本属于生态问题较为敏感或者生态服务功能较为重要的区域。因此，这类土地应以土地和资源的可持续利用为原则，支持地方资源性产业的发展，在土地的保护和可持续利用中探讨保护本区域人口的利益和经济、社会、自然和谐发展的途径。

(4) 禁止开发区的土地利用战略

这类区域具有重要的自然生态功能，在维持区域生态环境良性发展方面具有重要作用。因此，应坚持环境保护为重点，以资源的可持续利用为原则，通过补偿机制的完善和资源管理体制的创新，谋求经济、社会、自然的和谐发展。对禁止开发区不仅要进行生态修复，还要增加生态保护的效益，建立从保护中增加受益的制度安排。如苍山丰富的植物物种多样性以及明显变化的垂直植被等都可以作为科普教育素材，统筹考虑生态环境保护与旅游产业的发展相协调。

8.4.5.3 洱海流域土地利用现状和规划任务目标

(1) 洱海流域土地利用现状

土地是人类赖以生存和发展的最宝贵的自然资源，是一切生产和生活的源泉。根据GB/T21010—2007《土地利用现状分类》，结合流域实际情况，进行适当的调整，建立洱海流域土地利用分类系统。其中，一级土地利用类型为林地、农业用地、城镇用地、农村居民点用地、交通用地、水域和其他用地，见表8-15。

表8-15　洱海流域土地利用分类系统表

一级类型	含　义
耕地	指种植农作物的土地，包括熟地、新开发、复垦、整理地，休闲地（轮歇地、轮作地）；以种植农作物为主，间有零星果树、桑树或其他树木的土地
林地	指生长乔木、竹类、灌木的土地，及沿海生长红树林的土地。包括迹地，不包括居民点内部的绿化林木用地，以及铁路、公路、征地范围内的林木，河流、沟渠的护堤林
园地	指种植以采集果、叶、根、茎、枝、汁等为主的集约经营的多年生木本和草本作物，覆盖度大于50%或每亩株数大于合理株数70%的土地。包括用于育苗的土地
城镇村庄及工矿用地	指城镇和农村居民点用地，包括其内部交通、工矿、绿化草地等
交通用地	各高等级公路、铁路、机场
水域用地	指天然陆地水域和水利设施用地。包含河流、湖泊、水库、坑塘等
其他用地	指基本无植被覆盖、表层为土质、生长杂草的未利用地，或表层为岩石、石砾，其覆盖面积≥70%的土地。包括荒草地、牧草地、裸岩、沙地等

根据云南国土遥感综合调查，流域总土地面积6 438 607.9亩，流域内各类土地面积及占总面积的比率为：耕地面积748 740.8亩，占总土地面积的11.7%，人均耕地0.84

亩。林地面积 3 236 236 亩，占总土地面积的 50. 54%。园地面积 182 649. 7 亩，占总土地面积的 2. 85%。城镇村庄及工矿用地 466 054. 1 亩，占总土地面积的 7. 28%。交通用地 62 296. 6 亩，占总土地面积的 0. 97%。水域用地 488 244. 9 亩，占总土地面积的 7. 62%。其他用地 1 254 385. 8 亩，占总土地面积的 19. 59%。流域内土地利用面积为 80. 41%，土地利用现状面积汇总及现状结构见表 8-16。

表 8-16　土地利用现状面积汇总及现状结构表

土地利用类型		面积（亩）	所占百分比（%）
耕地	灌溉水田	357 793. 3	5. 59
	望天地	33 006. 9	0. 52
	水浇地	2 304	0. 04
	旱地	347 038. 8	5. 42
	菜地	8 597. 8	0. 01
	小计	748 740. 8	11. 7
园地	果园	158 619	2. 48
	茶园	13 599. 3	0. 21
	其他	10 389. 9	0. 16
	小计	182 649. 7	2. 85
林地	有林地	1 585 105. 3	24. 75
	灌木林	984 573. 9	15. 38
	疏林地	205 203. 9	3. 2
	未成林造林地	458 714. 7	7. 16
	迹地	2 574. 9	0. 04
	苗圃	63. 3	0. 001
	小计	3 236 236	50. 54
城镇村庄及工矿用地	城市	14 856. 7	0. 23
	建制镇	23 610. 6	0. 37
	村庄	132 036. 6	2. 06
	独立工矿	27 452. 4	0. 43
	特殊用地	19 360. 9	0. 3
	牧草地	4 391. 9	0. 07
	小计	466 054. 1	7. 28
交通用地	铁路	2 903. 4	0. 1
	公路	21 326. 7	0. 3
	民用机场	2 742. 4	0. 04
	农村道路	35 326. 7	0. 55
	小计	62 296. 6	0. 97

续表

土地利用类型		面积（亩）	所占百分比（%）
水域	水库	22 097	0.002
	河流	52 970	0.82
	湖泊	333 167	5.2
	坑塘	16 254.4	0.25
	滩涂	44 968.7	0.7
	水工建筑	1 731.2	0.03
	小计	488 244.9	7.62
其他用地	荒草地	1 197 520.9	18.7
	沙地	694.8	0.01
	裸土地	10 409.8	0.16
	裸石砾岩地	123 196.2	1.92
	田坎	128 700.9	2.01
	小计	1 460 522.6	19.59

上述各类土地的进一步利用情况如下：

耕地：流域内耕地面积 748 740.8 亩，占土地总面积的 11.7%，其中：灌溉水田：357 793.3 亩，占耕地面积的 47.8%；望天地：33 006.9 亩，占耕地面积的 4.4%；水浇地：2 304 亩，占耕地面积的 0.3%；旱地：347 038.8 亩，占耕地面积的 46.4%；菜地：8 597.8 亩，占耕地面积的 1.1%。

根据 2008 年洱源县土地详查变更资料，在 436 762.4 亩耕地中，0°～6°的平耕地 218 325.6 亩，占耕地总面积的 50%；6°～15°的缓坡耕地 119 558.9 亩，占耕地总面积的 27.4%；15°～25°的微陡坡耕地 78 754.2 亩，占耕地总面积的 18%；>25°的陡坡耕地、梯田、梯地 20 123.7 亩，占耕地总面积的 4.6%。

园地：流域内有园地 182 649.7 亩，占土地总面积的 2.85%，其中：果园：158 619 亩，占园地总面积的 86.8%；茶园：13 599.3 亩，占园地总面积的 7.5%；其他园地：10 389.9 亩，占园地总面积的 5.7%。

在流域园地中，以果园占大头，水果中主要有梨、桃、李、梅、杏、苹果、山楂、柿子、葡萄、石榴、芒果等，多属北亚热带果树，主要分布在挖色、凤仪、海东等乡镇的山区缓坡地带；干果以板栗、核桃为主，大理被誉为天下核桃第一乡，主要分布在挖色、凤仪镇一带；茶园主要分布在凤仪、湾桥、喜洲等乡镇的平缓山麓地带。

林地：流域林地面积 3 236 236 亩，占流域土地总面积的 50.54%，其中：有林地：1 585 105.3 亩，占林地面积的 49%；灌木林：984 573.9 亩，占林地面积的 30.4%；疏林地：205 203.9 亩，占林地面积的 6.3%；未成林造林地：458 714.7 亩，占林地面积的 14.2%；迹地：2 574.9 亩，占林地面积的 0.08%；苗圃：63.3 亩，占林地面积的 0.002%。

林地主要分布在洱海西部和南部，蓄积量集中分布在洱海西部苍山上。林地中，灌木林面积较大，占林地面积的30.4%。在灌木林中，除少量高山原生性的灌丛和中低海拔以灌木树种为优势组成的灌木林外，其中70%为以栎类为优势的灌木林。

城镇村庄及工矿用地：流域城镇、村庄、工矿用地和牧草地466 054.1亩，占总土地面积的7.28%，其中：城市用地：14 856.7亩，占城镇村庄及工矿用地总面积的3.19%；建制镇用地：23 610.6亩，占城镇村庄及工矿用地总面积的5.07%；农村居民点用地：132 036.6亩，占城镇村庄及工矿用地总面积的28.33%；独立工矿用地：27 452.4亩，占城镇村庄及工矿用地总面积的5.89%；特殊用地：19 360.9亩，占城镇村庄及工矿用地总面积的4.15%。

城市用地主要指大理、下关两城区的用地。下关是大理州州府的所在地，是全州的政治、经济、文化中心。大理是我国历史文化名城，处于苍山、洱海风景名胜区的核心部位。建制镇主要指凤仪、喜洲等镇用地，凤仪是大理市最大的建制镇，是大理市的南门户。喜洲位于下关以北32km，是大理历史文化名城的重要组成部分，是苍山洱海之间保存着白族民居建筑遗产较集中的旅游集镇，也是大理市北区农村集市贸易的主要地区。在凤仪镇、海东镇有较多的中央、省、州属企事业单位驻扎。

特殊用地主要指名胜古迹、风景旅游、部队营地、墓地等，总面积19 360.9亩，占土地总面积的0.3%。名胜古迹主要集中在大理、下关、喜洲等地，风景旅游区除著名的洱海外，主要有苍山的龙凤眼洞、龙溪瀑布、洗马潭、黑龙潭、黄龙潭、高山杜鹃、冰川遗迹、花甸坝、洱源的地热国、蝴蝶泉等20余处美丽的自然风光和洱海以东的双廊、挖色等景点。流域名胜古迹、风景旅游等特殊用地以融合与城镇和林地、水域中的名胜古迹和自然风光为主，单独用于旅游设施的建设用地较少。

交通用地：流域交通用地62 296.6亩，占土地总面积的0.42%，其中：铁路：2 903.4亩，占交通用地总面积的4.66%；公路：21 326.7亩，占交通用地总面积的34.23%；农村道路：35 326.7亩，占交通用地总面积的56.7%；民用机场：2 742.4亩，占交通用地总面积的4.4%。

流域交通发展迅速，流域16个乡镇均已通车，洱海沿海地区正在积极发展航运事业。

水域：流域水域面积488 244.9亩，占总土地面积的7.62%；其中：河流水面：52 970亩，占水域总面积的10.85%；湖泊水面：333 167亩，占水域总面积的68.24%；水库水面：22 097亩，占水域总面积的4.52%；坑塘：16 254.4亩，占水域总面积的3.32%；滩涂：44 968.7亩，占水域总面积的9.21%；水工建筑：1 731.2亩，占水域总面积的0.35%。

流域湖泊水面主要是洱海，洱海水域面积及其相关的河流、滩涂等面积占全市水域面积的90%以上，是水域开发利用和保护的重点，其余的河流、溪箐，由于受区位、时令等因素的影响，开发利用价值较小。

未利用地：流域内未利用地面积1 460 522.6亩，占土地总面积的19.59%，其中：荒草地：1 197 520.9亩，占未利用土地面积的82%；沙地：694.8亩，占未利用土地面积的0.48%；裸土地：10 409.8亩，占未利用土地面积的0.71%；裸石砾岩地：123 196.2亩，占未利用土地面积的 8.43%；田坎：128 700.9 亩，占未利用土地面积的 8.81%。

（2）规划任务

1）保障经济社会发展合理用地需求，提高土地节约集约利用水平。

服务于“两型社会”建设，保障中心城市合理的发展空间，确保大理市中心城市功能不断完善和城市品质不断提升；保障洱海流域重点发展产业、基础设施必要的用地需求，增强流域内城市的发展动力和竞争力。严控建设用地总量，加强用地存量挖潜，促进土地资源节约与集约利用，提高土地的综合利用效能。

2）严格保护耕地，加强耕地和基本农田建设。

严格控制非农建设用地占用耕地，合理确定土地开发复垦整理的规模和范围，加强耕地和基本农田建设，确保耕地和基本农田的数量与质量。

3）统筹安排各行业各用途用地，促进城乡、区域协调发展。

实施土地利用功能分区，统筹安排各用途用地，优化土地利用结构和布局；健全区域合作机制，统筹土地利用与保护，促进区域全面协调发展。

4）协调土地利用和生态环境建设，走可持续发展之路。

合理配置生态用地与生产生活用地，建设环境友好型土地利用模式；构建洱海流域生态系统空间结构，确保洱海流域生态建设重点工程用地，逐步实现土地利用生态系统的良性循环。

（3）规划目标

按照“坚持让河流湖泊休养生息，建设绿色流域”的指导思想，围绕全面建设小康社会和初步实现现代化的经济社会总体发展目标，统筹各业各用途用地需求、土地供给能力和长远可持续发展的需要，在坚持节约和集约用地的原则下，确定规划期内要努力实现的土地利用规划目标。

a. 经济社会发展目标

到 2020 年，洱海流域总人口达到 90.94 万，其中农村人口 45.07 万，城镇人口 45.87 万，城市化水平达到 50.44%。到 2030 年，洱海流域总人口达到 97.51 万，其中农村人口 30.91 万，城镇人口 66.60 万，城市化水平达到 68.30%。

b. 建设用地规模目标

在保障经济平稳健康发展的前提下，合理控制建设用地总量。至 2020 年，全流域建设用地总规模控制在 250 000hm^2 以内，建设用地增加规模控制在 41 000hm^2 以内，且占用耕地不超过 16 600hm^2，占用农用地不超过 34 450hm^2。至 2030 年全流域建设用地总规模控制在 270 000hm^2 以内，建设用增加规模控制在 20 000hm^2 以内，且占用耕地不超过 14 500hm^2，占用农用地不超过 19 800hm^2。

c. 耕地保护目标

严格保护流域内耕地特别是基本农田，提高耕地质量。规划至 2020 年全流域耕地保有量不低于 752 042.4hm^2，2030 年耕地保有量不低于 735 089.8hm^2。规划期间基本农田保护面积不少于 609 633.92hm^2。

8.4.6 流域土地利用统筹

8.4.6.1 流域土地利用结构调整

坚持环境友好型土地利用模式，科学预测和合理确定各用途用地规模，实现土地资源优化配置，促进产业结构调整和经济增长方式的转变，保障经济社会可持续发展。

2020 年流域土地利用结构调整为：耕地 753 000hm^2，占土地总面积的 11.76%；园地 107 649.6hm^2，占土地总面积的 1.68%；林地 3 117 671.2hm^2，占土地总面积的 48.69%；牧草地 4 091hm^2，占土地总面积的 0.64%；居民点及工矿用地面积 172 829.5hm^2，占土地总面积的 2.70%；交通运输用地用地面积 48 695.1hm^2，占土地总面积的 0.76%；水域面积 489 920.2hm^2，占土地总面积的 7.65%；未利用地面积 1 718 427.2hm^2，占土地总面积的 26.84%。

2030 年流域土地利用结构调整为：耕地 734 000hm^2，占土地总面积的 11.46%；园地 109 649.6hm^2，占土地总面积的 1.71%；林地 3 119 671.2hm^2，占土地总面积的 48.72%；牧草地 5 091hm^2，占土地总面积的 0.80%；居民点及工矿用地面积 182 829.5hm^2，占土地总面积的 2.86%；交通运输用地用地面积 51 695.1hm^2，占土地总面积的 0.81%；水域面积 490 420.2hm^2，占土地总面积的 7.66%；未利用地面积 1 718 927.2hm^2，占土地总面积的 26.85%。

8.4.6.2 洱海流域各用途用地统筹安排

以发挥土地资源的最大综合效益为目标，以土地资源的可持续利用为前提，以洱海湖泊人口、资源、环境承载力为基础统筹安排洱海流域各用途用地。

(1) 农用地安排

在洱海流域范围内综合考虑农业发展的格局，统筹安排大理市的上关镇、下关镇、湾桥镇和洱源县的牛街乡为农业产业集中区。发展优质农业、生态农业和观光农业。其中上关镇为茶叶种植集中区，下关镇为花卉种植集中区，洱源县重点发展乳制品和梅果种植。

重点统筹安排水源涵养林、公园、风景名胜区及自然保护区用地。大力发展多功能林地。中心城市按照“道路景观公园化、局部景观个性化、整体景观生态化”的原则安排林业用地。

(2) 工业用地安排

遵循集中布局、规模控制、集约发展、环境优先的原则，统筹安排大理市的凤仪新区、海东片区、银桥镇和洱源县的邓川镇、三营镇、右所镇的用地。其中，凤仪新区发展先进制造业与现代服务业，海东片区发展以生物医药为主的高新技术产业，银桥镇发展农产品加工业，邓川镇发展机械装配业和农产品加工业，三营镇发展农副产品加工业，右所镇发展矿产业、农副产品加工业及电力工业。规划期内洱海流域预计需增加工业用地 16 000hm^2，其中 2016 ~ 2020 年增加 6 000hm^2，2021 ~ 2030 年增加 10 000hm^2。

(3) 商服旅游用地安排

重点安排流域内大理市的下关城区、大理古城、海东片区、喜洲镇、挖色镇、双廊镇和洱源县的茈碧湖镇、凤羽镇的商服旅游用地。其中下关城区发展现代服务业，大理古城发展旅游、教育、文化产业，海东片区发展以旅游、文化、创意、会展为主的综合性创新型产业，喜洲镇发展旅游业，挖色镇发展旅游业和商业贸易，双廊镇发展旅游配套产业和商业贸易，茈碧湖镇发展旅游、休闲、疗养服务业，凤羽镇发展融游、食、娱、购、度假和科考为一体的民族风情旅游业。规划期内洱海流域预计需增加商服旅游用地 8 550hm^2，其中 2016～2020 年增加 3 780hm^2，2021～2030 年增加 4 770hm^2。

8.5 洱海流域劳动力转移中长期规划（2016—2030 年）

8.5.1 引言

(1) 规划的意义

实现洱海流域劳动力合理高效转移，是拓宽洱海流域广大人民尤其是农民就业渠道，增加农民收入的重要途径，是实现构建洱海流域资源节约、环境友好和谐社会，实现经济、环境、社会三效益统一，维持洱海湖泊人口、资源、环境承载力的必然要求，是广大农民共享改革开放成果的具体实践，也是进一步深化改革、加快发展、保持社会稳定的一项根本任务和重大基础性工作。为保持洱海流域经济社会持续快速协调健康发展，加速劳动力转移，特编制本规划。

(2) 规划劳动力转移的对象

本规划中的待转移劳动力是指洱海流域内大理市和洱源县两个市县，17 个乡镇，170 个行政村（居）男 16～60 周岁、女 16～55 周岁且具有劳动能力的无业人员和需要由第一产业向第二、第三产业转移的劳动力。

(3) 规划期限

本规划为洱海流域劳动转移的中长期规划，期限为 2016～2030 年

(4) 规划依据

本规划的编制依据为：《大理白族自治州国民经济和社会发展第十二个五年规划（2011—2015）》、《云南洱海绿色流域建设与水污染防治规划》、《大理市城市总体规划调整》、《大理滇西中心城市总体规划（2009—2030）》、《大理市统计年鉴（2003—2008）》、《洱源县统计年鉴（2003—2007）》。

8.5.2 洱海流域社会经济基本情况

洱海流域是云南省经济跨越式发展较快的地区，2007 年流域生产总值达 143.8 亿元，占大理州地区总产值的 44.66%，人均生产总值达 1.7 万元，其中大理市达到 20 278 亿

元，洱源县达到6 241元，2007年地方财政收入近10亿元，工业总产值为141.5亿元，农民人均纯收入大理市为4 010元，洱源县为2 394元，城镇居民人均可支配收入大理市为11 616元。

8.5.3 洱海流域劳动力转移工作的指导思想、原则、目标、路径和保障措施

8.5.3.1 洱海流域劳动力转移指导思想

以党的十七大精神和科学发展观为指导，以洱海流域湖泊人口、资源、环境承载力为基础，以促进农民持续增收为目标，以转移农村劳动力为重点，以市场需求为导向，以技能培训为手段，以加快发展二三产业为载体，逐步建立政府推动、市场主导、农民有序流动的农村劳动力转移机制，推进全流域经济社会持续、快速、协调、健康发展。

8.5.3.2 洱海流域劳动力转移原则

(1) 政府促进原则

政府要通过发展经济、制定积极的转移政策、强化责任目标、健全和发展城乡一体化的服务体系等，帮助农村劳动力实现转移。

(2) 市场调节原则

通过培育和发展劳动力市场，以市场为配置劳动力资源的基础性调节手段，实现用人单位和农村劳动力的双向选择。

(3) 劳动者自主选择原则

农村劳动力按照自己的文化、技能条件，在政府的扶持下，自主选择转移的领域。

(4) 优先转移原则

优先转移因开发建设失地的农村劳动力；优先转移因资源保护、影响发展的农村劳动力；优先转移影响经济发展和社会稳定而需要转移的农村劳动力。

8.5.3.3 洱海流域劳动力转移规划目标

到2020年年底，全流域劳动力中非农业人口的比例，由2007年的29.1%提高到40%，并使从事现代化农业的农业产业职工达到第一产业从业人员的50%以上。到2030年年底，全流域劳动力中非农业人口的比例提高到48%以上，并使从事现代化农业的农业产业职工达到第一产业从业人员的60%以上。

流域内农业劳动力转移数量情况：2011～2015年转移56 020人（工业新增就业岗位预计为43 000个，旅游业吸纳劳动力数量预计为47 000人）；2016～2020年转移70 830人（工业新增就业岗位预计为38 000个，旅游业吸纳劳动力数量预计为55 000人）；2021～2030年转移95 017人（工业新增就业岗位预计为52 000个，旅游业吸纳劳动力数量预计为65 000人）。

8.5.3.4 洱海流域劳动力转移的路径

(1) 发展农业产业化，促进农村劳动力在农业内部吸纳和农村内部转移

长期以来，在谈及劳动力转移这个问题上，很多人都忽视了农业内部吸纳劳动力的潜能。事实上，农业的充分发展以及农业结构的优化可以吸收大量的农村剩余劳动力。据以往经验表明，农村劳动力的转移是以农业的发展和农业劳动生产率的提高为前提和保证的。

因此要解决洱海流域农村剩余劳动力转移的问题首先要立足于农业和农村，加强对农业得深度和广度开发，加快推进农业产业化，调整优化农业内部种产业结构，从而拓展农村富余劳动力在农业内部就业的空间，提高农业对农村劳动力的吸纳力。具体做法如下：

a. 大力发展、完善农业生产基础设施

目前，流域农业生产基础设施相对薄弱，抗御自然灾害的能力较差。据统计，截至2008年年底，洱源县累计建成年亩产粮食400千克以上的高产稳产农田18.14万亩，仍有19.81万亩中低产田地，占全县耕地的52.20%，其中坡耕地10.23万亩，占26.96%，轮歇地2.27万亩，占6.03%。这些中低产田地耕种质量较差，冷浸内涝、干旱缺水、耕层浅薄、质地黏重等障碍因素突出，在一定程度上影响了农业的产量。

针对这些实际情况，必须加大力度完善农业生产基础设施，加强对中低产田地的改造力度，开垦宜农荒地，加强土地集约经营，精耕细作，向生产的广度和深度进军。同时，还应加大增施有机肥、种植绿肥、秸秆还田、测土配方施肥、聚土垄作等培肥改土增产适用技术措施的推广力度，有效提高耕地质量和土地的综合生产能力。这样，一方面，这些农业生产基础设施的建设需要投入大量的人力，可以吸纳部分农村剩余劳动力；另一方面，农业生产条件得到了改善，不仅可以提高农业的产量，增加农民的收入，而且可以增强农业可持续发展的后劲，这样可以通过农业自身的发展扩大对劳动力的需求。因此可以借此机会转移部分农村富余劳动力。

b. 积极调整农业产业结构

农业产业结构、布局与生产方式不合理，结构单一、抵抗市场风险能力弱是当前农业产业发展面临的突出问题，直接影响到洱海流域农业和农村经济的稳定和可持续发展。因此，洱海流域应该加大力度调整农业产业结构。

从总体上而言，一方面，在传统农业的基础上，发展优质高效的都市农业、外向农业、生态农业、观光农业等特色现代农业，大力发展山坡高效经济作物，充分发挥盆地及河谷平地优势，打造高、稳产农业基地；利用山区地理环境的多样性，构建地区特色鲜明的特色生态农业。另一方面要大力发展特色现代农业，以发展烤烟、特色花卉、优势中药材为主，扶持农产品的精深加工和销售，创建现代农业品牌；提高养殖业的比重，加快发展畜牧业和奶业、保护天然草场，建设饲草料基地，改进畜禽饲养方式，提高规模化、集约化和标准化水平，恢复和培育传统牧区可持续发展的能力；支持优势产区发展油料和茶叶等经济作物，打造油料和茶叶的知名品牌；发展水产养殖和水产品加工，实施休渔、禁渔制度，控制捕捞强度。

具体而言，大理市和洱源县应该坚持推进农业经济结构战略性调整，优化生态农业布局，全面提高农业的综合效益，统筹城乡经济发展，使农业向产业化、规模化、效益化发展。

现阶段，大理市农业应努力实现四个方面的升级。一是从传统农业的耕作方式向现代农业生产方式升级；二是从粗放型农业向生态效益型农业升级；三是从分散式的小农经营向高效集约化现代农业经营方式升级；四是从区域市场向国内外大市场升级。增强农业得市场竞争能力，提升农业的经济效益，使大理市成为“一大基地、两大中心和三大功能”的现代化农业，成为名优农产品生产供应基地、湛西地区现代农牧业展示中心和农产品加工物流中心，同时具有农产品生产功能、都市生态屏障功能和旅游观光服务功能的新型农业。在空间布局方面，大理市应努力构建现代农业“一区七基地”的空间布局。一区即银桥农业产业化园区；七基地是根据地域特征、重点产业发展目标、特色产业发展方向、建设重点确定的种养殖基地，如优质稻生产区、乳牛生产区、生猪生产区、蔬菜生产区、特色花卉生产区、家禽生产区和林果产业区。

对于洱源县，其调整农业产业结构、建设生态农业的总体思路为：发展农村经济与农村生态环境建设相结合，传统农业精华与现代农业科学技术相结合，努力推进农业由数量速度型向结构效益型、由资源外延型向产品系列开发型转变；大力发展观光农业、旅游农业，在发展农业的同时与旅游业相结合，形成新的经济增长点；打造洱源农产品品牌，使洱源发展成为云南乃至全国的无公害、绿色有机农产品的重要生产基地。

在农业空间布局方面，洱源县应全面建设坝区农业经济区、山区农业经济区、城镇农业经济区三个特色区域。坝区农业经济区以三营镇、牛街乡、凤羽镇、茈碧湖等乡镇为主，主要以214线、大丽路及省道为轴心开展生产力布局，重点发展粮油、烤烟、大蒜、乳蓄、水产等农业生产；山区农业经济区以炼铁乡、西山乡、乔后镇三个山区为主，高度重视山区环境质量优势的发挥，重点发展核桃、梅果、药草、食用菌基地和森林畜牧业；城镇农业经济区以县城（茈碧湖镇），邓川镇、右所镇为主，重点发展绿色蔬菜、有机食品、规模加工型原料农产品、特色旅游农副产品。

目前，洱源县在无公害、绿色、有机食品的生产方面发展比较滞后。洱源县目前有2100亩无公害大蒜通过了无公害食品产地和产品认证，但是仅占全县农作物面积的5.3%，远远地域全国和全省的平均水平。因此必须加大有机、绿色及无公害农产品的发展力度，以绿色环保为方向，加强以规模化、产业化、无公害化的农产品基地和无公害家禽、水产养殖基地建设，着力打造洱源“绿色生态”品牌。

另外，洱源县农业结构发展不均衡，农牧业占绝对比重，但是林业等发展不足。2008年，传统种植业和畜牧业占比重在90%以上，林业和渔业比重过低。但是洱源山区面积占85.7%，分布有广大的林地，林地面积占68.3%，具有发展经济林木的资源条件。因此，应该立足本县资源优势，以发展山区林果业、野生菌为主，积极推进洱源林产品的开发。一方面积极大力培育具有地方特色的稀有珍贵植物、林药、野生食用菌、森林蔬菜、野生花卉、观赏植物资源，另一方面充分发挥洱源丰富的以松茸、牛肝菌、羊肚菌、黑木耳、鸡油菌和珊瑚状猴头菌为主的野生食用菌，以及以珠子参、苍山贝母等为主的森林名贵中药材资源优势，积极推进洱源森林资源和非木材产业体系的建设。

流域在进行以上农业产业结构调整的过程中，增加了农产品的附加值，发展了大量的劳动密集型农业，不断地创造出更多的就业机会，充分合理利用当地的劳动力资源，提升了农业吸纳劳动力的能力，实现了农村富余劳动力的有效转移。

c. 实施农业产业化经营，不断拉长农业产业链，提高农业效益

农业产业化，是指以市场为导向，以农户为基础，以“龙头”企业为依托，以经济效益为中心，以系列化服务为手段，通过实施种养加、供产销、农工商一体化经营，将农业再生产过程的产前、产中、产后诸环节连接成为一个完整的产业系统。农业产业化对于提高农民收入、吸纳农村富余劳动力和推进现代农业建设，都具有十分重要的现实意义。

目前，流域的农业产业化程度比较低，龙头企业的带动作用不强。梅果、优质稻米和大蒜是洱源县农民增收的主要支柱产业，但是产业化水平比较低。到 2008 年，全县梅果种植面积达 9.4 万亩，挂果 3.7 万亩，鲜梅产量 1.11 万吨，梅农收入 2 533 万元，有专业从事梅果生产和加工的企业有 16 家，其中产值在 200 万元以上的仅有 3 家。同时，梅子种植产业链较短，仅限于“梅子-种植-加工”，没有很好地与养殖业相连接，土地利用率不高，林下空间没有很好地利用，没有形成立体种、养相结合的循环链，有关企业没有形成大力发展无公害、绿色有机食品的思路，影响到整个梅子业规模化、优质化、高效益的发展。优质稻米面积达 8.3 万亩，总产 52 290 吨，仅有加工企业一家，加工企业的规模普遍较小，而且有些加工原料不能与本地农产品有效对接，无法满足产业化的需求。大蒜的种植产业已具有一定的规模，但是产业链比较单一，只局限于“种植-销售”模式，缺乏龙头企业带动，深、精加工产品几乎没有形成；大蒜生产的农业废弃物得不到很好的利用，3.7 万亩大蒜秸秆被任意置于田间地头、沟渠水塘、公路便道，既影响了农业自然景观，又造成了严重的污染问题；大蒜生产中主要依靠农药、化肥的施用，有机肥施用量较少，常规有机肥肥效低。另外，在乳牛养殖业方面，洱源县多以传统农户型散养乳牛为主，规模化养殖数量较少，科学饲养水平比较低，凭经验养牛的现象相当普遍。

因此，流域应按照现代农业生产管理的要求，探索用工业理念发展农业，形成区域化布局，专业化生产、产业化经营、标准化管理的现代农业发展格局。一方面推进规模经营，创新农业产业化组织，促进农业结构调整，形成以区域特色资源为主导的现代农业产业体系；另一方面，发展农村新型合作经济组织，培育和扶持农业龙头企业，构建“公司+新型合作经济组织+农户”的格局，促进农业生产、加工、流通、消费的等各个环节有机结合，形成农业产业化经营。在农业产业化进程中，树立“无公害”、绿色食品品牌，扩大农业标准化示范建设规模；开发优势生物资源，坚持与农业产业化发展相结合，以生物制药和绿色产品开发为重点，推进中药材、特色花卉、马铃薯规模化种植，形成农业产业化，加工销售一体化。

具体而言，大理市应努力构建现代农业产业化园区，以稻米、果蔬、畜禽、粮食、茶叶、野生菌、中草药、优质水等优势资源为依托，着力提高精深加工和综合利用水平，提高附加值，形成全省重要的生物资源开发创新型基地和绿色农产品出口加工基地。

洱源县则针对目前促进农民增收的几大支柱产业所出现的农业产业化程度比较低的问题，围绕畜牧、梅果、大蒜、水稻等重点产业开展循环型农业产业总体布局，提高农业产业化水平。根据梅梅果产业发展情况，将采取“公司+基地+农户”的模式，将梅果种植和畜牧养殖连接起来，形成“梅果-草-畜禽-沼（肥）-梅果”的循环体系，通过林下种草、养殖。畜禽粪便得到了有效处理，奶制品、肉食加工品、梅子加工废弃物资源化处理回收利用，是产业链形成了良性循环。根据当地大蒜种植发展情况，应采取“公司（建龙头企业）或扶持种植大户+农户”的模式，建设大蒜深加工龙头企业，带动大蒜种植业的稳步发展，同时调节好大蒜销售市场，稳定销售价格，大蒜废弃秸秆回收进入高效有机肥厂，实现大蒜秸秆的循环利用。根据目前乳蓄业发展状况，应以龙头企业带动为导向，大力发展高原生态乳牛养殖业，按照“公司+基地+农户”的发展思路，紧紧围绕建设西南最大商品奶牛生产基地、中国较大的奶制品加工出口基地的目标，以市场为导向，以增加农民收入为核心，以科技为支撑，以防疫为保障，加大高原生态乳蓄业发展。

在农业产业化的过程中，需要有大量的劳动力从事农业生产、农产品加工、产成品运输和销售等工作，为农村剩余劳动力提供了广阔的就业空间；同时农业产业化经营，能提高农业的比较效益，延长农业产业链，通过不断挖掘农业自身的潜力来扩张农业内部的就业容量，为劳动力的转移广开门路。

（2）大力发展非农产业，促进流域农村富余劳动力向非农产业转移

a. 努力调整工业结构，积极推进工业新型化

目前，流域工业主要存在以下问题：工业经济总量偏低，产业结构、产业布局不尽合理，产业链纵向延伸和横向关联不足、生态发展尚未形成，工业发展环境保护压力大等。因此应不断加大流域工业投入力度，以市场为导向，以技术创新为动力，优化工业经济结构加快新型工业化步伐。

大理市正处于工业化的中级阶段，现阶段应重点发展劳动密集型和资金密集型产业，并确立以下五大主导产业。第一，大力发展交通机械制造业，以整车装配为核心，积极吸引上下游企业，形成汽车零部件、备品备件、汽车电子产品、整车装配等交通器械制造产业集群，拓展东盟地区市场。第二，巩固发展卷烟及辅料产业，加大烟草企业的改制和建设大型集团化的步伐，依托云南红塔集团力争创造出云南烟草行业新的生力军，同时以烟草行业的发展带动机械、印刷等相关产业的发展，建立以烟草行业为龙头的系列产业链。第三，整合、优化和提升建筑建材产业，走集中、集约发展道路，支持水泥等企业集团化的发展，积极发展大理市、花岗石为重点的石材加工，打造大理石石材精品品牌，发展节能、低耗、环保的新型建材，加强环境保护和资源的集约利用，对污染大、耗能高、规模不经济的小水泥厂和小采石场坚决采取“关、停、并、转”。第四，积极发展生物医药和绿色食品制造业，依托大理市的区位优势、农业优势，加大招商力度，形成生物资源开发创新产业链。第五，逐步引进发展高新技术产业，改造提升传统产业，积极承接沿海城市产业转移。同时，要规划好工业空间布局，尤其是对工业区的规划，包括凤仪工业区和上登工业区。

洱源县是传统的农业县，工业相对不发达。2008 年全县三次产业比例为 39：29：32，工业产值所占比例远远低于一三产业；在全县从业人员中，90% 以上的人口从事第一产业，工业从业人员不到万人。全县工业经济以民营企业为主，企业起点低，技术力量薄，企业同类化和产品同质化现象较为普遍，工业产品大部分属于原料型和初级加工品，而高科技、高附加值产品比例低。县内产业布局不尽合理，洱源县工业企业共 98 户，分布在全县六镇三乡，其中 70% 以上的工业经济总量集中在邓川镇、右所镇、茈碧湖镇，规模以上 11 户企业几乎全分布在邓川镇和茈碧湖镇，而分布在矿产资源和农林资源丰富的三营、凤羽、炼铁、乔后等乡镇的工业却不到经济总量的 30%。

针对洱源县的实际情况，应不断调整工业布局和工业结构。其中，工业结构的调整以提高市场竞争力为核心，以加快发展为目标，改造提升传统农业，扶持发展高新技术产业、新兴产业，加快工业化进程。如切实扶持梅果、乳制品及其他优势农畜产品加工业的发展，重点扶持新希望蝶泉乳业有限公司、梅龙集团等龙头企业，加大技术改造及投资力度，从产品精深加工及废物综合利用入手，延伸产业链，循环利用资源，提高产业发展质量；改进梅果加工工艺，梅卤开发新技术的应用，小公牛产品延伸，中水回用等不断推进传统产业升级换代；加大对资源储量地区的资源开发和利用力度，有针对性地适当发展工业经济，实现工业经济的增值。

在工业化进程中，一方面，通过发展劳动劳动密集型产业，可以创造出更多的就业机会，吸纳更多的由第一产业转移出来的劳动力；另一方面，通过调整和优化乡镇企业布局，可以为乡镇企业注入新的活力，加快乡镇业和民营企业的发展，使乡镇企业继续发挥大容量吸纳农村剩余劳动力的作用。

b. 努力提高第三产业质量，尤其是旅游业

近几年，洱海流域旅游业凭借其产业发展优势，如资源优势、交通优势、政府管理优势、企业管理优势、多极优势等，流域旅游业的发展迅速，逐渐呈现出多点增长的态势。大理苍洱景区是大理风景名胜区的主景区，大理苍山洱海是国家级自然保护区，大理古城又是全国首批 24 个历史文化名城之一。大理有国家重点文物保护单位 4 个，省级文物保护单位 10 个，州级文物保护单位 5 个，市级文物保护单位 31 个。此外，南诏风情岛、三塔公园、天龙八部影视城、洱海公园、蝴蝶泉公园等重点景区（点）已步入国家级 4A 级和 3A 级旅游区（点）。洱源县旅洱源位于洱海上游，名取洱海发源地之意。该地风光旖旎，四季景色迷人，是大理景区的重要组成部分。洱源素有温泉之乡美称，县城玉湖镇被誉为“热水城”，同时洱源也是少数民族聚居地，以白族为主的先民在吸收汉文化优秀成果的同时，形成了一系列独特的民风、民俗和民族传统文化，诸如被誉为白族舞蹈“活化石”的“里格歌”，以及撒落在民间的民歌、民乐、耍狮、耍龙、白族调、故事传说、婚丧嫁娶的喜庆祭祀礼仪等，著名的“三雕一炖”（雕梅、雕李、雕杏、炖梅）是享誉国内外的名优土特产品。

但是总体而言，目前洱海流域的旅游产品和服务项目乏善可陈，缺乏足够深度和广度挖掘。流域的旅游资源（包括生态旅游资源）开发得不够充分，现有的旅游产品和服务多停留在简单的参观和购物上，旅游产品相对简单、粗糙。这样在某种程度上不仅阻碍了洱

海流域经济的增长，而且影响了第三产业吸纳劳动力的水平，因此要不断提高流域旅游产业的质量。

大理市应全力提升旅游业的质量，努力建设旅游休闲中心。首先，要创新旅游产品，丰富旅游层次。在巩固传统观光游览产品的基础上，创新开发旅游产品，以满足不同层次的游客需求；在现有游线的基础上，充分展示风景区美学、科学和历史文化价值，发展和增加科普科考游览、历史文化游览、修学野营游览等主题游线系统；依托优雅的环境资源和宜人的气候资源，大力发展休闲度假旅游，建设国际度假胜地；依托历史人文资源和影视基地，大力发展体验旅游；依托山水资源和特殊地形地貌，发展登山、帆船等运动休闲旅游项目。其次，应加强区域协作，完善配套服务。把大理放在滇西、全省乃至全国的旅游网络系统中，与周边地区形成协同发展的旅游格局，接入区域的旅游线路，积极发展一批具有文化特色和底蕴、设施完善的星级酒店，为更多旅客留宿奠定基础；大力发展特色餐饮业，融入民族饮食文化，成为大理旅游的新亮点。最后在产业空间布局上，向“一个基地、两个中心、七个游览区”的格局迈进。“一个基地”即以下关为旅游服务基地，建立游客集散服务中心，是全市旅游的门户与窗口；“两个中心”即以大理古城为旅游中心，以海东新区为度假休闲中心；“七个游览区”寄洱海景区、仓山景区、古城景区、喜洲景区、双廊上关片区、下关片区、海东景区。

目前洱海的旅游产品中，除温泉康体旅游外的产品的产值都相对较小，发展不充分。因此洱源县应在温泉资源和气候资源的基础上深度开发休闲度假产品，延长游客停留时间，增加消费量，达到延长旅游产业链的目的；在湖泊、生态、民俗风情和历史文化资源的基础上开发观光旅游产品，体现多种旅游资源的凝聚使用效益；与地方特色相结合，开发特产购物旅游产品和农业旅游产品等，实现产业的横向耦合。另外，在产业空间布局上，遵循“一个旅游中心、五个功能片区、四大精品景区、三条精品线路”的原则，即以洱源县城为中心，依托茈碧湖镇是全县政治、经济、文化中心，人口相对密集、经济条件较好的优势，将其建设成为洱源县旅游集散中心；将洱源县分为茈碧湖温泉休闲旅游区、东西湖菏泽水乡旅游区、凤羽历史文化旅游区、罗坪山森林生态旅游区及海西海康体科考旅游五个功能片区并打造茈碧湖温泉、西湖湿地、凤羽古镇及下山口温泉小镇四大精品景区；推出高原水乡旅游线（南线），地热温泉旅游线（北线），历史文化旅游线（西线）三条精品旅游线路。同时，实施六大旅游产业集群战略，即以会议中心、星级宾馆、度假村为主的由高档接待服务设施和企业构成的产业集群；以休闲渔业养殖、特色农产品养殖和种植、特色农副产品加工为主的休闲农业产业集群；以购物街区、现代化的娱乐场所、特色餐饮街区为主的旅游休闲产业集群；以地热温泉、高原水乡旅游景区、主题公园、农业观光园区为主的景区类产业集群；以豪华旅游大客车、旅游巴士为主的旅游交通服务产业集群；以旅游中介、会议、会展策划和服务、旅游信息服务为主的旅游服务产业集群。

在使流域的旅游产业由单一向休闲、度假、康体、观光、会展多元型转变的过程中，既可以促进流域经济的发展，提高居民生活质量和水平，又可以解决不少劳动力的出路，吸纳更多的农村富余劳动力。

（3）加快城镇化建设，促进农村富余劳动力向城镇转移

目前，大量的农村劳动力涌入大中城市，虽然在一定程度上缓解了农村劳动力的剩余状况，但是也带来了一定的负面影响，如进一步加重了城市的就业压力，同时农村人口由于受到现行的户籍制度、居住政策，较低的就业技能等因素的影响，使农村劳动力向大城市转移只能是一种暂时的转移，不具有稳定性，这部分农村劳动力随时都可能被城市“挤出”，结果又回到了农村，再次加重了农村剩余劳动力转移的压力。相反，农村剩余劳动力向小城镇转移便成为了一个理性的选择。因此，必须要加快小城镇建设的步伐，逐步完善其功能，充分发挥小城镇吸纳劳动力花费小、转移成本低的优势，增强对劳动力的吸引力和容纳量，成为转移农村富余劳动力的重要场所。

大理市目前的城镇发展现状如下：首先，城镇化水平差异较大。规划区平均城镇化水平达到52.75%，但是城镇化等级人口主要集中在下关和大理两镇，两镇城镇人口占城镇总人口的81.27%，而将成为未来的中心城区的下关、大理、凤仪和海东城镇人口占城战总人口的91.38%。其次，城镇的空间差异相当明显，由于洱海西部的自然地理条件明显优于洱海东部，因此海西城镇发展水平普遍高于海东城镇，同时受到交通条件的影响和下关城区的辐射作用，南部城镇发展水平普遍高于北部城镇。第三，城镇基础设施、公共服务设施比较落后。市政基础设施、文化卫生教育设施配置水平普遍较低，各乡镇不同程度地存在着道路等级低、供水不足、排水排污不畅等问题，在一定程度上影响了人民生活，也限制了经济建设和发展。第四，规划区城镇职能较单一，由于规划区面积较小，自然地理环境比较类似，受中心城区的极化效应的影响，除中心城区外，城市规划区内各城镇的职能比较单一，产业门类雷同，基本上以农业为主，规划区各乡镇之间缺乏经济上的合理联系、协作和分工。另外，由于受到自然条件的影响和限制，城镇建设用地的选择受到很大的限制，主要的城镇群体在空间上总体表现为依托盆地、坝，沿交通线呈点—轴分布，人多低少，使城镇建设占用耕地与保护农田之间的矛盾极为突出，城镇发展用地较为紧张。

对于大理市目前的状况，应根据不同区域的现状发展特征、资源禀赋及生态环境承载力，将全市划分为五个分区，即北部、南部、东部、西部和苍洱，对各个分区分别给予限制条件、开发强度、开发模式和管理模式的分类指导，实施不同的城镇发展策略。另外，对各个乡镇进行合理的指导规划，如双廊镇为省级历史文化名镇，应依托其历史文化资源和新打造的南诏风情岛，发展旅游配套产业，在山区加快林果资源产业化，发展果品加工工业，由于其位于洱海水源涵养区内，因此要控制人口规模，不再扩大用地规模等。

加快城镇化建设，提高城市化水平，可以保证农村经济的稳步增长。小城镇的完善为乡镇企业的进一步发展创造条件，有利于过分分散的乡镇企业的相对集中、连片发展，从而促进第二、三产业迅速发展，大大增加吸纳农村剩余劳动力的能力。

（4）培训农民外出务工，发展劳务经济，促进农村剩余劳动力向流域外转移

农村劳动力素质相对低下，限制了就业领域的拓展。只有从长远上认识投资办教育，提高农村居民文化素质和职业技能的重要性，才能为城市源源不断地输送大量的高素质的农村劳动力。因此，农村劳动力转移是一项伟大的工程，不仅是提高农民素质、促进农民增收的惠民工程，也是推进新农村建设的基础工程。

目前，流域对农村居民培训种类大幅度增多，除建筑施工、电工、家政服务、保安、酒店餐饮、美容美发等传统工种外，最近又新增加农机使用和维修、沼气工、村级动物防疫员、植保员（机防手）、乡村旅游服务员、农村建筑工匠、农民专业合作社负责人等培训内容。对于那些有外出意愿的农村劳动力，针对用工需求量大的机械制造、电子电器、服装缝纫与加工、保安餐饮服务、建筑装饰等专业开展多种形式的引导性培训和转移就业培训。通过培训，将有力地推进流域农村劳动力向流域外以及省外转移就业。

近几年洱海流域通过开展农村劳动力培训等工作，在劳务输出方面已经取得了一定的成绩。自 2004 年 8 月启动实施农村劳动力转移工作以来，大理市共组织农村劳动力培训 39158 人，转移 30771 人，其中国外转移 24 人，省外转移 1633 人，市外转移 8798 人，市内转移 20348 人。2008 年全市农民工务工总收入 2. 8 亿元，占农业总产值 19. 95 亿元的 14%；外出务工人员人均年收入 8027 元，是全市农民人均纯收入 4416 元的近 1 倍。2005 年 10 月，大理市首批输出农民工赴广州花都市振兴玩具制造有限公司就业。2007 年 9 月，上关镇兆邑村委会组织 48 名农民工到浙江省义乌市奥星集团顺利实现就业。今年 3 月，上关镇组织一批农村富余劳动力输送到广州东莞绿扬鞋业有限公司工作。6 月，该市中等职业学校又联系组织了 31 名家在农村的学生输送到广州珠海市工作。

流域劳转办应针对市场用工动态，积极寻求信誉高、效益好的企业作为合作伙伴，在进行必要的技能培训后，专门邀请有关老师就劳动政策法规、外出务工须知、城市生活常识、卫生安全常识、劳动合同、维权等进行讲解，并请有关知情人士介绍用工企业的吃、住生活环境，工资待遇等情况。同时市农业局、司法局、劳动和社会保障局等部门还应该给外出务工人员发放适量的生活补助费，并定期对该群体作调查反馈，及时了解他们的动态，对那些优秀的务工人员给予一定的奖励。在农村劳动力输出方面，还应该严格执行农村劳动力培训转移就业“六不送”：不是正规企业不送，效益不好的企业不送，工资不能按时发放的不送，劳保待遇不健全的不送，社会治安不好的地方不送，未经考察过的企业不送，从最大程度上确保农民工“出得去、稳得住、有钱赚”。

除此之外，流域劳转办还应不断完善政策措施，切实加强组织领导，增加经费投入，保证农村劳动力转移工作持续健康发展。如最近发生的金融危机使一些小工厂面临着倒闭的危险，很多工厂作出了裁员的决策，为应对金融危机给农民工转移带来的新情况，应该要加强培训、转移、管理等服务，提高农民工素质能力，拓宽转移渠道，做好扶持返乡农民工再就业等工作。

农村富余劳动力走出山村到城市非农产业就业，不仅使农民工转变了思想观念、提高了素质能力，增加了收入，而且为全市农村经济的发展起到了较强的带动作用，在一定程度上缓解了农村富余劳动力转移的压力。

8. 5. 3. 5 洱海流域劳动力转移的保障措施

(1) 以增加农民收入为目标，拓宽农村剩余劳动力的就业渠道

a. 加强农民工培训

提高农民素质，使之适应市场经济优胜劣汰规则是加速农村富余劳动力转移的根本，提高农村富余劳动力的素质已成为向劳动生产率较高的非农部门转移的前提条件。因此政府应按照培养有文化、懂经营、会管理的新型农民的要求，继续深入实施“百万农民工培训工程”、“农村劳动力转移培训阳光工程”和“农村劳动力转移就业品牌战略工程”；大规模开展农村实用人才培训，从“引导性”培训为主转向“技能型”培训为主，着力打造一支数量充足、能有效服务农业农村经济社会发展的实用人才队伍；逐步建立培训、就业、跟踪服务一体化机制，切实加强对外就业劳动力的服务和管理。根据市场需求和农民的就业意向，大力推广直接面向用人单位需求的“ 订单式”培训，让就业培训适应劳动力市场需求，向系统化、专业化、规范化的方向发展，促进农村富余劳动力由“ 体能型”向“ 智能型”转变。

同时，要做好在乡务农青年的农业实用技术培训工作。一是配合水果、核桃产业的发展，进行修剪工、植保员培训；二是针对通过农机具补助增加全州购买微耕机增加的实际，开展农机操作手培训；三是结合沼气项目建设的实施，开展沼气工培训；四是利用政府和各级各部门投入的农田水利建设项目较多，特别是“五小水利”建设工程、中低产田改造工程、乡村公路建设等大量用工的机遇，培训农村建筑工匠；五是随着各地农家乐等休闲业的快速发展，开展乡村旅游服务员培训；六是抓住国家大力扶持发展农业专业合作社的有利时机，开展农民专业合作社负责人及财务人员培训，通过培训提升合作社理事长及相关负责人的组织管理、创业经营、市场谈判、产品营销、风险控制、文化建设等方面的能力，提升合作社财会人员的理财能力以及合作社财务公开、民主理财、规范发展的水平，促进农民专业合作社发展壮大，从而推动农村经济发展和农民增收。通过这些培训，既能满足当前各企业对用工的需求，又可提高务工人员收入，

b. 加大产业结构调整

加大农业战略性结构调整，扶持兰花、茶花等特色花卉，泡核桃为主的林果，奶牛和毛驴为重点的畜牧，蚕桑等产业发展，引导广大农民群众进入新产业；依靠科技进步推进农业产业化经营、不断拉长农业产业链，提高农业的比较效益和农产品的附加值，将农业再生产过程的产前、产中、产后诸环节连接成为一个完整的产业系统，深化农业的发展，提高农业内部系统吸纳劳动力的能力。

加快农村第二产业的发展，积极推进工业新型化。加强企业、经济实体、农业龙头企业发展，提高吸纳农民工就业能力；大力发展乡镇企业，培育和发展本地龙头企业，以带动农村产业结构调整，实施产业扶持，引导农村劳动力向某些特色产业和行业转移，同时，深化乡镇企业改革，发挥企业活力，吸收大量的农业劳力，促进农民增收。

努力提高第三产业尤其是服务业的质量，使流域的旅游产业由单一向休闲、度假、康体、观光、会展多元型转变，提高居民的生活质量和水平，促进流域经济的增长。抓住良好的旅游条件，引导农民群众发展“农家乐”等形式的休闲业和扎染、刺绣等传统民族工艺加工业，提高农民工自主就业能力

c. 加快中小城镇建设的步伐

发展中小城镇有利于促进中小企业、服务业发展，促进工农业产品交换，扩大消费、拉动内需、提高就业率、促进城乡一体化发展，形成发展、就业、消费、发展的良性互动。因此小城镇建设对于农村劳动力的转移具有重要的意义。各级政府应从法律、政策、

财政、舆论各方面支持中小城镇的发展，如规范中小城镇土地利用，公共工程建设、融资、规划等方面的要素形成、方式、导向和行为；实行财政支持弱小城镇和农村规划政策，应将财政支持教育、卫生、文化设施建设的重点放在弱小城镇；加快中小城镇的城乡一体化进程，特别是农民工的户籍和保障工程。

（2）以制度创新为核心，优化农村剩余劳动力转移的外在环境

a. 进行一系列的制度创新

第一，大力推进承包土地经营权流转。认真贯彻《农村土地承包法》，依法保护农民的土地承包权和生产经营自主权。在稳定家庭承包经营的基础上，按照“明确所有权、稳定承包权、搞活使用权”和“依法、自愿、有偿、规范”的原则进行承包土地经营权流转，促进土地规模经营，发展现代规模化农业生产。按照实行最严格的耕地保护制度的要求，健全基本农田保护制度；进一步规范和完善征地程序，健全和完善土地征用补偿机制，维护农民的合法权益；严格执行减轻农民负担的各项制度，构建农民负担监管工作长效机制。

第二，要切实加大现代农业的投入和扶持力度。在积极争取上级扶持的同时，各级政府要按照中央提出的“按照总量持续增加，比例稳步提高”的要求，不断增加现代三农投入，按照“财政支出，要优先支持农业农村发展；预算内的固定资产投资，要优先投向农业基础设施和农民民生工程；土地出让金，要优先用于农业土地开发和农业农村的基础设施建设”的要求，确保财政资金对农业的投入按比例稳定增长，保障规划实施对财政资金投入的必要支持。规范政府投资行为，提高投资决策的科学化和民主化水平，创新投资融资方式，不断完善政府投资与社会资本的结合、运行和评价机制。通过财政扶持、税收减免、信贷优惠等政策措施，广泛吸引社会资金参与现代农业建设，拓宽投资融资渠道，形成多元化投资现代农业的新格局。

第三，追求体制创新。首先要组建成立农村劳动力转移及劳务输出领导组，领导组在市农业局设立办公室，负责处理日常事务，在乡（镇）设立农村劳务输出工作站，为全市的农村劳动力转移就业提供了坚强的组织保障。其次，要把劳务输出工作纳入市政府对乡（镇）的考核，每年年初定期召开全市工作会议，制定考评和奖罚制度，层层分解责任，落实任务，加强监督，建立起市、乡（镇）两级管理体制和灵活高效的运转机制。再次要完善制度管理，强化跟踪问效，做到年初有安排、年中有检查、年底有考核，确保全市农村劳动力转移工作的健康、快速发展。最后要放松户口管理，降低农民就业及子女入学“门槛”，同时完善信息化建设，为劳动力转移降低外出风险。

b. 建立一系列的服务体系

第一，培育中介组织的发展。进一步提升中介组织的组织化程度，拓宽服务功能，使中介组织成为联系农民工、连接用工企业的桥梁，为本地区的农村劳动力转移就业提供职业介绍、就业指导、法律咨询等综合服务，并充分发挥他们的培训职能。充分利用培训基地的师资和设备，建立阵地，规范管理，提高培训质量，并开展对提前返乡农民工的再就业培训和安置工作，确保农民增收，社会稳定。

第二，成立农民工服务中心。为切实加强农民工工作，保障农民工合法权益，大理市于近期成立了农民工服务中心，此举在社会上引起了很大的反响，应该将这种做法推广到洱海流域的范围内，引导农村富余劳动力有序转移就业。服务中心在市农民工工作联席会议制度领导下开展工作，日常工作由市劳动和社会保障局负责，具体业务由市劳动就业服务局承担。中心采取集中收集、交换处理的工作机制开展农民工服务工作，总体目标是：建立和完善农民工综合管理服务的政策措施和工作制度；强化服务，完善管理，加快建立覆盖农民工的公共就业服务体系和职业培训体系；公平对待，一视同仁，健全保障农民工合法权益的执法监督机制，进一步维护农民工权益；构建惠及所有农民工的社会保险、子女教育、医疗卫生、计划生育、生活居住等公共服务体系，把农民工全面纳入政府综合管理服务范围。

第三，促进劳务用工市场的健康发展。建立定期公开招聘制度，为农民工就业创造机会。做好返乡农民工的统计调查和再就业工作，在调查的基础上，有针对性地做好返乡农民工的再就业工作，有计划地组织人员到省外用工单位及周边地区考察，掌握省外务工市场信息，建立信息链，有针对性地开展工作，促进向外转移。

第四，为偏远山区的农民工做好服务工作。由于偏远山村大多消息闭塞、交通不便、经济条件差，因此要进一步为偏远山区的农民工做好服务工作，如把务工政策和用工信息宣传到农户，把技能培训班办进山村，既方便山区农民工，又提高了宣传和培训质量；在农民工技能培训中有机地融合防艾知识、劳动合同法等教育，提高了农民工的遵纪守法意识和维权意识等，

第五，加强农民工数据化管理和信息化建设。增强对农民工跟踪管理能力，及时为农民工提供就业信息指导，构建用工单位、中介组织、农民工之间的信息渠道，加快就业信息反馈，及时提供就业指导，促进农民工转移就业。

（3）加快信息服务业的发展，以推进信息化为手段，提高农村剩余劳动力的就业竞争力

信息产业的发展给人们的生活带来了各种便利，通过对资源数据的采集、资源数据的分析来实现对资源数据的共享。目前，洱海流域的信息服务业的发展还比较滞后，从某种程度上阻碍了农村剩余劳动力的转移。因此，必须积极推进对政府、企业和社会公共信息资源的开发利用，重点建设市场信息、科技信息、政务信息和公共信息四大服务体系，大力推进智能社区等工程，积极发展软件服务业、电信服务业和网络服务业，逐步推进“一卡通”工程，不断拓展网络增值服务。

在为生产、销售提供的信息服务方面，一方面要重点开发政策导向信息、经济科技信息、市场动态信息，建设和完善大中型企业的数据库、地方特色或原场地产品（如雕梅、兰花等）数据库。另一方面要加大信息服务的层次和范围以及提高信息的二次加工处理能力，引导农业产销服务和中介体系的形成，围绕特色农产品的购销构建集洱海流域农业种植信息、产品信息和销售信息等为一体的订单农业服务系统，促进农业产业化、提高农业质量和农民收入水平。

在为生活、消费提供信息服务方面，以推广政府上网工程为主，加快信息系统的建设，逐步建立起为宏观决策、企业生产经营和市场运行服务的信息综合服务体系。在此过

程中，尽量以电子商务系统形式替代传统的实物方式，减少实物递送过程的消耗。另外必须延伸服务领域，发展便民服务，扩大服务覆盖面，配合社区进行服务网点建设，为旅游、教育、就业、家政、金融活动和社会活动等诸多领域提供更优质的服务。

加快信息服务体系的建设，实现信息的灵敏反馈和知识创新，有助于提升传统产业，是一项长期战略性任务，有利于提高农村劳动力的素质，进一步解决农村剩余劳动力转移的问题。

参考文献

曹彦龙 . 2006. 三峡重庆库区面源污染分析及数字模拟研究［D］. 重庆大学

潮洛濛，翟继武，韩倩倩 . 2010. 西部快速城市化地区近 20 年土地利用变化及驱动因素分析——以呼和浩特市为例［J］. 经济地理，30（2）：239-243

陈百明 . 2003. 中国土地利用与生态特征区划［M］. 北京：气象出版社

陈力平 . 2003. 区域土地资源可持续利用发展模式研究－以乐山市沙湾区为例［D］. 重庆：西南农业大学

陈丽红，石培基 . 2008. 兰州市产业结构与土地利用结构的相关性研究［J］. 国土与自然资源研究，(3)

陈利根，陈会广，曲福田，等 . 2004. 经济发展、产业结构调整与城镇建设用地规模控制—以马鞍山市为例［J］. 资源科学，(6)

陈平雁. 2005. SPSS13. 0 统计软件应用教程［M］. 北京：人民卫生出版社

陈涛，徐瑶 . 2006. 生态足迹法在贵州喀斯特地区生态经济协调发展定量评价中的应用［J］. 土壤通报，37（1）：65-67

陈涛 . 1994. 地理学是一门空间信息科学［J］. 信阳师范学院学报（自然科学版），(2)：217-220

陈玮 . 2000. 论集约用地与产业集聚［J］. 中国土地科学，(6)

陈彦光，刘明华 . 2001. 城市土地利用结构熵值定律［J］. 人文地理，(4)：20-24

陈燕 . 2005. 从产业结构优化来探析城市土地合理利用［J］. 南京社会科学，(9)

陈云川等 . 2007. 区域土地利用综合分区研究——以四川省为例［J］. 战略与对策，21（1）：92-95

陈志刚，王青 . 2005. 转型期中国耕地非农化与土地退化的实证分析［J］. 中国人口资源与环境，(5)

程国栋 . 2002. 承载力概念的演变及西北水资源承载力的应用框架［J］. 冰川冻土，(8)

程序，曾晓光，王尔大 . 1997. 可持续发展农业导论［M］. 北京：中国农业出版社

大理白族自治州人民政府 . 2009a. 大理生态州建设规划 2009-2020（征求意见稿）［M］. 西南林学院出版社

大理白族自治州人民政府 . 2009b. 洱海流域水污染综合防治“十一五”规划执行情况中期评估》自评报告［R］. 1-7

大理苍山洱海国家级自然保护区管理处 . 2003. 大理苍山洱海国家级自然保护区总体规划（1996-2010）［R］. 大理：大理苍山洱海国家级自然保护区管理处，5-15

大理州统计局 . 2009. 大理州领导干部经济工作手册［R］. 67-76

丁任重 . 2005. 西部经济发展与资源承载力研究［M］. 北京：人民出版社

董捷，杜林燕，吴春彭，等. 2011. 武汉城市圈土地资源优化配置研究［J］. 中国土地科学，25（2）：41-46

董利民，李璇 . 2011. 洱海水污染动态模型的构建及分析研究［J］. 生态经济，(10)：384-386

董利民，徐持平 . 2013. 城市化水平与土地利用关系的动态计量分析［J］. 生态经济，(10)：2-8

董利民 . 2011. 城市经济学［M］. 北京：清华大学出版社

樊华，张凤华 . 2007. 新疆石河子绿洲耕地变化及驱动力研究. 干旱区研究，24（5）：574-578

范弢 . 2008. 云南丽江生态地质环境演化过程与趋势研究［D］. 昆明理工大学

冯昆思 . 2003. 试论云南历史名人旅游资源及其保护与开发［D］. 中央民族大学

符国基 . 2007. 海南省生态足迹研究［M］. 北京：化学工业出版社

高慧卿等．1994. 山西省土地利用分区方法初探［J］. 农业系统科学与综合研究，10（4）：309-314
高铁梅．2006. 计量经济分析方法与建模：Eviews 应用及实例［M］. 北京：清华大学出版社
高雪，任学慧．2010. 城市化进程中土地利用结构的时序变化及驱动力——以辽宁省为例［J］. 资源开发与市场，26（10）：921-923
高中良，郑钦玉，谭秀娟，等．2010. “国家公顷”生态足迹模型中均衡因子及产量因子的计算及应用——以重庆市为例［J］. 安徽农业科学，15：23-25
顾朝林．1999. 北京土地利用覆盖变化机制研究［J］. 自然资源学报，(4)
顾湘，姜海，曲福田．2006a. 区域建设用地集约利用综合评价［J］. 资源科学，(6)
顾湘，曲福田．2009. 中国土地利用比较优势与区域产业结构调整［J］. 中国土地科学，(7)
顾湘，王铁成，曲福田．2006b. 工业行业土地集约利用与产业结构调整研究——以江苏省为例［J］. 中国土地科学，(6)
顾晓薇，王青，李广军，等．2006. 应用生态足迹指标对沈阳市高校可持续发展的研究［J］. 东北大学学报（自然科学版），27（7）：823-826
顾晓薇，王青等．2005. 可持续发展的环境压力指标及其应用［J］. 北京：冶金工业出版社，10：22-25
郭娜，郭科，吴金炉，等．2007. 灰色关联度分析法在土地评价中的应用［J］. 成都理工大学学报（自然科学版），(12)：626-629
郭青海，马克明，张易．2009. 城市土地利用异质性对湖泊水质的影响［J］. 生态学报，(2) 776-787
郭秀锐，居荣．2003. 城市生态足迹计算与分析——以广州为例［J］. 地理研究
海金玲．2005. 中国农业可持续发展研究［M］. 上海：上海三联书店
韩晓卓，张彦宇，李自珍．2006. 生态足迹时间序列趋势外推分析的一种新方法及其应用［J］. 草业学报，15（5）：129-134
何金平．2012. 向山地要发展：云南省大理白族自治州人民政府［J］. 中国土地，01：56-57
何学元．2004. 洱海水资源环境及可持续利用对策［J］. 林业调查规划，29（2）：74-79
何玉宏．2005. 中国城市交通问题的理性思考［J］. 中州学刊，(1)：103-106
何祖慰，杨忠，罗辑．2007. 西藏昌都地区土地利用结构熵值时序分析［J］. 长江流域资源与环境，(2) 192-195
胡孟春，张永春，缪旭波，等．2003. 张家口市坝上地区生态足迹初步研究［J］. 应用生态学报，14（2）：317-320
胡晓晶．2010. 生态旅游目的地竞争力时空演变及提升战略研究［D］. 中国地质大学
胡雪琼，黄中艳，朱勇，等．2006. 云南烤烟气候类型及其适宜性研究［J］. 南京气象学院学报，(04)：18-20
黄楚兴．2003. 云南省岩溶旅游地质资源特征及其环境保护［D］. 昆明理工大学
黄林，张伟新，姜翠玲，等．2008. 水资源生态足迹计算方法［J］. 生态学报，28（3）：1279-1286
黄青，任志远，王晓峰．2003. 黄土高原地区生态足迹研究［J］. 国土与自然资源研究，，2：57-58
黄贤金，彭补拙，濮励杰．2002. 区域产业结构调整与土地可持续利用关系研究［J］. 经济地理，(4)
江曼琦．2001. 城市空间结构优化的经济分析［M］. 北京：人民出版社
金相灿．2005. 云南洱海的生态保护及可持续利用对策［J］. 环境科学，(5)
柯高峰，丁烈云．2009. 洱海流域城乡经济发展与洱海湖泊水环境保护的实证分析．经济地理［J］. (9)：1546-1550
孔继君．浅谈洱海治理经验和保护对策［EB/OL］. 资源网［2008-08-06］
孔祥斌，张凤荣等．2005. 区域土地利用与产业结构变化互动关系研究明［J］. 资源科学，(3)：59-64

雷海章 . 2002. 中西部地区农业可持续发展支撑体系研究［M］. 北京：中国农业出版
李莲华，高海英 . 2009. 矿山开采的环境问题及生态恢复研究［J］. 现代矿业，(2)：28-30
李宁宁 . 2006. 黑龙江省农业土地利用分区及实施对策研究［D］. 黑龙江：东北农业大学
李培祥，王利明 . 2003. 城市化与产业结构演变的调控模式及对策［J］. 青岛大学师范学院学报，(2)
李培祥 . 2007. 城市产业结构转换与土地利用结构演变互动机制分析［J］. 安徽农业科学，(35)
李鹏，杨桂华 . 2007. 云南香格里拉旅游线路产品生态足迹［J］. 生态学报，27 (7)：2954-1963
李青 . 2009. 云南省旅游经济区域差异及其对策研究［D］. 云南师范大学
李清龙等 . 2004. 水环境承载力理论研究与展望［J］. 地理与地理信息科学，(1)
李同明 . 1999. 中国可持续发展概论［M］. 武汉：湖北人民出版社
李万绪 . 1990. 基于灰色关联度的聚类分析方法及其应用［J］. 系统工程，(8)：37-40
李唯，宁平 . 2006. 云南环境研究——循环经济与环境保护［M］. 昆明：云南出版社集团，云南科技出版社
李显惠，李永实 . 2006. 福州市土地利用分区及土地持续利用对策［J］. 闽江学院学报，27 (5)：114-118
李学良 . 2003. 文明的历史脚步——建国以来滇南少数民族农地利用模式的变迁［D］. 中央民族大学
李艳丽，赵纯勇，穆新伟 . 2006. 基于 GIS 与 RS 技术的城市土地利用履盖变化分析［J］. 水土保持研究，13 (3)：72-74
李元 . 2000. 中国土地资源［M］. 北京：中国大地出版社
李兆林，岑华 . 2002. 洱海流域环境现状分析［J］. 云南地理环境研究，(14)
李智佩，岳乐平，聂浩刚，等 . 2007. 中国三北地区荒漠化区域分类与发展趋势综合［D］. 西北大学
郦建锋、杨树华等 . 2008. 洱海流域土地利用格局变化研究［J］. 云南大学学报（自然科学版)，(30)：382-388
梁勇，成升魁，闵庆文 . 2004. 生态足迹方法及其在城市交通环境影响评价中的应用［J］. 武汉理工大学学报，28 (6)：821-824
刘鸿渊，刘险峰，闫泓. 2008. 农业面源污染研究现状及展望［J］. 安徽农业科学，36 (19)
刘建伟. 2011. 1991 ~2008 年中国能源贸易生态足迹的动态测度与分析［J］. 大连理工大学学报（社会科学版)，02：22-26
刘建兴，顾晓薇，李广军，等 . 2005. 中国经济发展与生态足迹的关系研究［J］. 资源科学，27 (5)：33-39
刘来福，曾文艺 . 1997. 数学模型与数学建模［M］. 北京：北京师范大学出版社
刘平辉，郝晋珉 . 2006. 土地资源利用与产业发展演化的关系研究［J］. 江西师范大学学报，(1)
刘平辉，郝晋民 . 2003. 土地利用分类系统的新模式依据土地利用的产业结构而进行划分的探讨［J］. 中国土地科学，(17)
刘蕊 . 2010. 清江流域旅游扶贫可持续发展战略与评价研究［D］. 中国地质大学
刘文立，李宇斌 . 2000. 关于“等标污染负荷”概念的思考［J］. 辽宁城乡环境科技，20 (3)：23-26
刘彦随 . 1999. 区域土地利用优化配置［M］. 北京：学苑出版社
刘宇辉，彭希哲 . 2000. 基于生态足迹模型的中国发展可持续性评估 . ［J］中国人口 · 资源与环境，14 (5)：55-63
刘云南 . 2007. 生态足迹理论在生态城市建设规划中的应用——以海口市为例［J］. 生态学报，27 (5)，2012-2020
龙开胜，陈利根，李明艳 . 2008. 工业化、城市化对耕地数量变化影响差异分析——以江苏省为例［J］.

长江流域资源与环境，17（4）：579-583
鲁成树.2004. 经济快速发展时期的土地利用规划研究［D］. 浙江大学博士学位论文
鲁春霞，谢高地等.2001. 青藏高原自然资产利用的的生态空间占用评价［J］. 资源科学，23（6）：29-35
陆大道等.1990. 中国工业布局的理论与实践［M］. 北京：科学出版社
陆净岚.2003. 资源约束条件下我国产业结构调整理论与政策研究［D］. 浙江大学博士学位论文
陆汝成，严志强，黄贤金.2009. 城市土地结构熵值变化和持续利用——以广西北流市为例［J］. 资源开发与市场，(25) 495-498
路振广，张玉顺，杨宝中.2010. 农业节水与水资源可持续利用理论及实践［M］. 郑州：黄河水利出版社
栾玉泉，谢宝川.2007. 洱海流域环境保护和综合管理［J］. 大理学院学报，(12)：38-40
罗俊，周寅康.2001. 浙江平阳县土地资源利用分区研究［J］. 土壤，(5)：247-250
骆华松.2005. 旅游地质资源与人地关系耦合研究［D］. 昆明理工大学
马艳新.2009. 生态足迹方法在东北地区可持续发展研究中的应用［D]，东北师范大学
毛锋，宾国澍. 肖劲松.2005. 生态足迹与区域可持续发展评价［J］. 地域研究与开发，10
孟海涛，陈伟琪，赵晟，等.2007. 生态足迹方法在围填海评价中的应用初探——以厦门西海域为例［J］. 厦门大学学报（自然科学版)，46（1)：203-208
孟宪磊，李俊祥，李铖，等. 2010. 沿海中小城市快速城市化过程中土地利用变化——以慈溪市为例［J］. 生态学杂志，29（9)：1799-1805
缪丽娟，刘强，何斌，等. 2012. 库尔勒城市化进程对土地利用格局变化的影响［J］. 干旱区资源与环境，26（10)：162-168
那培思，赵玉中，蒋晓军.2008. 对云南大理白族的表述与自我表述的再思考［J］. 西南民族大学学报（人文社科版)，(08)：34-36
倪绍祥，刘彦随.1999. 区域土地资源优化配置及其可持续利用［J］. 农村生态环境，(2)
彭文启，王世岩，刘晓波.2005. 洱海流域水污染防治措施评估［J］. 中国水利水电科学研究院学报.(6)：95-99
彭文启，张祥伟.2005. 现代水环境质量评价理论与方法［M］. 北京：化学工业出版社
秦耀辰，牛树海.2003. 生态占用法在区域可持续发展评价中的运用与改进［J］. 资源科学，25（1)：1-8
曲福田等.2001. 经济发展与土地可持续利用［M］. 北京：人民出版社
任平等.2006. 土地利用变化的分区评价研究——以成都市为例［J］. 国土与自然资源研究，(2)：27-2
任艳敏，张加恭，张争胜.2007. 城市产业结构优化与土地资源配置研究［J］. 安徽农业科学，(17)
任勇，冯东方，俞海.2008. 中国生态补偿理论与政策框架设计［M］. 北京：中国环境科学出版社
邵立民.2008. 我国绿色农业战略选择及对策研究［M］. 北京：中国农业出版社
舒肖明，杨达源，董杰.2005. 山区生态足迹的计算与分析——以大别山区岳西县为例［J］. 长江流域资源与环境，14（2)：243-247
斯蔼，林年丰，汤洁，等.2006. 生态足迹法在可持续发展度量及趋势预测中的应用［J］. 干旱区资源与环境，03：41-45
孙琛.2006. 经济与管理实证探索［M］. 北京：中国农业出版社
谭永忠，吴次芳.2003. 区域土地利用结构的信息熵分异规律研究［J］. 自然资源学报，(1)：112-117
唐佳，徐怀亮等.2010. 基于 GIS 和 RS 洱海流域的土地覆盖/利用变化［D］. 四川农业大学

万本太，邹首民 . 2008. 走向实践的生态补偿——案例分析与探索［M］. 北京：中国环境科学出版社
王彩霞 . 2005. 试论土地利用规划的理论基础——持续利用理论和生态经济理论［J］. 甘肃林业职业技术学院学报，(6)：75- 50
王芳 . 2008. 西部型农业发展的理论分析与实证研究［M］. 北京：中国农业出版社
王辉 . 2006. 沿海城市生态环境与旅游经济发展定量研究［J］. 干旱区资源与环境，5（22)：75-78
王嘉学 . 2005. 三江并流世界自然遗产保护中的旅游地质问题研究［D］. 昆明理工大学
王俭等 . 2007. 基于人工神经网络的区域水环境承载力评价模型及其应用［J］. 生态学杂志，(26)
王金、李进华、陈来，等 . 2009. 巢湖流域产业结构与水污染程度的关系研究［J］. 资源与开发市场，(25)：606-609
王静，程烨，刘康，等 . 2003. 土地用途分区管制的理性分析与实施保障［J］. 中国土地科学，17（3)：47-51
王磊 . 2001. 城市产业结构调整与城市空间结构演化——以武汉市为例［J］. 城市规划汇刊，(3)
王立红 . 2005. 循环经济——可持续发展战略的实施途径［M］. 北京：中国环境科学出版社，2005
王梅 . 2005. 工业用地集约利用与产业调整研究——以昆山市为例［D］. 南京农业大学硕士学位论文
王珊珊，梁涛 . 2005. 区域尺度农田氮磷非点源污染与模型应用分析［J］. 地球信息科学，7（4)
王世旭 . 2009. 基于生态足迹模型的临沂市可持续发展分析［J］. 山东行政学院山东省经济管理干部学院学报，05：3-6
王树会，邵岩，李天福，等 . 2006. 云南烟区土壤钾素含量与分布［J］. 云南农业大学学报，(06)：16-18
王万茂，韩桐魁 . 2002. 土地利用规划学［M］. 北京：中国农业出版社
王晓燕 . 2000. 非点源污染及其管理［M］. 北京：海洋出版社
王秀红，何书金，罗明 . 2002. 土地利用结构综合数值表征——以中国西部地区为例［J］. 地理科学进展，(1)：17-22
王语谦 . 2009. 滇西北旅游产品一体化研究［D］. 云南师范大学硕士学位论文
卫志宏等 . 洱海流域牛奶等畜禽养殖总氮污染形势分析及控制对策［J］//第十三届世界湖泊大会论文集 . 北京：中国农业大学出版社，(4)：999-1005
吴传均，郭焕成 . 1994. 中国土地利用［M］. 北京：科学出版社
吴满昌，杨永宏 . 2009. 洱海流域水环境政策的发展［J］. 昆明理工大学学报（社会科学版）(3)：1-4
吴群，郭贯成 . 2002. 城市化水平与耕地面积变化的相关研究——以江苏省为例［J］. 南京农业大学学报，25（3)：95-99
伍光和 . 2004. 自然地理学（第三版）［M］. 北京：高等教育出版社
武德传，周冀衡，樊在斗，等 . 2010. 云南烤烟多酚含量空间变异分析［J］. 作物学报，(01)：23-25
谢高地，鲁春霞，成升魁，等 . 2001. 中国的生态空间占用研究［J］. 资源科学，23（6)：20-23
谢洪忠 . 2005. 滇中林柱状地质景观旅游价值研究［D］. 昆明理工大学
谢鸿光，庄大方 . 2000. 空间分析支持下的土地资源信息的空间采样方法研究［J］. 中国统计，(11)：8-11
谢立鹤，董云仙 . 2002. 论洱海流域可持续发展［J］. 云南环境科学，(11)
徐持平，汪瑜，董利民 . 2014. 城市经济增长与土地利用关系的动态计量分析［J］. 湖北农业科学，53（1)：228-235
徐邓耀，翟有龙等 . 1992. 主成分法在土地利用分区中的应用研究［J］. 四川师范学院学报，13（4)：251-255

徐建华.2002. 现代地理学中的数学方法［M］.（第二版）. 北京：高等教育出版社
徐宁.2007. 关于土地利用功能分区研究［J］. 安徽农业科学，35（2）：482-483
徐萍，吴群，刘勇.2003. 城市产业结构优化与土地资源优化配置研究［J］. 南京社会科学，(5)
徐萍.2005. 城市产业结构与土地利用结构优化研究［J］.（12）
徐霞.2006. 论产业结构优化与城市土地资源集约利用［J］. 安徽农业科学，(24)
徐中民，任福康，马松尧，等.2003. 估计环境价值的陈述偏好技术比较分析［J］. 冰川冻土，06：55-67
徐中民，张志强.2006. 生态足迹方法的理论解析［J］. 中国人口资源与环境，(16)
杨桂华，李鹏.2005. 旅游生态足迹：测度旅游可持续发展的新方法［J］. 生态学报，25（6）：1475-1480
杨建云.2004. 洱海湖区非点源污染与洱海水质恶化［J］. 云南环境科学，(4)：104-106
杨开忠，杨咏，陈洁.2000. 生态足迹分析理论与方法［J］. 地球科学进展，15（6）：630-636
杨勤业，吴绍洪，郑度.2002. 自然地域系统研究的回顾与展望. 地理研究，21（4）：407-417
杨子生，郝性中. 土地利用区划几个问题的探讨［J］. 云南大学学报（自然科学版）
杨子生.2000. 试论土地生态学［J］. 中国土地科学，14（2）：38-4
叶春，金相灿等.2004. 洱海湖滨带生态修复设计原则与工程模式［J］. 中国环境科学，24（6）：717-721
易丹辉. 2002. 数据分析与 Eviews 应用［M］. 北京：中国统计出版社
俞孔坚.2004. 城市生态十大战略［J］. 生态经济，：34-36
禹劲草.2008. 信息和负熵初探［J］. 信息科学，：63-96
袁艺，史培军，刘颖慧，等. 2003. 快速城市化过程中土地覆盖格局研究——以深圳市为例［J］. 生态学报，23（9）：1832-1840
原二军. 洱海：蓝藻仍未远离？［EB/OL］. 中国环境网［2008-08-06］
云南省环境监测中心.2003. 大理市环境规划（2000—2010）［R］. 昆明：云南省环境监测中心，54-55
郧文聚，范金梅.2008. 我国土地利用分区研究进展［J］. 资源与产业，10（2）：9-14
张灿枢.2005. 大理州水污染变化趋势及其防治对策［J］. 林业调查规划，(3)：69-71
张洁瑕等.2008. 中国土地利用区划研究概况与展望［J］. 中国土地科学，22（5）：62-68
张金鹏.2009. 白族文化与现代文明［J］. 云南民族大学学报（哲学社会科学版），(04)：24-25
张俊飚，雷海章.2002. 中西部贫困地区可持续发展问题研究［M］. 北京：中国农业出版社
张丽琴，姚书振，李江风.2003. 我国城市土地利用演进驱动机制分析［J］. 科技进步与对策，(11)
张林洪.2006. 山区公路工程地质环境中的水渗流机制研究［D］. 昆明理工大学
张秋妾，李景国.2000. 邯郸市域土地利用结构与经济结构关系分析［J］. 河北师范大学学报（自科学版），(1)
张淑焕.2000. 中国农业生态经济与可持续发展［M］. 北京：社会科学文献出版社
张志强，徐中民，程国栋，等.2001. 中国西部 12 省（区市）的生态足迹［J］. 地理学报，05：34-44
赵果元，李文杰，李默然，等.2008. 洱海湖滨带的生态现状与修复措施［J］. 安徽农学通报，14（17）：89-92
赵和生.1999. 城市规划与城市发展［M］. 南京：东南大学出版社
赵可，张安录. 2011. 城市建设用地、经济发展与城市化关系的计量分析［J］. 中国人口. 资源与环境，21（1）：7-12
赵小敏，鲁成树等.1998. 江西省土地利用分区研究［J］. 江西农业大学学报，20（3）：387-392

赵永斌，孙武．2006. 土地用途分区管制在县级土地利用总体规划中的应用分析［J］．云南地理环境研究，18（3）：53-56

甄静．2006. 基于GIS的西安市土地利用分区方法研究［D］．西安：长安大学

郑可峰，1989. 浙江省德清县农业生态经济［J］．生态学杂志，(8)：48-53

郑荣禄．1997. 中国城市土地经济分析［M］．云南：云南大学出版社

中国21世纪议程管理中心，可持续发展战略研究组．2007. 生态补偿：国际经验与中国实践［M］．北京：社会科学文献出版社

中国人民大学区域经济研究所．1997. 产业布局学原理［M］．北京：中国人民大学出版社

钟定胜，张宏伟．2005. 等标污染负荷法评价污染源对水环境的影响［J］．中国给水排水，5（21）

周宝同．2004. 土地资源可持续利用基本理论探讨［J］．西南师范大学学报，(2)

周诚．1996. 土地经济学［M］．北京：中国人民大学出版社

周生路等．2003. 东南沿海低山丘陵区土地利用结构的地域分异研究——以温州市为例［J］．土壤学报，(1)

周一星．1995. 城市地理学［M］，北京：商务印书馆

朱凤武等．2001. 温州市土地利用空间格局研究［J］．经济地理，(1)

朱鹤健，何绍福，姚成胜．2009. 农业资源系统耦合模拟与应用［M］．北京：科学出版社

朱喜钢．2002. 城市空间集中与分散论［M］．北京：中国建筑工业出版社

朱兆良，［英］David Norse，孙波．2006. 中国农业春风满面污染控制对策［M］．北京：中国环境科学出版社

朱振国，姚士谋，许刚．2003. 南京城市扩展与其空间增长管理的研究［J］，人文地理，(10)

Alden D M, Proops J L R, Gay P W. 1998. industrial hemp's double dividend: a study for the USA［J］. Ecological Economics, 25: 291-301

Alonso W. 1965. Location and Land se［M］. Cambridge: Havard University Press

Fleischmann A. 1989. Politics, administration, and local land-use regulation: analyzing zoning as a policy process［J］. Public Administration Review, 49 (4): 337-344

Berg H, Michelsen P, Troell M, et al. 1996. Managing aquacultrue for sustainability intropica LakeKaroba, Zimbabwe［J］. Ecologicaleconomics, 18: 141-159

Christopher P C. 2005. Allocation rules for land division［J］. Journal of Economic Theory, 121 (2): 236-258

Colin Hunter. 2002. Sustainable Tourism and the Touristic Ecological Footprint［J］. Environment, Development and Sustainability, : 45-88

Daniel PM, John F M. 1990. A two- limit To bit Model of suburb a land- use zoning［J］. Land Economics, 66 (3): 272-282

Eisma D, Sun S , Song X. 2000. Thomasse E. Sedimentation in Erhai Lake , Yunnan Province , China［J］. Journal of Lake Science, 12 (9) 25-27

Engle R, Granger C. 1987. Co-integration and error correction: representation, estimation and testing［J］. Economics, 1987, 35: 391-407

Erling H, Ingrid T N. 2005. Three challenges for the compact city as a sustainable urban form: household consumption of energy and transport in eight residential areas in the greater oslo region［J］. Urban Studies, 12: 2145-2166

Esteban R H. 2004. Optimal urban land use and zoning［J］. Review of Economic Dynamics, 7 (1): 69-106

Gerbens-Leenes P W, Nonhebel S. 2002. Consumption patterns and their effects on land required for food［J］.

Ecological Economics, 42: 185-199

Guijt I, Moiseev A. 2001. IUCN resources kit for sustainability assessment [J]. Switzerland: International Union for Conservation of Nature and Natural Resources, 33-37

Harrington J W. 1995. Empirical research on producer service growth and regional development: international comparisons [J], Professional Geographer, (1): 26-55

HoytE. Coffee. Location Factors: Business as Urual [M]. More of Less, site selection, February, 1994

Illeris S. 1989. Produce services: the key sector for future economic development [J]. Entrepreneurship and Regionaldevelopment, (1): 20-35

James A T. 1997. The effect of zoning on housing construction [J]. Journal of Housing Economics, 6 (1): 81-91

Jonathan H M, Michael A G. 1981. Land use controls: the case of zoning in the Van coverarea [M]. Areuea Journal, 9 (4): 418-435

Karen Turner, Manfred, et al. 2007. Examing the global environmental impact of regional consumption activities-part 1: a technical note on combining input-out put and ecological footprint anaysis [J]. Ecological Economies, 62 (1): 37-44

Koop G, Pesaran M, Potter S. 1996. Impulse response analysis in nonlinear multivariate models [J]. Journal of Econometrics, 74 (1): 119-147

Long W F, Christopher J W. 1998. Simulation of natural land use zoning underfree- market and incremental development control regime [J]. Computer, Environand Urban Systems, 22 (3): 241-256

Loyd P E, Dieken P. 1977. Locationin Space [M]. London: Harper and Row

Mariano Torras. 2003. An ecological footprint approach to external debt relief [J]. World Development, 31 (12): 2161-2171

Martin R C. 1973. Spatial distribution of population: cities and suburbs [J]. Journal of Regional Science, 13: 269-278

Merriam C H. 1898. Life zones and crop zones of the United States. Bull. Div. Biol. Surv. 10. Washington D. C. U. S. Departrnent of agriculture, 71-79

Odum E P. 1989. Ecology and our cndangered life support system [M]. Sunderland: Sinauer Asscciates, 34-45

Odum E P. 1975. Ecology: the link between the natural and social sciences [M]. New York: Holt Saunders, 55-57

Ray M. 1979. Northam, Urban GeograPhy [M]. New York: John Willey & Sons

Rees W E, Wackernagel M. 1996. Our ecological footprint: Reducing human impact on the earth [M]. New society pubilishers

Rees W E, Wackernagel M. 1997. Ecological footprints and Appropriated Carrying Capacity: Measuring the Natural Capital Requirements of the Human Economy [M], Washington: Island Press

Roth E, Rosenthal H, Burbridge P A. 2000. Discussion of the use of the sustainability index: ecological footprint for aquaculture production [J]. Aquatic Living Resource, 13: 461-469

Stoglehner G. 2003. Ecological footprint-a tool for assessing sustainable energy supplies [J]. Clean Prod, (11): 267-277

Thomlinosn R W. 1969. Urban structrue-the social and spatial character of cities [M]. New York: Random House

Trista M. 2007. Patterson, valentina niccolucci and simone bastianoni. Beyond "more is better": Ecological footprint accounting for tourism and consumption in val di merse, Italy [M] . 15 May 2007: 747-756

Tuan Y F. 1971. Geography, phenomenology and the study of human nature [J] . The Canadian Geographer, 15: 181-192

United Nations. 1996. Indicators of sustainable development: framework and meth odologies [J] . New York: 2-5

UNSD. 2001. Indicators of Sustainable Development: Guidelines and methodologies [J] . New York: 3-7

UNSD. 2002. List of environmental and related socio-economic indicators [J] . New York: 33-35

Val D, Rosemary P. Jon E, et al. 2008 . The marine planning framework for South Australia: A new ecosystem-based zoning policy for marine management. Marine Policy 32, 535-543

Wachernagel M, Lewan L, Hanson C B. 1999. Evaluating the use of natural capital with the ecological footprint [J] . Applications in Sweden and Subregions. Ambio, 28 (7): 604-612

Wachernagel M, Monfreda C. Moran D. 2005. Nation foot print and bioca pacity accounts 2005 [J] . The underling calculation methed. Global Foot Print Network Oakland, CA,: 33-34

Wackernagel M, Monfreda C, Diana D. 2002. Sustainability issue brief ecological footprint of nations november 2002 update [J] . How much nature do they use? How much nature do they have redefining progress, (11)

Wackernagel M, Onisto L, Bello P, et al. 1997. Ecological footprint of nations [J] . Toronto: International Council for Local Environmental Initiatives, 10-21

Wackernagel M, Onisto L, Bello P et al. 1999. National natural capital accounting with the ecological footprint concept [M] . Ecological Economics, 29 (3): 375-390

Wackernagel M, Onisto L, Bello P, et al. 1997. Ecological footprints of nations. How much nature do they do? How much nature do they have? [R]

Wackernagel M, Schulz N B, Deuming D, et al. 2002. Tracking the ecological overshoot of the Human economy [J] . Proc Natl Acad Sci, (99): 9266-9271

Wackernagel M, Onisto L, Bello P, et al. 1999. National natural capital accounting with. the Ecological Footprint Concept [J] . Ecological Economics. 1999: 46-49

Wackernagel M. 1998. The ecological footprint of santiago de chile [J] . Local Environment, 3

White T. 2000. Diet and distribution of eenvironmental impact [J] . Ecological Economics, 34 (234): 145-153

William M, Rees W E. 1996. Our ecological footprint: reducing human impacton earth [M] . Gabriola Island: New Society Publisher, 34-36

附录　长寿湖产业结构现状调查、问题诊断及结构调整减排方案①

1　长寿湖产业结构现状、特征及 SWOT 分析

1.1　长寿湖农业产业结构现状、特征及 SWOT 分析

1.1.1　长寿湖农业产业发展总体情况

近年来，长寿湖区农业经济发展速度迅猛，第一产业总产值由 2000 年的 97 814 万元增长到 2008 年的 187 403 万元，年均增长 8.47%（附图 1）。

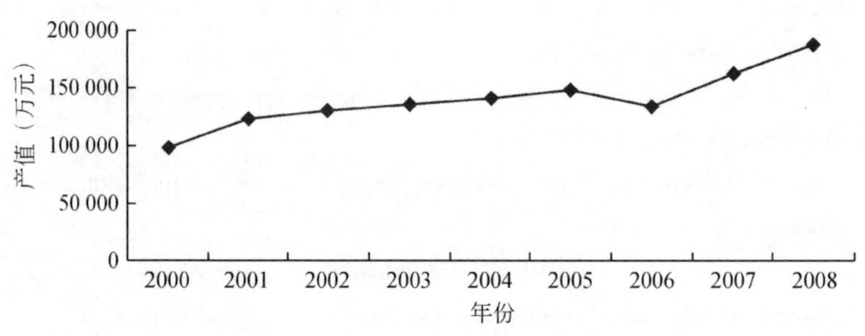

附图 1　长寿区第一产业产值变化图

长寿区第一产业占国民经济总产值的比重由 2000 年的 20.13% 下降为 2008 年的 13.03%（附表 1）。

附表 1　长寿区三次产业发展情况

年份	2000	2001	2002	2003	2004	2005	2006	2007	2008
第一产业产值（万元）	97 814	123 453	129 627	136 572	141 816	147 831	134 678	162 018	187 403
第二产业产值（万元）	228 372	254 446	282 436	304 183	351 425	443 724	553 063	710 253	822 777
第三产业产值（万元）	159 733	186 345	207 534	232 496	253 186	278 679	312 777	365 469	427 993
第一产业比例（%）	20.13	21.88	20.92	20.29	19.00	16.99	13.46	13.09	13.03

资料来源：历年长寿区统计年鉴。

① 本文系董利民教授主持重庆市长寿区人民政府招标课题成果之一。该成果已纳入《长寿湖流域水污染综合防治与生境改善规划》，该规划经过专家论证评审并被重庆市人民政府采纳批复应用。

长寿区农民人均纯收入逐年增长。2008 年农民人均纯收入达到4901 元，较2000 年增加2539 元，年均增长317 元（附表2）。

附表2　长寿区农民人均纯收入

年份	2000	2001	2002	2003	2004	2005	2006	2007	2008
长寿区农民人均纯收入（元）	2 362	2 435	2 539	2 679	3 034	3 369	3 480	4 158	4 901

资料来源：历年长寿区统计年鉴。

1.1.2　长寿湖农业产业结构特征及SWOT分析

（1）农业产业结构特征分析

a. 农林牧渔业总体发展情况

从长寿区农林牧渔业发展趋势来看，畜牧养殖业逐渐发展成为农业经济的第一主导产业，其产值比例由2000 年的38.7%上升到2008 年的51.5%，超过了种植业产值比例。种植业产值逐渐退为第二主导产业，其产值比例由 2000 年的 55.7% 下降到 2008 年的41.3%，而林业和渔业产值比重变化不大，基本保持5% ~7%。详见附图2。

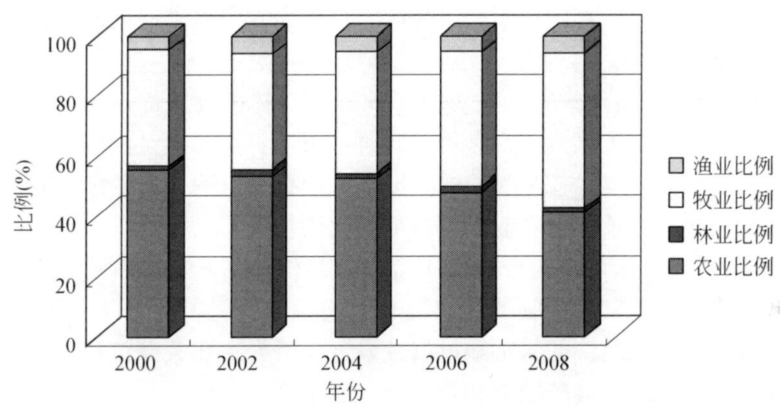

附图2　长寿区农林牧渔业产值比例变化图

b. 主要农业产业分项发展情况

长寿区粮食作物主要包括水稻、小麦、玉米、薯类等；经济作物主要包括油料、蔬菜等；畜牧品种主要包括猪和家禽。长寿湖粮食作物种植规模明显减少，经济作物的种植规模增加，畜牧品种的养殖规模明显增加（附表3）。

附表3　长寿区主要种植品种种植规模的变化情况

年份	水稻（亩）	小麦（亩）	玉米（亩）	薯类（亩）	油菜（亩）	蔬菜（亩）	猪存栏（头）	家禽存栏（只）
2000	26 865	16 673	16 222	14 620	4 043	9 934	470 011	33 726
2002	25 953	13 648	14 397	13 016	3 781	10 022	455 965	35 514
2004	24 949	9 609	13 743	14 196	3 318	9 182	466 183	42 704

续表

年份	水稻（亩）	小麦（亩）	玉米（亩）	薯类（亩）	油菜（亩）	蔬菜（亩）	猪存栏（头）	家禽存栏（只）
2006	24 188	9 768	12 365	14 888	3 890	9 557	442 147	50 714
2008	21 868	6 446	11 891	13 572	3 409	10 863	496 973	55 056

资料来源：长寿区统计年鉴。

（2）农业产业发展 SWOT 分析

a. 农业产业发展优势

1）农业水资源充足。长寿湖水域面积 7.7 万亩，湖容量 10.27 亿 m^3，水生动植物资源丰富，水生品种繁多，有翘壳鱼、花鲢、白鲢等多种鱼类生长。

2）农业生产条件优越。长寿区土壤肥沃，气候温和，雨量充沛，适合农业发展，是重庆市重要的农业生产基地。不仅为长寿湖人口提供充足的粮食供给，而且为全市的粮食安全提供有力的保障。长寿湖养殖业发达，已经形成了具有一定规模的生猪和水产养殖产业，在重庆市占有重要的地位。

3）区位交通优势明显。长寿区紧靠重庆市区。长寿湖内公路、铁路等交通系统建设完善。便利的交通拉近了长寿湖与周边市县的距离，为农产品流通创造了有利条件。

b. 农业产业发展劣势

1）水土流失严重、自然灾害频发。由于长寿区森林植被质量不高，蓄水保土的常绿阔叶林面积小，长寿区水土流失较为严重，同时，由于农业基础设施所需的资金长期投入不足，农业生产仍然处于技术较为脆弱的状况，农业抵御自然灾害的能力较弱，造成农业减产的情况频繁发生，给长寿湖农业生产造成巨大的损失。

2）农业产业结构、布局与生产方式不合理。结构单一、布局不甚合理、抵抗市场风险能力弱是当前农业产业发展面临的突出问题，这不仅限制了长寿区水污染治理的效果，也直接威胁到农业和农村经济的稳定和可持续发展。例如，蔬菜经济价值相对较高，农民愿意投入，大量使用化肥，其施肥量相当于其他作物的 3～5 倍，过量施用化肥，增加了农田氮、磷污染负荷，加剧了环境风险，严重限制了长寿湖水污染治理的效果，同时，由于蔬菜种植区位规模不一，其市场价格差异显著，使农民增收极易受到市场波动的影响。

c. 农业产业发展机遇

1）农业政策环境宽松。中共十六大以来，国务院提出把解决好“三农”问题作为全党的工作重中之重的基本要求，制定了工业反哺农业、城市支持农村和多予少取放活的基本方针，并采取了一系列，诸如减免农业税、粮食补贴、农机具补贴、良种补贴等支农惠农的政策。中央及地方创造的良好政策环境，为长寿区农业经济的发展提供了有力的政策支持，也为长寿湖的农业发展迎来了十分宝贵的机遇。

2）农业市场体系建设日趋完善。长寿湖农产品市场建设推进速度相当快，基本形成了以城市为中心，集镇为纽带，乡村为依托，大中小结合，城乡协调发展的农产品市场网络体系。

3）农产品加工业发展潜力大。目前长寿区已经形成一定规模的以农产品为主的加工产业群。随着产业链建设的完善和加工技术的提高，农产品加工业的加工能力将进一步提高，对加工原材料的需求增加，将进一步促进长寿区农业经济的发展。

d. 农业产业发展风险

1）农业生产规模扩大带来水环境污染加重。长寿湖水体作为生产、生活污染的受纳水体，面临水质退化、富营养化程度加剧、生物多样性和生态功能下降等风险。由于湖区长期过量施用化肥，肥料利用率低，农田氮磷随排水进入长寿湖，造成长寿湖湖水氮磷含量超标。随着长寿区农业生产规模的扩大，农业面源污染的产生量急剧增加，如果这些农业面源污染得不到有效控制，长寿湖的富营养化趋势将无法扭转，水生态环境将受到极大的威胁。

2）农民组织化程度低带来的市场风险。近年来长寿区农业科技水平稳步提高，然而高质量、具有重大转化价值和市场前景的突破性科技成果不多。同时，因为目前长寿湖农民组织化程度很低，基层农业技术服务机构很难将先进的农业技术和有效的农业信息传达到农户，一些先进实用的农业技术得不到及时推广，农户也难以及时掌握最新的农业市场信息，导致农民在农业品种的选择存在很大的盲目性，农业发展仍存在很大的市场风险。

3）农业管理制度和体制的约束风险。目前，长寿区农村、农业管理制度和体制改革滞后，特别是集体土地流转制度、农村社会保障制度、城乡户籍制度、农业金融信贷政策、农产品流通体制、农村综合减灾体系和城乡协调发展等制度尚未完全建立，还不能完全适应农业经济发展的要求。

总而言之，农业为长寿区基础产业，担负为长寿湖居民提供绝大部分基本生活资料以及为长寿湖加工业提供基本原材料的重任，尽管在工业化进程中，其在三次产业中的占比还会继续下降，但其农业基础地位不可动摇。

e. 农业产业 SWOT 矩阵

根据上述分析，构建农业产业 SWOT 矩阵如附表 4 所示。

附表 4　长寿湖农业产业 SWOT 矩阵图表

	S	W
	（1）农业水资源丰富 （2）农业生产条件优越 （3）区位、交通优势	（1）水土流失严重、自然灾害频发 （2）农业产业结构、布局与生产方式不合理
O	SO 战略	WO 战略
（1）农业政策环境宽松 （2）农业市场体系建设日趋完善 （3）农产品加工业发展潜力大	（1）充分利用西部地区惠农政策，发挥农业生产条件优势，促进农业增效、农民增收； （2）充分利用日趋完善的农业市场体系，发挥区位优势，抓住市场机遇，不断拓展域外农业市场，保证农产品顺畅流通； （3）进一步延长农产品加工业产业链，带动优势农业产业发展壮大，提升优势农业产业竞争力	（1）建立和完善农村综合减灾防灾体系，加强农业基础设施建设，提高农业防灾抗灾水平； （2）充分利用农产品市场供需信息，科学组织生产，并大力发展绿色无公害农业产业，加强绿色农产品认证，提升农产品品质，减小农业市场风险； （3）在长寿湖外周边区域拓展农业产业发展空间，实现优势互补、资源共享、相互促进、共同发展

续表

	S	W
T	ST 战略	WT 战略
(1) 农业生产规模扩大带来水环境污染加重 (2) 农民组织化程度低带来的市场风险大 (3) 农业管理制度和体制的约束风险	(1) 加强农合组织建设，带动集体土地流转、农业金融信贷、农业技术应用培训等机制不断发展完善，有效解决农业产业土地、资金、人力等方面的发展瓶颈问题； (2) 建立和完善农村社会保障、城乡户籍制度、城乡协调发展机制，促进农村农业剩余劳动力向城镇和域外有序转移	(1) 通过优化农业产业空间布局、调整农业产业结构，减少水环境农业污染负荷； (2) 推进农业清洁生产技术应用，促进传统农业产业的技术升级，实现规模化、标准化生产； (3) 推动生态农业、循环农业、设施农业的发展，促进农业经济与生态环境的和谐发展

随着长寿湖农业产业的高速发展，带来的水污染负荷不断加重，很大程度阻碍了农业经济和生态环境的可持续发展。必须通过农业产业结构布局调整优化，限制污染严重的农业产业发展，鼓励清洁生产的农业产业发展。同时，推进长寿湖生态农业、循环农业、设施农业建设，以及清洁农业生产技术应用，才是其农业产业的发展方向选择。

1.2 长寿湖工业产业结构现状、特征及 SWOT 分析

1.2.1 长寿湖工业产业发展总体情况

近十年来长寿区（原长寿县）工业经济发展速度迅猛，通过多年的发展，辖内重庆（长寿）化工园区、重庆市晏家特色工业园区已具有相当的规模，近年来引进项目 700 多个，协议引资逾 1000 多亿元，累计引进企业百余家，其中世界 500 强企业 13 家，跨国公司分支机构 20 家，上市公司 26 家，并以巴斯夫、川维、重钢等百亿级企业为龙头，培育构建了天然气化工、石油化工、生物化工及精细化工、新材料、精品钢材和装备制造及电子信息等六大产业集群。

按照长寿区工业产业总体规划，到 2012 年长寿区将打造“两园一廊”，实现两个一千亿、一个百亿”的宏伟目标。即打造化工园区、晏家工业园区两个“千亿级”园区，把沿长梁高速公路的 6 个街镇工业集中区（新市、葛兰、双龙、石堰、云台、海棠）打造成百亿工业走廊，力争实现工业总产值 1300 亿元，工业增加值达到 400 余亿元。

1.2.2 长寿湖工业产业结构特征及 SWOT 分析

(1) 工业产业结构特征分析

a. 长寿区总体工业产业结构分析

从长寿区工业产业区域分布来看，按照 2007 年全区普查口径工业企业实现工业总产值 124.88 亿元，其中重庆长寿化工园区和晏家工业园区分别为 52.92 亿元和 32.75 亿元，占全区的 42.38% 和 26.22%，可以说全区工业的主体在上述两个园区。从行业分布来看，全区工业总产值前三位的行业是化学原料及化学制品制造业（53.2%）、黑色金属冶炼及压延加工

业（11.1%）、有色金属冶炼及压延加工业（5.19%），三个行业之和占比为69.49%。从地域分布来看，工业总产值主要集中在晏家街道和凤城街道，占比分别为72.26%和16.27%，合计占比高达88.53%，其他地域工业产值占比都不大。这也说明近几年长寿区的工业经济发展的重心位于辖区西南部，而长寿湖不处于长寿区工业发展的主导区域。

b. 长寿湖工业产业区域结构分析

总的来看，随着我国国民经济进入一轮新的高速发展期和重庆市区《“十一五”工业发展规划》的制定与实施，长寿湖工业产业规模和生产效率都得到较大程度的提高，带来了工业经济的快速发展。目前长寿湖主要工业企业集中在长寿湖北部的云台镇、石堰镇、双龙镇、但渡镇等区域。其中，云台镇是长寿区打造“长梁高速公路百亿工业走廊”的重点发展区域。云台镇规划以工模具生产园为起点，与海棠镇联合建设“云海工业集中区”，重点发展以特殊钢为主的、技术含量高、竞争力强的钢铁和机械加工制造产业；以川钻后勤服务基地为依托，充分利用其闲置资产，重点发展以编织、缝纫、家具业为主的劳动密集型产业，着力建设长寿的劳动力就业高效园。石堰和双龙也分别在规划建设“石堰工业组团”和“双龙工业组团”。但渡镇处于长寿湖西南部，与长寿区主城区距离较近，工业产业发展条件较好，工业基础也相对比较雄厚（附表5）。

附表5　长寿湖各乡镇普查企业工业总产值区域分布与区域主要产业

行政区划	工业总产值（万元）	在全区占比（%）	主要工业行业
长寿湖镇	2463	0.20	食品、机械、电力
但渡镇	8339.9	0.67	非金属、食品
海棠镇	2914	0.23	化工、塑料
邻封镇	708.5	0.06	非金属、食品
龙河镇	2869.6	0.23	非金属、食品
石堰镇	4154.3	0.33	非金属、机械
双龙镇	6417	0.51	非金属、农副食品
云集镇	4300.7	0.34	非金属、食品
云台镇	68344.4	5.47	化工、非金属、食品
合计	100511.4	8.04	化工、非金属、食品

注：数据来源为长寿区第一次全国污染源普查技术报告统计的2007年相关数据。

（2）工业产业发展SWOT分析

a. 工业产业发展优势

1）区位和交通优势。长寿区地处重庆腹心，东接涪陵，西邻渝北，南接巴南，北接垫江，西北与四川省邻水县相接，距重庆主城区65km，是重庆“一小时经济圈”向“两翼”辐射的重要中继站。长寿交通便利，长江黄金水道穿城而过，现有港区5个，年吞吐量1000万t，22个3000t级船舶常年可通江达海；陆路已建成3条高速路：渝长高速公路、长万高速公路、长涪高速公路；铁路方面，渝怀铁路贯穿长寿，沟通西南、中南和华东，另外还将启动境内渝利铁路、渝万城际铁路及川维、重钢、园区3条支线的修建。

2）自然条件和资源优势。长寿矿产资源以非金属矿产资源和煤、气为主，长寿区天然气探明储量3000亿m^3，煤炭4598万t，优质白云岩10亿t，特优级石灰石20亿t，厚层岩盐数10亿t，沙金、硫铁矿、黄铁矿、铝土矿、钾矿、石膏等储量颇丰；同时江河水能蕴藏量18万kW，可开发量达95%；长寿湖独特的自然气候条件形成了特有的生态系统，长寿湖的林果、淡水鱼产品丰富，这为长寿湖发展农林产品加工和特色工业创造了良好的条件，食品饮料、农副产品加工等产业也成为推动长寿湖工业发展的主要支柱。

3）产业基础条件优势。长寿区内有1江、2湖、3河、13溪，建有水电站30座；天然气、煤等矿产资源丰富，能源供应充足；年净化输出天然气70亿m^3，占全国天然气净化能力的1/3。区内还建有变电站19座，总变电容量1500MVA，日供水能力可达60万t；天然气日供应能力为500万m^3。同时，近几年来长寿累计引进企业百余家，协议引资规模超过1000亿元，并以巴斯夫、百亿川维、重钢等百亿级企业为龙头，培育构建了天然气化工、石油化工、生物化工及精细化工、新材料、精品钢材和装备制造及电子信息六大产业集群。

4）政策优势。重庆市是我国中西部地区唯一的直辖市，是中国西部大开发的重点城市，也是全国统筹城乡综合配套改革试验区，近期重庆还被列为全国五大中心城市之一，在促进区域协调发展和推进改革开放大局中具有重要的战略地位，对我国构建沿海与内陆联动开发开放新格局、保障长江长寿湖生态环境安全具有重要的意义。近几年重庆市委提出了建设“五个重庆”的发展新目标，对提升重庆的区位影响力和区域辐射力具有很好的促进作用，这也给长寿湖的工业经济发展带来了新的活力和极好的机遇。

b. 工业产业发展劣势

1）环境制约。长寿湖为龙溪河长寿湖上的人工湖，功能定位为发电、养殖、蓄水。要保护整个长寿湖不受污染，必须限制排入龙溪河污水的排放量，因此，对长寿湖周边地区的人口规模和工业发展有一定的制约。

2）区域经济协同发展制约。长寿湖与长寿湖外及长寿其他乡镇之间的经济联系不够紧密，区域协同发展速度缓慢，工业产业链衔接不够，产业关联度不高，尚未形成完善的工业产业发展网络和协作市场。长寿区打造两大千亿元级的工业园区，为长寿全区城乡经济的发展提供了广阔的空间，但是长寿湖工业并没有因此得到很大的带动，如何积极谋求横向联系的各乡镇、区域协同开发，以实现优势互补、互相促进，并在此过程中承接因协同开发而增多的发展机会，将对长寿湖尤其是龙溪河下游区域的未来工业发展产生直接而深远的影响。

3）产业配套方面的劣势。长期以来，由于地形地貌条件所限，长寿的铁路和高等级公路建设相对落后，产业基础设施不甚发达，致使长寿湖工业产品的对外交流受到较大的限制，很多资源优势不能转变为经济优势。

c. 工业产业发展机遇

1）产业政策调整的机遇。一是大力推进工业组团建设，以组团为平台，加大产业培植力度，不断壮大区域内机械设备制造、农副加工、食品饮料、化工等特色支柱产业；二是推行创新发展方式，着力实施工业发展的“三个转变”，即从扶持企业向扶持产业发展转变，从扶持具体项目向扶持产业发展平台转变，从要素投入型向政策激励型转变。

2）基础设施和工业大项目发展带来的机遇。长寿湖各级政府通过推行“项目带动发展”的战略，从项目规划建设、土地利用、环境保护、林业、长寿湖保护等各个方面，全方位谋划项目、支持项目、发展项目。一方面以项目建设促进企业发展，以项目拉动长寿湖工业经济增长；另一方面各级政府也积极开展招商引资，主动出击争取好的基础建设和产业发展项目，努力引进适合长寿湖发展、节能减排的工业项目；三是实行“思路项目化、项目数字化、措施具体化、实施快速化、效益最大化”。

3）以农副产品加工业为代表的特色资源开发利用产业发展空间广阔。依靠科技进步和清洁生产，长寿湖发展农产品加工等资源开发型产业，一方面可以带动第一产业的发展，另一方面也可以实现工业产业内部结构的调整，确保长寿湖劳动力就业和居民收入增长。长寿湖良好的生态环境和自然气候条件为发展特色农业和特色资源开发产业创造了良好的条件。

d. 工业产业发展风险

1）工业生产规模扩大带来水环境污染加重。长寿湖环境保护是长寿湖经济发展和产业调整的根本出发点。从以上的长寿湖工业调查可以看出，长寿湖工业产业中重化工业等污染排放较大的产业占有一定比例且近几年呈快速扩张之势，一般认为，重化工业属于高污染、高消耗的产业门类，如果按照传统模式来发展重化工业，将可能对长寿湖生态环境质量到来较大的破坏。当然在长寿湖周边可以适度发展新型重化工业，发展高科技含量、高附加值、高投资密度、低污染、低消耗（“三高二低”）的重化工业，走新型工业化道路，这就需要对工业产业内部结构和生产方式、排污方式进行调整、革新和改进。

2）工业组织体系和管理制度的约束风险。目前长寿湖的工业组织体系相对分散、落后，产业管理手段和管理制度急需加强，给长寿湖产业调整和环境保护带来了更大的挑战。长寿湖工业发展需要围绕优化产业结构、提高产品质量、增加经济效益的目标，从企业改造入手调整工业内部结构，加速工业化进程向高级阶段转化的步伐。可以重点培育建材、机械和以食品为重点的生物资源加工工业，按照现代化的企业组织形式，以技术实力和经济实力最强的骨干企业为核心组建企业集团，推动工业行业内部结构的升级调整，最大限度地扩展关联企业之间的集聚规模优势，大幅度提高传统优势行业的区际地位和市场竞争能力。逐步控制和淘汰低层次、低水平的生产企业和高耗能、高污染和资源性（“两高一资”）产业，集中力量发展高层次、高技术含量的精品生产加工企业。

e. 工业产业 SWOT 矩阵

根据上述分析，构建工业产业 SWOT 矩阵见附表 6。

附表 6　长寿湖工业产业 SWOT 矩阵图表

	S	W
	（1）区位和交通优势 （2）自然条件和资源优势 （3）产业基础条件优势 （4）政策优势	（1）环境制约因素 （2）区域协同发展的制约因素 （3）产业配套劣势

续表

	S	W
O	SO 战略	WO 战略
(1) 产业政策调整的机遇 (2) 基础设施等大项目建设带来的机遇 (3) 资源开发型产业的发展机遇	(1) 把握政策导向，借助政府推动，实施工业产业结构优化调整； (2) 抓住市场机遇，发挥龙头企业和大项目的带动作用，提高工业产业规模与效益； (3) 培育优势产业，发掘产业潜能和资源特色，提升传统优势产业竞争力	(1) 开展科学的产业布局与空间规划，强化行业引导与管理，推动生态环境、特色资源与优势产业的时空整合与协调发展； (2) 发展总部经济，实行总部和生产基地的适度分离，在长寿湖周边区域拓展产业发展空间； (3) 谋求长寿湖内外的横向联系与区域协同开发，以实现优势互补、资源共享、相互促进、共同发展
T	ST 战略	WT 战略
(1) 环境污染风险 (2) 工业组织体系和管理制度的约束风险	(1) 推动传统产业的技术进步和产业整合，实现“清洁生产”； (2) 多方引进资源，大力发展绿色产业，实现长寿湖产业升级和产业生态化	(1) 注重发展产业整合竞争力，完善产业配套功能，提高相关产业的产品关联度和上下游配套能力； (2) 优化工业产业空间布局，科学选址设立特色工业组团，节约使用土地，推行集约化经营

总体而言，随着绿色长寿湖工业化进程的加快，长寿湖工业的带动作用会逐步显现，第二产业在三次产业中占比将逐年上升。值得注意的是，长寿湖耗水量大、排污多的工业企业须加以限制，而长寿湖绿色农副产品加工业、特色旅游休闲产品加工业，以及新型材料、生物资源开发等高新技术工业和清洁工业生产，应是长寿湖工业内涵强质、外延增效的发展方向选择。

1.3 长寿湖旅游产业结构现状、特征及 SWOT 分析

1.3.1 长寿湖旅游产业发展总体情况

(1) 游客规模与收入

10 年来长寿湖游客的规模变化不大，如附图 3 所示。长寿湖游客数量从 2000 年的 58.1 万人发展到 2009 年的 58.81 万人，只增加了 1.2%，并没有质的飞跃。但是旅游收入有了一定的提高，从 2000 年的 5810 万元增加到 2009 年的 11755 万元，增加了 102%。这说明长寿湖区旅游的单位绩效获得了很大的提高。

另外，在整个长寿区中，长寿湖区的旅游业地位出现了相对的下降。如附图 4 所示，从 2000～2009 年，长寿湖区在整个长寿区旅游业游客数量和旅游收入中所在的比例持续下降。游客数量占比从 70% 下降到 39%，降幅 31%。旅游收入占比从 88% 下降到 55%，降幅 33%。相对而言，旅游收入占比下降稍大。说明整个长寿区的旅游单位绩效都有了较大的提高，而其中长寿湖区的绩效步伐稍慢于整个长寿区平均水平。

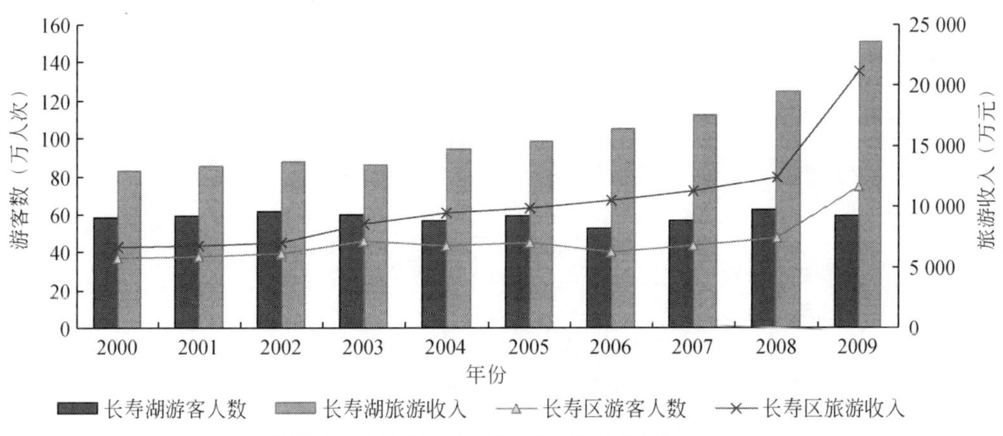

附图 3 长寿湖、长寿区游客数量和旅游收入

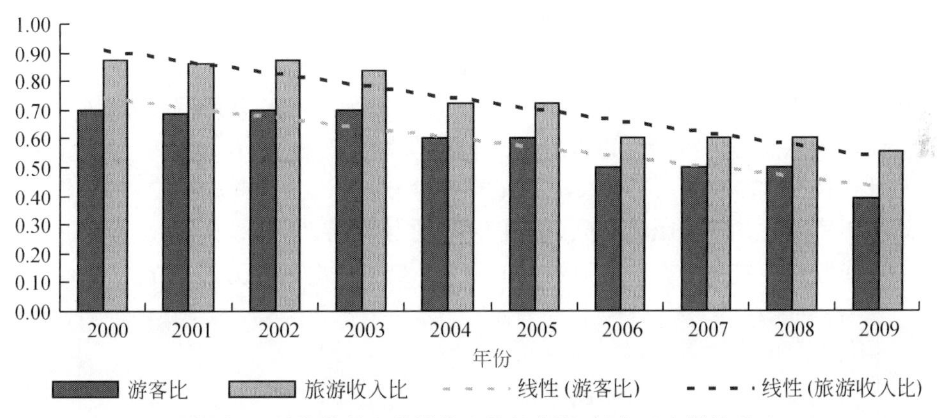

附图 4 游客数量和旅游收入的长寿湖/长寿区比例关系

长寿湖区旅游业在整个长寿区经济中所占比例也持续下降。如附图 5 所示，2000 ~ 2008 年（缺 2009 年长寿区统计数据），长寿湖区旅游收入占长寿区 GDP 比例从 0.17‰下降到 0.08‰，降幅 0.09‰；占长寿区第三产业产值比例从 0.52‰下降到 0.29‰，降幅 0.23‰。相对而言，占长寿区第三产业产值比例下降更大。这说明，长寿湖区旅游业的发展慢于整个长寿区的第三产业发展步伐。

（2）旅游绩效月度变化

长寿湖区旅游业有明显的淡季、淡季变化趋势。

如附图 6 所示，2006 ~ 2009 年，长寿湖旅游最旺季一般为 5 月和 10 月，这是由黄金周假期安排导致的。除 2008 年（该年与 2009 年无“五一”长假）外，各年度中，5 月和 10 月的旅游均呈井喷态势。2006 年与 2007 年，“五一”较“十一”旅游业更旺。2008 年与 2009 年，“十一”比“五一”旅游业更旺。这与 2008 年后取消了“五一”长假有关。但总体而言，“五一”仍然有很大的潜力。在“五一”和“十一”均为长假的 2006 年、2007 年，5 月旅游收入是 10 月旅游收入的 207%。在仅“十一”为长假的 2008 年、2009

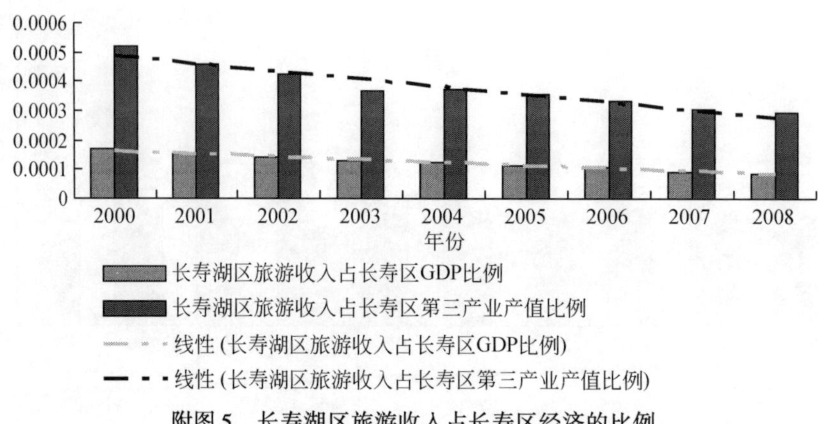

附图5　长寿湖区旅游收入占长寿区经济的比例

年，5月旅游收入是10月旅游收入的71.18%，仍高于其他月份。这与长寿湖旅游风景区管理委员会的推动和当地特色有关。初夏是当地夏橙成熟上市的季节，该部门积极开展旅游活动，举办五一采果节等活动，积聚了5月的人气和财气。

较旺季为每年的1月、2月和4月，1月、2月的旺盛与农历新年有关，4月和5月类似，属于天气较好而当地特产上市的时节。较淡季为每年的4、6、7、8、9月。最淡季为每年的3月、11月和12月，属于寒冷、无特色时节。

如附图7所示，2006～2009年，最旺季的均月旅游收入大于1500万元，较旺季在700万～1000万元，较淡季在500万～700万元，最淡季在500万元以下。

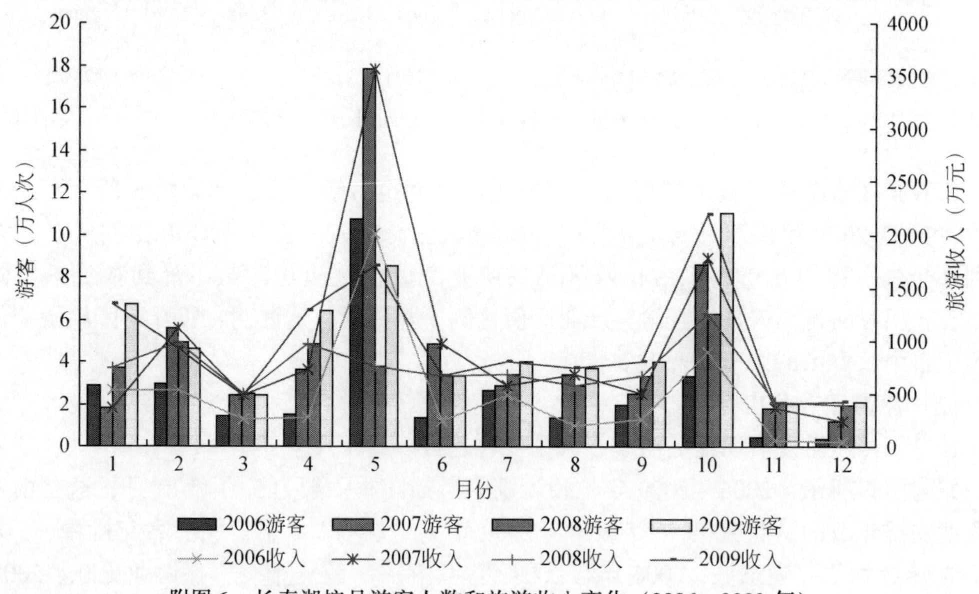

附图6　长寿湖按月游客人数和旅游收入变化（2006～2009年）

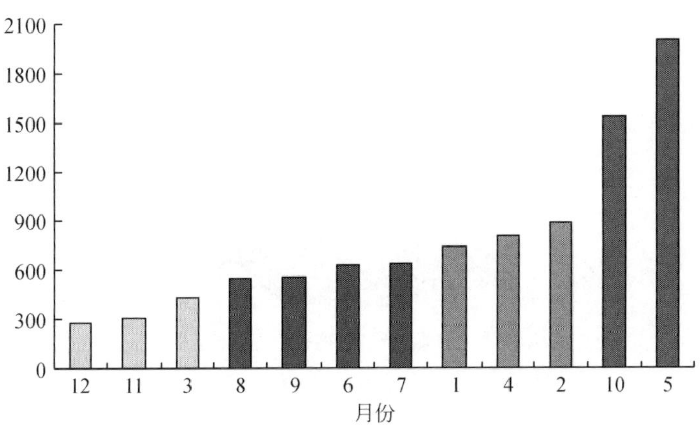

附图 7　长寿湖景区最旺-较旺-较淡-最淡时节划分

(3) 接待条件

长寿湖景区有规模餐饮住宿业 28 家，可接待 1666 人住宿，3930 人用餐。其中：酒店 8 家，可接待 887 人住宿，1390 人用餐；一般饭店 15 家，可接待 465 人住宿，2060 人用餐；农家乐 5 家，可接待 314 人住宿，480 人用餐。另有 24 家小餐馆，可接待 700 余人用餐；场镇单位食堂 7 家，可接待 400 余人用餐。详见附图 8。

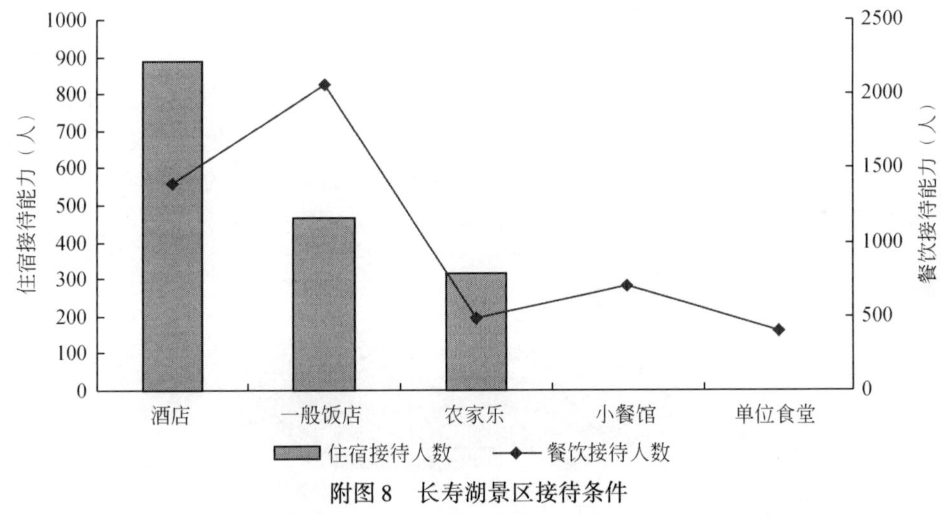

附图 8　长寿湖景区接待条件

可以看出，长寿湖景区的接待条件呈现出两个峰极和一大一多的特征：在住宿方面，是酒店规模最大；在餐饮方面，是一般饭店规模最大；且餐饮比住宿规模大，是住宿规模的 2~3 倍，分布也比住宿网点多。这种格局的形成是与当地旅游特色相联系的，与当地市场的自然生态相契合。当地旅游以品尝特色菜肴（尤其是鱼菜）为一大卖点，很多游客当日往返，以食为游，并不住宿。并不要求住宿的游客及消费额普通的游客往往选择一般饭店进餐。而留宿的游客往往有一定的消费能力，就会选择酒店入住。因此形成上述两个峰极和一大一多格局。在规划当地旅游业经济-环境和谐发展问题时，需要考虑这种状况。

在培养旅游经济增长点和控制旅游污染重点时，需要区别分析。

(4) 从业人员

长寿湖景区旅游业直接从业人员主要集中在长寿湖镇的餐饮住宿行业。其人员总数约300多人，结构如附图9所示。

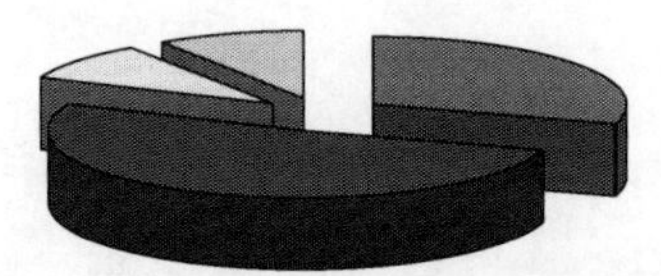

附图9 长寿湖景区旅游业直接从业人员结构

按餐饮住宿业从业人员占行业直接从业人员总数的80%，间接从业人员为直接从业人员的2.5倍推算，旅游业给当地提供的直接就业机会约为420人，间接就业机会约为1000人，约占长寿湖镇总人口的3%，约占长寿湖镇非农业人口的20%。另外，当地农民，尤其是果农，也多少受益于旅游业发展。旅游业成为当地居民解决就业、发家致富的重要渠道。

1.3.2 长寿湖旅游产业结构特征及SWOT分析

(1) 旅游产业结构特征分析

1）行业结构特征。根据调研，长寿湖旅游各行业占旅游业总收入的大致比例如附图10所示。由于当地餐饮业和住宿业往往综合经营，所以在此统一计算，合占旅游总收入的约59%。景区游览收入主要来自于游船和狮子滩大坝等，约占旅游总收入的2.5%。旅游购物收入主要来自于针对游客的夏橙、沙田柚等农产品销售，约占旅游总收入的1%。其余为交通等其他旅游收入。可见，餐饮和住宿是长寿湖旅游业收入的重头。

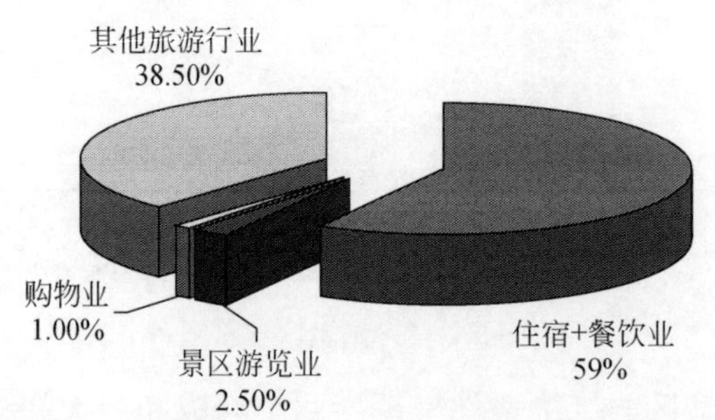

附图10 长寿湖旅游各行业占旅游业总收入的比例

2）乡镇结构特征。在长寿区长寿湖中，旅游业主要集中在长寿湖镇。其他地区仅双龙镇盐湖连丰村有小规模旅游业（尚在规划中，以“盐湖漂浮”为主题，征地只200亩），可以忽略不计。

3）产品结构特征。目前主要开展的常规旅游项目是在长寿湖镇品尝鱼宴，乘游船游览湖光山色、登狮子滩大坝（游线如所附图 11 所示），采购当地橙柚。另外，还有少量其他项目（如乘坐小飞机、摩托艇、水上滑板、垂钓等）。管委会招商科也积极组织其他各类旅游活动（如人体艺术摄影活动等）。但基本的旅游产品还是上述常规项目。

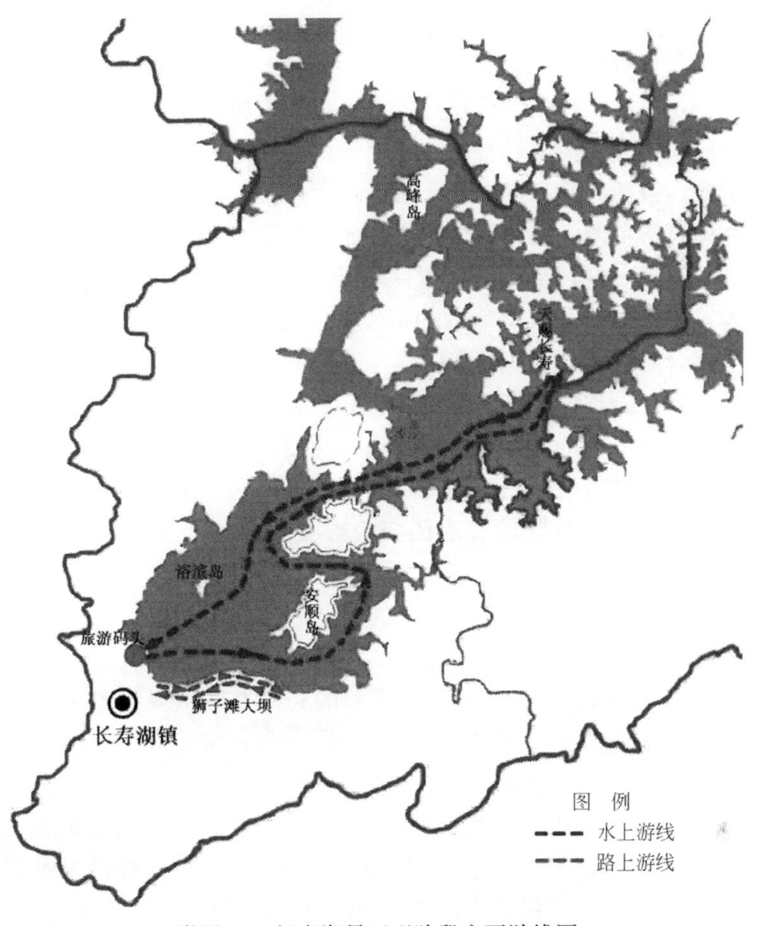

附图 11　长寿湖景区现阶段主要游线图

（2）旅游产业发展 SWOT 分析

a. 旅游产业发展优势

1）资源优势。自然资源方面，长寿湖景区风光秀美，且水域开阔、湖湾众多，便于开展各类旅游活动。人文资源方面，有优美的长寿传说、神奇的天赐神寿景观及现代红色纪念。物产方面，有丰富的农产品和特色菜肴。总体而言，旅游资源丰富而独特。

2）交通优势。在陆路方面，长寿湖景区处于重庆一小时经济圈内，有旅游公路与多条高速公路衔接，且有渝怀铁路相通。在水路方面，长寿湖毗邻长江黄金水道。在空路方面，长寿湖景区距江北、梁平机场不超过 100km，距规划中的重庆第二机场仅 3km。

3）初步的管理优势。2003 年 11 月底，长寿湖旅游风景区管理委员会（以下简称管委会）成立，负责对长寿湖景区的综合管理。管委会承担如下管理责任：①长寿湖旅游风景区管委会管辖的范围，是指长寿湖风景旅游区总体发展规划所确定的范围。②负责长寿湖旅游风景区内基础设施、旅游设施建设，协调做好旅游风景区内企业建设的规划。③协助旅游风景区内工程建设施工的监督和管理。④具体承担旅游风景区内招商引资任务，协助出台招商引资有关的优惠政策，全面了解国内外旅游区的先进经验和措施，了解国内外旅游开发企业的基本情况，建立企业信息库，建立好企业网络，及时沟通招商信息，以招商促进旅游开发。⑤负责旅游风景区内资金的筹集及有效使用，并根据旅游风景区建设的进展和客观情况变化，提出不同的优化处置方案；负责旅游风景区资产的管理，认真搞好旅游风景区建设成本核算、监督和控制。⑥统筹协调旅游风景区内有关经济事务，管理旅游风景区公共事务。包括旅游秩序管理，协助环境保护，协助湖面旅游交通秩序管理，科学治理、合理利用自然资源。⑦全程做好进入旅游风景区内企业的服务工作，负责有关信息的收集、整理、上报。⑧负责旅游风景区对外宣传策划，营销。负责旅游线路的设计，旅游市场的开发，旅额招揽及大型活动的组织。⑨负责长寿湖旅游风景区园内公共事务、精神文明建设、综合治理、计划生育等工作。⑩完成区委、区政府交办的其他工作。

管委会是一支精干、热情、富有朝气的队伍，对长寿湖旅游业的良好发展功不可没。直接负责长寿湖旅游业发展的主要是旅游管理科和招商科。旅游管理科负责旅游业的日常管理，招商科负责旅游项目的计划、实施与引资。发展规划由管委会层面负责组织制定。

但管委会的权责仍然是有限的。这在一定程度上制约了长寿湖旅游业的进一步有效发展。

b. 旅游产业发展劣势

1）多头管理，体制不顺，尚未形成合力

长寿湖水域面积65.5km^2，涉地辽阔，牵涉的利益方亦众多。现在虽有管委会的统一管理，但其权责仍然是有限的。各政府部门，如园林局、水利局、旅游局、农垦公司、电力公司、工商、税务等都各有板块。举例说明，安顺岛上有多家农家乐，只要工商、税务部门批准其成立即可营业，但其管理游离于管委会之外，其对环境的影响难受约制，也不必加入到当地旅游业的整体发展规划中。又如，长寿湖景区的重要景点狮子滩大坝属重庆狮龙电力（集团）公司所有，其坝区旅游经营管理自立门户，既不纳入统一规划，也不受任何约束，其利益和责任均自行其是。该电力公司根据其自身的规划，建设了过湖速滑塔台，但可能经营绩效不佳，处于废弃状态。高大的废弃建筑突兀于景区整体视野，不伦不类。该公司也提供游船等服务，独立对外招商，使用长寿湖公共资源，却不对景区整体利益负责。最后，当地居民也身份特殊，很多处于三不管状态，搬迁、安置都有困难。

由于其他各政府部门不愿放权，管委会的综合执法机构权力有限。这使整个长寿湖旅游业的管理处于相对松散的状态，资源不能整合，规范不能统一。这也导致了如下的第二点劣势。

2）景区管理有待进一步改善

以长寿湖核心标志“寿岛”为例。课题组乘船登岛考察，对寿岛的面貌留有遗憾。第一，未到登岸处，登陆点的垃圾已历历在目。包装袋、塑料瓶等旅游固体废弃物随处可见、随波飘荡。在这样的水陆交接游客集散点，没有垃圾管理和清理措施，而是任其自然散落。第二，刚一登岛，首先映入眼帘的就是众多刺目的警告标语：乱摘一个果实罚款

100 元。显然是当地果农所书，这样的标语写于破布、烂纸、泥墙上，三步一岗、五步一哨，时时呵斥游客放弃无德念头。但作为旅游重点，以这种方式欢迎游客，的确很扫兴致。难免会有部分游客偷拿水果，但最好应以统一、友好的管理方式来加以规范，当地果农采取恐吓的原始姿态加以威慑，使旅游风貌大打折扣。第三，岛上鸡鸭成群，粪便遍地，有些地方几无下足之处。游客往往来自城市，一下就与众多家禽零距离接触，恐一时难以接受。大量的鸡鸭不仅臭气扑鼻、有碍观瞻，而且对水质也定会有所影响。第四、岛上沿着路径拉着红色破烂绸带，避免游客进入果林，防客正如防贼。这与标语异曲同工，一样减人游兴、破坏景致。寿岛显得既不够生态友好，也不够顾客友好。

出现这样的问题，应与当地农民和旅游业利益不完全一致有关，也与统一规范管理尚不到位有关。有必要进一步整合相关利益者，对寿岛加以统一的经营，开辟专门的旅游路线，将农业与旅游业更加有效地结合起来，互相推动，并辅以相关有效管理措施，使经济与环境协调，住民与游客和谐。

然而，长寿湖水岸曲长、湾滩众多，散客几乎可在任意点亲水，管理起来确实有一定难度，只能妥加引导、抓住重点。

3）长寿湖的旅游业效益尚待提升，长寿湖旅游的旅游业发展落后于长寿区的旅游业和第三产业整体发展步伐。

4）景致较单一，资源略显凌乱，缺乏深度开发。作为水库转化而来的旅游地，总体而言，长寿湖视界比较单调。在游船上很快就会出现视觉麻木，虽有碧波千仞、山势起伏，但总体而言，千篇一律。尤其是回程，几乎无人留意船外景色。

旅游资源，如红色旅游资源、寿文化旅游资源、特色菜肴旅游资源、林果资源、水上运动旅游资源等，比较凌乱，没有得到整合，表面上品种较多，但缺乏向心力。“人无我有”的资源特征没有充分凸显。

旅游项目较陈旧单一，缺乏深度开发，主要集中在吃、游、购。

c. 旅游产业发展机遇

1）旅游业发展的大背景。旅游业是应对国际金融危机和扩大内需的优势产业。旅游业具有抗冲击、易恢复的产业韧性，对化解国际金融危机影响和扩大内需具有特殊作用。旅游业是促进“两型社会”建设的先导产业。旅游业具有资源消耗少、环境要求高、可持续性强的特点，是全球公认的“朝阳产业”，是推动资源节约型、环境友好型社会建设的先导产业。旅游业是推动社会进步的和谐产业。旅游业就业层次多、方式灵活，市场广阔。世界旅游组织统计，全球每 10 个就业岗位就有 1 个与旅游业有关。旅游业在脱贫致富中发挥着重要的作用，具有见效快、返贫率低、示范性强的特点。旅游业所带动的人流、物流、信息流、资金流等，促进了产业结构调整和区域协调发展。在这样的大背景下，长寿湖的旅游业改善结构，做到生态-经济-社会的协调发展，正当其时。

2）生态文明理念的推广。生态文明理念促使人们亲近大自然、热爱自然环境，使人们对生态环境保护得好、自然生态资源丰富的地区存在向往之心，希望能通过旅游欣赏自然风光、感受自然气息，在自身和自然的互动中修养身心、享受美好生活。这为长寿湖培养了大量潜在的旅游客源。生态文明理念的推广也促进长寿湖旅游业向生态-经济-社会和谐的方向发展，做到旅游业的产业结构升级和转型。

d. 旅游产业发展挑战

1）其他地区旅游业的竞争。目前重庆—三峡一带旅游点星罗密布，旅游业竞争极其激烈。并且，作为水体旅游区，长寿湖又和周边有一定同质性。作为一个人工湖，长寿湖在湿地区域并不算稀缺旅游资源。对于见惯江湖的潜在顾客而言，专程为看水而来似乎不成理由。

2）知名度的约束。长寿湖的人文、地理特征使其难以具备广泛的知名度。虽然有一定的交通便利条件，但毕竟是以重庆和三峡地区为参照形成的便利。其偏于一隅的地理位置，使其难以做大做强。就更广阔范围而言，长寿湖掩盖在三峡旅游耀眼的光环下。作为大三峡旅游的一个支派，其地位有点尴尬。毕竟其旅游特点与三峡整体（高峡平湖）相互替代，而且不在旅游主干道上。近程游客规模有限，远程游客不愿转赴。其定位“重庆市的后花园”也恰好说明了其局限。

3）交通形式的制约。作为后花园，长寿湖适合于自驾游和单位团体游，不适于“拼客+旅行社+导游+大巴”形式的组团旅游。这使长寿湖区旅游受制于自驾交通综合形势。这也是多年来游客规模难以发生质的飞跃的重大原因。

e. 旅游产业 SWOT 矩阵

根据上述分析，构建 SWOT 矩阵见附表 7。

附表 7　长寿湖旅游业 SWOT 分析矩阵

	S	W
	(1) 资源优势 (2) 交通优势 (3) 初步的管理优势	(1) 多头管理，体制不顺，尚未形成合力 (2) 景区管理有待进一步改善 (3) 旅游业效益尚待提升 (4) 景致较单一，资源略显凌乱，缺乏深度开发
O	SO 战略	WO 战略
(1) 旅游业发展的大背景 (2) 生态文明理念的推广	(1) 政府主导，加强旅游集团建设，完善旅游的组织结构和治理结构； (2) 充分发掘生态旅游资源，优化旅游产品结构； (3) 加强宣传，树立长寿湖地区生态旅游形象，引来游客	(1) 合理规划，规范管理，推动生态环境和旅游产业的协调发展； (2) 开发高质量、多品种旅游产品，统一规划、经营； (3) 争取留住游客驻地旅游、多日旅游
T	ST 战略	WT 战略
(1) 其他地区旅游业的竞争 (2) 知名度的约束 (3) 交通形势的制约	(1) 充分与其他地区合作，化竞争为互补，打造旅游圈，同存共荣； (2) 循序渐进，首先在周边稳定市场，经营好就近市场。逐渐扩大影响，重在回头率； (3) 提高旅游质量，走质量效益型发展路线； (4) 发展单位集团市场和公务、商务市场	(1) 突出自身生态旅游特色，形成各具特点的大旅游圈； (2) 不搞同质化价格竞争，而是用良好的旅游项目引来游客、留住游客； (3) 凸显休闲、高尚、快慢调结合的生活方式，提高旅游单位绩效

综上所述，目前长寿湖旅游业的发展已经取得了较大成绩，但仍然没有摆脱低端徘徊的局面，没有充分发掘其旅游资源，没有完全落实大生态旅游的战略，第三产业的后续拉动作用还没有充分显现出来。

2 长寿湖产业污染源分布、特征及问题诊断

2.1 长寿湖农业污染源分布、特征及问题诊断

2.1.1 粮食作物污染源分布及特征

长寿湖各乡镇粮食作物 TN、TP（化肥）排放总量见附表 8。由于水稻的种植面积最多，其 TN、TP 排放总量最大，其余依次为薯类、玉米、小麦、豆类和杂粮。

附表 8 长寿湖各乡镇粮食作物 TN、TP（化肥）排放总量 （单位：t）

地区	水稻		小麦		玉米		薯类		豆类		杂粮	
	TN	TP	TN	TP	TN	TP	TN	TP	TN	TP	TN	TP
但渡镇	17.611	1.943	4.998	0.552	13.745	1.222	15.959	1.557	2.911	0.582	0.651	0.069
邻封镇	37.633	4.153	7.626	0.841	29.462	2.619	26.601	2.595	9.264	1.853	1.850	0.197
长寿湖镇	44.501	4.910	17.670	1.950	33.595	2.986	37.835	3.691	6.506	1.301	4.709	0.502
云集镇	29.317	3.235	10.502	1.159	28.224	2.509	34.557	3.371	6.906	1.381	3.326	0.355
双龙镇	44.243	4.882	13.050	1.440	14.713	1.308	27.978	2.730	4.004	0.801	2.925	0.312
龙河镇	51.368	5.668	16.426	1.812	26.354	2.343	30.264	2.953	6.931	1.386	1.433	0.153
石堰镇	51.988	5.737	23.183	2.558	40.021	3.557	40.588	3.960	15.362	3.072	3.116	0.332
云台镇	35.252	3.890	16.966	1.872	36.068	3.206	40.736	3.974	7.042	1.408	4.200	0.448
海棠镇	20.633	2.277	7.283	0.804	10.494	0.933	15.035	1.467	2.287	0.457	1.091	0.116
合计	332.545	36.695	117.704	12.988	232.675	20.682	269.552	26.298	61.214	12.243	23.298	2.485

长寿湖粮食作物单位面积 TN、TP（化肥）排放量见附表 9。单位面积 TN 排放量最多的是玉米，最少的是蚕豆；单位面积 TP 排放量玉米和薯类相对较高，小麦、豆类和杂粮相对较低。

附表 9 长寿湖粮食作物单位面积 TN、TP（化肥）排放量 （单位：kg/亩）

水稻		小麦		玉米		薯类		豆类		杂粮	
TN	TP	TN	TP	TN	TP	TN	TP	TN	TP	TN	TP
1.74	0.192	1.45	0.16	2.25	0.2	2.05	0.2	0.8	0.16	1.5	0.16

长寿湖粮食作物单位产值 TN、TP（化肥）排放量见附表 10。单位产值 TN 排放量最多的是小麦，最少的是水稻。单位产值 TP 排放量最多的是小麦，最少的是水稻。

附表 10　长寿湖各县市粮食作物单位产值 TN、TP（化肥）排放量

（单位：kg/万元）

水稻		小麦		玉米		薯类		豆类		杂粮	
TN	TP	TN	TP	TN	TP	TN	TP	TN	TP	TN	TP
18.562	2.048	54.116	5.971	27.660	2.459	22.528	2.198	18.760	3.752	19.600	2.091

2.1.2　经济作物污染源分布及特征

长寿湖各乡镇经济作物 TN、TP（化肥）排放总量见附表 11。蔬菜和茶果的 TN、TP 排放量最多，油料和烟麻糖作物相对较少。

附表 11　长寿湖各乡镇经济作物 TN、TP（化肥）排放总量　　（单位：t）

地区	油料		烟麻糖		蔬菜		茶果	
	TN	TP	TN	TP	TN	TP	TN	TP
但渡镇	1.907	0.216	0.000	0.000	10.078	1.178	13.628	1.855
邻封镇	2.735	0.310	0.126	0.013	18.775	2.195	48.321	6.577
长湖镇	9.366	1.061	0.811	0.081	30.280	3.540	21.364	2.908
云集镇	7.964	0.903	0.099	0.010	76.385	8.931	34.052	4.635
双龙镇	8.037	0.911	0.000	0.000	28.486	3.331	14.335	1.951
龙河镇	8.678	0.983	0.109	0.011	18.363	2.147	13.388	1.822
石堰镇	10.580	1.199	0.365	0.037	47.385	5.540	34.681	4.720
云台镇	8.196	0.929	0.275	0.028	12.704	1.485	5.908	0.804
海棠镇	3.948	0.447	0.407	0.041	13.270	1.552	5.308	0.723
合计	61.409	6.960	2.192	0.219	255.726	29.900	190.985	25.995

长寿湖经济作物单位面积 TN、TP（化肥）排放量见附表 12。蔬菜和茶果的单位面积 TN、TP 排放量最高，油料和烟麻糖相对较小。

附表 12　长寿湖经济作物单位面积 TN、TP（化肥）排放量　（单位：kg/亩）

油料		烟麻糖		蔬菜		茶果	
TN	TP	TN	TP	TN	TP	TN	TP
1.5	0.17	2.1	0.21	3.25	0.38	1.8	0.245

长寿湖经济作物单位产值 TN、TP（化肥）排放量见附表 13。油料和蔬菜的单位产值 TN、TP 排放量最高，其次是烟麻糖作物，水果最小。

附表 13　长寿湖经济作物单位产值 TN、TP（化肥）排放量（单位：kg/万元）

油料		烟麻糖		蔬菜		茶果	
TN	TP	TN	TP	TN	TP	TN	TP
30.506	3.457	11.08673	1.108673	24.055	2.813	10.412	1.417

2.1.3 养殖品种污染源分布及特征

长寿湖各乡镇养殖品种TN、TP排放总量见附表14。猪的TN、TP排放总量最大，其次为水产，家禽较小。

附表14　长寿湖各县市养殖品种TN、TP排放总量　　　（单位：t）

地区	猪		肉禽		蛋禽		水产	
	TN	TP	TN	TP	TN	TP	TN	TP
但渡镇	16.548	4.168	0.755	0.210	0.732	0.204	15.690	0.000
邻封镇	27.945	7.038	2.779	0.774	3.883	1.082	35.160	0.000
长湖镇	62.235	15.674	4.941	1.376	24.348	6.788	64.680	0.000
云集镇	52.854	13.311	2.921	0.814	2.970	0.828	44.970	0.000
双龙镇	45.387	11.431	5.705	1.589	5.677	1.583	120.240	0.000
龙河镇	71.861	18.098	3.474	0.968	7.894	2.201	59.580	0.000
石堰镇	73.980	18.632	3.995	1.113	26.235	7.314	43.350	0.000
云台镇	64.660	16.285	1.873	0.522	9.070	2.529	20.700	0.000
海棠镇	38.205	9.622	3.262	0.909	1.449	0.404	15.240	0.000
合计	453.674	114.259	29.705	8.275	82.258	22.932	419.610	0.000

长寿湖养殖品种单位数量TN、TP排放量见附表15。水产的单位数量TN、TP排放量最高，其次是猪，家禽较少。

附表15　长寿湖养殖品种单位数量TN、TP排放量

猪		肉禽		蛋禽		水产	
TN（kg/头）	TP（kg/头）	TN（kg/只）	TP（kg/只）	TN（kg/只）	TP（kg/只）	TN（kg/亩）	TP（kg/亩）
1.35	0.34	0.0124	0.0035	0.0825	0.023	30	0

长寿湖养殖品种单位产值TN、TP排放量见附表16。水产单位产值TN、TP排放量最高，其次是猪、蛋禽、肉禽。

附表16　长寿湖养殖品种单位产值TN、TP排放量　　（单位：kg/万元）

猪		肉禽		蛋禽		水产	
TN	TP	TN	TP	TN	TP	TN	TP
9.978	2.513	3.944	1.099	6.582	1.835	79.338	0

长寿湖农作物播种面积、畜牧养殖、家禽养殖等现状如附图12～附图16所示。

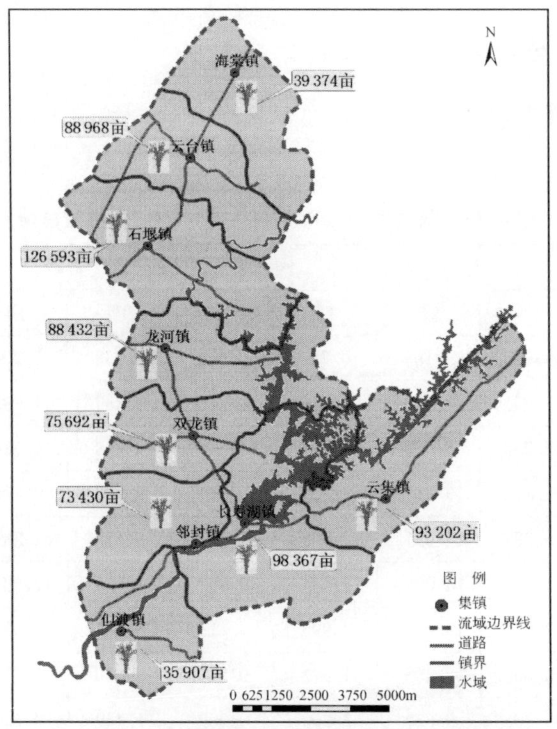

附图 12　长寿湖主要农作物播种面积现状

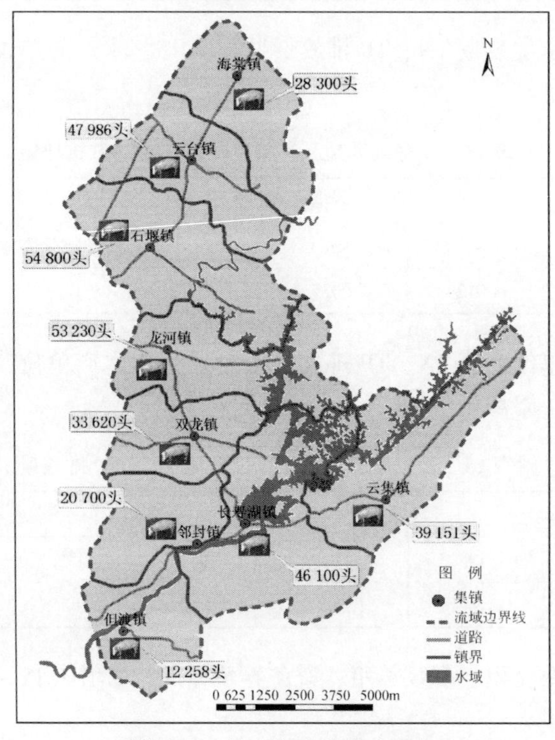

附图 13　长寿湖生猪养殖现状

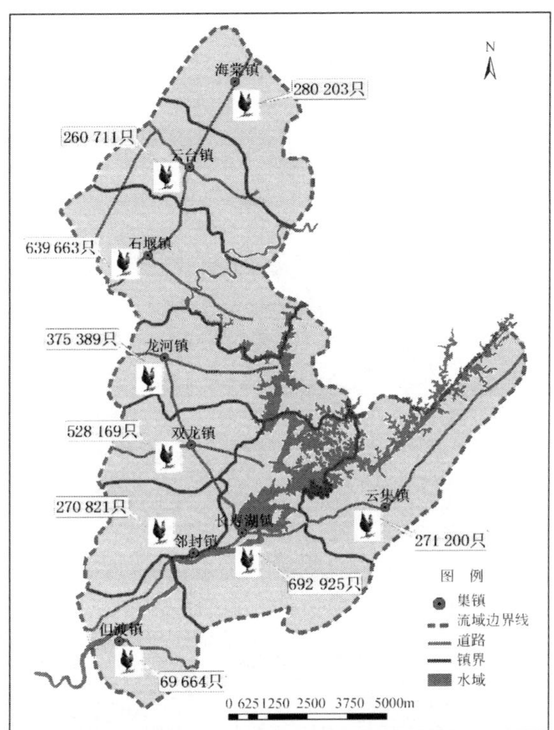

附图 14 长寿湖家禽养殖现状

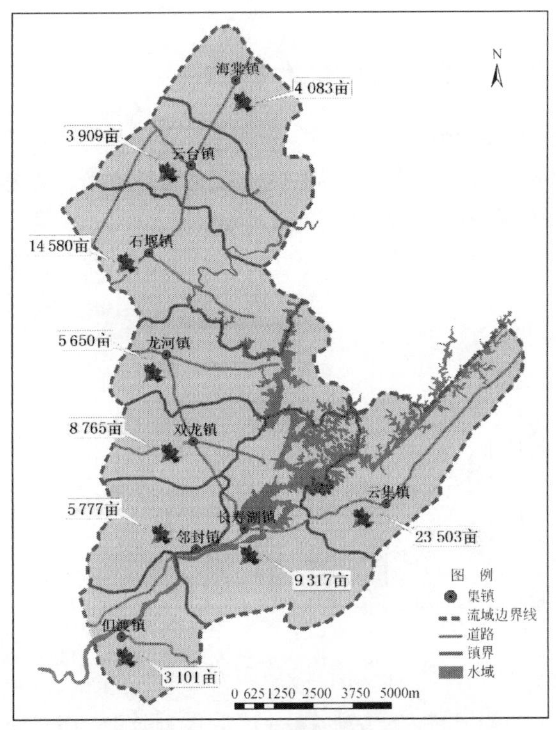

附图 15 长寿湖蔬菜种植现状

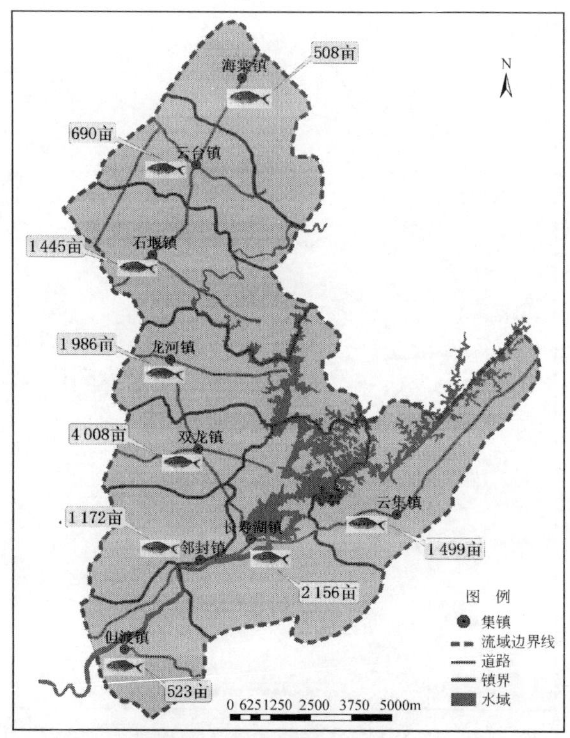

附图 16　长寿湖水产养殖现状

2.1.4　长寿湖农业产业结构问题诊断

(1) 分行业的农业污染源分析

长寿湖农业产业 TN 排放量最多的是猪，其后依次是水产、水稻、薯类、蔬菜等；长寿湖农业产业 TP 排放量最多的也是猪，其后依次是水稻、蔬菜、薯类、茶果等（附图 17、附图 18）。这说明长寿湖农业产业中猪、水产、水稻、蔬菜是长寿湖氮磷污染的主要来源。

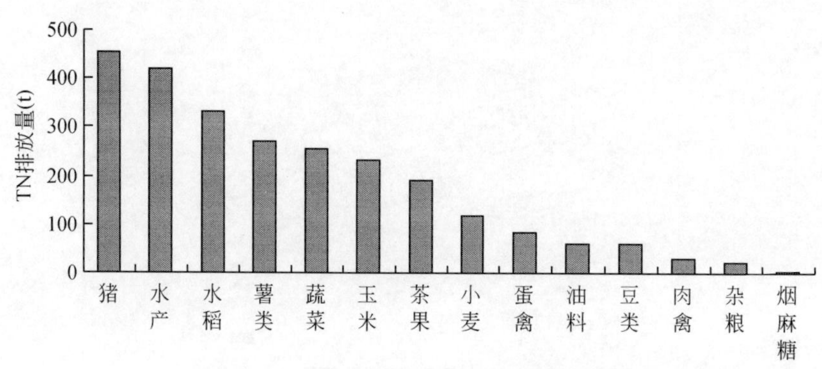

附图 17　长寿湖各农业产业 TN 排放量排序

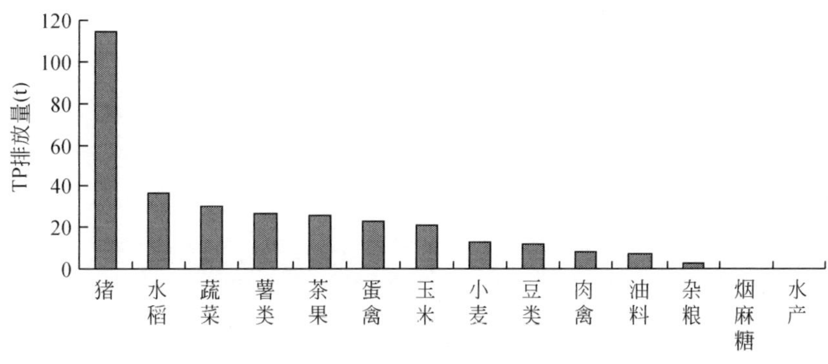

附图 18　长寿湖各农业产业 TP 排放量排序

总体来看，长寿湖农业各产业中经济作物种植和养殖对农业经济发展的贡献最高，相应产生的氮磷污染源也最高，尤其是猪、水产、薯类、蔬菜在带来大量经济产出的同时，也带来了大量的农业污染。

长寿湖各农业产业单位面积（数量）TN、TP 排放量、全长寿湖各农业产业单位产值 TN、TP 排放量如附图 19（按 TN 从高至低排序）。

如附图 19 所示，全长寿湖各农业产业单位面积（数量）TN 排放量从高至低依次为水产、蔬菜、玉米、油料、薯类、茶果、水稻、杂粮、烟麻糖、小麦、猪、豆类、蛋禽、肉禽。可以发现，水产、猪、蔬菜、玉米、油料、薯类的排序靠前，说明粮食作物中玉米和薯类作物单位面积（数量）污染排放量较大，经济作物中蔬菜和油料作物单位面积（数量）污染排放量较大，养殖中水产和猪单位面积（数量）污染排放量较大。

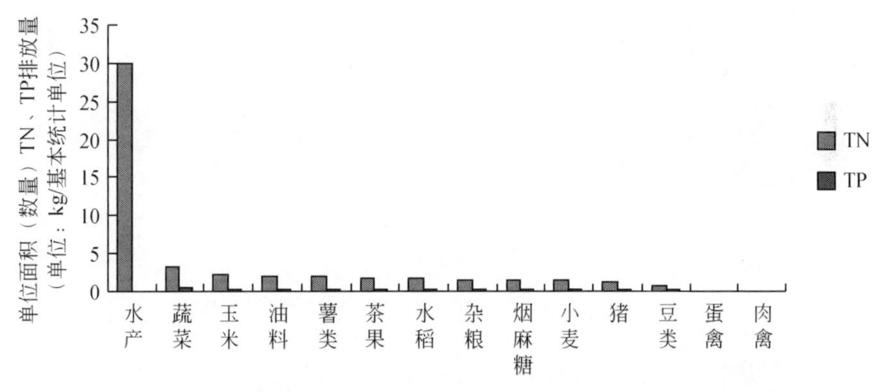

附图 19　长寿湖各农业产业单位面积（数量）TN、TP 排放量排序

如附图 20 所示，长寿湖各农业产业单位产值 TN 排放量从高至低依次为水产、小麦、油料、玉米、蔬菜、薯类、杂粮、豆类、水稻、烟麻糖、茶果、猪、蛋禽和肉禽。可以发现，由于各农业产业单位产值大小存在差异，与单位面积（数量）TN 排放量排序情况相比，单位产值 TN 排放量排序靠前的农业产业既有养殖、经济作物，也有粮食作物。粮食作物中的玉米和薯类排序最前，养殖和经济作物中水产、油料、蔬菜排序仍然靠前。

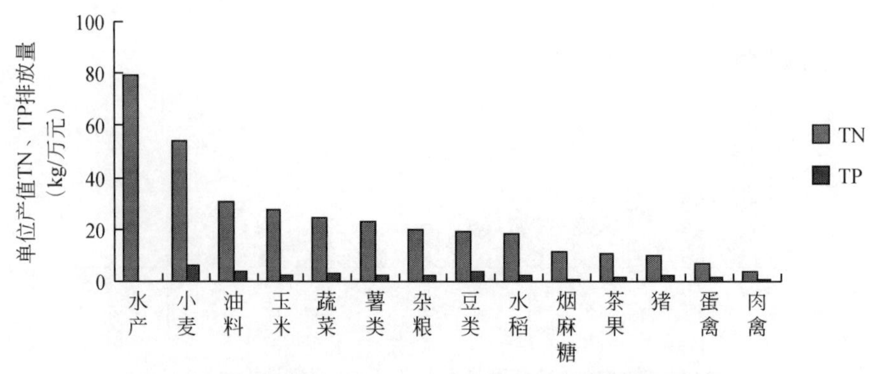

附图 20　长寿湖各农业产业单位产值 TN、TP 排放量排序

(2) 分区域的农业污染源分析

长寿湖各乡镇农业 TN 排放量从大到小的顺序为：石堰镇（414.8t）、长寿湖镇（362.8t）、云集镇（335.0t）、双龙镇（334.8t）、龙河镇（316.1t）、云台镇（263.6t）、邻封镇（252.2t）、海棠镇（137.9t）、但渡镇（115.2t）。长寿湖各乡镇农业 TP 排放量从大到小的顺序为：石堰镇（57.8t）、长湖镇（46.8t）、云集镇（41.4t）、龙河镇（40.5t）、双龙镇（32.3t）、云台镇（37.4t）、邻封镇（30.2t）、海棠镇（19.8t）、但渡镇（13.8t）。长寿湖各乡镇农业产业总氮、总磷排放量排序如附图 21 所示。

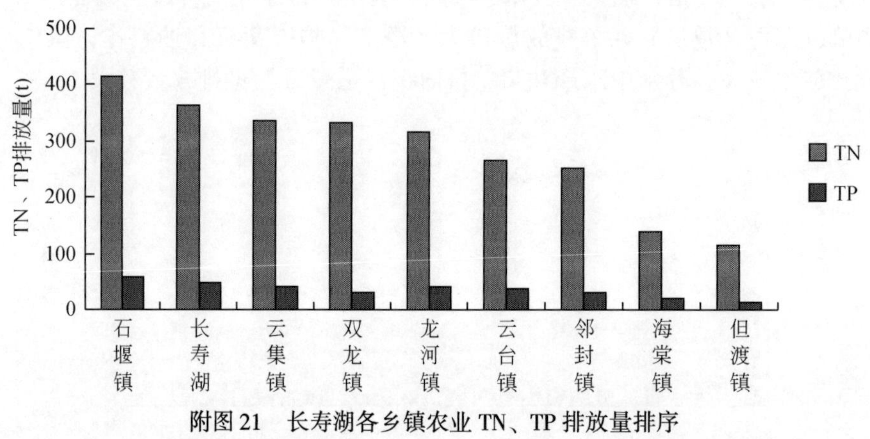

附图 21　长寿湖各乡镇农业 TN、TP 排放量排序

从附图 21 可以看出，长寿湖西部和东南部乡镇农业 TN、TP 的排放量最高，这与其农业人口众多，农业产业规模大的特点相一致，对长寿湖水系污染威胁最大。长寿湖西北部和西南部乡镇农业 TN、TP 排放量相较而言较低，但不容忽视。

长寿湖各乡镇农业氮磷排放量分布如附图 22、附图 23 所示。

(3) 农业产业结构问题诊断

综上考察，长寿湖农业产业仍在低位发展、粗放经营，而且农业排污强度大，总量高；农业效益低、农业就业人口多，农业人口人均收入较低。就农业产业结构而言，长寿湖农业发展的出路在于，亟待构建低污染、低市场风险的农业产业结构；积极利用资源环

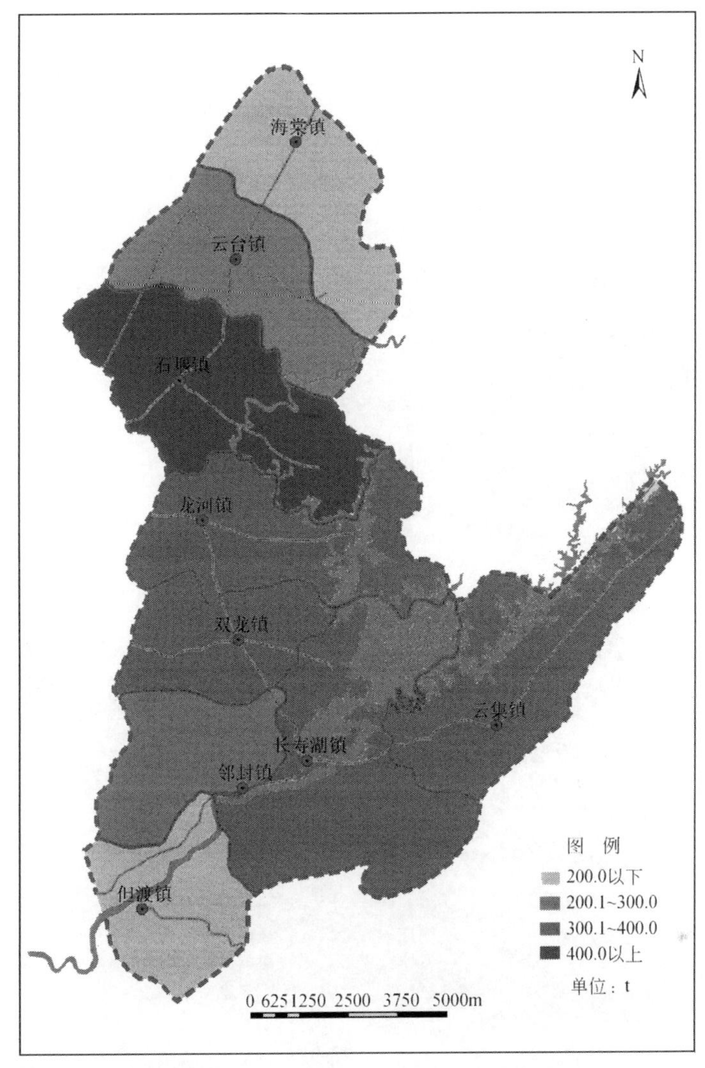

附图 22 长寿湖各乡镇农业 TN 排放量

境优势，推进生态农业、循环农业、设施农业建设，走内涵发展之路，以期农业增效、农民增收，且收强力控源之效。

2.2 长寿湖工业污染源分布、特征及问题诊断

2.2.1 工业污染源分布及特征

长寿湖流域主要包括长寿区境内的 9 个镇，但由于长寿湖为龙溪河长寿湖上的人工湖，而龙溪河是长江长寿段的主要次级河流之一，横跨梁平、垫江和长寿三区县，是三峡库区重庆段的一级最大支流，全长 72.8km，是沿河乡镇和城区的主要饮水源，也是沿河

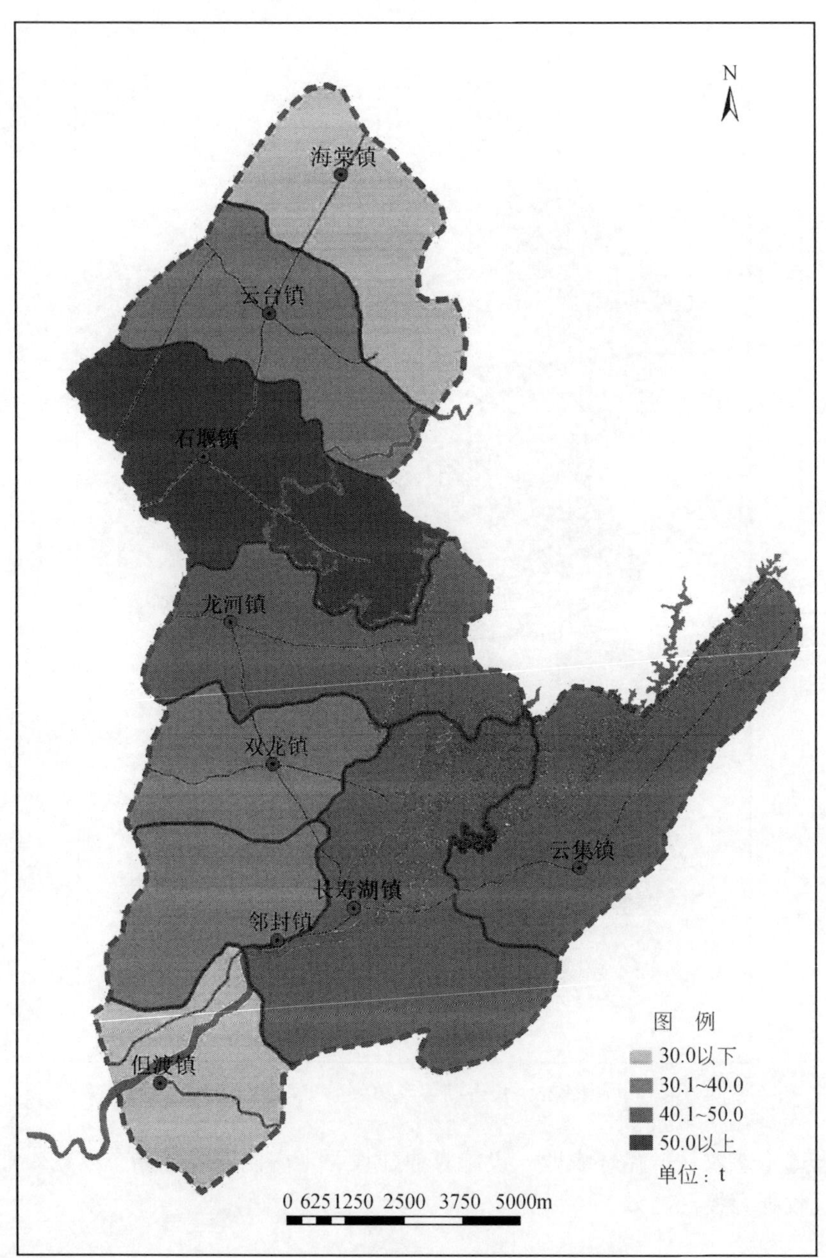

附图 23 长寿湖各乡镇农业 TP 排放量

周边区域的工业产业取水源与污水排放通道。

我们以 2007 年长寿区污染源普查数据为依据，按照区位进行了测算分析，汇总统计了长寿湖工业产业的排污量。对于长寿区以外的工业企业污染排放，我们根据有关部门提供的调查资料进行了测算并做汇总统计。

长寿区全区 2007 年纳入污染源普查的工业企业总数为 735 家，从行业分布来看以制造业为主；从区域分布来看，涉及全区所有的街道和乡镇，主要集中在凤城街道、晏家街道、葛兰镇、双龙镇、渡舟镇、海棠镇、洪湖镇、八颗镇和云台镇，其和占全区总数的81.07%；从长寿湖分布来看，龙溪河长寿湖工业企业216家，占全区29.4%（附表17）。

附表 17　长寿湖普查工业源（重点源和一般源）区域分布

行政区划	重点源（个）	一般源（个）	工业源合计（个）	在长寿湖工业源的占比（%）
长寿湖镇	14	10	24	10.34
但渡镇	11	6	17	7.33
海棠镇	13	22	35	15.09
邻封镇	8	7	15	6.47
龙河镇	5	7	12	5.17
石堰镇	6	19	25	10.78
双龙镇	33	15	48	20.69
云集镇	6	7	13	5.60
云台镇	11	16	27	11.64
长寿区合计	107	109	216	93.10
梁平县	10	—	10	4.31
垫江县	6	—	6	2.59
长寿湖总计	123	109	232	100.00

注：表中数据来源为长寿区第一次全国污染源普查技术报告统计的2007年相关数据。

2.2.2　工业分地域排污量分析

按照以上重点和一般工业源经营和污染排放所在地域，我们分乡镇汇总统计了工业产业排污量数据（附表18～附表20；附图24和附图25）。

附表 18　各乡镇工业源废水排放量排序

行政区划	工业废水排放量（万t/年）	在长寿湖废水排放总量占比（%）
长寿湖镇	1.99	10.99
但渡镇	0.42	2.32
海棠镇	7.33	40.50
邻封镇	0.37	2.04
龙河镇	0.59	3.26
石堰镇	1.45	8.01
双龙镇	1.34	7.40
云集镇	0.54	2.98
云台镇	1.57	8.67

续表

行政区划	工业废水排放量（万 t/年）	在长寿湖废水排放总量占比（%）
长寿区合计	15.6	86.19
梁平县	1.56	8.62
垫江县	0.94	5.19
长寿湖总计	18.1	100.00

注：表中数据来源为长寿区第一次全国污染源普查技术报告统计的 2007 年相关数据。

附表 19　各乡镇工业源 COD 排放量排序　（单位：t/年）

行政区划	COD 排放量（t/年）	在长寿湖 COD 排放总量占比（%）
长寿湖镇	135.30	22.47
但渡镇	9.93	1.65
海棠镇	19.75	3.28
邻封镇	11.55	1.92
龙河镇	9.32	1.55
石堰镇	7.91	1.31
双龙镇	30.77	5.11
云集镇	345.79	57.44
云台镇	11.69	1.94
长寿区合计	582.01	96.68
梁平县	12.5	2.08
垫江县	7.5	1.25
长寿湖总计	602.01	100.00

注：表中数据来源为长寿区第一次全国污染源普查技术报告统计的 2007 年相关数据。

附表 20　各乡镇工业源氨氮排放量排序

行政区划	氨氮排放量（t /年）	在长寿湖氨氮排放总量占比（%）
长寿湖镇	1.68	24.28
但渡镇	0	0.00
海棠镇	0.21	3.03
邻封镇	0.07	1.01
龙河镇	1.02	14.74
石堰镇	0.15	2.17
双龙镇	0.94	13.58
云集镇	0	0.00
云台镇	0.10	1.45
长寿区合计	4.17	60.26

续表

行政区划	氨氮排放量（t/年）	在长寿湖氨氮排放总量占比（%）
梁平县	1.71	24.71
垫江县	1.04	15.03
长寿湖总计	6.92	100.00

注：数据来源为长寿区第一次全国污染源普查技术报告统计的2007年相关数据。

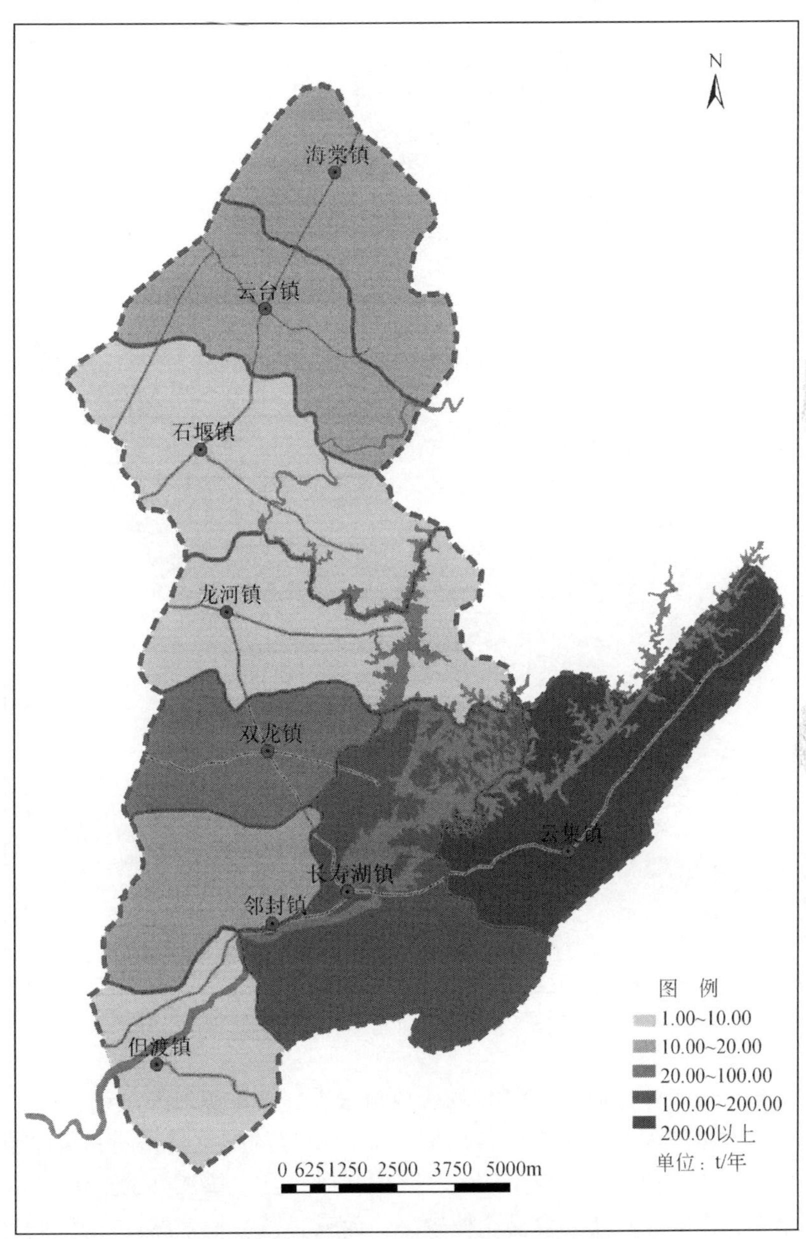

附图 24　长寿湖工业源 COD 排放分布图

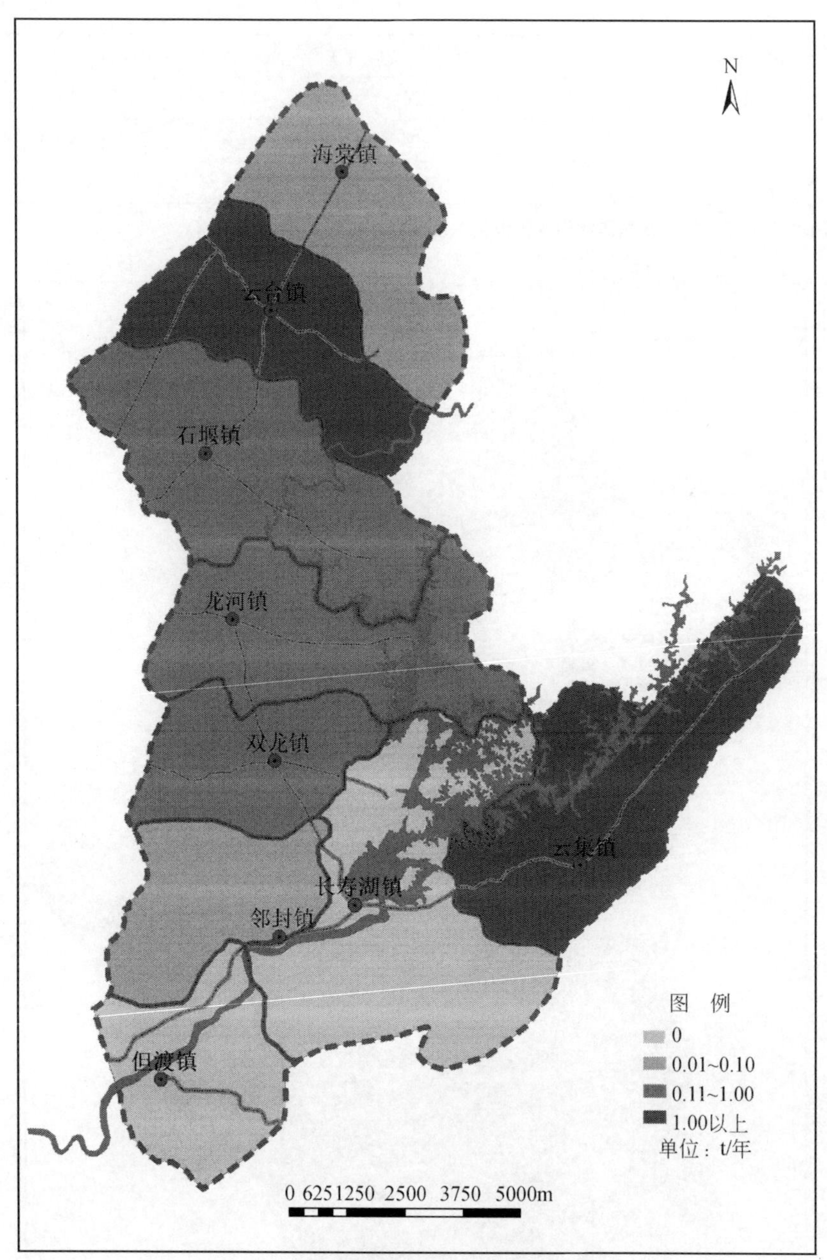

附图 25　长寿湖工业源氨氮排放分布图

从长寿湖各区域工业源废水、COD 的排放量来看，海棠镇、云集镇、长寿湖镇、梁平县等区域污染排放量较大；从长寿湖各区域工业源氨氮的排放量来看，梁平县、垫江县、长寿湖镇、龙河镇等乡镇污染排放量较大，其中，梁平县、垫江县的造纸、食品饮料、化工行业企业集中，海棠镇化工、食品企业较多，而云集镇、长寿湖镇、龙河县则有几家农副食品生产企业。

2.2.3 工业产业分行业排污量分析

为更全面地把握长寿湖工业产业排污结构，根据2007年长寿区全区工业污染源统计数据分析了工业内部各行业的污染排放总量和排放强度，认为这些数据和结论可以用于说明长寿湖工业产业排污内部结构情况，并可以指导长寿湖工业产业规划，排放强度以单位产值的工业污染排放量计算（附表21，附表22）。

附表21　长寿区工业COD排放重点行业分布

行业类别	工业产值（万元）	在全区工业产值占比（%）	COD排放量（t）	在全区工业源排放占比（%）	产业排污强度（t/万元）
化学原料及化学制品制造业	664 098	53.18	5 756.67	83.79	0.008 668
农副食品加工	21 076.7	1.69	612.79	8.92	0.029 074
医药制造业	25 466.6	2.04	192.17	2.80	0.007 546
饮料制造业	8 186.3	0.66	119.26	1.74	0.014 568
主要行业合计	718 827.6	57.56	6 680.89	97.24	0.009 294
其他行业	529 968	42.44	189.61	2.76	0.000 358
合计	1 248 795.6	100.00	6 870.5	100.00	0.005 502

注：表中数据来源为长寿区第一次全国污染源普查技术报告统计的2007年相关数据。

附表22　长寿区工业氨氮排放重点行业分布

行业类别	工业产值（万元）	在全区工业产值占比（%）	氨氮排放量（t）	在全区工业源排放占比（%）	产业排污强度（t/万元）
化学原料及化学制品制造业	664 098	53.18	1 177.8	98.73	0.001 774
农副食品加工	21 076.7	1.69	7.63	0.64	0.000 362
医药制造业	25 466.6	2.04	4.66	0.39	0.000 183
饮料制造业	8 186.3	0.66	2.76	0.23	0.000 337
主要行业合计	718 827.6	57.56	1 192.85	99.99	0.001 659
其他行业	529 968	42.44	0.09	0.01	0
合计	1 248 795.6	100.00	1 192.94	100.00	0.000 955

注：表中数据来源为长寿区第一次全国污染源普查技术报告统计的2007年相关数据。

从全区的工业产业内部污染排放结构和排放强度来看，化学原料及化学制品制造业是区域COD和氨氮排放的主要产业，占据了污染排放量80%以上的份额，此外农副食品加工业也是工业COD排放的重点来源之一。但从排放强度来看，农副食品加工业和饮料制造业的COD排放强度大大地高于化学原料及化学制品制造业，而化学原料及化学制品制造业的氨氮排放强度最高。龙溪河上游长寿湖梁平、垫江的化工、造纸、饮料行业的企业较多，这些企业都是污染排放强度大的企业，也是造成长寿湖水质污染的一大重要因素。

2.2.4 长寿湖工业产业结构问题诊断

为实现经济发展和环境保护的双重目标，长寿湖工业产业发展必须要坚持走可持续发展之路，力争在长寿湖生态环境建设和转变经济增长方式上取得新突破。为此，长寿湖可以把培育新型工业、现代农业、休闲旅游、居住产业确立为支柱产业。工业是一个国家或地区经济发展的主导性力量，也是实现经济社会全面发展和现代化最重要的途径，工业可以起到“就业增加、农民增收、企业增效、财政增税”的多重功效。按照市、区政府“以世界眼光、构架重化工产业”、“工业向园区集中”、“五个一体化”等一系列工业发展的新理念，长寿区将全力打造“重庆工业高地、旅游休闲胜地、城郊农业基地、区域物流中心”。工业将重点发展“两园一廊”，即长寿化工园区和晏家特色工业园，以及沿长梁高速公路街镇工业百亿走廊。在这样的宏伟发展规划中，长寿湖除了作为“旅游休闲胜地”的主要承载地外，也肩负着发展街镇工业的重任，长寿湖的工业发展空间广阔。

当然，由于受到区域环境的限制，长寿湖工业发展应该选择科技含量高、经济效益好、资源消耗低及环境污染少的产业，充分发挥长寿湖环境特色和人才资源优势走新型工业化道路，以加快发展为主题，以市场为导向，以结构调整为主线，以制度创新、科技创新和管理创新为动力，强化产业可持续发展，提高产业核心竞争力，实现速度和结构、质量、效益的统一，不断提高长寿湖工业经济的整体素质，打造特色工业产业集中区。

近几年来长寿区工业产业快速发展，长寿湖工业虽然基础差、底子薄，但是在各地“工业强区”、“工业强镇”战略的事实和推动下，长寿湖工业发展速度加快，工业经济的综合效益也逐步显现。随着工业发展，工业污染源不断增多，工业污染排放量也逐年增加。虽然总体上长寿湖工业污染不是十分严重，但是结合上面的产业统计数据和企业调查资料，我们仍然可以发现目前长寿湖工业经济发展和产业结构存在着一些明显的问题。

1）长寿湖部分产业污染相对严重，产业结构尚需进一步调整。长寿湖工业整体上现处于高投入、高能耗、高排放、低效益的传统粗放型经营阶段，主要靠资源、能源的消耗来换取经济的增长。目前长寿湖的工业主导产业基本是资源开发型的产业，像农副食品、饮料制造、化工、造纸、煤炭生产等行业，这些行业今后的发展必然会面临长寿湖资源消耗和环境保护的限制。化工、造纸和农副食品三个行业是长寿湖的传统优势行业，但是这些行业单位销售收入的污水和 COD 排放量居于长寿湖各产业前列，说明现有的产业技术水平已经造成了较为明显的水环境负面影响，随着今后日益严格的环保措施和排污政策的出台，这些行业在长寿湖内的生存发展将会受到更大的挑战，有的企业可能需要整体变迁，有的则需要投入资金完善污染物处理设施，或者需要承担更多的环境成本（资源税和生态补偿税等）。

2）产业组织结构落后，排污分散且污染治理水平低，产业竞争力和可持续发展力较差。长寿湖的工业企业普遍规模小而散，行业中的龙头企业几乎没有，对相关产业发展的带动能力有限；企业结构单一，管理水平低下，产品档次低，缺少品牌，产业经营整体效益不高。企业大多数在辖区范围或周边开展经营，缺乏在激烈市场竞争中求生存、求发展的应变能力和抗风险能力。产业资源特别是优势资源分散，产业整合、企业重组力度不大，阻碍了产业优势资源的集中和集聚，也不能很好地促进大企业的培育与发展。而大企业与各产业中的优势资源不能大规模快速有效整合，这不利于产业实现规模化生产、污染集中治理和集约化经营，企业难以在环境保护的前提下对资源进行循环利用和多层次开发、增值，资源的综合利用水平和加工深度差，产业链短而细，精深加工环节较少。

3）整体上长寿湖缺乏环保工业、新兴工业的资源与产业基础，节能减排型工业发展“先天不足”。长寿湖目前的主要产业规模不大，整体素质不高，与“环保工业”、“绿色产业”的要求有加大差距。在生态保护的要求下，多数产业的可持续发展能力面临很大的考验。同时，长寿湖工业各行业生产设备、环保设施和工艺技术水平发展不平衡，大部分产业缺乏先进的生产技术和节能环保装备，众多小企业生产工艺、技术装备比较落后，这在一定程度上也加重了这些行业的高排放和高污染；产业技术能力和污染处理能力的欠缺也制约了长寿湖各类重要生物资源、矿产资源的深度开发，长寿湖的各种资源环境优势不能在更大范围、更大规模上转化为工业产业优势和现实经济收入。

4）工业产业循环经济模式尚待构建。长寿湖内高科技产业、新能源产业尚属空白，以资源节约和循环利用为特征的循环经济生产模式在长寿湖工业产业中尚待普及发展。可以预见如果按照现在的长寿湖工业产业结构持续发展，在今后一段时间长寿湖传统工业行业包括资源开发型行业可能因为环保和资源枯竭丧失发展的基础，而新兴资源依赖度低的高新技术产业又发展滞后，可能会造成长寿湖工业产业结构调整中的居民收入降低和就业减少等严重问题，也会制约长寿湖环境保护目标的实现。

2.3 长寿湖旅游业污染源分布、特征及问题诊断

2.3.1 旅游业污染物的发生量、排放量和入湖量

长寿湖旅游业污染物发生量见附表23。

附表23 长寿湖旅游业污染物年发生量总表

污染物类型	长寿湖总量（t）	按游客均量（t/万人）	按旅游业收入均量（kg/万元）
COD	333.60	5.67	28.38
TN	9.26	0.16	0.79
TP	1.43	0.02	0.12

长寿湖旅游业污染物排放量见附表24。

附表24 长寿湖旅游业污染物年排放量总表

污染物类型	长寿湖总量（t）	按游客均量（t/万人）	按旅游业收入均量（kg/万元）
COD	140.31	2.39	11.94
TN	6.17	0.10	0.53
TP	0.92	0.02	0.08

长寿湖旅游业污染物入湖量如附表25。

附表25　长寿湖旅游业污染物年入湖量表

污染物类型	长寿湖总量（t）	按游客均量（t/万人）	按旅游业收入均量（kg/万元）
COD	77.20	1.31	6.57
TN	2.87	0.05	0.24
TP	0.41	0.01	0.03

2.3.2　旅游业污染物结构与分布

（1）污染物行业结构

长寿湖旅游业产污主要来自住宿业和餐饮业，这两种行业的污染物排放量见附表26和附表27。

附表26　长寿湖旅游住宿业污染物年污染量表

污染物类型	长寿湖总量（t）	按游客均量（t/万人）	按旅游业收入均量（kg/万元）
COD	12.18	0.21	1.04
TN	2.76	0.05	0.23
TP	0.29	0.005	0.02

附表27　长寿湖旅游餐饮业污染物年污染量表

污染物类型	长寿湖总量（t）	按游客均量（t/万人）	按旅游业收入均量（kg/万元）
COD	109.87	1.87	9.35
TN	3.35	0.06	0.28
TP	0.63	0.011	0.05

（2）污染物区域分布

长寿湖分区域旅游业污染物年排放量见附表28。

附表28　长寿湖旅游业污染物年排放量分布表

区　域	区域COD总量（t）	区域N总量（t）	区域P总量（t）
长寿湖西南及南部片区（狮子滩旅游综合服务区+大坝景区）	77.46	3.76	0.59
长寿湖镇安顺岛	26.02	0.92	0.13
长寿湖镇浴滨岛	5.27	0.32	0.05
长寿湖丫口（东南片区）	23.72	0.78	0.11
长寿湖高峰岛（北部片区）	7.85	0.40	0.05
合计≈	140.31	6.17	0.92

注：其他未列入表中的区域的旅游业污染物发生量均远低于平均水平，故不列入。

长寿湖旅游业各区域氮磷排放量如附图26和附图27所示。

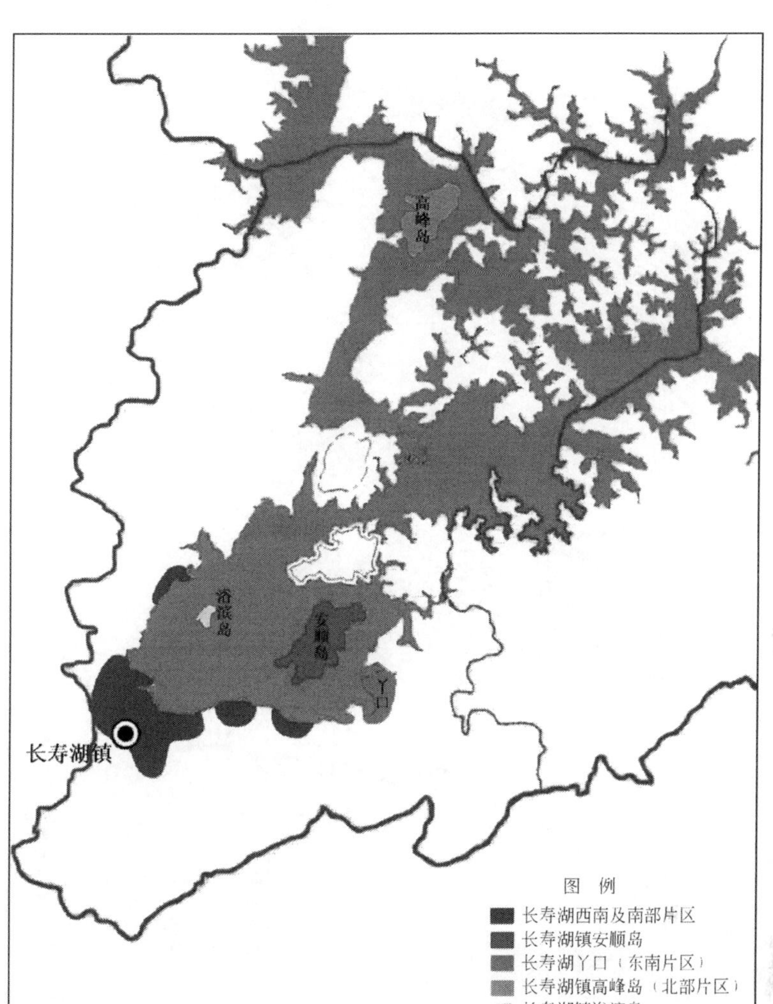

附图26　长寿湖旅游业TN排放量分布

2.3.3　旅游产业结构问题诊断

1）住宿餐饮业占旅游业收入的重头，同时也占污染物排放量的重头。住宿和餐饮业约占旅游业收入的60%。在COD排放量中，住宿业约占旅游业排放总量的8.7%，餐饮业约占78.3%，两者合约占总量的87%。在TN排放量中，住宿业约占旅游业排放总量的44.7%，餐饮业约占54.3%，两者合约占总量的99%。在TP排放量中，住宿业约占旅游业排放总量的31.5%，餐饮业约占68.5%，两者合约占总量的全部。

2）长寿湖镇的旅游业排放量几乎占全长寿湖旅游业排放量的全部，而其中重心在长寿湖西南部狮子滩旅游综合服务区。这是由当地旅游业的布局决定的。

3）未受控制的住宿餐饮业是当前管理和整治的重点。随着长寿湖西南部沿湖污水收

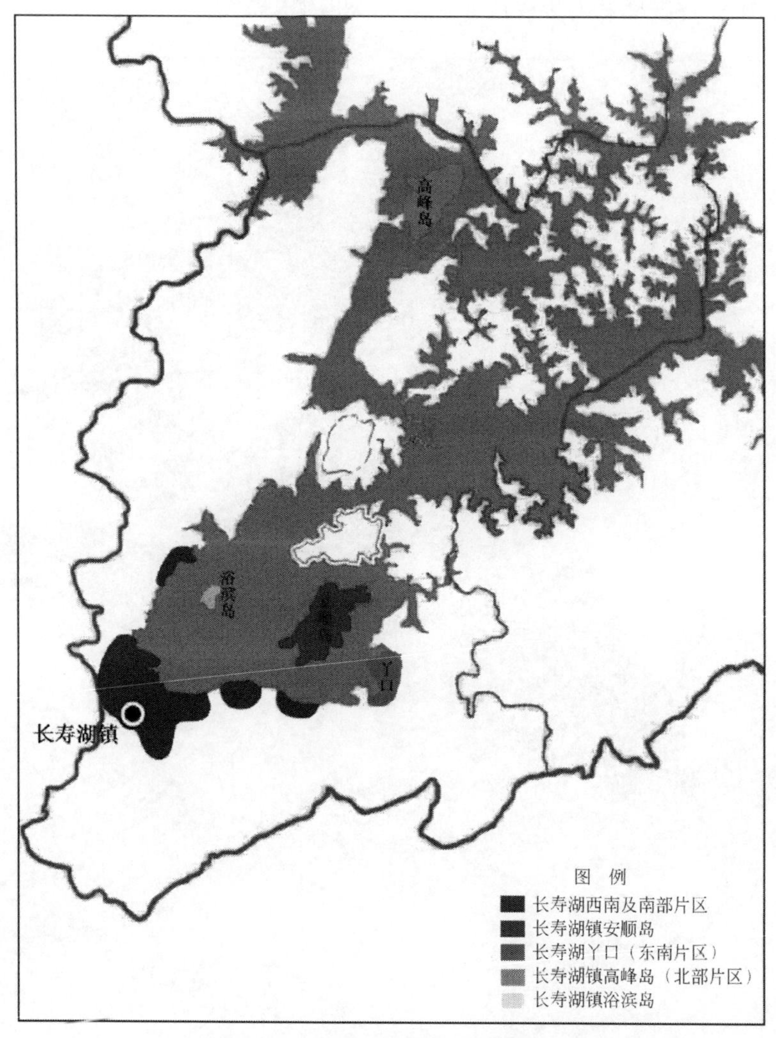

附图 27　长寿湖旅游业 TP 排放量分布

集管网和污水处理设施的建设和投入使用，密集于长寿湖镇狮子滩旅游综合服务区和坝上景区的旅游业污染基本得到控制。浴宾岛统一由重庆市长寿湖旅游开发有限公司管理，已建成生化池（投资 38 万元，日处理能力 60t），其污染得到良好控制。加勒比岛由某国有垄断企业买断，主要供企业高层公务使用，人流稀少，污染排放极小。寿岛基本无餐饮、住宿业，旅游污染排放量不大。北部高峰岛目前不是旅游热点，旅游污染排放量较小。但是安顺岛有部分农家乐，污染排放一部分以化粪池预处理，一部分直排，其污染还没有得到良好控制。长寿湖东南部有部分旅游餐饮服务业，污染排放一部分得到预处理，一部分直排，其污染还没有得到良好控制。其他地区目前还不是旅游热点，旅游足迹稀少，可以忽略不计。未受控制的住宿餐饮业目前主要在安顺岛和云集镇长寿湖东南沿岸，是当前管理和整治的重点（附图 28）。

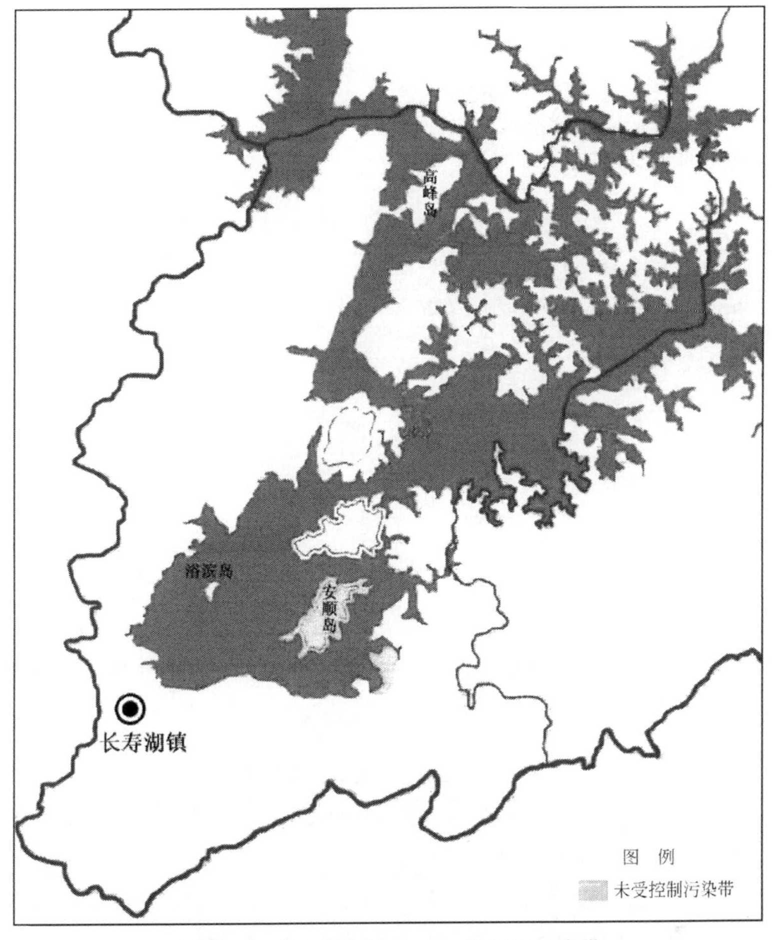

附图 28 长寿湖旅游业未受控制的污染带

3 长寿湖社会经济发展功能控制区划

根据长寿湖产业经济发展现状特征、功能定位和区位特点，综合考虑长寿湖产业发展带来的正面积极的经济增长效益和负面消极的环境污染负荷，强调社会经济发展与水环境相协调，对现有长寿湖产业结构进行分区、分期规划，形成以生态农业、环保工业、生态旅游、绿色居住为主导的发展格局。

本区划以 2009 年为基准年，区划期为 20 年，分 3 个阶段展开。

1）近期。区划启动阶段，区划阶段为 2010 ~ 2015 年，属于“十二五”计划全程。

2）中期。全面突破阶段，也是本区划的最重要阶段，区划阶段为 2016 ~ 2020 年，归于“十三五”计划全程。

3）远期。巩固提高阶段，区划阶段为 2021 ~ 2030 年。

3.1 长寿湖城镇-人口控制区划

长寿湖城镇-人口高发展方案规划［人口增长取7‰~8‰（近、中期增长8‰，远期增长7‰），城镇化水平按近、中期年提高5.5%，远期年提高4.5%计算］见附表29。

附表29　长寿湖城镇-人口高发展方案规划　　（单位：万人）

地区	近期（2015年）		中期（2020年）		远期（2030年）	
	城镇人口	农村人口	城镇人口	农村人口	城镇人口	农村人口
长寿湖镇	0.50	4.96	0.52	5.37	0.55	5.76
云集镇	0.11	3.86	0.11	4.17	0.12	4.46
双龙镇	0.32	4.04	0.33	4.37	0.35	4.68
龙河镇	0.18	5.05	0.19	5.46	0.20	5.84
石堰镇	0.22	6.37	0.23	6.88	0.24	7.37
云台镇	0.42	5.19	0.45	5.62	0.47	6.02
海棠镇	0.11	3.22	0.11	3.48	0.12	3.73
总和	1.85	32.68	1.95	35.34	2.04	37.86

长寿湖城镇-人口中发展方案规划［人口增长取7‰~8‰（近、中期增长8‰，远期增长7‰），城镇化水平按近、中期年提高4.5% ~5.0%，远期年提高3.8%计算］见附表30。

附表30　长寿湖城镇-人口中发展方案规划　　（单位：万人）

地区	近期（2015年）		中期（2020年）		远期（2030年）	
	城镇人口	农村人口	城镇人口	农村人口	城镇人口	农村人口
长寿湖镇	0.49	4.96	0.52	5.37	0.54	5.77
云集镇	0.10	3.86	0.11	4.17	0.11	4.47
双龙镇	0.31	4.04	0.33	4.37	0.34	4.69
龙河镇	0.18	5.05	0.19	5.46	0.19	5.85
石堰镇	0.22	6.37	0.23	6.88	0.24	7.37
云台镇	0.42	5.20	0.44	5.63	0.46	6.03
海棠镇	0.10	3.22	0.11	3.48	0.11	3.73
总和	1.83	32.70	1.92	35.37	1.99	37.91

长寿湖城镇-人口低发展方案规划［人口增长取6‰~7‰（近、中期增长7‰，远期增长6‰），城镇化水平按近、中期1.4%、远期年提高2.0%计算］见附表31。

附表31　长寿湖城镇-人口低发展方案规划　　（单位：万人）

地区	近期（2015年）		中期（2020年）		远期（2030年）	
	城镇人口	农村人口	城镇人口	农村人口	城镇人口	农村人口
长寿湖镇	0.48	4.93	0.48	5.30	0.49	5.64
云集镇	0.10	3.83	0.10	4.10	0.10	4.35
双龙镇	0.30	4.01	0.31	4.31	0.31	4.58
龙河镇	0.17	5.01	0.17	5.37	0.18	5.70

续表

地区	近期（2015 年）		中期（2020 年）		远期（2030 年）	
	城镇人口	农村人口	城镇人口	农村人口	城镇人口	农村人口
石堰镇	0.21	6.31	0.22	6.77	0.22	7.18
云台镇	0.41	5.16	0.41	5.54	0.42	5.89
海棠镇	0.10	3.19	0.10	3.42	0.10	3.63
总和	1.77	32.43	1.80	34.80	1.84	36.96

长寿湖城镇-人口分布现状如附图 29 所示。

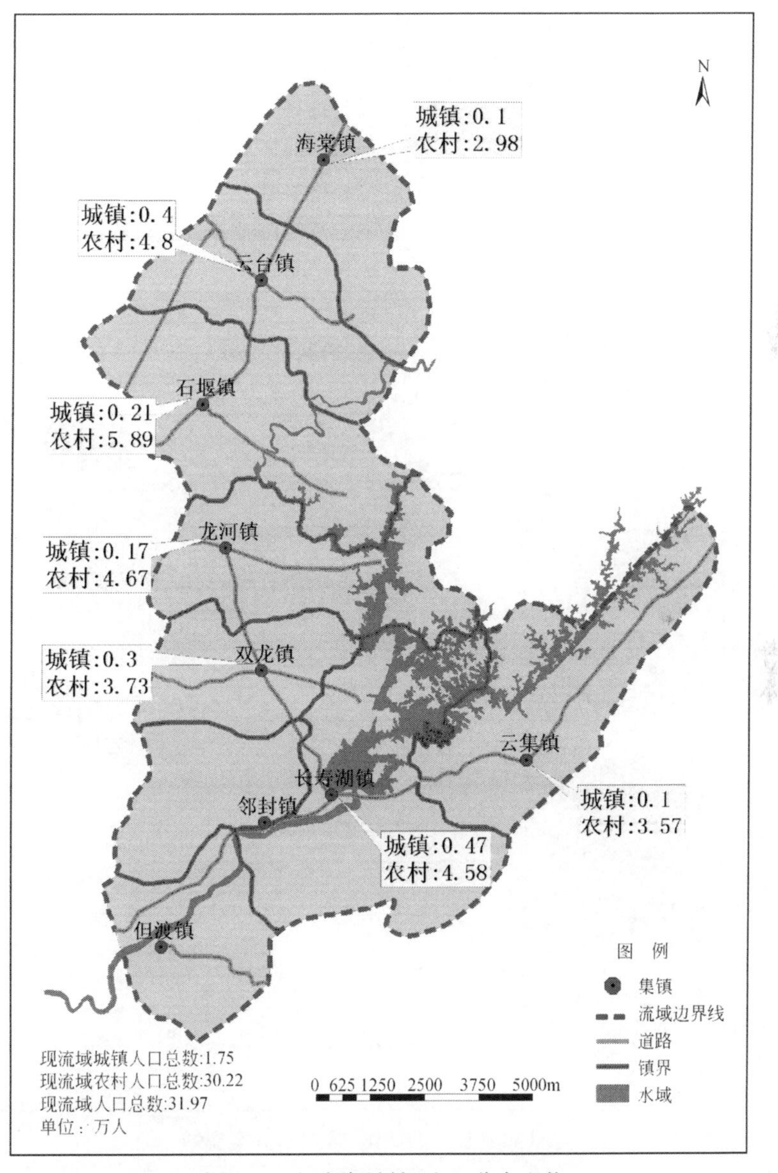

附图 29 长寿湖城镇-人口分布现状

长寿湖城镇-人口中发展高、中、低方案规划如附图 30 ~ 附图 32 所示。

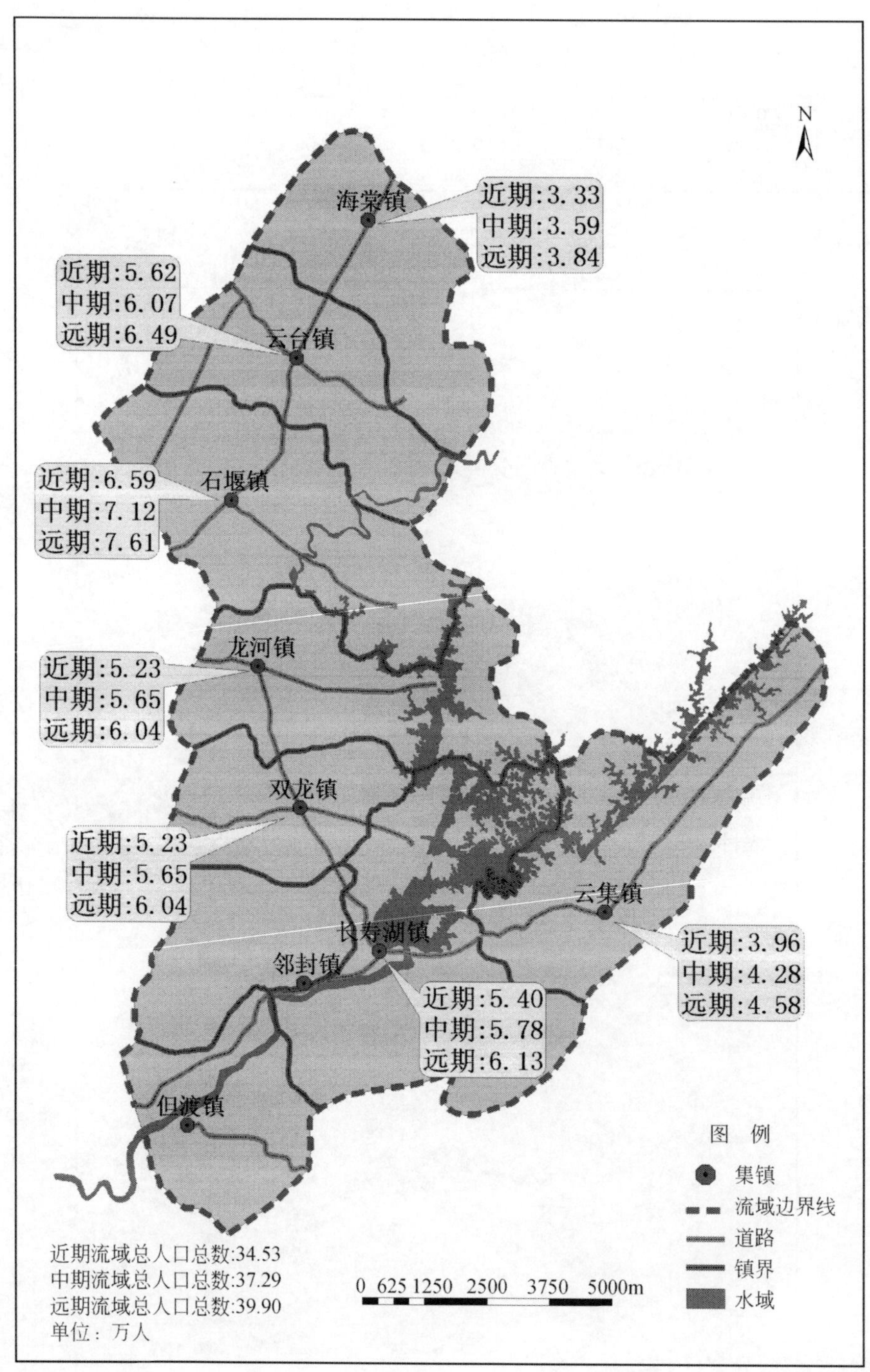

附图 30　长寿湖城镇-人口高方案规划

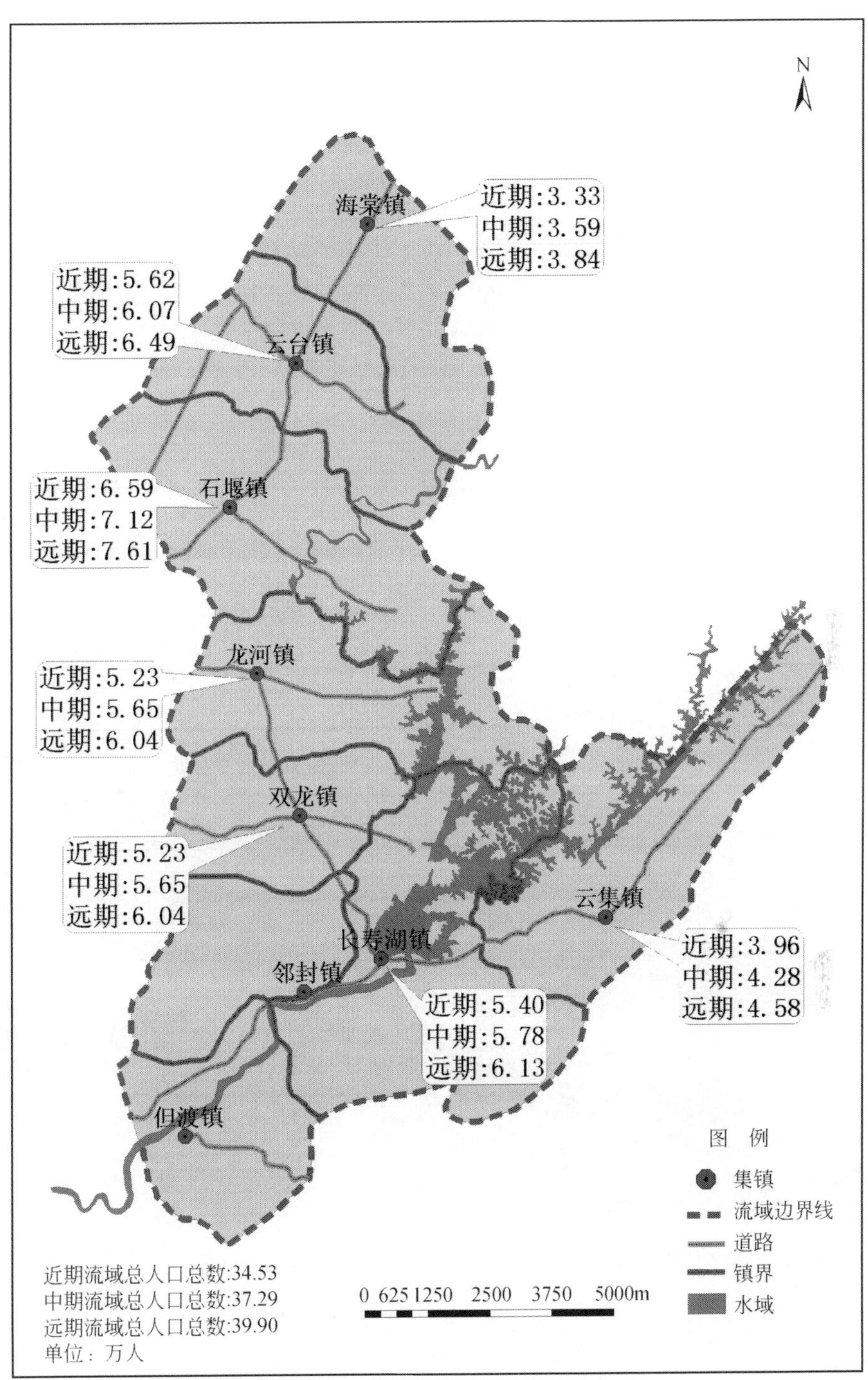

附图 31　长寿湖城镇-人口中方案规划

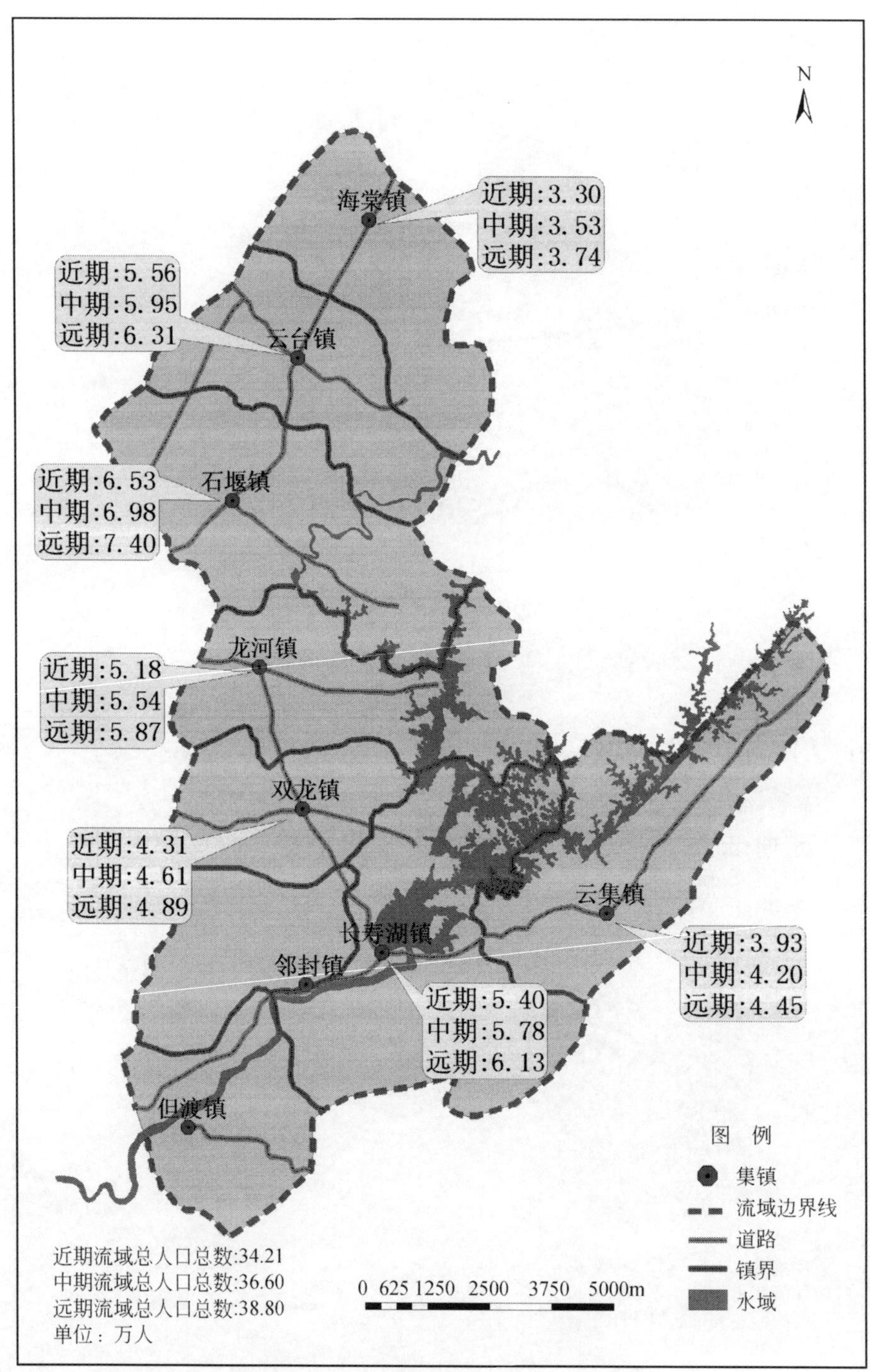

附图32　长寿湖城镇-人口低方案规划

3.2 长寿湖农业产业发展功能控制区划

3.2.1 禁止发展区

长寿湖岸及入湖河岸最高水位线50m不等范围内为禁止发展区。禁止发展区不允许任何农业产业以任何形式存在，对目前处在区内的农业种植产业采取退耕还林、退耕还草的方式进行清除；对于处在区内的畜牧养殖产业采取拆迁和转移到其他发展区的方式进行清除。

3.2.2 限制发展区

临湖行政村村界与禁止发展区之间的范围为限制发展区。处于限制发展区的农业产业具有较高的污染控制要求。首先，对污染产生量高、污染控制乏力、对长寿湖水环境威胁大的农业产业采取消减规模或者调整转移到外层发展区的方式进行严控。其次，根据国内外相关经验和长寿湖的实践，大力推行高产、优质、高效的生态农业发展模式，具体模式有鱼稻连作、烟豆套种等。再次，在该区实施低污染处理技术工程和生态农业发展工程，进行生态化农业产业改造和整治，具体方式有低污染水处理系统运用、农业水循环利用技术运用和精确施肥等。

3.2.3 优化发展区

各镇政府公路连接线与限制发展区之间的范围为优化发展区。优化发展区突出对农业产业结构、布局和种养方式的调整优化。一是对单位数量污染产生量大的养殖业规模进行缩减；二是优化重污染种植业种植方式，选择污染产生量小的种植品种轮作方式进行生产，改露地种植为大棚种植，扩大大棚种植面积。

3.2.4 综合发展区

优化发展区以外的区域为综合发展区。综合发展区突出对经济作物和畜牧家禽的专业化、规模化、标准化种养，应通过政府土地入股、农户农业品种入股、农业企业现金入股等农业股份合作制，或农业专业合作社等形式，建立相应种养基地，并实行农业污染物的集中收集与处理。

长寿湖农业规划控制分区如附图33所示。

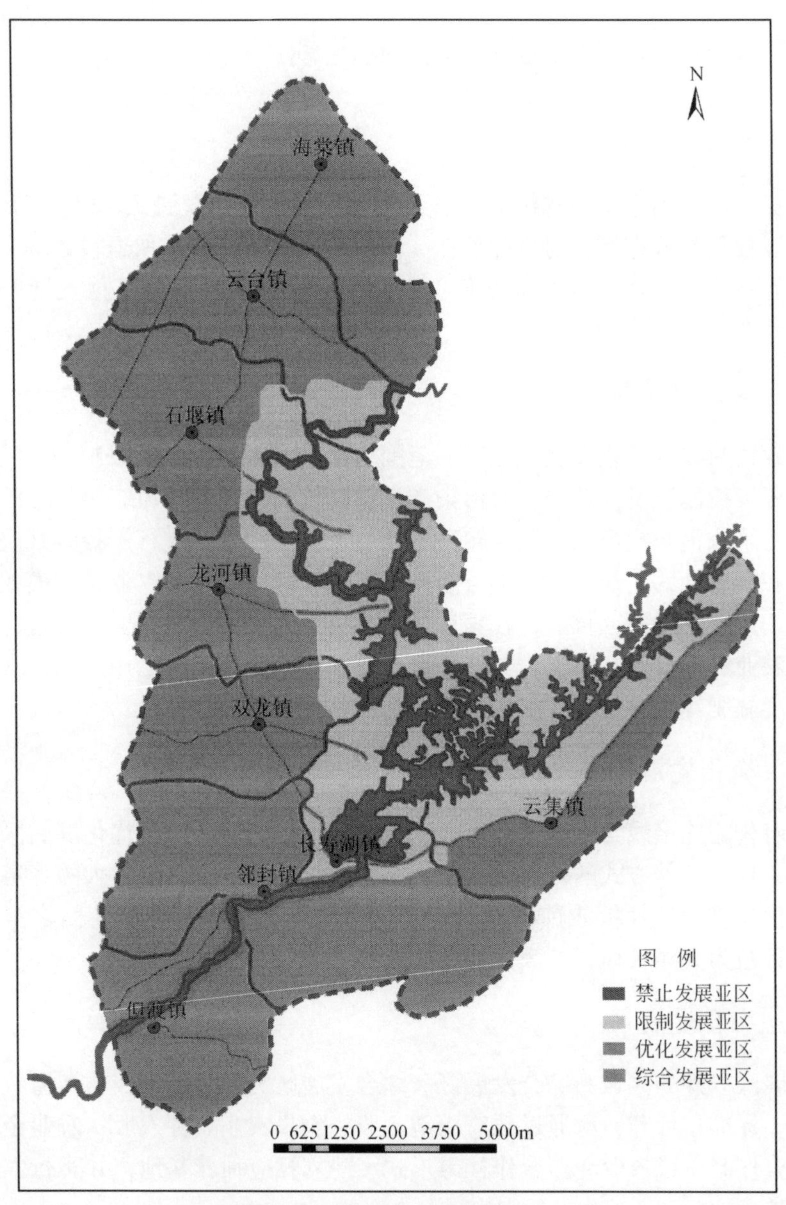

附图 33 长寿湖农业规划控制分区

3.3 长寿湖工业产业发展功能控制区划

3.3.1 禁止发展区

长寿湖岸及入湖河岸最高水位线外延 50m 不等范围内为禁止发展区。禁止发展区是距离长寿湖湖泊和河流最近的区域。在该区域内发展工业会导致工业污染大量发生，即使经过环保处理的工业废水进入水体也会污染长寿湖水环境，据此在该区域内不允许任何工业产业的发展。

3.3.2 限制发展区

禁止发展区外延 50m 不等范围内为限制发展区。由于该区域距离长寿湖湖泊和水系很近，规划要求处于该区域内的工业产业应该是以零排放的绿色工业为主，可以适当发展创意、高科技产业，而对于一般加工业等规模大、排放高的产业应严格限制其发展。

3.3.3 优化发展区

各镇政府公路连接线与限制发展区之间的范围为优化发展区。该区域距离长寿湖湖泊和水系的距离较近，工业污染对长寿湖湖泊和水系的威胁较大。目前该区域的工业产业规模不大，但有一些企业污染排放相对严重，今后对处于该区域的工业必须通过排污控制和结构调整手段进行优化，以此有效削减工业产业和城镇污染。

3.3.4 综合发展区

其他地区属于综合发展区。由于该区域距离湖泊和水系的距离较远或者对长寿湖湖泊水系的污染影响最小，因此可以鼓励工业产业在资源约束条件下适度发展。在此区域内，应该结合实际设置若干重点工业产业发展区（工业组团），通过区域政策、产业政策的引导，逐步培育特色产业园和产业群，构建分区域产业带，形成“以点带面、周边辐射、沿轴扩散”的工业产业区域架构。

长寿湖工业产业规划控制分区如附图 34 所示。

3.4 长寿湖旅游产业发展功能控制区划

3.4.1 禁止发展区

环湖常年水位线外延 50m 不等范围内为禁止发展区。禁止发展区内游客基本不涉足，除少数亲水项目（如长寿湖游船等）可抵湖边外，该区仅提供远观功能、满足生态景观的视觉美化需求。该区要求无高层建筑，视野开阔平缓，视效与周边环境和谐，体现出宁静优美的田园农家风光和清纯广阔的长寿湖湖景。游客在限制发展区沿线可长程无障碍地欣赏到禁止发展区和湖水的美丽风景。在不得不提供游客通道的地点（如游船接驳点）设定集中的游客服务管理区，配备环保处理设备，并做好相关宣传和管理工作，禁止污染物入湖。

3.4.2 限制发展区

禁止发展区外延 50m 不等范围内为限制发展区。限制发展区不禁止但也不鼓励游客入内。在限制发展区内不设置大量旅游项目和服务设施，以降低游客的进入概率。限制游客

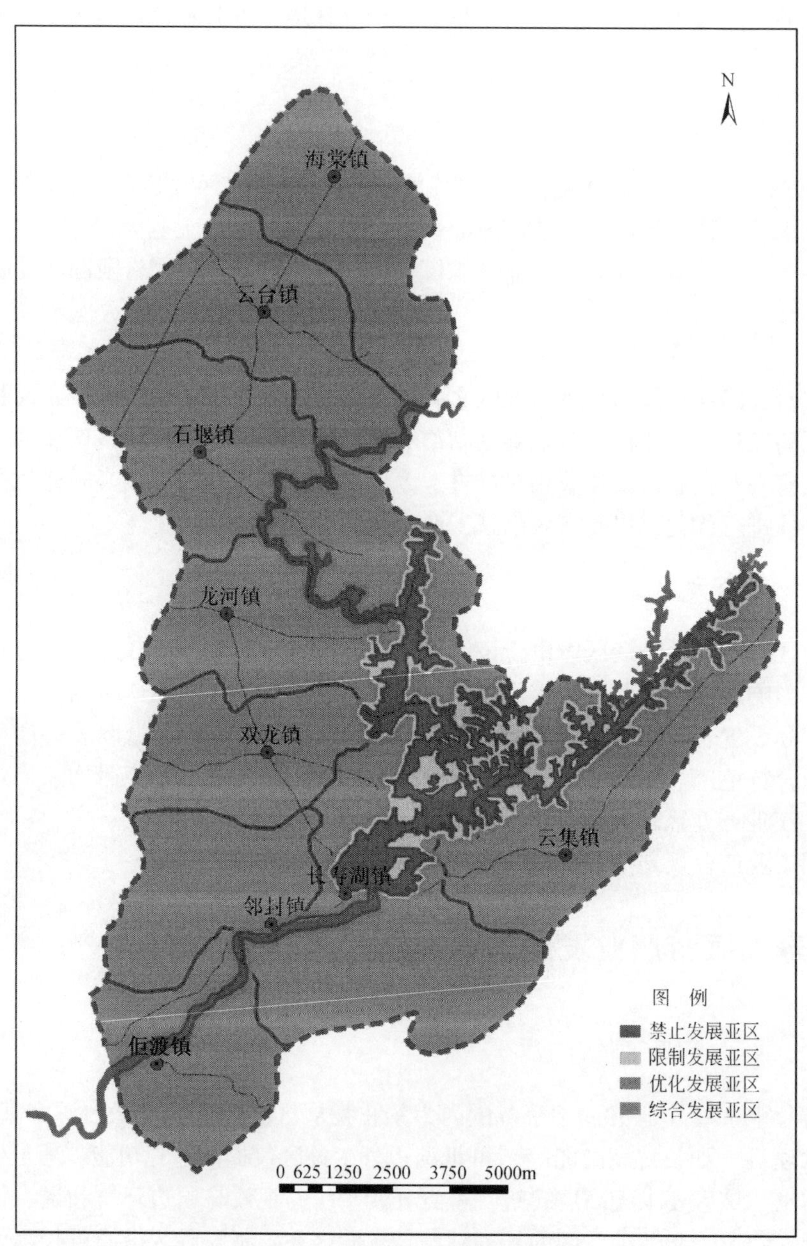

附图 34 长寿湖工业规划控制分区

自备车辆或交通车驶入。在通道上，可设置活动式路障，减少机动车辆通行顺畅度，以抑制游客自驾车或交通车的进入。可容游客步行或骑乘非机动车辆进入，区内不鼓励设置旅游项目。

3.4.3 优化发展区

限制发展区以外，至长寿湖风景名胜区边界为优化发展区。优化发展区是游客主要活动区域之一，也是多样化旅游项目的重点部署区域。游客在内可自由选择交通方式。优化发展区可丰富旅游业项目内容和服务品种，有效提高游客的滞留时间，提升旅游业产业结构。该区可以设置旅游餐饮业和住宿业（但不鼓励），并依托当地人文特色开发休闲娱乐项目。在该区内要充分发挥旅游业各行业的综合带动功能和规模效应。

3.4.4 综合发展区

其他地区属于综合发展区。综合发展区不是旅游业主要产品部署区域，而是工业和农业分布区域。但在该区域内可提供综合性旅游服务。鼓励将污染物发生量最大的餐饮业和住宿业设置在综合开发区。

长寿湖旅游业规划控制分区如附图 35 所示。

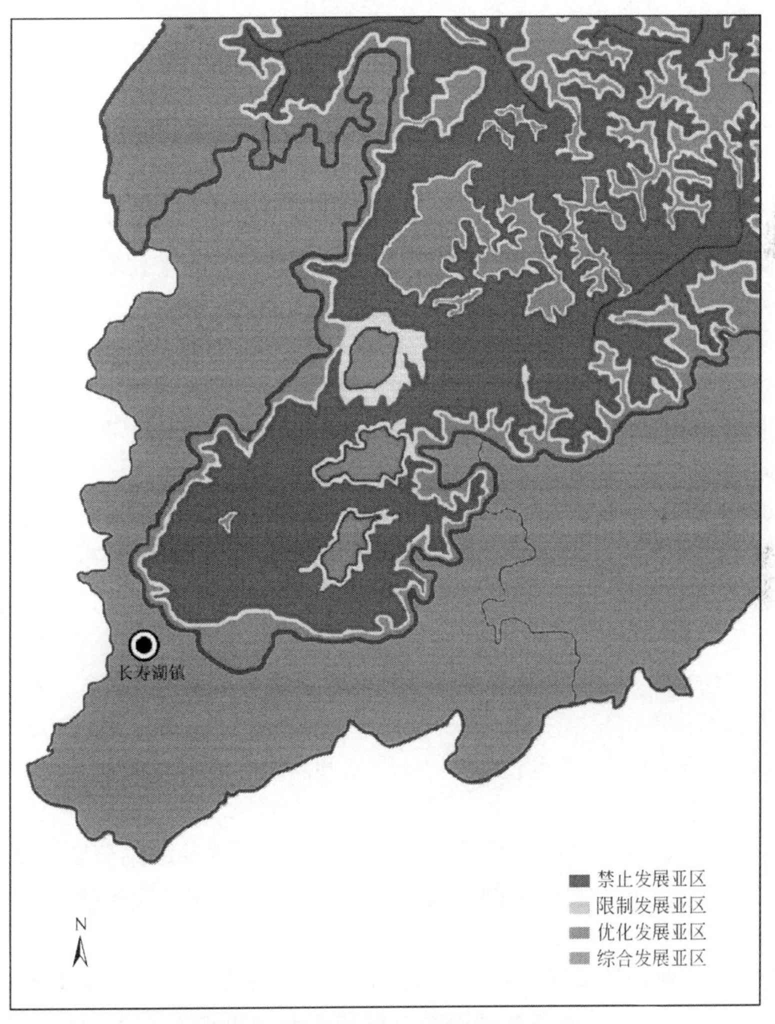

附图 35 长寿湖旅游业规划控制分区

4 长寿湖主要产业宏观调整规划

4.1 长寿湖农业产业宏观调整规划

4.1.1 宏观调整规划

(1) 指导思想

长寿湖主要农业产业宏观调整规划应以农业产业污染控制和生态农业发展为主线，以“水环境保护、农产品消费安全、农业经济可持续发展”为长寿湖农业产业发展目标，围绕农业增效、农民增收的要求，走农业结构调整与生态建设相结合、资源优势与产业优势相兼顾、自然生产与社会再生产相协调、社会经济与生态文明相统一的发展道路。

(2) 农业产业宏观调整规划

在产业功能发展区规划的基础上，按“一围、四带”对农业产业进行规划。即规划形成以长寿湖为中心的生态农业、设施农业产业发展围和以长寿湖西北岸海棠镇—云台镇—石堰镇沿线、长寿湖南岸龙河镇—双龙镇沿线、长寿湖西南岸长寿湖镇—邻封镇—但渡镇沿线、长寿湖东南岸云集镇沿线的四个粮经轮作、规模化、标准化农业产业发展带。“一围”布局在限制发展区，“四带”布局在优化发展区和综合发展区。

a. 产业发展类别

1）重点调整产业。重点调整产业包括：蔬菜、猪、水产。以上产业是长寿湖单位面积（数量）污染排放量最大的农业产业，而且种养规模扩大的速度非常快，给长寿湖水环境带来的威胁最为严重，因此，必须对这两个农业品种进行规模消减和种养方式优化。

2）限制发展产业。限制发展产业包括：小麦、玉米、薯类、杂粮、茶果。粮食作物中小麦、玉米、薯类和杂粮的单位面积污染排放量较大，且经济效益不高，应该限制其规模；经济作物中茶果的污染排放量较高，且种植区域紧靠湖区水域，带给水环境的压力较大，因此，也属于限制发展类产业。

3）鼓励发展产业。鼓励发展产业包括：水稻、豆类、油菜和家禽。粮食作物中水稻种植规模最大，污染产生量最多，但是单位面积污染产生量相对较小。豆类、油菜和家禽单位面积（数量）污染产生量也较小，因此，这些品种应该鼓励发展。

b. 产业调整规划

1）重点发展产业调整规划。对目前处于“一围”区内的蔬菜分期调整为大棚种植；养猪调整到“四带”区内远离水系的区域进行生态厩养；对水产养殖的水域面积规模进行一定幅度的消减。

2）限制发展产业调整规划。根据长寿湖农产品消费需求，对目前处于“一围”区内的限制发展产业规模进行适度消减和限制。用种植业中单位面积污染产生量较低的产业（如水稻、蚕豆、油菜）替代限制发展产业中小麦、玉米、薯类消减的规模。

3）鼓励发展产业调整规划。在“一围”区域大力发展优质水稻、蚕豆等鼓励发展的产业，形成优质粮食作物产业圈。结合培植发展旅游观光农业，改善栽培措施建立无公害优质双低油菜生产基地，适当扩大油料作物的种植规模。改家禽散养为生态养殖，并在“五带”区内远离水系的区域扩大家禽尤其是蛋禽的生产规模。

长寿湖农业产业“一围四带”宏观调整规划如附图 36 所示。

附图 36　长寿湖农业宏观调整规划

4.1.2 控污减排方案

(1) 农业种植业污染减排方案

农业种植业污染减排方案如附表32所示。

附表32 长寿湖种植业减排方案 （单位：亩）

规划期	水稻	小麦	玉米	薯类	豆类	油料	蔬菜
2010~2015	+30 000	-20 000	-30 000	-30 000	+30 000	+20 000	大棚20 000
2016~2020	标准化50%	标准化50%	标准化50%	标准化50%	标准化50%	标准化50%	大棚20 000
2021~2030	标准化100%	标准化100%	标准化100%	标准化100%	标准化100%	标准化100%	大棚30 000

注：二期和三期标准化种植比例是指对一期优化后的各种植产业种植面积实施化肥标准化施用（测土配方）的面积比重应分别达到50%和100%。

(2) 农业养殖业污染减排方案

农业养殖业污染减排方案如附表33所示。

附表33 长寿湖养殖业减排方案

规划期	猪（头）	肉禽（只）	蛋禽（只）	水产（亩）
2010~2015	-100000	+500000	+500000	-3000
2016~2020	-100000	+500000	+200000	—
2021~2030	-100000	+500000	+200000	—

注：养殖调减的数量全部迁到长寿湖外，水产消减为养殖水域面积。

4.1.3 效益分析与评价

(1) 农业产业结构调整减排和经济效益

农业产业结构调整后，氮磷消减率、产值增长率、万元产值TN、TP排放量如附表34所示。

附表34 长寿湖农业产业结构调整效益

规划期	氮磷消减率（%）		产值增长率（%）	万元产值TN排放量(kg/万元)	万元产值TP排放量(kg/万元)
	TN	TP			
基期	—	—	—	17.24	2.18
2010~2015	10.8	8.5	8.8	15.47	1.83
2016~2020	16.9	18.7	20.4	11.90	1.47
2021~2030	25.5	32.9	34.7	9.53	1.08

注：氮磷消减率和产值增长率以基期为基数计算。

(2) 农业产业结构调整资金需求

农业产业结构调整分区、分项、分期资金需求见附表35。

附表35 长寿湖农业产业结构调整资金需求 （单位：万元）

分区	项目	2010～2015年投资额	2016～2020年投资额	2021～2030年投资额
禁止发展区	农业产业消减补偿	500	—	—
	退耕还林、退耕还草建设	250	150	100
限制发展区	生态农业建设工程	300	300	300
	农业产业替换补偿	800	—	—
优化发展区	生态农业建设工程	300	300	300
	设施农业建设	1000	1000	1500
综合开发区	生态农业建设工程	100	100	100
	农业产业规模化建设	1000	1000	1000
合计		4250	2850	3300

注：1. 禁止发展区：农业产业消减补偿按1000元/亩的标准进行补偿，四湖周边属于禁止发展区耕地约0.5万亩。2. 限制发展区：农业产业替换补偿标准按油菜100元/亩、豆类100元/亩、水稻100元/亩计量。3. 优化发展区：设施农业建设（简易大棚）标准按500元/亩进行补贴。4. 综合发展区：农业产业规模化建设，蔬菜按100元/亩进行补贴，牲畜按100元/头进行补贴。

4.1.4 保障措施

(1) 经济措施保障

1）为促进长寿湖农业产业规模化生产提供经济激励政策，通过农业对外开放、招商引资、寻求战略合作伙伴等多种途径，采用土地入股、转租、特色农产品经营合作社等多种形式，建立股份制种养基地。

2）对长寿湖农业产业结构调整涉及的各利益主体进行调查，明确其可能遭受的损失，进而确定对其的经济补偿方式、标准、额度，形成长寿湖农业产业结构调整的经济补偿机制。

3）对长寿湖农业结构调整中涉及的剩余劳动力问题，通过建立农村富余劳动力技能素质的教育资源整合机制，社会就业援助机制和观光农业、旅游农业等劳动密集型行业的企业就业拓展机制，剩余劳动力向长寿湖外输出机制等，促进长寿湖农村富余劳动力有序流动和转移。

4）为长寿湖绿色农业的发展提供优惠政策，并建立农业产业技术推广政策机制，鼓励长寿湖内的农业产业向生态型、清洁型、环保型方向发展升级。

(2) 管理措施保障

1）农业产业结构调整工作的实施需要长寿湖各级行政区之间进行紧密的配合与协作，这就要求突破行政区划的限制，建立以全长寿湖整体协作为基础的管理机制。需要进一步完善现有的长寿湖保护治理机构，对相关机构的负责人签订相应的目标责任书，建立和实行严格的检查、监督、考核、奖罚制度，为农业产业结构调整提供有力的管理制度保障。

2）组织拟定《长寿湖农业产业结构调整管理办法》，进一步完善长寿湖保护的法律法规，并加强长寿湖保护的执法力度，为长寿湖农业产业结构调整提供良好的法制化管理条件。

4.2 长寿湖工业产业宏观调整规划

4.2.1 宏观调整规划

长寿湖工业宏观调整规划如附图37所示。

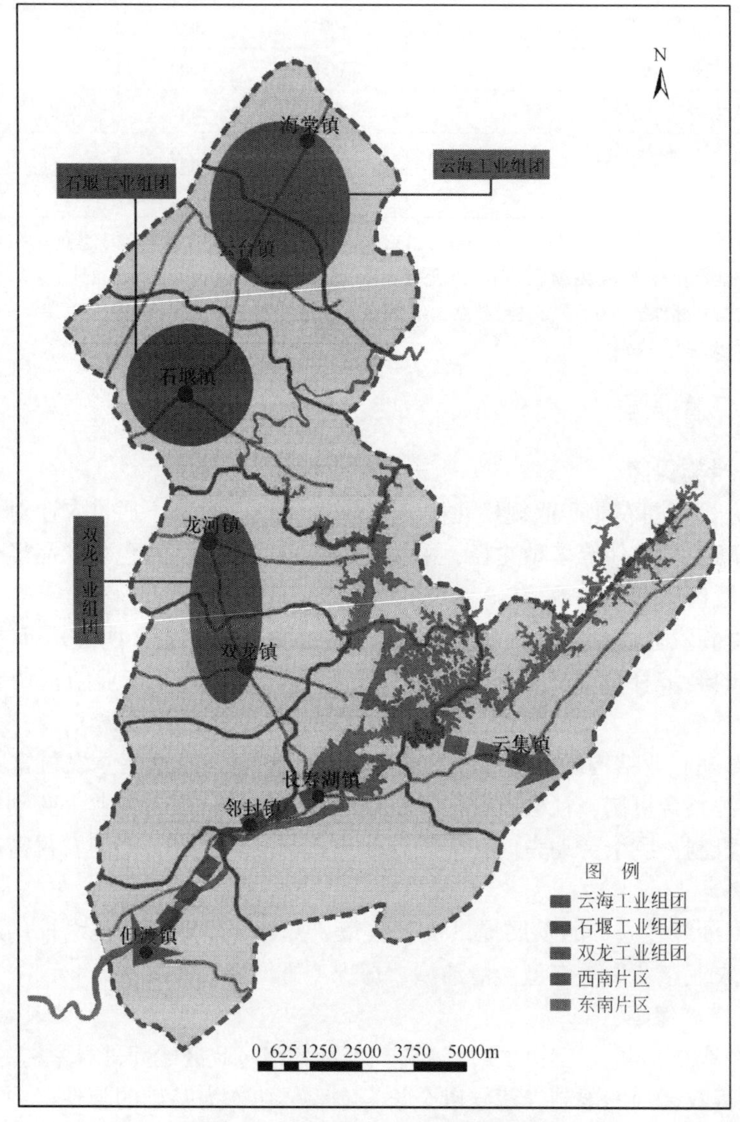

附图37　长寿湖工业宏观调整规划图

(1) 指导思想

长寿湖工业产业发展将坚持以市场为导向、企业为主体，以机制和体制创新为动力，以工业组团为载体，着力改善软硬环境，增加投入，优化结构，培育优势企业，打造品牌产品，形成产业集群，在提高工业经济质量和效益的前提下，实现快速发展，使工业为长寿湖经济发展作出更大贡献。规划可以突出增加工业产业的附加值和增强产业的关联度，着眼于产业链的延伸和产业竞争力的提高，推行工业产业的循环经济并促进绿色工业的发展，力求达到长寿湖工业“做大求强”的目的，即尽快做大以“沙田柚、夏橙、花椒、有机鱼”等为特色的长寿湖绿色农副产品加工业，力争做强以机械制造、建材、矿产开发为代表的新兴产业，并力争发展成为低排放环保型产业的制造中心和各类加工企业的区域总部（或分部）。

(2) 工业产业空间布局宏观调整规划

由于工业产业的规模经济、范围经济效应以及集中治理污染的优势，在产业功能分区中的优化发展区与综合开发区的工业产业布局呈现“点状集聚、周边扩散、以点带面”的发展态势，通过不同规划期的重点发展区域的带动，实现长寿湖工业经济的动态均衡与可持续增长。长寿湖工业产业宏观调整规划，按“两翼三组团”规划实施。

在构建特色工业产业功能区的发展过程中，将以工业集镇建设和工业产业带扩展为依托，形成以工业组团和工业走廊为中心、“以点带面”的工业区域发展规划格局。通过产业组团建设，逐步打造出区位集中的、具有区域特色的优势产业，进而发展成若干组团工业集中区，组团主导行业和企业在成长过程中又由中心向外沿轴线扩散，扩展成为区域特色工业走廊，由此构建“两翼三组团”的产业发展格局，最终培育形成长寿湖特色工业产业功能区。

a. 北部区域

长寿湖北部区域包括海棠镇、云台镇、石堰镇、龙河镇和双龙镇五个镇，处于长寿湖上游长寿湖，水资源和矿产资源丰富，交通便利，农副产品品种多、产量高，发展特色工业基础好。规划将结合区域的区位特点、资源优势和产业基础，通过存量调整和增量改进，借助产业政策引导，不断完善北部区域的环保配套及其他基础设施，创造良好的特色工业产业发展环境，逐步形成环长寿湖北部特色工业产业走廊。

在此区域，可以通过存量调整和增量改进，逐步形成北部区域三大特色工业组团：以石堰工业组团小型农业机械制造基地为重点，培植小型农业机械制造产业；以云（台）海（棠）工业组团为主体，规划建设塑胶制造及配套产业；依托双龙镇工业组团特有的岩盐资源和毗邻长寿湖风景区，规划建设盐化工原料基地及特色旅游产品开发加工产业。

b. 西南区域

长寿湖西南区域包括长寿湖镇、邻封镇和但渡镇三个镇，是长寿湖规划的重点区域，将侧重发展休闲旅游和高端地产，工业发展由此受到了较大的限制。西南区域可以依托旅游资源和现有产业优势，发展形成环长寿湖西南环保型工业产业片，规划工业产业将是以休闲食品、绿色农产品、旅游产品加工等为特色的低污染、环保型工业，借助长寿湖旅游区的辐射作用，提升长寿湖特色产品加工业层次。

c. 东南区域

长寿湖东南区域主要是云集镇，这一区域可以综合利用市、区的各类资源、信息、政策、机制优势，发挥与涪陵区、垫江县、丰都县交接的地缘特点，捕捉机遇，培育发展节能环保、旅游地产等生态产业。

长寿湖北部区域利用自身产业基础优势，发展形成由三个工业组团为主体的北部工业走廊，长寿湖南部的西片与东片各自发挥自身区位和资源特点，发展各具特色的绿色工业。其中，环长寿湖北部区域三个工业组团是长寿湖工业发展的主体，而环长寿湖西南与东南片区则构成长寿湖工业经济发展的“两翼”，起到辅助和支撑作用，由此打造长寿湖“两翼三组团”的工业产业未来发展格局。

（3）工业内部产业调整与发展规划

长寿湖工业结构调整规划及措施如附表 36 所示。

附表 36　长寿湖工业结构调整规划及措施表

产业	品种	产业调整措施
重点调整产业	化工、造纸、农副食品和饮料制造	搬迁改建和大力实施技术改造，延长产业链、开展深加工和创立品牌提高产业附加值
限制发展产业	冶金、采掘	清洁生产、实行总部和生产基地分离
重点支持产业	机械制造、建筑建材、矿产资源开发、交通运输与电力设备制造	提升整个产业及产业链各环节的竞争力和效益水平
鼓励发展产业	生物开发、新能源、新材料、高新科技	扶持“低投入、低污染、低耗能、高效益”的优势产业，培育新兴产业集群

a. 重点调整产业

按照前面的调查分析，从长寿区和长寿湖工业产业结构来看，化工、造纸、农副食品和饮料制造等行业是长寿湖污染排放强度最大的行业，这些产业大多是长寿湖的传统优势产业，也是规划调整的重点。在发展培植新型工业的同时，要力求巩固和提升这些传统优势产业，通过企业的搬迁改建和大力实施技术改造，从区域布局和污染治理等方面做较大的调整与改进，在减少污染排放的前提下加快这些产业的发展，谋求新型工业和传统产业的共同发展。

b. 限制发展产业

对于冶金、采掘等污染排放强度大、对长寿湖保护构成较大威胁的行业，可以在清洁生产、控制排放的前提下适度发展。还可在企业经营组织变革的发展趋势和长寿湖总部经济模式的客观要求下，对于这些限制发展的产业，通过区位布局调整，在长寿湖周边区域拓展发展空间，将公司总部设在长寿湖内，而生产基地选择在紧邻区域，这样既避免对长寿湖环境的污染，又可利用长寿湖的生态资源吸引人才，开展高层次的商务活动，提高企业的知名度和市场影响力，同时也为长寿湖工业经济的发展提供更广泛、更坚实的产业基础。

c. 重点支持产业

长寿湖近期和中远期将重点支持那些市场潜力大、产业规模大、对长寿湖工业经济和产值税收具有决定性影响的支柱产业，包括机械制造、建筑建材、矿产资源开发、交通运输与电力设备制造等。

d. 鼓励发展产业

长寿湖工业规划将积极鼓励突出区域特色和优势的绿色产业的发展，大力扶持生物开发、新能源、新材料、高新科技等“低投入、低污染、低耗能、高效益”的优势产业，培育新兴产业集群，不断壮大长寿湖的“环保产业”和“绿色工业兵团”。

（4）工业产值预测

由于长寿湖范围涉及长寿区的部分乡镇和上游的梁平县与垫江县，考虑到各区域行政管理辖区范围的不同，我们仅就长寿区的九个乡镇进行工业产业发展规划。结合长寿湖经济发展的历史及现状，按高、中、低三种发展方案（工业生产总值年均增长率分别为15%、10%和5%）进行工业产值预测，预测结果见附表37。

附表37　规划年工业产值预测结果　（单位：亿元）

方案	2008年	2015年	2020年	2030年
高方案	100 511.4	267 362.3	537 761.1	2 175 544
中方案		195 868.3	315 447.8	818 190.4
低方案		141 429.6	180 504	294 022.1

4.2.2　控污减排方案

根据长寿湖工业万元产值与废水排放量的相关关系，按照工业产业内部结构调整和企业废水处理水平逐步提高进行控污减排规划预测，高、中、低三个方案的不同规划年工业废水污染物排放量见附表38（其中，高方案下近、中、远期排放分别比基期减少2%、4%、8%；中方案下近、中、远期排放分别减少4%、8%、16%；低方案下近、中、远期排放分别减少6%、12%、24%，附表39）。

附表38　长寿湖工业污染物排放总量预测　（单位：t）

方案	2008年		近期		中期		远期	
	COD	氨氮	COD	氨氮	COD	氨氮	COD	氨氮
高方案	602.01	6.92	589.97	6.78	577.93	6.64	553.85	6.37
中方案			577.93	6.64	553.85	6.37	505.69	5.81
低方案			565.89	6.50	529.77	6.09	457.53	5.26

结合长寿湖治理与保护的要求，规划采取有效措施降低工业污染排放对长寿湖水环境的影响，预测不同规划期工业污染物入湖量见附表40。

附表 39　长寿湖工业污染物消减量　（单位：t）

方案	近期		中期		远期	
	COD	氨氮	COD	氨氮	COD	氨氮
高方案	12.04	0.14	24.08	0.28	48.16	0.55
中方案	24.08	0.28	48.16	0.55	96.32	1.11
低方案	36.12	0.42	72.24	0.83	144.48	1.66

附表 40　长寿湖工业控污减排总体方案

<table>
<tr><th colspan="2">名称</th><th>近期</th><th>中期</th><th>远期</th><th>规划措施</th></tr>
<tr><td rowspan="3">工业污染物排放规划预测值相对于基期变化率</td><td>高排放方案</td><td>—2%</td><td>—4%</td><td>—8%</td><td rowspan="5">①改善环保设施，提高企业废水处理能力
②改进生产技术，推行清洁生产
③提高资源回收综合利用率，发展循环工业
④实施产业结构调整，培育绿色环保产业
⑤加强配套治污工程，实行区域工业废水集中治理
⑥改进污水处理技术设备，提高处理能力
⑦开展产业空间布局调整，降低工业污染对长寿湖水体的影响</td></tr>
<tr><td>中排放方案</td><td>—4%</td><td>—8%</td><td>—16%</td></tr>
<tr><td>低排放方案</td><td>—6%</td><td>—12%</td><td>—24%</td></tr>
<tr><td colspan="2">工业污染物入湖量相对于基期变化率（以中发展方案为例）</td><td>-8%</td><td>-16%</td><td>-32%</td></tr>
<tr><td colspan="2">工业污染物入湖率（入湖量/排放量）相对于基期变化率（以中发展方案为例）</td><td>-4.17%</td><td>-8.7%</td><td>-19.1%</td></tr>
</table>

4.2.3　效益分析与评价

（1）工业产业规划投资预期效益分析

产业规划的经济效益体现在规划投资的预期效益上，通过概算政府投资以及预期带来的工业产值增加额，可以大致测算政府投资效益。政府投资概算见附表41。

附表 41　长寿湖工业宏观调整规划政府投资总体匡算　（单位：万元）

投资项目	近期	中期	远期
环保示范工业组团政府引导资金	1200	1300	1500
工业企业环保设施投资政府补贴	200	200	300
“两高一资”企业搬迁改造政府投入	200	100	100
小计	1600	1600	1900
合计		5100	

收益预测以规划各期长寿湖工业产值（增加值）的增长量与政府投资之比做衡量指标，以中发展方案为例（附表42）。

（2）就业效益分析

产业规划带来的综合效益还包括工业产业吸收劳动力就业的社会经济效益（附表43）。

附表 42　长寿湖工业政府投资效益分析　　（单位：亿元/亿元）

指标	近期	中期	远期
长寿湖工业产业产值（增加值）增长量	9.5	12	50.3
政府投资对工业产值的促进作用	59.4	75	264.7

附表 43　长寿湖工业就业效益分析　　（单位：人）

指标	近期	中期	远期
新增劳动力就业人数	13 000	12 000	18 000

4.2.4　保障措施

（1）产业政策措施

1）加快环保型工业组团建设。基于生态保护和可持续发展的要求，实施工业产业空间布局优化调整。通过工业组团的建设与扩建，以“政府主导、市场化运行、公司化运作、专业化管理”的方式，建立统一的投融资平台，借助政策扶持，鼓励社会各类资金参与组团的基础设施投资，不断完善组团的道路、管网工程、污水处理及配套设施。长寿湖可以以云海工业组团、双龙工业组团、石堰工业组团为工业经济增长的“火车头”，开展工业产业区域布局调整，实现规模生产、集中排污和综合治污。对于目前在长寿湖内污染相对较高的化工、饮料制造和农副食品三个行业，要尽力通过产业集中与整合、企业组织调整和区域优化布局，形成地域上的优势产业集群，分区域进行有针对性的污染治理和环保配套设施建设，解决分散排污、排污量大、治理费用高的问题。

2）制定实施强有力的产业调整和产业引导政策，加大产业整合和企业重组力度。按照节能减排的要求加快推进长寿湖产业结构调整，重点支持那些低污染、高附加值、高产出的新型工业，包括生物资源开发、建筑建材、机械设备等产业，同时结合长寿湖的资源特点和资源优势，大力发展具有长寿湖特色的农副产品加工和旅游产品生产。长寿湖内要围绕发展优势产业，努力打造产业聚集、企业聚集、产品聚集的块状经济。

3）抓实项目开发，迅速扩大产业规模。本着“项目带动工业发展”的理念，及时从国家产业政策导向中搜索项目，从区域经济结构调整中发现项目，从区域的资源优势和地域优势中找寻项目，从宏观经济形势变化中发掘项目；通过积极论证项目、大力推介项目，综合运用媒体、网络、商务活动、休闲旅游等各种手段和机遇，全方位、多层次推介本地项目和引进外来项目；推行“项目带动”战略，以项目拉动长寿湖工业经济增长，形成“以大项目带动大企业、以大企业带动大产业、以大产业带动大就业”的滚动发展格局。

（2）技术保障措施

1）推进企业创新。围绕支柱产业和重点行业，以引进消化再创新和集成创新为主，有选择地推进原始创新，突破产业和产品的关键与核心技术，获取一批自主知识产权，提升和优化产品结构，实现经济增长方式的根本性转变。促进和引导企业加强品牌建设和管理工作，支持重点企业和重点产品向名牌企业和名牌产品转化，培育和形成一批具有相当效益和规模的名牌产品生产企业，力争尽快在每个重点行业中培育 1 ~2 个名牌产品。

2）发展节能环保和循环经济模式。鼓励企业积极开发工业污染治理实用技术，不断提高长寿湖工业企业的综合技术装备水平，在更大范围推行循环经济的产业发展和工业生产模式；采取税收、信贷、排污征费等配套手段，形成循环经济发展的激励机制；加快建设环境产业市场，发挥市场对循环经济建设的推动作用；建立信息交换平台，保障信息畅通，促进物质资源的深度开发和循环利用，提高资源的综合利用率。

（3）资源引进措施

长寿湖应积极而有选择地引进人才、资金、技术等产业发展资源，培育形成更多的高科技企业和节能环保产业。长寿湖可以充分发挥产业发展的后发优势，依托长寿湖及“五个重庆”的品牌效应和得天独厚的自然环境、气候条件，积极开展对外经济交流和要素流动，大规模吸引社会投资和外来投资，引进发达国家和先进地区的资金、技术、管理、人才等生产要素，推动“外源型”工业发展。

4.3 长寿湖旅游产业宏观调整规划

4.3.1 宏观调整规划

（1）指导思想

旅游业调整产业结构，优先高产值低污染的旅游形式，增加旅游业效益，控制旅游业污染，削减单位产值的排污量，并完善旅游配套污染物处理设施。在各保障措施的支持下，达到减排既定目标，体现旅游业的经济和环境效益。

（2）宏观调整规划

目前长寿湖景区已有的主要代表性规划见附表 44 所示。

附表 44 长寿湖景区已有的主要代表性规划

设计单位		规划名称	总体布局
1	重庆大学城市规划与设计研究院	重庆市长寿湖风景名胜区总体规划（2006 年版）	一中心、三组团
2	重庆大学城市规划与设计研究院	重庆长寿湖风景名胜区总体规划（2009 ~2030）	一心、两翼、三区
3	中国科学院地理科学与资源研究所旅游研究与规划设计中心	重庆市长寿湖风景名胜区旅游发展规划	11 大功能分区
4	北京绿维创景规划设计院	重庆市长寿湖旅游整体开发项目总体策划大纲	一心、两翼、七区

总体而言，上述规划布局大同小异，也符合当地旅游业资源及发展趋势的基本状况，也已得到当地政府部门的认可，并部分开始参照实施。本规划无大方向的布局变更。但需

要突出的是，本规划立足于长寿湖水环境的保护与旅游经济的协调发展。所以，鼓励高产值、低排放的旅游项目，强调对游客的统一管理和服务，注重环保设置的配备与维护，并在分布上需结合功能控制区划。

本规划设“蝴蝶状”核心区与辐射区，即“一心、两翼”。核心区为“狮子滩综合服务区及大坝——天赐神寿”一线。沿线向两端辐射，带动两端综合旅游项目开展，形成辐射区。各区分工协作，凸显时尚、休闲、动静相宜、快调与慢调相结合的后都市旅游生态（见附图 38）。

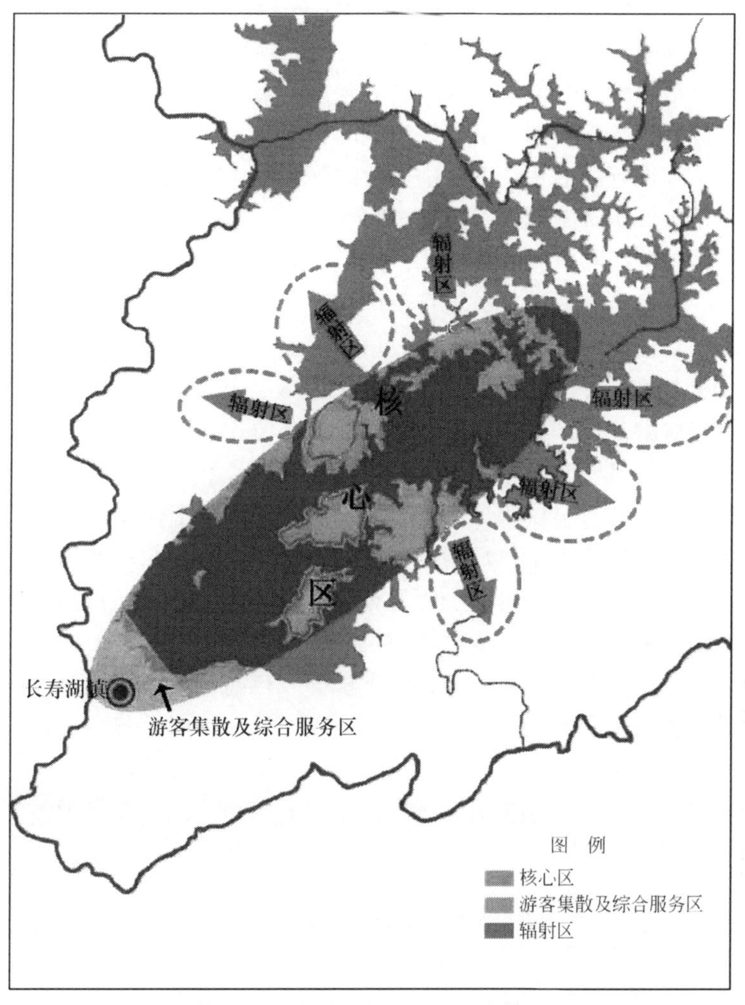

附图 38　长寿湖旅游业宏观调整规划图

在层次上，各区内分集中区和分散区。集中区主要提供平价服务，人流多，同时也通过集中化的环保设施控制污染，其成本可由公共资金分摊。分散区主要提供高端服务，人流少，污染排放也少，但也不放松其污染标准，其成本自我承担。

在地域上，应推动从核心区向辐射区扩展。目前长寿湖景区的旅游项目主要还是集中在核心区，但以后应逐步向两端辐射区延伸。利用辐射区优越的生态条件开展高产值、低污染的旅游项目，培育旅游增长点。

在产业上，应推动从以餐饮住宿业为主向以综合游乐休闲为主的方向扩展。如前分析，目前长寿湖景区收入主要还是来自住宿和餐饮业。但这两个产业同时也是污染大户，在带来约占旅游总收入60%的效益同时，也带来了占旅游总排放量90%以上的污染。在旅游产业结构调整规划中，一定要鼓励发展其他产业。如前所述，长寿湖景区餐饮住宿业呈两个峰极和一大一多分布态势，即住宿业以酒店为峰极，餐饮业以一般饭店为峰极，餐饮业比住宿业规模大也分布多。由此，控制旅游业污染的重点在于控制一般饭店。应鼓励一般饭店的品牌化经营，在提高其经营绩效的同时，强化其环保管理，推动一般饭店的上档次。并且，打造集体品牌，创立远近闻名的餐饮一条街，使餐饮业集中化、规范化，利用规模经济效应提高收益、控制污染。规模化的餐饮业和住宿业可以靠拢经营，利用统一建设的污染处理系统进行清洁化。不鼓励分散的餐饮和住宿业。对不能进行规模化的餐饮业和住宿业（如岛上和远离狮子滩综合服务区的经营点），要通过高税收和严格管理迫使其走高端路线、精品路线和自我约束路线，降低客流，从而降低污染排放，并毫不放松其污染处理，自己的污染自己处理，成本自负。将餐饮业和住宿业从其他旅游产业中剥离出来，使餐饮业和住宿业的污染排放得到有效控制。加大其他产业（游览、购物、综合运动休闲活动等）的开发力度，将目前主要靠餐饮产生效益的局面改造成主要靠时尚、休闲、快慢调结合的综合旅游活动产生效益的又好又快发展模式。

在时间上，争取较旺季和较淡季能吸引更多游客。为此，要主动出击，争取集团市场。可开展拓展训练、商务会议等旅游项目，将旅游和单位工作有效结合，使长寿湖景区不但成为休憩场所，也能成为工作场所。受湖泊地域冬季寒冷的季节约束，年终时节的确很难吸引到更多游客。这段时间可更加彰显天赐长寿的神缘，开展祈福等活动，将神寿与新年相合，通过满足人们的心理愿望达到旅游兴旺的目的。

这一切都为当地旅游业吸纳劳动力提供了机会。目前长寿湖景区旅游服务业主要是通过餐饮业解决就业，直接服务人员主要是厨师、服务员等，但随着多样化的综合生态文化旅游项目的开展，将会为就业开辟更多的渠道。

本着“提升产业结构、控制游客规模、增加单客消费、改善总体效益”的原则，具体规划安排见附表45所示。

附表45　长寿湖旅游业宏观规划安排方案（基准年：2009年）

措施	指标	方案	近期	中期	远期
产业宏观调整规划	旅游业产值（亿元）	高发展方案（年增长15%）	2.36	19.24	77.83
		中发展方案（年增长10%）	1.89	7.91	20.51
		低发展方案（年增长8%）	1.73	5.48	11.83
	吸纳劳动力（人）	高发展方案（年增长5%）	536	1114	1815
		中发展方案（年增长3%）	487	759	1019
		低发展方案（年增长1%）	441	512	566

4.3.2 控污减排方案

长寿湖旅游业控污减排总方案见附表46～附表48。

附表46 长寿湖旅游业控污减排方案（基准年：2009年）

名称		近期（2015年）	中期（2020年）	远期（2030年）	规划措施
旅游业污染物污染相对于基期变化率	高排放方案	5%	8%	10%	①核心区-辐射区分工合作 ②集中规划与管理 ③通过提升旅游产业结构、控制游客规模、增加单客消费、改善总体效益，优先发展高产值低排放的旅游行业 ④用“大生态旅游”理念统领旅游业发展 ⑤近期加强未受控制污染区管理 ⑥规划和实施控制分区 ⑦加强配套治污工程
	中排放方案	3%	6%	8%	
	低排放方案	1%	3%	5%	

附表47 长寿湖旅游业污染物规划污染排放总量（单位：t）

方案	近期（2015年）			中期（2020年）			远期（2030年）		
	COD	TN	TP	COD	TN	TP	COD	TN	TP
高方案	147.33	6.48	0.97	151.53	6.66	1.00	154.34	6.79	1.02
中方案	144.52	6.36	0.95	148.73	6.54	0.98	151.53	6.66	1.00
低方案	141.71	6.23	0.93	144.52	6.36	0.95	147.33	6.48	0.97

附表48 长寿湖旅游业污染物规划污染排放总量将对于基期变化（单位：t）

方案	近期（2015年）			中期（2020年）			远期（2030年）		
	COD	TN	TP	COD	TN	TP	COD	TN	TP
高方案	+7.02	+0.31	+0.05	+11.22	+0.49	+0.07	+14.03	+0.62	+0.09
中方案	+4.21	+0.19	+0.03	+8.42	+0.37	+0.06	+11.22	+0.49	+0.07
低方案	+1.40	+0.06	+0.01	+4.21	+0.19	+0.03	+7.02	+0.31	+0.05

4.3.3 效益分析与评价

（1）旅游业环境-经济效益

长寿湖旅游业环境-经济效益见附表49。

（2）旅游业经济效益

a. 政府投资匡算

长寿湖宏观调整规划所需政府投入，包括规模化建筑费用、场地平整费和通水、通电、通路费用等。这些费用可以根据实际工作量，参照有关计费标准估算。经课题组初步匡算，政府投资见附表50。

附表49　长寿湖旅游业环境-经济效益（排放量中方案）　（单位：kg/万元）

方案		近期（2015年）			中期（2020年）			远期（2030年）		
		COD	TN	TP	COD	TN	TP	COD	TN	TP
旅游业万元产值污染物	高方案	6.243	0.275	0.041	0.788	0.035	0.005	0.198	0.009	0.001
	中方案	7.647	0.336	0.050	1.880	0.083	0.012	0.739	0.032	0.005
	低方案	8.192	0.360	0.054	2.637	0.116	0.017	1.245	0.055	0.008

附表50　长寿湖旅游业宏观调整规划政府投资匡算　（单位：万元）

	近期	中期	远期
小　计	450	550	600
合　计	1600		

b. 政府投资效益

政府投资经济效益见附表51。

附表51　政府投资经济效益　（单位：亿元/万元）

指标		近期（2015年）	中期（2020年）	远期（2030年）
政府投资对旅游总收入变化的影响	高方案	0.003	0.031	0.098
	中方案	0.002	0.011	0.021
	低方案	0.001	0.007	0.011

政府投资环境效益见附表52。

附表52　政府投资环境效益（基准年：2009年）　（单位：kg/万元）

指标		近期（2015年）	中期（2020年）	远期（2030年）
政府投资对旅游业COD污染量变化的影响	高方案	0.327	0.276	0.257
	中方案	0.321	0.270	0.253
	低方案	0.315	0.263	0.246
政府投资对旅游业TN污染量变化的影响	高方案	0.014 4	0.012 1	0.011 3
	中方案	0.014 1	0.011 9	0.011 1
	低方案	0.013 8	0.011 6	0.010 8
政府投资对旅游业TP污染量变化的影响	高方案	0.002 15	0.001 81	0.001 69
	中方案	0.002 11	0.001 78	0.001 66
	低方案	0.002 07	0.001 73	0.001 62

4.3.4 保障措施

(1) 政策措施

建立健全目标责任考核机制，制定指标体系和考核实施办法，将长寿湖旅游可持续发展和结构调整的主要任务，分解落实到相关部门，加强对目标责任、工作进度的跟踪检查和阶段性问责、问效。政府各部门根据各自职能，把旅游产业发展和结构调整的主要任务与本部门年度计划和中长期规划紧密结合，切实保障各项任务的实施和完成。

(2) 技术措施

要坚持旅游业发展的科学性和合理性，加强长寿湖旅游业生态-经济-社会和谐发展的科学研究和技术支持。做到科学规划、科学设计、科学发展、科学监管。

(3) 法制措施

在旅游业发展中，制定、遵循和执行各项法律法规。加强法制建设，运用法律手段确保长寿湖旅游业的环境友好型发展。

(4) 经济措施

充分发挥政府投入对旅游产业发展的引导性作用，确保发展专项资金的投入，并积极争取国家和上级各级政府的支持，吸引更多社会资金投入旅游可持续化发展的建设，放大政府资金的引导效用。探索建立旅游开发生态补偿基金和生态质量保障基金，为旅游业可持续发展做好经济保障。